Exécuter un programme

TI-83 Plus.fr	CASIO GRAPH 35+
• Sélectionner « EXEC » dans le menu de programmation, choisir le programme à l'aide des flèches et appuyer sur [entrer] (précéd résol).	• Choisir le progra[…] par la touche [F1].

Exemple : Saisie et exécution du programme pour faire deviner le nombre 2010.

```
PROGRAM:DEVINE
:Input "N?",N
:While N≠2010
:Disp "NON :-("
:Input "N?",N
:End
:Disp "GAGNE"
:Stop
```

```
EXEC EDIT NOUV
1:DEVINE
```

```
prgmDEVINE
N?2000
NON :-(
N?2010
GAGNE
                Fait
```

```
"GAGNE"
Whle WEnd Do Lp·W
```

```
Program List
DEVINE      :    64
EXE EDIT NEW DEL DEL·A
```

```
N?
2000
N?
2009
N?
2010
GAGNE
```

Étudier une fonction

Exemple : Soit les fonctions f et g définies par $f(x) = -0{,}5x - 2$ et $g(x) = -x^2 + 1$.
On souhaite tracer les courbes représentatives de ces fonctions et visualiser leur(s) point(s) d'intersection.

TI-83 Plus.fr	CASIO *GRAPH* 35+

Saisir l'expression de la fonction

TI-83 Plus.fr

La touche [f(x)] (graph stats F1) permet d'accéder à la fenêtre de saisie.

Exemple

```
Graph1 Graph2 Graph3
\Y1=-0.5X-2
\Y2=-X²+1
\Y3=
\Y4=
\Y5=
\Y6=
\Y7=
```

CASIO GRAPH 35+

Choisir le mode GRAPH du menu puis appuyer sur [EXE].

Saisir l'expression dans la fenêtre qui s'affiche.

Exemple

```
Graph Func  :Y=
Y1=-0.5X-2       [—]
Y2=-X²+1         [—]
Y3:              [—]
Y4:              [—]
Y5:              [—]
Y6:              [—]
```

Obtenir un tableau de valeurs

TI-83 Plus.fr

• Pour définir les valeurs du tableau, appuyer sur [2nde] [fenêtre] (déf table F2).

• Pour afficher le tableau de valeurs, appuyer sur [2nde] [graphe] (table F5).

Exemple

```
DEFINIR TABLE
 DébTbl=-2
 Pas=0.5
Valeurs:Auto Dem
Calculs:Auto Dem
```

X	Y1	Y2
-2	-1	-3
-1.5	-1.25	-1.25
-1	-1.5	0
-.5	-1.75	.75
0	-2	1
.5	-2.25	.75
1	-2.5	0

Y1=-1

CASIO GRAPH 35+

Choisir le mode TABLE du menu puis appuyer sur [EXE].

• Le menu « SET », accessible via la touche [F5], permet d'accéder au paramétrage du tableau.

• Pour afficher le tableau de valeurs, appuyer sur [F6].

Remarque : Il faut vérifier au préalable que les fonctions sont sélectionnées à l'aide du menu « SEL », accessible via la touche [F1] (le signe = est alors en surbrillance).

Exemple

```
Table Setting
X
 Start:-2
 End  :3
 Step :0.5
```

Y1=-0.5X-2

X	Y1	Y2
-2	-1	-3
-1.5	-1.25	-1.25
-1	-1.5	0
-0.5	-1.75	0.75

-1

FORM DEL ROW EDIT G-CON G-PLT

Tracer la courbe et régler la fenêtre d'affichage

TI-83 Plus.fr

• La touche [graphe] (table F5) permet l'affichage de la courbe.

• La touche [trace] (calculs F4) permet en plus d'avoir un point mobile sur la courbe pour lire ses coordonnées.

• Pour obtenir le point d'intersection de courbes, appuyer sur [2nde] [trace] (calculs F4), puis choisir « 5 : intersect », les courbes et une valeur initiale.

• Pour choisir la fenêtre d'affichage, appuyer sur [fenêtre] (déf table F2) et indiquer les minima et maxima des abscisses et ordonnées dans la fenêtre qui s'affiche.

Les fonctionnalités de [zoom] (format F3) seront parfois nécessaires, en particulier « ZOrthonormal » et « ZStandard » qui permettent d'initialiser les paramètres de la fenêtre.

Exemple

```
FENETRE
 Xmin=-2
 Xmax=3
 Xgrad=1
 Ymin=-5
 Ymax=2
 Ygrad=1
 Xres=1
```

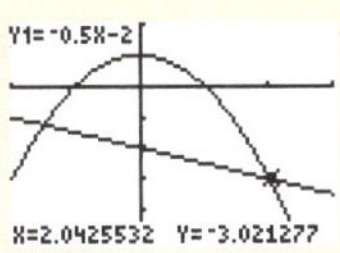

CASIO GRAPH 35+

• Choisir le mode GRAPH du menu puis appuyer sur [EXE].

La touche [F6] permet ensuite d'obtenir l'affichage de la courbe.

• Appuyer sur [SHIFT] [F1] pour avoir un point mobile sur la courbe et lire ses coordonnées.

• Le point d'intersection de courbes s'obtient par [SHIFT] [F5] puis [F5].

• Pour choisir la fenêtre d'affichage, appuyer sur [SHIFT] [F3] et indiquer les minima et maxima des abscisses et ordonnées dans la fenêtre qui s'affiche.

Les fonctionnalités « INIT » et « STD » permettent d'initialiser les paramètres de la fenêtre.

Remarque : La touche [EXIT] (QUIT) permet de ressortir d'un menu.

Exemple

```
View Window
Xmin  :-2
 max  :3
 scale:1
 dot  :0.03968253
Ymin  :-5
 max  :2
INIT TRIG STD STO RCL
```

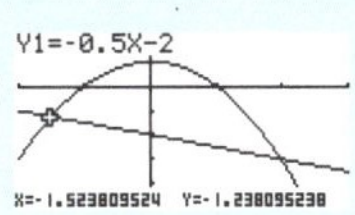

COLLECTION ODYSSÉE

MATHÉMATIQUES 2de

Édition 2014

Sous la direction de

Éric SIGWARD
IA-IPR de mathématiques de l'académie de Strasbourg

Auteurs

François BRISOUX
Professeur de mathématiques détaché au Lycée René Descartes de Rabat, Maroc

Christian BRUCKER
IA-IPR de mathématiques de l'académie de Limoges

Yvan MONKA
Professeur de mathématiques au lycée Robert Schuman de Haguenau

Éric SIGWARD

Hatier

TABLE DES ILLUSTRATIONS

21 ph © By Hoang Hai Thinh/ Flikt Open/ Getty-Images
22 ph © S.P.L. / Edmair Bernhard
23 ph © Pierre Gleizes / REA
41-mg ph © Roger-Viollet
41-bg ph © Erich Lessing / AKG-Images
41-bm ph © The Bridgeman Art Library
41-bd ph © Roger-Viollet
59 ph © Imagine Enterteinment / DR / Prod DB
73 ph © S. Sautereau / Urba Images
74-m ph © B.N.F., Paris
74-bg ph © Fototeca / Leemage
74-bd ph © AKG Images
89 ph © technotr / Vetta / Getty-Images
91 ph © fotostock productions / Getty-Images
103-bg ph © MP / Leemage
103-bm ph © AKG- Images
103-bd ph © SPL / AKG- Images
106 ph © Sebastian Duda / Age Fotostock
113-h ph © Mailis Laos / Age Fotostock
113-b ph © Zoonare Amikishiyer / Age Fotostock
116 ph © EJW / Westend61 / Photononstop
119 ph © Shutterstock
120 ph © Marko Drobnjakovic / AP / SIPA
133-m ph © CNAC/MNAM Dist. RMN - P.Migeat / © Adagp, Paris 2014
133-b ph © Battaglini / Leemage
147-h ph © Jeff Diener / Getty-Images
147-b ph © Simon Fraser / SPL / Cosmos
172-md ph © Rabatti - Domingie / Akg-Images
172-bg ph © RMN - Photo Martine Beck Coppola
172-bm ph © Luisa Ricciarini / Leemage
172-bd ph © Selva / Leemage
179 ph © adoc-photos / BF
180 ph © Tetra Images/ Brand X / Getty-Images
181-bg ph © A.Fujii / David Malin Images / Novapix
181-bd ph © J.Lodriguss / Novapix
183 ph © Evgeni Dinev Photography / Getty-Images
185 ph © René MATTES / hemis.fr
199-m ph © Erich Lessing / AKG-Images
199-bg ph © Tal / Rue des Archives
199-bm ph © AISA / Leemage
199-bd ph © Mary Evans / Rue des Archives
209 ph © RD / Kabik / Retna Ltd. / Corbis
210 ph © Herve Bellenger / Panoramic
211 ph © Masurel / Aquashot / Andia
213 ph © The Bridgeman Art Library / © Adagp, Paris 2014
225-mg ph © B.N.F., Paris
225-md ph © Roger-Viollet
225-bg ph © Leemage
225-bd ph © Akg-images
233-h ph © Jeff R Clow / Getty-Images
233-b ph © Alan Dyer, Inc / Visuals Unlimited / Corbis
235 ph © Joe Pepler / REX / Sipa Press
252-h ph © Michel Casarian / Signatures
252-b ph © Webistan / Resa
253-m ph © North Wind Pictures / Leemage
253-bg ph © Electa / Leemage
253-bm ph © Lee / Leemage
253-bd ph © Akg-Images
260 ph © Arthur Baensch / Corbis
263 ph © Hemis.fr
264 ph © Europacor / Chic films Orange / Crystal Pictures
267 ph © Howard Berman / The Image Banque / Getty-Images
268 Coll. Prod DB © Ramona - Zephyr / DR
269 ph © Alles-Schlumpf / Getty-Images
281-h ph © B.N.F., Paris
281-bm ph © Pizzi / MP / Leemage
281-bd ph © San C. Saunders
282 ph © Tesson / Andia.fr
284 ph © Panomaric / AFP
285 ph © Fotolia
288 ph © Prevost / Presse Sports / AFP
289 Coll. ChristopheL / (c) Universal / DR
290 ph © Ria / Novosty / AFP
291 ph © David Madison / Getty-Images
299 ph © PROD DB / Duea Film / Medusa Prosuzione-DR
315-mg ph © Gaston Boussières / Bibliothèque municipale de Toulouse
315-bg-g ph © Selva / Leemage
315-bg-d ph © Giraudon / The Bridgeman Art Library
315-bm ph © Archives Hatier
315-bd ph © SPL / Akg- Images
319 ph © Viktor 1 / Shutterstock
323-h ph © Manolo Mylonas / Divergence
323-b ph © Harald Braun / Plainpicture
324 ph © Adie Bush / Cultura RM / Getty-Images
328 ph © Wallace Garrisson / Getty-Images
329 ph © David Freund / Getty-Images

Édition : Julien Lionnet

Maquette et mise en page : Véronique Lefebvre - Nicolas Balbo

Illustrations : Gabriel Rebufello et Raphaël Delerue

Infographie : Domino

Iconographie : Véronica Brown / Hatier Illustration

ISBN : 978-2-218-96200-4

Avant-propos

Vous voici en première année de lycée, plus précisément en 2de qui est une classe de détermination.

Quelle que soit votre orientation en 1re, ce manuel vous aidera à assurer les bases nécessaires pour la suite de vos études de second cycle et à acquérir les notions indispensables au raisonnement et à la compréhension.

Les chapitres de ce manuel sont composés de plusieurs rubriques :

Pour bien commencer Un QCM pour rafraîchir vos acquis du collège ou des chapitres précédents.

Activités Des activités introductrices qui vous permettrons de réinvestir les notions étudiées au collège, paliers indispensables pour la compréhension des nouveaux outils.

Cours Un cours qui contient des propriétés démontrées et illustrées d'exemples.

Savoir-faire Des savoir-faire qui vous aideront à résoudre les exercices d'application en vous guidant à l'aide de méthodes générales.

Travaux Pratiques De nombreux TP qui vous initieront à la pratique de l'algorithmique et à l'utilisation de l'outil informatique.

Un peu d'Histoire Une page culturelle qui vous familiarisera avec certains mathématiciens et leurs découvertes.

Exercices d'application Des exercices progressifs pour acquérir les savoir-faire indispensables du chapitre.

Je teste mes connaissances Des QCM, des vrai/faux et des questions de cours pour vérifier vos acquis.

Exercices d'approfondissement Des exercices variés qui mobilisent l'ensemble de vos connaissances.

Problèmes De nombreux problèmes dont certains sont issus de la vie courante ou d'autres disciplines scientifiques.

Une introduction au **raisonnement logique** et une initiation à l'**algorithmique** en début d'ouvrage vous permettront de traiter de nombreux exercices et problèmes de chacun des chapitres.
Nous espérons que ce manuel répondra à vos attentes et que vous y trouverez les éléments essentiels pour consolider votre culture mathématique.

Les ressources multimedia dans le Manuel interactif enrichi Odyssée 2de signalées par des pictogrammes dans le manuel

: Vidéo   : Fichiers logiciels   : Quiz

Sommaire

Sommaire Des maths autrement pour l'accompagnement personnalisé 6
Programme officiel 7
Le raisonnement logique 9
Initiation à l'algorithmique 12

Partie A. **FONCTIONS**

1 Généralités sur les fonctions
Pour bien commencer 20
Activités 22
Cours 24
Savoir-faire
1. Calculer une image 29
2. Lire un graphique 29
3. Utiliser la calculatrice 30
4. Écrire sous forme d'intervalle des solutions d'inéquation 31
5. Déterminer l'intersection et la réunion d'intervalles 31
6. Résoudre graphiquement une équation 32
7. Résoudre graphiquement une inéquation 32
8. Déterminer graphiquement le signe d'une expression 33
9. Courbe et tableau de variations 33
Travaux pratiques 34
Un peu d'histoire 41
Exercices et problèmes 42

2 Équations et inéquations
Pour bien commencer 58
Activités 60
Cours 62
Savoir-faire
1. Développer une expression 66
2. Factoriser avec un facteur commun 66
3. Factoriser avec une identité remarquable 67
4. Résoudre une équation produit 67
5. Résoudre une équation quotient 68
6. Résoudre une inéquation produit 68
7. Résoudre une inéquation quotient 69
Travaux pratiques 70
Un peu d'histoire 74
Exercices et problèmes 75

3 Fonctions de référence
Pour bien commencer 88
Activités 90
Cours 92
Savoir-faire
1. Lier pourcentages et fonctions linéaires 96
2. Trouver l'expression d'une fonction affine 96
3. Exploiter la représentation graphique de la fonction carré 97
4. Exploiter la représentation graphique de la fonction inverse 98
5. Utiliser les variations pour ordonner 98
Travaux pratiques 99
Un peu d'histoire 103
Exercices et problèmes 104

4 Fonctions du second degré, fonctions homographiques
Pour bien commencer 118
Activités 120
Cours 122
Savoir-faire
1. Tracer une parabole 125
2. Déterminer l'expression d'une fonction polynôme de degré 2 126
3. Déterminer les variations d'une fonction polynôme de degré 2 127
4. Étudier graphiquement une fonction de type $f(x) = \frac{a}{x+b}$ 128
Travaux pratiques 129
Un peu d'histoire 133
Exercices et problèmes 134

Partie B. **GÉOMÉTRIE**

5 Vecteurs et repères
Pour bien commencer 146
Activités 148
Cours 150
Savoir-faire
1. Représenter un vecteur 156
2. Construire un point vérifiant une égalité vectorielle 157
3. Lire graphiquement les coordonnées d'un vecteur 157
4. Calculer les coordonnées d'un point 158
5. Démontrer un parallélisme avec la colinéarité 158
6. Démontrer un alignement avec la colinéarité 159
7. Démontrer à l'aide des coordonnées 159
Travaux pratiques 160
Exercices et problèmes 166
Un peu d'histoire 172

6 Équations de droites et systèmes

Pour bien commencer 182
Activités 184
Cours 186
Savoir-faire
1. Représenter une droite d'équation donnée 190
2. Vérifier si un point appartient à une droite 191
3. Déterminer une équation de droite à l'aide de 2 points 191
4. Déterminer une équation de droite à l'aide d'un point et d'un vecteur directeur 192
5. Résoudre un système par substitution 192
6. Résoudre un système par combinaison linéaire 193
Travaux pratiques 194
Un peu d'histoire 199
Exercices et problèmes 200

7 Trigonométrie

Pour bien commencer 212
Activités 214
Cours 215
Savoir-faire
1. Enrouler la droite sur le cercle trigonométrique 218
2. Calculer la longueur d'un arc 218
3. Placer un angle 219
4. Calculer un cosinus 219
5. Trouver un angle dont on connaît le sinus 220
6. Retrouver certaines valeurs de cosinus et sinus 220
Travaux pratiques 221
Un peu d'histoire 225
Exercices et problèmes 226

8 Géométrie dans l'espace

Pour bien commencer 234
Activités 236
Cours 238
Savoir-faire
1. Représenter un solide en perspective 243
2. Extraire une figure plane 243
3. Caractériser un plan 244
4. Montrer que 2 droites sont sécantes 245
5. Montrer que 2 droites ne sont pas coplanaires 245
6. Montrer qu'une droite est parallèle à un plan 246
7. Construire l'intersection de 2 plans 246
8. Montrer que 2 plans sont parallèles 247
9. Construire la section d'un solide par un plan 247
Travaux pratiques 248
Un peu d'histoire 253
Exercices et problèmes 254

Partie C. STATISTIQUES ET PROBABILITÉS

9 Statistiques et échantillonnage

Pour bien commencer 266
Activités 268
Cours 270
Savoir-faire
1. Proposer une représentation graphique 275
2. Comparer 2 séries statistiques 276
3. Comprendre l'influence de la taille sur l'étendue d'un intervalle de fluctuation 277
4. Réaliser une simulation 278
Travaux pratiques 279
Un peu d'histoire 281
Exercices et problèmes 282

10 Probabilités

Pour bien commencer 298
Activités 300
Cours 302
Savoir-faire
1. Identifier des événements élémentaires 306
2. Dénombrer pour calculer une probabilité 306
3. Modéliser avec un arbre 307
4. Modéliser avec un arbre pondéré 307
5. Identifier l'événement contraire 308
6. Dénombrer à l'aide d'un diagramme ou d'un tableau 308
7. Calculer la probabilité d'une réunion 309
Travaux pratiques 310
Un peu d'histoire 315
Exercices et problèmes 316

Des maths autrement pour l'accompagnement personnalisé 326

Mémento pour la classe de 2de 334
Corrigés 342
Index 348

Sommaire Des maths autrement pour l'accompagnement personnalisé

Le B.O. spécial n° 1 du 4 février 2010 stipule : « [...] L'accompagnement personnalisé comprend des activités coordonnées de soutien, d'approfondissement, d'aide méthodologique et d'aide à l'orientation, pour favoriser la maîtrise par l'élève de son parcours de formation et d'orientation. Il s'appuie sur les technologies de l'information et de la communication pour l'éducation. Il prend notamment la forme de travaux interdisciplinaires. [...] »

Des maths autrement pour l'accompagnement personnalisé comprend des activités qui peuvent être proposées en aussi bien en remédiation qu'en approfondissement. Elles proposent des situations plus ou moins ouvertes, présentées hors chapitres et qui ne nécessitent pas toujours des connaissances théoriques pour aborder la recherche. Leur difficulté est variable, mais suffisamment simple pour que tous les élèves puissent les aborder et avancer dans leur recherche à leur rythme et avec les outils dont ils disposent. Les énoncés restent suffisamment guidés pour permettre aux élèves de les aborder en toute autonomie. Le professeur pourra aisément s'inspirer de ces activités pour compléter et approfondir les questions soulevées afin de proposer de réels problèmes de recherche. En voici le contenu :

Partie A. FONCTIONS

Fonction et images numériques 326
- **a.** Courbes et fonctions
  - Chapitres 1, 2 et 3
- **b.** Application à la transformation d'une image

Une parabole est-elle une parabole ? 328
- **a.** Étude de la courbure d'une antenne parabolique
  - Chapitres 1, 3 et 4
- **b.** Étude de la coupe d'un radar
- **c.** Recherche du foyer de la parabole

Partie B. GÉOMÉTRIE

Géométrie et imagerie numérique 330
- **a.** Construction et calculs
  - Chapitres 6 et 8
- **b.** Avec un logiciel

Partie C. STATISTIQUES ET PROBABILITÉS

Probabilités et géométrie 332
- **a.** Une modélisation
  - Chapitres 8, 9 et 10
- **b.** Expérimentation
- **c.** Simulation avec un tableur et fluctuation
- **d.** Simulation de 1000 expériences et intervalle de fluctuation
- **e.** Intervalle de confiance

Nous espérons que ces exemples répondront à vos attentes et qu'ils permettront aux élèves d'appréhender les mathématiques sous une forme moins théorique et leur donneront le goût de la recherche.

Les auteurs

Programme de la classe de seconde

Extraits du Bulletin officiel n° 30 du 23 juillet 2009.

1. FONCTIONS

Contenus	Capacités attendues
Fonctions Image, antécédent, courbe représentative.	• Traduire le lien entre deux quantités par une formule. Pour une fonction définie par une courbe, un tableau de données ou une formule : • identifier la variable et, éventuellement, l'ensemble de définition ; • déterminer l'image d'un nombre ; • rechercher des antécédents d'un nombre.
Étude qualitative de fonctions Fonction croissante, fonction décroissante ; maximum, minimum d'une fonction sur un intervalle.	• Décrire, avec un vocabulaire adapté ou un tableau de variations, le comportement d'une fonction définie par une courbe. • Dessiner une représentation graphique compatible avec un tableau de variations. Lorsque le sens de variation est donné, par une phrase ou un tableau de variations : • comparer les images de deux nombres d'un intervalle ; • déterminer tous les nombres dont l'image est supérieure (ou inférieure) à une image donnée.
Expressions algébriques Transformations d'expressions algébriques en vue d'une résolution de problème.	• Associer à un problème une expression algébrique. • Identifier la forme la plus adéquate (développée, factorisée) d'une expression en vue de la résolution du problème donné. • Développer, factoriser des expressions polynomiales simples ; transformer des expressions rationnelles simples.
Équations Résolution graphique et algébrique d'équations.	• Mettre un problème en équation. • Résoudre une équation se ramenant au premier degré. • Encadrer une racine d'une équation grâce à un algorithme de dichotomie.
Fonctions de référence Fonctions linéaires et fonctions affines Variations de la fonction carré, de la fonction inverse.	• Donner le sens de variation d'une fonction affine. • Donner le tableau de signes de $ax + b$ pour des valeurs numériques données de a et b. • Connaître les variations des fonctions carré et inverse. • Représenter graphiquement les fonctions carré et inverse.
Études de fonctions Fonctions polynômes de degré 2. Fonctions homographiques.	• Connaître les variations des fonctions polynômes de degré 2 (monotonie, extremum) et la propriété de symétrie de leurs courbes. • Identifier l'ensemble de définition d'une fonction homographique.
Inéquations Résolution graphique et algébrique d'inéquations.	• Modéliser un problème par une inéquation. • Résoudre graphiquement des inéquations de la forme : $f(x) < k$; $f(x) < g(x)$. • Résoudre une inéquation à partir de l'étude du signe d'une expression produit ou quotient de facteurs du premier degré. • Résoudre algébriquement les inéquations nécessaires à la résolution d'un problème.
Trigonométrie « Enroulement de la droite numérique » sur le cercle trigonométrique et définition du sinus et du cosinus d'un nombre réel.	• On fait le lien avec les valeurs des sinus et cosinus des angles de 0°, 30°,45°, 60°, 90°.

2. GÉOMÉTRIE

Contenus	Capacités attendues
Coordonnées d'un point du plan Abscisse et ordonnée d'un point dans le plan rapporté à un repère orthonormé. Distance de deux points du plan. Milieu d'un segment.	• Repérer un point donné du plan, placer un point connaissant ses coordonnées. • Calculer la distance de deux points connaissant leurs coordonnées. • Calculer les coordonnées du milieu d'un segment.
Configurations du plan Triangles, quadrilatères, cercles.	Pour résoudre des problèmes : • Utiliser les propriétés des triangles, des quadrilatères, des cercles. • Utiliser les propriétés des symétries axiale ou centrale.
Droites Droite comme courbe représentative d'une fonction affine. Équations de droites. Droites parallèles, sécantes.	• Tracer une droite dans le plan repéré. • Interpréter graphiquement le coefficient directeur d'une droite. • Caractériser analytiquement une droite. • Établir que trois points sont alignés, non alignés. • Reconnaître que deux droites sont parallèles, sécantes. • Déterminer les coordonnées du point d'intersection de deux droites sécantes.
Vecteurs Définition de la translation qui transforme un point A du plan en un point B. Vecteur $\overrightarrow{AB}$ associé. Égalité de deux vecteurs : $\vec{u} = \overrightarrow{AB} = \overrightarrow{CD}$ Coordonnées d'un vecteur dans un repère.	• Savoir que $\overrightarrow{AB} = \overrightarrow{CD}$ équivaut à ABDC est un parallélogramme, éventuellement aplati. • Connaître les coordonnées $(x_B - x_A, y_B - y_A)$ du vecteur $\overrightarrow{AB}$.

Somme de deux vecteurs. Produit d'un vecteur par un nombre réel. Relation de Chasles.	• Calculer les coordonnées de la somme de deux vecteurs dans un repère. • Utiliser la notation $\lambda\vec{u}$. • Établir la colinéarité de deux vecteurs. • Construire géométriquement la somme de deux vecteurs. • Caractériser alignement et parallélisme par la colinéarité de vecteurs.
Géométrie dans l'espace Les solides usuels étudiés au collège : parallélépipède rectangle, pyramides, cône et cylindre de révolution, sphère. Droites et plans, positions relatives. Droites et plans parallèles.	• Manipuler, construire, représenter en perspective des solides.

3. STATISTIQUES ET PROBABILITÉS

Contenus	Capacités attendues
Statistique descriptive, analyse de données Caractéristiques de position et de dispersion • médiane, quartiles ; • moyenne.	• Utiliser un logiciel (par exemple, un tableur) ou une calculatrice pour étudier une série statistique. • Passer des effectifs aux fréquences, calculer les caractéristiques d'une série définie par effectifs ou fréquences. • Calculer des effectifs cumulés, des fréquences cumulées. • Représenter une série statistique graphiquement (nuage de points, histogramme, courbe des fréquences cumulées).
Échantillonnage Notion d'échantillon. Intervalle de fluctuation d'une fréquence au seuil de 95 %. Réalisation d'une simulation.	• Concevoir, mettre en œuvre et exploiter des simulations de situations concrètes à l'aide du tableur ou d'une calculatrice. • Exploiter et faire une analyse critique d'un résultat d'échantillonnage.
Probabilité sur un ensemble fini Probabilité d'un événement. Réunion et intersection de deux événements, formule : $p(A \cup B) + p(A \cap B) = p(A) + p(B)$.	• Déterminer la probabilité d'événements dans des situations d'équiprobabilité. • Utiliser des modèles définis à partir de fréquences observées. • Connaître et exploiter cette formule.

Algorithmique (objectifs pour le lycée)

Il s'agit de familiariser les élèves avec les grands principes d'organisation d'un algorithme : gestion des entrées-sorties, affectation d'une valeur et mise en forme d'un calcul.

Dans le cadre de cette activité algorithmique, les élèves sont entraînés :
- à décrire certains algorithmes en langage naturel ou dans un langage symbolique ;
- à en réaliser quelques-uns à l'aide d'un tableur ou d'un petit programme réalisé sur une calculatrice ou avec un logiciel adapté ;
- à interpréter des algorithmes plus complexes.

Aucun langage, aucun logiciel n'est imposé.

L'algorithmique a une place naturelle dans tous les champs des mathématiques et les problèmes posés doivent être en relation avec les autres parties du programme (fonctions, géométrie, statistiques et probabilité, logique) mais aussi avec les autres disciplines ou la vie courante.

À l'occasion de l'écriture d'algorithmes et de petits programmes, il convient de donner aux élèves de bonnes habitudes de rigueur et de les entraîner aux pratiques systématiques de vérification et de contrôle.

Instructions élémentaires (affectation, calcul, entrée, sortie).
Les élèves, dans le cadre d'une résolution de problèmes, doivent être capables :
- d'écrire une formule permettant un calcul ;
- d'écrire un programme calculant et donnant la valeur d'une fonction ;
ainsi que les instructions d'entrées et sorties nécessaires au traitement.

Boucle et itérateur, instruction conditionnelle
Les élèves, dans le cadre d'une résolution de problèmes, doivent être capables :
- de programmer un calcul itératif, le nombre d'itérations étant donné ;
- de programmer une instruction conditionnelle, un calcul itératif, avec une fin de boucle conditionnelle.

Notations et raisonnement mathématiques (objectifs pour le lycée)

Cette rubrique, consacrée à l'apprentissage des notations mathématiques et à la logique, ne doit pas faire l'objet de séances de cours spécifiques mais doit être répartie sur toute l'année scolaire.

Notations mathématiques
Les élèves doivent connaître les notions d'élément d'un ensemble, de sous-ensemble, d'appartenance et d'inclusion, de réunion, d'intersection et de complémentaire et savoir utiliser les symboles de base correspondant : $\in$, $\subset$, $\cup$, $\cap$ ainsi que la notation des ensembles de nombres et des intervalles.
Pour le complémentaire d'un ensemble A, on utilise la notation des probabilités $\overline{A}$.

Pour ce qui concerne le raisonnement logique, les élèves sont entraînés, sur des exemples :
- à utiliser correctement les connecteurs logiques « et », « ou » et à distinguer leur sens des sens courants de « et », « ou » dans le langage usuel ;
- à utiliser à bon escient les quantificateurs universel, existentiel (les symboles $\forall$, $\exists$ ne sont pas exigibles) et à repérer les quantifications implicites dans certaines propositions et, particulièrement, dans les propositions conditionnelles ;
- à distinguer, dans le cas d'une proposition conditionnelle, la proposition directe, sa réciproque, sa contraposée et sa négation ;
- à utiliser à bon escient les expressions « condition nécessaire », « condition suffisante » ;
- à formuler la négation d'une proposition ;
- à utiliser un contre-exemple pour infirmer une proposition universelle ;
- à reconnaître et à utiliser des types de raisonnement spécifiques : raisonnement par disjonction des cas, recours à la contraposée, raisonnement par l'absurde.

Le raisonnement logique

Le raisonnement logique n'est pas propre aux mathématiques ; il intervient au quotidien, dans les décisions que l'on prend, les gestes que l'on fait…
Le raisonnement le plus courant est l'implication : « *Si le feu est rouge alors je dois m'arrêter.* » Mais il existe de nombreuses autres façons de s'assurer d'un résultat.
Par exemple, supposons que lorsqu'il pleut je prenne toujours un parapluie. En conséquence, lorsque je me promène sans parapluie, on peut en conclure qu'il ne pleut pas : c'est logique !
Tous ces raisonnements sont utilisés en mathématiques pour démontrer un résultat. Vous trouverez dans ces pages tous les outils du raisonnement logique que vous pouvez utiliser pour démontrer.

1 Les connecteurs logiques : et, ou

Dans le langage usuel, le mot « ou » signifie le plus souvent un choix exclusif, comme « fromage ou dessert ». On parle de « ou » **exclusif**.
En mathématiques, le mot « ou » propose un choix qui n'est pas exclusif : « un élément appartient à A ou B » ne signifie pas « cet élément appartient soit à A, soit à B » mais « cet élément appartient **au moins** à A ou à B » ; dans ce cas, il peut appartenir soit à A, soit à B, soit aux deux ensembles. On parle alors de « ou » **inclusif**.

EXEMPLE

Considérons la phrase : « Tous les élèves de la chorale ou du cours de danse participent au spectacle. »

Dans cette phrase, le « ou » est inclusif : il inclut aussi les élèves qui participent à la fois à la chorale et au cours de danse.

L'intersection de deux ensembles A et B est l'ensemble des éléments qui appartiennent à A **et** à B.
On note cette intersection $\mathbf{A \cap B}$.
La **réunion** de deux ensembles A et B est l'ensemble des éléments qui appartiennent à A **ou** à B.
On note cette réunion $\mathbf{A \cup B}$.

EXEMPLE 1

Reprenons l'exemple précédent. On note A l'ensemble des élèves de la chorale et B l'ensemble des élèves du cours de danse.
$A \cup B$ est la partie colorée. Elle contient $A \cap B$.

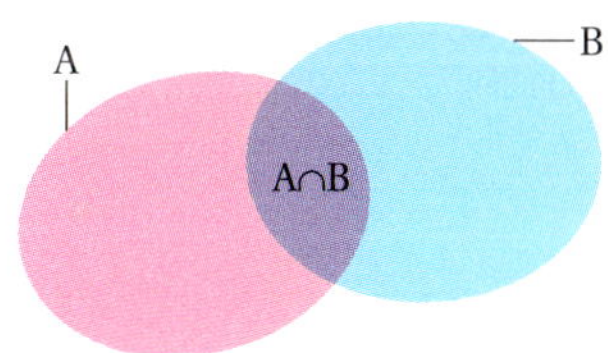

EXEMPLE 2

Dans la famille des parallélogrammes, en notant A l'ensemble des rectangles et B l'ensemble des losanges, on a :
– $A \cap B$ est l'ensemble des carrés ;
– $A \cup B$ contient les rectangles non carrés, les losanges non carrés et les carrés.

2 Les quantificateurs : pour tout, quel que soit, il existe

Les quantificateurs permettent de connaître le domaine de validité d'une propriété.

REMARQUE
Les quantificateurs sont intéressants pour donner un contre-exemple.
Par exemple, la proposition « tout parallélogramme a ses diagonales de longueurs différentes » est fausse car il existe des parallélogrammes dont les diagonales ont même longueur.

Ils sont donc essentiels pour savoir dans quel cas une propriété peut s'appliquer.

EXEMPLES

- On considère les trois affirmations suivantes :

« **Tout** parallélogramme dont les diagonales sont de même longueur est un rectangle. »
« **Quel que soit** x, x^2 est positif ou nul. »
« **Tous** les ans, Noël est en décembre. »

Dans ces trois affirmations, on énonce une **propriété universelle**, vraie pour tous les parallélogrammes, pour tout nombre réel x, pour chaque année.

- On considère les trois affirmations suivantes :

« **Il existe** des parallélogrammes dont les diagonales sont de même longueur. »
« **Il existe** des réels x tels que $x^2 > 100$. »
« **Il existe** des années où il ne neige pas. »

Dans ces trois affirmations, on énonce une propriété vraie sur des exemples mais qui n'est pas universelle.

ATTENTION ! Les quantificateurs sont essentiels dans une proposition mais ils sont souvent implicites : il faut donc veiller à les repérer.

EXEMPLES

- « Un parallélogramme dont les diagonales sont de même longueur est un rectangle. »
Le quantificateur implicite est « **tout** ».
- « Un parallélogramme peut avoir des diagonales de même longueur. »
Le quantificateur implicite est « **il existe** ».

Les deux quantificateurs « tout » et « il existe » sont souvent liés lorsqu'il s'agit d'énoncer le contraire d'une proposition.

EXEMPLES

- Le contraire de la proposition « **Toutes** les fenêtres sont fermées » est la proposition « **Il existe** une fenêtre (au moins) d'ouverte ».
- Le contraire de la proposition « **Tous** les carrés sont des losanges » est la proposition « **Il existe** des losanges qui ne sont pas carrés ».

3 Implication, réciproque, contraposée et équivalence

ATTENTION ! Le sens de lecture de l'implication est essentiel.

Le principe même du raisonnement mathématique est **l'implication** (propriété directe) : un fait en implique un autre, une hypothèse entraîne une conclusion.

Une propriété et sa **réciproque** ne sont pas toujours équivalentes.
Une propriété et sa **contraposée** sont équivalentes.

EXEMPLES

Supposons que la propriété P suivante soit toujours vraie : « Si je suis habillé en bleu alors je suis heureux. »

- La **réciproque** de la propriété P est : « Si je suis heureux alors je suis habillé en bleu. »
Cette propriété n'est pas nécessairement vraie car il y a peut-être d'autres raisons d'être heureux.
- La **contraposée** de la propriété P est : « Si je ne suis pas heureux alors je ne suis pas habillé en bleu. »
Cette propriété est nécessairement vraie, car si j'étais habillé en bleu, je serais heureux, or je ne suis pas heureux, donc je ne peux pas être habillé en bleu.

En notant A et B deux propositions, nonA et nonB leurs propositions contraires, on peut résumer les relations entre ces propositions ainsi :

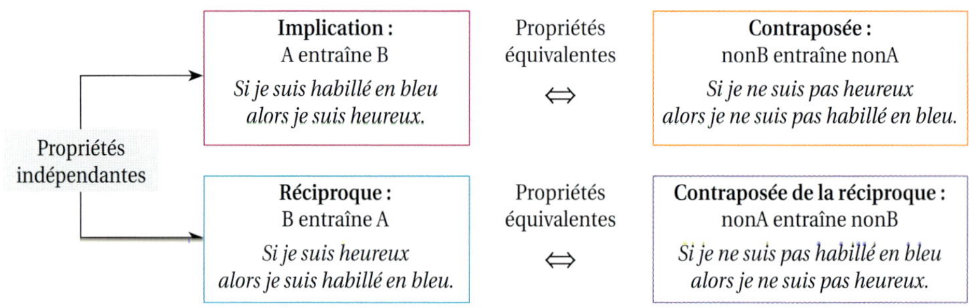

REMARQUE

La propriété « Si je suis habillé en bleu alors je suis heureux » n'est pas équivalente à « Si je ne suis pas habillé en bleu alors je ne suis pas heureux », bien que l'on confonde souvent leur sens par un raisonnement trop hâtif.

Lorsqu'une propriété et sa réciproque sont simultanément vraies, on dit que la propriété est une **équivalence**.

EXEMPLE

- La propriété « Un quadrilatère est un carré **si et seulement si** il est losange et rectangle » peut se décliner en deux propriétés :
– propriété directe : « Si un quadrilatère est un carré alors il est losange et rectangle. »
– propriété réciproque : « Si un quadrilatère est losange et rectangle alors c'est un carré. »
- Les égalités $x^2 = 9$ et $x = 3$ ne sont pas équivalentes : si $x = 3$ alors $x^2 = 9$ mais la réciproque est fausse car si $x^2 = 9$ alors $x = 3$ ou $x = -3$.

4 Les outils du raisonnement dans la démonstration

a. Le contre-exemple

Le contre-exemple s'utilise pour démontrer qu'une proposition n'est pas toujours vraie.

EXEMPLES

- TOM. – Aujourd'hui, on fabrique tout en Chine !
LYDIA. – C'est faux : mon sac a été fabriqué en France.
- « Un quadrilatère dont les diagonales sont de même longueur est un rectangle. »
Cette affirmation est fausse si les diagonales ne se coupent pas en leur milieu. La figure ci-contre est un contre-exemple.

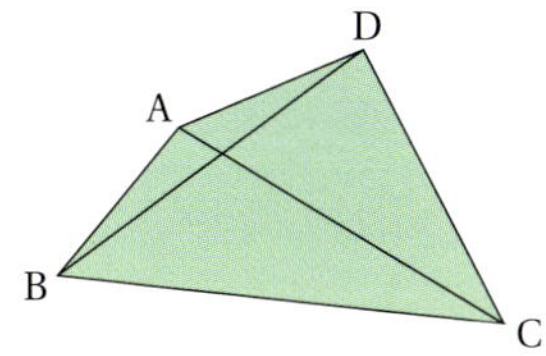

- « L'expression $x^2 - x$ est positive ou nulle pour tout réel x. »
Cette phrase est fausse car pour $x = \frac{1}{2}$ on a $\left(\frac{1}{2}\right)^2 - \frac{1}{2} = -\frac{1}{4} < 0$.

b. Le raisonnement par l'absurde

Le raisonnement par l'absurde consiste à émettre comme hypothèse le contraire du résultat escompté. Si cela conduit à un résultat absurde (ou faux) alors on aura démontré que le résultat attendu était juste.

EXEMPLE

S'il existe un nombre réel x solution de l'équation $x^2 + 1 = 0$ alors $x^2 = -1$, ce qui est impossible car un carré est toujours positif.
Donc l'équation $x^2 + 1 = 0$ n'a pas de solution.

c. Le raisonnement par contraposée

Le raisonnement par contraposée consiste à montrer la contraposée de la proposition car elle est équivalente à celle-ci. On suppose le contraire du résultat escompté, et l'on démontre le contraire de l'hypothèse initiale.

EXEMPLES

- « Dans ma classe tous les élèves font de l'espagnol. Tu ne fais pas espagnol donc tu n'es pas dans ma classe. »
- *Démontrons la propriété suivante :* « Si un entier n a un carré pair alors n est pair. »

Il est équivalent de démontrer sa contraposée : « Si un entier n est impair alors n a un carré impair. »
Supposons donc que n est impair. Il existe alors un entier k tel que $n = 2k + 1$.
On obtient : $n^2 = (2k+1)^2 = 4k^2 + 4k + 1 = 2(2k^2 + 2k) + 1$
n^2 est alors un nombre impair.
La contraposée de la propriété étant vraie, la propriété est aussi vraie.

d. Le raisonnement par disjonction des cas

Le raisonnement par disjonction des cas s'utilise lorsque la démonstration dépend de la situation mais que l'on peut démontrer la proposition en traitant les différents cas séparément.

EXEMPLES

- « Que je vienne à pied ou en bus, je serai en retard : si je prends le bus, je serai pris dans les bouchons, si je viens à pied, je mettrai trop longtemps. »
- *Démontrons la propriété suivante :* « Pour tout entier naturel n, $n^2 + 3n$ est pair. »

n est un nombre entier. Il est soit pair, soit impair.
– Supposons tout d'abord que n est impair. Il existe donc un entier k tel que $n = 2k + 1$.
On obtient :
$n^2 + 3n = (2k+1)^2 + 3(2k+1) = 4k^2 + 4k + 1 + 6k + 3 = 4k^2 + 10k + 4 = 2(2k^2 + 5k + 2)$
$n^2 + 3n$ est donc un nombre pair.
– Supposons maintenant que n est pair. Il existe donc un entier k tel que $n = 2k$.
On obtient : $n^2 + 3n = (2k)^2 + 3(2k) = 4k^2 + 6k = 2(2k^2 + 3k)$
$n^2 + 3n$ est donc un nombre pair.
En conclusion, quel que soit l'entier naturel n, $n^2 + 3n$ est pair.

Initiation à l'algorithmique

A | INTRODUCTION

1 Définition et exemples

Un algorithme est une liste finie de processus élémentaires, appelés instructions élémentaires, amenant à la résolution d'un problème.

EXEMPLE

Lou visite Paris mais elle n'a pas pris de plan. Elle se promène dans l'avenue de l'Observatoire, en direction des jardins du Luxembourg lorsqu'elle demande son chemin à un passant qui lui indique :

« Continuez jusqu'au bout, tournez à droite, prenez la première à gauche puis la troisième à droite, alors continuez alors tout droit jusqu'à la bifurcation de la rue, vous y êtes. »

La suite des instructions précédentes permet de voir que Lou souhaite se rendre au Panthéon.

Une fois sa visite terminée, elle demande à nouveau son chemin à une fleuriste qui lui indique :

« Repartez dans la direction des jardins du Luxembourg et prenez la quatrième à droite. Continuez tout droit, franchissez la Seine puis tournez à la première à droite et vous y êtes. »

La nouvelle étape de Lou est la cathédrale Notre Dame de Paris.

De la même façon, les instructions pour rejoindre le point de départ pourraient être :

« Faire demi-tour et longer la Seine, prendre le premier pont à gauche, aller tout droit jusqu'au bout du parc du Luxembourg, prendre à droite puis la deuxième à gauche. »

Exemples d'algorithmes classiques

- **L'algorithme de la division euclidienne** : c'est une suite finie d'instructions qui calculent le quotient et le reste de la division de deux entiers. On répète une succession d'opérations tant que le quotient partiel est supérieur ou égal au diviseur.
- **L'algorithme d'Euclide** : c'est une suite finie de divisions euclidiennes aboutissant au calcul du PGCD de deux entiers.
En effet, pour déterminer le PGCD de deux entiers, on applique l'algorithme ci-contre.

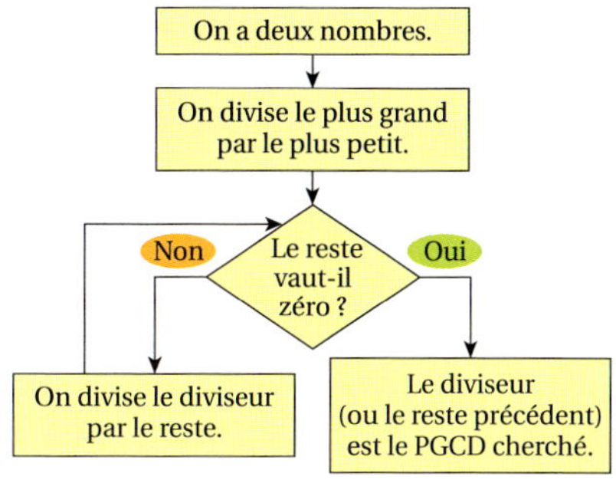

EXEMPLE

Calculons le PGCD de 946 et 444 :

Dividende	Diviseur	Reste	Quotient
946	444	58	2
444	58	38	7
58	38	20	1
38	20	18	1
20	18	2	1
18	2	0	9

Le PGCD de 946 et 444 est donc 2.
Un algorithme ne doit contenir que des instructions qui ne comportent aucune ambiguïté et donc compréhensibles par celui qui doit les exécuter.

2 Langage et structure d'un algorithme

Un algorithme peut être décrit en langage « naturel », mais on utilise dans la plupart des cas un langage plus précis adapté aux instructions utilisées : on parle alors de langage de programmation.

Les exemples d'algorithmes de ce manuel sont écrits dans plusieurs environnements : le langage naturel, AlgoBox, le langage de programmation Python, le langage des calculatrices les plus courantes (TI et Casio), le Logo avec le logiciel Géotortue ainsi que les syntaxes des logiciels Xcas et Scilab.
On pourra se reporter au tableau de correspondance entre les différentes syntaxes utilisées (▶ **voir p. V**).

De façon générale, on peut considérer trois étapes dans un algorithme :

1. L'entrée des données
Dans cette étape figure la lecture des données qui seront traitées au cours de l'algorithme. Ces données peuvent être saisies au clavier ou bien être lues dans un fichier annexe.

2. Le traitement des données
C'est le cœur du programme. Il est constitué d'une suite d'instructions, parmi lesquelles les différentes opérations sur les données, qui permettent de résoudre le problème.

3. La sortie des résultats
C'est le résultat obtenu qui peut être affiché à l'écran ou enregistré dans un fichier.

B | LES INSTRUCTIONS

1 L'affectation

Une des instructions fondamentales est l'**affectation** d'une valeur à une variable.

L'affectation consiste à attribuer une valeur à une variable.

Les valeurs prises par les variables sont, par exemples, des nombres entiers, des nombres décimaux, des chaînes de caractères, des listes, des tableaux, des graphiques, … et sont susceptibles de changer au cours de l'algorithme.

L'affectation se traduit de différentes manières selon le langage.
Par exemple, si une variable A doit être affectée de la valeur 3, on écrit en langage naturel : « A **prend la valeur** 3. »
Ce que l'on écrit par exemple :

3→A	A = 3	A:=3
en langage TI ou Casio ;	en langage Python ou sous Scilab ;	sous Xcas.

EXEMPLE

On considère la suite des affectations ci-contre :

```
a=2
b=6
a=b-5
b=3*a
a=b
```

Pour déterminer les valeurs prises par a et b à la suite de ces affectations, on exécute pas à pas la succession des instructions, ici en indiquant dans un tableau les valeurs successives prises par les deux variables a et b :

	a	*b*
Initialisation	2	6
3ᵉ ligne	1	6
4ᵉ ligne	1	18
5ᵉ ligne	18	18

REMARQUES

- Voir le tableau en p. V pour la correspondance entre les différentes syntaxes.
- L'affectation d'une variable efface toute valeur antérieurement affectée.

EXERCICE : Écrire une suite d'instructions ayant pour effet de permuter les deux variables x et y.

Réponse : On utilise une variable auxiliaire *temp* :

```
temp = x     on stocke x dans temp
x = y        x prend la valeur y
y = temp     y prend la valeur temp égale à la valeur initiale de x
```

REMARQUE : En Python, on peut réaliser des affectations simultanées : *a,b*=2,8 et on peut réaliser l'échange de deux variables sans l'aide de variables auxiliaires : *a,b = b,a*

EXERCICE : Écrire un algorithme qui prend en entrée trois nombres et qui affiche une permutation circulaire de ces trois nombres.

Réponse : Voici une solution à l'aide du logiciel Scilab :

```
a=input("a= ")
b=input("b= ")
c=input("c= ")
temp1=a
temp2=b
a=c
b=temp1
c=temp2
afficher([a,b,c])
```

Le triplet (a, b, c) est transformé en (c, a, b).

REMARQUES

- L'instruction **input** met l'ordinateur en position d'attente. La valeur donnée par l'utilisateur sera ensuite affectée à la variable *a*.
- L'instruction **afficher** affiche la valeur de la variable précisée.

2 Instruction conditionnelle

On est très souvent amené à effectuer des instructions sous certaines conditions.
Il s'agit, par exemple, d'effectuer des instructions qui dépendent, la plupart du temps, de la comparaison de deux valeurs affectées à deux variables. Ces relations de comparaison sont $<, >, \leq, \geq, =, \neq$.

EXEMPLE

Voir le plan de Paris, page 12 : le chemin de Lou, à partir de la rue de l'Observatoire, pourrait être :

« Continuez jusqu'au bout, tournez à droite, prenez la première à gauche puis :
si la troisième rue à droite est en travaux, alors prenez la suivante à droite, puis la première à droite, puis la première à gauche, alors continuez alors tout droit jusqu'à la bifurcation de la rue, vous y êtes.
sinon, empruntez cette rue, continuez tout droit jusqu'à la bifurcation de la rue, vous y êtes »

En langage naturel une instruction conditionnelle peut se formuler par : « Si … alors … ; sinon … », ce qui se traduit en langage Python par :

```
if condition :
    instructions
else :
    instructions
```

EXERCICE : Écrire un algorithme qui affiche la valeur absolue d'un nombre.

Réponse : En langage Python :

```
x = float(input('entrer un nombre'))
if  x > = 0 :
    print(x)
else :
    print(-x)
```

EXERCICE : On considère ci-contre le graphe d'une fonction f définie sur l'intervalle [–4 ; 4].
Écrire un algorithme qui renvoie l'image d'un réel x donné en entrée.

Réponse :

```
x=float(input('entrer un nombre '))
if x>4 or x<-4:
    print("f n'est pas définie en ",x)
elif x>=-4 and x<-2:
    print('l image de ',x,'est',2)
elif x<0:
    print('l image de ',x,'est',-x)
elif x<=4:
    print('l image de ',x,'est',0)
```

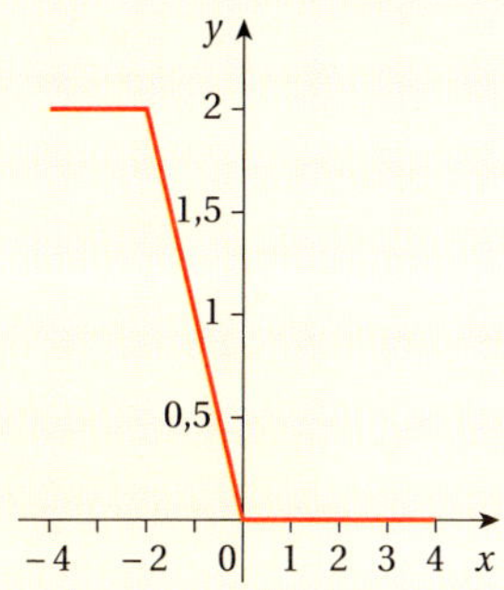

EXEMPLE : La suite de Syracuse

Considérons l'algorithme en langage naturel :

Entrée :	Un entier naturel *a*
Traitement et Sortie :	Si *a* est pair alors on affiche la valeur *a*÷2
	Si *a* est impair alors on affiche la valeur 3*a*+1

Cet algorithme peut, par exemple, s'écrire à l'aide du logiciel AlgoBox ou encore en langages Python ou TI :

AlgoBox

```
VARIABLES
  a EST_DU_TYPE NOMBRE
DEBUT_ALGORITHME
  LIRE a
  SI (a%2==0) ALORS
    DEBUT_SI
    a PREND_LA_VALEUR a/2
    FIN_SI
    SINON
      DEBUT_SINON
      a PREND_LA_VALEUR 3*a+1
      FIN_SINON
  AFFICHER a
FIN_ALGORITHME
```

Python*

```
a=int(input("a= "))
if a%2==0:
    a=a/2
else:
    a=3*a+1
print(a)
```

TI

```
PROGRAM:SYRACUSE
:Input "A=",A
:If A-2*ent(A/2)
=0
:Then
:A/2→A
:Else
:3*A+1→A
:End
:Disp A
```

* En Python, « a%2 » désigne le reste de la division euclidienne de l'entier a par 2.

ATTENTION !

Il ne faut pas confondre l'égalité et l'affectation.
En Python,« = » est le symbole d'affectation, « = = » est celui de l'égalité. (voir le tableau p. V).

REMARQUE

Dans la plupart des langages, les blocs d'instructions doivent être délimités par des symboles spécifiques.
En Python, ces délimiteurs de blocs sont repérés par les sauts de ligne et les indentations (décalage par rapport à la marge).
En Python, la ligne d'en-tête d'un bloc d'instructions se termine toujours par « : ».

EXERCICE : Écrire un algorithme qui affiche le prix de n tirages photographiques sachant que le laboratoire facture 0,5 euros les 20 premières, 0,40 euros les 10 suivantes et à 0,35 euros les suivantes.

Réponse :

Avec le logiciel Scilab :

```
n=input("nombre de photos = ")
if n<=20 then
    prix=n*0.5
elseif n<=30 then
    prix=20*0.5+(n-20)*0.4
else
    prix=20*0.5+10*0.4+(n-30)*0.35
end
afficher("Le prix est "+string(prix)+" euros")
```

3 Boucle conditionnelle

On peut être amené à répéter un bloc d'instructions tant qu'une condition reste vérifiée.

En langage naturel, une répétition en boucle peut se formuler par : « tant que … ».

Dans la plupart des langages, la syntaxe d'une répétition en boucle est **while** (*tant que* en anglais).

Si la condition qui suit la ligne d'en-tête contenant l'instruction **while** est vérifiée, alors le programme exécute toutes les instructions du bloc qui suit, sinon le bloc est entièrement ignoré.

EXEMPLES

- Le programme Python ci-dessous affiche les carrés et cubes des entiers de 1 à 20.

```
n=1
while n<=20:
    print(n,n**2,n**3)
    n=n+1
```

- **La « suite de Fibonacci »**

La suite de Fibonacci est une suite de nombres, dont les deux premiers sont égaux à 1 et chaque terme suivant est égal à la somme des deux termes qui le précèdent.

Les premiers termes de cette suite sont : 1, 1, 2 (= 1 + 1), 3 (= 1 + 2), 5 (= 2 + 3), 8 (= 3 + 5), 13 (= 5 + 8), …

Le programme ci-dessous (en Python) réalise cette suite.
On pourra l'exécuter pas à pas afin de comprendre le rôle de chaque variable.

```
a,b,c=0,1,0
print(b)
while c<20:
    a,b,c=b,a+b,c+1
    print(b)
```

Dans cet exemple, les variables a et b contiennent à chaque itération deux termes consécutifs de la suite. La variable c est un compteur de boucles.

EXERCICE : Écrire un algorithme qui affiche la table de multiplication par n, n entier naturel donné en entrée.

Réponse :

En langage Python :

```
n=int(input("n="))
i=1
while i<=10:
    print(i,'x',n,'=',i*n)
    i=i+1
```

EXERCICE : Voici un algorithme écrit en Scilab. Quelle est la valeur de la variable x à la fin des instructions ?

```
n=10
x=0
i=0
while i<n
    x=x+i
    i=i+2
end

```

Réponse :

Voici comment évoluent les variables x et i au cours du programme :

Variable x	0	0	2	6	12	20
Variable i	0	2	4	6	8	10

La dernière valeur de la variable x est 20.

4 Boucle itérative

L'autre moyen de répéter des instructions peut se réaliser à l'aide de l'instruction **for**.
En Python, la boucle **for** parcourt dans l'ordre les éléments d'une séquence quelconque.
La syntaxe est la suivante :

```
for variable in séquence :
     opérations à répéter
```

EXEMPLE

Calcul de la somme des entiers de 1 à 200 en langage Python, ci-contre :

L'instruction **range**(200) désigne la séquence des 200 entiers 0, 1, ..., 199.
Si a et b sont des entiers (avec $a < b$), **range**(a, b) désigne la séquence des entiers n vérifiant $a \leq n < b$.

```
S=0
for i in range(201):
    S=S+i
print(S)
```

EXERCICE : Écrire un algorithme qui affiche les lignes suivantes :

```
-
--
---
----
```

Puis

```
----
---
--
-
```

Réponse :
En langage Python :

```
for i in range(4):
    for j in range(i+1):
        print('-',end='')
    print()
```

REMARQUE : l'instruction **end =''** permet l'affichage sur un même ligne, l'instruction print() provoque quant à elle un passage à la ligne.

```
for i in range(4):
    for j in range(4-i,0,-1):
        print('-', end='')
    print()
```

range(a, b, c) désigne la séquence des entiers compris entre a et b (b exclu) avec un pas de c.

EXERCICE : Que réalise cet algorithme écrit en Python ?

```
for i in range(2,10):
    for j in range(1,11):
        print(i,'x',j,'=',i*j)
    print()
```

Réponse :
Ce programme affiche les tables de multiplication des entiers de 2 à 9.

REMARQUE

On peut toujours remplacer une boucle itérative par une boucle conditionnelle.

- Si on connaît le nombre de passages dans la boucle, il suffit de définir une variable compteur qui compte le nombre de passages dans la boucle. Il faudra penser à initialiser correctement ce compteur et à l'incrémenter à l'intérieur de la boucle.
- Si on ne connaît pas le nombre de passages dans la boucle, il faut déterminer la condition d'arrêt et s'assurer que cette dernière sera atteinte.

EXERCICE : Écrire un programme qui affiche les tables de multiplication de 2 à 9 en utilisant que des boucles conditionnelles.

Réponse :
En langage Python :

```
i=2
while i<10:
    j=1
    while j<11:
        print(i,'x',j,'=',i*j)
        j=j+1
    print()
    i=i+1
```

La dernière table affichée (pour $i = 9$) est :

```
9 x 1 = 9
9 x 2 = 18
9 x 3 = 27
9 x 4 = 36
9 x 5 = 45
9 x 6 = 54
9 x 7 = 63
9 x 8 = 72
9 x 9 = 81
9 x 10 = 90
```

C FONCTIONS OU PROCÉDURES

Afin de faciliter la lecture d'un programme complexe, on peut le décomposer en sous-programmes plus simples à lire et interpréter. Ces mêmes sous-programmes peuvent de plus être utilisés plusieurs fois dans le programme initial. Il peut alors être intéressant de définir de nouvelles instructions pour la construction d'un programme.
La syntaxe en Python pour définir une fonction est la suivante :

```
def nomdelafonction (paramètres) :
      ........................
      bloc d'instructions
      ........................
```

Dans la suite du programme, l'appel à cette fonction s'effectuera simplement par son nom suivi des paramètres entre parenthèses, de la même manière qu'un appel à une fonction prédéfinie du langage.

EXEMPLE

La fonction **sec** suivante convertit en secondes une durée exprimée en heure, minute et seconde (l'instruction **return** renvoie la valeur calculée par la fonction) :

```
def sec (h, m, s) :
    "conversion en secondes"
    return 3600*h+60*m+s
```

EXERCICE : Écrire une fonction qui calcule la somme des n premiers entiers naturels.

Réponse :

En langage Python :

```
def somme(n):
    S=0
    i=1
    while i<=n:
        S=S+i
        i=i+1
    return S
```

Avec Scilab

```
function S=somme(n)
    S=0
    i=1
    while i<=n
        S=S+i
        i=i+1
    end
endfunction
```

D GÉOTORTUE (langage Logo)

Ce logiciel permet de réaliser des figures géométriques en déplaçant, à l'aide de commandes, le curseur qui laisse une trace derrière lui.
Les principales fonctions de ce module sont les suivantes :

Instruction et syntaxe	Action
av L	Avance d'une longueur *L*
re L	Recule d'une longueur *L*
tg a	Tourne à gauche de *a* degrés
td a	Tourne à droite de *a* degrés
lc	Lève le crayon traceur
bc	Abaisse le crayon
vg	Vide graphique, efface tous les parcours
tlp x y	Téléporte la tortue au point de coordonnées (*x*, *y*)
rep n [bloc]	Répète *n* fois un bloc de commandes
si (*conditon*) **alors** [*actions*] **sinon** [actions]	Instruction conditionnelle
tant_que (*condition*) **alors** [*actions*]	Boucle conditionnelle

EXEMPLE

La suite des instructions suivantes dessine un carré de côté 100 :

```
> av 100 ; td 90 ; av 100 ; td 90 ; av 100 ; td 90 ; av 100 ; td 90
```

On l'écrira plus simplement :

```
> rep 4  [ av 100 ; td 90 ]
```

On peut créer de nouvelles procédures qui pourront être appelées ultérieurement dans d'autres programmes. On définit par exemple la procédure **carre** qui prendra la longueur du côté en argument :

```
> pour carre c
> rep 4 [ av c ; td 90 ]
> fin
```

L'exécution de carre 100 dessinera un carré de côté 100.

EXERCICE : Réaliser la figure suivante, composée d'un carré de côté 200, d'un triangle équilatéral et d'un carré de côté 60.

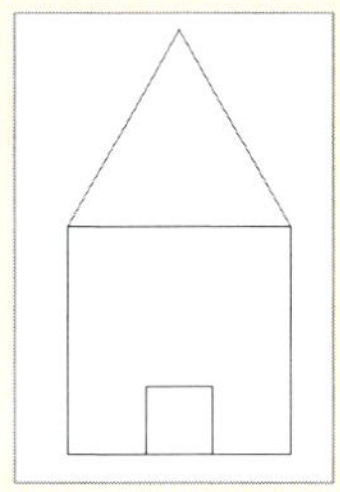

Réponse :

```
>carre 200
>av 200
>td 30;av 200; td 120; av 200;td 30;av 200;td 90;av 130;td 90
>carre 60
```

REMARQUE :

On peut ainsi réaliser des dessins géométriques plus complexes :

<table>
<tr><td>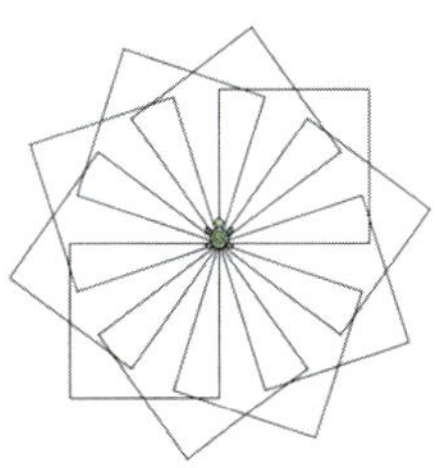</td><td>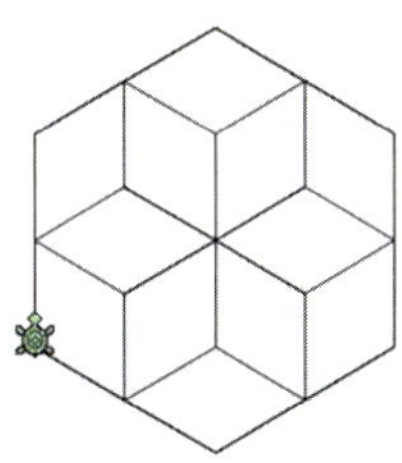</td><td>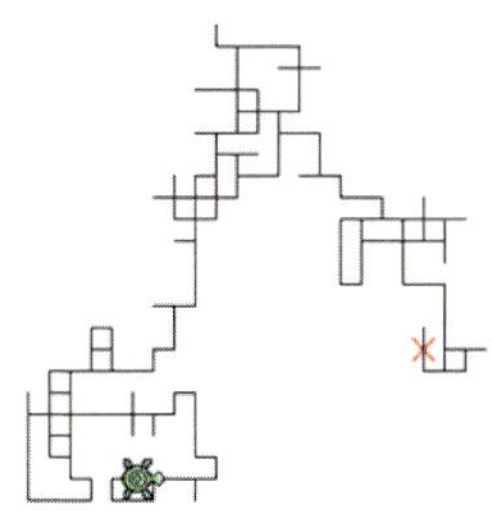</td></tr>
<tr><td>rep 10 [carre 100 ; td 36]</td><td>pour hexagone c
rep 6 [av c ; td 60]
fin

rep 6 [av 50; hexagone 50 ; av 50 ; td 60]</td><td>Une marche aléatoire :
pour dep n
rep n [x:=alea(4); si (x==1) alors [av 10]; si (x==2) alors [tg 90 ; av 10] ;
si (x==3) alors [td 90 ; av 10] ;si (x==4) alors [re 10]]
fin</td></tr>
</table>

QCM Pour bien commencer

Pour chaque question, il y a une ou plusieurs bonnes réponses.

1 Soit f la fonction définie sur $\mathbb{R}$ par $f(x) = 3x - 5$.
L'image de 0 par f est :
Ⓐ 0. Ⓑ -5. Ⓒ 3. Ⓓ -2.

2 Soit f la fonction définie sur $\mathbb{R}$ par $f(x) = 3x - 5$.
L'antécédent de 2 par f est :
Ⓐ -1. Ⓑ $\frac{7}{3}$. Ⓒ 4. Ⓓ $-\frac{7}{3}$.

3 Soit f la fonction définie sur $\mathbb{R}$ par $f(x) = x^2 - 2x$.
Le nombre $f(3)$ est égal à :
Ⓐ 0. Ⓑ -1. Ⓒ 3. Ⓓ -3.

Pour les exercices 4 à 6

On considère la représentation graphique ci-contre d'une fonction f.

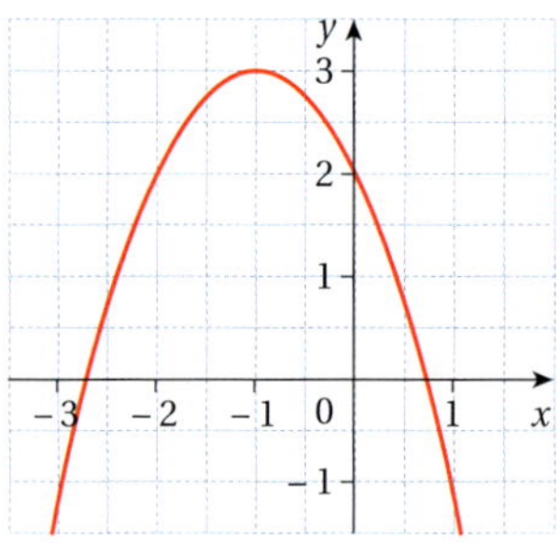

4 L'image de 1 par f :
Ⓐ est 0,5.
Ⓑ est –2,5 ou 0,5.
Ⓒ est –1.
Ⓓ n'existe pas.

5 Les antécédents de 2 par f :
Ⓐ sont –2 et 2. Ⓑ sont –2 et 0.
Ⓒ ne peuvent pas être lus sur ce graphique.
Ⓓ n'existent pas.

6 Par lecture graphique, on peut affirmer que :
Ⓐ $f(-3) = 1$. Ⓑ $f(-1) = -3$. Ⓒ $f(-3) = -1$. Ⓓ $f(-1) = 3$.

7 On considère la représentation graphique d'une fonction f définie pour les nombres compris entre -2 et 3.

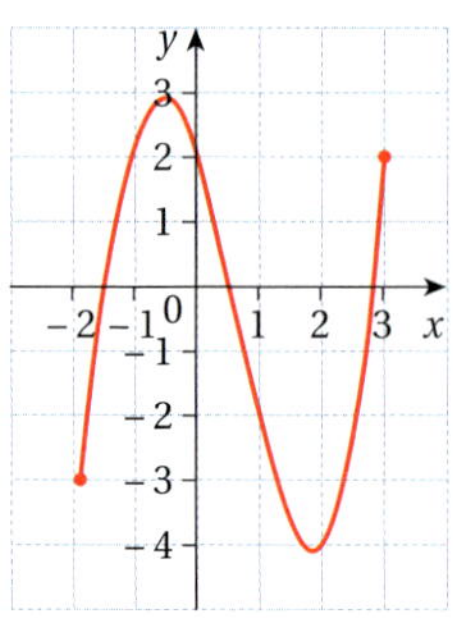

1. L'image de 2 par f est :
Ⓐ -1. Ⓑ 0.
Ⓒ 3. Ⓓ -4.

2. On peut lire sur le graphique que :
Ⓐ 2 a exactement 3 antécédents par f.
Ⓑ 0 a un unique antécédent par f.
Ⓒ f s'annule 3 fois.
Ⓓ 3 est un antécédent de 2 par f.

8 Le tableau de valeurs ci-contre peut être associée à la fonction f définie par :

x	-3	-2	2	3
$f(x)$	3	5	$-\frac{1}{3}$	0

Ⓐ $x \mapsto \frac{1-x}{x+1}$. Ⓑ $x \mapsto \frac{x-1}{x+1}$.
Ⓒ $x \mapsto \frac{x-3}{x+1}$. Ⓓ $x \mapsto \frac{x-3}{1-x}$.

9 ABCD est un rectangle tel que AB = 4 cm et AD = 6 cm. Un point M décrit le segment [AB] de A vers B. On considère la fonction qui associe à la distance AM l'aire du triangle CMD.
Reconnaître la représentation graphique de cette fonction parmi celles proposées :

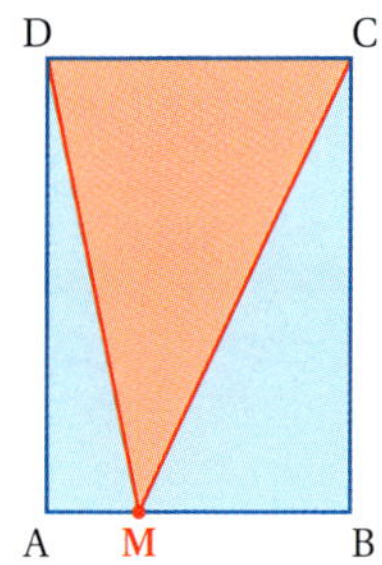

Ⓐ

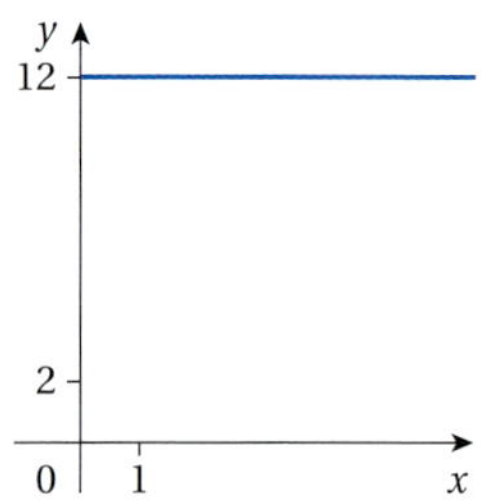

Ⓑ

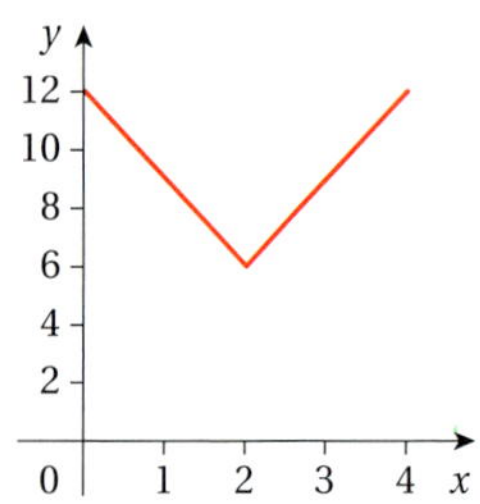

Ⓒ

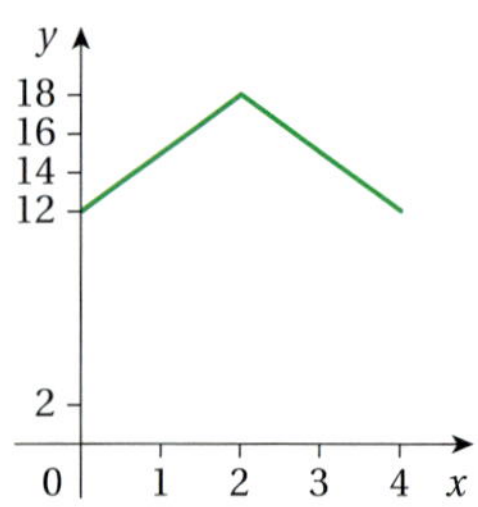

Ⓓ

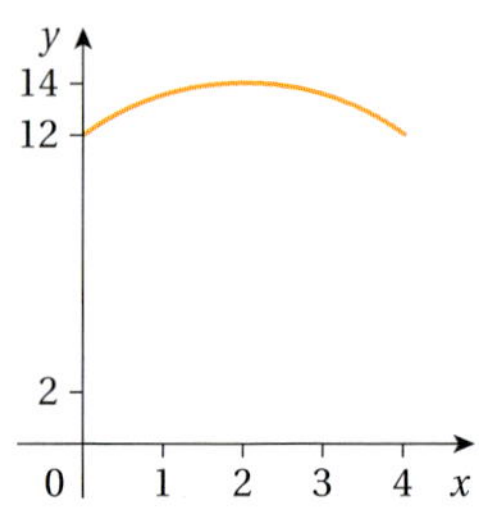

CORRIGÉ P. 342

Généralités sur les fonctions

1

Courbes naturelles dans une vallée du Vietnam.

« **La nature ne fait pas de sauts.** »

Gottfried Wilhelm Leibnitz (1646-1716),
Nouveaux Essais, IV, 16.

Le chapitre en bref

Réinvestir

- Notion de fonction
- Images et antécédents

Découvrir

- Variations d'une fonction
- Intervalles de $\mathbb{R}$
- Résolution graphique d'équations et d'inéquations

UN PEU D'HISTOIRE p. 41

Activités

1 Évolution du climat

Réinvestir : Lire et interpréter des informations sur un graphique.

Afin d'établir des objectifs de limitation des émissions de gaz à effet de serre, parmi lesquels le CO_2, il faut en estimer les effets à long terme. Pour cela, des chercheurs ont proposé plusieurs modèles d'évolution du climat selon l'importance des efforts des pays pour réduire leurs émissions de CO_2.

Le graphique de gauche présente un scénario optimiste de l'évolution des émissions de CO_2 dans l'atmosphère (en gigatonne de carbone).

Le graphique de droite représente la variation (par rapport à l'année 1990) de la température moyenne mondiale correspondant au scénario du premier graphique.

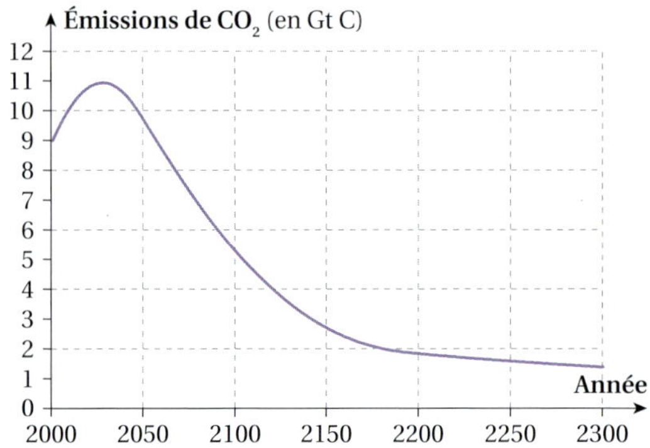

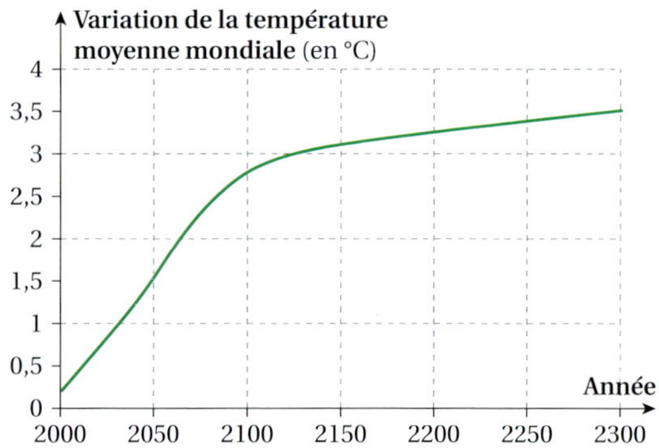

Source : Évaluation du Groupe d'experts intergouvernemental sur l'évolution du climat (GIEC) – 2007.

1. Quelle est, en gigatonne de carbone (Gt C), la quantité de CO_2 émise en 2000 ?
2. Selon le scénario proposé, quelle serait la quantité de CO_2 émise en 2100 ?
3. Quelle serait, en degré Celsius (°C), la variation de la température moyenne mondiale entre 2050 et 2100 ? Même question entre 2100 et 2150.
4. Quelle serait la quantité maximale de CO_2 émise ?
À partir de quelle année les émissions de CO_2 devraient-elles décroître ?
5. Est-il vrai qu'une diminution des émissions de CO_2 entraîne une stabilisation immédiate de la variation de la température moyenne mondiale ?
Justifier.

2 Distance d'arrêt d'un véhicule

Réinvestir : • Notion de proportionnalité et de fonction affine.
• Représentation graphique à partir d'un tableau de valeurs.

On appelle distance d'arrêt (notée D_A), mesurée en mètre, la distance totale parcourue par un véhicule pour s'arrêter, c'est-à-dire la somme de la distance parcourue pendant le temps de réaction du conducteur (notée D_R) et de la distance de freinage (notée D_F).

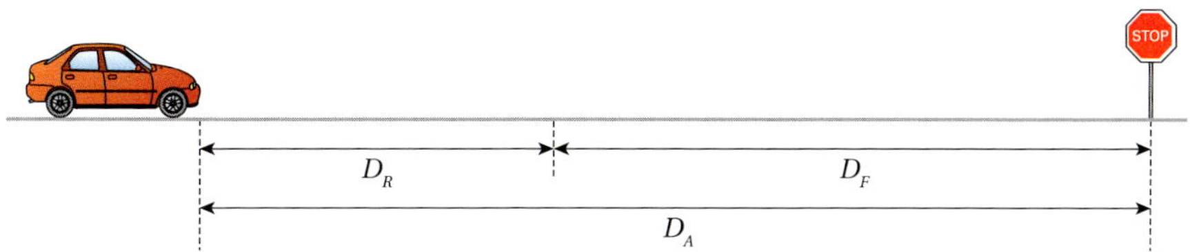

1 On suppopse que le temps de réaction du conducteur avant le début du freinage est de 1 seconde.

a. Montrer qu'avec une vitesse de 30 km/h, la distance de réaction est d'environ 8,3 m.

b. Exprimer la distance de réaction D_R, en m, en fonction de la vitesse initiale V, en km/h.

c. Cette fonction est-elle affine ? Est-elle linéaire ? Expliquer.

d. Reproduire le tableau suivant et compléter la ligne ② (arrondir à 10^{-1} près).

		Centre ville	Agglomération	Route	Voie rapide	Autoroute
①	**Vitesse, V (en km/h)**	30	50	90	110	130
②	**Distance de réaction, D_R (en m)**	**8,3**				
③	**Distance de freinage, D_F (en m)**					
④	**Distance d'arrêt, D_A (en m)**					

2 En cinématique (étude des mouvements), on montre que la distance de freinage est proportionnelle au carré de la vitesse initiale.
Pour un véhicule en bon état, elle est donnée par la formule : $D_F = \dfrac{V^2}{155}$.

a. Compléter les lignes ③ et ④ du tableau précédent (arrondir à 10^{-1} près).

b. Pour représenter graphiquement les valeurs de la distance d'arrêt, placer des points de coordonnées (V ; D_A) dans un repère orthogonal (unités : 1 cm pour 10 km/h en abscisse et 1 cm pour 10 m en ordonnée), puis relier ces points.

c. Cette fonction est-elle affine ? Est-elle linéaire ? Expliquer.

3 À l'aide du graphique obtenu au **2 b**, répondre aux questions suivantes.

a. Un gendarme fait signe de s'arrêter à un automobiliste quand il passe à sa hauteur : celui-ci se gare sur le bas-côté 100 m plus loin.
À combien le gendarme peut-il estimer la vitesse de l'automobiliste ?

b. Un jour de brouillard, la visibilité était de 50 m.
À quelle vitesse maximale devait-on rouler pour être en sécurité ?

c. Par temps de pluie, la distance de freinage augmente de 40 %.
Justifier le panneau ci-contre, visible sur toutes les autoroutes françaises.

Cours

A NOTION DE FONCTION

L'ensemble des nombres que nous utilisons est l'**ensemble des nombres réels**, noté $\mathbb{R}$.

1 Fonctions

DÉFINITION

$\mathcal{D}$ est une partie de l'ensemble des nombres réels $\mathbb{R}$. Définir une **fonction** f sur $\mathcal{D}$, c'est associer à tout nombre réel x de $\mathcal{D}$ un unique nombre réel, noté $f(x)$.

EXEMPLE

Faire la somme du carré et du cube d'un nombre réel quelconque.

Au nombre 2 correspond le nombre 12 car $2^2+2^3=4+8=12$.

De même, au nombre 3 correspond le nombre 36 car $3^2+3^3=9+27=36$.

Départ	2	3	−1	−2	1,5	0
	↓	↓	↓	↓	↓	↓
Arrivée	12	36	0	−4	5,625	0

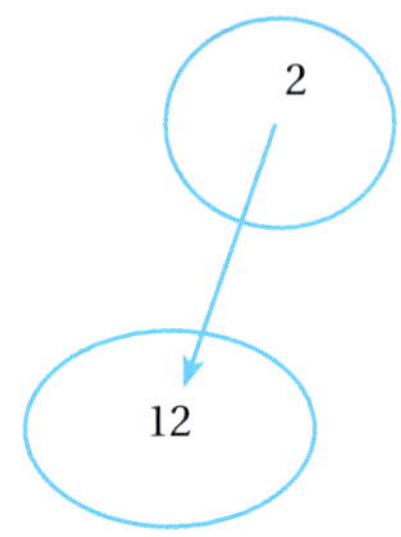

On note : $f: \mathcal{D} \to \mathbb{R}$
$\quad x \mapsto f(x)$

$\mathcal{D}$ est appelé **ensemble de définition** de la fonction f.

On lit :

« La fonction f, définie pour x appartenant à $\mathcal{D}$, qui à un nombre x associe le nombre $f(x)$. »

EXEMPLE

Pour l'exemple précédent :

- on note : « $f: \mathbb{R} \to \mathbb{R}$
  $x \mapsto x^2+x^3$ »
- on lit : « La fonction f est définie pour x appartenant à $\mathbb{R}$ par $f(x)=x^2+x^3$. »

REMARQUE : $f(x)$ désigne un nombre, f désigne la correspondance entre x et $f(x)$.

2 Tableau de valeurs

Le **tableau de valeurs** de la fonction f donne, en première ligne, différentes valeurs de la variable x et, en deuxième ligne, les nombres $f(x)$ qui leur sont associés.

EXEMPLE

Pour la fonction $f: \mathbb{R} \to \mathbb{R}$
$\quad x \mapsto x^2+x^3$

on peut donner le tableau de valeurs suivant :

x	−2	−1	0	1,5	2	3
$f(x)$	−4	0	0	5,625	12	36

3 Image, antécédent

Savoir-faire 1
Calculer une image, p. 29

Soit une fonction f et un nombre x appartenant à l'ensemble de définition de f.
L'**image** de x par la fonction f est le nombre $f(x)$.
Le nombre x est un **antécédent** du nombre $f(x)$.

EXEMPLE

Pour la fonction $f : \mathbb{R} \to \mathbb{R}$
$x \mapsto x^2 + x^3$

12 est l'image de 2 par f
car $f(2) = 2^2 + 2^3 = 4 + 8 = 12$.
2 est un antécédent de 12 par f.

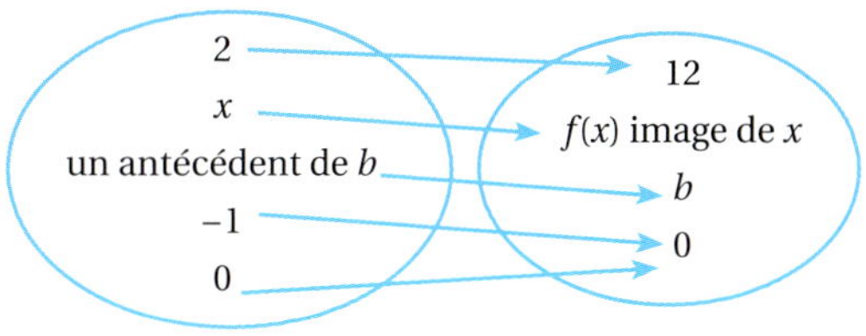

B COURBE REPRÉSENTATIVE ET RÉSOLUTIONS GRAPHIQUES

1 Repère orthonormé

Trois points distincts deux à deux O, I et J du plan forment un **repère**, que l'on peut noter (O, I, J).

L'origine O et les unités OI et OJ permettent de graduer les axes (OI) et (OJ).

Dans le repère ci-contre, le point M a pour coordonnées (2 ; 1,5).

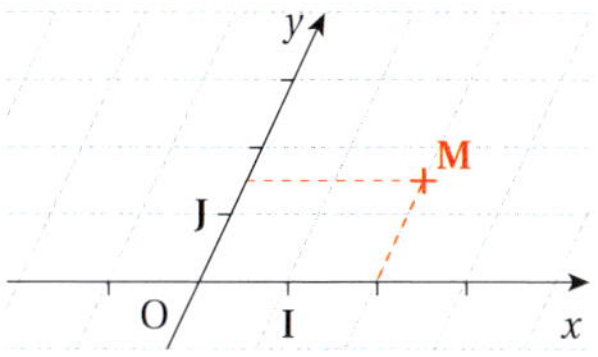

Un repère est **orthonormé** (ou **orthonormal**) lorsque les deux conditions suivantes sont réunies :

- l'angle $\widehat{OIJ}$ est droit (« *ortho* ...») ;
- OI = OJ (« ...*normé* »).

Dans le repère orthonormé ci-contre, le point M a pour coordonnées (2 ; 1,5).

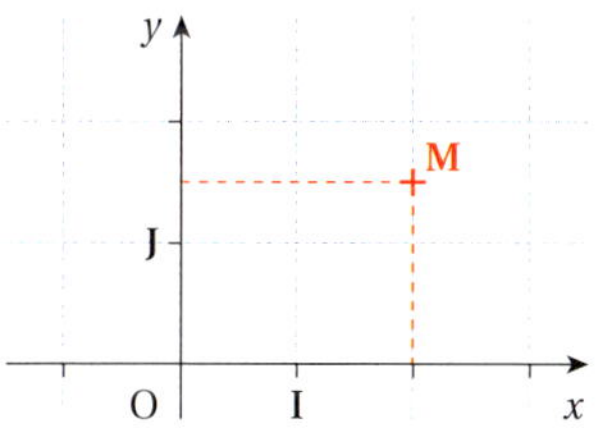

2 Représentation graphique

Savoir-faire 2
Lire un graphique, p. 29

Savoir-faire 3
Utiliser la calculatrice pour obtenir un tableau de valeurs et une courbe, p. 30

Soit une fonction f définie sur $\mathcal{D}$, une partie de $\mathbb{R}$. Dans un repère du plan (O, I, J), on peut représenter les points de coordonnées M(x ; $f(x)$) pour tout x de $\mathcal{D}$.

La **représentation graphique de f** est l'ensemble de tous ces points.
C'est la **courbe représentative de f**, qui peut être notée $\mathcal{C}_f$.

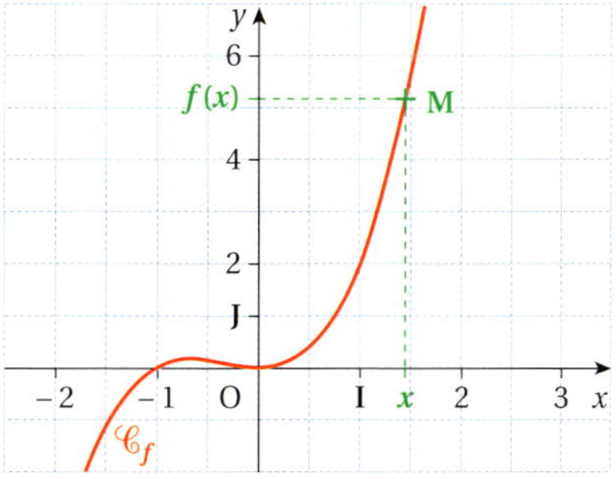

3 Intervalles de $\mathbb{R}$

DÉFINITION

L'ensemble des nombres réels compris, au sens large, entre deux nombres a et b est noté $[a\,;b]$.
C'est un **intervalle** qui désigne l'ensemble des nombres réels x tels que $a \leqslant x \leqslant b$.

Savoir-faire 4
Écrire sous forme d'intervalle les solutions d'une inégalité, d'un encadrement, p. 31

Le tableau suivant présente différentes sortes d'intervalles.

Notation	Nombres x	Représentation sur un axe
$[a\,;b]$	$a \leqslant x \leqslant b$	
$]a\,;b[$	$a < x < b$	
$[a\,;+\infty[$	$x \geqslant a$	
$]-\infty\,;b[$	$x < b$	

REMARQUES

- On dit qu'un intervalle est fermé si ses extrémités appartiennent à l'intervalle ($[-1\,;4]$ est un intervalle fermé).
- On dit qu'un intervalle est ouvert si ses extrémités n'appartiennent pas à l'intervalle ($]-1\,;4[$ et $]2\,;+\infty[$ sont des intervalles ouverts).
- L'ensemble $\mathbb{R}$ est aussi un intervalle et peut se noter $]-\infty\,;+\infty[$; $\mathbb{R}$ est donc un intervalle ouvert.

Savoir-faire 5
Déterminer la réunion et l'intersection de deux intervalles, p. 31

DÉFINITIONS

- L'**intersection** de deux ensembles A et B est l'ensemble des éléments qui appartiennent à A **et** à B ; on le note $\mathbf{A \cap B}$.
- La **réunion** de deux ensembles A et B est l'ensemble des éléments qui appartiennent à A **ou** à B ; on le note $\mathbf{A \cup B}$.

EXEMPLES

- Soit les deux intervalles $A = [-2\,;1]$ et $B =]0\,;5[$.

Seuls les nombres entre 0 et 1 (sauf 0) appartiennent aux deux ensembles, donc $A \cap B =]0\,;1]$.
Tous les nombres de -2 à 5 (sauf 5) appartiennent au moins à un des deux ensembles, donc $A \cup B = [-2\,;5[$.

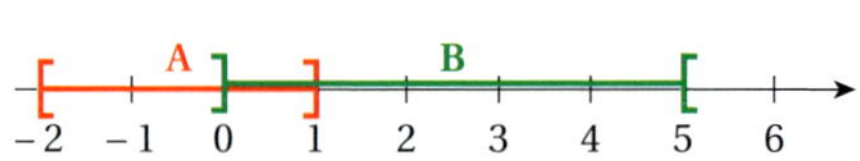

- Soit les deux intervalles $I = [-2\,;1]$ et $J = [2\,;5[$.

$I \cap J = \varnothing$ et $I \cap J$ n'est pas un intervalle.

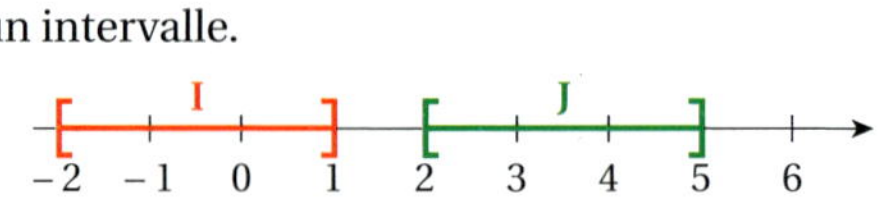

Pour en savoir plus : fiches Raisonnement et Logique, p. 9

4 Résolution graphique d'équations et d'inéquations

Soit f une fonction définie sur $\mathcal{D}$ et $\mathcal{C}_f$ sa courbe représentative dans un repère (O, I, J).

La droite Δ est la parallèle à l'axe des abscisses et passe par le point de coordonnées A(0 ; m).

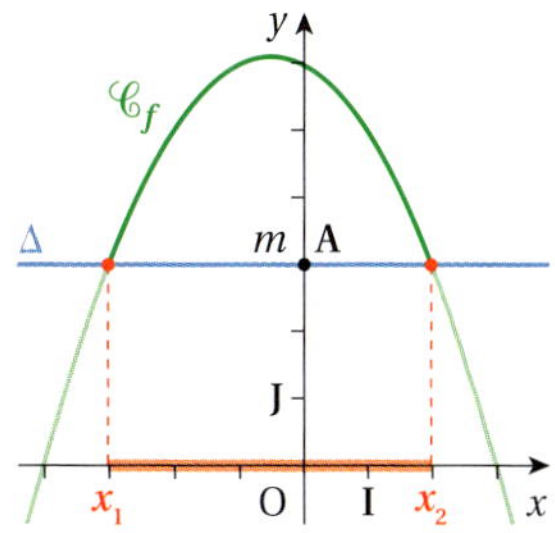

Savoir-faire 6
Résoudre graphiquement une équation, p. 32

Savoir-faire 7
Résoudre graphiquement une inéquation, p. 32

Savoir-faire 8
Déterminer graphiquement le signe d'une expression, p. 33

- **Résolution de l'équation $f(x) = m$**

Résoudre sur $\mathcal{D}$ l'équation $f(x) = m$ revient à déterminer les abscisses des points d'intersection de la courbe $\mathcal{C}_f$ avec la droite Δ.
Dans l'exemple ci-dessus, on lit graphiquement que l'équation $f(x) = m$ admet pour solutions les deux nombres x_1 et x_2.

- **Résolution de l'inéquation $f(x) \geqslant m$**

Résoudre sur $\mathcal{D}$ l'inéquation $f(x) \geqslant m$ revient à déterminer les abscisses des points de $\mathcal{C}_f$ pour lesquels $\mathcal{C}_f$ est au-dessus la droite Δ.
Dans l'exemple ci-dessus, on lit graphiquement que l'inéquation $f(x) \geqslant m$ admet pour solutions tous les nombres de l'intervalle $[x_1 ; x_2]$.

REMARQUES

- Les solutions obtenues par lecture graphique sont des valeurs approchées.
- Si la droite Δ ne coupe pas la courbe $\mathcal{C}_f$, l'équation $f(x) = m$ n'a pas de solution.
- Graphiquement, on ne peut pas être certains que les solutions qui apparaissent sont les seules : il pourrait y en avoir d'autres hors de la fenêtre d'affichage.
- On peut résoudre de manière similaire les inéquations $f(x) \leqslant m$, $f(x) > m$ et $f(x) < m$.

C VARIATIONS D'UNE FONCTION

1 Fonction croissante, décroissante, constante

DÉFINITION

Soit f une fonction définie sur un intervalle I.
Dire que f est **croissante** sur I signifie que pour tous réels a et b de I :

$$\text{si } a < b, \text{ alors } f(a) \leqslant f(b).$$

Une fonction croissante conserve l'ordre.

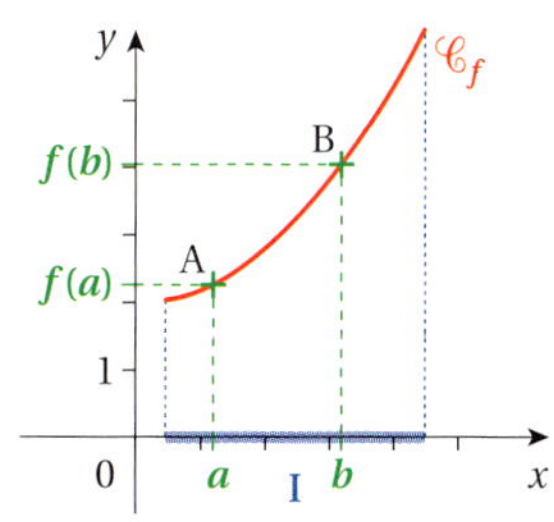

DÉFINITION

Soit f une fonction définie sur un intervalle I.
Dire que f est **décroissante** sur I signifie que pour tous réels a et b de I :

$$\text{si } a < b, \text{ alors } f(a) \geqslant f(b).$$

Une fonction décroissante inverse l'ordre.

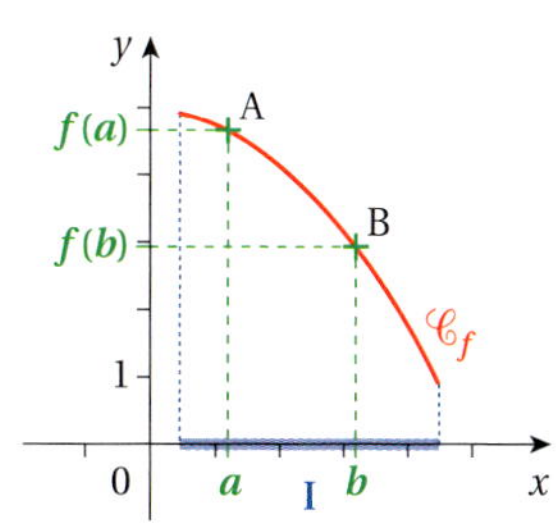

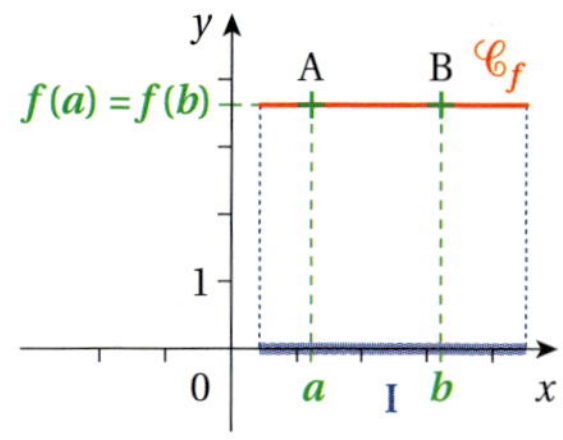

DÉFINITION

Soit f une fonction définie sur un intervalle I. Dire que f est **constante** sur I signifie que pour tous réels a et b de I : $f(a) = f(b)$.

REMARQUE : Une fonction constante sur I peut être considérée comme croissante et décroissante sur I (cf. ex. 69 p. 51).

ATTENTION !

- Pour définir le sens de variation d'une fonction, il est fondamental de préciser « pour tous réels a et b de I ».

En effet, pour la fonction f : $x \mapsto x^2$ définie sur I = [−2 ; 2], on a : $-1 < 2$ et $f(-1) \leqslant f(2)$. Donc « il existe a et b tels que $f(a) < f(b)$ ».
Mais cette affirmation n'est pas vraie pour tout a et b de I (**fig. 1**).

- L'étude des variations d'une fonction s'effectue toujours sur un **intervalle**.

Soit la fonction f : $x \mapsto \dfrac{1}{x}$ définie sur $\mathscr{D} = [-1\,;0[\cup]0\,;3]$.

On montre que la fonction f est décroissante sur [−1 ; 0[d'une part ; décroissante sur]0 ; 3] d'autre part.
On ne peut cependant pas dire que f est décroissante sur $\mathscr{D}$, alors que $-1 < 3$ et $f(-1) < f(3)$ (**fig. 2**).
On montrera dans le chapitre 3 page 000, paragraphe 000, qu'une fonction affine définie par $x \mapsto ax + b$ est croissante sur $\mathbb{R}$ si, et seulement si, $a \geqslant 0$, décroissante si, et seulement si, $a \leqslant 0$.
Ce résultat s'observe aisément sur leur représentation graphique.

fig. 1

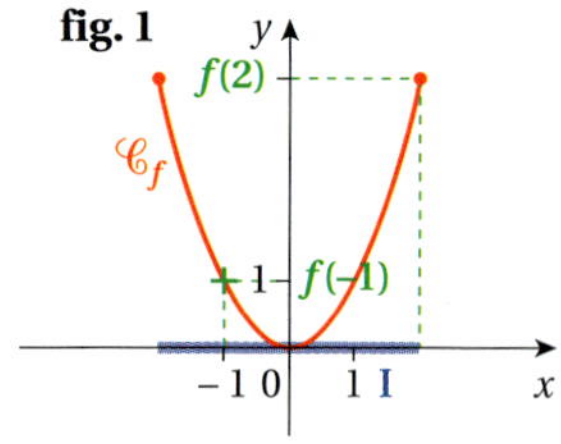

fig. 2

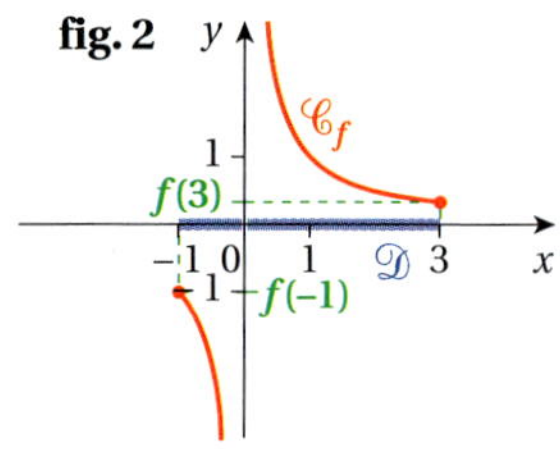

NOTE

Le symbole ∪ désigne la réunion des deux intervalles, c'est-à-dire l'ensemble des nombres qui appartiennent à [−1 ; 0[ou à]0 ; 3].

2 Tableau de variations

Un **tableau de variations** résume les variations d'une fonction en faisant apparaître les intervalles où elle est **monotone**, c'est-à-dire soit croissante, soit décroissante.

EXEMPLE

Pour une fonction f définie sur l'intervalle [−3 ; 3,5], croissante sur [−3 ; −1], décroissante sur [−1 ; 1], puis croissante sur [1 ; 3,5], le tableau de variations est le suivant :

x	−3		−1		1		3,5
$f(x)$	−2,3	↗	1	↘	0,4	↗	4,6

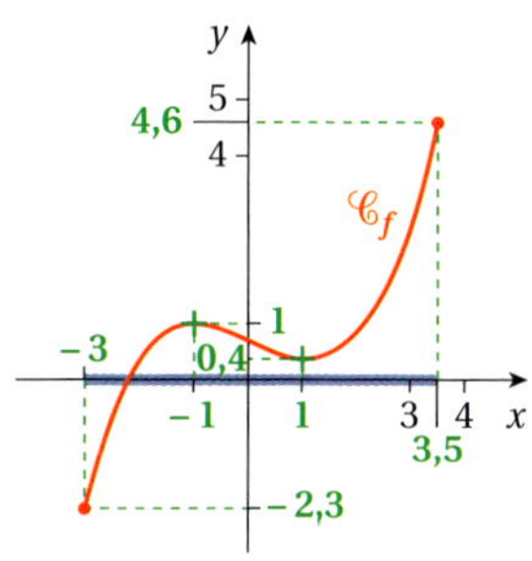

Savoir-faire 9
Proposer une courbe à partir d'un tableau de variations, p. 33

REMARQUE : Dans un tel tableau, on écrit les valeurs des images aux extrémités des flèches.

3 Extremums d'une fonction

DÉFINITIONS

Soit f une fonction définie sur un intervalle I ; a et b deux nombres réels de I.
Dire que f admet un **maximum** M en a sur I signifie que pour tout nombre réel x de l'intervalle I, $f(x) \leqslant f(a)$.
Dire que f admet un **minimum** m en b sur I signifie que pour tout nombre réel x de l'intervalle I, $f(x) \geqslant f(b)$.

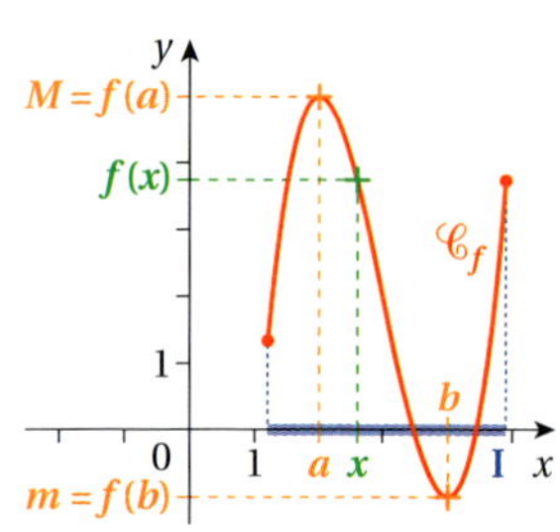

Savoir-faire

Savoir-faire 1 Calculer une image

ÉNONCÉ Soit f la fonction définie sur $\mathbb{R}$ qui à x associe $f(x)=\dfrac{x+1}{x^2+1}$. Calculer $f(3)$ et $f(\sqrt{2})$.

SOLUTION

- $f(3)=\dfrac{3+1}{3^2+1}=\dfrac{4}{10}=0{,}4$.

0,4 est l'image de 3 par f.

- $f(\sqrt{2})=\dfrac{\sqrt{2}+1}{\left(\sqrt{2}\right)^2+1}=\dfrac{\sqrt{2}+1}{3}\approx 0{,}8$.

$\dfrac{\sqrt{2}+1}{3}$ est l'image de $\sqrt{2}$ par f.

0,8 est une valeur approchée de l'image de $\sqrt{2}$ par f.

MÉTHODE

Pour calculer l'image d'un nombre par une fonction f, on remplace x par ce nombre dans l'expression de $f(x)$.

▶ Exercices 1 et 2 p. 42

Savoir-faire 2 Lire un graphique

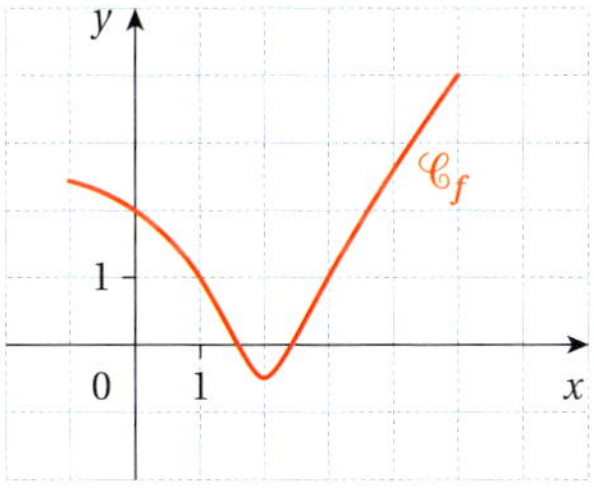

ÉNONCÉ Soit, ci-contre, la courbe $\mathscr{C}_f$ d'une fonction f définie sur $[-1\,;5]$.

a. Déterminer graphiquement l'image du nombre 2.

b. Quels sont les antécédents de 1 par f ?

SOLUTION

a. Une valeur approchée de l'image par f du nombre 2 est –0,5.

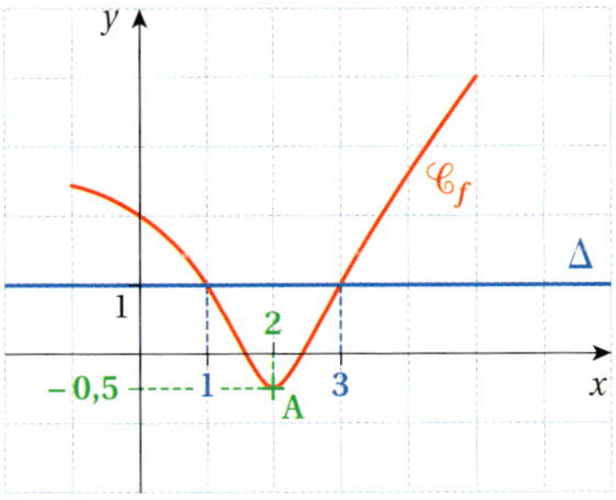

b. Les antécédents du nombre 1 correspondent aux abscisses des points d'intersection de la courbe $\mathscr{C}_f$ avec la droite Δ.

Le nombre 1 admet deux antécédents dont des valeurs approchées sont 1 et 3.

MÉTHODE

a. Pour trouver l'image du nombre 2, on trace la parallèle à l'axe des ordonnées passant par le point (2 ; 0) ; elle coupe $\mathscr{C}_f$ en A.
On trace ensuite la parallèle à l'axe des abscisses passant par A ; elle coupe l'axe des ordonnées en $f(2)$.

b. On trace la droite Δ, parallèle à l'axe des abscisses et passant par le point de coordonnées (0 ; 1).
Chaque intersection de cette droite Δ avec la courbe $\mathscr{C}_f$ permet de déterminer une valeur approchée d'un antécédent de 1.

▶ Exercices 19 à 21 p. 43

Savoir-faire 3 Utiliser la calculatrice pour obtenir un tableau de valeurs et une courbe

ÉNONCÉ Soit f la fonction définie sur $[-4\,;2]$ qui à x associe $f(x)=\dfrac{2x+2}{x+5}$.

Avec la calculatrice :

a. éditer un tableau de valeurs de la fonction f ;

b. tracer la courbe représentative $\mathscr{C}_f$ de la fonction f.

SOLUTION

a.

- *Calculatrice TI :*

- *Calculatrice Casio :*

MÉTHODE

Voir aussi p. 000.

a. Après avoir saisi l'expression de la fonction f, il convient de définir les paramètres du tableau.

REMARQUE

Pour établir un tableau de valeurs de f sans calculatrice graphique, on choisit quelques valeurs de l'intervalle et, pour chacune d'elles, on calcule son image.

b.

- *Calculatrice TI :*

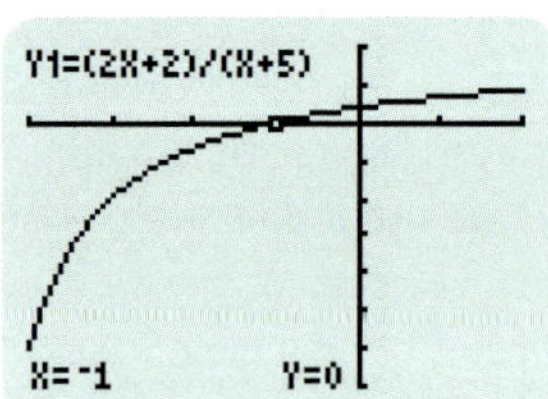

- *Calculatrice Casio :*

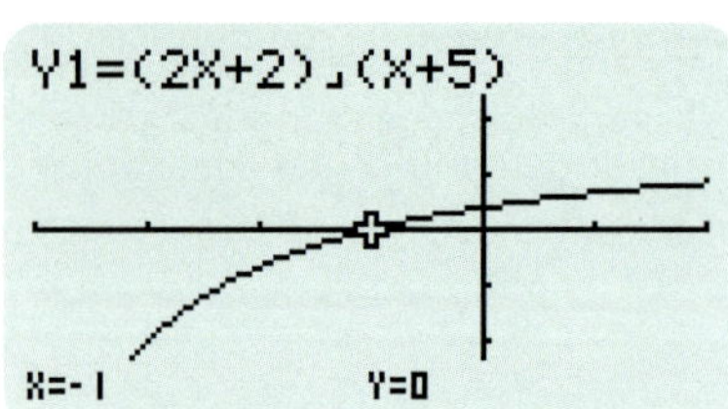

MÉTHODE

b. Il est indispensable de vérifier les paramètres d'affichage de la fenêtre graphique en fonction des valeurs minimales et maximales prises par x et $f(x)$.

REMARQUE

Pour tracer la courbe représentative $\mathscr{C}_f$ de f sans calculatrice graphique :

- on trace un repère en fonction des valeurs minimales et maximales prises par x et $f(x)$;
- on place dans ce repère les points de coordonnées $(x\,;f(x))$ du tableau de valeurs.

▶ Exercices 25 à 27 p. 45

Savoir-faire 4 Écrire sous forme d'intervalle les solutions d'une inégalité, d'un encadrement

ÉNONCÉ Écrire sous forme d'intervalle l'ensemble des nombres vérifiant :

a. $-1 \leqslant x < \frac{1}{3}$. **b.** $x \leqslant -2$. **c.** $x > 4{,}7$.

SOLUTION

a. $x \in \left[-1\,;\frac{1}{3}\right[$.

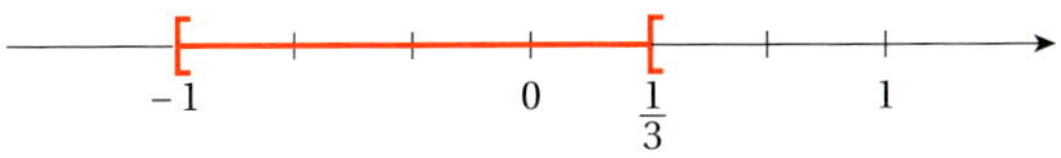

b. $x \in \left]-\infty\,;-2\right]$.

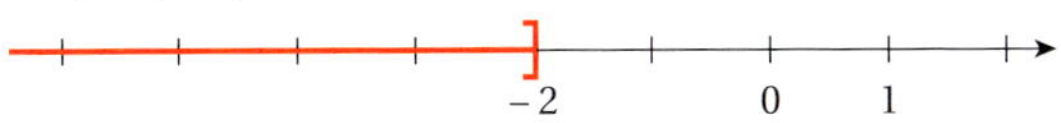

c. $x \in \left]4{,}7\,;+\infty\right[$.

▶ Exercices 14 à 16 p. 43

MÉTHODE

Un encadrement donne lieu à un intervalle borné, alors qu'une inégalité correspond à un intervalle ouvert vers l'infini.
Il faut ensuite être vigilant sur le sens du crochet, selon que la borne appartient ou non aux solutions (inégalités larges ou strictes).

Savoir-faire 5 Déterminer l'intersection et la réunion de deux intervalles

ÉNONCÉ Dans chaque cas, déterminer l'intersection et la réunion des intervalles I et J.

a. $I = [-4\,;7]$ et $J =]0\,;10]$. **b.** $I = [1\,;5]$ et $J =]3\,;+\infty[$.

SOLUTION

a.

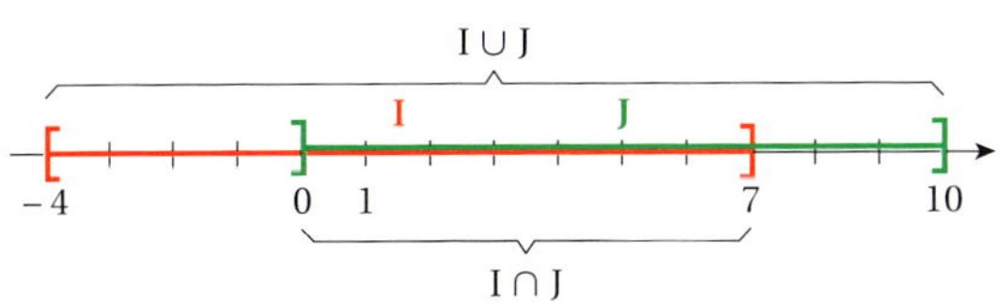

$I \cap J =]0\,;7]$. $I \cup J = [-4\,;10]$.

b.

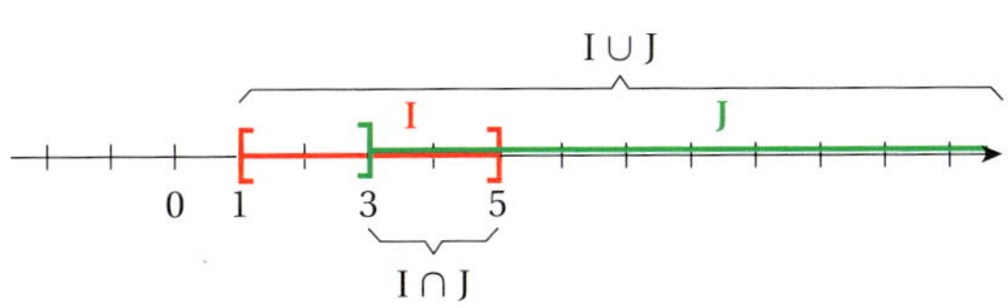

$I \cap J =]3\,;5]$. $I \cup J = [1\,;+\infty[$.

▶ Exercices 17 et 18 p. 43

MÉTHODE

Il faut se servir de la représentation de ces intervalles sur un axe pour visualiser leur intersection et leur réunion.
Les éléments de l'intersection sont les nombres qui appartiennent aux deux ensembles, donc dans la zone où les ensembles se superposent.
Les éléments de la réunion sont les nombres qui appartiennent au moins à l'un des deux ensembles.

Savoir-faire 6 Résoudre graphiquement une équation

ÉNONCÉ Résoudre graphiquement sur l'intervalle [−6 ; 4] l'équation $0{,}01x^4 + x = 4$.

SOLUTION

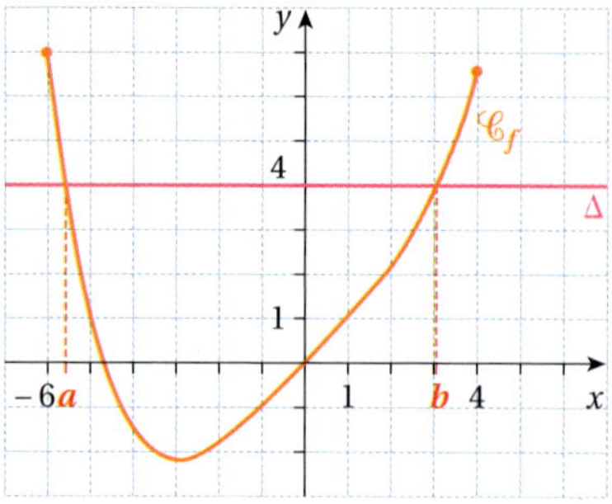

Soit la fonction f définie sur [−6 ; 4] par $f(x) = 0{,}01x^4 + x$ et $\mathscr{C}_f$ sa courbe représentative.

Soit Δ la droite parallèle à l'axe des abscisses passant par le point (0 ; 4).

Les abscisses des points d'intersection de $\mathscr{C}_f$ et de Δ sont les solutions de l'équation.

L'équation $0{,}01x^4 + x = 4$ a deux solutions a et b dont des valeurs approchées sont respectivement −5,6 et 3,1.

▶ Exercices 28 à 30 p. 45

MÉTHODE

On définit la fonction f telle que la résolution de l'équation revienne à chercher les nombres réels x tels que $f(x) = 4$.

On trace ensuite dans un repère la courbe représentative de f ainsi que la droite parallèle à l'axe des abscisses permettant de rechercher d'éventuels antécédents du nombre 4.

ATTENTION ! Une telle lecture graphique ne constitue pas une démonstration pour les ensembles solutions donnés.

REMARQUE

Avec la calculatrice graphique, on trace dans la fenêtre la courbe $\mathscr{C}_f$ et la droite d'équation $y = 4$, puis on utilise le mode « trace » pour déterminer les abscisses des points d'intersection.

Savoir-faire 7 Résoudre graphiquement une inéquation

ÉNONCÉ Résoudre graphiquement sur l'intervalle [−6 ; 4] l'inéquation $0{,}01x^4 + x \geqslant 4$.

SOLUTION

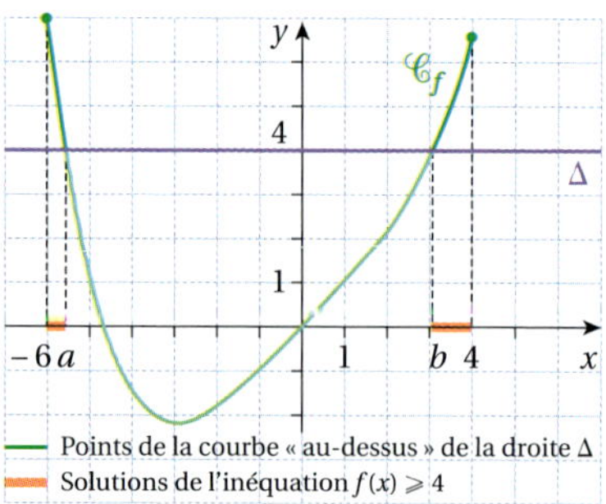

Soit la fonction f définie sur [−6 ; 4] par $f(x) = 0{,}01x^4 + x$ et $\mathscr{C}_f$ sa courbe représentative.

Soit Δ la droite parallèle à l'axe des abscisses passant par le point (0 ; 4).

On recherche les abscisses des points de la courbe $\mathscr{C}_f$ qui sont au-dessus de la droite Δ.

Les solutions de l'inéquation $0{,}01x^4 + x \geqslant 4$ sont les nombres qui appartiennent à la réunion de deux intervalles : $[-6 ; a] \cup [b ; 4]$, avec a et b qui ont respectivement comme valeurs approchées −5,6 et 3,1.

▶ Exercices 28 à 30 p. 45

MÉTHODE

On définit la fonction f telle que la résolution de l'inéquation revienne à chercher les nombres réels x tels que $f(x) \geqslant 4$.

On trace ensuite dans un repère la courbe représentative de f ainsi que la droite parallèle à l'axe des abscisses permettant de déterminer le(les) intervalle(s) solution(s) de l'inéquation.

ATTENTION ! Une telle lecture graphique ne constitue pas une démonstration pour les ensembles solutions donnés.

Savoir-faire 8 Déterminer graphiquement le signe d'une expression

ÉNONCÉ Sur l'intervalle $[-6 ; 4]$, déterminer graphiquement, en fonction de x, le signe de l'expression $0{,}01x^4 + x - 4$.

SOLUTION

Soit $\mathscr{C}_g$ la courbe représentative de la fonction g définie par $g(x) = 0{,}01x^4 + x - 4$.

La courbe $\mathscr{C}_g$ coupe l'axe des abscisses en $a \approx -5{,}6$ et $b \approx 3{,}1$.

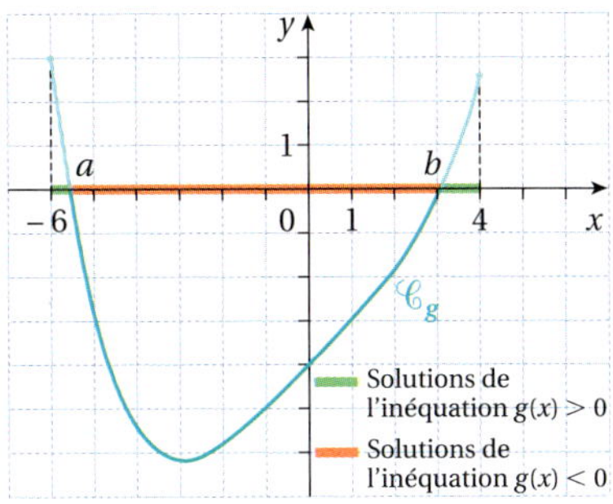

Ainsi :

- $0{,}01x^4 + x - 4 > 0$ pour x appartenant à $[-6 ; a[\cup]b ; 4]$;
- $0{,}01x^4 + x - 4 = 0$ pour $x = a$ ou $x = b$;
- $0{,}01x^4 + x - 4 < 0$ pour x appartenant à $]a ; b[$.

Ce qui peut se résumer par le tableau ci-contre :

x	-6		a		b		4
Signe de $0{,}01x^4 + x - 4$		+	0	−	0	+	

MÉTHODE

On définit la fonction g telle que déterminer le signe de l'expression revienne à trouver pour quelles valeurs de x, le nombre $g(x)$ est positif, négatif ou nul.

On trace ensuite dans un repère la courbe représentative de g et on regarde sa position par rapport à l'axe des abscisses :

- $g(x) > 0$ lorsque $\mathscr{C}_g$ est au-dessus de l'axe des abscisses ;
- $g(x) = 0$ lorsque $\mathscr{C}_g$ coupe l'axe des abscisses ;
- $g(x) < 0$ lorsque $\mathscr{C}_g$ est en dessous de l'axe des abscisses.

▶ Exercices 38 et 39 p. 46

Savoir-faire 9 Proposer une allure de courbe à partir d'un tableau de variations

ÉNONCÉ Soit f une fonction définie sur $[-5 ; 10]$ dont le tableau de variations est donné ci-contre.

Dans un repère, donner l'allure d'une courbe correspondant à cette fonction.

x	-5	1	5	10
$f(x)$	3 ↘	−1 ↗	5 ↘	1

SOLUTION

Il y a de nombreuses courbes possibles. En voici deux :

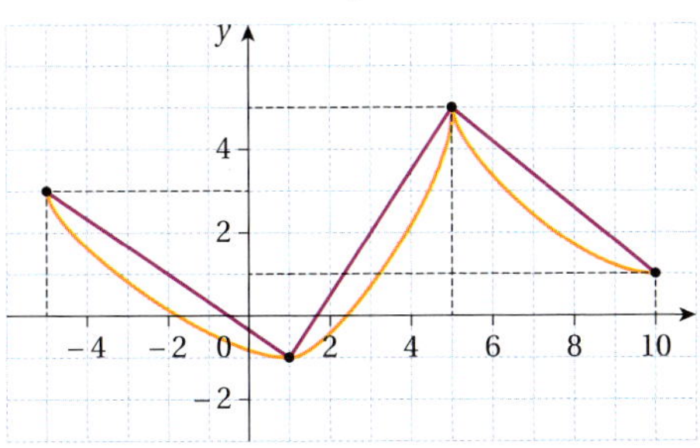

MÉTHODE

Après avoir tracé dans un repère les points dont les coordonnées sont données dans le tableau de variations, on relie ces points en respectant les variations proposées.

▶ Exercices 47 à 50 p. 47

Travaux pratiques

TP1 Représenter graphiquement une fonction à la calculatrice

Objectifs : • Adapter les paramètres de la calculatrice pour afficher la courbe d'une fonction.
• Utiliser un tableau de valeurs pour rechercher des propriétés d'une fonction.

EXERCICE 1

Soit f la fonction définie sur $\mathbb{R}\setminus\left\{\frac{1}{2}\right\}$ par $f(x) = \dfrac{2x^2+1}{3-6x}$.

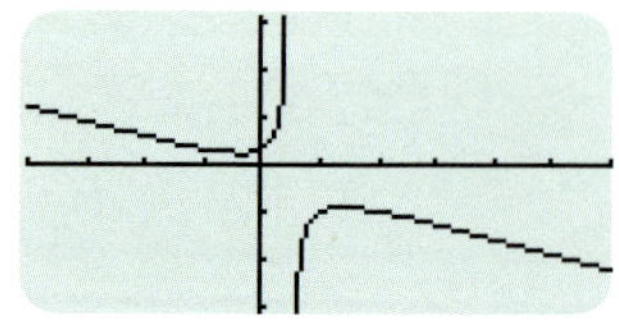

Fenêtre graphique attendue

1 Visualiser sur la calculatrice la courbe représentative de la fonction f en prenant comme paramètres pour la fenêtre d'affichage :

$$x_{\min} = -4\ ;\ x_{\max} = 6\ ;\ y_{\min} = -3\ ;\ y_{\max} = 4.$$

2 On admet que la fonction f possède un maximum sur l'intervalle $\left]\frac{1}{2};6\right]$.

a. Par lecture graphique, donner un encadrement d'amplitude 1 de la valeur de x en laquelle f atteint son maximum sur l'intervalle $\left]\frac{1}{2};6\right]$.

b. Créer une table de valeurs permettant de compléter le tableau suivant :

x	1	1,1	1,2	1,3	1,4	1,5	1,6	1,7	1,8
$f(x)$									

c. Déterminer un encadrement d'amplitude 0,1 de la valeur de x pour laquelle f atteint son maximum sur l'intervalle $\left]\frac{1}{2};6\right]$.

3 **a.** Dans la même fenêtre qu'à la question **1**, tracer la courbe représentative de la fonction affine g définie par $g(x) = 2x + 2$.

b. Par lecture graphique, déterminer, à 0,1 près, les coordonnées des points d'intersection des représentations graphiques de f et de g.

EXERCICE 2

À l'aide de la calculatrice, associer à chaque fonction sa représentation graphique.

Fonctions :

$$f : x \mapsto \frac{-2x+1}{1-x} \qquad g : x \mapsto 1 - \frac{1}{x+2} - x \qquad h : x \mapsto 3\sqrt{1-\frac{x^2}{2}}$$

Représentations graphiques :

a.

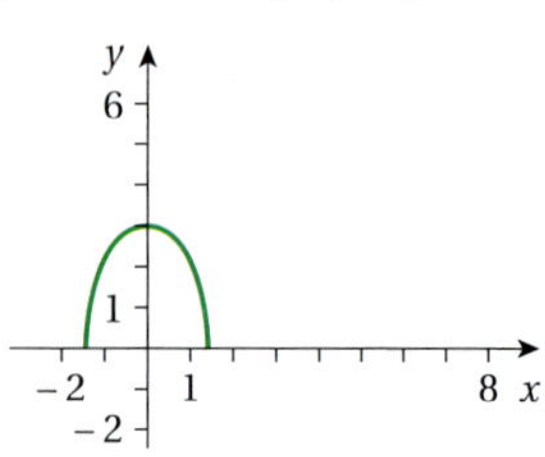

b.

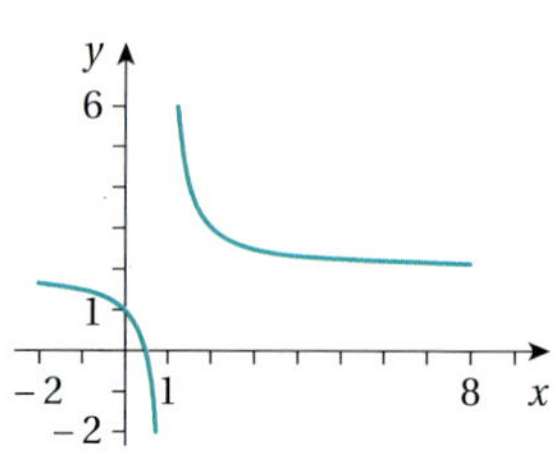

c.

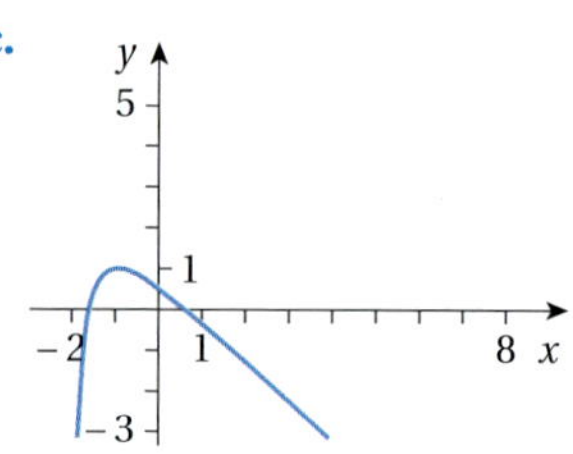

EXERCICE 3

1 Tracer à la calculatrice la représentation graphique de la fonction f définie sur $\mathbb{R}$ par :

$$f(x)=\frac{x^4-x^2}{100}.$$

2 Que peut-on penser des variations de f sur l'intervalle $[-1\,;1]$?

3 Résoudre l'équation $f(x) = 0$.
Quelle contradiction rencontre-t-on avec les conclusions de la question 2 ?

4 Initialiser la table des valeurs de f à partir de $x=-1$, avec un pas de 0,1.
Que peut-on alors penser des variations de f sur l'intervalle $[-1\,;1]$?

5 Modifier la fenêtre graphique afin de visualiser ces variations.

TP2

ALGORITHMIQUE

Lire un algorithme dans différents langages

Objectif : Comprendre et analyser des algorithmes existants.

On souhaite calculer, pour un nombre réel x donné, les valeurs de deux fonctions f et g définies sur $]0\,;+\infty[$, puis afficher la plus grande de ces deux valeurs.

On donne $f(x)=x+\dfrac{1}{x}$ et $g(x)=\dfrac{5x-2}{x}$.

1 On propose l'algorithme suivant.

```
Entrer un réel positif x.
y prend la valeur x + 1/x.
Afficher y
```

a. Qu'affichera l'algorithme si on l'exécute avec $x=3$?

b. Compléter l'algorithme afin qu'il affiche les valeurs de $y=f(x)$ et de $z=g(x)$ pour x donné en entrée.
Que fera le nouvel algorithme si $x=3$?

2 On appelle M la plus grande des deux valeurs $y=f(x)$ et $z=g(x)$ pour x donné.

a. Calculer M pour $x=3$.

b. Voici l'affichage de deux programmes permettant de calculer M pour x donné, l'un sur calculatrice (**fig. 1**) et l'autre en langage Python (**fig. 2**).
Expliquer, en langage naturel, l'étape de traitement qui a été ajoutée ainsi que les autres modifications apportées à l'algorithme obtenu en 1 b.

c. L'algorithme fonctionne-t-il correctement lorsque $f(x)=g(x)$? Expliquer.

```
PROGRAM:MAX
:Prompt X
:X+1/X→Y
:(5*X-2)/X→Z
:If Y<Z
:Then
:Z→M
:Else
:Y→M
:Disp M
```

fig. 1 - En langage TI.

```
def max(x):
    y=x+1/x
    z=(5*x-2)/x
    if y<z:
        m=z
    else:
        m=y
    return m
```

fig. 2 - En langage Python.

TP3 GÉOMÉTRIE DYNAMIQUE

Aire maximale

Objectifs : Avec un logiciel de géométrie :
- construire une figure dynamique ;
- étudier les variations de l'aire d'un polygone.

Sur la figure suivante, AB = 6, C est un point du segment [AB] différent de A et B et les triangles ACD et CBE sont isocèles rectangles respectivement en A et B.

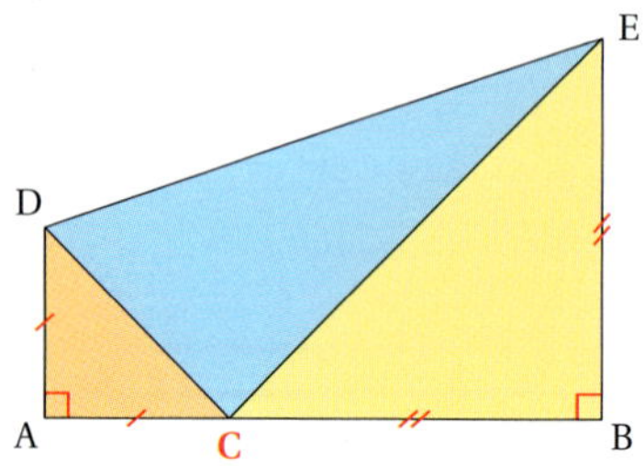

On s'intéresse aux variations de l'aire du triangle CDE lorsque le point C se déplace de A vers B.

1 À l'aide d'un logiciel de géométrie dynamique, construire la figure.
Afficher l'aire du triangle CDE.

2 Conjecturer les variations de l'aire du triangle CDE lorsque C se déplace de A vers B.
Préciser la valeur du maximum de cette aire ainsi que la position du point C correspondante.

3 On ajoute un repère orthonormé sur la figure.
a. Construire un point M ayant pour abscisse la longueur AC et pour ordonnée l'aire du triangle CDE.
b. Afficher la trace du point M lorsque C décrit [AB].
Que représente la courbe parcourue par M ?

4 Afficher l'aire du trapèze ABED. Que peut-on conjecturer quand C varie ?

5 On pose $x = \text{AC}$ et on note $g(x)$ l'aire du trapèze ABED et $f(x)$ l'aire du triangle CDE.
a. Montrer que $g(x) = 18$ pour tout x appartenant à l'intervalle $[0 ; 6]$.
b. Exprimer en fonction de x les aires des triangles ACD et CBE.
En déduire que $f(x) = -x^2 + 6x$.
c. Afficher dans le repère la courbe représentative de f.
Vérifier que le point M décrit cette courbe lorsque C varie sur le segment [AB].
d. Montrer que $f(x) - 9 = -(x-3)^2$.
Prouver alors les conjectures établies à la question **2**.

TP4 ALGORITHMIQUE

Résoudre des inéquations

Objectif : Analyser le fonctionnement d'algorithmes en langage naturel.

Soit la fonction f définie sur $\mathbb{R}$ par $f(x) = x\,(x+8)$.
On veut trouver le plus petit entier naturel x tel que $f(x)$ soit plus grand qu'un nombre A que l'on choisit.
Par exemple si A = 25, le nombre x qui convient est $x = 3$ car $f(0) = 0$, $f(1) = 9$ et $f(2) = 20$ sont inférieurs à 25 alors que $f(3) = 33$ est supérieur à 25.

On propose l'algorithme ci-contre.

1 Recopier et compléter le tableau ci-dessous des valeurs successives de x et y en faisant fonctionner l'algorithme pour A = 100.

x	0	1	2	…	
y	0	9	…		

```
Entrer un réel positif A
x prend la valeur 0
y prend la valeur 0
Tant que y ⩽ A
    | x prend la valeur x + 1 ;
    | y prend la valeur x(x + 8).
Fin tant que
Afficher x et y.
```

2 On s'intéresse au nombre de calculs effectués lors de cet algorithme.

a. Montrer qu'une étape de traitement comporte trois opérations de calcul.

b. Vérifier que pour A = 1 200, le plus petit entier x tel que $f(x) > \mathrm{A}$ est $x = 31$.

c. Déterminer alors le nombre de calculs nécessaires si A = 1 200.

3 Pour diminuer le nombre de calculs, on propose de modifier l'algorithme :

```
Entrer un réel positif A
x prend la valeur 0
y prend la valeur 0
Tant que y ⩽ A
    | x prend la valeur x + 10
    | y prend la valeur x(x + 8)
Fin tant que
x prend la valeur x - 10
y prend la valeur x(x + 8)
Tant que y ⩽ A
    | x prend la valeur x + 1
    | y prend la valeur x(x + 8)
Fin tant que
Afficher x et y
```

En informatique,

la notion de « coût » d'un algorithme est très importante. Pour calculer ce coût, entrent en compte le nombre d'opérations, mais aussi le nombre d'affectations, de tests effectués (comme $y \leqslant \mathrm{A}$)… L'objectif d'un programmeur est de minimiser le coût d'un algorithme pour réduire au maximum le temps de calcul du programme.

a. Compléter un tableau identique à celui de la question **1** en faisant fonctionner l'algorithme pour A = 1 200.

b. Expliquer pourquoi cet algorithme est plus performant que le précédent en précisant son fonctionnement.

c. Déterminer alors le nombre de calculs nécessaires si A = 1 200.

d. Comparer les deux algorithmes.

TP5 ALGORITHMIQUE — Construire une table de valeurs

Objectifs :
- Comprendre et analyser un algorithme existant.
- Modifier un algorithme pour obtenir un résultat particulier.

Soit la fonction f définie sur un intervalle $[a\,;b]$ par :

$$f(x) = 3x^2 - x - 5.$$

On souhaite construire la table de valeurs de la fonction f avec un pas p constant entre chaque valeur de la variable x.
Pour cela on utilise l'algorithme ci-contre.

```
Entrer les réels a, b et p
Initialiser deux listes vides L1 et L2
x prend la valeur a
Tant que x ⩽ b
    | mettre x dans la liste L1
    | mettre 3x² - x - 5 dans la liste L2
    | x prend la valeur x + p
Fin tant que
Afficher L1 et L2.
```

1 **a.** Faire fonctionner l'algorithme ci-contre pour $a = 3$; $b = 5{,}2$ et $p = 0{,}5$.
Construire les listes L_1 et L_2.

b. Combien de termes les listes L_1 et L_2 contiendront-elles si l'on choisit $a = 0$, $b = 12$ et $p = 0{,}001$?

c. Dans les deux cas précédents, quelles critiques peut-on formuler quant au choix de la valeur du pas pour l'algorithme ?

2 L'algorithme précédent a été programmé ci-contre sur une calculatrice. Expliquer le rôle de la variable N dans ce programme.

```
PROGRAM:TABLE
:Prompt A,B,P
:1→N
:A→X
:While X≤B
:X→L1(N)
:3*X^2-X-5→L2(N)
:N+1→N
:X+P→X
:End
:Disp L1,L2
```

3 On décide de modifier l'algorithme en coupant l'intervalle $[a ; b]$ en 10.

a. Dans les exemples **1 a** et **1 b**, donner la valeur de p ainsi obtenue.

b. Déterminer l'expression de p en fonction de a et b.

c. Modifier l'algorithme en conséquence.

4 Programmer l'algorithme de la question **3**.

TABLEUR

TP6 Rechercher un minimum

Objectif : Avec un tableur, construire un tableau de valeurs utilisant des références relatives et absolues pour encadrer un minimum.

Pour approcher les valeurs du minimum et de son abscisse sur un intervalle $[a ; b]$, on procède ainsi : on découpe l'intervalle en 10 intervalles de même taille et on construit le tableau de valeurs de f sur l'intervalle $[a ; b]$.
Le pas est un dixième de la longueur de l'intervalle.

1 On étudie tout d'abord la fonction f définie sur l'intervalle $[-25 ; 25]$ par $f(x) = x^2 + x + 2$.
On admet que cette fonction admet un unique minimum sur cet intervalle.

	A	B
1	a	-25
2	b	25
3		
4	pas	5
5		
6	x	f(x)
7	-25	602
8	-20	382
9	-15	212
10	-10	92
11	-5	22
12	0	2
13	5	32
14	10	112
15	15	242
16	20	422
17	25	652

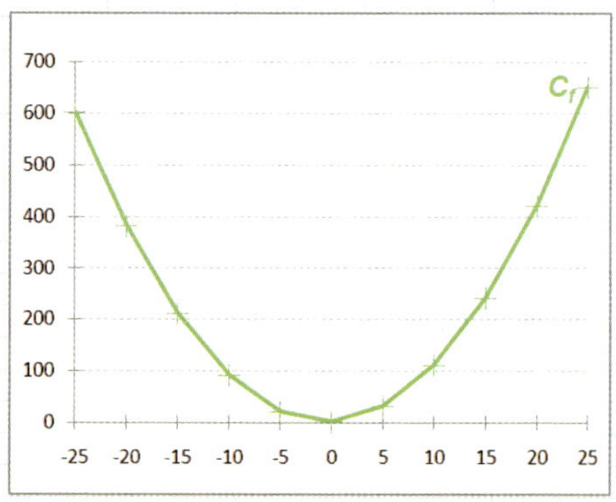

a. Avec un tableur, construire le tableau et le graphique ci-contre. Afin d'automatiser le tableau de valeurs lorsqu'on modifie l'intervalle d'étude, les cellules grisées doivent contenir des formules (celles des cellules A8 et B7 doivent être recopiées vers le bas).

b. En utilisant le tableau complété, peut-on conjecturer la valeur de l'abscisse du minimum de la fonction sur $[-25 ; 25]$?

c. Remplacer les valeurs de a et b par -5 et 5 ; le tableau de valeurs est alors recalculé avec un pas de 1.
Le minimum du nouveau tableau de valeurs est atteint deux fois.
Peut-on néanmoins conjecturer un nouvel intervalle contenant le minimum de la fonction f ?

d. Poursuivre le remplacement des valeurs a et b de proche en proche jusqu'à obtenir un intervalle $[a ; b]$ d'amplitude 0,002.
Donner une valeur approchée du minimum de f et de son abscisse x_0.

e. Montrer que $f(x) - 1{,}75 = (x + 0{,}5)^2$ et démontrer le résultat conjecturé à l'aide du tableur.

2 a. En modifiant le tableau, conjecturer la valeur approchée puis la valeur exacte de l'abscisse x_0 du minimum de la fonction f définie sur $]0 ; 5]$ par $f(x) = 9x + \dfrac{1}{x}$.

b. Démontrer ce résultat en étudiant le signe de $f(x) - f(x_0)$.

3 Expliquer comment cette méthode peut, dans certains cas, aboutir à un résultat erroné.

TABLEUR

TP7 Déterminer le meilleur prix de vente

Objectifs : Avec un tableur :
- comparer deux fonctions ;
- faire varier un paramètre pour optimiser un bénéfice.

Une entreprise produit et commercialise des puces pour téléphone portable. Le coût journalier de fabrication dépend du nombre de puces produites.

La fonction C définie par :

$$C(x) = \left(\frac{x}{50}\right)^2 + \frac{x}{10} + 784$$

donne, pour x puces produites, leur coût de fabrication.

On appelle a le prix de vente d'une puce. On fixera dans un premier temps la valeur de a à 1,50 €.

On note $R(x)$ la recette correspondant à x puces produites et vendues.

Bilan commercial

prix de vente : 1,50 €

	A	B	C
5	Nombre de puces vendues	Coût de fabrication	Recette des ventes
6	0	784	0
7	100	798	150
8	200	820	300
9	300	850	450
10	400	888	600
11	500	934	750
12	600	988	900
13	700	1050	1050
14	800	1120	1200
15	900	1198	1350
16	1000	1284	1500
17	1100	1378	1650
18	1200	1480	1800
19	1300	1590	1950
20	1400	1708	2100
21	1500	1834	2250
22	1600	1968	2400
23	1700	2110	2550
24	1800	2260	2700

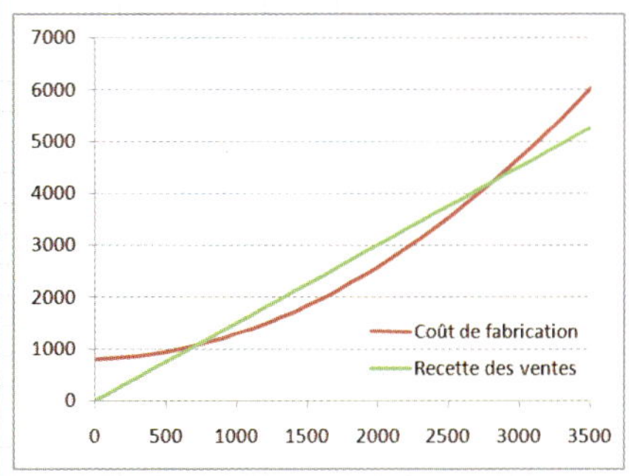

1 Construire, à l'aide d'un tableur, la feuille de calcul ci-contre où les valeurs de x situées dans la colonne A évoluent de 100 en 100 sur l'intervalle $[0 ; 3\,500]$.
La feuille de calcul doit s'actualiser lorsque l'on modifie la valeur de a.

2 On appelle « bénéfice » la différence entre la recette $R(x)$ et le coût de fabrication $C(x)$ et on le notera $B(x)$. L'entreprise réalise du bénéfice lorsque $R(x) > C(x)$.

a. Déterminer graphiquement le nombre de puces que l'entreprise doit vendre pour réaliser un bénéfice.

b. Compléter la colonne D de la feuille de calcul avec le bénéfice qui correspond au nombre de puces vendues se trouvant dans la colonne A, puis ajouter la courbe donnant ce bénéfice sur le graphique.

c. Donner, à la centaine près, le nombre x_0 de puces à vendre permettant un bénéfice maximal.

En économie,

la fonction coût est rarement proportionnelle au nombre d'objets fabriqués : elle dépend de l'espace pour stocker, du prix des matières premières, du personnel nécessaire. Estimer la fonction « coût » pour rechercher le bénéfice maximal en ajustant la quantité produite est un enjeu important dans l'entreprise.

3 L'entreprise doit baisser son prix de vente pour reconquérir des marchés.
Elle souhaite que sa production varie entre 1 000 et 1 800 puces par jour.
En diminuant progressivement le prix de vente a dans la cellule F3, déterminer le prix minimum (au centime d'euro près) permettant de réaliser un bénéfice pour une production quelconque dans l'intervalle $[1\,000 ; 1\,800]$.

ALGORITHMIQUE

TP8 Encadrer la solution d'une équation

Objectifs : • Mettre au point une solution algorithmique.
• Adapter l'algorithme aux contraintes du langage de programmation.

La fonction f définie sur $[0\,;8]$ par $f(x)=x-\dfrac{10}{x+1}$ est croissante sur son intervalle de définition et l'équation $f(x)=0$ a une unique solution α comme l'illustre sa représentation graphique ci-contre.
On souhaite construire un algorithme permettant d'encadrer α avec la précision p choisie.

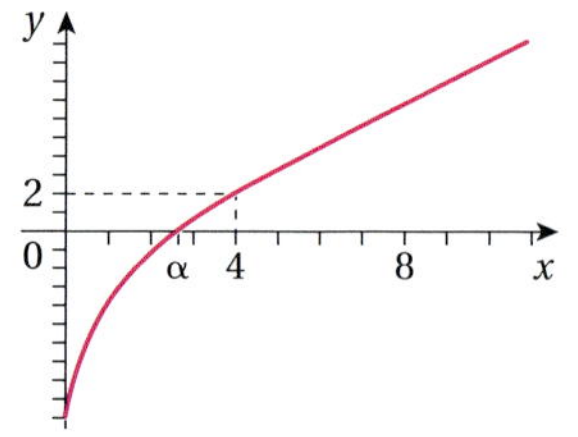

1 Le principe est le suivant :
- on commence par calculer l'image du centre de l'intervalle $[0\,;8]$;
- 4 est le centre de l'intervalle et $f(4)=2$ est positif, donc $\alpha<4$ car la fonction f est croissante ;
- on peut en conclure que $\alpha\in[0\,;4]$.

On réitère le processus sur l'intervalle $[0\,;4]$.
Compléter et prolonger le tableau suivant pour obtenir un encadrement d'amplitude 0,5 (on pourra s'appuyer sur une table de valeurs obtenue à l'aide de la calculatrice).

Borne a	Borne b	Amplitude de l'encadrement	Centre de l'intervalle	Image du centre	Signe de l'image du centre
0	8	8	4	2	positif
0	4				

2 Exprimer, en fonction de a et b, l'abscisse du centre et l'amplitude de l'intervalle $[a\,;b]$.

3 Plus généralement, si à une étape du processus α est dans un intervalle $[a\,;b]$, avec $f(a)<0$ et $f(b)>0$, on calcule l'image du centre de l'intervalle $[a\,;b]$:
si $f\left(\dfrac{a+b}{2}\right)>0$, alors $\alpha<\dfrac{a+b}{2}$ et donc $\alpha\in\left[a\,;\dfrac{a+b}{2}\right]$, sinon $\alpha\in\left[\dfrac{a+b}{2}\,;b\right]$.
On peut ensuite réitérer ce processus sur ce nouvel intervalle.
On répète le processus tant que l'amplitude de l'intervalle est supérieure à la précision choisie.
Programmer cet algorithme sur calculatrice ou ordinateur.

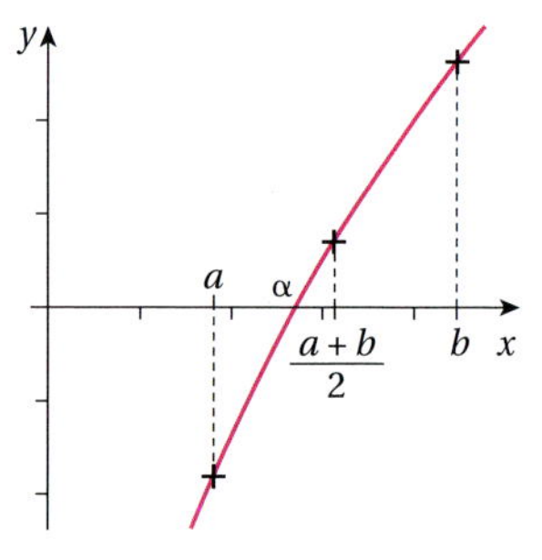

4 Déterminer la solution de l'équation $f(x)=0$ avec la précision $p=0{,}000\,1$.

En mathématiques,

l'algorithme présenté ici est une version simplifiée d'une méthode de recherche de solution d'une équation $f(x)=0$ appelée dichotomie (étymologiquement « coupé en deux »). Il ne s'exécute qu'avec une fonction croissante. On peut le modifier astucieusement pour traiter les cas des fonctions monotones.

UN PEU D'HISTOIRE

Les fonctions au fil du temps

René DESCARTES est l'un des plus célèbres mathématiciens et philosophes français. Il a mis en place les notations modernes que nous connaissons en algèbre comme, par exemple, l'exposant pour les puissances. Grâce à un symbolisme commode, il a développé l'aspect « mécanique » du calcul algébrique.

Représenter une grandeur en fonction d'une autre

En 1637, dans son traité *La Géométrie* (> 1), Descartes conçoit le repérage dans le plan, donnant ainsi naissance à l'idée de fonction : placer des points dans un repère permet de représenter graphiquement une grandeur en fonction d'une autre. Les différentes courbes que l'on trouve aujourd'hui en sont des exemples. On peut ainsi illustrer l'évolution du taux de chômage en fonction du temps ou encore la température en fonction de l'altitude.

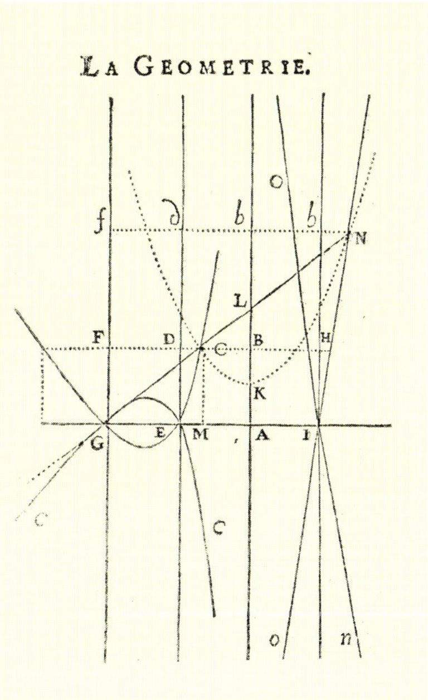

< 1. Gravure extraite de *La Géométrie*. R. Descartes, 1637 - B.N.F., Paris.

Un bouleversement pour les mathématiques

Descartes montre qu'il est possible de transformer les problèmes de géométrie en problèmes numériques.
Ainsi, une figure géométrique peut être traduite en équations. On utilise alors des calculs algébriques, ce qui simplifie considérablement certaines démonstrations. De même, une courbe peut s'exprimer par une relation reliant ses coordonnées. Cette relation contient implicitement toutes les propriétés de la courbe. La droite, par exemple, possède une équation du type $y = ax + b$.
Cette conception nouvelle est un bouleversement pour les mathématiques : l'algèbre devient alors un outil pour la géométrie.

> 2. Portrait de Gottfried Leibniz sur un timbre allemand.

Une notion en évolution

La notion de fonction continuera d'évoluer au XVIIe siècle pour prendre un sens encore plus clair chez Gottfried LEIBNIZ (> 2), à qui l'on doit le terme de « fonction », du latin *functio* qui signifie accomplissement, exécution.
De son côté, le physicien et mathématicien anglais Isaac NEWTON (1642-1727) apporte d'autres contributions au concept de fonction.
La notation $f(x)$ est proposée par le mathématicien suisse Leonhard EULER.

René DESCARTES
(1596 - 1650, France)
Il utilise le repérage pour donner naissance à l'idée de fonction.

1637

Gottfried LEIBNIZ
(1646 - 1716, Allemagne)
Il utilise pour la première fois le terme « fonction ».

1692

Leonhard EULER
(1707 - 1783, Suisse)
Il introduit la notation $f(x)$.

1734

Exercices d'application

Notion de fonction

Appliquer le Savoir-faire 1 p. 29

1 Soit f la fonction définie sur $\mathbb{R}$ par $f(x) = x^2 - 3x + 1$.
Calculer les images par f des réels 2, -2, $\sqrt{2}$ et $-\sqrt{2}$.

2 Soit f la fonction donnée par $f(x) = 1 + \dfrac{-5}{x+2}$.

a. Calculer les images par f des nombres réels 2, 3 et 4.

b. Peut-on calculer l'image de -2 par f ?

3 Soit f la fonction définie sur $\mathbb{R}$ par $f(x) = x^2 - 3$.

a. Déterminer le(s) antécédent(s) de 6 par f.

b. Déterminer le(s) antécédent(s) de -3 par f.

4 Soit f la fonction donnée par $f(x) = \dfrac{x+1}{x-1}$.

a. Déterminer le(s) antécédent(s) de 0 par f.

b. Déterminer le(s) antécédent(s) de 2 par f.

c. Peut-on déterminer un antécédent de 1 par f ?

5 **Vrai ou faux ?**

Une salle de spectacle propose deux tarifs :

- tarif 1 : 8 € l'entrée ;
- tarif 2 : 4 € l'entrée avec la carte demi-tarif qui coûte 40 €.

Pour chacune des affirmations suivantes, indiquer si elle est vraie ou fausse.

a. Avec le tarif 2, 12 entrées au stade coûteraient 48 €.

b. Pour 9 entrées, le tarif 2 est le plus intéressant.

c. Le tarif 2 traduit une situation de proportionnalité.

Pour les questions **d** *et* **e**, *x désigne le nombre d'entrées.*

d. La dépense pour le tarif 1 s'exprime, en fonction de x, par $8x$.

e. La dépense pour le tarif 2 s'exprime, en fonction de x, par $40x + 4$.

6 La famille Falaise décide d'acquérir un terrain de forme carrée pour faire construire la maison de ses rêves.
Elle sera rectangulaire et de dimensions 10 m sur 9 m.
Pour des raisons financières, la surface du terrain ne devra pas excéder 900 m².

1. On suppose, dans cette question, que les côtés du terrain mesurent 25 m.
Calculer la surface de pelouse dont disposera la famille Falaise une fois la maison construite.

2. Soit x la longueur des côtés du terrain.

a. Quelles sont les valeurs possibles pour x ?

b. Exprimer, en fonction de x, la surface de pelouse $f(x)$ dont disposera la famille Falaise une fois la maison construite.

7 Sur la figure suivante, ABCD est un rectangle et BCE est un triangle rectangle en C tels que :

AD = 5, DE = 12 et AB = x.

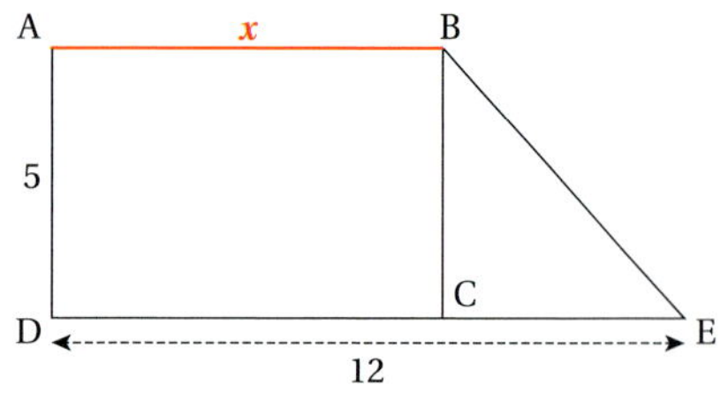

Dans chaque cas, indiquer la (les) bonne(s) réponse(s).

1. x peut prendre la valeur :

a. 12. **b.** 5. **c.** 14.

2. Pour $x = 3$, l'aire du trapèze ABED est égale à :

a. environ 30. **b.** 54. **c.** 37,5.

3. L'aire $f(x)$ du triangle rectangle BCE s'exprime, en fonction de x, par :

a. $2{,}5(12 - x)$. **b.** $30 - 2{,}5x$. **c.** $5(12 - x)$.

4. L'aire $g(x)$ du trapèze ABED s'exprime, en fonction de x, par :

a. $30 + 2{,}5x$. **b.** $5(x + 12)$. **c.** $5x + 30$.

5. La représentation graphique de la fonction g est un segment de la droite :

a. d. **b.** d'. **c.** d''.

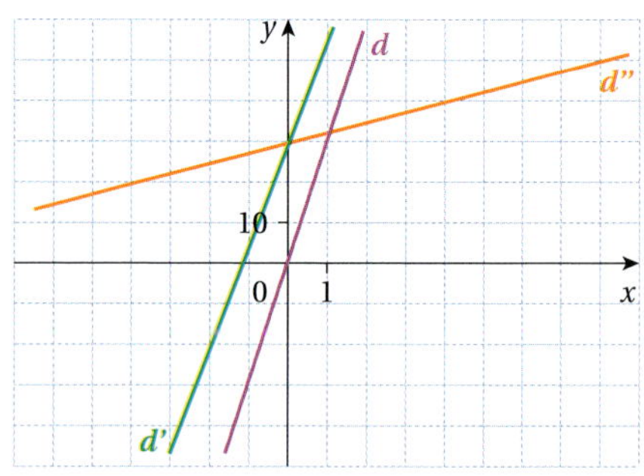

8 Bob, employé reconnu pour son sérieux, se voit récompensé par son patron d'une prime de fin d'année de 1 400 €. Bob dépense une partie x de cette somme mais, très prévoyant, il décide de placer le reste dans une banque qui propose un taux d'intérêt de 3 % par an.

a. Quelles sont les valeurs que peut prendre x ?

b. Exprimer, en fonction de x, le capital initial placé à la banque, puis celui disponible au bout d'un an.

c. Calculer ce capital disponible dans le cas où Bob choisit de dépenser la moitié de sa prime.

9 À tout nombre réel x, on fait correspondre le double de son carré.
Donner l'expression de la fonction f ainsi définie.

10 À tout nombre réel x, on fait correspondre la racine carrée de sa moitié.
a. Donner l'expression de la fonction g ainsi définie.
b. Pour quelles valeurs de x le calcul de $g(x)$ est-il possible ?
c. Calculer $g(x)$ pour $x = \dfrac{32}{9}$.

11 À tout nombre réel x, on fait correspondre le quotient de ce nombre par la différence de son double et de 4.
a. Donner l'expression de la fonction h ainsi définie.
b. Pour quelles valeurs de x le calcul de $h(x)$ est-il possible ?
c. Calculer $h(x)$ pour $x = 7$.

12 Soit f la fonction définie pour toute valeur réelle par $f(x) = x^4 - \dfrac{9}{x^2+1}$.
a. Compléter le tableau de valeurs suivant.

x	-7	-3	-1	0	1	3	7
$f(x)$							

b. Qu'observe-t-on ? Expliquer.

13 **1.** Parmi les expressions proposées, quelle est celle qui correspond à la fonction dont l'écriture est affichée sur l'écran d'une calculatrice reproduit ci-dessous ?

`Y1=X+1/X+2`

a. $x \mapsto \dfrac{x+1}{x+2}$. **b.** $x \mapsto x + \dfrac{1}{x} + 2$.
c. $x \mapsto x + \dfrac{1}{x+2}$.

2. Écrire, en notation mathématique usuelle, les expressions des fonctions correspondant aux affichages de calculatrice suivants :
a. `Y2=(X+3)/2+X` **b.** `Y3=X^2+3X+5`
c. `Y4=√X+3/(2+X)` **d.** `Y5=-X^3/(2X+5)`
e. `Y6=(√X-8)/2+5` **f.** `Y7=√(5-X^2)/2`

Intervalles de ℝ

Appliquer le Savoir-faire 4 p. 31

14 Dans chaque cas, écrire sous forme d'intervalle l'ensemble des nombres x vérifiant l'inégalité.
a. $-1 \leqslant x \leqslant \dfrac{1}{3}$. **b.** $3 < x < 3{,}1$. **c.** $-3 \leqslant x < \sqrt{2}$.
d. $x > -2$. **e.** $x \leqslant 4$. **f.** $x > 0$.

15 Dans chaque cas, résoudre l'inéquation et donner la solution sous forme d'intervalle.
a. $2x - 1 \leqslant 2$. **b.** $4x + 7 > 9$.
c. $2 - x \geqslant 5$. **d.** $x - 7 < 3x + 3$.

16 Dans chaque cas, trouver l'ensemble des nombres x vérifiant les contraintes données.
a. $4x - 1 \geqslant 1$ <u>et</u> $3x - 10 \leqslant -7$.
b. $4x - 1 \geqslant 1$ <u>ou</u> $3x - 10 \leqslant -7$.
c. $2x + 1 \geqslant 5$ <u>et</u> $-x \leqslant -3$.
d. $2x + 1 \geqslant 5$ <u>ou</u> $-x \leqslant -3$.

Appliquer le Savoir-faire 5 p. 31

17 Dans chaque cas, déterminer l'intersection et la réunion des intervalles I et J.
a. $I = [-8 ; 8]$ et $J = [-2 ; 12]$. **b.** $I =]1 ; 8[$ et $J = [5 ; 9]$.
c. $I =]0 ; \sqrt{2}\,]$ et $J = [1 ; +\infty[$. **d.** $I =]-\infty ; 1[$ et $J = [2 ; 5]$.

18 Dans chaque cas, déterminer l'intersection et la réunion des intervalles I et J.
a. $I = [-1 ; 1]$ et $J =]0 ; 12[$. **b.** $I =]7 ; 8[$ et $J = [6 ; 9]$.
c. $I =]-\infty ; \sqrt{2}\,]$ et $J = [1 ; +\infty[$. **d.** $I =]-12 ; 1[$ et $J = [1 ; 5]$.

Courbe représentative et résolutions graphiques

Appliquer le Savoir-faire 2 p. 29

19 **Vrai ou faux ?**
Le graphique suivant représente l'évolution de la population française de 1985 à 2005.

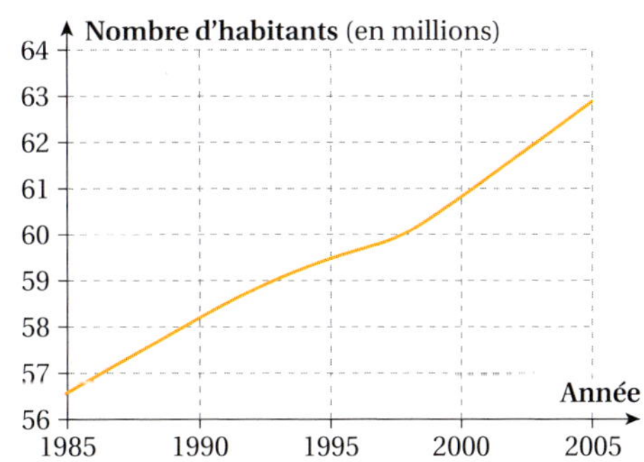

Pour chacune des affirmations suivantes, indiquer si elle est vraie ou fausse.
a. En 1993, la France comptait environ 59 millions d'habitants.
b. En 2000, la population française était inférieure à 60 millions d'habitants.
c. De 1990 à 2005, la population française a augmenté d'environ 4 millions et demi d'habitants.
d. Les 60 millions d'habitants ont été franchis avant 1997.

20 Le graphique suivant décrit les hauteurs de marée, en mètre, aux Sables d'Olonne (Vendée) pendant une journée du mois de mai 2007.

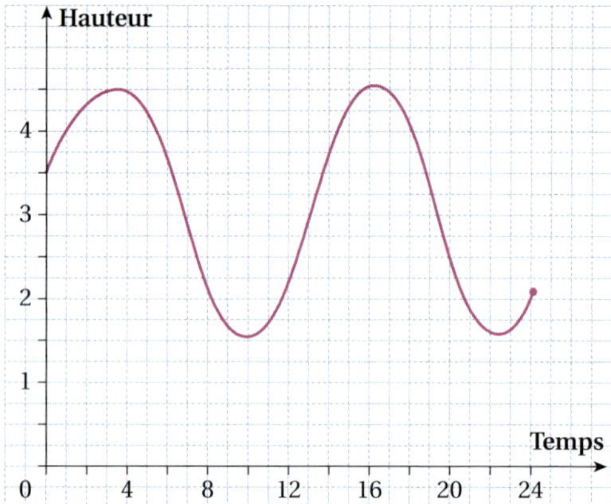

a. Déterminer les unités de chacun des axes (Ox) et (Oy).

b. Déterminer graphiquement les horaires de haute mer et de basse mer pour le jour représenté.

c. Les pêcheurs ne peuvent ramasser certains coquillages que lorsque la hauteur de la mer est inférieure à 2 mètres.

Sur quel(s) créneau(x) horaire(s) ont-ils pu effectuer leur récolte le jour représenté sur le graphique ?

d. Pour rencontrer les meilleures vagues, les surfeurs ne vont à l'eau qu'à marée montante.

Pendant combien de temps ont-ils pu surfer ce jour-là, sachant qu'ils ne surfent pas durant la nuit ?

21 La courbe suivante décrit le poids*, en kilogramme, d'un chat en fonction de son âge.

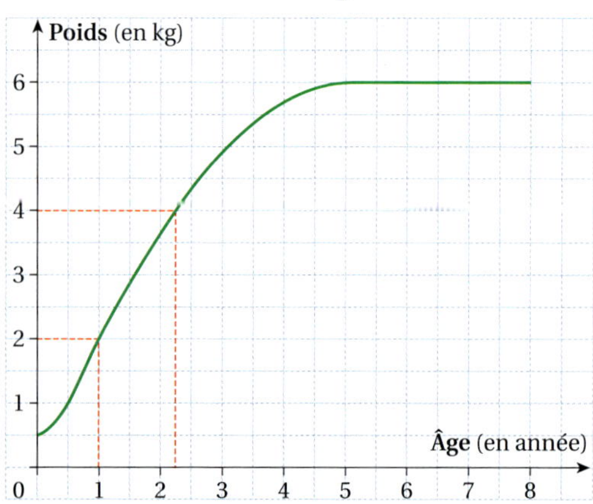

Répondre aux questions suivantes par lecture graphique, puis illustrer la réponse avec une écriture utilisant la fonction f du poids du chat.

Exemple :

Question : Quel est le poids du chat à l'âge de 1 an ?

Réponse : 2 kg, car $f(1) = 2$.

a. Quel est le poids du chat à l'âge de 3 ans ?

b. Quel est son poids de naissance ?

c. À quel âge pèsera-t-il 3 kg ?

d. À quel âge pèsera-t-il entre 4 et 5 kg ?

e. Une fois adulte, le poids du chat se stabilise.

À quel âge aura-t-il atteint son poids adulte ?

f. À quel âge aura-t-il atteint la moitié de son poids adulte ?

* Par abus de langage, on utilisera le mot « poids » pour désigner la masse.

22 Parmi les courbes suivantes, lesquelles sont des représentations graphiques d'une fonction ?

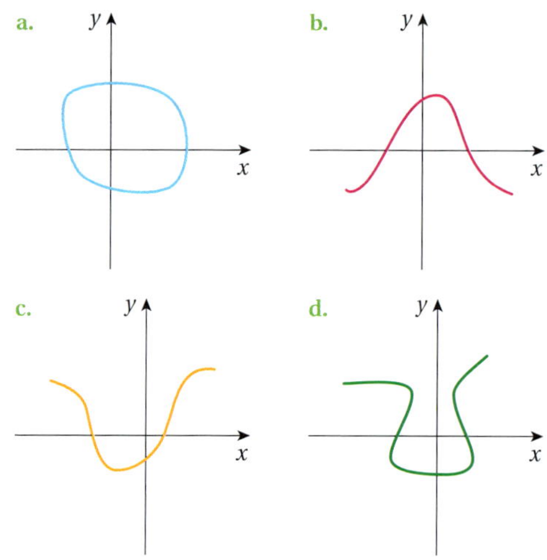

23 Associer à chaque droite d et d' du graphique ci-dessous l'un des tableaux de valeurs suivants, puis compléter ce tableau.

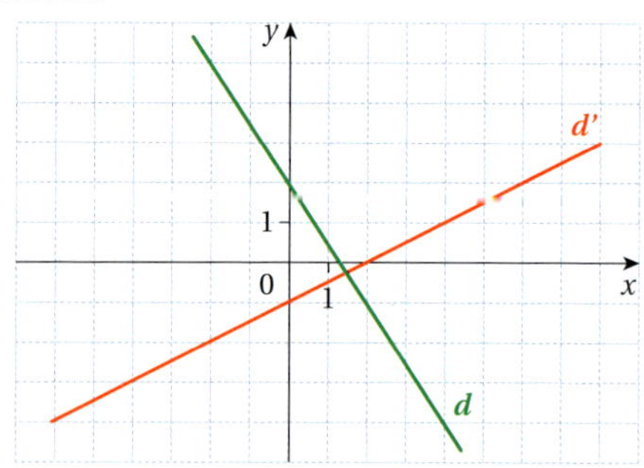

Tableau 1

x	0	...	6	...
$f(x)$	2	–1	...	–28

Tableau 2

x	–2	0	...	6
$g(x)$	–2	...	0	...

24 Compléter le tableau de valeurs de la fonction f représentée ci-dessous.

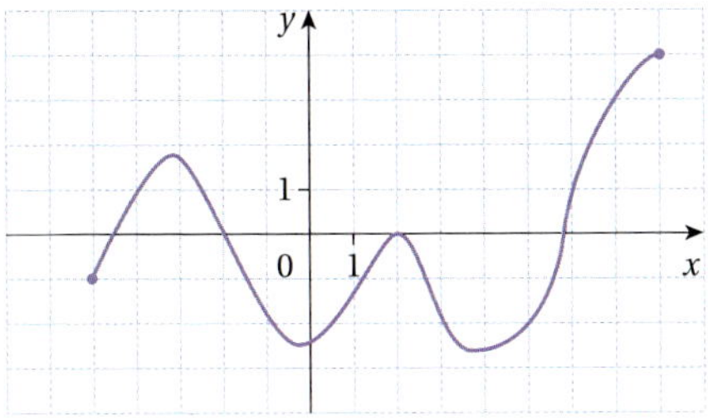

x	–5	–4	–2	2	3	5	6	7	8
$f(x)$									

Appliquer le Savoir-faire 3 p. 30

25 Soit f la fonction définie sur l'intervalle [– 2 ; 4] par $f(x) = 3 + x + \dfrac{1}{x - 10}$ et $\mathscr{C}_f$ sa courbe représentative.

1. Tracer $\mathscr{C}_f$ dans un repère orthonormal.

2. Déterminer graphiquement :

a. l'image du nombre 2,5 ;

b. un antécédent de 2.

26 Soit f la fonction définie sur l'intervalle [–4 ; 4] par $f(x) = 1 + \dfrac{6}{3x^2 + 1}$ et $\mathscr{C}_f$ sa courbe représentative.

a. Établir un tableau de valeurs de f.

b. Tracer $\mathscr{C}_f$ dans un repère orthonormal.

27 Soit f la fonction définie sur ℝ par $f(x) = x + \dfrac{1}{x^2 + 1}$.

a. Tracer $\mathscr{C}_f$, courbe représentative de f, dans un repère orthonormal.

b. Les points A(–2 ; –1,8), B($\sqrt{2}$; $\dfrac{4}{3}$), C(1,2 ; 1,6) et D(–1 ; –1) se trouvent-ils sur $\mathscr{C}_f$?

Appliquer les Savoir-faire 6 et 7 p. 32

28 Soit la représentation graphique de la fonction f définie sur l'intervalle [–5 ; 8].

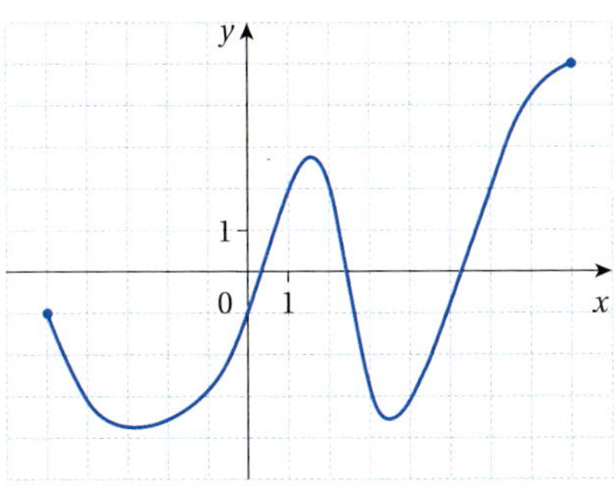

Résoudre graphiquement sur l'intervalle [–5 ; 8] :

a. $f(x) = 2$. **b.** $f(x) = -3$. **c.** $f(x) \leqslant -3$.

29 Soit la représentation graphique de la fonction f définie sur l'intervalle [–5 ; 7].

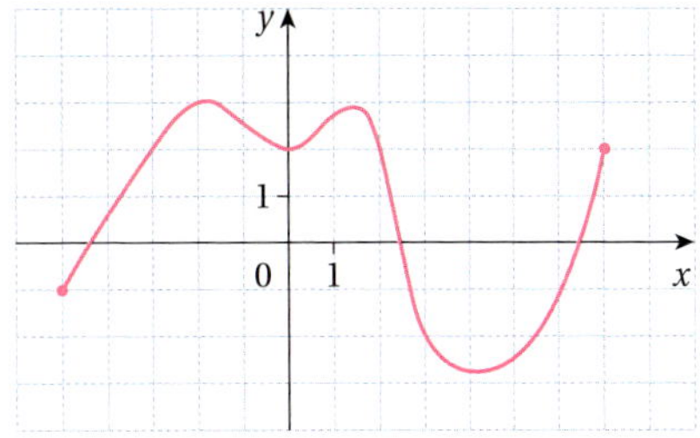

a. Résoudre graphiquement sur [–5 ; 7], $f(x) = 2$.

b. Résoudre graphiquement sur [3 ; 7], $f(x) = -1$.

c. Résoudre graphiquement sur [1 ; 5], $f(x) \geqslant -2$.

30 La courbe suivante représente la fonction f définie sur l'intervalle [–5 ; 7].

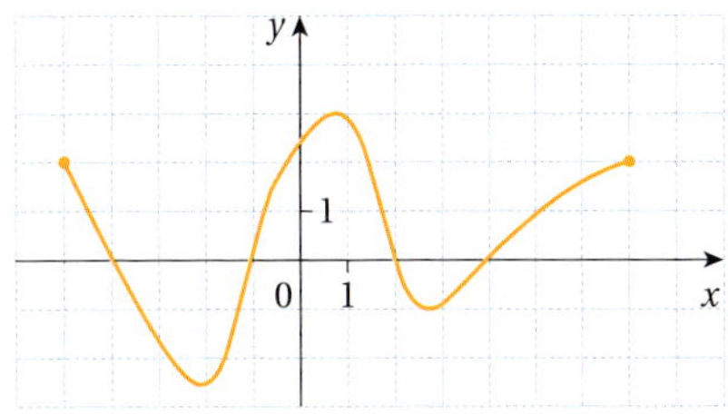

a. Résoudre graphiquement sur l'intervalle [–5 ; 7] l'équation $f(x) = 0$.

b. Reproduire et compléter le tableau de signes de f.

x	–5		…		–1		…		…		7
$f(x)$		…	0	…	0	…	0	…	0	…	

31 Soit f la fonction définie sur l'intervalle [–6 ; 4] par $f(x) = -x + 3$.

a. Tracer la courbe représentative de la fonction f.

b. Résoudre graphiquement sur l'intervalle [–6 ; 4] l'équation $f(x) = 0$.

c. Résoudre graphiquement sur l'intervalle [–6 ; 4] l'inéquation $f(x) \leqslant 0$.

32 Soit f la fonction définie sur ℝ par :

$$f(x) = 0{,}5x^3 - 3x$$

a. Tracer la courbe représentative de la fonction f pour x compris entre –3 et 3.

b. Résoudre graphiquement sur l'intervalle [–3 ; 3] l'équation $f(x) = 0$.

c. Résoudre par le calcul sur l'intervalle [–3 ; 3] l'équation $f(x) = 0$.

33 **a.** Résoudre graphiquement sur l'intervalle [–1 ; 2] l'équation $x^2 + x = 2$.

b. Résoudre graphiquement sur l'intervalle [–1 ; 2] l'inéquation $x^2 + x \geqslant 2$.

34 1. Résoudre graphiquement sur l'intervalle [–1 ; 3] les équations suivantes.

a. $3x^2 - 4x - 2 = 2$. b. $3x^2 - 4x - 2 = -2$.

Coup de pouce

Tracer dans un repère la courbe représentative de la fonction f définie sur l'intervalle [–1 ; 3] par $f(x) = 3x^2 - 4x - 2$.

2. Retrouver le résultat de la question 1b par le calcul.

35 1. Résoudre graphiquement sur l'intervalle [–5 ; 3] l'équation $6x^2 + 12x - 38 = 10$.

Coup de pouce

Tracer dans un repère la courbe représentative de la fonction f définie sur l'intervalle [–5 ; 3] par $f(x) = 6x^2 + 12x - 38$.

2. a. Vérifier que $f(x) - 10 = (2x + 8)(3x - 6)$.

b. Retrouver par calcul le résultat de la question 1.

36 Résoudre graphiquement sur l'intervalle [–7 ; 5] :

a. l'équation $\dfrac{x^2-5}{x-10} = -2$;

b. l'équation $\dfrac{x^2-5}{x-10} = 1$;

c. l'inéquation $\dfrac{x^2-5}{x-10} \geqslant -2$.

37 a. Tracer dans un repère la courbe représentative de la fonction f définie sur l'intervalle [–2 ; 5] par :

$$f(x) = \frac{x^4}{5} - x^3.$$

b. Encadrer par deux entiers consécutifs les solutions de l'équation $f(x) = 3$ sur l'intervalle [–2 ; 5].

Appliquer le Savoir-faire 8 p. 33

38 Soit f la fonction définie sur $\mathbb{R}$ par :

$$f(x) = 0{,}2x^3 - 0{,}7x + 0{,}9.$$

a. Tracer la courbe représentative $\mathscr{C}_f$ de f pour x compris entre –6 et 6.

b. Étudier, en fonction de x, le signe de $f(x)$.

39 Soit f la fonction définie sur $\mathbb{R}$ par :

$$f(x) = 0{,}2x^3 - 0{,}7x^2 + 0{,}6x + 0{,}9.$$

a. Tracer la courbe représentative $\mathscr{C}_f$ de f pour x compris entre –2 et 5.

b. Résoudre graphiquement sur l'intervalle [–2 ; 5] l'équation $f(x) = 0$.

c. Résoudre graphiquement sur l'intervalle [–2 ; 5] l'inéquation $f(x) \geqslant 0$.

d. Donner, en fonction de x, le signe de $f(x)$.

Variations d'une fonction

40 Voici la courbe de poids du petit Sacha de sa naissance jusqu'à l'âge de deux mois.

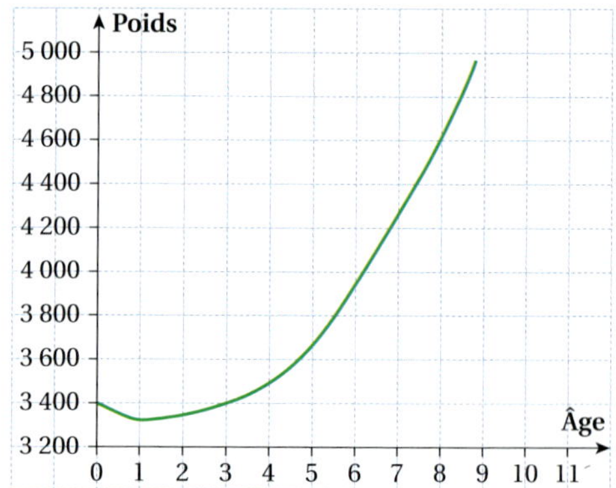

a. Déterminer les unités de chacun des axes.

b. Le pédiatre commente la courbe aux parents légèrement inquiets.

Recopier et compléter ses propos :

« Il est normal qu'après la naissance le poids diminue pendant ....

Votre bébé a retrouvé son poids de naissance au bout de ...., ce qui est tout à fait habituel.

Sa croissance est même désormais de plus en plus rapide, il suffit de regarder : de la 4e à la 5e semaine il n'a pris que .... environ, alors que de la 7e à la 8e semaine il a pris environ .... »

c. Dresser le tableau de variations de la fonction associée à cette courbe sur l'intervalle [0 ; 8].

Quel a été le poids minimal de Sacha ?

d. Un bébé peut perdre jusqu'à 10 % de son poids après la naissance.

Y avait-il lieu de s'inquiéter pour le petit Sacha ?

41 Voici la courbe représentative de la fonction f.

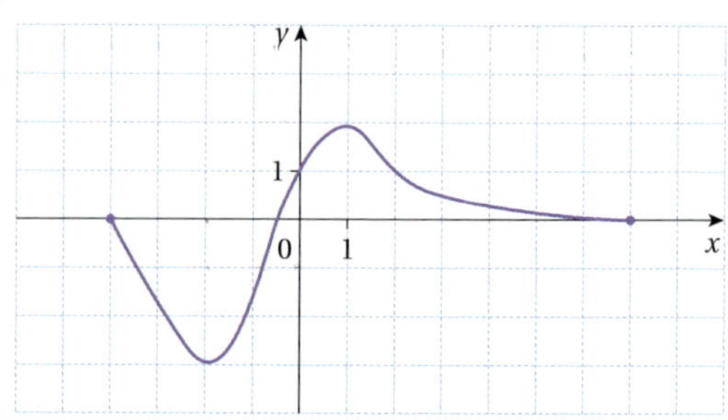

a. Donner l'ensemble de définition $\mathscr{D}$ de la fonction f.

b. Les points A (– 2 ; – 1) et B (2 ; 1) se trouvent-ils sur la courbe ? Expliquer.

c. Donner les variations de la fonction f.

d. Déterminer le minimum et le maximum de la fonction f.

42 Voici la courbe représentative de la fonction f.

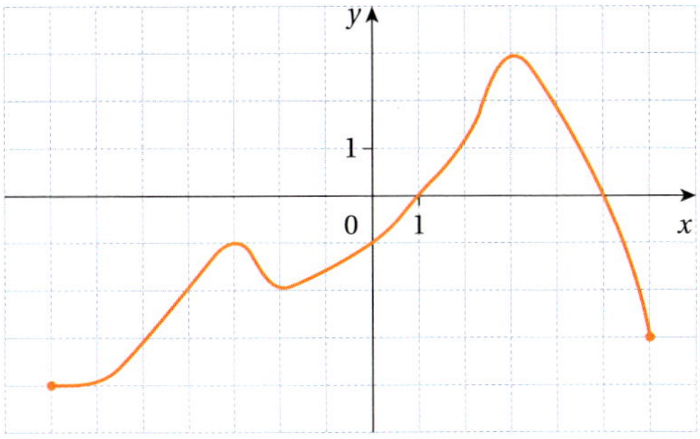

a. Donner l'ensemble de définition $\mathcal{D}$ de la fonction f.

b. Compléter le tableau de valeurs suivant.

x	-7	-3	-2	0	3	6
$f(x)$						

c. Résoudre graphiquement l'équation $f(x) = 0$.

d. Déterminer les extremums de la fonction f sur $\mathcal{D}$.

43 Voici la courbe représentative de la fonction f.

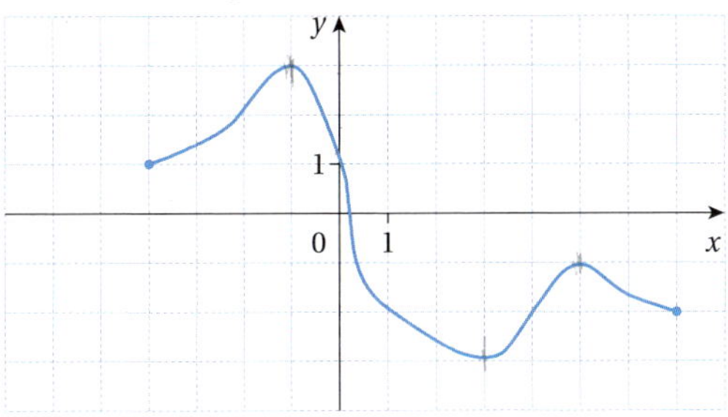

a. Donner l'ensemble de définition $\mathcal{D}$ de la fonction f.

b. Dresser le tableau de variations de la fonction f.

c. Résoudre graphiquement l'équation $f(x) = -2$.

d. Déterminer le maximum de la fonction f sur $[3 ; 7]$.

44 Dans un repère orthogonal (O, I, J), on considère la courbe représentative de la fonction f.

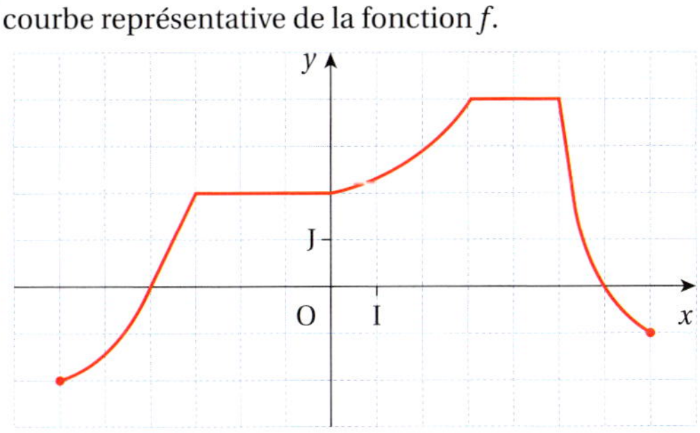

a. Donner l'ensemble de définition $\mathcal{D}$ de la fonction f.

b. Quel est l'antécédent de -2 ?

c. Que peut-on dire des antécédents de 2 ?

d. Dresser le tableau de variations de f.

e. Résoudre graphiquement l'équation $f(x) = 0$ pour x appartenant à l'intervalle $[-6 ; 7]$.

f. Déterminer le signe de $f(x)$ en fonction de x.

45 Soit la fonction f, définie sur $\mathcal{D} = [-5 ; -2] \cup [1 ; 6]$, dont la courbe est représentée ci-dessous.

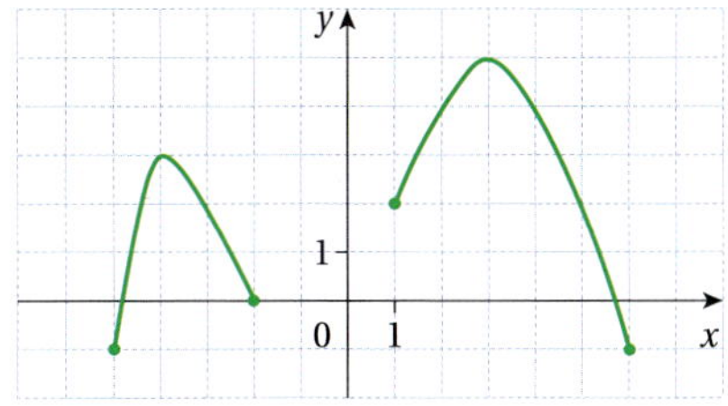

a. Déterminer graphiquement $f(-3)$, $f(2)$ et $f(5)$.

b. Résoudre graphiquement sur $\mathcal{D}$ l'inéquation $f(x) \geqslant 4$.

c. Quels sont les antécédents de -1 ?

d. Déterminer le maximum de la fonction f.

46 Sur le graphique suivant, on a représenté la fonction f définie sur $[-5 ; 1[\cup [1 ; 7[$.

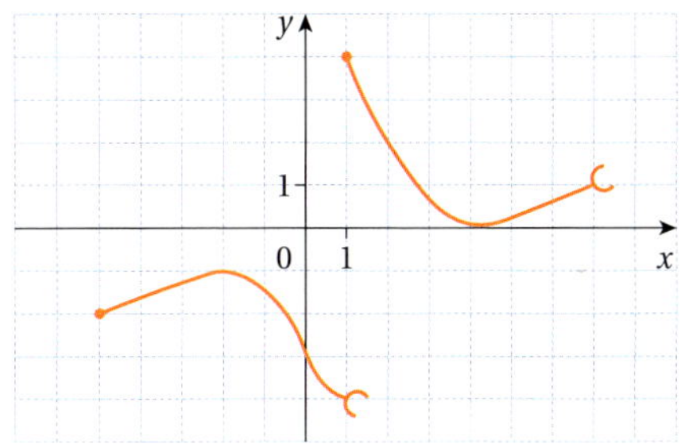

a. Quelles sont les images de -2, 0 et 1 ?

b. Résoudre graphiquement l'équation $f(x) = 2$.

c. Établir les variations de f sur $[-5 ; 1[$ et sur $[1 ; 7[$.

Appliquer le Savoir-faire 9 p. 33

Pour les exercices 47 à 50

On donne le tableau de variations d'une fonction f. Dans un repère, représenter l'allure d'une courbe possible pour cette fonction.

47

x	-3		1		4
$f(x)$	-5	↗	-1	↘	-8

48

x	-6		6		10
$f(x)$	-5	↗	1	↘	0

49

x	-2		1		2		3		8
$f(x)$	0	↘	-4	↗	-1	↘	-4	↗	4

50

x	-2		0		4		9
$f(x)$	3	↘	-2	↗	7	↘	-1

Exercices pour se tester

Fonctions et représentation graphique

51 Questions de cours

a. Un nombre peut-il avoir plusieurs images par une fonction ?

b. Un nombre peut-il avoir plusieurs antécédents par une fonction ?

c. Un cercle est-il la représentation graphique d'une fonction ?

52 QCM

Soit la fonction f définie sur $\mathbb{R}\setminus\{-1\}$ par $f(x)=\dfrac{x^2+3}{x+1}$.

a. L'image de 2 par f est :

(A) 1. (B) 5. (C) $\dfrac{7}{3}$. (D) 4.

b. Un antécédent de 3 par f est :

(A) 3. (B) −3. (C) 0. (D) 1.

53 QCM

Soit la fonction f définie sur $\mathbb{R}$ par $f(x) = x^2 - 3x + 7$. Parmi les points suivants, ceux qui appartiennent à la courbe représentative de f sont :

(A) A(2 ; 5). (B) B(5 ; 2). (C) C(−2 ; 5). (D) (−2 ; 9).

54 QCM

Parmi les courbes suivantes, celles qui sont des représentations graphiques de fonctions sont :

(A) (B) (C) (D)

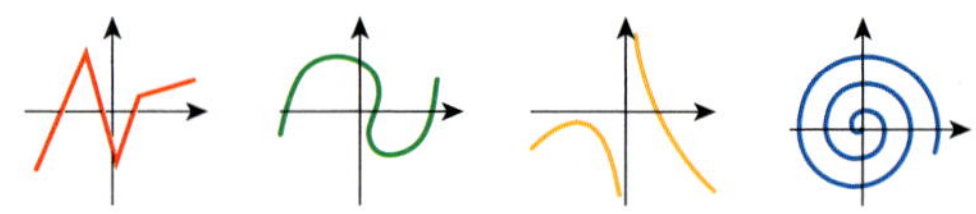

55 QCM

La fonction f est donnée par la représentation graphique ci-contre.

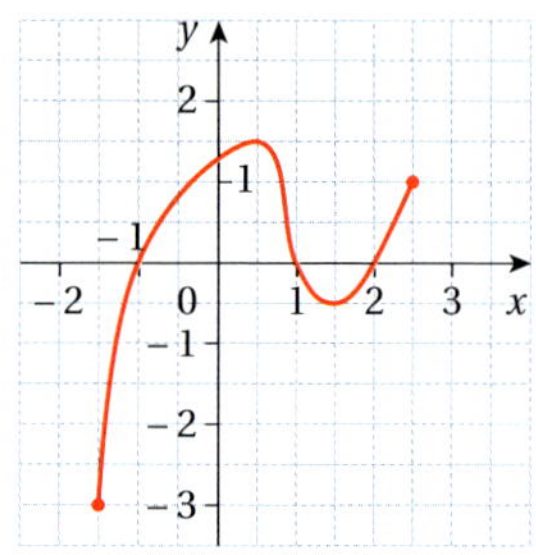

On a alors :

(A) l'image par f de 1,5 est 0,5.

(B) la fonction f est définie sur l'intervalle [−3 ; 0].

(C) 2,5 est un antécédent de 1 par f.

(D) l'équation $f(x) = 0$ admet 3 solutions sur [−1,5 ; 2,5].

Intervalles de $\mathbb{R}$

56 QCM

L'ensemble des réels x vérifiant simultanément les inégalités $5x - 1 \geqslant 4$ et $1 - x > -4$ est :

(A) [1 ; 5]. (B) [1 ; 5[. (C) [1 ; +∞[. (D)]−∞ ; 5[.

57 QCM

a. L'intersection des intervalles]−∞ ; 5] et [−2 ; 13[est :

(A) [−2 ; 5]. (B)]−∞ ; 13[. (C)]5 ; −2[. (D) ∅.

b. La réunion des intervalles]−∞ ; 5] et [−2 ; 13[est :

(A) [−2 ; 5]. (B)]−∞ ; 13[. (C)]5 ; −2[. (D) ∅.

Variations et extremum

58 Vrai ou faux ?

a. Une fonction croissante sur [− 1 ; 2] et sur [5 ; 10] est croissante sur [− 1 ; 2] ∪ [5 ; 10].

b. Si pour tout x réel, $f(x) \geqslant 3$, alors 3 est le minimum de la fonction f sur $\mathbb{R}$.

c. Si $f(2) > f(3)$, alors la fonction f est croissante sur l'intervalle [2 ; 3].

d. Si f est croissante sur [0 ; 10], alors il n'existe aucun couple de réels (x , y) de [0 ; 10] tel que $f(x) = f(y)$.

59 Vrai ou faux ?

x	−4		−1		0		3
$f(x)$	1	↘	−1	↗	1	↘	−4

a. f est croissante sur l'intervalle [−1 ; 0].

b. Le minimum de f est atteint pour $x = -4$.

c. f possède deux maximums.

d. $f(-3) > f(-2)$.

e. $f(0,5) > -1$.

f. $f(-0,5) = 0$.

g. $f(-0,5) > f(2,5)$.

CORRIGÉ P. 342

Exercice résolu

60 ALGORITHMIQUE

Sur la calculatrice se trouve une touche exp.

Cette touche correspond à une fonction que vous étudierez en classe de terminale. Nous allons déjà observer quelques propriétés de cette fonction.

1. Compléter le tableau de valeurs suivant (on donnera les valeurs arrondies au centième) :

x	-3	-2	-1	0	1	2	3
$\exp(x)$							

2. À l'aide de la calculatrice, donner un encadrement à 10^{-3} près de l'antécédent de 2 par la fonction exp.

3. Donner la représentation graphique de la fonction exp sur l'intervalle $[-3\,;3]$.

4. Que peut-on dire des nombres $\exp(-3)$ et $\exp(3)$? $\exp(-2)$ et $\exp(2)$? Essayer avec d'autres valeurs et conjecturer une propriété de la fonction exp.

5. Comparer $\exp(2) \times \exp(3)$ et $\exp(5)$.

Recommencer avec d'autres couples de nombres et conjecturer une propriété de la fonction exp.

6. On admet que la fonction exp est croissante sur $\mathbb{R}$. Trouver, à l'aide de la calculatrice, le plus petit entier n à partir duquel la fonction exp prend des valeurs supérieures à 1000.

7. Écrire un algorithme qui prend en entrée un nombre A strictement positif et qui renvoie le plus petit entier n tel que $\exp(x) > A$ pour tout $x > n$.

SOLUTION

1. À l'aide de la calculatrice, on obtient le tableau de valeurs :

x	-3	-2	-1	0	1	2	3
$\exp(x)$	0,05	0,14	0,37	1	2,72	7,39	20,09

2. La calculatrice donne $\exp(0{,}693) \approx 1{,}9997$ et $\exp(0{,}694) \approx 2{,}0017$, on peut donc en déduire que l'antécédent de 2 est compris entre 0,693 et 0,694.

3. À l'aide de la calculatrice graphique, on obtient la représentation suivante :

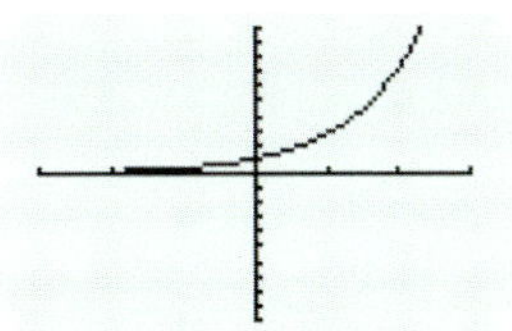

4. On conjecture que pour tout x réel, $\exp(-x) = \dfrac{1}{\exp(x)}$.

5. On peut conjecturer que pout couple $(x\,,y)$ de nombres réels, on a la relation :

$$\exp(x+y) = \exp(x) \times \exp(y)$$

6. À l'aide de la calculatrice, on obtient $\exp(6) \approx 403$ et $\exp(7) \approx 1096$, comme la fonction exp est supposée croissante, on en déduit alors que pour tout $x > 7$, $\exp(x) > \exp(7)$.

Le plus petit entier cherché est donc 7.

7. Voici par exemple un algorithme écrit en python qui donne le plus entier naturel cherché :

```
from math import *
A=float(input("A=?"))
i=0
while exp(i)<=A:
    i=i+1
print("le plus entier n cherché est",i)
```

Exercices d'approfondissement

Notion de fonction

61 ALGORITHMIQUE

Soit l'algorithme suivant :

```
Entrer le réel x
y prend la valeur x + 1
y prend la valeur y²
y prend la valeur y - 1
y prend la valeur y/x à y
y prend la valeur y - 2
Afficher y
```

a. Si $x = 2$ en entrée, quelle valeur de y a-t-on en sortie ?

b. Si $x = 5$ en entrée, quelle valeur de y a-t-on en sortie ?

c. Démontrer que, pour tout réel x, la valeur y de sortie est égale à x.

62 ALGORITHMIQUE

Voici un algorithme programmé sur calculatrice.

```
PROGRAM:FONC
:Prompt X
:1→Y
:For(I,1,4)
:X*Y→Y
:End
:Disp Y
```

a. Si X = 2 en entrée, qu'obtient-on pour Y en sortie ?

b. Déterminer l'expression de Y obtenue en sortie en fonction de X.

c. Écrire un algorithme prenant en entrée un entier n et calculant des images de la fonction $f(x) = x^n$.

63 ALGORITHMIQUE

Soit la fonction f définie sur $\mathbb{R} - \{1\}$ par $f(x) = \dfrac{x-5}{x-1}$.

1. Calculer $f(3)$ et $f(11)$.

2. Calculer $f(f(3))$ et $f(f(11))$. Que constate-t-on ?

3. Lequel de ces algorithmes programmés sur calculatrice réalise le calcul de $f(f(x))$?

a.

```
PROGRAM:REPETE
:Prompt X
:(X-5)/(X-1)→Y
:Y*Y→Y
:Disp Y
```

b.

```
PROGRAM:REPETE
:Prompt X
:For(I,1,2)
:(X-5)/(X-1)→X
:End
:Disp X
```

c.

```
PROGRAM:REPETE
:Prompt X
:For(I,1,2)
:(X-5)/(X-1)→Y
:End
:Disp Y
```

4. Démontrer que, pour tout réel x, $f\big(f(x)\big) = x$.

64 On donne le tableau de signes d'une fonction f définie sur l'intervalle $[-8 ; 7]$:

x	-8		-3		4		7
$f(x)$		$+$	0	$-$	0	$+$	

a. Donner, sur l'intervalle $[-8 ; 7]$, l'ensemble des solutions de l'inéquation $f(x) \geqslant 0$.

b. Cédric affirme que l'équation $f(x) = 1$ admet exactement deux solutions.
Élodie lui répond qu'on ne peut pas savoir.
Qui a raison ? Justifier.

Coup de pouce
On pourra donner un contre-exemple.

Courbe représentative

65 Soit f la fonction définie sur $\mathbb{R}\setminus\{0\}$ par $f(x) = \dfrac{x^4 - 1}{10x^2}$.

a. Établir un tableau de valeurs de $f(x)$ pour x entier relatif non nul compris entre -5 et 5.
Que constate-t-on ?

b. Pour x un nombre réel quelconque, calculer $f(-x)$.
Interpréter graphiquement le résultat obtenu.

66 Sur le graphique suivant, on a représenté les courbes $\mathscr{C}_f$ et $\mathscr{D}_g$ des fonctions respectives f et g.

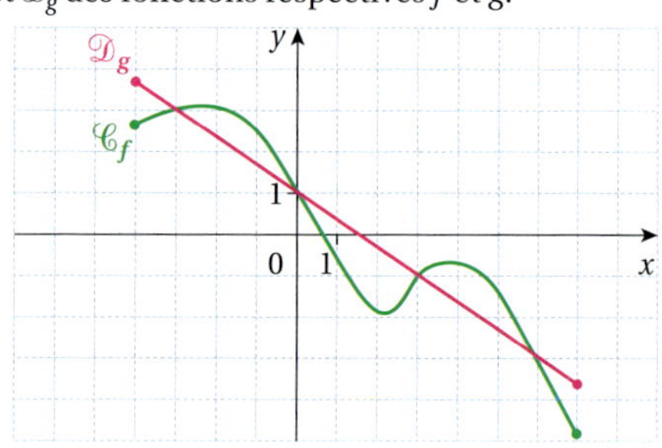

1. Pour chacune des affirmations suivantes, indiquer si elle est vraie ou fausse. Justifier.

a. Les fonctions f et g ont le même ensemble de définition.

b. Une des fonctions est affine mais non linéaire.

c. Les fonctions f et g sont décroissantes.

d. Le minimum de f est inférieur à l'image de 7 par g.

2. La recherche d'antécédent(s) de -1 par f et par g conduit-elle au même résultat ?

3. Résoudre graphiquement l'équation $f(x) = g(x)$ sur l'intervalle $[-4 ; 7]$.

4. Résoudre graphiquement l'inéquation $f(x) \geqslant g(x)$ sur l'intervalle $[-4 ; 7]$.

67 **Vrai ou faux ?**
À partir du tableau de variations de la fonction f, indiquer pour chaque affirmation si elle est vraie, fausse ou si on ne peut pas répondre.

x	-4		-1		0		3
$f(x)$	1	↘	-1	↗	1	↘	-4

a. L'image par f de 1 est 0.
b. L'image par f de 1 est -4.
c. L'image par f de -4 est 1.
d. Le nombre 0 n'a pas d'antécédent par f.
e. Le nombre 1 a deux antécédents par f.
f. Le nombre $f(2{,}5)$ est négatif.

68 Une fonction f est définie sur l'intervalle $[-4\ ;\ 4]$.
Elle est décroissante sur $[-4\ ;\ 1]$, puis croissante sur $[1\ ;\ 4]$. On sait de plus que $f(1) = 0$.
Démontrer que, pour tout $x \in [-4\ ;\ 4]$, $f(x) \geqslant 0$.

Coup de pouce
On fera une démonstration par disjonction des cas.

69 À l'aide des définitions du cours, démontrer qu'une fonction constante sur un intervalle I est à la fois croissante et décroissante sur I.

70 Voici le tableau de variations d'une fonction f.

x	-1		0		1		2
$f(x)$	1	↘	0	↗	1	↘	-2

1. Pour chacune des affirmations suivantes, préciser si elle est vraie ou fausse. Si elle est fausse, donner un contre-exemple.
a. Si $x < 0$, alors $f(x) > 0$.
b. Si $-2 < f(x) < 1$, alors $1 < x < 2$.
c. Si $0 < f(x) < 1$, alors $-1 < x < 1$.
d. Si $f(x) = 0$, alors $x = 0$.
2. Pour chacune des propositions précédentes, écrire sa réciproque. Cette réciproque est-elle vraie ?

71 Les quatre récipients ci-dessous ont la même hauteur et contiennent le même volume lorsqu'ils sont remplis à ras-bord.

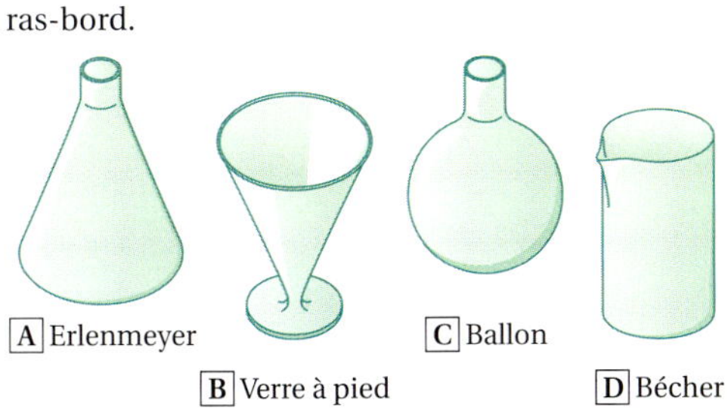

Pour chacun d'eux, on a tracé la courbe représentant le volume de liquide versé en fonction de la hauteur atteinte.

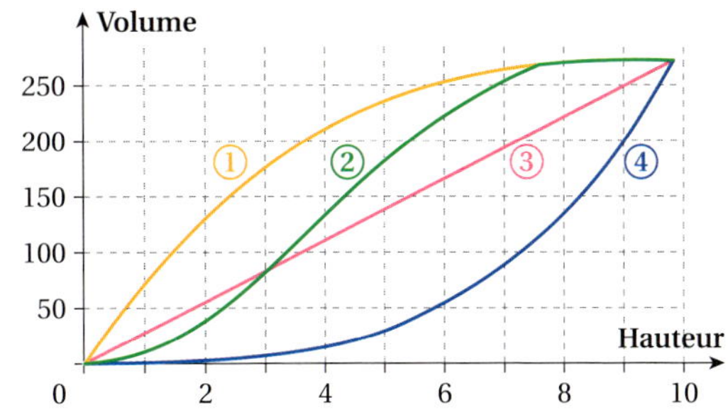

Rendre à chaque récipient le numéro de la courbe qui lui correspond.

D'après *Mathématiques sans frontières*, décembre 1994.

72 ABCD est un carré de côté 4 et de centre O. E est un point parcourant le carré en suivant le chemin D-A-B-C-D.

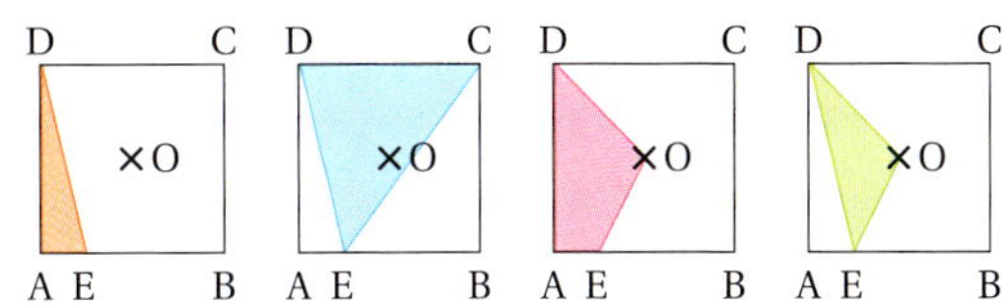

fig. 1 fig. 2 fig. 3 fig. 4

Associer à chaque figure (1 à 4) le graphique (a. à d.) représentant l'aire coloriée située à l'intérieur de ce carré lorsque E décrit le parcours D-A-B-C-D.

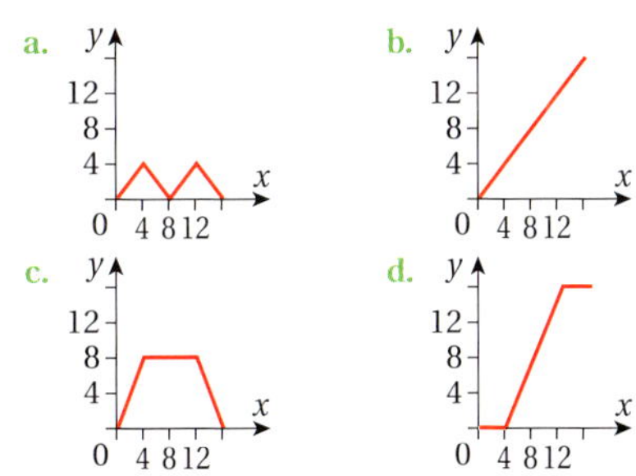

73 Il est 2h30. Le train de Stella arrive en gare de Gérardvillé. Sa camarade Camille est venue la chercher.
Stella lui raconte que son train a parcouru 100 km durant chaque heure de son trajet et que sa vitesse moyenne a pourtant été de 104 km/h. Camille refuse de la croire.
Stella insiste : elle dit qu'elle est partie à minuit (0 heure), que le train ne s'est pas arrêté avant Gérardvillé, que de 0 h 30 à 1 h et de 1 h 30 à 2 h, il a roulé à la vitesse constante de 80 km/h, alors que le reste du temps il a roulé à la vitesse constante de 120 km/h.
Représenter graphiquement la distance parcourue par le train en fonction de l'heure.
Stella a-t-elle raison? Expliquer pourquoi.

D'après *Mathématiques sans frontières*, mars 1990.

74 Le graphique suivant représente l'impôt sur le revenu en fonction du revenu imposable pour une famille avec deux enfants.

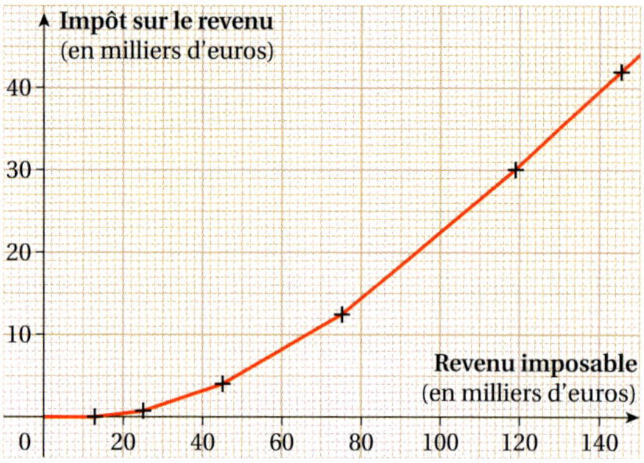

1. Commenter le dialogue suivant.

M. ABÉ. – Plus ton revenu est important et plus tu dois payer des impôts.

M. BÉSSET. – Ce qui veut dire que les impôts sont proportionnels au revenu !

2. À l'aide du graphique, répondre aux questions suivantes.

a. Quel est le montant des impôts de M. et Mme Déheux dont le revenu imposable est de 60 000 € ?

b. M. et Mme Géache ont payé 25 000 € d'impôts. Quel était leur revenu imposable ?

3. Dans la suite, on propose « d'approcher » la représentation graphique précédente par la courbe de la fonction f que l'on définit sur l'intervalle $[0 ; 150]$ par :

$$f(x)=\frac{1}{100\,000}(-x^3+400x^2-8\,000x).$$

a. Compléter le tableau de valeurs suivant (on donnera un arrondi au dixième près).

x	0	25	45	75	120	145
$f(x)$						

b. Représenter graphiquement la fonction f.
On prendra 1 cm pour 10 000 € en abscisse et 1 cm pour 5 000 € en ordonnée.

c. Calculer $f(10)$. Ce résultat donne-t-il le montant des impôts à payer pour un revenu imposable de 10 000 € ? Expliquer.

75 ALGORITHMIQUE

À Noël, les parents de Tao souhaitent lui donner davantage d'argent de poche.

Ils lui font la proposition suivante :

« On discutera encore de ce qu'on te donnera en janvier, mais chaque mois suivant nous te donnerons la moitié de ce que nous te donnions le mois précédent plus 10 €. »

Avant d'accepter, Tao veut tester l'algorithme de calcul suivant jusqu'en juin.

Il nomme x l'argent de poche qu'il pourrait avoir au mois de janvier.

```
Entrer le réel positif x
Répéter 5 fois
        x prend la valeur 1/2 x + 10
Afficher x
```

a. Faire fonctionner cet algorithme avec $x = 4$, $x = 16$ et $x = 40$.

b. Montrer que le montant d'argent de poche de Tao pour le mois de juin peut s'exprimer par :

$$f(x) = \frac{1}{32}x + 19{,}375.$$

c. En déduire pour quelles valeurs de x l'argent de poche du mois de juin sera supérieur à celui du mois de janvier.

76 Sur la calculatrice se trouve une touche « ln ». Cette touche correspond à une fonction que vous étudierez en classe de terminale.

L'objectif de cet exercice est d'observer quelques propriétés de cette fonction.

a. Recopier et compléter le tableau de valeurs suivant (on donnera les valeurs arrondies au centième) :

x	0,1	0,5	1	2	3	10	100
$\ln(x)$							

b. À l'aide la calculatrice, donner un encadrement à 10^{-3} près de l'antécédent de 1 par la fonction ln.

c. Donner la représentation graphique de la fonction ln sur l'intervalle $]0 ;10]$.

Quelles semblent être les variations de la fonction ln ?

d. En effectuant plusieurs essais à l'aide de la calculatrice, conjecturer une relation entre $\ln(x)$ et $\ln\left(\frac{1}{x}\right)$ pour tout réel strictement positif.

e. En effectuant plusieurs essais à l'aide de la calculatrice, conjecturer une relation entre $\ln(xy)$, $\ln(x)$ et $\ln(y)$ pour tous réels x et y strictement positif.

f. On admet que la fonction ln est croissante sur $]0 ; +\infty[$ Trouver à l'aide de la calculatrice, le plus grand entier n tel que pour tout réel x vérifiant :

$$0 < x < \frac{1}{n}, \text{ on a } \ln(x) < -100.$$

g. Écrire un algorithme qui prend en entrée un nombre A strictement positif et qui renvoie le plus petit entier n tel que $\ln(x) < A$ pour tout réel x tel que :

$$0 < x < \frac{1}{n}.$$

Problèmes

77 Triangles rectangles

Partie A

Sur la figure suivante, M est un point quelconque du segment [BF] de longueur 4 cm.

On a prolongé de part et d'autre ce segment pour construire les points C et D situés respectivement à 1 cm de B et de F.

B est le pied de la hauteur issue de A du triangle ACM rectangle en A.

F est le pied de la hauteur issue de E du triangle EDM rectangle en E.

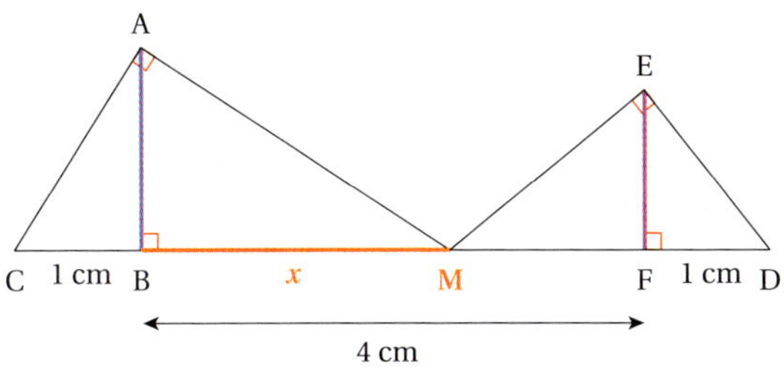

1. En appliquant le théorème de Pythagore dans les triangles ABC et ABM, démontrer que :

$$AC^2 + AM^2 = 2AB^2 + BM^2 + 1.$$

2. On pose BM = x.

a. Quel est l'ensemble des valeurs possibles pour x ?

b. En appliquant le théorème de Pythagore dans le triangle ACM, démontrer que :

$$AC^2 + AM^2 = x^2 + 2x + 1.$$

3. Déduire des questions précédentes que AB = $\sqrt{x}$.

4. Justifier que EF = $\sqrt{4-x}$.

Partie B

On désigne par $f(x)$ la somme des longueurs des segments [AB] et [EF].

Le but de cette partie est de déterminer pour quelle valeur de x cette somme atteint son maximum.

1. Exprimer, en fonction de x, la somme $f(x)$ des longueurs des segments [AB] et [EF].

2. a. Sur l'écran d'une calculatrice, afficher la représentation graphique de f.

Placer un point mobile sur la courbe.

b. Déterminer graphiquement le maximum de la fonction f. Pour quelle valeur de x est-il atteint ?

78 La piscine de Léon

Léon désire faire construire une piscine rectangulaire sur sa propriété. Il s'impose les contraintes suivantes :

- la piscine devra être entourée d'une zone recouverte de dalles sur une largeur de 2 m ;
- la surface totale (piscine et dalles) sera un rectangle d'aire 300 m^2.

On pose AD = x.

a. Exprimer AB en fonction de x.

b. Démontrer que les valeurs prises par x sont comprises dans l'intervalle [4 ; 75].

c. Démontrer que l'aire $A(x)$ de la piscine est donnée par $A(x) = 316 - 4x - \dfrac{1\,200}{x}$.

d. Tracer la courbe représentative de la fonction A dans un repère orthogonal.

On prendra 1 cm pour 5 m en abscisse et 1 cm pour 10 m^2 en ordonnée.

e. Déterminer graphiquement une approximation de la valeur x_0 pour laquelle l'aire de la piscine est maximale. Dresser le tableau de variations de la fonction A.

f. Un ami de Léon lui assure que sa piscine aura une aire maximale si elle est de forme carrée.

En admettant cette affirmation, calculer la valeur exacte de x_0 et en déduire que $A(x_0) = 316 - 80\sqrt{3}$.

79 Danger ! Chutes de pierres

Oscar, un garçon de 1,50 m, lance verticalement et vers le haut un gros caillou avec une vitesse initiale de 9,8 m/s. Soit t le temps écoulé, en seconde, à partir de l'instant où Oscar lâche le caillou. En négligeant la résistance de l'air, on admet que la hauteur au sol H du caillou, en mètre, est une fonction définie par :

$$H(t) = -4{,}9t^2 + 9{,}8t + 1{,}5.$$

1. Montrer que Oscar lâche le caillou à hauteur de sa tête.

2. Montrer que, pour tout nombre réel t :

$$-4{,}9t^2 + 9{,}8t + 1{,}5 = -\frac{1}{10}(7t - 15)(7t + 1).$$

3. Trouver la solution positive t_0 de l'équation $H(t) = 0$. Donner une interprétation du résultat.

4. Sur l'intervalle $[0 ; t_0]$, tracer dans un repère orthogonal la courbe représentative de la fonction H.

On prendra 5 cm pour 1 s en abscisse et 2 cm pour 1 m en ordonnée.

5. a. Déterminer graphiquement les variations de la fonction H et son maximum.

Dresser le tableau de variations de la fonction H.

b. En déduire le point le plus élevé atteint par le caillou et le temps qu'il a mis pour l'atteindre.

6. Combien de temps après le lancer, Oscar risque-t-il de recevoir le caillou sur la tête ?

Répondre graphiquement à cette question, puis retrouver le résultat par le calcul.

80 En battant le pavé

Dans le parallélépipède rectangle ci-dessous, on donne les longueurs :

AB = 4, BC = 3 et AE = 5.

Le point M se situe sur le segment [BF] et on appelle x la longueur BM.

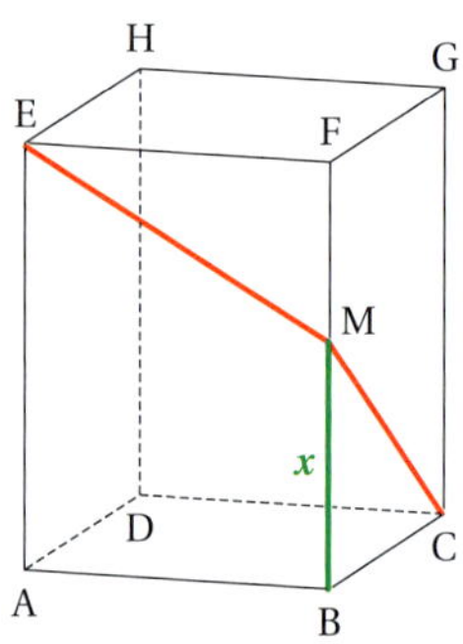

Le but de l'exercice est d'étudier la longueur du trajet L = EM + MC en fonction de la position de M.

1. Déterminer les valeurs exactes ou arrondies à 10^{-1} près de la longueur L :

a. lorsque M se situe en B ;

b. lorsque M se situe en F ;

c. lorsque M se situe au milieu de [BF].

2. a. Préciser quel est l'ensemble des valeurs possibles que peut prendre la variable x.

b. Exprimer la longueur L en fonction de x.

On la notera $L(x)$.

3. En s'aidant de la calculatrice graphique, déterminer les valeurs, arrondies à 10^{-1} près, du minimum de L et de la valeur de x correspondante.

4. À l'aide du patron du parallélépipède, retrouver la valeur exacte du minimum de L ainsi que la valeur de x correspondante.

Comparer aux résultats obtenus à la question **3**.

81 Le plus grand parallélogramme

Le parallélogramme MNPQ est inscrit dans le rectangle ABCD, tel que DM = DQ = BN = BP.

On appelle x la longueur DM et on cherche la valeur de x telle que l'aire de MNPQ soit maximale.

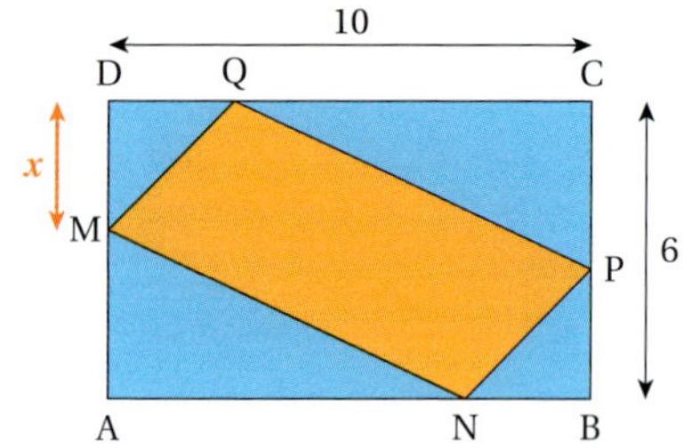

a. Exprimer l'aire $A(x)$ du parallélogramme MNPQ en fonction de x, en précisant pour quelles valeurs de x la figure est réalisable.

b. Montrer que $A(x) = -2(x-4)^2 + 32$.

c. En déduire la valeur de x telle que l'aire de MNPQ soit maximale.

Préciser l'aire correspondante.

82 PROBLÈME OUVERT
Géométrie ou fonction ?

On a tracé ci-contre un cercle de rayon 1.

Comment choisir les dimensions du rectangle vert pour que la somme des aires des surfaces roses soit égale à l'aire de la surface verte ?

Résoudre ce problème :

a. En utilisant un logiciel de géométrie dynamique.

b. À la calculatrice, en choisissant un côté du rectangle comme variable et en étudiant l'aire du rectangle en fonction de cette variable.

83 PROBLÈME OUVERT À moitié plein !

Un verre à pied peut être assimilé à un cône de révolution dont la base (correspondant au-dessus du verre) est un disque de diamètre AB = 4 cm et la hauteur CH mesure 6 cm.

On verse une boisson dans ce verre. La figure ci-contre schématise la situation.

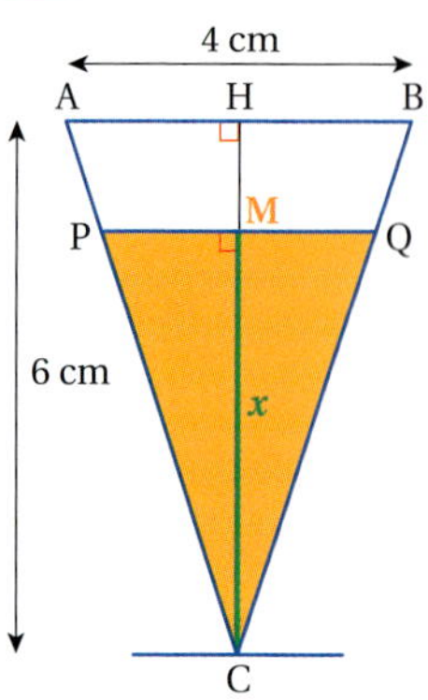

On admettra que les droites (AB) et (PQ) sont parallèles.
Étudier les deux interprétations possibles de l'expression : « Le verre est à moitié plein. »

84 TABLEUR Avec un tableur

Lili saisit dans la colonne A d'une feuille de calcul les nombres ci-dessous et les formules suivantes.

	A	B	C	D	E	F
1	-2	-4	-3	9	8	2
2	1					
3	0					
4	1					
5	2					
6	3					
7	4					

- dans B1 : « = 2*A1 »
- dans C1 : « = B1+1 »
- dans D1 : « = C1^2 »
- dans E1 : « = D1–1 »
- dans F1 : « = E1/4 »

1. Reproduire et compléter le tableau en recopiant vers le bas les formules de la ligne 1.

2. On désigne par f la fonction qui au nombre de la cellule A1 fait correspondre le nombre de la cellule F1, et, d'une manière générale, qui à tout nombre de la colonne A fait correspondre le nombre de la colonne F sur la même ligne.
Soit x un nombre quelconque de la colonne A. Exprimer $f(x)$ en fonction de x.

3. Auriane propose un autre tableau. Pour la colonne A, elle reprend les mêmes valeurs que Lili et saisit les formules suivantes :
- dans B1 : « = A1+1 »
- dans C1 : « = A1*B1 »
- les autres colonnes restent vides.

On désigne par g la fonction qui, dans la version d'Auriane, aux nombres de la colonne A fait correspondre les nombres de la colonne C.

a. Construire le tableau proposé par Auriane et constater qu'elle retrouve dans la colonne C les mêmes résultats que Lili dans la colonne F.

b. Démontrer que la fonction g d'Auriane est la même que la fonction f de Lili.

85 Les trois font vingt

Alban, Brice et Mathieu ont une corde de 25 m.
Ils souhaitent tendre leur corde pour former un triangle en se plaçant chacun à l'un des sommets, de telle sorte que leur triangle ait une aire de 20 m^2.
Alban et Brice se placent à 8 m l'un de l'autre.
Le but du problème est d'étudier les différentes positions possibles de Mathieu.

Le problème se ramène à étudier le triangle ABM tel que AB = 8 m, avec une aire de 20 m^2 et un périmètre maximal de 25 m.

a. En appelant H le pied de la hauteur issue de M dans le triangle ABM, déterminer la longueur MH.

b. On peut représenter la situation dans un repère (A, I, J) comme ci-dessous.

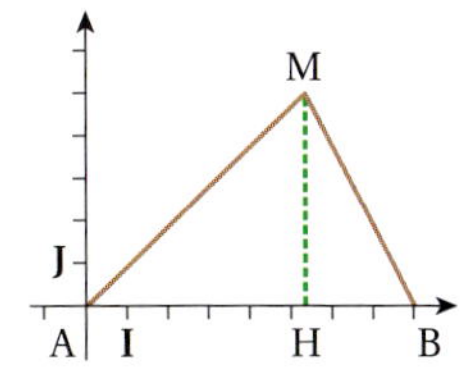

En appelant x l'abscisse du point H, exprimer les longueurs AM et BM en fonction de x.

c. Déterminer en fonction de x l'expression du périmètre $P(x)$ du triangle ABM.

d. À l'aide de la calculatrice graphique, conjecturer les valeurs de x telles que les trois garçons réussissent leur figure avec au plus 25 m de corde.

e. Représenter les triangles réalisés en utilisant toute la longueur de la corde.

f. Déterminer quelle est la longueur minimale de corde nécessaire pour réaliser la figure.
Quelle est alors la nature du triangle ABM ?

86 ALGORITHMIQUE Pas à pas

Soit une fonction f définie sur un intervalle $[a ; b]$; on souhaite évaluer les variations de cette fonction.
Pour cela, on compare 101 valeurs successives de la fonction f. On considère l'algorithme suivant :

```
Entrer les réels a et b
Calculer p = (b − a)/100
x prend la valeur a
n prend la valeur 0
Tant que x < b
    Si f(x+p) ⩾ f(x)
        n prend la valeur n + 1
        x prend la valeur x + p
    Fin Si
Fin Tant que
Afficher n
```

a. Que représente p ? Combien de fois l'algorithme va-t-il effectuer un test conditionnel ?

b. Si la fonction f est croissante, que vaudra n à la sortie de l'algorithme ?

c. Si la fonction f est décroissante, que vaudra n à la sortie de l'algorithme ?

d. Indira utilise cet algorithme. Elle trouve $n = 48$.
Que peut-elle en conclure quant aux variations de f ?

e. Laurent essaye à son tour avec une autre fonction définie sur l'intervalle $[0 ; 1]$ et trouve $n = 0$.
Il s'exclame : « Ma fonction est décroissante sur $[0 ; 1]$. »
« Ce n'est pas sûr et certain » rétorque Indira.
Qui a raison ? Justifier.

87 Un triangle équilatéral dans un carré

EBF est un triangle isocèle inscrit dans le carré ABCD de côté 5 cm, avec DE = DF.

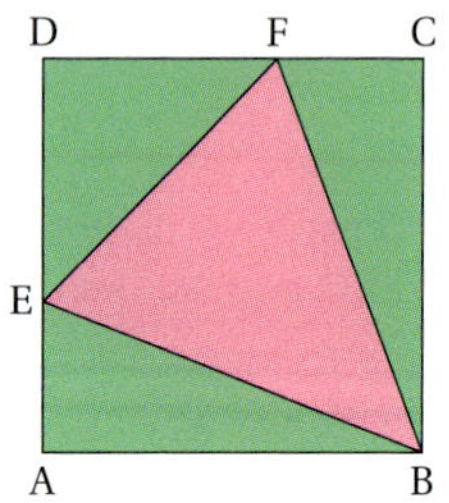

On se propose de trouver la longueur de EF pour que le triangle EBF soit équilatéral, et de construire ce triangle. On appelle x la longueur DF.

Partie A : Valeur approchée de EF

1. Dans quel intervalle I se trouve le nombre réel x ?

2. a. Exprimer la longueur EF, notée $f(x)$, en fonction de x.

b. Montrer que la longueur BF, notée $g(x)$, est égale à $g(x) = \sqrt{50 - 10x + x^2}$.

3. a. Dans un repère orthonormé d'unité 2 cm, représenter les fonctions f et g.

b. Par lecture graphique, donner une valeur approchée de la longueur EF.

Partie B : Calcul de EF

a. Montrer, en utilisant les résultats de la partie A, que le problème se ramène à résoudre dans l'intervalle I l'équation $50 - 10x + x^2 = 2x^2$.

b. Montrer que cette équation peut se ramener à $(x + 5)^2 = 75$.

c. Résoudre cette équation dans I, puis déterminer la longueur EF et comparer ce résultat à celui obtenu dans la partie A.

Partie C : Construction du triangle EBF - Valeur de cos(15°)

1. Justifier que la droite (BD) est la bissectrice de l'angle $\widehat{EBF}$. En déduire une construction du triangle équilatéral EBF.

2. a. Lorsque le triangle EBF est équilatéral, quelle est alors la mesure de l'angle $\widehat{CBF}$?

b. Exprimer la longueur BF en fonction de $\cos\widehat{CBF}$.

c. En utilisant les résultats des parties A et B, donner la valeur exacte de $\cos(15°)$.

88 Sur le quai

Paul prend le train et fait ses adieux depuis la fenêtre face à Paulette qui est restée sur le quai. Le train démarre et les deux amoureux restent immobiles.
Après quelques secondes, Paul se met à courir dans le couloir du wagon pour retourner à la hauteur de Paulette et lui faire un dernier geste d'adieu. Mais le train continue d'accélérer et la tâche devient de plus en plus difficile.
La représentation graphique ci-dessous décrit la distance le séparant de Paulette en fonction du temps depuis l'instant où le train a démarré.

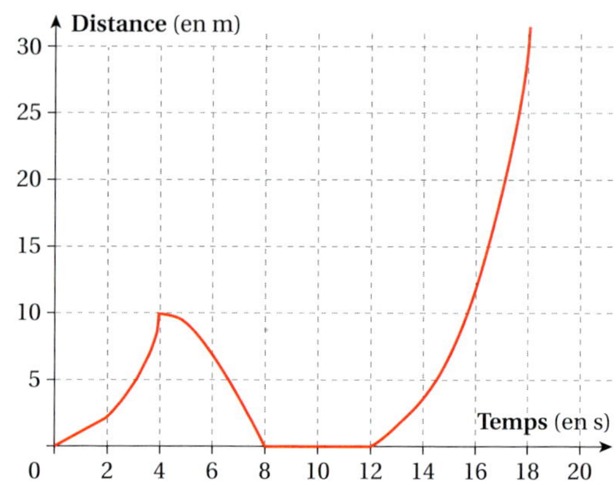

1. Après combien de temps Paul commence-t-il à courir ? À quelle distance de Paulette se trouve-t-il à cet instant ?

2. a. Au bout de combien de temps Paul arrive-t-il à la hauteur de Paulette ?

b. Que fait-il ensuite ? Expliquer.

3. Sachant qu'à plus de 30 m de distance, Paul n'aperçoit plus Paulette, combien de temps après le départ du train les deux amoureux ont-ils pu se voir ?

89 PROBLÈME OUVERT

Go forth and multiply

For a research project into the reproduction of microorganisms, Aurelie studies three types of bacteria : types A, B and C.
At the start she has the same number of bacteria of each type. Then she finds :
- the number of bacteria A doubles every 2 hours ;
- the number of bacteria B triples every 3 hours ;
- the number of bacteria C is multiplied by 5 every 5 hours.

Which type of bacteria has the fastest rate of growth of population ? Which has the slowest ?
Explain your answer.

D'après *Mathématiques sans frontières*, février 2008.

90 Entre Munster et Gérardmer

Un automobiliste et un cycliste parcourent, en sens inverse, le trajet rejoignant les villes de Munster et de Gérardmer. Les deux villes sont séparées par un col des Vosges.

Pour chacun d'eux, on a représenté graphiquement la distance d (en km) qui à l'instant t (en min) le sépare de Gérardmer.

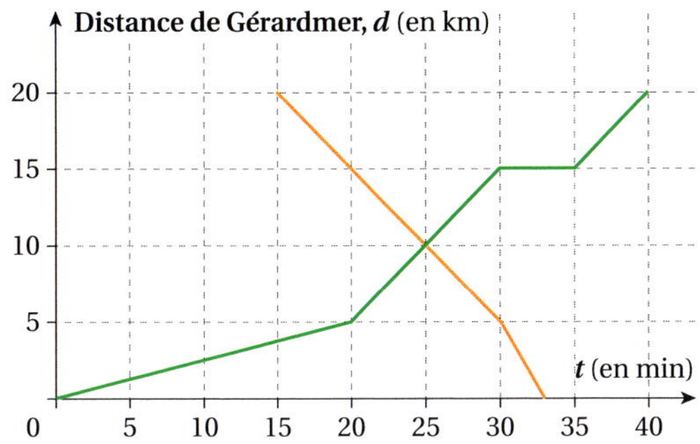

a. Sachant qu'en montée l'automobiliste est plus rapide que le cycliste, dire à qui correspond chacune des courbes en précisant qui part en premier et de quelle ville.

b. Calculer, à l'aide de valeurs lues sur le graphique, la vitesse de chacun en montée et en descente.

c. Le premier part à 8 heures.
À quelle heure se rencontreront-ils ?
De quel côté du col ?

d. À quelle distance de Gérardmer se trouve le col ?

e. Décrire les étapes du trajet de celui qui se rend à Munster.

f. Construire la courbe du trajet retour de l'automobiliste, à partir d'un instant $t = 0$, en considérant qu'il ne fait pas de pause et que sa vitesse est de 60 km/h en montée et de 80 km/h en descente.

91 PROBLÈME OUVERT
Permis de construire

M. La Pioche souhaite construire une petite maison sur son terrain. Les autorités lui imposent un certain nombre de contraintes pour obtenir son permis de construire :

- le tout-à-l'égout se trouve au point O et le raccordement ne doit pas excéder 15 m.
M. La Pioche souhaite que cette longueur soit maximale ;

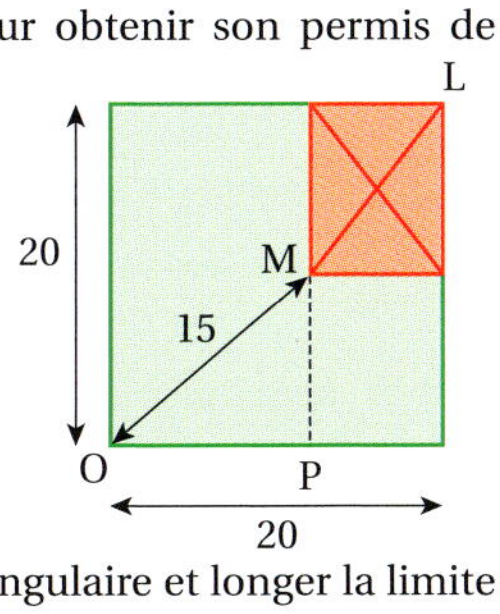

- la maison doit être rectangulaire et longer la limite de propriété en partant du point L.

Le schéma ci-dessus résume ces contraintes.

M. La Pioche, vivant seul, souhaite construire la maison de surface minimale.

Déterminer à l'aide de la calculatrice les deux solutions de son problème.

92 Au plus juste

Une usine veut produire, en grande quantité, des boîtes de conserve cylindriques de volume donné.

Le **graphique 1** donne, pour ce volume, la hauteur de la boîte en fonction de son rayon.

Le **graphique 2** donne la surface de tôle nécessaire à la fabrication de cette boîte en fonction de son rayon.

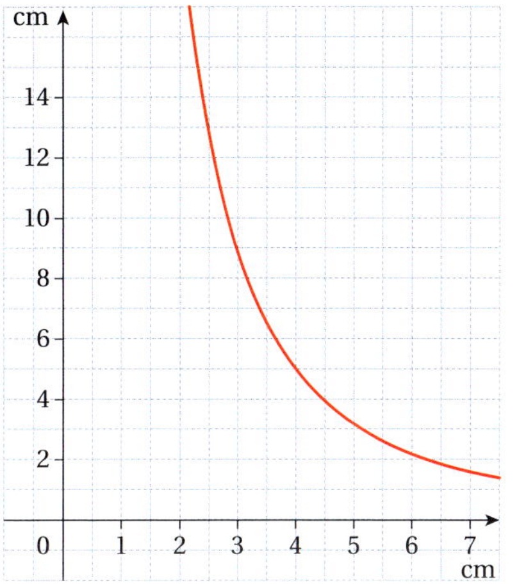

Graphique 1

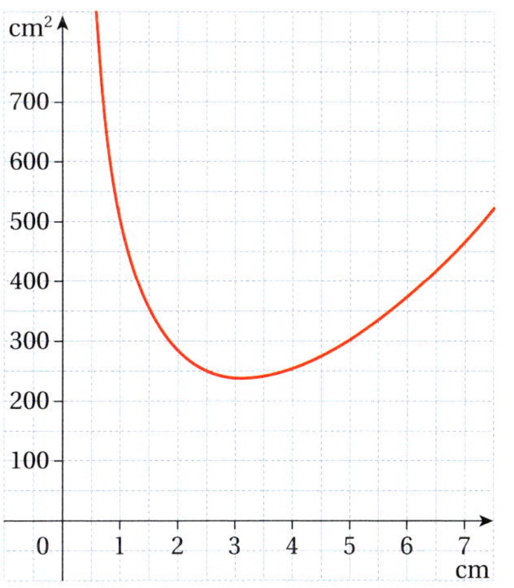

Graphique 2

À l'aide des courbes, déterminer au mieux les dimensions à donner à la boîte pour utiliser le moins de tôle possible.

Dessiner une étiquette qui recouvrira exactement la surface latérale de la boîte.

D'après *Mathématiques sans frontières*, mars 2012

QCM Pour bien commencer

Pour chaque question, il y a une ou plusieurs bonnes réponses.

1 Pour $x = -4$, l'expression $5x - 3$ vaut :

- A 2.
- B 17.
- C -23.
- D -2.

2 Pour $x = -1$, l'expression $3 - 5x - x^2$ vaut :

- A 9.
- B 7.
- C -1.
- D -3.

3 La solution dans l'ensemble des nombres réels de l'équation $48a - 36 = 0$ d'inconnue a :

- A vaut 0,75.
- B vaut $\frac{3}{4}$.
- C n'existe pas.
- D vaut -14.

4 La solution dans l'ensemble des nombres réels de l'équation $3x = 3t - 2x$ d'inconnue x est :

- A $3t$.
- B $0{,}6t$.
- C -3.
- D $\frac{5x}{3}$.

5 L'inégalité $3x + 5 \leqslant -x + 100$ est vraie pour :

- A $x = -100$.
- B $x = 100$.
- C $x = 0$.
- D $x = 24$.

6 L'inégalité $\frac{x+1}{x-1} < 0$ est vraie pour :

- A $x = -1$.
- B $x = 0$.
- C $x = 1$.
- D $x = 2$.

7 **Vrai ou faux ?**

- A Si x appartient $[0 ; 1]$, alors $x \leqslant 1$.
- B Si x appartient $[0 ; 1]$, alors $x \leqslant 0$.
- C Si $x \leqslant 1$, alors x appartient $[0 ; 1]$.
- D Si $x \leqslant 0$, alors x appartient $[0 ; 1]$.

8 **Vrai ou faux ?**

- A « x appartient $[-2 ; 1]$ » est équivalent à « $-2 \leqslant x \leqslant 1$. »
- B « x appartient $[-2 ; 1]$ » est équivalent à « $-2 < x < 1$. »
- C « x appartient $[1 ; +\infty[$ » est équivalent à « $x \leqslant 1$. »
- D « x appartient $[1 ; +\infty[$ » est équivalent à « $x \geqslant 1$. »

9 On considère les expressions :

$A = 4x - 5$; $B = 4(x-5)$; $C = 4x + \frac{1}{x}$ et $D = \frac{4x+1}{x}$.

Indiquer pour chaque expression s'il s'agit :

- A d'une somme.
- B d'une différence.
- C d'un produit.
- D d'un quotient.

10 La somme du produit de 3 et de x et du quotient de x et de 2 s'écrit :

- A $3 + x + \frac{1}{x} + 2$.
- B $3x + \frac{x}{2}$.
- C $3x + 2x$.
- D $3{,}5x$.

11 Le produit de la somme de 3 et de x et de la différence de 2 et de x vaut :

- A $3x - 2x$.
- B x.
- C $5 - x$.
- D $(3 + x)(2 - x)$.

12 La différence du produit de 2 par x et de 7 vaut :

- A $2(x - 7)$.
- B $2x - 7$.
- C $2 \times x \times 7$.
- D $2 - x \times 7$.

13 La figure ci-dessous est composée d'un carré ABCD de côté a et d'un rectangle CDFE de côtés a et b.

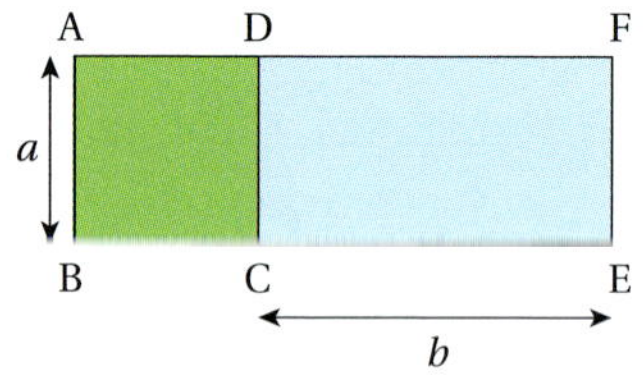

La relation $3(4a) = 5(2a + 2b)$ signifie que :

- A Trois fois l'aire du carré ABCD est égale à cinq fois l'aire du rectangle CDFE.
- B Trois fois le demi-périmètre du carré ABCD est égal à cinq fois le demi-périmètre du rectangle CDFE.
- C Trois fois le périmètre du carré ABCD est égal à cinq fois le périmètre du rectangle CDFE.

CORRIGÉ P. 342

Équations et inéquations

2

Russel Growe, interprète de John Nash, dans « A beautiful mind » (2001) : film inspiré de la vie de ce mathématicien né en 1928 et prix Nobel d'Économie en 1994.

Le chapitre en bref

Réinvestir

- Calculs numériques usuels
- Développements et factorisations
- Équations et inéquations du premier degré

Découvrir

- Utilisation de différentes écritures d'une expression
- Résolution d'une équation en se ramenant au 1er degré
- Étude du signe d'une expression pour résoudre une inéquation
- Utilisation du calcul algébrique pour résoudre des problèmes

« Lorsqu'il fait grand jour, les mathématiciens vérifient leurs équations et leurs preuves, retournant chaque pierre dans leur quête de rigueur. Mais quand vient la nuit que baigne la pleine lune, ils rêvent, flottant parmi les étoiles et s'émerveillant au miracle des cieux. C'est là qu'ils sont inspirés. Il n'y a sans le rêve ni art, ni mathématiques, ni vie. »

Sir Michael Atiyah (1929-), *les Déchiffreurs*

UN PEU D'HISTOIRE p. 74

Activités

1 Notion d'équation et d'inéquation

Réinvestir :
- Vérifier qu'un nombre est solution d'une équation.
- Vérifier qu'un nombre est solution d'une inéquation.

1 Reproduire et compléter le tableau en calculant les expressions pour les différentes valeurs de x proposées.

x	-2	-1	1	3	7
$5x-7$					
$-5x-17$					
x^2-3x					

2 À partir des résultats du tableau précédent, dire si -2, -1, 1 ,3 et 7 sont des solutions des équations et inéquations suivantes :

a. $-5x-17=5x-7$. **b.** $x^2-3x=5x-7$. **c.** $-5x-17 \leqslant 5x-7$. **d.** $x^2-3x \leqslant 5x-7$.

2 Reconnaître la forme d'une expression algébrique

Réinvestir : Reconnaître une somme, une différence, un produit, un quotient dans une expression algébrique.

1 Pour chacune des expressions suivantes, dire s'il s'agit d'une somme, d'une différence, d'un produit ou d'un quotient.

a. $3x+8$ **b.** $(3x+1)(4x-3)-(3x+1)(x-4)$ **c.** $4(x+2)$ **d.** $(4x-3)^2$

e. $\dfrac{2x}{1-x}$ **f.** $\dfrac{x-1}{5}-\sqrt{x}$ **g.** $(2x-3)(4+x)(x-1)$ **h.** $4-(x-7)^2$ **i.** $\sqrt{3x+2}-5$

2 Associer à chaque phrase l'expression algébrique qui lui correspond.

A Le quotient du produit de 2 et de x par la somme de 3 et de x.

B Le produit de la somme de 2 et de x et de la différence de 3 et de x.

C La somme du produit de 2 et de x et du quotient de 3 par x.

D La différence du quotient de 2 par x et de la somme de 3 et de x.

E Le quotient de la différence de 2 et de x par le produit de 3 et de x.

F Le produit de la différence de 2 et de x et de la somme de 3 et de x.

G La somme du quotient de 2 et de x et du produit de 3 et de x.

1 $2x+\dfrac{3}{x}$

2 $\dfrac{2x}{3+x}$

3 $(2+x)(3-x)$

4 $\dfrac{2-x}{3x}$

5 $\dfrac{2}{x}-(3+x)$

6 $\dfrac{2}{x}+3x$

7 $(2-x)(3+x)$

3 Traduire une situation par une équation

Réinvestir : Modéliser une situation et choisir de façon pertinente l'inconnue

Pour chacune des phrases suivantes, désigner une inconnue puis traduire la situation par une équation.

a. « Un poulet à 6,50 € et quatre dindes coûtent au total 54,50 €. »

b. « Le double d'un nombre est égal au carré de ce nombre. »

c. « La somme de deux entiers consécutifs est égale à 67. »

d. « Si on augmente une dimension d'un rectangle de 5, alors son aire augmente de 20. »

e. « Mon père a 20 ans de plus que moi. La somme de nos âges est égale à 52 ans. »

f. « La fortune du défunt roi Baobab III, qui s'élève à 1 500 pièces d'or, sera partagée entre ses deux frères : l'aîné recevra les deux tiers de ce que reçoit le cadet. »

g. « Les six derniers mois, mon argent de poche mensuel a doublé d'un mois à l'autre. Je reçois aujourd'hui 32 € par mois. »

4 Signe de $ax + b$ par lecture graphique

Découvrir : Établir le tableau de signe d'une fonction affine.

Partie A

1 On considère la fonction affine $f : x \mapsto 2x - 5$.
Dans un repère (O, I, J), tracer la représentation graphique d de la fonction f.
Quelle est la nature de d ?

2 Quelles sont les coordonnées $(x_A ; y_A)$ du point d'intersection A de d avec l'axe des abscisses ?

3 **a.** Soit M un point quelconque de d dont l'abscisse est strictement supérieure à celle de A.
Que peut-on dire de l'ordonnée de M ?

b. Soit N un point quelconque de d dont l'abscisse est strictement inférieure à celle de A.
Que peut-on dire de l'ordonnée de N ?

c. Recopier et compléter les phrases suivantes.
« L'expression $2x - 5$ est … pour tout x inférieur à …. »
« L'expression $2x - 5$ est … pour tout x supérieur à …. »

d. À l'aide des résultats précédents, reproduire et compléter le tableau suivant avec les signes + et – :

x	$-\infty$		x_A		$+\infty$
Signe de $2x - 5$		…	0	…	

Partie B

Reprendre les étapes de la **partie A** pour établir le tableau de signes de la fonction g définie sur $\mathbb{R}$ par $g(x) = -3x + 4$.

A | CALCUL ALGÉBRIQUE

1 Distributivité

DÉFINITIONS

Développer, c'est transformer un produit en une somme de termes.
Factoriser, c'est transformer une somme de termes en un produit de facteurs.
On dit que la multiplication est distributive par rapport à l'addition (ou la soustraction).

EXEMPLE

DÉVELOPPER →

$$x(5+y)=5x+xy$$

← FACTORISER

Dans cet exemple, on a *distribué* la multiplication par x sur les termes 5 et y.

Savoir-faire 1
Développer une expression, p. 66

Savoir-faire 2
Factoriser une expression en utilisant un facteur commun, p. 66

PROPRIÉTÉ

On peut établir les règles suivantes de double-distributivité :

$$(a+b)(c+d)=\underset{1}{ac}+\underset{2}{ad}+\underset{3}{bc}+\underset{4}{bd}$$

EXEMPLE

Développer et réduire l'expression $A=(3-2x)(4-x)$.
$A=(3-2x)(4-x)=12-3x-8x+2x^2=2x^2-11x+12$.

2 Identités remarquables

Savoir-faire 3
Factoriser une expression en utilisant une identité remarquable, p. 67

PROPRIÉTÉ

Pour tous nombres a et b réels, on a :

DÉVELOPPER →

$$(a+b)^2=a^2+2ab+b^2 \quad (1)$$
$$(a-b)^2=a^2-2ab+b^2 \quad (2)$$
$$(a+b)(a-b)=a^2-b^2 \quad (3)$$

← FACTORISER

EXEMPLES

- Développer $A=(4x-6)^2$ et $B=(3x-1)(3x+1)$.

$A=(4x-6)^2=(4x)^2-2\times 4x\times 6+6^2=16x^2-48x+36$. On utilise l'identité remarquable (2).
$B=(3x-1)(3x+1)=(3x)^2-1^2=9x^2-1$. On utilise l'identité remarquable (3).

- Factoriser $C=25x^2+20x+4$.

$C=25x^2+20x+4=(5x)^2+2\times 5x\times 2+2^2=(5x+2)^2$. On utilise l'identité remarquable (1).

B RÉSOLUTION D'ÉQUATIONS

1 Équation-produit

DÉFINITION

Toute équation du type $P(x) \times Q(x) = 0$, où $P(x)$ et $Q(x)$ sont des expressions algébriques, est appelée équation-produit.

On rencontrera plus particulièrement des équations-produits de la forme $(ax + b)(cx + d) = 0$.

Savoir-faire 4
Résoudre une équation en se ramenant à une équation-produit, p. 67

PROPRIÉTÉ

Dire qu'un produit de facteurs est nul équivaut à dire que l'un au moins des facteurs est nul.
Le cas particulier de l'équation-produit $(ax + b)(cx + d) = 0$ équivaut à $ax + b = 0$ ou $cx + d = 0$.

EXEMPLE

Résoudre dans $\mathbb{R}$ l'équation $(4x + 6)(3 - 7x) = 0$.

$(4x + 6)(3 - 7x) = 0$ équivaut à $4x + 6 = 0$ ou $3 - 7x = 0$

$\Leftrightarrow$ $4x = -6$ ou $3 = 7x$

$\Leftrightarrow$ $x = \frac{-6}{4} = -\frac{3}{2}$ ou $x = \frac{3}{7}$

Les solutions de l'équation sont $-\frac{3}{2}$ et $\frac{3}{7}$.

2 Équation de la forme $x^2 = a$

Les solutions de l'équation $x^2 = a$ dépendent du signe de a.

- **Si $a < 0$**, alors l'équation n'a pas de solution.
- **Si $a = 0$**, alors l'équation possède une unique solution qui est 0.
- **Si $a > 0$**, alors l'équation possède exactement deux solutions $x = \sqrt{a}$ ou $x = -\sqrt{a}$.

DÉMONSTRATION

- Si $a < 0$, alors l'équation n'a pas de solution car un carré est toujours positif.
- Si $a = 0$, $x^2 = 0$ équivaut à $x = 0$.
- Si $a > 0$, l'équation équivaut à $x^2 - a = 0$, c'est-à-dire à $\left(x - \sqrt{a}\right)\left(x + \sqrt{a}\right) = 0$

$\Leftrightarrow$ $x - \sqrt{a} = 0$ ou $x + \sqrt{a} = 0$

$\Leftrightarrow$ $x = \sqrt{a}$ ou $x = -\sqrt{a}$ ■

EXEMPLES

- Résoudre dans $\mathbb{R}$ l'équation $x^2 = 5$.

5 est positif, donc l'équation $x^2 = 5$ admet deux solutions : $\sqrt{5}$ et $-\sqrt{5}$.

- Résoudre dans $\mathbb{R}$ l'équation $x^2 = -2$.

-2 est négatif, donc l'équation $x^2 = -2$ n'a pas de solution dans $\mathbb{R}$.

3 Équation-quotient

Savoir-faire 5
Résoudre une équation en se ramenant à une équation-quotient, p. 68

DÉFINITION

Toute équation du type $\frac{P(x)}{Q(x)}=0$, où $P(x)$ et $Q(x)$ sont des expressions algébriques (avec $Q(x) \neq 0$), est appelée équation-quotient.

PROPRIÉTÉ

Pour tout x n'annulant pas l'expression $Q(x)$, l'équation $\frac{P(x)}{Q(x)}=0$ équivaut à $P(x) = 0$.

EXEMPLE

L'équation $\frac{x-5}{x^2}=0$, définie pour $x \neq 0$, a pour solution $x = 5$.

C RÉSOLUTION D'INÉQUATIONS

1 Déterminer le signe de *ax* + *b*

Soit a et b deux nombres fixés, a étant différent de 0, et x un nombre réel.
On souhaite étudier le signe de $ax + b$ en fonction des valeurs de x.
Pour cela, on étudie la fonction affine $f : x \mapsto ax + b$.
Sa représentation graphique $\mathscr{C}_f$ dans un repère (O, I, J) est une droite qui coupe l'axe des abscisses au point d'abscisse x vérifiant $f(x) = 0$, soit $x=-\frac{b}{a}$.

REMARQUE : Voir chapitre 3, *Fonctions de référence*, p. 92.

- **Si $a > 0$:**

La fonction f est croissante sur $\mathbb{R}$:

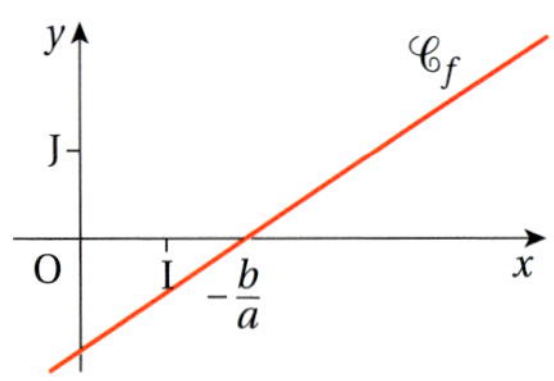

Le signe de $ax + b$ peut être résumé par le tableau suivant :

x	$-\infty$		$-\frac{b}{a}$		$+\infty$
Signe de $ax + b$		$-$	0	$+$	

- **Si $a < 0$:**

La fonction f est décroissante sur $\mathbb{R}$:

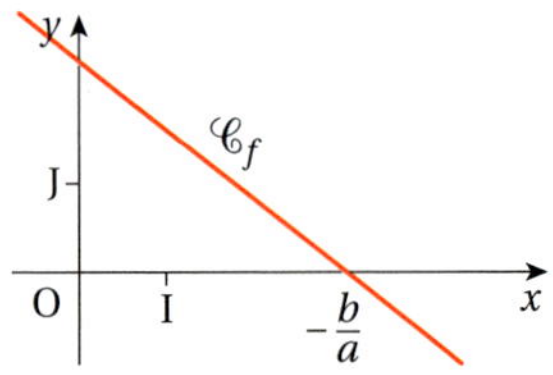

Le signe de $ax + b$ peut être résumé par le tableau suivant :

x	$-\infty$		$-\frac{b}{a}$		$+\infty$
Signe de $ax + b$		$+$	0	$-$	

EXEMPLE

Déterminer le signe de l'expression $-4x + 8$, où x est un nombre réel.

$-4x + 8 = 0$ équivaut à $-4x = -8$, soit $x=\frac{-8}{-4}$, d'où $x = 2$.
Or $-4 < 0$, donc :

x	$-\infty$		2		$+\infty$
Signe de $-4x + 8$		$+$	0	$-$	

Ainsi : $-4x + 8 \geqslant 0$ pour $x \in]-\infty ; 2]$; $-4x + 8 \leqslant 0$ pour $x \in [2 ; +\infty[$.

2 Déterminer le signe d'un produit

Savoir-faire 6
Résoudre une inéquation en étudiant le signe d'un produit, p. 68

Pour étudier le signe d'un produit, on étudie le signe de chaque terme de ce produit, puis on applique la règle des signes.

EXEMPLE

On souhaite étudier le signe de $A(x) = (2x - 8)(15 + 3x)$ en fonction des valeurs de x.
Le signe de $A(x)$ dépend du signe de chaque facteur : $2x - 8$ et $15 + 3x$.

$2x - 8 = 0$ équivaut à $2x = 8$ soit $x = \frac{8}{2}$ d'où $x = 4$.

$15 + 3x = 0$ équivaut à $3x = -15$ soit $x = \frac{-15}{3}$ d'où $x = -5$.

On résume dans un même tableau de signes les résultats pour les deux facteurs.
En appliquant la règle des signes, on en déduit le signe du produit $A(x)$:

x	$-\infty$		-5		4		$+\infty$
$2x-8$		$-$		$-$	0	$+$	
$15+3x$		$-$	0	$+$		$+$	
$A(x)$		$+$	0	$-$	0	$+$	

Ainsi : $A(x) > 0$, pour $x \in]-\infty ; -5[\cup]4 ; +\infty[$;
$A(x) < 0$, pour $x \in]-5 ; 4[$;
$A(x) = 0$, pour $x = -5$ ou $x = 4$.

3 Déterminer le signe d'un quotient

Savoir-faire 7
Résoudre une inéquation en étudiant le signe d'un quotient, p. 69

Pour étudier le signe d'un quotient, on étudie le signe du numérateur et du dénominateur, puis on applique la règle des signes.

EXEMPLE

On souhaite étudier le signe de $B(x) = \frac{x-4}{-x+6}$ en fonction des valeurs de x.

Le signe de $B(x)$ dépend du signe de $x - 4$ et $-x + 6$.
$x - 4 = 0$ équivaut à $x = 4$.
$-x + 6 = 0$ équivaut à $-x = -6$ soit $x = 6$.

On résume dans un même tableau de signes les résultats pour les deux expressions.
$B(x)$ n'est pas défini pour $-x + 6 = 0$, c'est-à-dire pour $x = 6$. Pour le signifier, on marquera une double barre dans le tableau de signes.
En appliquant la règle des signes, on en déduit le signe de $B(x)$:

x	$-\infty$		4		6		$+\infty$
$x-4$		$-$	0	$+$		$+$	
$-x+6$		$+$		$+$	0	$-$	
$B(x)$		$-$	0	$+$	‖	$-$	

Ainsi : $B(x) > 0$, pour $x \in]4 ; 6[$;
$B(x) < 0$, pour $x \in]-\infty ; 4[\cup]6 ; +\infty[$;
$B(x) = 0$, pour $x = 4$.

Savoir-faire

Savoir-faire 1 Développer une expression

ÉNONCÉ Développer et réduire les expressions suivantes.

$A = (2x + 2)(5x - 3) - (6 - x)^2$ $\quad B = (3 - 4x)(x^2 - 4x + 1)$ $\quad C = \frac{3}{2}x\left(\frac{4}{5} - \frac{2x}{3}\right)$

SOLUTION

- $A = (2x + 2)(5x - 3) - (6 - x)^2$
  $= 10x^2 - 6x + 10x - 6 - (36 - 12x + x^2)$
  $= 10x^2 - 6x + 10x - 6 - 36 + 12x - x^2$
  $= 9x^2 + 16x - 42.$
- $B = (3 - 4x)(x^2 - 4x + 1)$
  $= 3x^2 - 12x + 3 - 4x^3 + 16x^2 - 4x$
  $= -4x^3 + 19x^2 - 16x + 3.$
- $C = \frac{3}{2}x\left(\frac{4}{5} - \frac{2x}{3}\right) = \frac{3}{2}x \times \frac{4}{5} - \frac{3}{2}x \times \frac{2x}{3}$
  $= \frac{12}{10}x - \frac{6}{6}x^2$
  $= \frac{6}{5}x - x^2$

MÉTHODE

- Pour l'expression A, on développe le membre de gauche en appliquant la **double-distributivité** et le membre de droite en utilisant une **identité remarquable**.
- Pour l'expression B, on développe en **distribuant** les termes du premier facteur (3 et $-4x$) sur les termes du deuxième facteur (x^2, $-4x$ et 1).
- Pour l'expression C, on développe en distribuant $\frac{3}{2}x$ sur les termes du deuxième facteur $\left(\frac{4}{5} \text{ et } -\frac{2x}{3}\right)$.

▶ Exercices 6 à 9 p. 75

Savoir-faire 2 Factoriser une expression en utilisant un facteur commun

ÉNONCÉ Factoriser les expressions suivantes.

$A = 3(2 + 3x) - (5 + 2x)(2 + 3x)$ $\quad B = (4x - 1)(x + 6) + (4x - 1)$ $\quad C = (1 - 6x)^2 - (1 - 6x)(2 + 5x)$

SOLUTION

- $A = 3(2 + 3x) - (5 + 2x)(2 + 3x) = (2 + 3x)(3 - (5 + 2x))$
  $= (2 + 3x)(3 - 5 - 2x) = (2 + 3x)(-2 - 2x)$
  $= -2(2 + 3x)(1 + x)$
- $B = (4x - 1)(x + 6) + (4x - 1)$
  $= (4x - 1)(x + 6) + (4x - 1) \times 1 = (4x - 1)(x + 6 + 1)$
  $= (4x - 1)(x + 7)$
- $C = (1 - 6x)^2 - (1 - 6x)(2 + 5x)$
  $= (1 - 6x)(1 - 6x) - (1 - 6x)(2 + 5x) = (1 - 6x)((1 - 6x) - (2 + 5x))$
  $= (1 - 6x)(1 - 6x - 2 - 5x) = (1 - 6x)(-11x - 1)$
  $= -(1 - 6x)(11x + 1)$

MÉTHODE

Pour factoriser, il faut trouver dans chacun des termes de l'expression un facteur commun.
- Pour l'expression A, il s'agit ici de $2 + 3x$.
- Pour l'expression B, il s'agit ici de $4x - 1$.
- Pour l'expression C, il s'agit ici de $1 - 6x$.

▶ Exercices 12 et 13 p. 75

Savoir-faire 3 Factoriser une expression en utilisant une identité remarquable

ÉNONCÉ Factoriser les expressions suivantes.

$A = (2x + 3)^2 - 64$ $\quad$ $B = (1 + 3x)^2 - (2 - 5x)^2$

SOLUTION

- $A = (2x + 3)^2 - 64$
  $= (2x + 3)^2 - 8^2$
  $= ((2x + 3) - 8)((2x + 3) + 8)$
  $= (2x + 3 - 8)(2x + 3 + 8)$
  $= (2x - 5)(2x + 11)$

- $B = (1 + 3x)^2 - (2 - 5x)^2$
  $= ((1 + 3x) - (2 - 5x))((1 + 3x) + (2 - 5x))$
  $= (1 + 3x - 2 + 5x)(1 + 3x + 2 - 5x)$
  $= (8x - 1)(3 - 2x)$

MÉTHODE

- Dans l'expression A, on reconnaît une identité remarquable du type :
  $$a^2 - b^2 = (a - b)(a + b)$$
  avec $a = 2x + 3$ et $b = 8$.

- Dans l'expression B, on reconnaît une identité remarquable du type :
  $$a^2 - b^2 = (a - b)(a + b)$$
  avec $a = 1 + 3x$ et $b = 2 - 5x$.

▶ Exercices 14 et 15 p. 75

Savoir-faire 4 Résoudre une équation en se ramenant à une équation-produit

ÉNONCÉ Résoudre dans $\mathbb{R}$ l'équation $(x + 10)(1 - 6x) - (3x + 7)(x + 10) = 0$.

SOLUTION

$(x + 10)(1 - 6x) - (3x + 7)(x + 10) = 0$

équivaut à $(x + 10)[(1 - 6x) - (3x + 7)] = 0$

$(x + 10)(1 - 6x - 3x - 7) = 0$

$(x + 10)(-9x - 6) = 0.$

Soit : $x + 10 = 0$ ou $-9x - 6 = 0$

$\Leftrightarrow$ $x = -10$ ou $-9x = 6$

$\Leftrightarrow$ $x = -10$ ou $x = \dfrac{6}{-9} = -\dfrac{2}{3}$

Les solutions de l'équation sont -10 et $-\dfrac{2}{3}$.

MÉTHODE

- On factorise l'expression pour se ramener à une équation-produit.
  Ici, le facteur commun est $(x+10)$.
- Pour chacun des facteurs de l'expression, on cherche la valeur de x pour laquelle il s'annule.

▶ Exercices 25 à 28 p. 76

Savoir-faire 5 Résoudre une équation en se ramenant à une équation-quotient

ÉNONCÉ Résoudre dans ℝ l'équation $\frac{2x-1}{x}=2-\frac{3}{2x-1}$.

SOLUTION

- L'équation n'est pas définie pour $x=0$ ni pour $x=\frac{1}{2}$.

- Pour $x\neq 0$ et $x\neq\frac{1}{2}$,

$\frac{2x-1}{x}=2-\frac{3}{2x-1}$ équivaut à : $\frac{2x-1}{x}-2+\frac{3}{2x-1}=0$

$\Leftrightarrow \quad \frac{(2x-1)^2}{x(2x-1)}-\frac{2x(2x-1)}{x(2x-1)}+\frac{3x}{x(2x-1)}=0$

$\Leftrightarrow \quad \frac{(2x-1)^2-2x(2x-1)+3x}{x(2x-1)}=0$

$\Leftrightarrow \quad \frac{4x^2-4x+1-4x^2+2x+3x}{x(2x-1)}=0$

$\Leftrightarrow \quad \frac{x+1}{x(2x-1)}=0.$

Ce qui équivaut à $x+1=0$ avec $x(2x+1)\neq 0$, d'où $x=-1$.
La solution de l'équation est donc -1.

▶ Exercices 33 et 34 p. 76

MÉTHODE

- On précise les valeurs de x pour lesquelles l'équation n'est pas définie.
- On réduit au même dénominateur pour se ramener à une équation-quotient. On développe le numérateur, puis on le réduit.
- On cherche la valeur de x pour laquelle le numérateur s'annule, le dénominateur ne pouvant être nul.

Savoir-faire 6 Résoudre une inéquation en étudiant le signe d'un produit

ÉNONCÉ Résoudre dans ℝ l'inéquation $x(4-2x)\leqslant(3x-1)(2-x)$.

SOLUTION

- $x(4-2x)\leqslant(3x-1)(2-x)$

équivaut à $\quad x(4-2x)-(3x-1)(2-x)\leqslant 0$

$\Leftrightarrow \quad 2x(2-x)-(3x-1)(2-x)\leqslant 0$

$\Leftrightarrow \quad (2-x)[2x-(3x-1)]\leqslant 0$

$\Leftrightarrow \quad (2-x)(-x+1)\leqslant 0$

- Le signe de $(2-x)(-x+1)$ dépend du signe de chacun des facteurs : $2-x$ et $-x+1$.

$2-x=0$ équivaut à $x=2$ et $-x+1=0$ équivaut à $x=1$.

MÉTHODE

- On factorise l'expression pour se ramener à une inéquation sous la forme d'un produit. *Ici*, le facteur commun est $(2-x)$.
- On étudie le signe de chacun de facteurs.
- On applique la règle des signes.

On résume les résultats dans un tableau de signes :

x	$-\infty$		1		2		$+\infty$
$2-x$		$+$		$+$	0	$-$	
$-x+1$		$+$	0	$-$		$-$	
$(2-x)(-x+1)$		$+$	0	$-$	0	$+$	

- On en déduit que $(2-x)(-x+1) \leqslant 0$ pour $x \in [1\,;2]$.

L'ensemble des solutions de l'inéquation $x(4-2x) \leqslant (3x-1)(2-x)$ est l'intervalle $[1\,;2]$.

▶ Exercices 36 à 38 p. 77

Savoir-faire 7 Résoudre une inéquation en étudiant le signe d'un quotient

ÉNONCÉ Résoudre dans $\mathbb{R}$ l'inéquation $2-\dfrac{8}{x-2} \geqslant 0$.

SOLUTION

- L'inéquation n'est pas définie pour $x-2=0$, soit $x=2$.

- Pour $x \neq 2$, $2-\dfrac{8}{x-2} \geqslant 0$ équivaut à $\dfrac{2(x-2)}{x-2}-\dfrac{8}{x-2} \geqslant 0$.

Soit $\dfrac{2x-4-8}{x-2} \geqslant 0$, d'où $\dfrac{2x-12}{x-2} \geqslant 0$.

- On dresse le tableau de signes :

x	$-\infty$		2		6		$+\infty$
$2x-12$		$-$		$-$	0	$+$	
$x-2$		$-$	0	$+$		$+$	
$\dfrac{2x-12}{x-2}$		$+$	$\Vert$	$-$	0	$+$	

On en déduit que $\dfrac{2x-12}{x-2} \geqslant 0$ pour $x \in \left]-\infty\,;2\right[\cup \left[6\,;+\infty\right[$.

L'ensemble des solutions de l'inéquation est : $\left]-\infty\,;2\right[\cup \left[6\,;+\infty\right[$.

On peut représenter l'ensemble des solutions sur une droite graduée :

▶ Exercices 42 à 44 p. 77

MÉTHODE

- On précise les valeurs de x pour lesquelles l'inéquation n'est pas définie.

- On réduit au même dénominateur dans le but de se ramener à une inéquation sous la forme d'un quotient.
On développe le numérateur, puis on le réduit.

- On étudie le signe du numérateur et du dénominateur.

Travaux pratiques

TP1 — TABLEUR
Décomposition d'une expression

Objectifs : • À l'aide d'un tableur, automatiser un calcul.
• Écrire des formules relatives dans un tableur.

1 **a.** Saisir dans une feuille de calcul les données et les formules du tableau suivant :

	A	B	C	D	E
1	2	= 2*A1	= B1+3	= C1*3	= D1–9
2	2,5				
3	3				

b. Quelle formule peut-on saisir dans la cellule A2 pour compléter la colonne A en copiant cette formule vers le bas ?

c. Finir de compléter le tableau en copiant les formules vers le bas jusqu'en ligne 10.

2 **a.** Parmi les fonctions suivantes, lesquelles font correspondre aux nombres de la colonne A les nombres de la colonne E ?

$A(x) = 2x + 3 \times 3 - 9$ $B(x) = 3(2x + 3) - 9$ $C(x) = 3(2x + 3) \times 3 - 9$ $D(x) = 6x$

b. Vérifier la réponse en saisissant la formule appropriée dans la colonne F de la feuille de calcul.

TP2 — ALGORITHMIQUE
Programmes de calcul et équations

Objectifs : • Décomposer une expression par un programme de calcul.
• Utiliser le tableur pour trouver des solutions à des équations.

1 On considère la fonction f définie sur $\mathbb{R}$ par $f(x) = (2x - 5)^2 + 3$.

a. Compléter le programme de calcul ci-contre faisant apparaître les différentes étapes des calculs menant de x à $f(x)$. Chaque étape ne fait appliquer qu'une seule opération à la fois.

```
Choisir un nombre
Multiplier par 2
...
```

b. Prolonger le schéma suivant résumant les étapes du programme de calcul :

$$x \mapsto 2x \mapsto \ldots \mapsto f(x)$$

c. À l'aide du tableur, appliquer les étapes successives du programme de calcul pour les nombres entiers compris entre –10 et 10.

d. En déduire des solutions de l'équation $f(x) = 28$.

	A	B	C	D	E
1	x	2x	2x-5	(2x-5)²	(2x-5)²+3
2	-10				
3	-9				
4	-8				

2 Reprendre la méthode précédente pour trouver des solutions de l'équation $g(x) = 3$, où g est la fonction définie sur $\mathbb{R}$ par $g(x) = \sqrt{(x-4)^2 + 5}$.

TP3 Recherche triangles rectangles !

GÉOMÉTRIE DYNAMIQUE

Objectif : Avec un logiciel de géométrie dynamique, rechercher la (les) position(s) d'un point définissant un triangle rectangle à l'intérieur d'un rectangle.

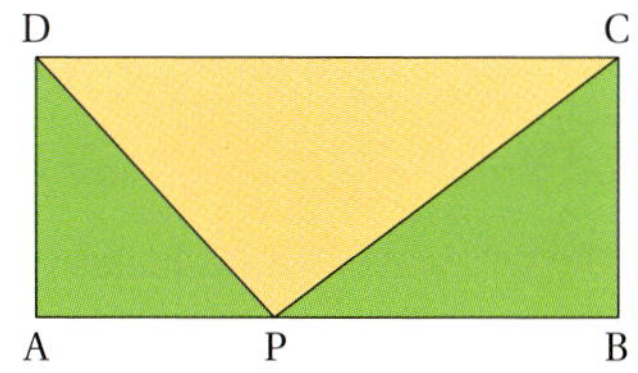

1 Construction

On considère un rectangle ABCD tel que AB = 15 et BC = 6.
Soit P un point quelconque du segment [AB].
Réaliser la figure à l'aide d'un logiciel de géométrie dynamique.

2 Conjecture

Déterminer la (les) position(s) du point P pour lesquelles le triangle CDP est rectangle en P.
Pour établir la conjecture, on pourra manipuler à la souris le point P.

Coup de pouce
Déterminer la (les) position(s) du point P revient à déterminer la longueur AP.

3 Démonstration

On se propose de démontrer la conjecture établie à la question 2.

a. On pose AP = x, exprimer les longueurs DP^2 et CP^2 en fonction de x.

b. Démontrer que le problème peut se ramener à résoudre l'équation $x^2 - 15x + 36 = 0$.

c. Prouver que $(x-3)(x-12) = x^2 - 15x + 36$ et conclure.

TP4 Déterminer le signe de *ax* + *b*

ALGORITHMIQUE

Objectif : Construire un algorithme avec instruction conditionnelle.

On souhaite concevoir un algorithme déterminant le signe $ax + b$, avec a et b réels, $a \neq 0$.

1 Déterminer le signe de l'expression $ax + b$ dans le cas où $a = -2$ et $b = 3$.

2 Déterminer, en fonction de a et b, la solution x_0 de l'équation $ax + b = 0$.

3 Lors de l'étude du signe de $ax + b$, deux tableaux de signes sont possibles :

Tableau 1 :

x	$-\infty$		x_0		$+\infty$
$ax+b$		+	0	−	

Tableau 2 :

x	$-\infty$		x_0		$+\infty$
$ax+b$		−	0	+	

Quel est, en fonction du signe de a, le tableau de signes que l'on obtient ?

4 Voici un algorithme qui permet d'étudier le signe de $ax + b$.

a. Tester l'algorithme pour étudier le signe de $2x - 7$ et donner le résultat affiché en sortie.

b. Même question pour l'expression $-3x + 5$.

```
Entrer les réels a et b
Si a > 0 alors
      Afficher «ax+b est … puis …»
Sinon
      Afficher «ax+b est … puis …»
Fin Si
```

5 Programmer l'algorithme à l'aide d'un logiciel ou d'une calculatrice et tester ce programme pour différentes expressions du type $ax + b$.

6 Pour aller plus loin

Modifier le programme afin d'obtenir un affichage en sortie donnant l'intervalle dans lequel l'expression est positive et l'intervalle dans lequel elle est négative.

ALGORITHMIQUE

TP5 Résoudre des équations du second degré

Objectifs : • Construire un algorithme avec instruction conditionnelle.
• Modifier un algorithme.

On souhaite résoudre des équations du type $ax^2 = b$, où a et b sont des nombres réels donnés.

1 Recopier et compléter les 3e et 5e lignes de l'algorithme ci-contre.

```
Entrer les réels a et b
Si ab < 0 alors
    …
Sinon
    …
Fin si
```

2 À l'aide d'une calculatrice ou d'un logiciel, tester un programme traduisant cet algorithme pour résoudre les équations suivantes et en donner les solutions : **a.** $3x^2 = 15$ **b.** $4x^2 = -6$ **c.** $3x^2 = 6$

3 **a.** Tester ce programme avec les valeurs $a = 0$ et $b = 3$. Que constate-t-on ? Expliquer.

b. Modifier le programme de manière à pouvoir traiter les situations où le coefficient a est nul.

ALGORITHMIQUE

TP6 Résoudre une équation avec un logiciel

Objectif : Utiliser un logiciel pour trouver des valeurs approchées des solutions d'une équation.

1 On souhaite déterminer une valeur approchée des solutions d'une équation dont la résolution par les méthodes classiques n'est pas possible en classe de Seconde.
Soit l'équation (E) : $x(2x^2 - 1) = 3(2x + 1)$.

a. Démontrer que l'équation (E) peut s'écrire : $2x^3 - 7x - 3 = 0$.

b. Soit f la fonction définie sur $\mathbb{R}$ par $f(x) = 2x^3 - 7x - 3$.
Tracer la représentation graphique de la fonction f à l'aide du logiciel Xcas.

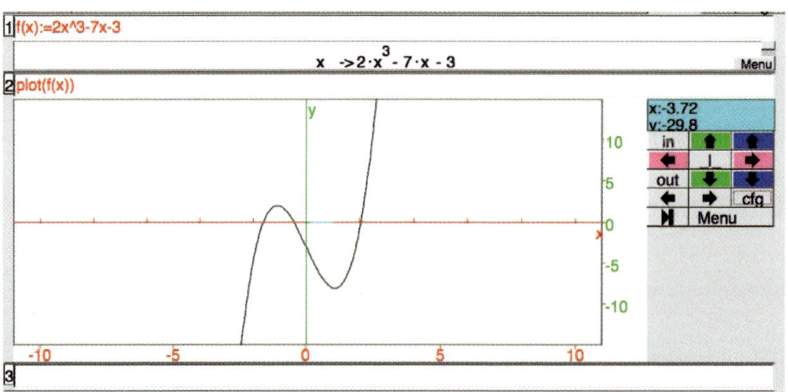

c. À l'aide de la commande *Résoudre*, trouver trois solutions approchées, à 10^{-2} près, de (E).

2 Pour chacune des équations suivantes :

- reprendre la méthode détaillée à la question **1** pour déterminer le nombre de solutions ;
- donner, pour chacune de ces solutions, une valeur approchée à 10^{-3} près par défaut.

a. $5x - x^3 = 4$. **b.** $x(x - 1) = 4x - 3$.

3 Discuter, suivant les valeurs du réel a, le nombre de solutions de l'équation :

$$x^2 - 8x + 7 = -2x + a.$$

4 Discuter, suivant les valeurs du réel b, le nombre de solutions de l'équation :

$$x^2 - 2x - 1 = bx - 5.$$

Coup de pouce

Écrire l'équation sous la forme E(x) = a, puis résoudre graphiquement le problème.

ALGORITHMIQUE

TP7 Résoudre un problème à répétition

Objectifs :
- Appliquer une boucle itérative pas à pas.
- Construire une boucle avec un test d'arrêt.

Au début du XVIIIe siècle, un marchand veut remonter de Sète jusqu'à Toulouse pour vendre sa farine. Il emprunte pour cela le canal du Midi qui relie la mer Méditerranée et la Garonne.
Ce canal est parsemé de 63 écluses. À chacune d'elles, le marchand doit laisser 1 % de son chargement en péage royal, puis il échange 5 sacs de farine contre de la nourriture. L'objectif est de déterminer la quantité de farine qu'il lui reste à vendre à son arrivée à Toulouse.

L'algorithme ci-contre, écrit en Python, calcule le nombre de sacs restants à Toulouse en fonction du nombre a de sacs que le marchand avait au départ de Sète. On a ensuite effectué quelques tests pour différentes valeurs de a.

```
>>> def nbsacs(a):
        i=63
        while i>0:
                a=a*0.99-5
                i=i-1
        return a

>>> nbsacs(7000)
3481.7915721633512
>>> nbsacs(10000)
5074.5082010286887
>>> nbsacs(5000)
2419.9804862531241
>>> |
```

1 Expliquer la ligne : « a = a*0.99-5 ».

2 Que représente la variable i ?

3 Pour a = 10 000, compléter le tableau suivant des premières étapes de l'algorithme.

	Départ	1re écluse	2e écluse	3e écluse	4e écluse	5e écluse
a	10 000	9 895				
i	63	62				

4 Estimer le nombre d'opérations réalisées lorsque s'exécute la fonction **nbsacs**.

5 **Pour aller plus loin**

Pour être rentable, le marchand souhaite arriver avec au moins la moitié de son chargement de départ. On cherche la valeur minimale de a qu'il faut choisir pour cela.

a. Donner un encadrement de cette valeur à l'aide de la fenêtre de programme précédente.

b. En admettant que ce minimum soit supérieur à 7 000, écrire le programme déterminant cette valeur minimale de a en s'inspirant de l'algorithme suivant :

```
Initialiser a à 7 000, b à 0.
Tant que le nombre b de sacs à l'arrivée est
inférieur à la moitié de celui au départ,
      augmenter a de 1.
Afficher a.
```

Coup de pouce

- On pourra insérer la fonction **nbsacs** dans l'algorithme.
- $a/2$ étant arrondi par défaut à l'entier qui lui est inférieur, le test $b < a/2$ peut être faussé ; il est donc préférable de tester l'inégalité $2b < a$ plutôt que l'inégalité $b < a/2$.
- La commande *return* permet d'affecter le résultat du calcul d'une fonction. Ici on peut définir b par l'instruction : b = nbsacs(a).

UN PEU D'HISTOIRE

Le symbolisme algébrique

L'histoire des notations en mathématiques fut très tumultueuse.
De nos jours, nous ne sommes plus étonnés de trouver la lettre x comme inconnue dans une équation telle que $x^2 + 2x - 80 = 0$.
Pourtant le chemin fut long pour en arriver là !

Avant le symbolisme

Deux mille ans av. J.-C., babyloniens et égyptiens savent résoudre de façon narrative des problèmes concrets en utilisant implicitement des propriétés sur les opérations sans aucune notation symbolique. Notre équation pourrait ainsi se ramener à un problème d'arpentage (> 1) comme le suivant : « Quelle est la longueur des côtés d'un champ carré sachant que si on l'agrandit en prolongeant un de ses côtés de 2, la surface de l'ensemble sera égale à 80 ? »

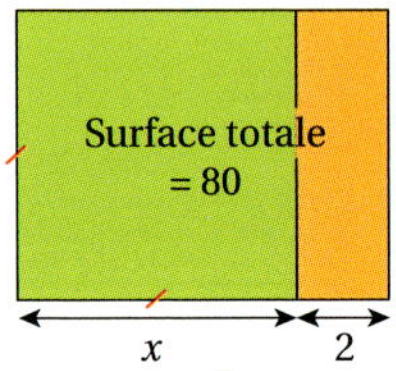

1.

La naissance de l'algèbre

Dans son traité *Kitâb al-jabr wa al-muqâbala*, qui sera traduit en italien au XIIe siècle avec pour titre *Algebra*, le mathématicien perse **AL KHWARIZMI** présente sa méthode de résolution des équations. En 1591, **François VIÈTE** publie un ouvrage de 18 pages, *In artem ananyticam isagoge*, qui représente une avancée considérable pour l'algèbre. Il y officialise les symboles d'opérations +, –, une barre horizontale pour ÷ et *in* pour le symbole de multiplication ×. La notion d'équation y est longuement développée et une théorie sérieuse commence apparaître.
Pour Viète, notre équation s'écrirait :

A Quadratum + 2 in A aequari 80.

Ce qui se traduit par : « A au carré + 2 × A = 80. »

Les initiateurs de l'algèbre

L'amorce du symbolisme en algèbre voit le jour dans *Les arithmétiques* (> 2) de **DIOPHANTE D'ALEXANDRIE**.
La notation qu'il y utilise est dite « syncopée », ce qui signifie que les mots sont remplacés par des abréviations.
Diophante n'hésite pas à introduire un « nombre indéterminé », qu'il appelle l'*arithme*, notée ξ, et que l'on peut assimiler aujourd'hui à l'inconnue utilisée en algèbre. Δ^Y est utilisé pour x^2 et K^Y pour x^3.
Diophante aurait écrit notre équation de la manière suivante :

$$\Delta^Y\ \overline{\alpha}\ \zeta\ \overline{\beta}\ \varepsilon\sigma\tau\iota\ \overline{\pi}.$$

Ce qui se traduit par : « Une inconnue au carré et deux inconnues sont 80. »
Dans la numération grecque alphabétique, 1 s'écrit α, 2 s'écrit β et 80 s'écrit π.

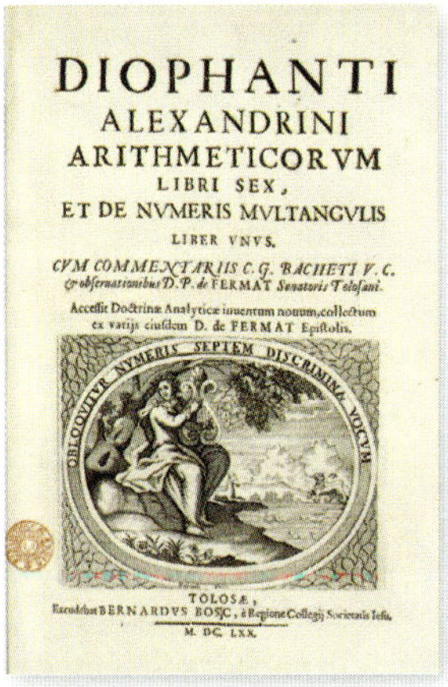

DIOPHANTI
ALEXANDRINI
ARITHMETICORVM
LIBRI SEX,
ET DE NVMERIS MVLTANGVLIS
LIBER VNVS.
CVM COMMENTARIIS C. G. BACHETI V. C.
& obseruationibus D. P. de FERMAT Senatoris Tolosani.
Accessit Doctrinæ Analyticæ inuentum nouum, collectum
ex varijs eiusdem D. de FERMAT Epistolis.

OBLOQVITVR NVMERIS SEPTEM DISCRIMINA VOCVM

TOLOSÆ,
Excudebat BERNARDVS BOSC, è Regione Collegij Societatis Iesu.
M. DC. LXX.

2. Page de couverture de l'exemplaire des *Arithmétiques* de Diophante annoté par Pierre de Fermat (1601-1665).

La mise en place des notations modernes

René DESCARTES (1596-1650) met en place les notations modernes que nous connaissons en algèbre, comme par exemple l'exposant pour les puissances. Il conserve cependant la notation xx pour x^2 et n'utilise pas encore notre symbole =, introduit en 1557 par l'anglais Robert RECORDE (1510-1558). Selon Descartes, notre équation s'écrierait :

$$xx + 2x \propto 80.$$

Au fait, sauriez-vous résoudre cette équation ? … ou plutôt, sauriez-vous trouver la longueur des côtés du champ ?

DIOPHANTE D'ALEXANDRIE
(~ 200 - ~ 284, Grèce)
Il amorce le symbolisme en algèbre.

IIIe siècle

AL KHWARIZMI
(~ 780 - ~ 850, Perse)
Il pose les bases des méthodes algébriques de résolution des équations.

825

François VIÈTE
(1540 - 1603, France)
Il commence à mettre en place une théorie sur la résolution des équations indépendante de toute considération géométrique.

1591

Exercices d'application

Calculs algébriques

1 Parmi les expressions algébriques suivantes, lesquelles sont des sommes et lesquelles sont des produits ?
$A = 3x(2x + 1)$; $B = (x - 7)^2$; $C = 7x + x(x - 6)$;
$D = (4x + 5)(7x - 1) + (8x + 1)(x - 1)$; $E = 3\sqrt{x+8}$;
$F = (2 - 6x)^2 - 1$; $G = (9x - 1)(5 + 3x)(5x - 6)$;
$H = x^2\left(\dfrac{2x}{3} - 6\right)$.

2 Écrire l'expression algébrique correspondant à chacune des phrases suivantes.
a. La somme de x et du produit de x par y.
b. Le carré de la différence de x et de 3.
c. Le quotient du carré de x par le produit de 3 et du carré de y.
d. La différence du quotient de x par y et de la somme de 3 et du triple de x.

3 Soit x un nombre réel différent de -1.
Écrire l'expression algébrique correspondant à chacune des phrases suivantes.
a. Le carré de la somme de x et de 1.
b. L'inverse de l'expression **a**.
c. La somme de l'expression **b** et du double du carré de x.

4 Réduire les expressions.
$A = -10x - 5 - 4 - 6x + x + 8 + 10 - 5$
$B = -8y + 9x - 8 - 2y - 7x - 4y + 5x - 8 - 6x$
$C = -10y + 10y - 2y - 5 + y - 6 - 2x - 9$
$D = -x + 4 + 4 + 10y + 9y - 10y - 8y + 2y$

5 Réduire et ordonner les expressions.
$A = -1 - 7 + 7x^2 + 3 + 6x + 5 + 4x - 4x^2 + 5 + 3x + 9 - 1$
$B = x - 6x^2 + 8x^2 - 2x + 9x^2 + 4x^2 + 2x^2 + 5 - 4$
$C = -10 - 3x^2 + 10 - 3x^2 + 8x + 3x^2 - 3x^2 + 8x^2 - 8x - 10x - 6$
$D = -5 + 8x^2 + 8x - 3x + 10x - 10 - 4x + 3x - x + 7 + 9x + 4x$

Appliquer le savoir-faire 1, p. 66

6 Développer et réduire les expressions.
$A = x(x - 10)$; $B = -3x(2x + 1)$; $C = (4x - 7)(7x + 5)$ et $D = 2(-x - 7)(10x + 5)$.

7 Développer et réduire les expressions.
$A = 5(6x - 2) + 2(5y - 2)$
$B = 5(1 - 5x) - (-8y - 3)$
$C = 3(2x - 6) + 4(7y + 9)$
$D = (-x - 4)(y + 8)$.

8 Développer et réduire les expressions.
$A = (x + 4)^2 - (x + 3)(x - 4)$
$B = (x + 4)(2x + 5) + (2x - 1)^2$
$C = (x - 4)(5x + 4) - (6x - 3)^2$
$D = (3x - 7)^2 - (3x + 1)^2$

9 Développer et réduire les expressions.
$A = 3(x - 1)(x + 1) + (2x + 5)(x + 1)$
$B = 4(3x + 2)(5x + 1) - 2(3x - 2)^2$
$C = -(x - 3)(x + 3) - 4(2x + 1)(x + 3)$
$D = (7x + 5)^2 + (2x - 1)(7x + 5)$
$E = 2(x - 2)(x + 2) + 3(4x + 5)(x + 2)$
$F = 2(x - 8)(x + 8) - (x + 8)(2x + 5)$

10 Démontrer chacune des égalités suivantes pour tout nombre réel x.
a. $x^2 + 8x + 11 = (x + 4)^2 - 5$.
b. $x^2 - 6x + 17 = (x - 3)^2 + 8$.
c. $4x^2 - 12x + 8 = (3 - 2x)^2 - 1$.

11 Développer et réduire les expressions.
$A = (x - 6)^2$ $B = (x - 7)(x + 7)$
$C = (6x + 1)^2$ $D = (3x + 2)^2$
$E = (9x - 10)^2$ $F = (3x - 8)(3x + 8)$

Appliquer le savoir-faire 2, p. 66

12 Factoriser les expressions.
$A = (x - 3)(8 - 7x) + (x - 3)(-x - 9)$
$B = (4x + 1)(3 - 4x) - (2x + 1)(3 - 4x)$
$C = (5x - 9)^2 + (x + 1)(5x - 9)$
$D = (-3x - 2)(-2x - 2) - (-3x - 2)(6x + 8)$

13 Factoriser les expressions.
$A = (-6x - 3)(3x + 1) - (-6x - 3)(x - 1)$
$B = (4 - 9x)(-3x - 8) + (6x - 9)(-3x - 8)$
$C = 4(10 - 6x) + 4(10x + 9)$
$D = 8(2 - 8x) + 8(9x - 5)$

Appliquer le savoir-faire 3, p. 67

14 Factoriser les expressions.
$A = 49x^2 - 9$ $B = 100x^2 + 100x + 25$
$C = 25x^2 - 90x + 81$ $D = 25x^2 - 70x + 49$
$E = 16x^2 - 49$ $F = 16 - 4x^2$

15 Factoriser les expressions.
$A = 36x^2 - 96x + 64$ $B = 49x^2 + 28x + 4$
$C = 81x^2 - 126x + 49$ $D = 49x^2 - 36$
$E = 9x^2 - 54x + 81$ $F = 81 - 9x^2$

16 Factoriser les expressions.
$A = (x-6)(x+5) + (x-9)(x+5)$
$B = 5(5-2x)(x+1) + 5(8x-5)(x+1)$
$C = 6(x+1)(3x-2) - 2(2-5x)(x+1)$
$D = (x-1)^2 - (x-1)(x+5)$
$E = 9(2x-5)(6x+8) - 6(4x^2-25)$

17 Factoriser les expressions.
$A = (3x-1)^2 - 81$ $B = (5x-2)^2 - 16$
$C = 9 - (2x-4)^2$ $D = (8x-9)^2 - 1$
$E = (3x-4)^2 - (5x-1)^2$ $F = 1 - (2x+1)^2$

18 Factoriser les expressions :
$A = (2x-7)^2 - 49$
$B = (3x-3)(2x+7) - (9x^2-9)$
$C = 4(1-6x)(7x-2) + 9(x-3)(7x-2)$
$D = (5x-8)^2 - (2x+9)^2$

Résolution d'équations

19 De quelle(s) équation(s) $x = 7$ est-il solution ? Justifier.
a. $2x - 3 = 15$.
b. $5x + 3 = 38$.
c. $(x-7)(4x-1) - (7-2x)(x-7) = 0$.
d. $x^2 + 49 = 0$.
e. $(x-1)^2 - 36 = 0$.
f. $\frac{1}{x-7} = 0$.

20 Parmi les nombres –9 ; –5 ; 1 ; 5 et 40, lesquels sont solution de l'équation $(x-1)(5+x) = 40$?

21 Parmi les nombres –6 ; –2 ; 2 ; 4 et 7, lesquels sont solution de l'équation $\frac{x^2-4}{(x-7)(6+x)} = 0$?

22 Dans quels cas l'égalité $4y - 10x = 2$ est-elle vérifiée ?
a. $x = 1$ et $y = 2$. **b.** $x = 3$ et $y = 8$.
c. $x = -5$ et $y = 1$. **d.** $x = 7$ et $y = 18$.
e. $x = -3$ et $y = -7$. **f.** $x = 1$ et $y = -2$.

23 Résoudre dans ℝ les équations suivantes.
a. $4x + 7 = -6x - 4 - 2x$.
b. $10x - 10 - 6x = 6 - 5x$.
c. $\frac{9}{7}x = -\frac{21}{4}$.
d. $4x - 8x + 2 = -7 - 6x + 12$.

24 Résoudre dans ℝ les équations suivantes.
a. $3(2-7x) = 4 - (2x+1)$.
b. $3(2x-1) - (x+7) = 0$.
c. $4 + \frac{2x+1}{2} = \frac{x}{4} - \frac{1}{2}$.
d. $9 - \frac{2x+7}{3} = \frac{4x}{6} - \frac{1}{3}$.

Appliquer le savoir-faire 4, p. 67

25 Résoudre dans ℝ les équations suivantes.
a. $(x-10)(x+9) = 0$. **b.** $(5-2x)(x-5) = 0$.
c. $(3-8x)(8x-1) = 0$. **d.** $(2x+5)(6x-1) = 0$.
e. $3(6x-8)(7x+9) = 0$. **f.** $6(2x-4)(4x-7) = 0$.

26 Résoudre dans ℝ les équations suivantes.
a. $(5x-1)(9x+3) = 0$. **b.** $8(3-8x)(4x+9) = 0$.
c. $-8(-9x-4)(10x-2) = 0$. **d.** $(4-2x)(9x+4) = 0$.
e. $x(-10x-8)(6-10x) = 0$.
f. $(3-7x)(4x+4)(6x+10) = 0$.

27 **a.** Factoriser l'expression $6x^2 - 4x - 2$.
b. Résoudre dans ℝ l'équation $6x^2 - 4x - 2 = 0$.

28 Résoudre dans ℝ les équations suivantes.
a. $4x^2 - 4x + 1 = 0$. **b.** $9x^2 - 25 = 0$.
c. $16x^2 - 80x + 100 = 0$. **d.** $100x^2 - 36 = 0$.
e. $16x^2 - 48x + 36 = 0$. **f.** $16x^2 + 24x + 9 = 0$.

29 Résoudre dans ℝ les équations suivantes.
a. $x^2 = 36$. **b.** $x^2 = 8$.
c. $x^2 = -81$. **d.** $x^2 - 87 = -5$.
e. $(x+10)^2 = 9$. **f.** $(x-8)^2 - 18 = -2$.

30 Résoudre dans ℝ les équations suivantes.
a. $x^2 = 59$. **b.** $(x-4)^2 = 64$.
c. $25x^2 + 90x + 81 = 0$. **d.** $36x^2 - 64 = 0$.
e. $4x^2 - 8x + 4 = 0$. **f.** $(3x+7)^2 = (7x-10)^2$.
g. $(7x+1)^2 = (4-8x)^2$. **h.** $(x-5)^2 = 0$

31 Résoudre dans ℝ les équations suivantes.
a. $x^2 = 49$. **b.** $x^2 = 6$.
c. $x^2 = -16$. **d.** $x^2 - 53 = -4$.
e. $(x+1)^2 = 4$. **f.** $(x-2)^2 = 2$.

32 Résoudre dans ℝ les équations suivantes.
a. $x^2 = 121$. **b.** $x^2 = 11$.
c. $x^2 = -9$. **d.** $x^2 + 5 = 30$.
e. $(x+5)^2 = 49$. **f.** $(x-4)^2 + 1 = 2$.

Appliquer le savoir-faire 5, p. 68

33 Résoudre dans ℝ les équations suivantes.
a. $\frac{3x-3}{x+1} = 0$. **b.** $\frac{4-x}{x-3} = 0$.
c. $\frac{5x-2}{x^2+1} = 0$. **d.** $\frac{-7x+1}{2-4x} = 0$.

34 Résoudre dans ℝ les équations suivantes.
a. $\frac{(x-3)(x+1)}{x-3} = 0$. **b.** $\frac{(2-x)(x-6)}{x-8} = 0$.
c. $\frac{(2x-4)(x-6)}{3x+1} = 0$. **d.** $\frac{(-7x+7)(4x-6)}{8-x^2} = 0$.

Résolution d'inéquations

35 Reproduire et compléter le tableau de signes suivant.

x	$-\infty$		2		$+\infty$
$-2x+4$		...	0	...	

36 Reproduire et compléter le tableau de signes suivant.

x	$-\infty$		...		$+\infty$
$3x+5$		...	0	...	

Appliquer le savoir-faire 6, p. 68

37 Reproduire et compléter le tableau de signes suivant.

x	$-\infty$		-5		-2		$+\infty$
$3x+6$		...		...	0	...	
$-x-5$		...	0	...		...	
$(3x+6)(-x-5)$		...	0	...	0	...	

38 Dresser le tableau de signes des expressions proposées, où $x \in \mathbb{R}$.

a. $f(x) = (x-3)(2x-4)$. **b.** $g(x) = -x(3x+4)$.
c. $h(x) = (-3x-1)(5x-10)$.
d. $i(x) = (6x-3)(x-3)(4-x)$.

39 Résoudre dans $\mathbb{R}$, à l'aide d'un tableau de signes, les inéquations proposées.

a. $(x-3)(x-1) \leqslant 0$. **b.** $(x-9)(x-5) < 0$.
c. $(2x+4)(3x-3) \geqslant 0$. **d.** $(15-5x)(x+1) > 0$.
e. $(3x-4)(x+7) > 0$. **f.** $(2x-8)(10x+5) < 0$.

40 Dresser les tableaux de signes des fonctions affines dont les droites sont représentées ci-dessous.

a.

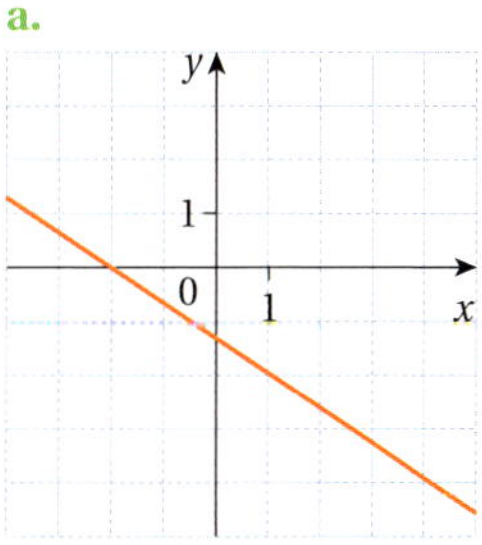

b.

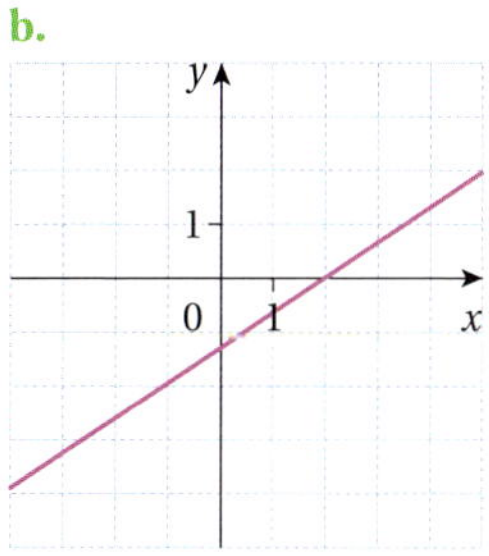

Pour les exercices 41 et 42
Dresser le tableau de signes des expressions proposées, où x appartient à $\mathbb{R}$.

41 **a.** $f(x) = x-6$. **b.** $g(x) = -3x+9$.
c. $h(x) = 4x-12$. **d.** $i(x) = 5x$

42 **a.** $f(x) = 9x-5$. **b.** $g(x) = -4x+6$.
c. $h(x) = 2-3x$. **d.** $i(x) = -3x+3$.

Appliquer le savoir-faire 7, p. 69

43 Dresser le tableau de signes des expressions proposées, où $x \in \mathbb{R}$.

a. $g(x) = \dfrac{7x+21}{5-x}$. **b.** $h(x) = \dfrac{(-9x-9)(2x-1)}{5x+20}$.

44 Résoudre dans $\mathbb{R}$, à l'aide d'un tableau de signes, les inéquations proposées.

a. $\dfrac{x-3}{x+1} \leqslant 0$. **b.** $\dfrac{x+4}{x-6} > 0$.
c. $\dfrac{3x-6}{x-5} \leqslant 0$. **d.** $\dfrac{2x-9}{1-x} \geqslant 0$.
e. $\dfrac{2x+8}{x-9} > 0$. **f.** $\dfrac{6x+1}{7-x} \geqslant 0$.

45 Résoudre dans $\mathbb{R}$, à l'aide d'un tableau de signes, les inéquations proposées.

a. $\dfrac{x+4}{x-5} \leqslant 2$. **b.** $\dfrac{2x-10}{x-4} \geqslant 3$.
c. $\dfrac{x+1}{x-2} + 3 < 0$. **d.** $\dfrac{x+2}{x-2} + 1 < 0$.
e. $\dfrac{x-3}{x-1} \leqslant 5$. **f.** $\dfrac{3x-3}{5-x} \leqslant 2$.

46 Résoudre dans $\mathbb{R}$ les inéquations suivantes et représenter les solutions sur une droite graduée.

a. $x-5 < 0$. **b.** $-x+4 \geqslant 0$.
c. $-8x-5 > 0$. **d.** $2x-10 < 7x+5$.
e. $5x-5 > -9x-2+5$. **f.** $10x+7-9x \leqslant -5x-1$.

47 Résoudre dans $\mathbb{R}$ les inéquations suivantes et donner les solutions sous forme d'intervalle.

a. $3x-8 \leqslant 0$.
b. $6-8x-1 \geqslant 0$.
c. $6-7x-1-5x \geqslant 4-4x$.
d. $2-7x+7-9x < -10x-8$.

48 **a.** Étudier le signe du produit $(2x-10)(x-7)$ suivant les valeurs de x.
b. En déduire l'ensemble des solutions dans $\mathbb{R}$ de l'inéquation $(2x-10)(x-7) > 0$.

49 Résoudre dans $\mathbb{R}$, à l'aide d'un tableau de signes, les inéquations proposées.

a. $(2+x)(6x+3) \geqslant 0$. **b.** $(7-x)(6x+18) \leqslant 0$.
c. $\dfrac{x+5}{3x-5} \leqslant 0$. **d.** $\dfrac{-2x-10}{4-3x} \geqslant 0$.
e. $\dfrac{2x+8}{x-1} - 1 > 0$. **f.** $\dfrac{x+1}{3-x} + 2 \geqslant 0$.

50 Résoudre dans $\mathbb{R}$, à l'aide d'un tableau de signes, les inéquations proposées.

a. $(x-4)(2x-3) \geqslant 0$. **b.** $(5x-5)(4x-8) <0$.
b. $\dfrac{2x+4}{6x-4} > 0$. **d.** $\dfrac{5x-10}{2x+3} > 0$.

Exercices pour se tester

Calculs algébriques

51 Questions de cours

a. Donner 3 identités remarquables.

b. Une identité remarquable est-elle une équation ?

52 QCM

Une forme factorisée de $2(x+3)+(x^2-9)$ est :

Ⓐ $(x+3)(x-3)$.
Ⓑ $(x+3)(x-1)$.
Ⓒ $(x+3)(2+x)$.
Ⓓ x^2+2x-3.

53 Vrai ou faux ?

a. Pour $x \in \mathbb{R}$, le nombre $(x-1)(x+3)-(x+1)^2$ est égal à $-4x$.

b. Pour tout nombre réel x, le nombre $(x-1)^2-(x+1)^2$ est égal à 0.

c. L'expression algébrique $2x+\dfrac{x}{2+x}$ est un quotient.

d. Une forme factorisée de l'expression :

$$\frac{1}{25}x^2+4x+100 \text{ est } \left(\frac{x+10}{5}\right)^2.$$

Résolution d'équations

54 Question de cours

Soit a un nombre réel strictement positif. Démontrer que l'équation, d'inconnue x, $x^2=a^2$ admet exactement deux solutions dans l'ensemble des nombres réels.

55 QCM

Dans $\mathbb{R}$, l'équation $x^2=x$ admet :

Ⓐ Au moins une solution.
Ⓑ $x=0$ comme unique solution.
Ⓒ Une infinité de solutions.
Ⓓ Comme solutions les nombres 0, 1 et 2.

56 Vrai ou faux ?

a. L'expression $(x-1)(x-7)+(5-12x)(x-1)$ s'annule pour $x=7$.

b. Dans $\mathbb{R}$, l'équation $\dfrac{1}{x+1}=\dfrac{1}{2x}$ admet pour ensemble de solution $\{0\,;1\}$.

c. Dans $\mathbb{R}$, l'équation $x^2+1=2x$ admet exactement une solution.

d. Dans $\mathbb{R}$, l'équation $\dfrac{5-5x^2}{x-1}=0$ admet pour solution $x=1$.

Résolution d'inéquations

57 Logique

Démontrer que l'ensemble des solutions dans $\mathbb{R}$ de l'inéquation $\dfrac{x+1}{x+100}\geqslant 0$ est inclus dans l'ensemble des solutions dans $\mathbb{R}$ de l'inéquation $(x+1)(x+100)\geqslant 0$.

58 Vrai ou faux ?

a. Dans $\mathbb{R}$, l'inéquation $-5x+2\leqslant 0$ a les mêmes solutions que l'inéquation $x-0{,}4\geqslant 0$.

b. Dans $\mathbb{R}$, l'inéquation $x^2+2>0$ admet une infinité de solutions.

c. Dans $\mathbb{R}$, l'inéquation $\dfrac{4}{x(5-x)}>0$ admet pour solution l'intervalle $]-\infty\,;0[$.

d. Dans $\mathbb{R}$, l'inéquation $\dfrac{2}{x-3}\leqslant 1$ admet pour solution l'ensemble $]-\infty\,;3[\cup[5\,;+\infty[$.

59 QCM

À quelle(s) expression(s) le tableau de signes suivant pourrait-il convenir ?

x	$-\infty$		-3		$\frac{6}{5}$		$+\infty$
		$-$	0	$+$		$+$	
		$-$		$-$	0	$+$	
$P(x)$		$+$	0	$-$	‖	$+$	

Ⓐ $P(x)=(x+3)(5x-6)$.
Ⓑ $P(x)=\dfrac{x+3}{5x-6}$.
Ⓒ $P(x)=\dfrac{x-3}{5x+6}$.
Ⓓ $P(x)=(x-3)(5x+6)$.

CORRIGÉ P. 342

Exercice résolu

60 **1.** Sur la figure ci-dessous, ABDE est un rectangle, et les points A, B et C sont alignés.

Les longueurs connues sont : AE = 3,3, ED = 0,9 et EC = 6,5.

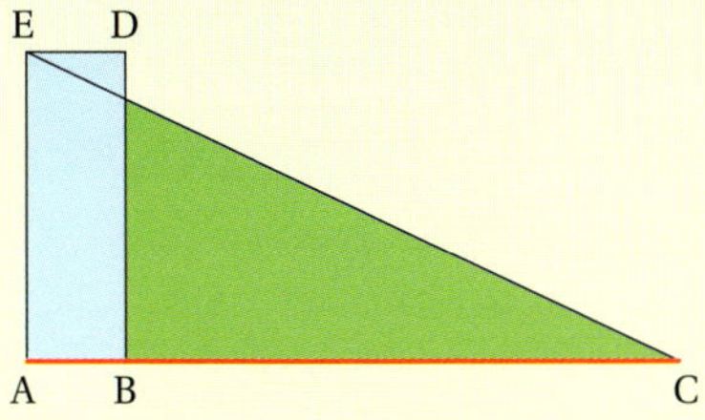

a. Montrer que rechercher la longueur BC revient à résoudre dans l'intervalle $]0\,;+\infty[$ l'équation suivante :

$$(x+0{,}9)^2 = 31{,}36.$$

b. Reproduire la figure en prenant comme unité le centimètre.

Donner une valeur approchée de la distance BC.

2. Soit (E) l'équation d'inconnue x suivante :

$$(x+0{,}9)^2 = 31{,}36.$$

a. Démontrer que pour tout nombre réel x, on a :

$$(x+0{,}9)^2 - 31{,}36 = (x-4{,}7)(x+6{,}5).$$

b. Résoudre dans $\mathbb{R}$ l'équation (E).

c. Déterminer la distance BC évoquée en question **1**.

3. Soit f la fonction définie sur l'intervalle $[-7\,;7]$ par :

$$f(x) = (x+0{,}9)^2.$$

a. À l'aide de la calculatrice, tracer dans un repère la courbe représentative $\mathscr{C}$ de la fonction f sur l'intervalle $[-7\,;7]$, en choisissant des unités qui permettent de la voir entièrement.

b. Expliquer comment retrouver graphiquement les solutions trouvées en question **2.a**.

SOLUTION

1. a. On pose BC = x.

On a AC = AB + BC = 0,9 + x car AB = AD = 0,9.

Dans le triangle EAC rectangle en A, le théorème de Pythagore permet d'écrire $AC^2 + AE^2 = EC^2$.

Cette égalité correspond à l'équation $(x+0{,}9)^2 + 3{,}3^2 = 6{,}5^2$, d'inconnue x = BC.

Comme BC est une distance, x est positif.

De plus, $6{,}5^2 - 3{,}3^2 = 31{,}36$.

La distance BC est donc bien donnée par la(les) solution(s) dans $]0\,;+\infty[$ de l'équation :

$$(x+0{,}9)^2 = 31{,}36.$$

b. Pour tracer la figure, on trace le rectangle ABDE, puis la droite (AB). Le point C s'obtient en construisant le point d'intersection entre le cercle de centre E et de rayon 6,5 avec la demi-droite [AC).

On constate ainsi que la distance BC vaut environ 4,5.

2. a. $(x+0{,}9)^2 - 31{,}36 = x^2 + 2\,x \times 0{,}9 + 0{,}81 - 31{,}36 = x^2 + 1{,}8x - 30{,}55$. (i)

$(x-4{,}7)(x+6{,}5) = x^2 + 6{,}5x - 4{,}7x - 30{,}55$. (ii)

D'après (i) et (ii) on peut donc écrire que, pour tout nombre réel x :

$$(x+0{,}9)^2 - 31{,}36 = (x-4{,}7)(x+6{,}5).$$

b. D'après la question précédente, les solutions dans $\mathbb{R}$ de l'équation $(x+0{,}9)^2 - 31{,}36 = 0$ sont celles de l'équation $(x-4{,}7)(x+6{,}5) = 0$, à savoir $x = 4{,}7$ et $x = -6{,}5$.

c. D'après les questions **1.a** et **2.b** la distance BC vaut 4,7.

3. a. *Figure ci-contre.*

b. Les solutions trouvées en question **2.a** sont les abscisses des points d'intersection de la courbe $\mathscr{C}$ avec la droite d, parallèle à l'axe des abscisses, passant par le point de coordonnées (0 ; 31,36).

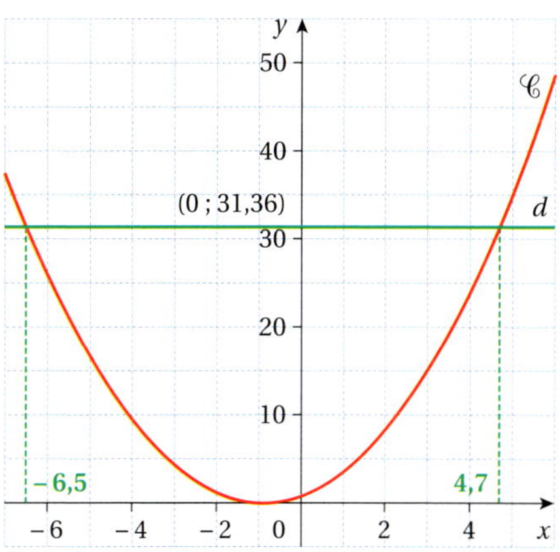

Exercices d'approfondissement

Calculs algébriques

61 Exprimer chacune des expressions algébriques par une phrase en utilisant les mots suivants : *carré, cube, double, triple, inverse, somme, différence, produit, quotient.*

$A=\dfrac{1}{x+3}$; $B=3x^2+2y^2$; $C=\left(\dfrac{1}{x-1}+2\right)^3$; $D=xy-\dfrac{x}{y}$.

62 **1. a.** Choisir un nombre positif. À son carré, ajouter son tiers. Multiplier le résultat par le triple du nombre de départ. Enlever le triple de son cube. Prendre la racine carrée du résultat.

b. Choisir d'autres nombres. Que constate-t-on ?

2. Démontrer le résultat précédent en prenant x positif comme nombre de départ.

63 ALGORITHMIQUE

On donne le programme de calcul suivant :

```
Entrer un nombre a
Multiplier ce nombre par 3
Ajouter le carré du nombre a
Multiplier le résultat obtenu par 2
Afficher le résultat
```

1. Montrer que, si on choisit le nombre 10, le résultat obtenu est 260.

2. Calculer la valeur exacte du résultat obtenu lorsque le nombre choisi est :

a. -5. **b.** $\dfrac{2}{3}$. **c.** $\sqrt{5}$.

3. Quels nombres peut-on choisir pour que le résultat obtenu soit 0 ?

64 ABCD est un carré de côté $x>3$ et AEFG est un carré de côté 3.

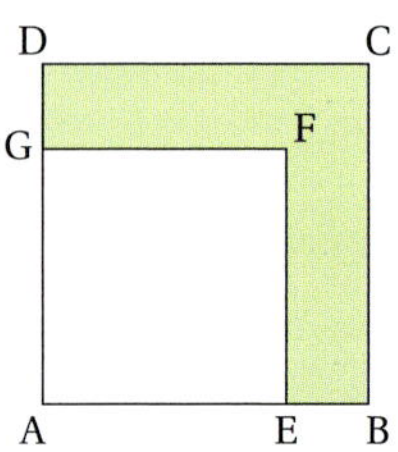

a. Exprimer en fonction de x le périmètre du polygone EBCDGF.

b. Vérifier que le polygone EBCDGF et le carré ABCD ont même périmètre.

c. Expliquer ce phénomène par des considérations géométriques.

65 ABCD est un carré de côté 4.

E est un point quelconque à l'intérieur du carré.

Soit x la longueur de la hauteur issue de E dans le triangle CDE.

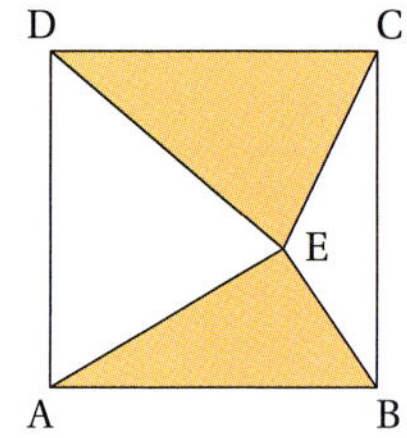

a. Exprimer l'aire de la figure colorée en fonction de x.

b. Peut-on comparer cette aire à celle du carré ABCD quelle que que soit la valeur de x ?

66 Soit deux nombres réels x et y positifs tels que $x+y=7$ et $xy=4$. Calculer : $A=\left(\sqrt{x}-\sqrt{y}\right)^2$;

$B=2x(1-y)+2y(1-2x)$; $C=(x-y)^2-(x+y)^2$.

67 Démontrer chacune des égalités suivantes.

a. Pour $x\neq-3$, $\dfrac{4x+11}{x+3}=4-\dfrac{1}{x+3}$.

b. Pour $x\neq2$, $\dfrac{5-3x}{2-x}=3-\dfrac{1}{2-x}$.

68 Démontrer chacune des égalités suivantes.

a. Pour $x\neq-1$ et $x\neq0$, $\dfrac{1}{x}-\dfrac{1}{x+1}=\dfrac{1}{x(x+1)}$.

b. Pour $x\geqslant0$ et $x\neq1$, $\dfrac{1}{\sqrt{x}-1}-\dfrac{1}{\sqrt{x}+1}=\dfrac{2}{x-1}$.

c. Pour x positif, $\dfrac{1}{\sqrt{x+1}+\sqrt{x}}=\sqrt{x+1}-\sqrt{x}$.

69 Soit $A=\dfrac{1}{x-1}-\dfrac{1}{x+1}$, avec x différent de -1 et 1.

a. Démontrer que $A=\dfrac{2}{x^2-1}$.

b. Choisir l'expression la mieux adaptée pour calculer A avec $x=-\sqrt{3}$.

70 Développer et réduire les expressions.

$A=\left(\dfrac{1}{2}x-6\right)^2$; $B=(2-4x)\left(\dfrac{2}{3}-x\right)$;

$C=\left(9x+\dfrac{10}{3}\right)^2$; $D=(-3x-8)\left(x+\dfrac{9}{5}\right)$.

71 Développer et réduire les expressions.

$A=\dfrac{2}{3}(3x+1)^2$; $B=\left(6x-\dfrac{3}{2}\right)\left(\dfrac{6}{5}x+4\right)$; $C=\left(\dfrac{7}{5}x+\dfrac{4}{3}\right)^2$.

72 À l'aide d'un logiciel de calcul formel, développer et réduire les expressions.

$A=\dfrac{1}{3}\left(\dfrac{3}{2}x-7\right)(-2x-5)$; $B=\left(\dfrac{1}{3}-2x\right)(x+7)+5\left(x-\dfrac{7}{9}\right)$;

$C=\dfrac{1}{3}(5x-7)^2-\left(1-\dfrac{4}{3}x\right)(5x+7)$; $D=\left(\dfrac{3x-1}{4}\right)^2-(2x+5)^2$.

73 Démontrer les égalités suivantes pour tous nombres a et b réels.
a. $(a+b)^3 = a^3 + 3a^2b + 3ab^2 + b^3$.
b. $(a-b)^3 = a^3 - 3a^2b + 3ab^2 - b^3$.

74 Factoriser les expressions.
$A = 2(4-5x)(5x-1) + 2(x-8)(5x-1)$
$B = -4(x-1)^2 - 2(x+2)(x-1)$
$C = 5(9-x^2) - 15(x-3)$
$D = 2(x+1)(10x-7) - 2(x-4)(x+1)$

75 Factoriser les expressions.
$A = 10(-x-9)(x+10) + 2(7x+9)(x+10)$
$B = -5(-10x-4)(8-5x) - 10(-10x-4)(-4x-1)$
$C = (-6x-8)(7x-2) - 4(-7x-8)(2-7x)$

76 On considère l'expression $A = (x-3)(2x-5) - 3(2x-5)$.
1. Développer et réduire A.
2. Factoriser A.
3. Dans chaque cas, choisir la meilleure écriture pour calculer A.
a. $x = 0$. **b.** $x = 6$. **c.** $x = \sqrt{2}$.

77 On considère l'expression $A = (5x-1)(3x+2) + 25x^2 - 1$.
1. Développer et réduire A.
2. Factoriser A.
3. Dans chaque cas, choisir la meilleure écriture pour calculer A.
a. $x = -\dfrac{3}{8}$. **b.** $x = \dfrac{1}{2}$. **c.** $x = \sqrt{3}$.

Résolution d'équations

78 Résoudre dans $\mathbb{R}$ les équations suivantes.
a. $5x - 2 = 4 - 2x - 7x$. **b.** $4(x-3) - (5x+6) = 0$.
c. $-3(5x-2) - (2x+1) = 0$.
d. $(3x-1)(2+3x) = (3x-5)^2$.
e. $\dfrac{x}{6} + \dfrac{1}{4} = \dfrac{7}{12}x - 1$. **f.** $4 - \dfrac{x+6}{5} = \dfrac{3x}{10} - \dfrac{1}{5}$.

79 Résoudre dans $\mathbb{R}$ les équations suivantes.
a. $\dfrac{3x+1}{2} + \dfrac{3}{4} = \dfrac{5}{3}x - 1 + 2x$.
b. $4x - \dfrac{5x+6}{6} = \dfrac{3x-2}{18} - \dfrac{x}{3}$.
c. $\dfrac{5x+3}{3} + 1 = \dfrac{2x}{15} - \dfrac{2}{5}$.

80 Résoudre dans $\mathbb{R}$ les équations suivantes.
a. $(1+4x)^2 - (5x-2)(1+4x) = 0$.
b. $(9x+1)^2 = (x+5)^2$.
c. $9 - 4x^2 - (5-x)(3-2x) = 0$.

81 Résoudre dans $\mathbb{R}$ les équations suivantes.
a. $\dfrac{2x-1}{4x+1} = 0$ **b.** $\dfrac{12x-6}{8x-3} = 0$
c. $\dfrac{5+5x}{x^2+1} = 0$ **d.** $\dfrac{-3x+9}{7x+6} = 0$
e. $\dfrac{(x-1)(5+x)}{2x+9} = 0$ **f.** $\dfrac{(x-6)(-x-7)}{x^2-1} = 0$

82 Résoudre dans $\mathbb{R}$ les équations suivantes.
a. $\dfrac{x^2-1}{8x+6} = 0$. **b.** $\dfrac{x^2-2x+1}{x-7} = 0$.
c. $\dfrac{(x+2)(3x-9)}{x^2-4} = 0$. **d.** $\dfrac{(x-1)(7+x)}{2-2x} = 0$.

83 Résoudre dans $\mathbb{R}$ les équations suivantes.
a. $\dfrac{x-1}{x+6} - 3 = 0$. **b.** $\dfrac{4-x}{7x-7} = 1$.
c. $\dfrac{5}{2-5x} = \dfrac{4}{1-x}$. **d.** $\dfrac{x}{2-x} + x + 3 = 0$.

84 Résoudre dans $\mathbb{R}$ les équations suivantes.
a. $\dfrac{1}{x+1} - \dfrac{3}{x} = \dfrac{3x-4}{x(x+1)}$. **b.** $\dfrac{1}{x-2} + \dfrac{3}{x+2} = \dfrac{5x}{x^2-4}$.
c. $1 - \dfrac{1}{x} = \dfrac{4(x^2-2)}{x(4x+8)}$. **d.** $1 + \dfrac{2}{x} + \dfrac{1}{x^2} = 0$.

85 Soit $A(x) = (3+5x)^2 - (4x-7)(3+5x)$, avec $x \in \mathbb{R}$.
1. Développer, réduire et ordonner $A(x)$.
2. Factoriser $A(x)$.
3. Choisir la forme de $A(x)$ la plus adaptée pour résoudre dans $\mathbb{R}$ les équations suivantes.
a. $A(x) = 0$. **b.** $A(x) = 30$. **c.** $A(x) = (3+5x)^2$.

86 Soit $A(x) = 1 - 4x^2 - (1-2x)(2+x)$, avec $x \in \mathbb{R}$.
1. Développer, réduire et ordonner $A(x)$.
2. Factoriser $A(x)$.
3. Choisir la forme de $A(x)$ la plus adaptée pour résoudre dans $\mathbb{R}$ les équations suivantes.
a. $A(x) = 0$. **b.** $A(x) = -1$. **c.** $A(x) = 3x - 1$.
4. Calculer $A(0)$ et $A(\sqrt{3})$.

87 Soit $A(x) = (5-x)^2 - (2x-2)^2$, avec $x \in \mathbb{R}$.
1. Développer, réduire et ordonner $A(x)$.
2. Factoriser $A(x)$.
3. Résoudre dans $\mathbb{R}$ les équations suivantes :
a. $A(x) = 0$. **b.** $A(x) = -2x$. **c.** $A(x) = 21$.
4. Calculer $A(0)$ et $A\left(\dfrac{1}{\sqrt{3}}\right)$.

88 Résoudre dans $\mathbb{R}$ les équations suivantes :
a. $\dfrac{x+1}{x+2} - 2 = 0$. **b.** $\dfrac{2x-1}{x+6} + 1 = 0$.
c. $\dfrac{x-1}{3x+2} = 3$. **d.** $\dfrac{x-1}{2-2x} = -1$.

89 PROBLÈME OUVERT

Comment choisir le point M pour que l'aire du secteur AMN soit égale à la moitié de l'aire du secteur ABC ?

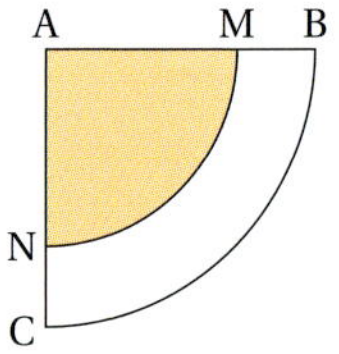

Résolution d'inéquations

90 Reproduire et compléter le tableau de signes suivant, sachant que f est une fonction affine.

x	$-\infty$		-3		...		$+\infty$
$f(x) = 3x + ...$		...	0	...	|	...	
$6x - 4$		...	|	...	0	...	
$\dfrac{f(x)}{6x-4}$				...			

91 Reproduire et compléter les tableaux de signes suivants par des expressions pouvant convenir.

a.

x	$-\infty$		-8		4		$+\infty$
...		$-$	|	$-$	0	$+$	
...		$-$	0	$+$	|	$+$	
...		$+$	0	$-$	|	$+$	

b.

x	$-\infty$		-3		$\frac{1}{2}$		$+\infty$
...		$-$	|	$-$	0	$+$	
...		$+$	0	$-$	|	$-$	
...		$-$	0	$+$	||	$-$	

c.

x	$-\infty$		$-\frac{4}{3}$		$\frac{5}{4}$		$+\infty$
...		$+$	0	$-$	|	$-$	
...		$-$	|	$-$	0	$+$	
...		$-$	||	$+$	0	$-$	

92 Afficher sur la calculatrice les courbes représentatives des fonctions ci-dessous et en déduire leur tableau de signes.

a. $f(x) = x^2 - 4$, avec $x \in \mathbb{R}$. **b.** $g(x) = \sqrt{x} - 4$,avec x 0.

93 Pour quelles inéquations $x = -2$ est-il une solution ?

a. $3x - 4 < 5$. **b.** $(x+2)(4x-1) \geqslant 0$.

c. $\dfrac{1}{-3x+1} < 0$. **d.** $(3x-1)^2 > 1$.

94 Parmi les nombres -5 ; -1 ; 0 ; 5 et 6, lesquels sont solution de l'inéquation : $\dfrac{(-x-1)(5+x)}{x-5} \leqslant 0$?

95 Résoudre dans $\mathbb{R}$ les inéquations suivantes et donner l'ensemble des solutions sous forme d'intervalle ou de réunions d'intervalles.

a. $8 - 4x - 9 \leqslant 7 - 5x$. **b.** $3x + 3 > -2x$.

c. $5x + 1 \leqslant 8x + \dfrac{x+7}{3}$. **d.** $\dfrac{4x}{3} - 7 - 8x < 5x - 1$.

Pour les exercices 96 à 98

Résoudre dans , à l'aide d'un tableau de signes, les inéquations proposées.

96 **a.** $(5x-9)(5x-8) \geqslant 0$. **b.** $\dfrac{9-10x}{-9x-5} > 0$.

c. $\dfrac{2x+6}{2-4x} > 0$. **d.** $(-3x-9)(7x-8) < 0$.

97 **a.** $(x-5)(6x-10) \leqslant 0$. **b.** $(2-10x)(4x-1) \geqslant 0$.

c. $\dfrac{4x+9}{6-10x} \leqslant 0$. **d.** $\dfrac{-3x-6}{3-x} < 1$.

e. $\dfrac{9-8x}{-8x-10} > 5$. **f.** $\dfrac{7x+7}{10-7x} < \dfrac{10x+3}{10-7x}$.

98 **a.** $(x-1)(7x-4) > 0$. **b.** $\dfrac{7-4x}{2-7x} < 5$.

c. $\dfrac{5-4x}{9x+6} > \dfrac{4x+9}{9x+6}$. **d.** $5x(3x+4)(4x+10) \leqslant 0$.

e. $\dfrac{7x+9}{8x-10} < -1$. **f.** $(5-7x)(8-6x)(5-3x) > 0$.

99 Soit $A(x) = (2+x)^2 - (8x-1)(2+x)$, avec $x \in \mathbb{R}$.

1. Développer, réduire et ordonner $A(x)$.

2. Factoriser $A(x)$.

3. Choisir l'expression de $A(x)$ la mieux adaptée pour résoudre dans $\mathbb{R}$ les inéquations suivantes :

a. $A(x) \leqslant 0$. **b.** $A(x) > 6$.

100 Soit $A(x) = (2-x)^2 - (4x-3)^2$, avec $x \in \mathbb{R}$.

1. Développer, réduire et ordonner $A(x)$.

2. Factoriser $A(x)$.

3. Résoudre dans $\mathbb{R}$ les inéquations suivantes :

a. $A(x) < 0$. **b.** $A(x) \leqslant 20x$.

101 **a.** Factoriser $16 - x^2$.

b. Factoriser $16 - x^2 - (4-x)(8-3x)$.

c. Résoudre dans $\mathbb{R}$ l'inéquation :

$$16 - x^2 - (4-x)(8-3x) \geqslant 0.$$

102 Résoudre dans $\mathbb{R}$ les inéquations suivantes :

a. $(5+x)^2 - (3x-4)(5+x) \leqslant 0$.

b. $(3x+2)^2 < (x+1)^2$.

103 Résoudre dans $\mathbb{R}$ les inéquations suivantes :

a. $\dfrac{x-2}{x+7} - 3 \leqslant 0$. **b.** $\dfrac{2-x}{6x-4} < 3$.

c. $\dfrac{3}{8x+4} > -3$. **d.** $\dfrac{1}{x^2-1} \leqslant \dfrac{2}{x+1}$.

104 Résoudre dans $\mathbb{R}$ les inéquations suivantes :

a. $\dfrac{2}{x} + \dfrac{1}{x+1} > \dfrac{5x-2}{x(x+1)}$. **b.** $\dfrac{3}{3-x} + \dfrac{1}{x+3} \leqslant \dfrac{4x}{9-x^2}$.

Problèmes

105 ALGORITHMIQUE
Programme de calcul (1)

On donne le programme de calcul suivant :

```
Choisir un nombre
Multiplier par 2
Ajouter 3
Prendre l'inverse du résultat
Multiplier le résultat par 3
Écrire le résultat
```

a. Traduire le programme de calcul par une expression telle que x est le nombre choisi au départ.
b. Quel nombre peut-on choisir pour que le résultat obtenu soit 5 ?

106 ALGORITHMIQUE
Programme de calcul (2)

On donne le programme de calcul suivant :

```
Choisir un nombre
Ajouter 3
Multiplier par 2
Ajouter le nombre choisi
Diviser par 3
Enlever 2
Écrire le résultat
```

a. Tester ce programme de calcul avec plusieurs nombres.
b. Que constate-t-on ?
c. Démontrer ce résultat.

107 Jeu concours

À l'issue d'un jeu concours, les trois gagnants ont 1 250 € à se partager.
Le deuxième reçoit 400 € de moins que le premier mais 200 € de plus que le troisième.
Quelle somme reçoit chaque gagnant ?

108 Les sacs de sucre

Lisa et Mona ramènent quelques courses à leur vieux père Léo. Dans son grand panier, Lisa porte 5 kg de fruits et deux sacs de sucre. Mona porte sur son dos 3 kg de légumes et six sacs de sucre.
Pendant tout le chemin, Lisa se plaint que son panier est trop lourd. Pourtant les deux jeunes filles portent la même charge !
Quelle est la masse d'un sac de sucre ?

109 Jeu de triangle

Je suis un triangle dont les côtés sont trois nombres entiers consécutifs et dont le périmètre est égal à 24 cm.

Dessiner un tel triangle.

110 La note d'Amandine

Le professeur de mathématiques a une façon étrange d'annoncer leurs notes à ses élèves :
« Le triple de la somme de la note d'Amandine et de 2 est égal à la différence du quadruple de sa note et de 10. »
Calculer la note d'Amandine.

111 Le drapeau norvégien

On cherche à déterminer une valeur approchée de la largeur x que doit avoir la croix bleue et blanche pour que son aire soit égale à celle de la surface rouge.

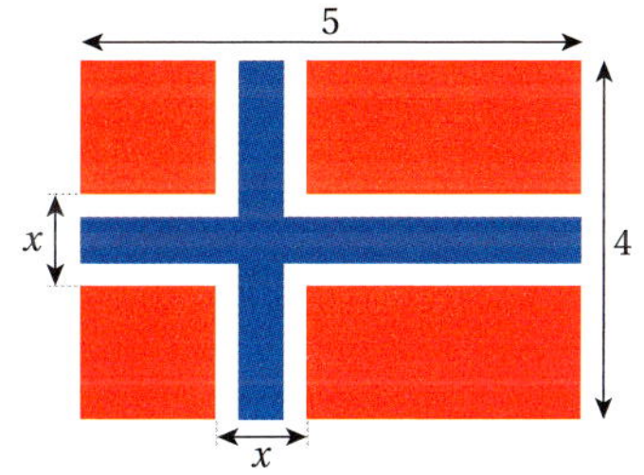

a. Prouver que le problème peut se ramener à trouver les solutions de l'équation :

$$x^2 - 9x + 10 = 0.$$

b. Trouver les solutions de l'équation à l'aide d'une calculatrice graphique et conclure.

112 Les deux champs

Deux agriculteurs possèdent des champs ayant un côté commun de longueur inconnue. L'un est de forme carrée, l'autre a la forme d'un triangle rectangle de base 100 m.

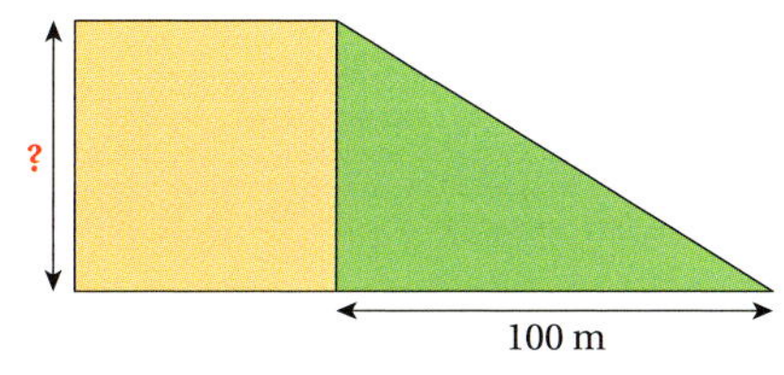

Sachant que les deux champs sont de surface égale, calculer leurs dimensions.

113 Triangle rectangle

Je suis un triangle rectangle dont l'hypoténuse est supérieure de 2 cm à l'un des côtés de l'angle droit ; l'autre côté de l'angle droit mesure 5 cm.
Quelle est la longueur de mon hypoténuse ?

114 La borne

Sur la borne kilométrique suivante, x est le rayon du demi-disque.

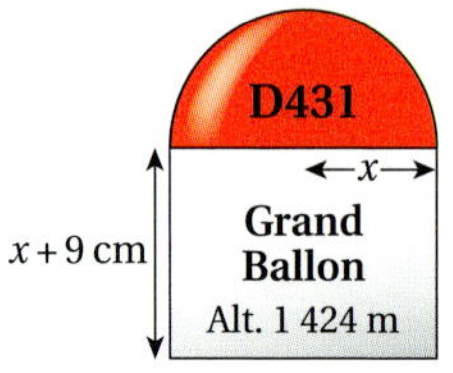

Pour quelle valeur de x, l'aire du rectangle est-elle le double de l'aire du demi-disque ? Donner la valeur exacte et une valeur approchée arrondie au mm.

115 Existenzfrage

Für welche Werte von x kann man das abgebildete Dreieck konstruieren ?

D'après *Mathematik ohne Grenzen*, Dezember 2006.

116 Contrats

Un commercial propose à ses vendeurs de choisir leur mode de rémunération entre deux contrats.
En optant pour le contrat « Initial », le vendeur reçoit une part fixe de 800 € par mois qui s'ajoute à une part variable correspondant à 2 % de ses ventes.
En choisissant le contrat « Offensive », le vendeur percevra un fixe de 350 € par mois ajouté à une part variable correspondant à 5 % de ses ventes.
Quel devra être le montant des ventes pour que le contrat « Offensive » apporte une rémunération supérieure à celle du contrat « Initial » ?

117 Le jus de planète

Zeus désire se désaltérer avec un jus de planète pressée. La planète, qu'il va choisir dans le système solaire, doit suffire à remplir à ras bord ses deux verres de forme conique. Le premier verre a un rayon de base de 6 000 kilomètres pour une hauteur égale au rayon de la planète.
Le deuxième verre a un rayon de base égal à celui de la planète pour une hauteur de 20 000 kilomètres.
Le but de l'exercice est de trouver quelle planète sera sacrifiée.

a. Montrer que le problème peut se ramener à résoudre l'équation $x^3 = 5x^2 + 9x$, où x est le rayon de la planète en milliers de kilomètres.

b. Résoudre l'équation à l'aide d'une calculatrice graphique et conclure.

118 Faites le bon choix !

Soit les fonctions f et g définies sur $\mathbb{R}$ par :

$$f(x) = (x-3)(2x+1) - (x-3)^2$$
$$\text{et } g(x) = (x-1)^2 - 4.$$

1. Développer puis factoriser $f(x)$ et $g(x)$.

2. Choisir l'expression la plus adaptée de $f(x)$ ou $g(x)$ pour répondre aux questions suivantes :

a. Déterminer les images par f et par g des nombres suivants : 3 ; $\sqrt{2}$; $\sqrt{3}+3$.

b. Déterminer les antécédents de 0 par f et par g.

c. Résoudre dans $\mathbb{R}$ les équations :

$$f(x) = 3g(x) \text{ et } g(x) - f(x) = 7.$$

d. Résoudre dans $\mathbb{R}$ les inéquations :

$$f(x) + 12 \leqslant g(x) + 3 \text{ et } \frac{f(x)}{g(x)} > 0.$$

119 Factorisations rebelles !

Soit f la fonction définie sur $\mathbb{R}$ par :

$$f(x) = 4x^2 - 12x + 12.$$

1. Tracer la courbe représentative $\mathscr{C}_f$ de f pour x compris entre -1 et 4.

2. a. Conjecturer, à l'aide du graphique, les solutions de l'inéquation $f(x) < 0$.

b. Prouver que $f(x) = (2x-3)^2 + 3$ et en déduire une démonstration du résultat donné à la question **2.a.**

3. Expliquer pourquoi $f(x)$ ne peut pas être factorisée en produit de deux facteurs du premier degré.

4. Donner, sous leur forme développée, l'expression de plusieurs fonctions du second degré qui ne peuvent pas être factorisées en produit de deux facteurs du premier degré.

120 Bénéfice

Un artisan fabrique un modèle de ceinture en cuir.
Le coût de fabrication dépend du nombre x de ceintures vendues.
Ce coût mensuel s'exprime par la fonction C définie sur $[0\,;100]$ par $C(x)=30x-\dfrac{x^2}{5}$.

a. Sachant qu'une ceinture est vendue 20 €, exprimer la recette mensuelle $R(x)$ en fonction de x.

b. Prouver que le bénéfice mensuel peut s'exprimer par la fonction B telle que : $B(x)=\dfrac{x}{5}(x-50)$.

c. En déduire le nombre de ceintures minimum que le fabriquant doit vendre pour faire un bénéfice.

121 Chat

Florie. – As-tu consulté les stats du mois dernier ?
Fleur. – Oui, je t'ai à nouveau battue !
Florie. – De combien ?
Fleur. – J'ai chatté 12 heures de plus que toi !
Florie. – Et ça fait combien chacune ?
Fleur. – Une fois et demie de plus que toi !
Florie. – Oui, mais ça fait combien ?

Sauriez-vous répondre à Florie ?

122 PROBLÈME OUVERT La ville carrée

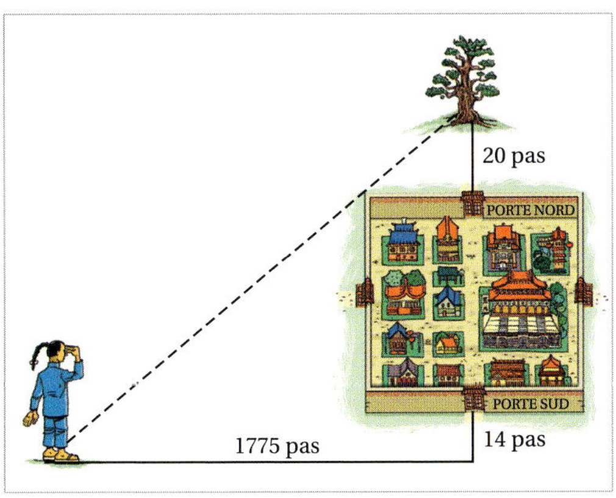

« Une ville carrée de dimension inconnue comprend une porte au milieu de chaque côté.
À l'extérieur de la ville, vingt pas après la sortie nord, se trouve un arbre.
Si tu quittes la ville par la porte sud, marche quatorze pas vers le sud puis mille sept cent soixante-quinze pas vers l'ouest et tu commenceras tout juste à apercevoir l'arbre.
On cherche les dimensions de la ville. »

D'après le « Jiuzhang suanshu » ou « Les neuf chapitres sur l'art du calcul », ouvrage chinois, ~ 200 av. J.-C.

Pour résoudre ce problème, on pourra s'aider d'un outil informatique tel une calculatrice graphique ou un logiciel de calcul formel.

123 De carré en carré

1. a. Calculer sans calculatrice :
$1\,000^2-999^2\,;\,1\,001^2-1\,000^2\,;\,1\,002^2-1\,001^2$.

b. Que peut-on conjecturer à partir de ces trois résultats ?

2. Pour tout entier naturel n, montrer que :
$$(n+1)^2-n^2=2n+1.$$
En déduire que tout nombre impair est une différence de deux carrés consécutifs.

3. Écrire 199 comme différence de deux carrés.

124 Programme de calcul

On considère quatre entiers naturels consécutifs. À la somme des carrés du premier et du dernier, soustraire la somme des carrés des deux autres.
Effectuer le programme de calcul avec différentes valeurs prises par les quatre entiers naturels.
Établir une conjecture, puis la démontrer.

125 PROBLÈME OUVERT Sommes de carrés

Sur le site internet www.archimedes-lab.org, on trouve deux puzzles réalisables avec des pièces découpées dans cinq carrés. Les mesures des côtés de ces carrés sont des nombres entiers consécutifs.
Les trois premiers carrés d'une part et les deux derniers carrés d'autre part permettent de reconstituer deux carrés de même aire.

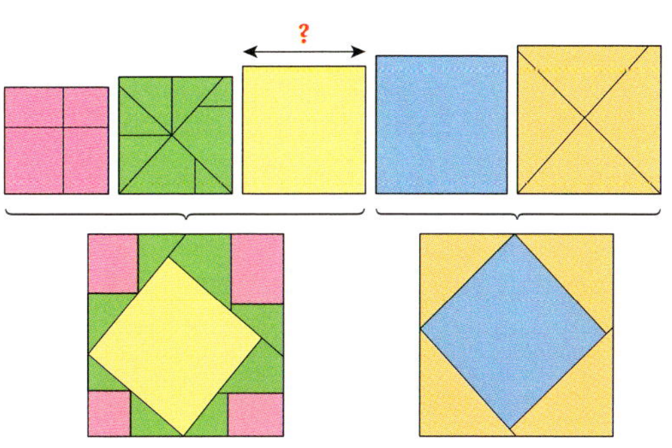

Sans reproduire les puzzles, calculer la mesure du côté du troisième des cinq carrés initiaux.

D'après *Mathématiques sans Frontières*, Décembre 2006.

126 PROBLÈME OUVERT C'est pas bouclé

Benjamin, Claire et Dounia portent des chaussures identiques, de la même pointure, mais leurs lacets ne sont pas enfilés de la même manière dans les œillets.
Sur chaque chaussure, les 16 œillets sont disposés régulièrement sur les deux côtés de longueur 7 cm d'un rectangle de largeur a cm, comme indiqué sur la figure.
Les extrémités libres des lacets ont la même longueur, mais les trois lacets n'ont pas des longueurs égales.

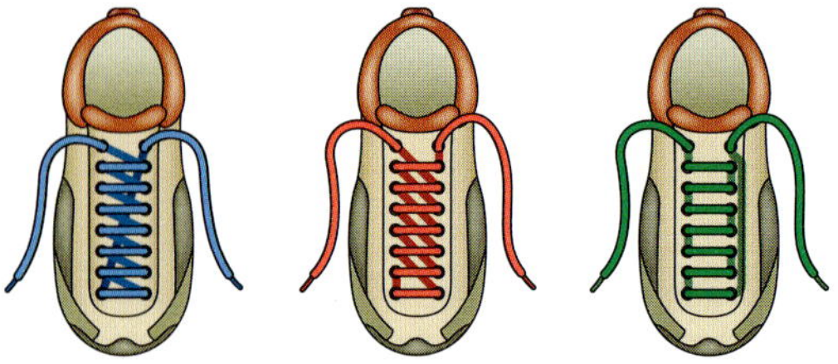

De ces trois laçages, quel est celui qui utilise les lacets les plus courts ? Justifier.
On pourra comparer ces laçages brin par brin.

D'après *Mathématiques sans Frontières*, Décembre 2008.

127 PROBLÈME OUVERT Aires égales (1)

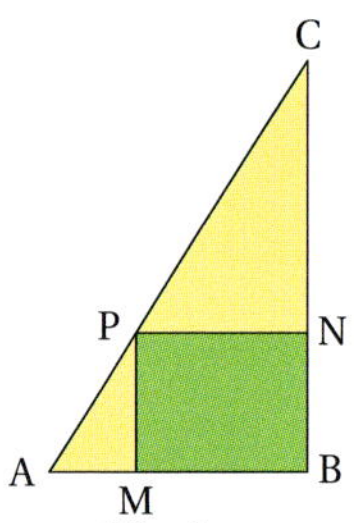

AB = 6 cm

Trouver la longueur MB pour que l'aire du triangle AMP soit égale à l'aire du rectangle MBNP.

128 PROBLÈME OUVERT Aires égales (2)

Trouver le rayon du cercle de diamètre [AM] pour que l'aire de la surface bleue et l'aire de la surface orange soient égales.

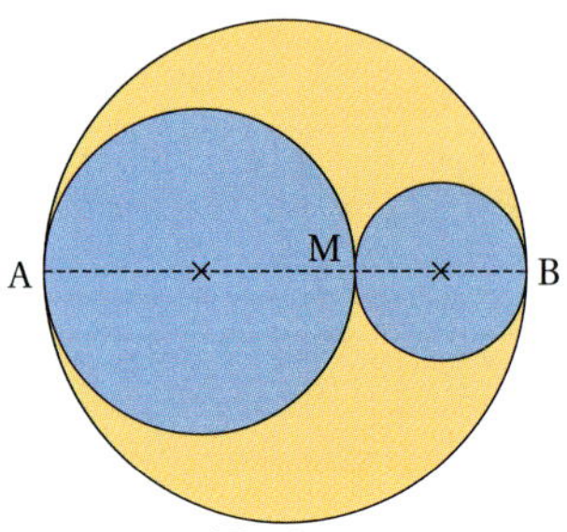

AB = 8 cm

129 PROBLÈME OUVERT GÉOMÉTRIE DYNAMIQUE Problème de longueur

Soit ABCD un carré de côté 6 cm.
M est un point quelconque à l'intérieur du segment [BC]. La droite (AM) coupe (DC) en P.

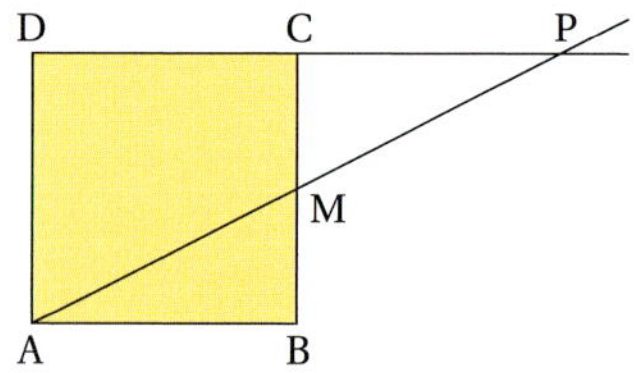

a. À l'aide d'un logiciel de géométrie dynamique, trouver l'ensemble des positions de M pour que CP < 3.
b. Démontrer ce résultat.

130 Des armoires

1. Soit x un nombre réel, $F(x)$ le nombre $0{,}1\,x^2 + 60\,x$ et $V(x)$ le nombre $140\,x - 0{,}7\,x^2$.
a. Montrer que les nombres $F(x)$ et $V(x)$ sont positifs lorsque x appartient à l'intervalle $[0\,;100]$.
b. Résoudre dans l'intervalle $[0\,;100]$, l'inéquation d'inconnue x : $F(x) > V(x)$.

2. Une entreprise fabrique des armoires murales.
Elle a la possibilité de s'adapter à la demande pour fabriquer et vendre n armoires chaque mois, et ce pour toute valeur entière de n comprise entre 0 et 100.
Pour tout entier compris n entre 0 et 100,
- le coût de fabrication $F(n)$ de n armoires est égal à :
$$0{,}1n^2 + 60n.$$
- le prix de vente $V(n)$ de n armoires est égal à :
$$140n - 0{,}7n^2.$$

a. Que peut-on déduire des réponses à la question **1.** de cet exercice, pour le coût de fabrication et le prix de vente de n armoires murales par mois ?
b. Chaque mois, le prix de vente doit bien sûr être supérieur ou égal au prix de fabrication.
Est-ce le cas dans cette entreprise, quel que soit le nombre n d'armoires fabriquées et vendues par mois ?

3. Dans cette question, on s'intéresse à la même entreprise que celle de la question **2.**
On donne l'algorithme suivant, programmé en Python :

```
# Demande le nombre d'armoires fabriquées et vendues
n = int(input("Nombre d'armoires : "))

# Calcul
y = 140*n-0.7*n*n

# Affichage
print("Résultat : " ,y)
```

a. Programmer cet algorithme sur une calculatrice.
b. Quelle est la valeur affichée lorsque l'entrée vaut 10 ?
c. À quelle question que se pose l'entreprise cet algorithme permet-il de répondre ?

d. Modifier le programme de la calculatrice pour qu'il donne le nombre d'armoires murales à fabriquer et à vendre par mois pour que le bénéfice soit maximal.
On expliquera la méthode utilisée.
Quel est le résultat affiché par ce nouvel algorithme ?

131 Un compas suffit

Zoé fixe une unité, puis trace un triangle avec les contraintes suivantes :

- les segments rouges ont la même longueur,
- le segment vert mesure une unité,
- le segment bleu mesure 3 unités.

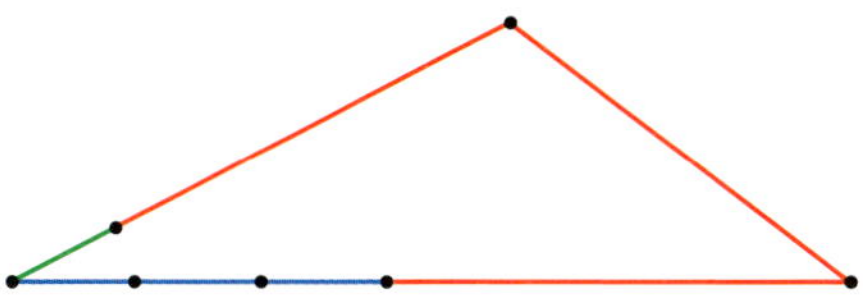

a. Tracer un tel triangle lorsque la longueur des segments rouges vaut 3.
b. Peut-on dessiner un tel triangle lorsque la longueur des segments rouges vaut 1 ? Expliquer.
c. Donner une condition nécessaire, portant sur la longueur des segments rouges, pour que Zoé puisse tracer le triangle.
d. La condition donnée dans la question précédente est-elle suffisante ?

132 Plus aucun calcul à faire ?

Un logiciel de calcul formel permet d'afficher :

solve$(-7\cdot x+1>0,x)$	$x<\frac{1}{7}$
solve$(2\cdot x+5>0,x)$	$x>\frac{-5}{2}$
solve$(x+2>0,x)$	$x>-2$
solve$\left(\frac{-7\cdot x+1}{2\cdot x+5}\geq 0,x\right)$	$\frac{-5}{2}<x\leq\frac{1}{7}$
solve$((-7\cdot x+1)\cdot(x+2)\geq 0,x)$	$-2\leq x\leq\frac{1}{7}$

1. Résoudre dans $\mathbb{R}$ les équations d'inconnue x suivantes :

a. $-7x+1=0$. **b.** $(-7x+1)(x+2)=0$.

c. $\dfrac{-7x+1}{3x+1}=0$. **d.** $\dfrac{-7x+1}{3x^2+1}=0$.

2. Résoudre dans $\mathbb{R}$ les inéquations d'inconnue x suivantes :

a. $2x+5\geqslant 0$. **b.** $(-7x+1)(2x+5)\geqslant 0$.

c. $\dfrac{-7x+1}{2x+5}\geqslant 0$. **d.** $\dfrac{2x+5}{-7x+1}\geqslant 0$.

133 1 = 2 ?

Génius adore résoudre des équations.
Voici ce qu'il a écrit :

Soit x un nombre réel quelconque.
Comme $0 = 0$, on peut affirmer que :
$$x^2 - x^2 = x^2 - x^2. \quad (1)$$
On factorise le premier membre par x :
$$x^2 - x^2 = x(x - x) \quad (2)$$
Puis le deuxième membre :
$$x^2 - x^2 = (x - x)(x + x) \quad (3)$$
Les égalités (1) (2) et (3) permettent d'écrire :
$$x(x - x) = (x + x)(x - x)$$
En simplifiant, dans cette dernière équation, les deux membres par le facteur $(x - x)$, il en résulte que :
$$x = x + x.$$
Soit $x = 2x$, ou encore $1 = 2$.

Il y a certainement une erreur dans son raisonnement ! Laquelle ?

134 Devenir professeur de mathématiques

Voici ce qu'un élève de Seconde a écrit sur son devoir :

a. $\dfrac{2x+1}{x-3}=0 \quad S=\{1\}$

b. $\dfrac{2x+1}{x-3}=8 \quad S=\{5\}$

c. $\dfrac{2x+1}{x-3}\geq 0 \quad S=]-\infty\,;-1]\cup]3\,;+\infty[$

d. $\dfrac{2x+1}{x-3}<8 \quad S=]-\infty\,;1[\cup]3\,;+\infty[$

1. Déterminer les réponses exactes parmi les 4 réponses données.

2. Cet élève est très étourdi et n'a malheureusement pas mis les calculs intermédiaires.
On suppose que pour chacune des erreurs relevées :

- l'élève n'a fait aucune faute dans ses calculs au brouillon et a correctement recopié les réponses qu'il a trouvées,
- ses seules erreurs sont dues à l'énoncé mal recopié.

Quels pourraient être les énoncés pour trouver ces solutions ?

QCM Pour bien commencer

Pour chaque question, il y a une ou plusieurs bonnes réponses.

1 Augmenter un nombre de 15 % revient à :

A le multiplier par 15.
B le multiplier par 1,15.
C le multiplier par 0,15.
D lui ajouter $\frac{15}{100}$.

2 Diminuer un nombre de 7 % revient à :

A le multiplier par $\frac{7}{100}$.
B le diviser par $\frac{7}{100}$.
C le multiplier par 0,93.
D lui enlever 0,07.

3 Appliquer une fonction affine f définie par $f(x) = ax + b$ revient à :

A ajouter a puis multiplier par b.
B multiplier par a puis ajouter b.
C multiplier par a puis par b.
D ajouter b puis multiplier par a.

4 La droite représentative de la fonction f définie par $f(x) = ax + b$ possède :

A pour coefficient directeur a et pour ordonnée à l'origine b.
B pour coefficient directeur b et pour ordonnée à l'origine a.
C pour coefficient directeur x et pour ordonnée à l'origine a.
D pour coefficient directeur ax et pour ordonnée à l'origine b.

Pour les exercices 5 et 6

On considère la représentation graphique ci-dessous de la fonction f.

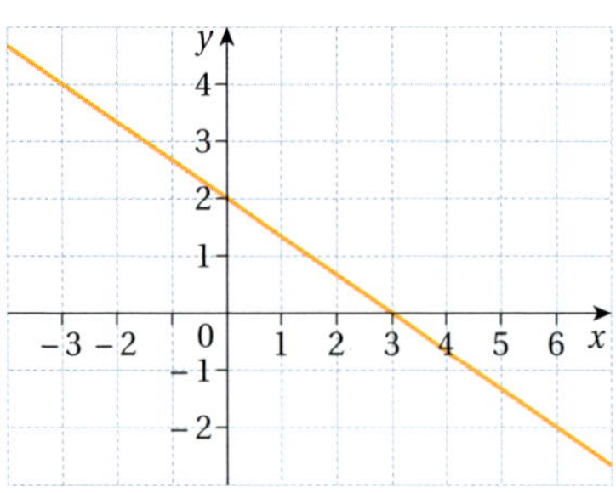

5 La fonction f est :

A affine.
B linéaire.
C ni affine, ni linéaire.

6 Une expression de la fonction f est :

A $f(x) = -\frac{3}{2}x + 2$.
B $f(x) = 2x - \frac{2}{3}$.
C $f(x) = -\frac{2}{3}x + 2$.
D $f(x) = \frac{2}{3}x + 2$.

7 L'aire d'un carré de côté $3x$, x réel positif non nul, peut s'exprimer par la fonction f définie par :

A $f(x) = 12x$.
B $f(x) = 6x^2$.
C $f(x) = 9x^2$.
D $f(x) = 12x^2$.

Pour les exercices 8 et 9

On considère la couronne ci-dessous.

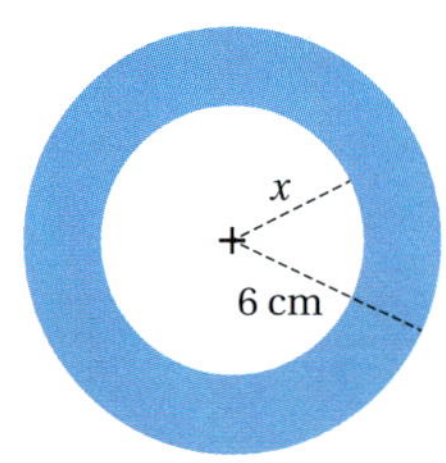

8 Une expression de la fonction f qui donne l'aire de la couronne bleue en fonction du rayon x est :

A $f(x) = 36\pi - \pi x^2$.
B $f(x) = \pi(6 - x)^2$.
C $f(x) = \pi(36 - x^2)$.
D $f(x) = 36 - \pi x^2$.

9 On note f la fonction qui donne l'aire de la couronne bleue en fonction du rayon x, $f(x)$ est égal à 36π pour :

A $x = 6$.
B $x = 3$.
C $x = 1$.
D $x = 0$.

10 L'inverse d'un nombre réel non nul x est :

A $-x$.
B $\frac{x}{1}$.
C $\frac{1}{x}$.
D x^{-1}.

CORRIGÉ P. 342

Fonctions de référence

3

Trajectoire en forme de parabole décrite par un skieur.

Les mathématiciens n'étudient pas les objets, mais les relations entre les objets [...]. La matière ne leur importe pas, la forme seule les intéresse.

La science et l'hypothèse, Henri Poincaré (1854-1912)

Le chapitre en bref

Réinvestir

- Fonctions linéaires, fonctions affines
- Généralités sur les fonctions
- Sections planes de solides

Découvrir

- Fonction carré : $x \mapsto x^2$
- Fonction inverse : $x \mapsto \frac{1}{x}$

UN PEU D'HISTOIRE p. 103

Activités

1 Droite représentative d'une fonction affine

Réinvestir : • Notion de représentation graphique d'une fonction affine.
• Ordonnée à l'origine et coefficient directeur.

On considère la fonction g définie sur $\mathbb{R}$ par :

$$g(x) = 2x - 1.$$

1 Reproduire et compléter le tableau suivant, puis tracer la droite représentative d de la fonction g dans un repère.

x	-1	2	3
$g(x)$	...	...	...

2 **a.** Démontrer que le point de coordonnées $(0\ ;\ -1)$ appartient à la droite d et en déduire l'ordonnée à l'origine de la droite d.

b. Plus généralement, démontrer que le point de coordonnées $(0\ ;\ b)$ appartient à la droite représentative de la fonction $f : x \mapsto ax + b$.

3 **a.** Démontrer que si x augmente de 1, alors $g(x)$ augmente de 2 et en déduire le coefficient directeur de la droite d.

b. Plus généralement, démontrer que pour la fonction $f : x \mapsto ax + b$, si x augmente de 1, alors $f(x)$ augmente de a.

2 Pourcentage et augmentation

Réinvestir : Lien entre pourcentages et fonction linéaire.

Le montant des allocations familiales versées aux familles change habituellement le 1er janvier de chaque année.
Le tableau suivant en donne quelques montants.

Date	Montant mensuel (en €) en fonction du nombre d'enfants à charge			
	2 enfants à charge	3 enfants à charge	4 enfants à charge	Par enfant supplémentaire
01/01/2010	124,54	284,12	443,69	159,57
01/01/2011	126,41	288,38	450,35	161,97

1 Y a-t-il eu, entre le 1er janvier 2010 et le 1er janvier 2011, une augmentation de 1,5 % de tous les montants ?

2 Montrer que la fonction f définie par $f(x) = 1{,}015x$ permet de trouver une bonne approximation des montants en 2011 à partir de ceux de 2010.

3 En supposant que l'augmentation est chaque année de 1,5 %, donner une estimation de chacun des montants au 1er janvier 2012.

3 À quoi sert cette touche ?

Réinvestir : Notion de tableau de valeurs d'une fonction.
Découvrir : Utiliser les touches « mettre au carré », « inverse » et « racine carrée » de la calculatrice.

Votre calculatrice dispose de touches que vous n'avez pas encore – ou peu – utilisées : ces touches correspondent à des fonctions, dont il s'agit ici de tracer les courbes représentatives.

1 Touche « mettre au carré » : x^2

a. Pour x nombre réel compris dans l'intervalle $[-3 ; 3]$ avec un pas de 0,5, reproduire et compléter le tableau de valeurs suivant.

x	-3	$-2{,}5$	-2										
$f(x)$	9												

b. Placer les points correspondant au tableau de la question 1 a. dans un repère orthonormé d'unité 1 cm, puis relier ces points à main levée.

2 Touche « inverse » : x^{-1} ou SHIFT)

a. Établir le tableau de valeurs sur l'intervalle $[-5 ; 5]$ avec un pas de 1.
Que se passe-t-il pour $x = 0$?

b. Placer les points correspondant au tableau de la question 2 a. dans un repère orthonormé d'unité 1 cm, puis relier ces points à main levée.

c. Sur l'intervalle $[0{,}1 ; 1]$ avec un pas de 0,1, établir le tableau de valeurs et représenter graphiquement les points obtenus.

d. Proposer une méthode pour représenter graphiquement les points obtenus à l'aide de la calculatrice sur l'intervalle $[0{,}01 ; 0{,}1]$.

3 Touche « racine carrée » : 2nde x^2 ou SHIFT x^2

a. Établir le tableau de valeurs sur l'intervalle $[0 ; 3]$ avec un pas de 0,5.

b. Placer les points correspondant au tableau de la question 3 a. dans un repère orthonormé d'unité 1 cm, puis relier ces points à main levée.

c. Compléter le tableau de valeurs sur l'intervalle $[0 ; 0{,}5]$ avec un pas de 0,1 puis, à l'aide de ces valeurs, affiner le tracé obtenu dans la question précédente.

Cours

A FONCTIONS AFFINES

1 Fonctions affines et fonctions linéaires

Savoir-faire 1
Pourcentages et fonction linéaire
p. 96

DÉFINITION

On appelle **fonction affine** une fonction f définie sur $\mathbb{R}$ par $f(x) = ax + b$, où a et b sont deux nombres réels.

Cas particulier : Lorsque $b = 0$, la fonction f définie par $f(x) = ax$ est une **fonction linéaire**.

EXEMPLES

- La fonction g définie sur $\mathbb{R}$ par $g(x) = -2x + 3$ est affine.
- La fonction h définie sur $\mathbb{R}$ par $h(x) = \frac{1}{3}x$ est linéaire.

2 Variations

PROPRIÉTÉ

Soit f une fonction affine définie sur $\mathbb{R}$ par $f(x) = ax + b$.

- Si $a > 0$, alors f est croissante sur $\mathbb{R}$.
- Si $a = 0$, alors f est constante sur $\mathbb{R}$.
- Si $a < 0$, alors f est décroissante sur $\mathbb{R}$.

DÉMONSTRATION

Soit f une fonction affine définie sur $\mathbb{R}$ par $f(x) = ax + b$.

Soit x_1 et x_2 deux nombres réels quelconques tels que $x_1 < x_2$.

$f(x_2) - f(x_1) = (ax_2 + b) - (ax_1 + b) = a(x_2 - x_1)$.

Comme par hypothèse $x_2 - x_1$ est positif, le signe de $f(x_2) - f(x_1)$ est le même que celui de a.

On a donc les trois cas suivants :

- Si $a > 0$, alors $f(x_2) - f(x_1) > 0$, ou encore $f(x_1) < f(x_2)$.

Donc f est croissante sur $\mathbb{R}$.

- Si $a = 0$, pour tout x de $\mathbb{R}$, $f(x) = b$.

Donc f est constante sur $\mathbb{R}$.

- Si $a < 0$, alors $f(x_2) - f(x_1) < 0$, ou encore $f(x_1) > f(x_2)$.

Donc f est décroissante sur $\mathbb{R}$. ■

3 Représentation graphique

THÉORÈME (ADMIS)

Dans un repère, la représentation graphique d'une fonction affine est une droite non parallèle à l'axe des ordonnées.

Réciproquement, toute droite non parallèle à l'axe des ordonnées est la représentation graphique d'une fonction affine.

La représentation graphique de la fonction f définie sur $\mathbb{R}$ par $f(x) = ax + b$, où a est le **coefficient directeur** et b l'**ordonnée à l'origine**, est donnée ci-dessous.

Si $a > 0$:

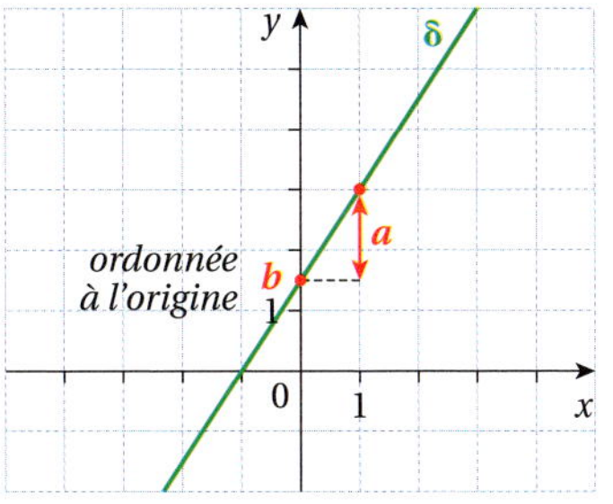

Si $a < 0$:

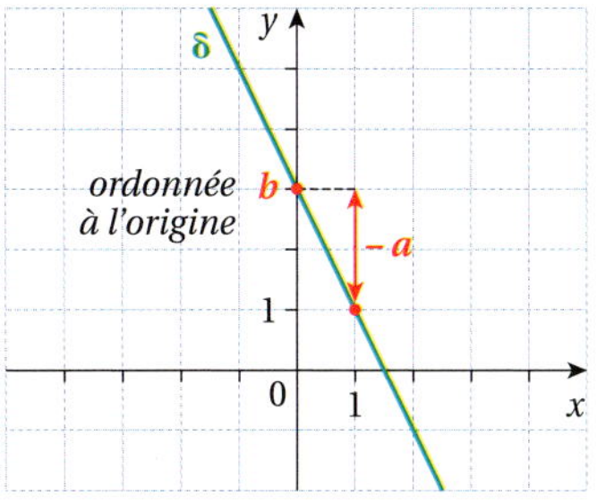

REMARQUES :

- Pour tracer la droite δ, on peut calculer les coordonnées de deux points ou bien reporter a et b comme indiqué sur les graphiques ci-dessus.
- La droite représentative d'une fonction affine ne peut être parallèle à l'axe des ordonnées car cela signifierait qu'il existe une abscisse ayant plusieurs images par la fonction, ce qui est impossible.

4 Proportionnalité des accroissements

Savoir-faire 2
Trouver l'expression d'une fonction affine,
p. 96

PROPRIÉTÉ

Pour une fonction affine, l'accroissement est proportionnel à l'accroissement de la variable.
Cela signifie que pour tous nombres réels x_1 et x_2 distincts, les quantités $f(x_2) - f(x_1)$ et $x_2 - x_1$ sont proportionnelles.

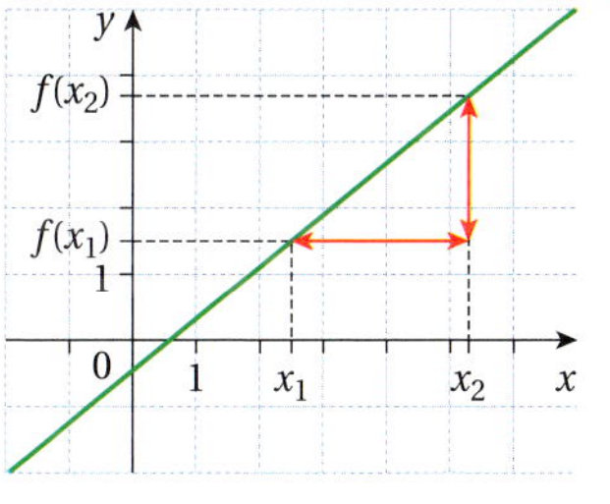

EXEMPLE

Soit f la fonction définie sur $\mathbb{R}$ par $f(x) = 0{,}8x - 0{,}5$.
On a le tableau de valeurs suivant :

x	2	5	7
$f(x)$	1,1	3,5	5,1

On a bien : $\dfrac{f(7)-f(2)}{7-2} = \dfrac{f(5)-f(2)}{5-2} = 0{,}8$.

DÉMONSTRATION

Soit f la fonction affine définie sur $\mathbb{R}$ par $f(x) = ax + b$.
Soit x_1 et x_2 deux nombres réels quelconques.
$f(x_2) - f(x_1) = (ax_2 + b) - (ax_1 + b) = a(x_2 - x_1)$.
Cela signifie bien que l'accroissement $f(x_2) - f(x_1)$ est proportionnel à $x_2 - x_1$. ■

REMARQUE : Pour retrouver le coefficient directeur a d'une droite, il suffit de connaître deux points de cette droite car pour $x_1 \neq x_2$, on a $\dfrac{f(x_2)-f(x_1)}{x_2-x_1} = a$.

B ÉTUDE DE LA FONCTION CARRÉ

1 Fonction carré

DÉFINITION

La **fonction carré** est la fonction f définie sur $\mathbb{R}$ par $f(x) = x^2$.

2 Variations

PROPRIÉTÉ

La fonction carré f est décroissante sur l'intervalle $]-\infty\,;0]$ et croissante sur l'intervalle $[0\,;+\infty[$.

DÉMONSTRATION

- Montrons que f est croissante sur l'intervalle $[0\,;+\infty[$.

Soit x_1 et x_2 deux nombres réels quelconques positifs tels que $x_1 < x_2$.
On a $f(x_2) - f(x_1) = {x_2}^2 - {x_1}^2 = (x_2 - x_1)(x_2 + x_1)$.
Par hypothèse, $x_1 \geqslant 0$ et $x_2 \geqslant 0$, d'où $x_2 + x_1 \geqslant 0$. Comme de plus $x_2 - x_1 > 0$, on a $f(x_2) - f(x_1) \geqslant 0$ ou encore $f(x_1) \leqslant f(x_2)$. Donc f est croissante sur l'intervalle $[0\,;+\infty[$.

- On montrerait de même que f est décroissante sur l'intervalle $]-\infty\,;0]$. ■

3 Tracé de la courbe : parabole

REMARQUE
Ce tableau de valeurs n'est pas un tableau de proportionnalité ; la fonction carré n'est donc pas une fonction linéaire.

Pour la fonction f définie sur $\mathbb{R}$ par $f(x) = x^2$, on a le tableau de valeurs suivant :

x	−2	−1	−0,5	0	0,5	1	2
$f(x)$	4	1	0,25	0	0,25	1	4

Dans un repère d'origine O, la courbe représentative de la fonction carré est une **parabole** de **sommet** O.

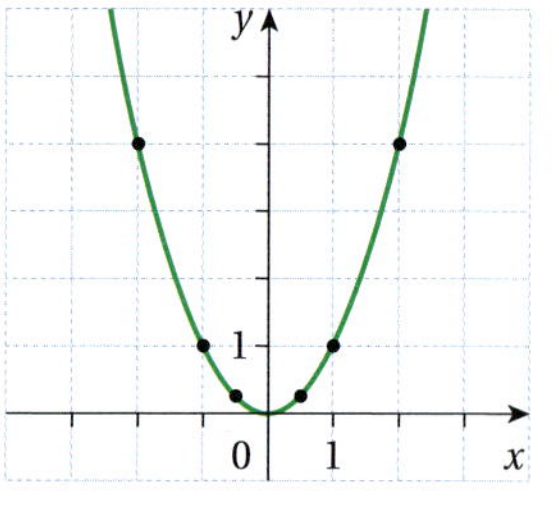

4 Symétrie de la courbe

Savoir-faire 3
Connaître et exploiter la représentation graphique de la fonction carrée, p. 97

PROPRIÉTÉ

Dans un repère orthogonal, la courbe représentative de la fonction carré est symétrique par rapport à l'axe des ordonnées.

DÉMONSTRATION

Pour tout nombre réel a, on a $f(-a) = (-a)^2 = a^2 = f(a)$.
Les deux points de coordonnées $(-a\,; f(-a))$ et $(a\,; f(a))$ sont donc symétriques par rapport à l'axe des ordonnées. ■

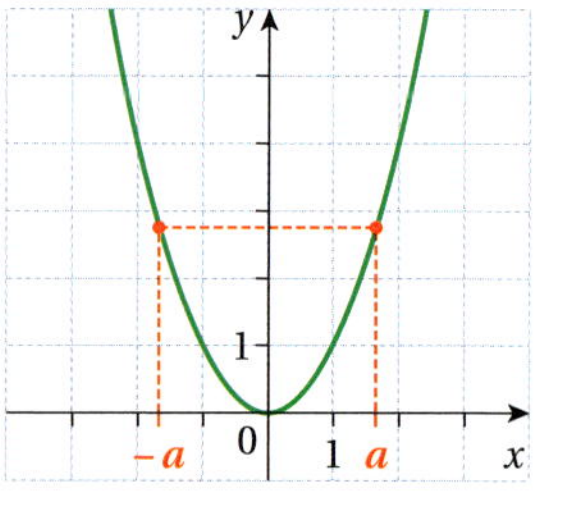

5 Conséquence des variations de la fonction carré

Savoir-faire 5
Utiliser les variations de fonctions, p. 98

- Si a et b sont deux nombres réels positifs tels que $a \leqslant b$, alors $a^2 \leqslant b^2$.
- Si a et b sont deux nombres réels négatifs tels que $a \leqslant b$, alors $a^2 \geqslant b^2$.

On peut retenir que le carré conserve l'ordre de deux nombres positifs et renverse l'ordre de deux nombres négatifs.

C ÉTUDE DE LA FONCTION INVERSE

1 Fonction inverse

ATTENTION !
La fonction inverse n'est pas définie en 0.

DÉFINITION

La **fonction inverse** est la fonction f définie sur $\mathbb{R}\setminus\{0\}$ par $f(x)=\dfrac{1}{x}$.

2 Variations

ATTENTION !
Les variations d'une fonction ne s'étudient que sur un intervalle. Il ne faut donc pas évoquer $]-\infty\,;0[\,\cup\,]0\,;+\infty[$ mais conclure de manière séparée que la fonction inverse est décroissante sur $]-\infty\,;0[$ d'une part et décroissante sur $]0\,;+\infty[$ d'autre part.

PROPRIÉTÉ

La fonction inverse est décroissante sur l'intervalle $]-\infty\,;0[$ et décroissante sur $]0\,;+\infty[$.

DÉMONSTRATION

- Montrons que f est décroissante sur l'intervalle $]0\,;+\infty[$.

Soit x_1 et x_2 deux nombres réels quelconques strictement positifs tels que $x_1 < x_2$.

On a $f(x_2)-f(x_1)=\dfrac{1}{x_2}-\dfrac{1}{x_1}=\dfrac{x_1-x_2}{x_2x_1}$. Par hypothèse, $x_1-x_2<0$, $x_1>0$ et $x_2>0$;

donc $f(x_2)-f(x_1)<0$ ou encore $f(x_1)>f(x_2)$. Donc f est décroissante sur l'intervalle $]0\,;+\infty[$.

- On montrerait de même que f est décroissante sur l'intervalle $]-\infty\,;0]$. ■

3 Tracé de la courbe : hyperbole

REMARQUE
Ce tableau de valeurs n'est pas un tableau de proportionnalité ; la fonction inverse n'est donc pas une fonction linéaire.

Pour la fonction f définie sur $\mathbb{R}\setminus\{0\}$ par $f(x)=\dfrac{1}{x}$, on a le tableau de valeurs suivant :

x	-2	-1	1	2	3
$f(x)$	$-0{,}5$	-1	1	$0{,}5$	$\dfrac{1}{3}$

Dans un repère d'origine O, la courbe de la fonction inverse est une **hyperbole** de centre O.

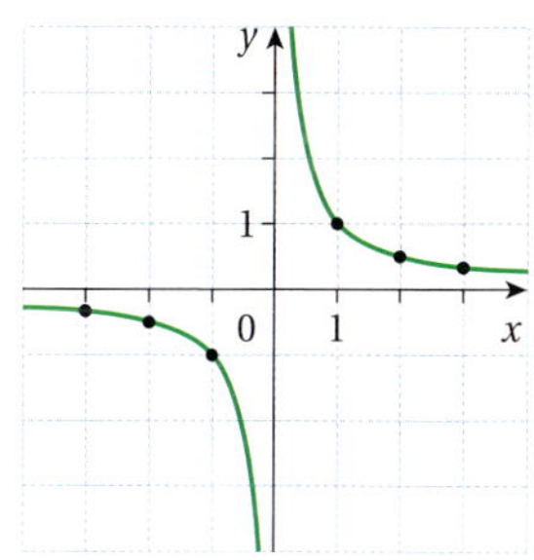

4 Symétrie de la courbe

Savoir-faire 4
Connaître et exploiter la représentation graphique de la fonction inverse, p. 98

PROPRIÉTÉ

Dans un repère, la courbe représentative de la fonction inverse est symétrique par rapport à l'origine O du repère.

DÉMONSTRATION

Pour tout nombre réel a non nul, on a $f(-a)=\dfrac{1}{-a}=-f(a)$.

Les deux points de coordonnées $(-a\,;f(-a))$ et $(a\,;f(a))$ sont donc symétriques par rapport à O. ■

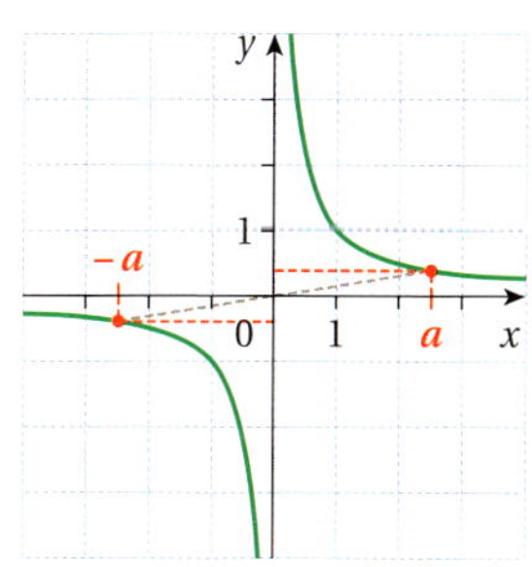

5 Conséquence des variations de la fonction inverse

Savoir-faire 5
Utiliser les variations de fonctions, p. 98

- Si $0<a\leqslant b$, alors $0<\dfrac{1}{b}\leqslant\dfrac{1}{a}$.
- Si $a\leqslant b<0$, alors $\dfrac{1}{b}\leqslant\dfrac{1}{a}<0$.

On peut retenir que l'inverse renverse l'ordre de deux nombres non nuls de même signe.

Savoir-faire

Savoir-faire 1 Lier pourcentages et fonction linéaire

ÉNONCÉ a. Le litre de gasoil coûte 1,60 €. Il subit une hausse de 10 %. Quel est son nouveau prix ?

b. Le prix d'un blu-ray est de 15 €. Il est soldé à moins 20 %. Quel est son prix soldé ?

c. Quelle est la nature de la fonction qui à un prix associe son nouveau prix après une hausse de 4 % ?

SOLUTION

a. $1{,}60\times\left(1+\frac{10}{100}\right)=1{,}60\times1{,}10=1{,}76$.

Le nouveau prix du litre de gasoil est de 1,76 €.

b. $15\times\left(1-\frac{20}{100}\right)=15\times0{,}80=12$.

Le prix du blu-ray soldé est de 12 €.

c. Soit x le prix initial en €.

Le prix après la hausse de 4 % est de $x \times 1{,}04$ €.

La fonction f qui à un prix x associe son nouveau prix après une hausse de 4 % est donc la fonction linéaire f définie par $f(x) = 1{,}04x$.

▶ Exercices 1 à 8 p. 104

MÉTHODE

a. Le prix après une hausse de t % se calcule en multipliant le prix initial par le coefficient $1+\frac{t}{100}$.

REMARQUE

On peut aussi calculer le montant de la hausse, puis ajouter ce montant au prix initial pour trouver le nouveau prix.

Ici : $1{,}60\times\frac{10}{100}=0{,}16$ et $1{,}60+0{,}16=1{,}76$.

b. Le prix après une baisse de t % se calcule en multipliant le prix initial par le coefficient $1-\frac{t}{100}$.

Savoir-faire 2 Trouver l'expression d'une fonction affine

ÉNONCÉ Dans un repère, la représentation graphique correspondant à une fonction affine f passe par les points A(–1 ; –3) et B(2 ; 3).

a. Placer les points A et B dans un repère orthonormé.

b. Déterminer par le calcul les valeurs des réels a et b telles que pour tout x réel, $f(x) = ax + b$.

c. Vérifier graphiquement les résultats obtenus.

SOLUTION

a. Comme $x_A \neq x_B$, la droite (AB) est la représentation graphique d'une fonction affine.

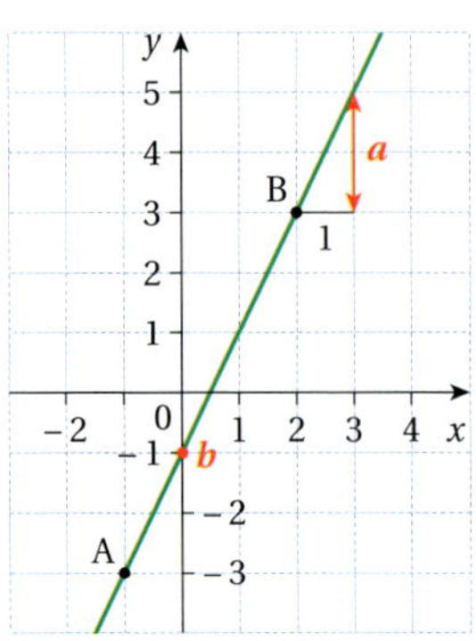

b. L'expression algébrique de f est de la forme $f(x) = ax + b$.

MÉTHODE

a. On veillera au choix des unités du repère pour que les deux points puissent être placés.

b. Si la droite représentative d'une fonction affine passe par les points A(x_A ; y_A) et B(x_B ; y_B), avec $x_A \neq x_B$, on sait que $a=\frac{y_B-y_A}{x_B-x_A}$.

Pour trouver b, on remplace dans l'expression $f(x) = ax + b$, les nombres x et $f(x)$ par les coordonnées d'un des points et a par la valeur déjà trouvée.

Comme $x_A \neq x_B$, on a :

$$a = \frac{f(x_B) - f(x_A)}{x_B - x_A} = \frac{3-(-3)}{2-(-1)} = \frac{6}{3} = 2.$$

Comme $f(2) = 3$ et $f(x) = 2x + b$, on a :

$$3 = 2 \times 2 + b$$

donc $b = 3 - 4 = -1$.

D'où $f(x) = 2x - 1$.

c. Le graphique permet de lire des valeurs approchées de a et b :

$$a = 2 \text{ et } b = -1.$$

▶ Exercices 23 à 26 p. 105

c. L'ordonnée à l'origine b se lit à l'intersection de la droite avec l'axe des ordonnées. Le coefficient directeur a correspond à la variation de l'ordonnée lorsque l'on passe d'un point de la droite à un autre point de la droite d'abscisse augmentée de 1.

REMARQUE

Cette méthode graphique n'est pas précise mais permet d'avoir un ordre de grandeur des valeurs cherchées.

Savoir-faire 3 Connaître et exploiter la représentation graphique de la fonction carré

ÉNONCÉ

a. Tracer dans un repère la représentation graphique de la fonction f définie sur $\mathbb{R}$ par $f(x) = x^2$.

b. Donner par lecture graphique une valeur approchée de deux antécédents par f du nombre 8.

c. Combien d'antécédents par f admet le nombre -8 ?

SOLUTION

a. et **b.**

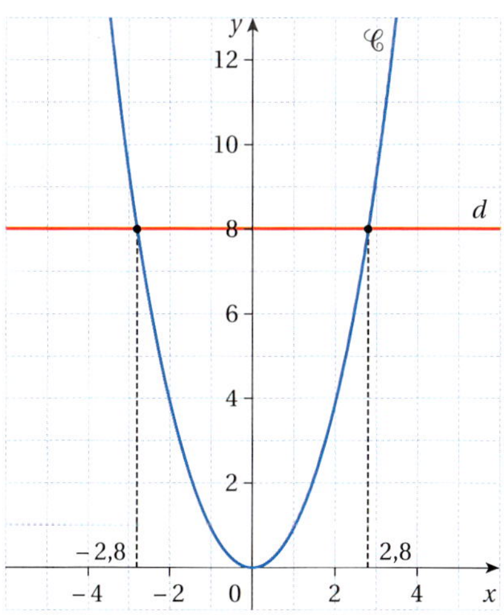

Les deux antécédents valent environ 2,8 et 2,8. Ils s'obtiennent à partir des points d'intersection de 𝒞, courbe représentative de la fonction f, et de la droite d d'équation $y = 8$, parallèle à l'axe des abscisses.

c. Le nombre -8 n'a pas d'antécédent par f car l'équation $x^2 = -8$ n'a pas de solution (un carré ne peut pas être négatif).

▶ Exercices 49 à 54 p. 107

MÉTHODE

b. Pour déterminer graphiquement les antécédents d'un nombre β par une fonction f, on construit dans un repère, en plus de 𝒞, courbe représentative de la fonction f, la droite d parallèle à l'axe des abscisses qui passe par le point de coordonnées (0 ; β).

Les antécédents, s'ils existent, sont les abscisses des points d'intersection de 𝒞 et de d.

c. Lorsque par la méthode donnée en **b.**, on constate qu'il n'y a pas de point d'intersection, on peut conjecturer qu'un nombre β n'a pas de solution. Pour démontrer cette conjecture, il faut montrer que l'équation $f(x) = \beta$ d'inconnue x n'a pas de solution.

Savoir-faire 4 Connaître et exploiter la représentation graphique de la fonction inverse

ÉNONCÉ **a.** Tracer dans un repère la représentation graphique de la fonction f définie sur $\mathbb{R}\setminus\{0\}$ par $f(x) = \frac{1}{x}$.

b. Résoudre graphiquement sur $\mathbb{R}\setminus\{0\}$ l'inéquation, d'inconnue x, $f(x) \geqslant 2$.

c. Quels sont les réels qui vérifient : $-2 \leqslant \frac{1}{x} \leqslant 2$?

SOLUTION

a. et **b.** On détermine les abscisses des points de la courbe $\mathscr{C}$ qui se trouvent au-dessus de la droite d d'équation $y = 2$.

Sur la figure, cette partie a été coloriée en rouge. L'ensemble des solutions est $]0\,;0{,}5]$.

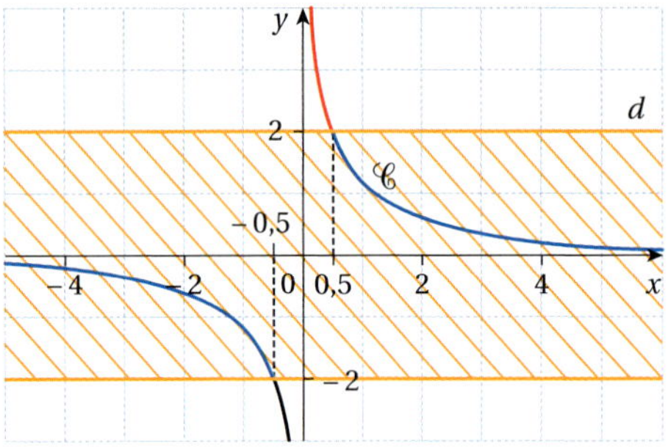

c. Sur la figure, les points $M(x\,;y)$ du plan tels que $-2 \leqslant y \leqslant 2$ correspondent à la bande coloriée en orange.

Les solutions de cette double inéquation sont les abscisses des points de la courbe situés dans la bande orangée.

L'ensemble solution est donc $]-\infty\,;-0{,}5] \cup [0{,}5\,;+\infty[$.

▶ Exercices 75 à 79 p. 109

MÉTHODE

b. Graphiquement, les solutions de l'inéquation $f(x) \leqslant \beta$ sont les abscisses des points de la courbe $\mathscr{C}$ où elle est au-dessus de la droite d d'équation $y = \beta$.

c. Pour trouver graphiquement les réels x tels que $\alpha \leqslant f(x) \leqslant \beta$, on peut rechercher les points $M(x\,;y)$ du plan tels que

$$\begin{cases} y = f(x) \\ \alpha \leqslant y \leqslant \beta \end{cases}.$$

Ceci revient à déterminer les points qui sont sur la courbe $\mathscr{C}$ et dont l'ordonnée y est comprise entre α et β. L'ensemble solution cherché est l'ensemble des abscisses de ces points.

Savoir-faire 5 Utiliser les variations pour ordonner

ÉNONCÉ Dans chaque cas, classer par ordre croissant les nombres proposés.

a. $3{,}15^2$; $3{,}14^2$ et π^2. **b.** $(-3{,}001)^2$; $(-2{,}99)^2$ et $(-3{,}1)^2$.

c. $\frac{1}{5\,001}$; $\frac{1}{5\,000}$ et $\frac{1}{a}$ avec a un nombre réel supérieur à 5 002.

SOLUTION

a. La fonction est croissante sur l'intervalle $[0\,;+\infty[$.

Or $3{,}14 \leqslant \pi \leqslant 3{,}15$. Donc $3{,}14^2 \leqslant \pi^2 \leqslant 3{,}15^2$.

b. La fonction carré est décroissante sur l'intervalle $]-\infty\,;0]$.

Or $-3{,}1 \leqslant -3{,}001 \leqslant -2{,}99$. Donc $(-2{,}99)^2 \leqslant (-3{,}001)^2 \leqslant (-3{,}1)^2$.

c. La fonction inverse est décroissante sur l'intervalle $]0\,;+\infty[$.

Or $5\,000 \leqslant 5\,001 \leqslant a$. Donc $\frac{1}{a} \leqslant \frac{1}{5\,001} \leqslant \frac{1}{5\,000}$.

▶ Exercices 56 à 61 p. 108 et 80 à 84 p. 109

MÉTHODE

Les variations de la fonction carré et de la fonction inverse nous indiquent que :

- le carré conserve l'ordre et l'inverse renverse l'ordre de deux nombres positifs ;
- le carré et l'inverse renversent l'ordre de deux nombres négatifs.

ATTENTION !

Cette méthode ne peut pas s'appliquer pour deux nombres de signes différents.

Travaux pratiques

TP1 GÉOMÉTRIE DYNAMIQUE Recherche d'un ensemble de points

Objectifs : • À l'aide d'un logiciel de géométrie, découvrir une autre définition de la parabole.
• Traduire dans un repère une égalité de longueurs.

L'ensemble des points équidistants de deux points donnés A et B est la médiatrice du segment [AB].
Vers l'an 350, le mathématicien grec Pappus d'Alexandrie a cherché les points équidistants d'un point et d'une droite.
La distance d'un point A à une droite $\mathscr{D}$ est définie de la façon suivante :
- si A est sur $\mathscr{D}$, cette distance vaut 0 ;
- sinon c'est la distance AH où le point H est le projeté orthogonal du point A sur la droite $\mathscr{D}$.

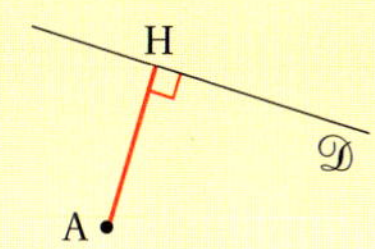

Soit $\mathscr{D}$ une droite et F un point non situé sur $\mathscr{D}$.
Notons $\mathscr{E}$ l'ensemble des points du plan équidistants de $\mathscr{D}$ et F.

1 Construction

À l'aide d'un logiciel de géométrie dynamique tracer une droite $\mathscr{D}$ et un point F non situé sur $\mathscr{D}$. Placer un point H quelconque de $\mathscr{D}$.
La médiatrice du segment [FH] coupe la perpendiculaire à $\mathscr{D}$ au point H en un point M.

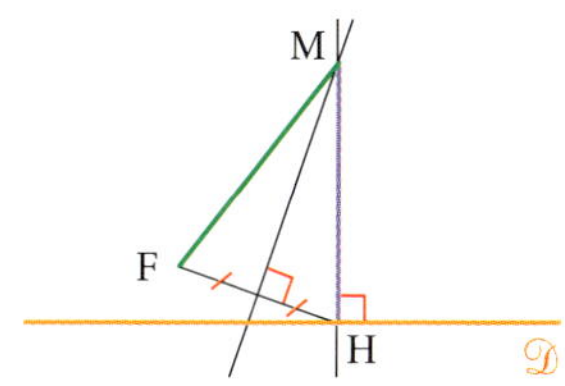

2 Conjecture

a. Justifier que MH est la distance de M à $\mathscr{D}$.
b. Montrer que MH = MF.
c. En déduire que l'ensemble des points M lorsque H décrit $\mathscr{D}$ est $\mathscr{E}$.
d. À l'aide du logiciel, conjecturer la nature de l'ensemble $\mathscr{E}$.

La démonstration de cette conjecture est l'objet du problème 133 p. 31.

TP2 Ordre et puissances

Objectifs : • Utiliser la calculatrice pour observer la position relative de courbes.
• Démontrer les propriétés observées.

Partie A. Sur l'intervalle [0 ; 1]

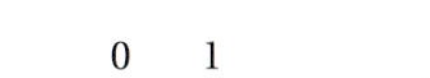

Dans les questions suivantes, x est un nombre réel appartenant à l'intervalle [0 ; 1].

1 En s'aidant de la calculatrice, tracer dans un repère orthonormé d'unité 10 cm les représentations graphiques des fonctions suivantes définies sur [0 ; 1].

a. $x \mapsto x$ **b.** $x \mapsto x^2$ **c.** $x \mapsto x^3$ **d.** $x \mapsto \sqrt{x}$

2 Expliquer comment on constate graphiquement que, pour tout nombre réel x appartenant à l'intervalle [0 ; 1], on a $x^3 \leqslant x^2 \leqslant x \leqslant \sqrt{x}$.

3 **a.** Démontrer que $x^2 \leqslant x$ pour tout nombre réel x appartenant à l'intervalle $[0\,;1]$.

b. Démontrer que $x \leqslant \sqrt{x}$ pour tout nombre réel x appartenant à l'intervalle $[0\,;1]$.

> **Coup de pouce**
> On pourra d'abord montrer que $\sqrt{x} \leqslant 1$.

c. Démontrer que pour tout nombre réel x appartenant à l'intervalle $[0\,;1]$, on a :

$$x^3 \leqslant x^2 \leqslant x \leqslant \sqrt{x}.$$

Partie B. Sur l'intervalle $[1\,;+\infty[$

Dans les questions suivantes, x est un nombre réel appartenant à l'intervalle $[1\,;+\infty[$.

1 En s'aidant de la calculatrice, tracer dans un repère orthonormé d'unité 1 cm les représentations graphiques des fonctions suivantes définies sur $[1\,;+\infty[$.

a. $x \mapsto x$ **b.** $x \mapsto x^2$ **c.** $x \mapsto x^3$ **d.** $x \mapsto \sqrt{x}$

2 Expliquer comment on constate graphiquement que, pour tout nombre réel x appartenant à l'intervalle $[1\,;+\infty[$, on a :

$$\sqrt{x} \leqslant x \leqslant x^2 \leqslant x^3.$$

3 **a.** Démontrer que $x \leqslant x^2$ et que $\sqrt{x} \leqslant x$ pour tout nombre réel x appartenant à l'intervalle $[1\,;+\infty[$.

b. Démontrer que, pour tout nombre réel x appartenant à l'intervalle $[1\,;+\infty[$, on a :

$$\sqrt{x} \leqslant x \leqslant x^2 \leqslant x^3.$$

TP3 Représentation graphique de la fonction racine carrée

Objectif : Explorer une nouvelle fonction, puis démontrer les propriétés observées.

La racine carrée d'un nombre réel x **positif** est l'unique nombre réel **positif** dont le carré est égal à x. Elle se note $\sqrt{x}$.

Exemples : $\sqrt{144} = 12\,;\ \sqrt{0} = 0$.

1 **a.** Soit g la fonction racine carrée, définie sur $[0\,;+\infty[$, qui à x associe $\sqrt{x}$.
À l'aide de la calculatrice, tracer sommairement dans un repère orthonormé (O ; I, J) la courbe représentative $\mathscr{C}_g$ de la fonction g.

b. Soit la fonction $f : [0\,;+\infty[\to [0\,;+\infty[$
$x \mapsto x^2$
À l'aide de la calculatrice, donner le tableau de variations de f et tracer sa courbe représentative $\mathscr{C}_f$ dans un repère orthonormé (O ; I, J).

c. Le point A(2 ; 4) se trouve sur $\mathscr{C}_f$. Le point A'(4 ; 2) se trouve-t-il sur $\mathscr{C}_g$?

d. Les courbes $\mathscr{C}_g$ et $\mathscr{C}_f$ se ressemblent… Comment peut-on décrire mathématiquement cette ressemblance ?

2 **a.** Montrer que si M(x ; y) se trouve sur $\mathscr{C}_f$, alors M(y ; x) se trouve sur $\mathscr{C}_g$.
Que peut-on penser de la réciproque ?

b. Tracer la bissectrice de l'angle $\widehat{\text{IOJ}}$.
Que représente cette droite pour le segment [AA'] ?

c. En déduire une construction géométrique de $\mathscr{C}_g$ à partir de $\mathscr{C}_f$.

> **Coup de pouce**
> Pour tracer $\mathscr{C}_g$ avec soin lorsque x est proche de zéro, on pourra par exemple calculer $\sqrt{0{,}09}$, $\sqrt{0{,}25}$…

TP4 — ALGORITHMIQUE
Alignement de points

Objectifs :
- Exploiter le coefficient directeur d'une fonction affine.
- Identifier différents cas possibles pour un alignement.
- Comprendre et analyser un algorithme préexistant.
- Modifier un algorithme.

Trois points A, B et C sont donnés dans un repère par leurs coordonnées respectives $(x_A ; y_A)$, $(x_B ; y_B)$ et $(x_C ; y_C)$.

1 On suppose dans cette question que $x_A \neq x_B$ et $x_A \neq x_C$.

a. Montrer que l'égalité des coefficients directeurs des droites (AB) et (AC) permet de conclure que les points A, B et C sont alignés.

b. Écrire un algorithme qui, à partir des coordonnées des trois points A, B et C, indique s'ils sont situés sur une même droite.

c. Étienne a programmé cet algorithme sous Scilab :

```
xA=input('xA ');yA=input('yA ');
xB=input('xB ');yB=input('yB ');
xC=input('xC ');yC=input('yC ');
c1=(yA-yB)/(xB-xA);c2=(yC-yA)/(xC-xA);
if c1==c2 then
    afficher("Les points sont alignés.");
else
    afficher("Les points ne sont pas alignés.");
end
```

```
xA 0
yA 0
xB 1
yB 1
xC -1
yC 1

Les points sont alignés.
```

En l'exécutant, l'affichage indique que les points A(0 ; 0) B(1 ; 1) et C(–1 ; 1) sont alignés alors qu'il n'en est rien. Corriger l'algorithme d'Étienne.

> **Coup de pouce**
> Considérer la fonction affine dont la représentation graphique est la droite (AB).

2 Cas général : on ne suppose plus que $x_A \neq x_B$ et $x_A \neq x_C$.
Compléter et programmer l'algorithme précédent sur une calculatrice pour qu'il indique en sortie si trois points A, B et C, donnés par leurs coordonnées dans un repère, sont alignés.

> **Coup de pouce**
> Trois points ayant même abscisse sont également alignés.

TP5 — ALGORITHMIQUE
Résolution d'une équation

Objectifs :
- Lister les différents cas possibles dans une résolution d'équation.
- Comprendre et analyser un algorithme préexistant.
- Modifier un algorithme.

On considère l'équation $x^2 = a$, d'inconnue x.
L'algorithme ci-contre est censé donner, pour une entrée a, le nombre des solutions de cette équation :

```
Entrer un nombre a
Si a = 0 alors
    Afficher « Il y a une solution.»
Sinon
    Afficher « Il y a deux solutions.»
Fin Si
```

1 Quelle sera la phrase affichée par l'algorithme proposé pour une entrée a qui vaut 25 ? Pour une entrée a qui vaut –25 ?

2 Modifier cet algorithme pour qu'il soit opérationnel.

TP6 Longueur d'une courbe

ALGORITHMIQUE

Objectifs : • Estimer la longueur d'un arc de parabole.
• Comprendre et analyser un algorithme préexistant.
• Identifier les données d'entrée, de sortie, le traitement.

1 **a.** Dans un repère orthonormé d'origine O et d'unité graphique 1 dm, tracer la courbe représentative de la fonction f définie sur l'intervalle $[0 ; 1]$ par $f(x) = x^2$.

b. Soit I le point de coordonnées $\left(\frac{1}{2};\frac{1}{4}\right)$. Montrer que OI vaut $\frac{\sqrt{5}}{4}$.

2 On donne l'algorithme ci-contre :

a. Pour une entrée de n qui vaut 2, donner les valeurs des variables y_1, y_2, a, x_1 et x_2 en fin de chaque boucle.

b. Programmer cet algorithme, puis donner la valeur affichée pour a lorsque $n = 10$.

```
Entrer un entier n supérieur ou égal à 1
a prend la valeur 0
x1 prend la valeur 0
x2 prend la valeur x1 + 1/n
Pour i allant de 1 à n
    y1 prend la valeur (x1)²
    y2 prend la valeur (x2)²
    a prend la valeur a + √((x2 − x1)² + (y2 − y1)²)
    x1 prend la valeur x2
    x2 prend la valeur x1 + 1/n
Fin pour
Afficher a
```

TP7 Valeur approchée d'une aire

ALGORITHMIQUE

Objectifs : • Calculer une valeur approchée d'aire.
• Comprendre et analyser un algorithme préexistant.
• Identifier les données d'entrée, de sortie, le traitement.

Soit f la fonction carré définie sur $\mathbb{R}$ et $\mathcal{P}$ sa courbe représentative dans un repère orthogonal.
On donne l'algorithme en langage naturel suivant :

```
x1 prend la valeur 0
e prend la valeur 0,25
y1 prend la valeur (x1)²
Afficher le couple (x1 ; y1)
Tant que x1 est strictement inférieur à 1
    x2 prend la valeur x1 + e
    y2 prend la valeur (x2)²
    Afficher le couple (x2 ; y2)
    x1 prend la valeur x2
    y1 prend la valeur y2
Fin tant que
```

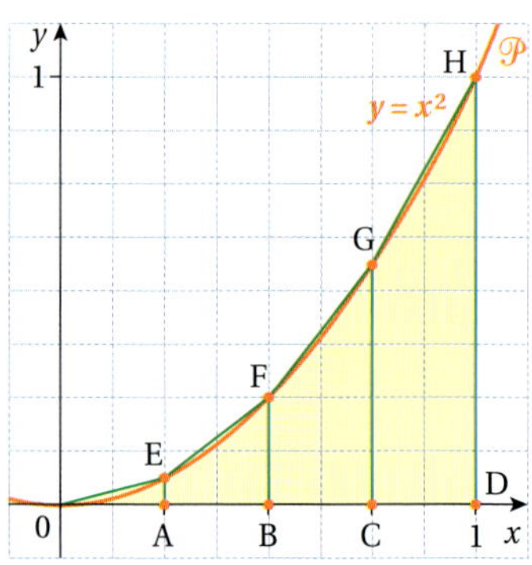

1 Donner tous les couples affichés par cet algorithme.

2 Dans le repère ci-contre, quels sont les points dont les coordonnées sont les couples affichés par cet algorithme ?

3 Écrire puis programmer un algorithme qui donne en sortie la somme des aires des trapèzes coloriés en jaune.

UN PEU D'HISTOIRE

Les coniques : de la géométrie aux équations

Le principe des sections coniques

Dans la pénombre, on incline une lampe à abat-jour face à un mur sur lequel se projette le faisceau de lumière, assimilé à un cône. Sur le mur, assimilé à un plan coupant le faisceau de lumière, le cône de lumière se projette alors en une figure appelée conique dont la nature – ellipse, parabole ou hyperbole – dépend de l'inclinaison de l'abat-jour (> **1**).

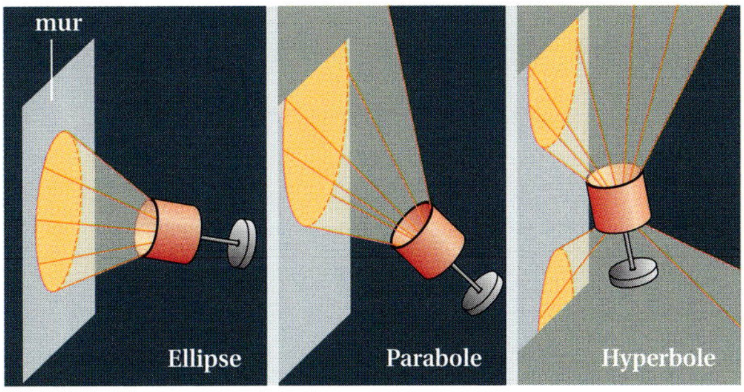

1. Projection d'un cône de lumière sur un mur.

Approche géométrique

Les premiers travaux significatifs sur les coniques remontent à EUCLIDE d'Alexandrie (IIIᵉ siècle av. J.-C.) et MÉNECHME (~ 375 av. J.-C. - ~ 325 av. J.-C.) qui étudient les sections de trois sortes de cônes : à angle aigu (ellipse), à angle droit (parabole), à angle obtus (hyperbole). **Apollonius de PERGÉ** reprend et développe ces travaux dans son traité *Les sections coniques*. Il donne des définitions précises et les propriétés de base des coniques, introduit les noms d'ellipse, de parabole et d'hyperbole et montre qu'il n'est pas nécessaire d'avoir recours à trois sortes de cônes pour obtenir les coniques (> **2**).

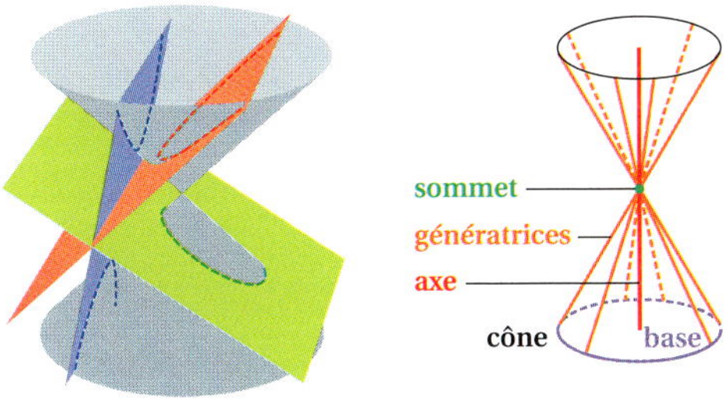

2. Une **ellipse** s'obtient par section d'un demi-cône par un plan non parallèle à une génératrice.
Une **parabole** s'obtient par section d'un cône par un plan parallèle à une génératrice.
Une **hyperbole** s'obtient par section d'un cône par un plan non parallèle à une génératrice.

Courbes et équations

À la fin du XVIᵉ siècle, **François VIÈTE** conçoit l'écriture d'expressions à plusieurs inconnues (voir p. 139). Cette avancée en algèbre permet de parler d'équation d'une courbe. René DESCARTES (1596 - 1650) est le premier à fournir un principe de classification des courbes, à savoir le degré de l'équation polynomiale définissant cette courbe. Pour les coniques, ce degré est 2. Par exemple, une parabole peut être obtenue par le tracé de la courbe d'équation $y = x^2$.

Une nouvelle conception

À la même époque, en 1639, est publié le *Brouillon project d'une atteinte aux événements des rencontres du cône avec un plan* de **Gérard DESARGUES**. Dans la lignée d'Apollonius de Pergé, il y développe la théorie des coniques avec une approche purement géométrique s'inspirant des travaux de la Renaissance sur les perspectives. Il propose ainsi une conception nouvelle des coniques : elles sont le résultat de projections d'un cercle sur des plans.

Apollonius de PERGÉ
(~ 262 av. J.-C. - ~ 180 av. J.-C., Grèce)
Il donne des définitions géométriques précises de la parabole et de l'hyperbole.
200 av. J.-C.

François VIÈTE
(1540 - 1603, France)
Il peut être considéré comme le créateur du symbolisme mathématique moderne à l'origine de la géométrie analytique.
1591

Gérard DESARGUES
(1593 - 1662, France)
Il associe la perspective géométrique et les sections coniques.
1639

Exercices d'application

Fonctions affines

Appliquer le Savoir-faire 1 p. 96

1 La ville de Bordeaux compte 240 000 habitants.
Quel sera ce nombre s'il augmente de 3% ?

2 Le prix d'un téléphone portable est 99 €.
Quel est le prix payé par un acheteur qui a obtenu une réduction de 10 % ?

3 Un marchand de cycles propose à un client une réduction de 15 % sur un VTT affiché à 249 €.
Quel sera le prix payé par un client ayant une carte de fidélité qui lui accorde en plus une réduction de 5 % ?

4 En combien de temps le nombre de bactéries dans un produit aura-t-il doublé s'il augmente de 3 % par jour ?

5 Déterminer dans chacun des cas suivants le coefficient multiplicateur pour passer du prix initial au prix final.
En déduire la variation exprimée en pourcentage.

Prix initial en €	Prix final en €
80	56
24	30
45	22,50
19	38

6 On désigne par x le prix en euros d'un article au 1er janvier 2013 et par $f(x)$ son prix au 1er janvier 2014.
Dans chacun des cas suivants, indiquer l'écriture de f.

a. Il y a eu une augmentation de 7 % entre les deux dates.

b. Il y a eu une augmentation de 7 centimes d'euro entre les deux dates.

c. Il y a eu une diminution de 7 centimes d'euro entre les deux dates.

d. Il y a eu une diminution de 7 % entre les deux dates.

Coup de pouce

Choisir, en justifiant, la réponse dans la liste suivante :
$f(x) = x + 0{,}07$; $f(x) = x - 0{,}07$;
$f(x) = 0{,}93x$; $f(x) = 1{,}07x$.

7 **a.** La moyenne d'Abel en français est passée de 11 à 13. De quel pourcentage a-t-elle augmenté ?

b. La moyenne de Julie en français est passée de 13 à 11. De quel pourcentage a-t-elle diminué ?

8 Un vendeur de salons propose systématiquement un rabais de 7 % à tout futur client qui prend place dans un des fauteuils exposés pour l'essayer.

a. Le prix affiché est 199 € ; quel sera le nouveau prix ?

b. Le vendeur a une « calculatrice 4 opérations ». Quel est le nombre minimum de touches sur lesquelles il doit appuyer pour calculer le nouveau prix ?

9 Parmi les expressions suivantes, reconnaître celles de fonctions affines.

$f(x) = 5x - 2$; $g(x) = \dfrac{1}{x}$; $h(x) = 4 - 6x$; $k(x) = 3x^2$.

10 Parmi les expressions suivantes, reconnaître celles de fonctions linéaires.

$f(x) = -3x + 2$; $g(x) = \dfrac{4x}{3}$; $h(x) = \dfrac{2}{x}$; $k(x) = \dfrac{3x-4}{2} + 2$.

11 Parmi les représentations graphiques suivantes, lesquelles sont celles d'une fonction affine ? D'une fonction linéaire ?

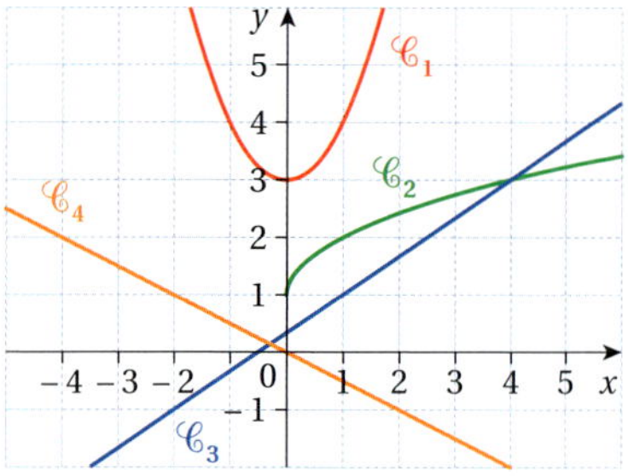

12 On considère les droites d_1, d_2, d_3 et d_4 ci-dessous.

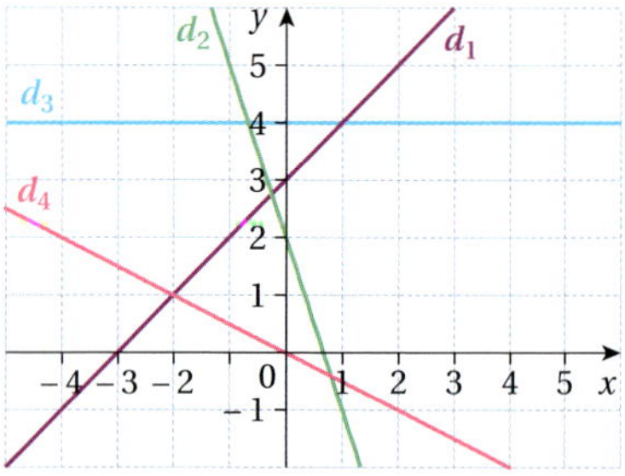

Reproduire le tableau suivant et le compléter par lecture graphique.

Droite	Coefficient directeur	Ordonnée à l'origine
d_1		
d_2		
d_3		
d_4		

13 Soit un rectangle de côtés de longueurs x et 2.

1. a. Écrire en fonction de x, l'expression d'une fonction donnant le périmètre de ce rectangle.
b. Cette fonction est-elle affine ?

2. a. Écrire en fonction de x, l'expression d'une fonction donnant l'aire de ce rectangle.
b. Cette fonction est-elle affine ?

14 Soit un carré de côté de longueur x.
Laquelle des expressions de l'aire ou du périmètre du carré en fonction de x est une fonction affine ?

15 On considère la fonction affine f définie sur $\mathbb{R}$ par $f(x) = 2x - 1$.

1. Reproduire et compléter le tableau de valeurs.

x	0	2	4
$f(x)$	…	…	…

2. a. Quelle est la nature de la représentation graphique de la fonction f ?
b. À l'aide du tableau, donner les coordonnées de trois points appartenant à la représentation graphique de f.
c. En déduire le tracé de la représentation graphique de f.

16 On considère la fonction affine g définie sur $\mathbb{R}$ par $g(x) = -\frac{1}{2}x + 3$.

a. Reproduire et compléter le tableau de valeurs.

x	0	2
$g(x)$	…	…

b. Tracer la représentation graphique de g.

17 On considère la fonction affine f définie sur $\mathbb{R}$ par $f(x) = 2x + 1$.

1. a. Quelle est l'ordonnée à l'origine de la droite représentative de la fonction f ?
b. En déduire les coordonnées d'un point appartenant à cette droite.
c. Placer ce point dans un repère.

2. a. Quel est le coefficient directeur de la droite représentative de la fonction f ?
b. En déduire les coordonnées d'un deuxième point appartenant à la droite.

3. Tracer la droite représentative de la fonction f.

18 Déterminer les coefficients directeurs des six droites, représentations graphiques des fonctions suivantes.

$f(x) = \frac{1}{3}x + 3$; $g(x) = \frac{2x-1}{3}$; $h(x) = 10$;
$i(x) = 10x$; $j(x) = 3 - 2x$; $k(x) = \pi x$.

Pour les exercices 19 à 22
Sans calculatrice, tracer dans un même repère les représentations graphiques des fonctions proposées.

19 $f(x) = x$; $g(x) = -x + 1$; $h(x) = x + 2$.

20 $f(x) = -x - 2$; $g(x) = x - 1$; $h(x) = 1$.

21 $f(x) = 5x$; $g(x) = -2x + 1$; $h(x) = \frac{1}{3}x + 1$.

22 $f(x) = \frac{1}{4}x$; $g(x) = \frac{1}{5}x - 3$; $h(x) = \frac{1-2x}{5}$.

Appliquer le Savoir-faire 2 p. 96

23 Dans un repère, la représentation graphique d'une fonction affine f passe par les points A(–1 ; 4) et B(0 ; 2).
a. Placer les points A et B dans un repère orthonormé.
b. Déterminer par le calcul les valeurs des réels a et b telles que pour tout x réel, $f(x) = ax + b$.
c. Vérifier graphiquement les résultats obtenus.

24 Dans un repère on donne deux points A(–3 ; 5) et B(2 ; –15).
Déterminer l'expression de la fonction affine dont la représentation graphique est la droite (AB).

25 **1. a.** Déterminer une fonction affine f telle que $f(0) = 5$ et $f(2) = 3$.
b. Tracer dans un repère la représentation graphique de la fonction f.

2. Mêmes questions avec $f(-2) = 1$ et $f(3) = 6$.

3. Mêmes questions avec $f(4) = 5$ et $f(8) = -6$.

4. Mêmes questions avec $f(-10^3) = 3$ et $f(10^5) = 3$.

26 Dans un repère, on donne deux points A et B.
Dans chaque cas, déterminer l'expression de la fonction affine dont la représentation graphique est la droite (AB).
a. A(3 ; 4) et B(4 ; 4,5).
b. A(–50 ; 4) et B(150 ; 5).
c. A(2 ; 4) et B(2,1 ; 104).

27 f et g sont des fonctions affines.
a. Reproduire et compléter les tableaux de valeurs.

x	0	1	2
$f(x)$	…	2	4

x	–1	5	10	…
$g(x)$	5	–7	…	20

b. Tracer dans un même repère les représentations graphiques des fonctions f et g.

28 Soit f une fonction dont on donne le tableau de valeurs :

x	−2	0	4
$f(x)$	2	3	5

Cette fonction peut-elle être affine ?

29 Soit f une fonction dont on donne le tableau de valeurs :

x	−3	1	5
$f(x)$	−1	0	2

Cette fonction peut-elle être affine ?

30 Soit f la fonction définie sur $\mathbb{R}$ par $f(x) = 100 + x + \dfrac{x^2}{100}$.

a. Reproduire et compléter le tableau de valeurs.

x	0	10	100
$f(x)$	...	...	...

b. Montrer que f n'est pas une fonction affine.

31 Dans un repère, les points E(1 ; 2), F(16 ; 30) et G(100 ; 200) sont-ils alignés ?

32 Démontrer que la fonction f définie sur $\mathbb{R}$ par :

$$f(x) = (2x-1)^2 - (0{,}5x+1)(8x-7)$$

est une fonction affine.

33 Démontrer que la fonction f définie sur $\mathbb{R}$ par :

$$f(x) = (1-x)(1+x) - (x-1)^2 + 2x^2$$

est une fonction linéaire.

34 On suppose que l'accroissement de hauteur d'eau dans une citerne est proportionnel au temps écoulé.

a. Sachant que la hauteur d'eau est de 1 mètre à l'instant $t = 0$, et qu'elle augmente de 14 cm toutes les 30 minutes, à quel moment cette hauteur est-elle égale à 2 mètres ?

b. Tracer dans un repère la courbe qui donne la hauteur d'eau en fonction du temps.

35 Dans un pays, en 2010, le PIB par habitant était de 8 000 \$. En 2013, il était de 8 500 \$.

On suppose que la fonction qui pour chaque année donne le PIB par habitant du pays est affine.

Selon ce modèle, calculer le PIB par habitant de ce pays en 2020.

36 Dans un repère, tracer la représentation graphique de la fonction f définie sur $\mathbb{R}$ par :

$$f(x) = \begin{cases} 2-x & \text{pour } x \leqslant 2 \\ x-2 & \text{pour } x \geqslant 2 \end{cases}$$

37 Dans un repère, tracer la représentation graphique de la fonction f définie sur $\mathbb{R}$ par :

$$f(x) = \begin{cases} x+2 & \text{pour } x \leqslant -1 \\ -2x-1 & \text{pour } x \geqslant -1 \end{cases}$$

38 Dans un repère, tracer la représentation graphique de la fonction g définie sur $\mathbb{R}$ par :

$$g(x) = \begin{cases} 1 & \text{pour } x \leqslant 0 \\ 3x+1 & \text{pour } 0 \leqslant x \leqslant 1 \\ -x+5 & \text{pour } x \geqslant 1 \end{cases}$$

39 Pour la fonction h définie sur $\mathbb{R}$ dont la représentation graphique est donnée ci-dessous, recopier et compléter l'écriture suivante :

$$h(x) = \begin{cases} \dots\dots\dots & \text{pour } \dots\dots\dots \\ \dots\dots\dots & \text{pour } \dots\dots\dots \\ \dots\dots\dots & \text{pour } \dots\dots\dots \end{cases}.$$

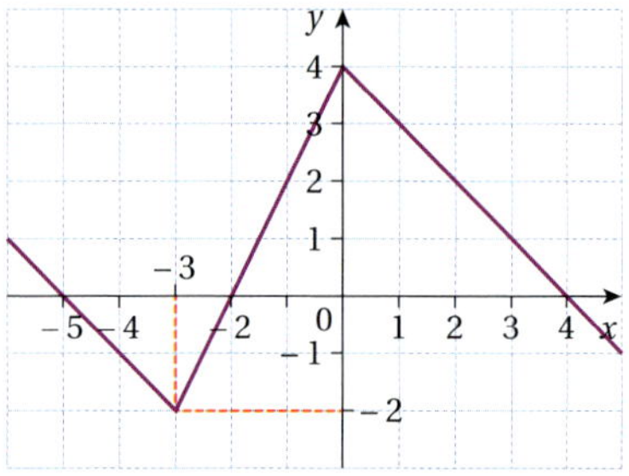

40 Lors de l'ouverture d'une nouvelle enseigne, les clients sont informés de l'offre suivante :

- si le prix affiché est inférieur ou égal à 100 €, le montant facturé est égal au prix affiché ;
- si le prix affiché est strictement supérieur à 100 € et inférieur ou égal à 200 €, le prix facturé est égal au prix affiché diminué de 5 % ;
- si le prix affiché est strictement supérieur à 200 €, le prix facturé est égal au prix affiché diminué de 10 %.

On note f la fonction définie sur l'intervalle [0 ; 250] qui, à un prix affiché, fait correspondre le prix facturé. Tracer dans un repère la représentation graphique de cette fonction.

41 Le volume de l'eau augmente d'environ 8 % lors du passage de l'état liquide à l'état solide (glace).

De quel pourcentage le volume baisse-t-il en passant de l'état solide à l'état liquide ?

42 **1.** Tracer dans un repère la représentation graphique $\mathscr{C}$ de la fonction f définie sur l'intervalle $[0 ; 10]$ par $f(x) = 1{,}2x$.

2. Une usine produit 3 500 bouteilles d'eau par jour.

a. Expliquer comment obtenir à l'aide de $\mathscr{C}$ une valeur approchée de la quantité produite après augmentation de la production de 20 %.

b. Peut-on obtenir graphiquement la quantité produite après deux augmentations successives de 20 % ?

43 Soit f la fonction définie sur l'intervalle $[-6 ; 4]$ par $f(x) = -x + 3$.

1. Tracer dans un repère la représentation graphique de la fonction f.

2. a. Résoudre graphiquement puis par le calcul, l'équation $f(x) = 0$ sur l'intervalle $[-6 ; 4]$.

b. Résoudre graphiquement puis par le calcul, l'inéquation $f(x) \leqslant 0$ sur l'intervalle $[-6 ; 4]$.

44 Le tableau de valeurs suivant, auquel il manque certaines valeurs, est celui d'une fonction affine $f : x \mapsto ax + b$.

x	0	1	…	4	5	10
$f(x)$	…	…	−3	1	3	…

a. Dans un repère, tracer la représentation graphique de la fonction f.

b. Déterminer les deux nombres a et b.

La fonction f est-elle croissante sur $\mathbb{R}$?

c. Reproduire et compléter le tableau de valeurs.

Fonction carré

45 Calculer le carré des nombres suivants.

3 ; 5 ; −2 ; −7 ; 10 ; −11.

46 **a.** Retrouver des nombres dont le carré est égal à :

16 ; 1 ; 36 ; 64 ; 81.

b. Existe-t-il un nombre dont le carré est égal à −25 ? Expliquer.

47 Parmi les expressions suivantes, reconnaître celles qui désignent la fonction carré.

$f(x) = 3x$; $g(x) = x^2$; $h(x) = x \times x$; $k(x) = 3\sqrt{x}$.

48 Prouver que les fonctions suivantes sont différentes expressions de la fonction carré.

$f(x) = x(x + 1) - x$;

$g(x) = -x^2 + 5x^2 - 3x^2$;

$h(x) = (x - 1)^2 + 2x - 1$.

Appliquer le Savoir-faire 3 p. 97

49 On considère la fonction f définie sur $\mathbb{R}$ par $f(x) = x^2$.

1. Reproduire et compléter le tableau de valeurs.

x	−3	−2	−1	0	1	2	3
$f(x)$	9	…	…	…	…	…	…

2. a. Pourquoi le point de coordonnées $(-3 ; 9)$ appartient-il à la courbe représentative de f ?

b. Dans un repère, placer les points de la courbe représentative de f correspondant aux valeurs du tableau et en déduire le tracé de la courbe.

c. Donner par lecture graphique une valeur approchée de deux antécédents par f du nombre 5.

50 Soit f la fonction définie sur $\mathbb{R}$ par $f(x) = x^2$.

a. Reproduire et compléter le tableau de valeurs.

x	0	0,2	0,4	0,6	0,8	1	1,2
$f(x)$	…	…	…	…	…	…	…

b. Dans un repère, placer les points de la courbe représentative de f correspondant aux valeurs du tableau et en déduire le tracé de la courbe sur l'intervalle $[0 ; 1{,}2]$.

51 Soit f la fonction définie sur $\mathbb{R}$ par $f(x) = x^2$.

a. Reproduire et compléter le tableau de valeurs.

x	−20	−15	−10	−5	0	5	10	15	20
$f(x)$	…	…	…	…	…	…	…	…	…

b. Tracer la courbe représentative de f sur $[-20 ; 20]$. On prendra 1 cm pour 5 unités en abscisse et 1 cm pour 25 unités en ordonnée.

52 On considère la fonction f définie sur $\mathbb{R}$ par $f(x) = 0{,}5x^2$.

a. Reproduire et compléter le tableau de valeurs, puis tracer la représentation graphique de f.

x	−4	−3	−2	−1	0	1	2	3	4
$f(x)$	…	…	…	…	…	…	…	…	…

b. Combien d'antécédent(s) par f admet le nombre −2 ?

Pour les exercices 53 et 54

Tracer dans un même repère les représentations graphiques des fonctions proposées définies sur $\mathbb{R}$.

53 $f_1(x) = x^2$; $f_2(x) = 3x^2$; $f_3(x) = -x^2$.

54 $g_1(x) = x^2 - 3$; $g_2(x) = x^2 + 5$; $g_3(x) = 1 - x^2$.

55 Calculer les valeurs exactes des images par la fonction carré des nombres suivants.

$-\frac{5}{6}$; $\sqrt{2}$; $\sqrt{\frac{2}{3}}$; 10^5 ; -10^5 ; $\sqrt{3} + 2$.

Appliquer le Savoir-faire 5 p. 98

56 **1.** Recopier et compléter par < ou >.

a. 4,9 … 5. **b.** $4{,}9^2 \ldots 5^2$.

2. Recopier et compléter par < ou >.

a. −3,1 … −3,2. **b.** $(-3{,}1)^2 \ldots (-3{,}2)^2$.

57 Dans chaque cas, comparer sans calcul.

a. $5{,}1^2$ et $5{,}05^2$. **b.** $(-10{,}4)^2$ et $(-20{,}4)^2$.

c. $(\sqrt{5}+1)^2$ et $(\sqrt{5}-1)^2$. **d.** $7{,}3^2$ et $(-7{,}2)^2$.

58 Montrer sans calcul que :

a. $9 \leqslant 3{,}14^2 \leqslant \pi^2 \leqslant 3{,}15^2 \leqslant 16$.

b. $(-8{,}9)^2 \leqslant 81 \leqslant (-9{,}1)^2$.

c. $0{,}09 \leqslant \dfrac{1}{9} \leqslant 0{,}16$.

59 Soit f la fonction carré.

Montrer sans calcul que $f\left(\dfrac{18}{19}\right) \leqslant f(1) \leqslant f\left(\dfrac{20}{19}\right)$.

60 Ranger par ordre croissant les nombres suivants :

624^2 ; 246^2 ; 642^2 ; 462^2 ; 426^2 ; 264^2.

61 Soit x un nombre réel strictement inférieur à −10. Indiquer pour chacune des propositions suivantes si elle est vraie ou fausse.

a. $x^2 < -100$. **b.** $x^2 > -100$.

c. $x^2 < 100$. **d.** $x^2 > 100$.

62 Adèle affirme que $(-5)^2 < 3^2$ car $-5 < 3$.
Que peut-on penser du raisonnement d'Adèle ?

63 Soit f la fonction définie sur $\mathbb{R}$ par $f(x) = x^2$.

a. Quelles sont les images par f des valeurs suivantes ?

3×10^{-5} ; 0,3 ; $\sqrt{3}$; 3 ; 3 000.

b. Les accroissements des images de deux valeurs sont-ils proportionnels aux accroissements de ces valeurs ?

64 Soit f la fonction définie sur $\mathbb{R}$ par $f(x) = x^2$ et $\mathscr{C}$ sa courbe représentative dans un repère.
Déterminer graphiquement, puis par le calcul, s'ils existent, les antécédents par f des nombres suivants :

0 ; 1 ; 4 ; 3 ; −4.

65 **LOGIQUE**

a. Montrer que si un nombre réel x est compris dans l'intervalle [2 ; 7], alors $4 \leqslant x^2 \leqslant 49$.

b. La réciproque est-elle vraie ?

66 **LOGIQUE**

a. Montrer que si un nombre réel x est compris dans l'intervalle [−2 ; 3], alors $0 \leqslant x^2 \leqslant 9$.

b. La réciproque est-elle vraie ?

67 **LOGIQUE** **Vrai ou faux ?**

Pour chacune des affirmations suivantes, indiquer si elle est vraie ou fausse. Justifier la réponse.

a. Si $3 \leqslant x \leqslant 4$, alors $9 \leqslant x^2 \leqslant 16$.

b. Si $9 \leqslant x^2 \leqslant 16$, alors $3 \leqslant x \leqslant 4$.

c. Si $-3 \leqslant x \leqslant 4$, alors $9 \leqslant x^2 \leqslant 16$.

68 Soit f la fonction définie sur $\mathbb{R}$ par $f(x) = x^2$ et $\mathscr{C}$ sa courbe représentative dans un repère.

1. Résoudre graphiquement sur $\mathbb{R}$ les équations.

a. $x^2 = 4$. **b.** $x^2 = 5$. **c.** $x^2 = -5$.

2. Résoudre graphiquement sur $\mathbb{R}$ les inéquations.

a. $x^2 \leqslant 4$. **b.** $x^2 \geqslant 5$. **c.** $x^2 < 9$.

69 Soit la fonction $f : x \mapsto x^2$ définie sur l'intervalle [−3 ; 3].

1. Tracer la représentation graphique de f.

2. Dans les trois situations suivantes, déterminer le minimum et le maximum de f sur I.

a. I = [1 ; 3]. **b.** I = [−3 ; −1]. **c.** I = [−1 ; 1].

Fonction inverse

70 Calculer l'inverse des nombres suivants.

2 ; 5 ; 1 ; −2 ; 10 ; $\dfrac{1}{2}$.

71 Retrouver les nombres dont l'inverse est égal à :

$\dfrac{1}{3}$; $\dfrac{1}{7}$; 3 ; 0,2 ; $-\dfrac{3}{2}$.

72 Parmi les expressions suivantes, reconnaître celles qui désignent la fonction inverse.

$f(x) = \dfrac{x}{2}$; $g(x) = \dfrac{1}{x}$; $h(x) = \dfrac{x+1}{x}$; $k(x) = 1 \div x$.

73 Prouver que les fonctions suivantes sont différentes expressions de la fonction inverse.

$f(x) = 3 \times \dfrac{1}{3x}$; $g(x) = \dfrac{x+1}{x} - 1$.

74 Associer à chacune des courbes colorées du graphique, une des fonctions suivantes :

$f : x \mapsto \dfrac{1}{x}$; $g : x \mapsto -\dfrac{2}{x}$; $h : x \mapsto \dfrac{1}{3x}$.

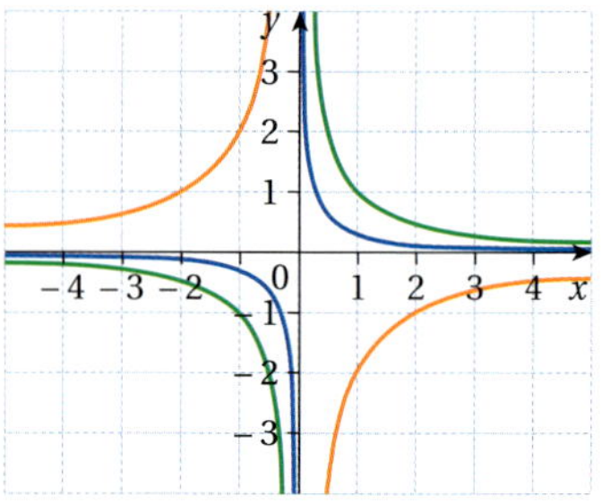

Appliquer le Savoir-faire 4 p. 98

75 Soit la fonction f définie pour tout réel x non nul par $f(x)=\frac{1}{x}$.

1. Reproduire et compléter le tableau de valeurs.

x	0,1	0,2	0,5	1	2	4	5
$f(x)$	10	…	…	…	…	…	…

2. a. Pourquoi le point de coordonnées (0,1 ; 10) appartient-il à la courbe représentative de f ?

b. Dans un repère, placer les points de la courbe représentative de f correspondant aux valeurs du tableau et en déduire le tracé de la courbe sur l'intervalle [0,1 ; 5].

c. Résoudre graphiquement l'inéquation $f(x) \geqslant 3$ sur l'intervalle [0,1 ; 5].

76 Soit f la fonction définie sur $\mathbb{R}\setminus\{0\}$ par $f(x)=\frac{1}{x}$.

a. Reproduire et compléter le tableau de valeurs.

x	−1	−0,5	−0,3	−0,2	−0,1	0,1	0,2	0,3	0,5	1
$f(x)$	…	…	…	…	…	…	…	…	…	…

b. Tracer la courbe représentative de f sur l'intervalle [−1 ; 1].
On prendra 1 cm pour 0,1 unité en abscisse et 1 cm pour 2 unités en ordonnée.

77 Soit la fonction f définie sur $\mathbb{R}\setminus\{0\}$ par $f(x)=\frac{2}{x}$.

1. Reproduire et compléter le tableau de valeurs suivant, puis tracer la représentation graphique de f sur l'intervalle [0,1 ; 5].

x	0,1	0,2	0,4	0,5	0,8	1	2	4	5
$f(x)$	…	…	…	…	…	…	…	…	…

2. a. Que peut-on dire des symétries de la courbe représentative de f ?

b. En déduire le tracé de la représentation graphique de f sur l'intervalle [−5 ; −0,1].

78 **a.** Étudier et tracer dans un repère la courbe représentative de la fonction $f : x \mapsto -\frac{1}{x}$ définie sur $\mathbb{R}\setminus\{0\}$.

b. Pour quelles valeurs de x a-t-on :

$$-3 \leqslant \frac{1}{x} \leqslant 3 \ ?$$

79 Soit f la fonction définie sur $\mathbb{R}\setminus\{0\}$ par $f(x)=\frac{1}{x}$ et $\mathscr{C}$ sa courbe représentative dans un repère.
Déterminer graphiquement, puis par le calcul, s'ils existent, les antécédents par f des nombres suivants :

$$1 \ ; \quad 4 \ ; \quad 0 \ ; \quad -4 \ ; \quad \frac{1}{13}.$$

Appliquer le Savoir-faire 5 p. 98

80 **1.** Recopier et compléter par < ou >.

a. 4,1 … 4,9. **b.** $\frac{1}{4{,}1} \ldots \frac{1}{4{,}9}$.

2. Recopier et compléter par < ou >.

a. −8,8 … −7,7. **b.** $-\frac{1}{8{,}8} \ldots -\frac{1}{7{,}7}$.

81 Dans chaque cas, comparer sans calcul.

a. $\frac{1}{15}$ et $\frac{1}{16}$. **b.** $\frac{1}{100\,000}$ et $\frac{1}{100\,001}$.

c. $-\frac{1}{0{,}1}$ et $-\frac{1}{0{,}2}$. **d.** $\frac{1}{\pi}$ et $\frac{1}{3{,}14}$.

82 Donner le plus petit et le plus grand des trois nombres suivants : $\frac{1}{2\,000}$, $\frac{1}{1\,999}$ et $\frac{1}{2\,001}$.

83 Soit f la fonction inverse. Montrer sans calcul que :

$$f(-1{,}9) \leqslant f(-2) \leqslant f(-2{,}1).$$

84 Ranger par ordre croissant les nombres suivants :

$$\frac{1}{9}\ ;\quad \frac{-1}{10}\ ;\quad \frac{1}{11}\ ;\quad \frac{-1}{12}\ ;\quad \frac{-1}{13}\ ;\quad \frac{1}{14}.$$

85 Claire affirme que si un nombre A est plus petit qu'un nombre B alors l'inverse de A est plus grand que l'inverse de B. Elia dit que ce n'est pas toujours vrai.
Qui a raison ? Expliquer.

86 a est un nombre réel. Dans chacun des cas suivants, donner un encadrement de $\frac{1}{a}$.

a. $a \in [2\,;3]$. **b.** $-6 \leqslant a \leqslant -1$.

c. $a \in [-100\,;-0{,}01]$. **d.** $10^{-5} \leqslant a \leqslant 10^{-4}$.

87 **LOGIQUE** **Vrai ou faux ?**

Pour chacune des affirmations suivantes, indiquer si elle est vraie ou fausse. Justifier la réponse.

a. Si $3 \leqslant x \leqslant 4$, alors $\frac{1}{3} \leqslant \frac{1}{x} \leqslant \frac{1}{4}$.

b. Si $-2 \leqslant x \leqslant -1$, alors $-1 \leqslant \frac{1}{x} \leqslant -0{,}5$.

c. Si $1 \leqslant \frac{1}{x} \leqslant 10$, alors $0{,}1 \leqslant x \leqslant 1$.

88 Soit f la fonction définie sur $\mathbb{R}\setminus\{0\}$ par $f(x)=\frac{1}{x}$ et $\mathscr{C}$ sa courbe représentative dans un repère.

1. Résoudre graphiquement et par le calcul les équations suivantes sur $\mathbb{R}\setminus\{0\}$.

a. $\frac{1}{x}=4$. **b.** $\frac{1}{x}=\pi$. **c.** $\frac{1}{x}=-5$.

2. Résoudre graphiquement sur $\mathbb{R}\setminus\{0\}$ les inéquations suivantes.

a. $\frac{1}{x} \leqslant -2$. **b.** $\frac{1}{x} \geqslant 0{,}5$. **c.** $\frac{1}{x} < 2$.

Exercices pour se tester

Fonctions affines

89 Questions de cours

a. Quelle est la nature de la représentation graphique d'une fonction linéaire ?

b. Que peut-on dire d'une fonction affine dont le coefficient directeur de la droite qui la représente est négatif ?

c. Dans quel cas la droite représentative d'une fonction affine est-elle parallèle à l'axe des abscisses ?

90 Vrai ou faux ?

a. La droite ci-contre représente la fonction f définie par $f(x) = -2$.

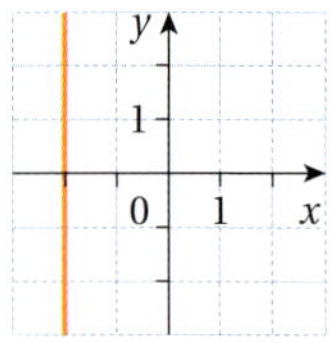

b. L'ordonnée à l'origine d'une droite permet de connaître les coordonnées du point d'intersection de cette droite avec l'axe des ordonnées.

c. Multiplier un nombre par 0,6 revient à le diminuer de 60 %.

91 QCM

Pour calculer un nouveau prix après une augmentation de 5 %, il suffit de multiplier le prix initial par :

(A) 1,05. (B) 0,15. (C) 1,15. (D) 0,85.

92 QCM

Dans un repère, une droite passe par les points A(2 ; 2) et B(6 ; 4). Elle est la représentation graphique de :

(A) $f(x) = -x + 2$. (B) $f(x) = 6x + 3$.

(C) $f(x) = 0,5x + 0,5$. (D) $f(x) = 0,5x + 1$.

Fonction carré

93 Question de cours

Laquelle de ces courbes correspond à la fonction définie par $f(x) = x^2$?

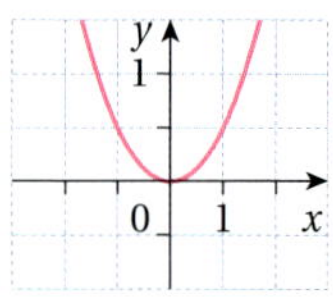

a.

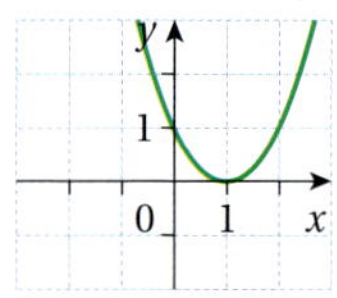

b.

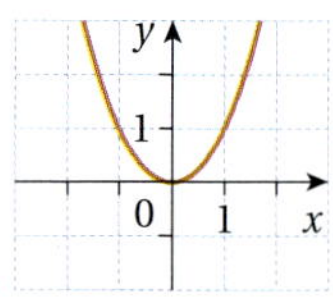

c.

94 Vrai ou faux ?

a. La fonction $x \mapsto x^2$ est croissante sur $\mathbb{R}$.

b. Il existe un intervalle sur lequel la fonction $x \mapsto x^2$ est décroissante.

c. Pour tous réels négatifs a et b, si $a \leqslant b$, alors $a^2 \geqslant b^2$.

d. Pour tous réels a et b, si $a \leqslant b$, alors $a^2 \leqslant b^2$.

95 QCM

Les propriétés de la fonction carré permettent de conclure sans calculatrice que :

(A) $99^2 \geqslant 100^2$. (B) $10\,001^2 \leqslant 10\,002^2$.

(C) $(-5,345\,67)^2 \geqslant (-5,345\,66)^2$. (D) $-1,9^2 \leqslant -2,1^2$.

Fonction inverse

96 Question de cours

Laquelle de ces courbes correspond à la fonction définie sur $\mathbb{R}\setminus\{0\}$ par $f(x) = \dfrac{1}{x}$?

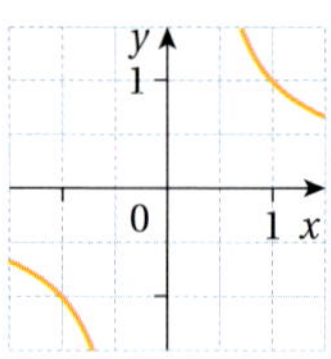

a.

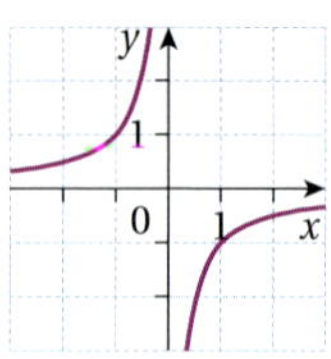

b.

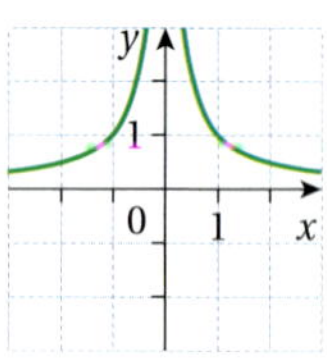

c.

97 QCM

La courbe représentative de la fonction inverse :

(A) possède un axe de symétrie. (B) possède un centre de symétrie. (C) ne possède pas d'élément de symétrie.

98 Vrai ou faux ?

a. La fonction inverse est décroissante sur $]0 ; +\infty[$.

b. Il existe un intervalle sur lequel la fonction inverse est croissante.

c. Pour tous nombres réels strictement positifs a et b, si $a \leqslant b$, alors $\dfrac{1}{a} \geqslant \dfrac{1}{b}$.

d. Pour tous nombres réels non nuls a et b, si $a \leqslant b$, alors $\dfrac{1}{a} \geqslant \dfrac{1}{b}$.

CORRIGÉ P. 342

Exercice résolu

99 ALGORITHMIQUE

On veut calculer une valeur approchée de la longueur de la courbe de la fonction f définie sur $[1 ; 4]$ par $f(x)=\dfrac{1}{x}$.

1. Pour cela, on a placé sur la courbe quatre points A, B, C et D d'abscisses respectives 1, 2, 3 et 4.
Calculer des valeurs approchées des longueurs AB, BC et CD et en déduire une première approximation de la longueur de la courbe de la fonction f sur l'intervalle $[1 ; 4]$.

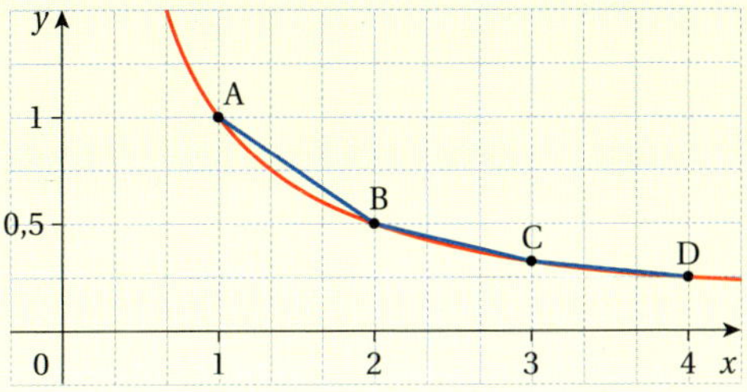

2. a. L'algorithme suivant, écrit en langage naturel, permet d'obtenir une meilleure approximation de la longueur de la courbe de la fonction f sur l'intervalle $[1 ; 4]$. Expliquer pourquoi.

```
L prend la valeur 0
x1 prend la valeur 1
x2 prend la valeur x1 + 1/5
Tant que x2 ≤ 4
    y1 prend la valeur 1/x1
    y2 prend la valeur 1/x2
    L prend la valeur
        L + √((x2 - x1)² + (y2 - y1)²)
    x1 prend la valeur x1 + 1/5
    x2 prend la valeur x2 + 1/5
Fin tant que
Afficher L
```

b. Quelles lignes de l'algorithme indiquent que l'intervalle d'étude est $[1 ; 4]$?

c. Programmer l'algorithme précédent. Quelle est la longueur obtenue dans ce cas ?

d. Adapter le programme pour obtenir une meilleure approximation de la longueur cherchée. La donner.

SOLUTION

1. On a $f(1)=\dfrac{1}{1}=1$, $f(2)=\dfrac{1}{2}$, $f(3)=\dfrac{1}{3}$ et $f(4)=\dfrac{1}{4}$.

Les points A, B et C ont donc pour coordonnées respectives $(1 ; 1)$, $\left(2 ; \dfrac{1}{2}\right)$, $\left(3 ; \dfrac{1}{3}\right)$ et $\left(4 ; \dfrac{1}{4}\right)$. Ainsi :

$$AB=\sqrt{(2-1)^2+\left(\frac{1}{2}-1\right)^2}=\sqrt{\frac{5}{4}}\approx 1{,}12 \;;\; BC=\sqrt{(3-2)^2+\left(\frac{1}{3}-\frac{1}{2}\right)^2}\approx 1{,}01 \;;\; CD=\sqrt{(4-3)^2+\left(\frac{1}{4}-\frac{1}{3}\right)^2}\approx 1.$$

Une approximation de la longueur de la courbe de la fonction f sur $[1 ; 4]$ est : $1{,}12+1{,}01+1=3{,}13$.

2. a. Une meilleure approximation s'obtient avec un plus grand nombre de points sur la courbe dont les abscisses sont réparties régulièrement sur l'intervalle $[1 ; 4]$.

b. « x_1 prend la valeur 1 » signifie que l'abscisse du premier point de la courbe est égale à 1.
« Tant que $x_2 \leqslant 4$ » signifie que la boucle s'arrête lorsque le dernier point de la courbe a pour abscisse 4.

c. Avec AlgoBox, ci-contre :

```
1  VARIABLES
2    L EST_DU_TYPE NOMBRE
3    X1 EST_DU_TYPE NOMBRE
4    X2 EST_DU_TYPE NOMBRE
5    y1 EST_DU_TYPE NOMBRE
6    y2 EST_DU_TYPE NOMBRE
7  DEBUT_ALGORITHME
8    L PREND_LA_VALEUR 0
9    X1 PREND_LA_VALEUR 1
10   X2 PREND_LA_VALEUR X1+1/5
11   TANT_QUE (X2<=4) FAIRE
12     DEBUT_TANT_QUE
13     y1 PREND_LA_VALEUR 1/X1
14     y2 PREND_LA_VALEUR 1/X2
15     L PREND_LA_VALEUR L+sqrt(pow((X2-X1),2)+pow((y2-y1),2))
16     X1 PREND_LA_VALEUR X1+1/5
17     X2 PREND_LA_VALEUR X2+1/5
18     FIN_TANT_QUE
19   AFFICHER L
20 FIN_ALGORITHME
```

On obtient en sortie :

```
***Algorithme lancé***
3.1494575

***Algorithme terminé***
```

d. Pour avoir une meilleure approximation, il suffit d'augmenter le nombre de points sur la courbe. Pour cela, on diminue le pas donné aux abscisses respectives.
On peut par exemple, remplacer dans les lignes 10, 16 et 17 : « 1/5 » par « 1/10 ».
On obtient alors en sortie 3,150 001 2.

Exercices d'approfondissement

Fonctions affines

100 Les droites tracées ci-contre sont des représentations graphiques de fonctions affines. Déterminer l'expression de ces fonctions par lecture graphique.

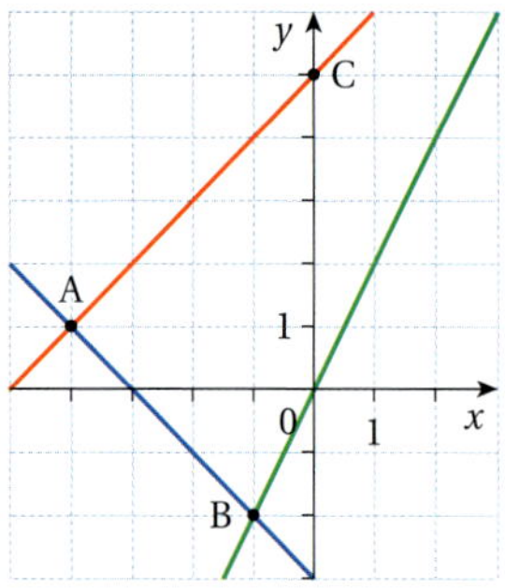

101 Les droites tracées ci-contre sont des représentations graphiques de fonctions affines. Elles passent par les points $A\left(-\frac{5}{9};-\frac{13}{9}\right)$; $B\left(\frac{4}{3};\frac{7}{3}\right)$; $C\left(-1;\frac{7}{2}\right)$ et $D(-1;-1)$.

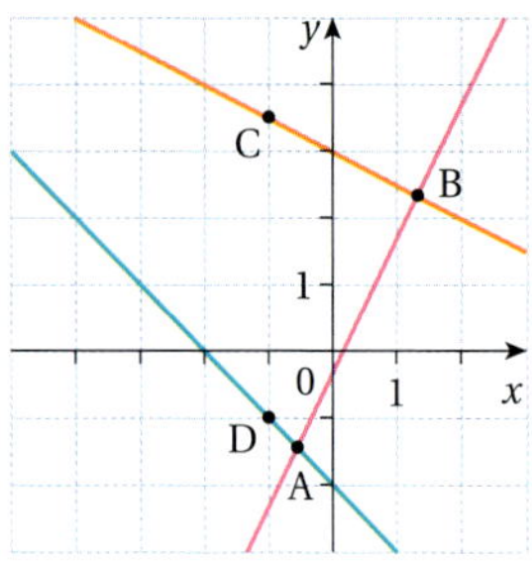

Déterminer l'expression de ces fonctions par le calcul.

102 f et g sont des fonctions affines.

a. Reproduire et compléter les tableaux de valeurs.

x	-1	5	10	…
$f(x)$	$\frac{1}{3}$	$-\frac{7}{3}$	…	20

x	12	137	0	…
$g(x)$	-280	$-10\,400$	…	$461\,900$

b. Tracer dans un repère les représentations graphiques des fonctions f et g.

103 TABLEUR Dans une feuille de calcul, les formules des cellules B1, C1, D1, E1, F1 sont respectivement « =A1+1 », « =A1–1 », « =B1^2 », « =C1^2 » et « =D1–E1 ».

	A	B	C	D	E	F
1	15	16	14	256	196	60
2						

1. Avec un tableur, réaliser ce tableau et le compléter jusqu'à la ligne 5 par recopie vers le bas.

2. a. À tout nombre x qui se trouve dans la colonne A, on fait correspondre le nombre noté $b(x)$ qui se trouve sur la même ligne en colonne B.
La fonction b ainsi définie est-elle affine ?

b. Même question pour les fonctions c, d, e et f correspondant respectivement aux colonnes C, D, E et F.

104 La valeur absolue d'un nombre réel x vaut :

$$\begin{cases} x & \text{si } x \text{ est positif} \\ -x & \text{si } x \text{ est négatif.} \end{cases}$$

Elle se note $|x|$. Par exemple, $|7{,}3| = 7{,}3$ et $|-5| = 5$.

1. Soit f la fonction valeur absolue définie sur $\mathbb{R}$.
À l'aide de la calculatrice, tracer sa représentation graphique $\mathscr{C}_f$ dans un repère orthonormé.

2. a. Démontrer que $\mathscr{C}_f$ admet un axe de symétrie.

b. Résoudre graphiquement l'équation $|x| = 5$ où x est un nombre réel.

c. Soit a un nombre réel. Discuter graphiquement du nombre de solutions de l'équation $|x| = a$ d'inconnue x.

105 Les fonctions f, g, h et i correspondant aux tableaux de valeurs ci-dessous peuvent-elles être affines ?

x	-1	$1{,}5$	$2{,}5$
$f(x)$	$-1{,}3$	$4{,}4$	$6{,}75$

x	-1	$1{,}5$	$2{,}5$
$g(x)$	$-12{,}333$	$-6{,}500\,5$	$-4{,}167\,5$

x	-1	$1{,}5$	$2{,}5$
$h(x)$	$-1\,000\,456$	$1\,499\,544$	$2\,499\,544$

x	-1	$1{,}5$	π
$i(x)$	$\frac{\pi-1}{\pi}$	$1+\frac{3}{2\pi}$	2

106 Marie note dans un tableau la fréquentation de son blog depuis sa création. Voici ce tableau :

Nombre de jours	5	15	25	30
Nombre de visiteurs	0	20	40	50

a. Les accroissements entre deux observations sont-ils proportionnels au nombre de jours qui séparent ces observations ?

b. Même question en prenant en compte que le jour de la création du blog il n'y a pas eu de visiteur.

107 Dans un carré de côté x, on a tracé le cercle inscrit à ce carré.

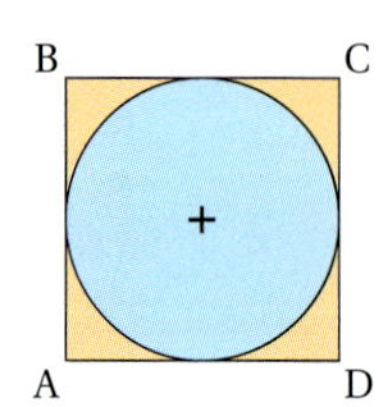

On désigne par $f(x)$ la longueur du périmètre du carré, par $g(x)$ la mesure de son aire, par $h(x)$ la somme des périmètres du carré et du cercle, et par $i(x)$ la mesure de l'aire de la partie comprise entre le carré et le cercle.
Parmi les fonctions f, g, h et i, lesquelles sont :

a. linéaires ? **b.** affines ?

108 ALGORITHMIQUE Un site de développement de photos affiche les tarifs suivants :
- de 1 à 25 tirages : 0,15 € par photo et 3 € de port ;
- de 26 à 70 tirages : 0,10 € par photo et 4 € de port ;
- au-delà de 70 tirages : 0,05 € par photo et 7 € de port.

1. Calculer le prix payé par un client pour :
a. 10 photos. **b.** 40 photos. **c.** 100 photos.

2. a. Écrire en langage naturel un algorithme permettant de calculer le prix payé par un client connaissant le nombre x de photos commandées.
b. Programmer cet algorithme à la calculatrice ou dans un langage de programmation.
c. Calculer, en utilisant le programme, le prix payé par un client pour 10, 26, 27, 28, 70, 75 ou 80 photos.

3. On considère la fonction f définie sur $]0\ ;+\infty[$ de manière similaire à la tarification de ce site de développement de photos :
- si $0 < x \leqslant 25$ alors $f(x)$ vaut la somme de 3 et du produit de 0,15 par x ;
- si $25 < x \leqslant 70$ alors $f(x)$ vaut la somme de 4 et du produit de 0,10 par x ;
- si $x > 70$ alors $f(x)$ vaut la somme de 7 et du produit de 0,05 par x.

Tracer dans un repère la représentation graphique de la fonction f.

4. Indiquer à un futur client une stratégie pour ses commandes.

Coup de pouce
Pour répondre à la question **4**, on pourra se servir d'un tableur.

109 ALGORITHMIQUE Une publicité indique que, pendant l'opération « Des prix doublement remisés », pour tout achat d'un montant supérieur à 50 €, le prix à payer sera systématiquement baissé de 10 €. De plus, si le nouveau prix à payer est supérieur à 100 €, il sera baissé une deuxième fois de 10 %.
a. Proposer un algorithme qui donne le prix payé en fonction du montant des achats.
b. Programmer cet algorithme sur la calculatrice.
c. La fonction qui donne le prix payé en fonction du montant des achats est-elle linéaire ? Est-elle affine ?

110 ALGORITHMIQUE Le 1er janvier 2010, le PDG d'une société promet à ses actionnaires une diminution des coûts de production de 5 % par mois. Pour les convaincre, il met en œuvre l'algorithme suivant :

```
Entrer les nombres C et N
CF prend la valeur C
Pour i allant de 1 à N
        CF prend la valeur CF × 0,95
        Afficher le couple (i ; CF)
Fin pour
```

1. Que réalise cet algorithme ?
2. Modifier cet algorithme :
a. pour qu'il affiche le nombre de mois nécessaires pour diviser par deux les coûts de production ;
b. pour qu'il affiche la date à partir de laquelle les coûts de production auront été divisés par deux.

111 Un prix augmente de 5 %, puis diminue de 5 %.
a. Démontrer que, quel que soit le prix initial, non nul, le prix final n'est pas égal au prix initial.
b. On suppose que le pourcentage de la hausse reste de 5 %. Quel aurait dû être le pourcentage de la baisse pour que le dernier prix soit égal au prix initial ?

112 Léna avait placé le 31 décembre 2002 une somme de 500 € à sa banque. On suppose que le taux d'intérêts annuel est de 3 %.
a. De quelle somme disposait-elle le 1er janvier 2003 ?
b. De quelle somme disposera-t-elle le 1er janvier 2018 ?
c. Léna décide de retirer la somme placée dès qu'elle aura doublé.
Jusqu'à quelle date devra-t-elle attendre ?

Fonction carré

113 Soit f la fonction définie sur $[0{,}95\ ;1{,}05]$ par $f(x) = x^2$.
a. À l'aide de la calculatrice, tracer dans un repère sa courbe représentative. On choisira une fenêtre d'affichage adaptée.
b. Le graphique permet-il d'affirmer que la fonction est affine ? Justifier.

114 Calculer en fonction de a, nombre réel, les valeurs des images par la fonction carré des nombres suivants.
a. $2 + a$. **b.** $3a - 4$. **c.** $5 + 2a$.
On donnera les réponses sous forme développée.

115 LOGIQUE **Vrai ou faux ?**

Soit f la fonction carré définie sur $\mathbb{R}$ par $f(x) = x^2$.
Pour chacune des phrases suivantes, indiquer si elle est vraie ou fausse. Justifier la réponse.

a. Tous les nombres réels ont exactement une image par f.

b. Il existe un nombre réel qui n'a pas d'antécédent par f.

c. Tous les nombres réels ont au plus un antécédent par f.

d. Il existe au moins un nombre réel qui a deux antécédents par f.

116 **Losing the thread**

The famous German astronomer Johannes Kepler (1571-1630) discovered a method of drawing a parabola using a ruler, a set square, a thread, a needle and a pencil.
You place the ruler along the straight line AB and stick the pin at F. The length of the thread is the same as the side CD of the set square. You fix one end of the thread at D and the other at F. The point of the pencil keeps the thread stretched out tightly along the side CD set square as shown.
If you slide the side EC of the set square along the line AB, the point P then traces out a parabola.

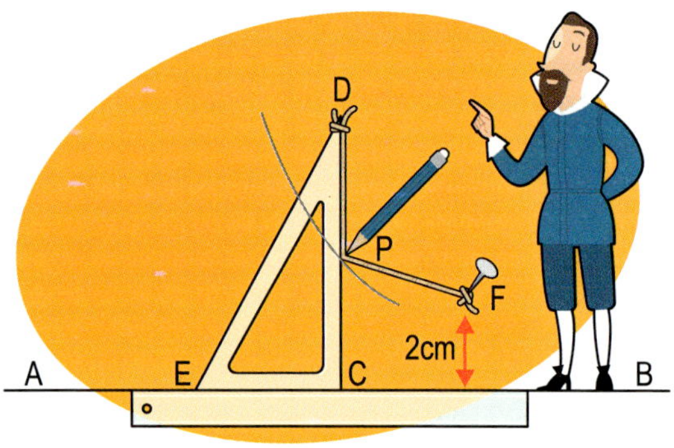

Show that PF = PC.
Draw a parabola by this method by marking enough points. Take CD = 14 cm and the point F 2 cm from AB.

D'après *Mathématiques sans frontières*, mars 2003.

117 ALGORITHMIQUE

L'algorithme ci-contre, écrit en Python, renvoie une valeur y pour tout couple $(x\,;n)$ où n est un entier naturel.

```
def f(x,n):
    i=n
    y=1
    if i==0:
        return y
    else:
        while i>0:
            y=y*x
            i=i-1
        return y
```

a. Calculer les valeurs renvoyées pour les couples suivants :
$(2\,;0)$; $(5\,;2)$; $(3\,;3)$.

b. Quelle est l'expression de la valeur renvoyée par l'algorithme en fonction de x et de n ? Justifier la réponse.

118 ALGORITHMIQUE

L'algorithme ci-contre, écrit en Python, renvoie une valeur y pour tout n entier naturel.

```
def f(n):
    i=n
    y=0
    if i==0:
        return y
    else:
        while i>0:
            y=y+n
            i=i-1
        return y
```

a. Expliquer pourquoi cet algorithme donne, sans effectuer un produit, le carré de l'entier n.

b. Proposer un algorithme qui calcule le cube d'un entier n, toujours sans effectuer de produit.

Fonction inverse

119 LOGIQUE **Vrai ou faux ?**

Soit f la fonction inverse définie sur $\mathbb{R}\setminus\{0\}$ par $f(x) = \dfrac{1}{x}$.

Pour chacune des phrases suivantes, indiquer si elle est vraie ou fausse. Justifier la réponse.

a. Tous les nombres réels ont exactement une image par f.

b. Il existe un nombre réel qui a comme image π^2.

c. Il existe un nombre réel qui a deux antécédents par f.

d. Tous les nombres réels ont au plus un antécédent par f.

120 Soit f la fonction définie sur $\mathbb{R}\setminus\{0\}$ par $f(x) = \dfrac{1}{x}$ et $\mathscr{H}$ sa courbe représentative dans un repère.

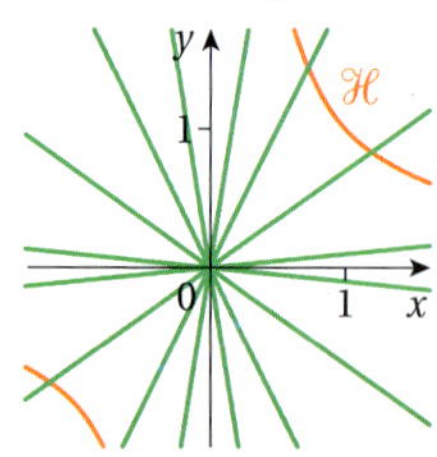

Soit a un nombre réel quelconque et d_a la droite d'équation $y = ax$.

a. Étudier, en fonction de a, le nombre de points d'intersection de $\mathscr{H}$ et de la droite d_a.

b. Expliquer graphiquement les résultats obtenus.

121 GÉOMÉTRIE DYNAMIQUE

Soit M un point quelconque de l'hyperbole $\mathscr{H}$ d'équation $y = \dfrac{1}{x}$ tracée dans un repère d'origine O.

On construit le point N tel que M soit le milieu du segment [ON].

Quel est le lieu des points N lorsque M décrit $\mathscr{H}$?

122 Soit f la fonction définie sur $\mathbb{R}\setminus\{0\}$ par $x \mapsto -\dfrac{3}{x}$ et $\mathscr{C}$ sa courbe représentative dans un repère.

1. Tracer $\mathscr{C}$.

2. Soit d_1, d_2, d_3 et d_4 les droites d'équations respectives $y = 0{,}5$; $y = -0{,}5$; $y = 12x + 12$ et $y = 12x - 12$.

a. Déterminer les coordonnées des points d'intersection de $\mathscr{C}$ avec ces quatre droites.

b. Ces points forment-ils un carré ?

Problèmes

123 Remplir un réservoir

Un réservoir circulaire est rempli depuis une vanne d'arrivée d'eau.

La coupe selon un diamètre du réservoir est dessinée ci-dessous.

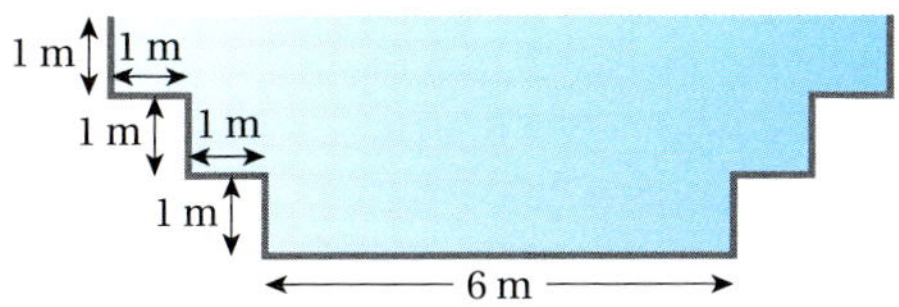

On suppose qu'à partir de l'ouverture de la vanne jusqu'au remplissage complet du réservoir, le débit est constant et vaut 1 m^3 par heure.

1. a. Combien de temps faudra-t-il pour remplir le réservoir jusqu'à une hauteur de 1 m ?

b. Combien de temps faudra-t-il pour remplir le réservoir jusqu'à une hauteur de 2 m ?

c. Combien de temps faudra-t-il pour remplir le réservoir entièrement ?

2. Soit f la fonction qui donne la hauteur d'eau h du réservoir (en mètres) en fonction du temps de remplissage t (en heures).

a. Montrer que $t = 9\pi h$ pour h compris entre 0 et 1.

b. En déduire, pour un temps t compris entre 0 et 9π, l'expression de $f(t)$ en fonction de t.

c. Montrer que $t - 9\pi = 16\pi(h - 1)$ pour h compris entre 1 et 2.

d. En déduire pour un temps t compris entre 9π et 25π, l'expression de $f(t)$ en fonction de t.

3. On admettra que, sur l'intervalle $[25\pi ; 50\pi]$, la fonction f est également affine.

a. Placer dans un repère le point de coordonnées $(50\pi ; 3)$.

b. Tracer dans ce repère la courbe représentative de la fonction f pour t appartenant à l'intervalle $[0 ; 50\pi]$.

124 TABLEUR Carte de fidélité

Un supermarché propose à ses clients une carte de fidélité qui comptabilise des points en fonction du montant des achats à chaque passage en caisse. On y lit :

> À chaque passage en caisse :
> 1 point par tranche de 3 €.
> Bons d'achat de 5 €, 10 €, 20 €, 30 €, 50 €, 75 € respectivement pour 360 points, 690 points, 1 350 points, 1 990 points, 3 340 points, 4 990 points .

a. La fonction qui à un montant d'achat associe le nombre de points ajoutés à la carte de fidélité est-elle une fonction affine ?

b. Quel est le taux de réduction maximal que peut espérer un client par ce principe de carte de fidélité ?

c. Un client qui est certain de faire des courses chaque semaine dans ce magasin pour environ 90 € a-t-il intérêt à attendre un an, deux ans ou trois ans avant de demander son (ses) bon(s) d'achat(s) ?

125 Elles se ressemblent !

1. a. Dans un repère, tracer les courbes $\mathscr{C}_f$ et $\mathscr{C}_g$, représentatives des fonctions définies sur $\mathbb{R}$ par $f(x) = x^2$ et $g(x) = x^2 - 3$.

b. Comment peut-on obtenir, à partir d'un point d'abscisse x de $\mathscr{C}_f$, un point d'abscisse x de $\mathscr{C}_g$?

Quelle conséquence peut-on en tirer pour l'étude des variations de la fonction g ?

c. Réciproquement, comment peut-on obtenir, à partir d'un point d'abscisse x de $\mathscr{C}_g$, un point d'abscisse x de $\mathscr{C}_f$?

2. Soit a un nombre réel quelconque.

Établir le tableau de variations de la fonction h définie sur $\mathbb{R}$ par $h(x) = x^2 + a$.

3. a. Dans le repère précédent, tracer la courbe $\mathscr{C}_i$ représentative de la fonction i définie sur $\mathbb{R}$ par $i(x) = -x^2$.

b. Déterminer le tableau de variations de la fonction j définie sur $\mathbb{R}$ par $j(x) = -x^2 - 3$, puis tracer $\mathscr{C}_j$ sa courbe représentative.

126 Hors de prix ?

Un bijou a une forme carrée de côté c. Il comporte un trou carré de côté d et a une épaisseur de 2 mm.

La longueur c vaut entre 26 mm et 28 mm.

La longueur d vaut entre 13 mm et 15 mm.

1. Donner un encadrement :

a. de l'aire du grand carré ;

b. de l'aire de la partie vide ;

c. du nombre $-d^2$;

d. du nombre $c^2 - d^2$.

2. Ce bijou est réalisé en alliage. 75 % du volume est de l'or pur. L'or pur a une masse volumique de 19,3 g/cm^3 et vaut 35 000 €/kg.

Quel est le prix pour l'or nécessaire à la fabrication de ce bijou ?

127 PROBLÈME OUVERT Proche... à certains endroits !

Soit f et g les fonctions définies sur $\mathbb{R}$ par $f(x) = x^2$ et $g(x) = 2x - 1$.

a. Étudier le signe de $\Delta(x) = f(x) - g(x)$.

b. Déterminer un intervalle I de centre 1 tel que, pour tout x de I, l'écart $\Delta(x)$ soit inférieur à 1 % de la valeur de $f(x)$.

128 GÉOMÉTRIE DYNAMIQUE Un poisson

On souhaite tracer le poisson P ci-contre à la calculatrice ou à l'aide d'un logiciel de tracé de courbes.

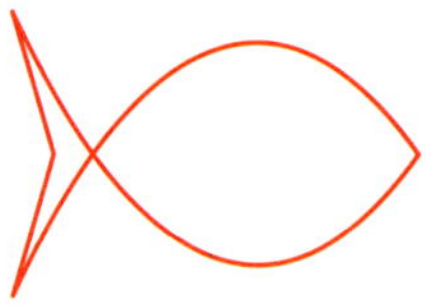

1. a. Tracer sommairement dans un repère les courbes représentatives des fonctions $x \mapsto 4 - x^2$ et $x \mapsto x^2 - 4$.

b. Déterminer les points d'intersection de ces deux courbes.

c. Proposer un intervalle $I = [a ; b]$ tel que les courbes $\mathscr{C}_f$ et $\mathscr{C}_g$ des fonctions $f : x \mapsto 4 - x^2$ et $g : x \mapsto x^2 - 4$ définies sur I donnent une partie de P.

d. Tracer dans un repère $\mathscr{C}_f$ et $\mathscr{C}_g$. Les unités sur les deux axes seront à choisir.

2. Pour un des deux segments de P, déterminer les coordonnées de ses extrémités, puis la fonction affine qui passe par ces deux points.

3. Terminer le tracé de P.

129 PROBLÈME OUVERT Intersection(s)

Dans un repère orthonormé, on considère la parabole $\mathscr{P}$, courbe représentative de la fonction carré, et une droite d parallèle à la première bissectrice.

La première bissectrice est la courbe représentative de la fonction g définie par $g(x) = x$.

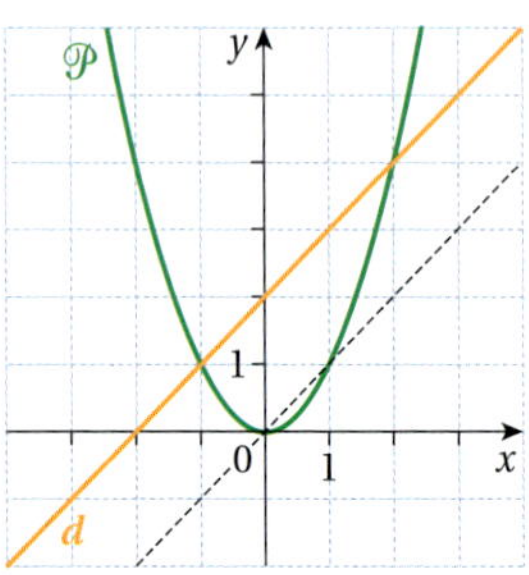

a. Est-il possible qu'il y ait exactement un point d'intersection de la droite d et de la parabole $\mathscr{P}$?

b. Étudier, en fonction de l'ordonnée à l'origine de la droite d, le nombre de points d'intersection entre d et $\mathscr{P}$.

130 Coupera une deuxième fois ?

1. a. Tracer la parabole $\mathscr{P}$ d'équation $y = x^2$ et les droites d'équations $y = 10x$ et $y = 0{,}05x$.

b. En combien de points chacune de ces droites coupe-t-elle la parabole $\mathscr{P}$?

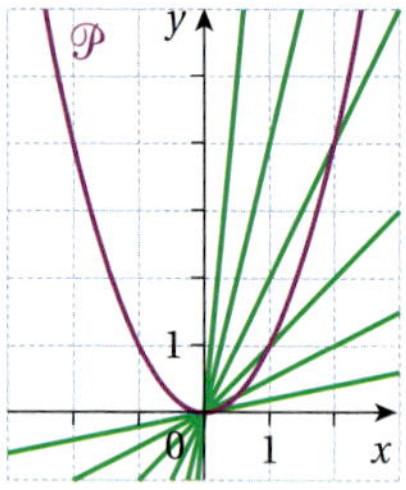

2. On considère les droites d'équations $y = ax$ pour a nombre réel strictement positif quelconque.

Démontrer que chacune de ces droites coupe la parabole en exactement deux points.

131 PROBLÈME OUVERT Bordure

L'entreprise Soleil83 propose à M. Genaj une piscine qui a la forme d'un parallélépipède rectangle de longueur 14 m, de largeur 3 m et de profondeur 2 m.

a. M. Genaj souhaite une longueur et une largeur différentes, mais il demande à conserver la profondeur et le volume proposés par l'entreprise. Est-ce possible ?

b. L'entreprise impose pour la réalisation du pourtour (margelles) que la longueur et la largeur soient des nombres entiers en décimètres.

Combien de possibilités existe-t-il ?

132 Multiplication parabolique

Voici la courbe d'équation $y = x^2$ dans un repère orthogonal. Il a été prouvé que ce tracé permet de trouver le résultat d'une multiplication par simple lecture en reliant des points de la courbe judicieusement choisis.

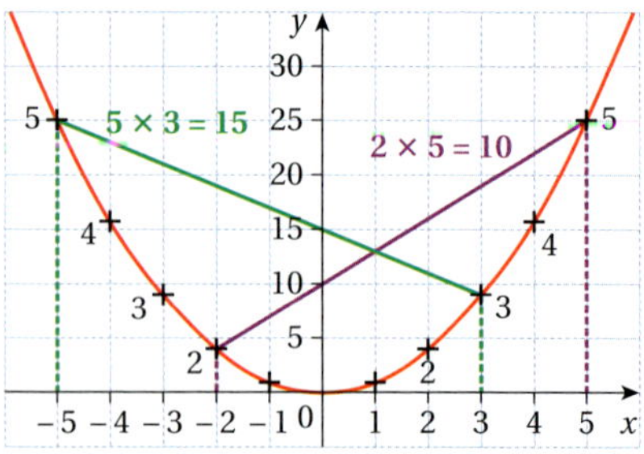

1. a. Dans un repère orthogonal, tracer la courbe d'équation $y = x^2$ pour x variant de -9 à 9.

1 cm représentera 1 unité sur l'axe des abscisses et 5 unités sur l'axe des ordonnées.

b. Utiliser ce tracé pour trouver des valeurs approchées du produit $4{,}5 \times 7{,}5$ et du quotient $52 \div 8{,}5$.

2. Expliquer comment ce résultat peut être démontré.

D'après *Mathématiques sans frontières*, février 2009.

133 Ensemble de points

Il s'agit ici de démontrer la conjecture du TP1 p. 99.
Soit $\mathcal{D}$ une droite et F un point non situé sur $\mathcal{D}$.
Notons $\mathcal{E}$ l'ensemble des points du plan équidistants de $\mathcal{D}$ et F.

a. Soit Δ_1 la perpendiculaire à $\mathcal{D}$ passant par F.

Elle coupe $\mathcal{D}$ en K.
Montrer que le milieu O du segment [FK] appartient à $\mathcal{E}$.

b. Soit H un point quelconque de $\mathcal{D}$. Tracer Δ la perpendiculaire à $\mathcal{D}$ passant par H.
Existe-t-il des points de $\mathcal{E}$ situés sur Δ ?

Coup de pouce

On pourra remarquer que l'on recherche un point équidistant de H et de F.

c. On définit le repère orthonormé du plan suivant :
- l'origine est le point O milieu du segment [KF] ;
- l'axe des abscisses est la parallèle à la droite $\mathcal{D}$ passant par le point O ;
- l'axe des ordonnées est la droite Δ_1 ;
- les coordonnées de F sont $\left(0\,;\frac{1}{4}\right)$.

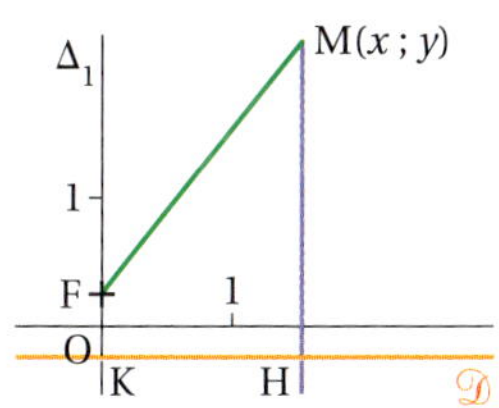

Quelles sont les coordonnées du point K ?
Pour un point M(x ; y) quelconque du plan, calculer les longueurs MH et MF en fonction de x et y, puis trouver la relation entre x et y pour que ce point appartienne à $\mathcal{E}$.

134 Touche les axes ?

Soit h la fonction définie sur $\mathbb{R}\setminus\{0\}$ par $h(x)=\frac{1}{x}$.

1. Tracer sa courbe représentative $\mathcal{H}$.

2. a. $\mathcal{H}$ coupe-t-elle l'axe des abscisses ? Justifier.

b. Soit A le point de $\mathcal{H}$ d'abscisse 100 et B le point de coordonnées (100 ; 0).
Calculer la longueur AB, distance de A à l'axe des abscisses.
Déterminer un point de $\mathcal{H}$ situé à une distance inférieure à 0,000 1 de l'axe des abscisses.

3. $\mathcal{H}$ coupe-t-elle l'axe des ordonnées ? Justifier.
Déterminer un point de $\mathcal{H}$ situé à une distance inférieure à 0,000 1 de l'axe des ordonnées.

135 GÉOMÉTRIE DYNAMIQUE — Une droite qui tourne

Soit f la fonction donnée par $f(x)=\frac{1}{x}$ et $\mathcal{H}$ sa courbe représentative dans un repère.
Soit A le point de coordonnées (1 ; 1).
Il s'agit d'étudier le nombre de points d'intersection de $\mathcal{H}$ avec une droite quelconque passant par A.

1. Étude graphique

a. Représenter A, $\mathcal{H}$, ainsi que quelques droites passant par A.

b. À l'aide de la calculatrice ou d'un logiciel de tracé de courbes, conjecturer le nombre de points d'intersection cherché.

2. Démonstration des résultats observés

a. Soit a un nombre réel quelconque.
Déterminer la fonction affine dont la représentation graphique passe par A et a pour coefficient directeur a.

b. Montrer que, pour tout nombre réel x différent de 0, l'équation $\frac{1}{x}=ax-a+1$ se ramène à l'équation :

$$(x-1)(ax+1)=0.$$

c. Montrer que si a est strictement positif, il existe un point d'intersection situé sur chacune des deux branches de l'hyperbole $\mathcal{H}$.

d. Montrer que si a est strictement négatif, il existe, sauf cas particulier, deux points d'intersection situés sur une des deux branches de l'hyperbole $\mathcal{H}$.

136 GÉOMÉTRIE DYNAMIQUE — Clôturer un pré

Un pré rectangulaire ayant une aire de 9 ares* doit être clôturé. On sait que sa longueur et sa largeur sont toutes les deux supérieures à 20 m.

1. Émettre l'hypothèse supplémentaire que le pré est carré. Calculer alors son périmètre.

2. Émettre cette fois-ci l'hypothèse supplémentaire que le pré a une des dimensions qui vaut 20 m.

Calculer alors son périmètre.

3. Poser cette fois-ci qu'une des dimensions du pré est le nombre x.

a. Montrer que $20 \leqslant x \leqslant 45$.

b. Déterminer, en fonction de x, l'autre dimension.

c. Montrer que le périmètre vaut $2\left(x+\frac{900}{x}\right)$.

d. Tracer dans un repère la courbe représentative de la fonction g définie sur [20 ; 45] par $g(x)=2\left(x+\frac{900}{x}\right)$.

e. Estimer graphiquement les longueurs minimale et maximale de clôture nécessaire pour clore le pré.

* 1 are = 100 m^2

QCM Pour bien commencer

Pour chaque question, il y a une ou plusieurs bonnes réponses.

1 Dans un repère, la courbe représentative de la fonction définie sur $\mathbb{R}$ par $x \mapsto x^2 - 5$ passe par le point de coordonnées :

A A (5 ; 0). B B (0 ; –5). C C (3 ; 4). D D (4 ; 3).

2 Soit a, b et c trois nombres réels tels que $a < b < c$.
Si une fonction f est croissante sur l'intervalle $[a\ ;\ c]$, alors on peut affirmer que :

A $f(a) \leqslant f(b)$ et $f(b) \leqslant f(c)$.
B $f(a) \leqslant f(b)$ ou $f(b) \geqslant f(c)$.
C $f(a) \leqslant f(b)$ et $f(b) \geqslant f(c)$.
D $f(a) \leqslant f(c)$ et $f(b) \leqslant f(c)$.

3 Soit a, b et c trois nombres réels tels que $a < b < c$.
Si on sait que $f(a) \leqslant f(b)$ et $f(b) \leqslant f(c)$, alors :

A La fonction f est croissante sur l'intervalle $[a\ ;\ b]$.
B La fonction f est croissante sur l'intervalle $[a\ ;\ c]$.
C On ne sait pas si la fonction f est croissante sur l'intervalle $[a\ ;\ b]$.
D La fonction f est décroissante sur l'intervalle $[a\ ;\ c]$.

4 L'expression $(2x - 7)^2$ est, pour tout nombre réel x, égale à :

A $2x^2 - 14x + 7$. B $4x^2 - 49$.
C $4x^2 - 14x + 49$. D $4x^2 - 28x + 49$.

5 L'expression $x^2 + 5x - 14$ est, pour tout nombre réel x, égale à :

A $(x - 7)(x + 2)$. B $(x - 5)^2 - 39$.
C $\left(x - \dfrac{5}{2}\right)^2 - \dfrac{81}{4}$. D $(x - 2)(x + 7)$.

6 Soit f la fonction $x \mapsto x^2$ définie sur $\mathbb{R}$.
L'affichage de sa courbe représentative sur l'écran de la calculatrice peut être :

A
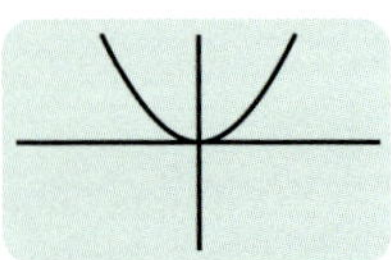
B
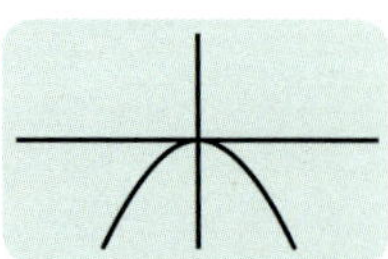
C
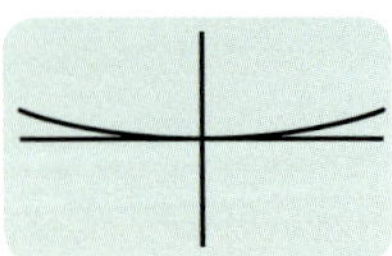
D
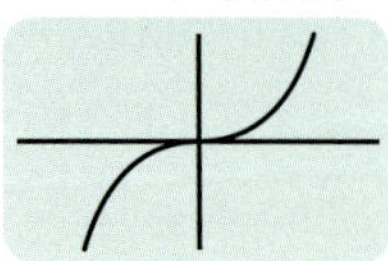

7 Le tableau de variation suivant est celui d'une fonction f définie sur $\mathbb{R}$:

x	$-\infty$		$+\infty$
$f(x)$	↘		↗

Dans un repère, la courbe représentative de la fonction f peut être :

A
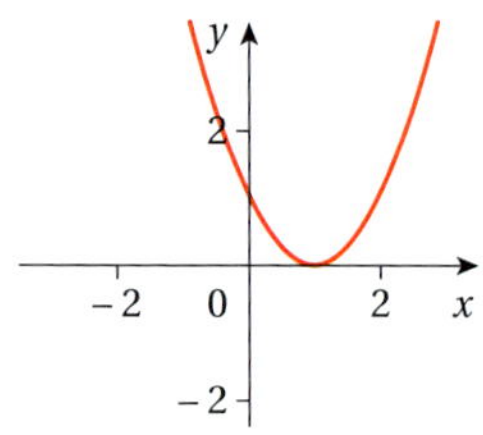

B
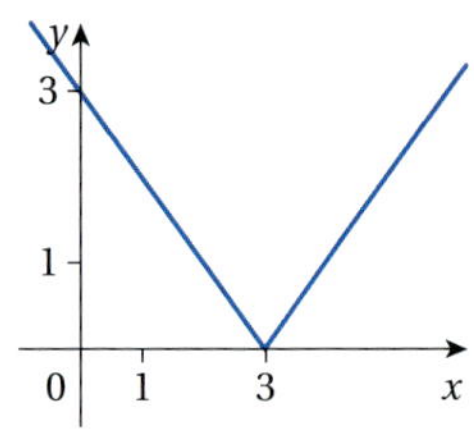

C
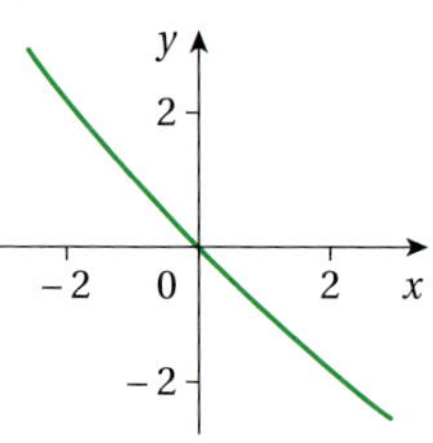

D
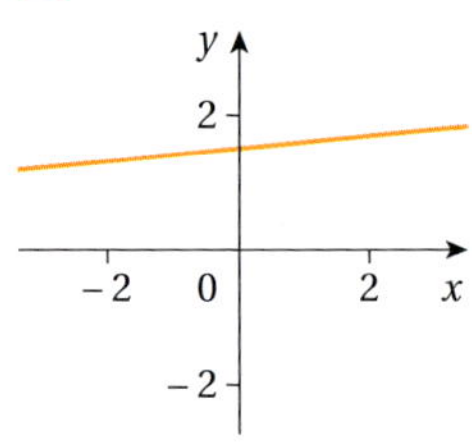

8 Dans un repère, la courbe représentative de la fonction carré $x \mapsto x^2$ et la droite d, représentation graphique de la fonction affine $x \mapsto x$:

A Ne se coupent pas.
B Se coupent en un unique point.
C Se coupent en deux points.
D Se coupent en trois points.

9 L'ensemble qui comporte tous les nombres réels sauf le nombre 3 peut s'écrire :

A $[-\infty\ ;\ 3] \cup [3\ ;\ +\infty]$.
B $]-\infty\ ;\ 3[\cap]3\ ;\ +\infty[$.
C $\mathbb{R} \setminus \{3\}$.
D $]-\infty\ ;\ 3[\cup]3\ ;\ +\infty[$.

CORRIGÉ P. 342

Fonctions du second degré ; fonctions homographiques

4

Hyperbole formée par la lumière projetée sur le mur et le sol.

« Le temps met tout en lumière. »

THALÈS (~625 av. J.-C. – ~546 av. J.-C.)

Le chapitre en bref

Réinvestir

- Généralités sur les fonctions
- Fonction carré : $x \mapsto x^2$
- Fonction inverse : $x \mapsto \frac{1}{x}$

Découvrir

- Fonctions polynômes de degré 2
- Fonctions homographiques

UN PEU D'HISTOIRE p. 133

Activités

1 Let ?

Réinvestir : Notion de variations d'une fonction.
Découvrir : Les fonctions polynômes de degré 2.

Laurent a trouvé sur un site internet qu'une trajectoire d'une balle de tennis est modélisée par la courbe ci-dessous, qui est obtenue comme représentation graphique de la fonction f définie par $f(x) = -0{,}00784x^2 + 2{,}5$, pour x compris entre 0 et 18.
x est l'abscisse de la position de la balle et $f(x)$ la hauteur de la balle à un instant donné.
Les distances x et $f(x)$ sont exprimées en mètre.

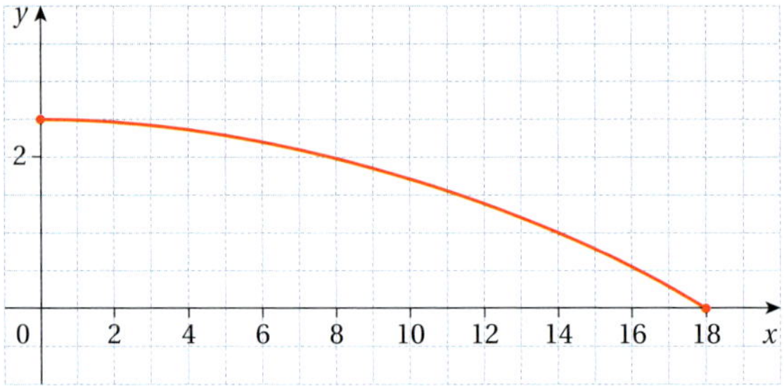

1 a. Calculer $f(0)$, $f(2)$, puis $f(x)$ pour x entier pair compris entre 4 et 18.
b. Conjecturer les variations de la fonction f.
c. La valeur $f(18)$ peut-elle correspondre à la réalité ?

2 Il s'avère que Laurent s'était trompé en recopiant l'écriture de la fonction, qui en réalité est :

$$g(x) = -0{,}00784x^2 + 0{,}01568x + 2{,}5.$$

a. Reprendre la question **1** avec la fonction g.
b. Tracer la courbe de g sur l'intervalle $[0 ; 1]$, dans un repère orthonormal en prenant 10 cm pour une unité en abscisse, 20 cm pour une unité en ordonnée et en traçant les ordonnées au dessus de 2,4.
c. Donner des contre-exemples qui montrent que g n'est ni croissante ni décroissante sur l'intervalle $[0 ; 18]$.

3 **Pour chercher**
Les dimensions du terrain de tennis sont 23,77 m de long et 8,23 m de large. En admettant que la hauteur du filet est de 91,4 cm (soit 1 yard), la balle le frôlera-t-elle ?

REMARQUE
Le tennis, sport dérivé du jeu de paume, est d'origine britannique. Ainsi, les dimensions d'un terrain données ci-dessus correspondent à des dimensions initialement en yard (1 yard = 0,914 m) : 26 yards de long par 9 yards de large. Quant au filet, sa hauteur au milieu est fixée à 1 yard (sa hauteur aux extrémités étant de 1,17 yard).

2 Autour de l'interdit

Réinvestir : Notion de représentation graphique d'une fonction.

Découvrir :
- Les fonctions homographiques.
- La signification de l'ensemble de définition.

1 Soit f la fonction définie par $f(x) = \dfrac{x+15}{10x+1}$.

Tracer sa courbe représentative à la calculatrice.

Quelle courbe vous rappelle-t-elle ?

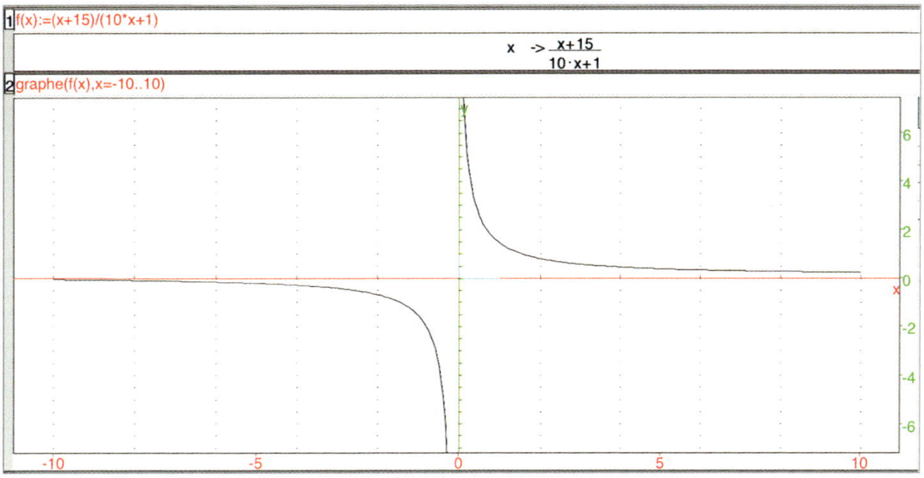

2 Pour préciser la courbe représentative de f, reproduire et compléter le tableau de valeurs suivant.

x	-2	-1	0	1	2	3
$f(x)$						

Pourquoi zéro est-elle une valeur interdite pour la fonction $x \mapsto \dfrac{1}{x}$ mais pas pour la fonction f ?

3 a. Résoudre dans $\mathbb{R}$ l'équation $10x + 1 = 0$.

b. Reproduire et compléter le tableau de valeurs suivant.

x	$-0{,}5$	$-0{,}4$	$-0{,}3$	$-0{,}2$	0	$0{,}1$	$0{,}2$
$f(x)$							

c. Placer les points correspondants à ce tableau de valeurs dans un repère. On choisira des unités adaptées.

Pour obtenir la courbe de la fonction f, relier certains des points placés.

Les points d'abscisse $-0{,}2$ et 0 sont-ils reliés ? Expliquer.

4 **Recherche d'antécédents**

a. *Antécédent de 0* : résoudre dans $\mathbb{R}$ l'équation $f(x) = 0$.

Comment retrouver ce résultat graphiquement ?

b. *Antécédent d'un nombre réel quelconque b* : montrer que l'équation $f(x) = b$ admet une unique solution lorsque $b \neq 0{,}1$.

c. Comment expliquer graphiquement que l'équation $f(x) = 0{,}1$ n'a pas de solution ?

Cours

A ÉTUDE DES FONCTIONS POLYNÔMES DE DEGRÉ 2

1 Fonction polynôme de degré 2

DÉFINITION

Une **fonction polynôme de degré 2** est une fonction f définie sur $\mathbb{R}$ par $f(x) = ax^2 + bx + c$ où a, b et c sont des nombres réels donnés avec $a \neq 0$.

EXEMPLES

Les fonctions f_1 et f_2 définies sur $\mathbb{R}$ par $f_1(x) = 0{,}5x^2 - 3x + 5$ et $f_2(x) = -2x^2 - 4x$ sont des fonctions polynômes de degré 2.

2 Variations

PROPRIÉTÉS

Soit f une fonction polynôme de degré 2 définie sur $\mathbb{R}$ par $f(x) = ax^2 + bx + c$.

- Si $a > 0$, f est d'abord décroissante, puis croissante.
- Si $a < 0$, f est d'abord croissante, puis décroissante.

DÉMONSTRATION

Soit f une fonction polynôme de degré 2 définie sur $\mathbb{R}$ par $f(x) = ax^2 + bx + c$, avec $a \neq 0$.

- Supposons que $a > 0$.

Montrons que f est croissante sur l'intervalle $\left[-\dfrac{b}{2a}\,;+\infty\right[$.

Soit x_1 et x_2 deux nombres distincts supérieurs à $-\dfrac{b}{2a}$ avec $x_2 > x_1$.

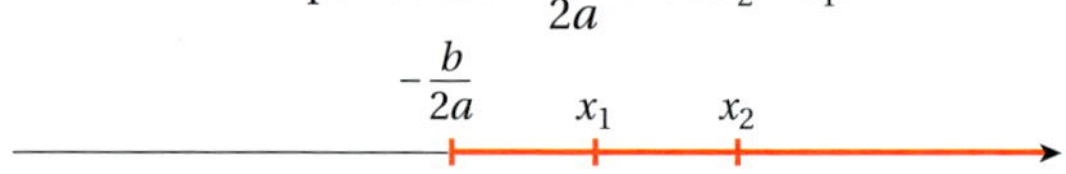

Comme $x_1 \geqslant -\dfrac{b}{2a}$ et $x_2 > -\dfrac{b}{2a}$, on en déduit que $x_2 + x_1 > -\dfrac{b}{a}$.

Pour étudier les variations de f, on calcule $f(x_2) - f(x_1)$:

$$\begin{aligned}
f(x_2) - f(x_1) &= (ax_2^2 + bx_2 + c) - (ax_1^2 + bx_1 + c)\\
&= a(x_2^2 - x_1^2) + b(x_2 - x_1)\\
&= a(x_2 - x_1)(x_2 + x_1) + b(x_2 - x_1)\\
&= (x_2 - x_1)(a(x_2 + x_1) + b)\\
&= a(x_2 - x_1)\left(x_2 + x_1 + \frac{b}{a}\right).
\end{aligned}$$

Or $a > 0$, $x_2 - x_1 > 0$ et $x_2 + x_1 + \dfrac{b}{a} > 0$.

Donc $f(x_2) - f(x_1) \geqslant 0$, ce qui prouve que f est croissante sur l'intervalle $\left[-\dfrac{b}{2a}\,;+\infty\right[$.

On peut montrer de la même manière que f est décroissante sur l'intervalle $\left]-\infty\,;-\dfrac{b}{2a}\right]$.

- Le cas $a < 0$ peut être étudié de manière similaire. ■

3 Représentation graphique

Savoir-faire 1
Tracer une parabole après avoir déterminé son sommet, p. 125

Soit f une fonction polynôme de degré 2 définie sur $\mathbb{R}$ par :

$$f(x) = ax^2 + bx + c, \text{ avec } a \neq 0.$$

Dans un repère, la courbe représentative de f est une parabole qui admet un axe de symétrie parallèle à l'axe des ordonnées. On appelle sommet le point de la parabole qui correspond au maximum ou au minimum de la fonction f.

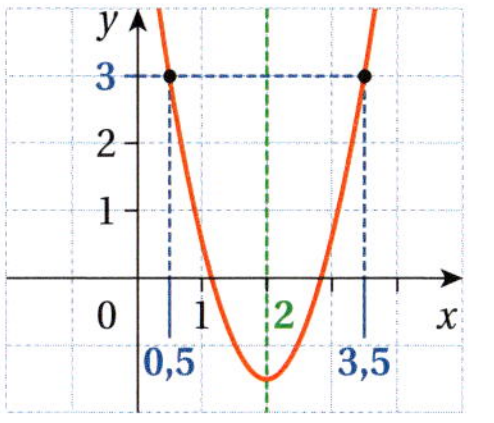

Conséquence de l'axe de symétrie d'une parabole

Lorsque l'on connaît deux points de même ordonnée de la courbe représentative d'une fonction polynôme de degré 2, l'abscisse du sommet de cette parabole se trouve au milieu des abscisses de ces deux points.

REMARQUE

Si l'expression de la fonction correspondante $f(x) = ax^2 + bx + c$ est connue, on peut retenir que l'abscisse du sommet de la parabole est donnée par la formule $-\dfrac{b}{2a}$ $(a \neq 0)$.

EXEMPLES

- La fonction f_1 définie sur $\mathbb{R}$ par :

$$f_1(x) = 0{,}5x^2 - 3x + 5$$

est la parabole $\mathscr{C}_1$ de sommet S_1.

- La fonction f_2 définie sur $\mathbb{R}$ par :

$$f_2(x) = -2x^2 - 4x$$

est la parabole $\mathscr{C}_2$ de sommet S_2.

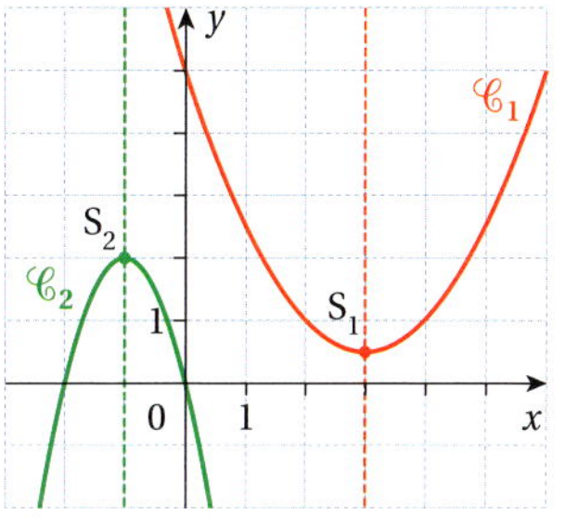

4 Variations lorsque $f(x)$ est sous une forme particulière

Savoir-faire 2
Déterminer l'expression d'une fonction polynôme de degré 2, p. 126

Savoir-faire 3
Déterminer les variations d'une fonction polynôme de degré 2 à partir d'une écriture particulière, p. 127

PROPRIÉTÉ

Une fonction polynôme de degré 2 dont l'écriture de $f(x)$ est sous la forme $\alpha(x-\beta)^2 + \gamma$ admet son maximum ou son minimum au point d'abscisse β.

DÉMONSTRATION

- Supposons, par exemple, que $\alpha > 0$.

On a alors pour tout x réel :

$f(x) = \alpha(x-\beta)^2 + \gamma \geqslant \gamma$ car $\alpha(x-\beta)^2$ est un nombre positif.

Or $f(\beta) = \alpha(\beta-\beta)^2 + \gamma = \gamma$.

On a donc pour tout x réel, $f(x) \geqslant f(\beta)$.

f admet donc un minimum en β.

- On montre de la même façon que f admet un maximum en β lorsque $\alpha < 0$. ■

EXEMPLE

Soit g la fonction définie sur $\mathbb{R}$ par $g(x) = x^2 + 4x + 5$.

Comme $g(x) = x^2 + 4x + 4 + 1 = (x+2)^2 + 1 = (x-(-2))^2 + 1$,

sa courbe représentative admet un minimum pour x égal à -2.

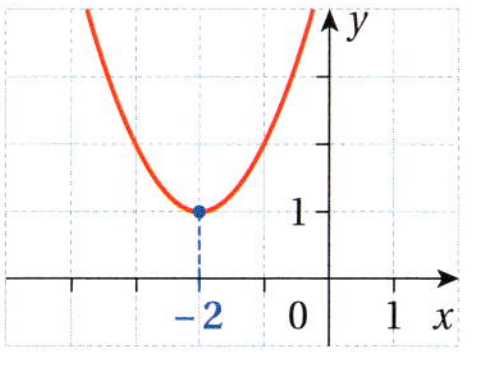

B ÉTUDE DES FONCTIONS HOMOGRAPHIQUES

1 Fonction homographique

DÉFINITION

Une **fonction homographique** est une fonction f définie par $f(x)=\frac{ax+b}{cx+d}$ où a, b, c et d sont des nombres réels donnés avec $c \neq 0$.

EXEMPLES

Les fonctions f et g définies par $f(x)=\frac{4}{x}$ et $g(x)=\frac{-x+3}{2x+7}$ sont des fonctions homographiques.

2 Ensemble de définition

DÉFINITION

L'ensemble de définition d'une fonction f est l'ensemble des nombres réels qui ont une image par f.

PROPRIÉTÉ

Une fonction homographique f telle que $f(x)=\frac{ax+b}{cx+d}$ est définie lorsque $cx+d \neq 0$, c'est-à-dire lorsque $x \neq -\frac{d}{c}$.

L'ensemble de définition de f s'écrit $\left]-\infty\,;-\frac{d}{c}\right[\cup \left]-\frac{d}{c}\,;+\infty\right[$ ou $\mathbb{R} \setminus \left\{-\frac{d}{c}\right\}$.

EXEMPLES

- Soit la fonction f telle que $f(x)=\frac{4}{x}$.

f est définie lorsque $x \neq 0$. L'ensemble de définition de f est $]-\infty\,;0[\cup]0\,;+\infty[$ (ou $\mathbb{R} \setminus \{0\}$).

- Soit la fonction g telle que $g(x)=\frac{-x+3}{2x+7}$.

g est définie lorsque $2x+7 \neq 0$, ce qui est équivalent à $x \neq -\frac{7}{2}$.

L'ensemble de définition de g est $]-\infty\,;-3{,}5[\cup]-3{,}5\,;+\infty[$ (ou $\mathbb{R} \setminus \{-3{,}5\}$).

3 Représentation graphique

Savoir-faire 4
Étudier graphiquement une fonction f telle que $f(x)=\frac{a}{x+b}$, p. 128

L'ensemble de définition d'une fonction homographique est toujours l'ensemble des nombres réels privé de la valeur α qui annule le dénominateur.
Il s'écrit sous la forme $]-\infty\,;\alpha[\cup]\alpha\,;+\infty[$ ou $\mathbb{R} \setminus \{\alpha\}$.
Comme α n'a pas d'image par f, la représentation graphique de f dans un repère ne coupe pas la droite verticale d'équation $x=\alpha$.
Les représentations graphiques des fonctions homographiques sont constituées de deux parties distinctes.

EXEMPLE

Soit la fonction f définie sur $]-\infty\,;3[\cup]3\,;+\infty[$ par $f(x)=\frac{2x+1}{x-3}$.

Sa représentation graphique est donnée ci-contre.

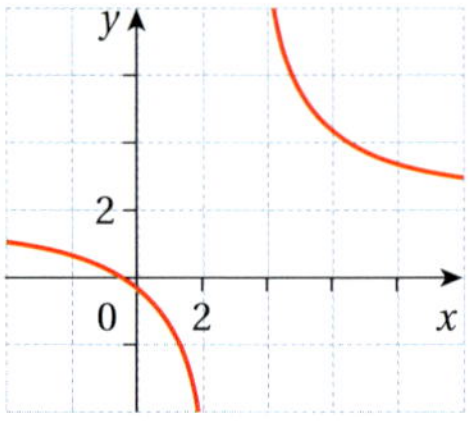

Savoir-faire

Savoir-faire 1 Tracer une parabole après avoir déterminé son sommet

ÉNONCÉ Soit f la fonction définie sur $\mathbb{R}$ par $f(x) = -x^2 + 4x + 1$. On note $\mathcal{P}$ sa courbe représentative dans un repère du plan.

a. Montrer que $f(0) = f(4)$.

b. En déduire les coordonnées du sommet S de la parabole $\mathcal{P}$.

c. Donner les variations de la fonction f.

d. Construire la courbe représentative de la fonction f.

SOLUTION

a. $f(0) = -0^2 + 4 \times 0 + 1 = 1$.
$f(4) = -4^2 + 4 \times 4 + 1 = 1$.

b. Comme $f(0) = f(4)$, l'abscisse du sommet S de la parabole est le milieu de l'intervalle $[0\ ;\ 4]$, c'est à dire 2.

$$f(2) = -2^2 + 4 \times 2 + 1 = 5.$$

Les coordonnées du sommet S sont donc $(2\ ;\ 5)$.

c. Le coefficient du terme dominant du polynôme f est égal à -1.
On sait alors que la fonction f admet un maximum en 2, abscisse du sommet de la parabole représentant f.
On en déduit que la fonction f est croissante sur l'intervalle $]-\infty\ ;\ 2]$, puis décroissante sur $[2\ ;\ +\infty[$.

d. Le tableau de valeurs suivant permet de tracer la parabole $\mathcal{P}$.

x	0	1	2	3	4	5
$f(x)$	1	4	5	4	1	–4

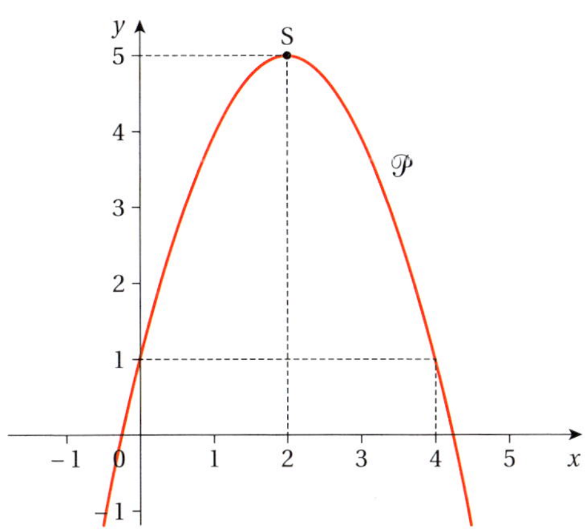

MÉTHODE

a. L'ordonnée d'un point situé sur une courbe se calcule en remplaçant x dans l'expression $f(x)$ par l'abscisse de ce point.

b. L'abscisse du sommet d'une parabole est le milieu des abscisses de deux points de la courbe qui ont la même ordonnée (c'est-à-dire la même image par f).

c. Le signe du terme dominant donne l'allure de la parabole, représentation graphique du trinôme. Les variations s'en déduisent alors immédiatement.

d. Un tableau de valeurs qui contient les cordonnées du sommet permet de choisir des unités adaptées, pour qu'une partie intéressante de la parabole soit visible.

▶ Exercices 4 à 7 p. 134

Savoir-faire 2 Déterminer l'expression d'une fonction polynôme de degré 2

ÉNONCÉ Dans un repère, une parabole $\mathscr{P}$ ayant un axe de symétrie parallèle à l'axe des ordonnées, passe par les points de coordonnées O(0 ; 0), A(1 ; 8) et C(4 ; 8).

a. Déterminer la fonction polynôme de degré 2 qui admet $\mathscr{P}$ comme courbe représentative.

b. Calculer les coordonnées du sommet S de cette parabole.

SOLUTION

a. $\mathscr{P}$ est la représentation graphique d'une fonction polynôme de degré 2 : $f(x) = ax^2 + bx + c$, avec $a \neq 0$.

On sait que les points de coordonnées O(0 ; 0), A(1 ; 8) et C(4 ; 8) appartiennent à $\mathscr{P}$. Donc pour trouver a, b et c, on résout le système :

$$\begin{cases} f(0)=0 \\ f(1)=8 \\ f(4)=8 \end{cases} \Leftrightarrow \begin{cases} c=0 \\ a+b+c=8 \\ 16a+4b+c=8 \end{cases}$$

$$\Leftrightarrow \begin{cases} c=0 \\ a=8-b \\ 16(8-b)+4b=8 \end{cases}$$

$$\Leftrightarrow \begin{cases} c=0 \\ a=8-b \\ b=10 \end{cases}$$

$$\Leftrightarrow \begin{cases} c=0 \\ a=-2 \\ b=10 \end{cases}$$

D'où $f(x) = -2x^2 + 10x$.

b. On remarque que les points A et C ont même ordonnée. Donc l'abscisse du sommet S est $\dfrac{1+4}{2} = 2{,}5$.

L'ordonnée de S est :

$$f(2{,}5) = -2 \times 2{,}5^2 + 10 \times 2{,}5 = 12{,}5.$$

Les coordonnées de S sont (2,5 ; 12,5).

Vérification avec Xcas :

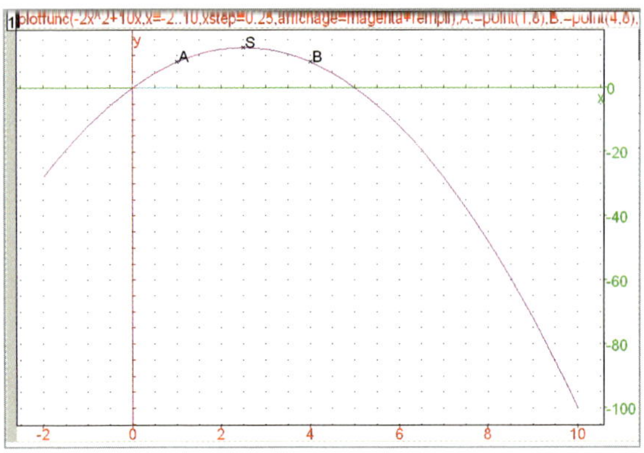

MÉTHODE

a. L'expression d'une fonction, qui a comme courbe représentative une parabole ayant un axe de symétrie parallèle à l'axe des ordonnées, est celle d'une fonction polynôme de degré 2 : $f(x) = ax^2 + bx + c$, avec $a \neq 0$.

Pour trouver a, b et c, on résout le système de 3 équations à 3 inconnues obtenu en remplaçant x et $f(x)$ par les coordonnées de trois points connus de la parabole.

b. Le sommet d'une parabole ayant un axe de symétrie parallèle à l'axe des ordonnées se trouve sur cet axe de symétrie.

Son abscisse est la demi-somme des abscisses de deux points symétriques de la parabole, qui ont même ordonnée.

On calcule l'ordonnée du sommet d'une parabole représentative d'une fonction polynôme de degré 2 en remplaçant x par la valeur de l'abscisse du sommet dans l'expression $f(x)$.

REMARQUE

Avec la calculatrice ou avec un grapheur on peut :

- vérifier que la fonction f trouvée convient en s'assurant que sa courbe passe par les trois points donnés ;
- trouver une valeur approchée des coordonnées du sommet de la parabole.

▶ Exercices 10 à 15 p. 134

Savoir-faire 3 Déterminer les variations d'une fonction polynôme de degré 2 à partir d'une écriture particulière

ÉNONCÉ Soit f la fonction définie sur $\mathbb{R}$ par $f(x) = 3x^2 + 12x - 1$.

a. Montrer que pour tout x réel, $f(x) = 3(x-2)^2 - 13$.

b. Déterminer les variations de f, puis tracer sa courbe représentative dans un repère.

SOLUTION

a. $3(x-2)^2 - 13 = 3(x^2 - 4x + 4) - 13$
$= 3x^2 + 12x - 1$
$= f(x)$.

b. Le cours nous indique que, comme le coefficient devant x^2 (il vaut 1) est positif, la fonction f est d'abord décroissante, puis croissante.

$f(x)$ s'écrit $3(x-2)^2 - 13$.

Or $3(x-2)^2 \geqslant 0$. Donc le minimum de f, atteint pour $x = 2$, vaut -13.

Les variations de f sont résumées dans le tableau suivant :

x	$-\infty$	2	$+\infty$
$f(x)$	↘	-13	↗

La courbe représentative de f est donnée ci-contre :

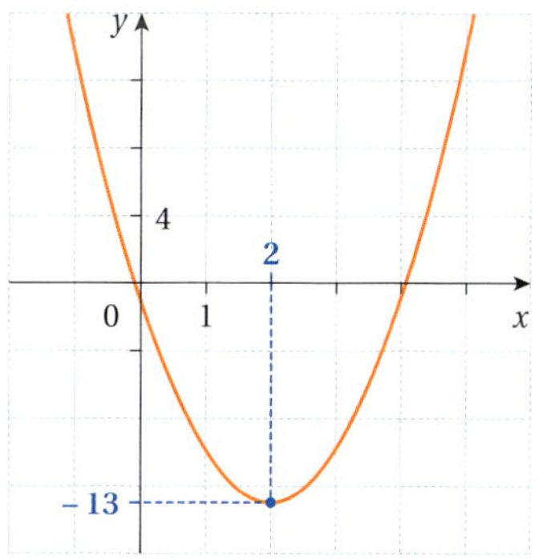

Remarque : La situation est ici simplifiée car l'énoncé nous donne la forme particulière qui permet de conclure. Il existe une méthode qui permet de l'obtenir qui ne sera vue qu'en classe de Première.

Celle-ci peut néanmoins s'obtenir dès que l'on connaît les coordonnées du sommet de la parabole. Son abscisse peut par exemple être calculée dès que l'on connaît deux points de la parabole ayant même ordonnée (voir **Savoir-faire 1**), son ordonnée s'obtient grâce à l'expression de la fonction.

Les coordonnées du sommet peuvent également être conjecturées par lecture graphique.

Dans notre exemple, on pourrait facilement lire à l'aide de la calculatrice que le sommet semble avoir pour coordonnées $(2\,;-13)$.

On essaie alors de trouver un réel α tel que pour tout réel x :

$$\alpha(x-2)^2 - 13 = f(x).$$

Pour $x = 0$ par exemple, on devrait avoir $4\alpha - 13 = -1$; dans ce cas $\alpha = 3$ convient.

Il reste néanmoins à vérifier que l'on a bien :

$$3(x-2)^2 - 13 = 3x^2 + 12x - 1 \text{ pour tout } x \text{ réel.}$$

MÉTHODE

a. On transforme une des expressions pour trouver l'autre. En général on développe celle dont l'écriture comporte des parenthèses.

REMARQUE

On peut éventuellement utiliser un logiciel de calcul formel.

b. Si l'expression de $f(x)$ est sous la forme $\alpha(x-\beta)^2 + \gamma$, le changement de variation a lieu en $x = \beta$.

Si α est positif, f est d'abord décroissante puis croissante, sinon c'est le contraire.

▶ Exercices 16 à 21 p. 135

Savoir-faire 4 Étudier graphiquement une fonction f telle que $f(x) = \dfrac{a}{x+b}$

ÉNONCÉ Soit la fonction f définie sur $]-\infty\,;1[\cup]1\,;+\infty[$ par $f(x) = \dfrac{300}{x-1}$.

a. À l'aide de la calculatrice, donner un tableau de valeurs de la fonction f, puis tracer sa courbe représentative dans un repère.

b. Donner, par lecture graphique, les variations de f.

SOLUTION

a. La calculatrice permet d'obtenir le tableau de valeurs et courbe.

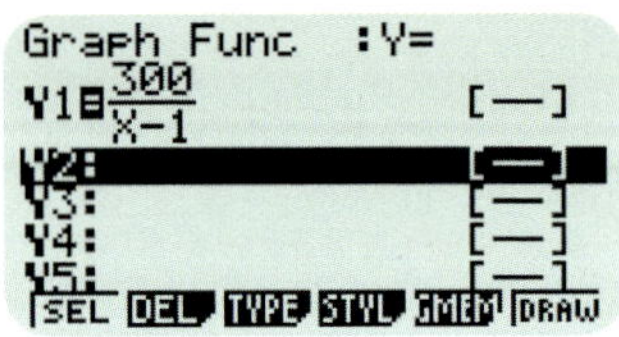

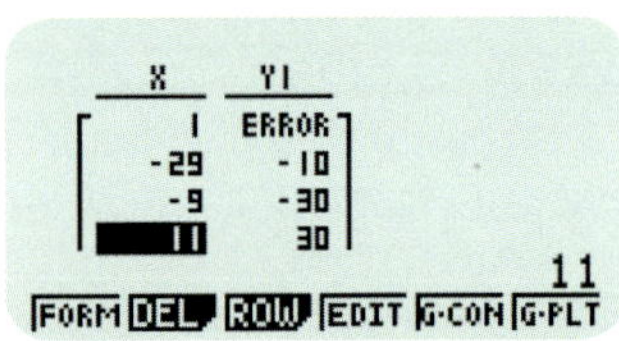

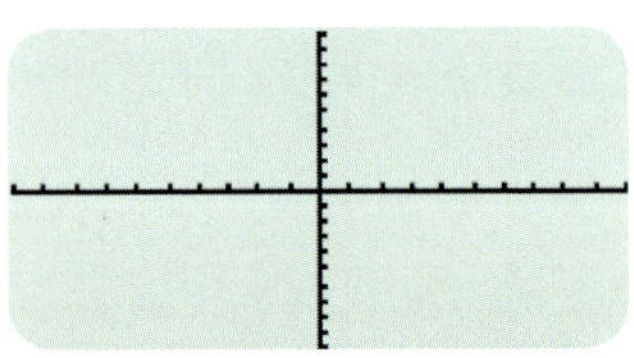

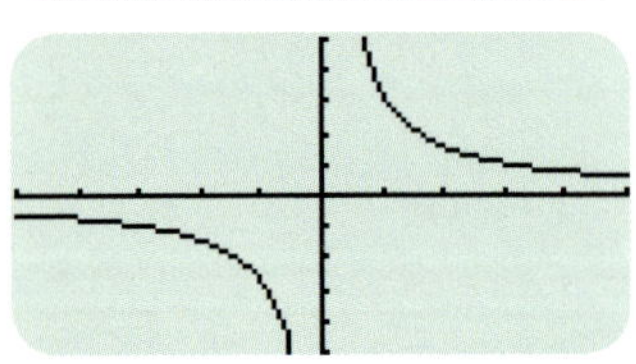

b. On constate que la fonction f est décroissante sur chacun des intervalles $]-\infty\,;1[$ et $]1\,;+\infty[$.

MÉTHODE

a. Pour la représentation graphique, on peut dans un premier temps être surpris par l'affichage de la calculatrice : aucune courbe n'est affichée si le fenêtrage choisi est « standard ».
Le calcul de quelques valeurs permet de se rendre compte que pour x et y compris entre -50 et 50, la courbe s'affiche.

b. Une lecture graphique des variations d'une fonction à partir d'un morceau de sa courbe affiché à l'écran de la calculatrice, se fait de la manière suivante : la fonction est croissante lorsque la courbe « monte », décroissante lorsque la courbe « descend ».
Par un changement de fenêtrage, on s'assurera que les variations constatées dans un premier temps semblent bien confirmées.

▶ Exercices 24 et 25 p. 135

Travaux pratiques

TP1 — Géométrie dynamique
Différentes paraboles

Objectif : À l'aide d'un logiciel ou d'une calculatrice, étudier l'influence d'un paramètre sur l'allure d'une courbe

Soit une fonction f définie sur $\mathbb{R}$ par $f(x) = a(x^2 + bx + c)$, où a, b et c sont des nombres réels.

1 On fixe b et c.
On prend par exemple $b = 3$ et $c = -4$. On a donc $f(x) = a(x^2 + 3x - 4)$.
a. À l'aide de la calculatrice, d'un logiciel de tracé de courbes ou d'un logiciel de géométrie dynamique avec curseur, tracer des courbes représentatives de telles fonctions pour différentes valeurs de a.
b. Conjecturer l'influence de la valeur de a sur l'allure de la courbe.

> **Coup de pouce**
> Penser à choisir également des valeurs négatives pour a.

2 On fixe a et b.
On prend par exemple $a = 1$ et $b = 3$. On a donc $f(x) = x^2 + 3x + c$.
a. Comme à la question **1 a**, tracer des courbes représentatives de telles fonctions pour différentes valeurs de c.
b. Conjecturer l'influence de la valeur de c sur l'allure de la courbe.

TP2 — Recherche de la distance de sécurité

Objectifs :
- Dans un problème concret, utiliser le graphique pour conjecturer.
- Étudier différentes fonctions du second degré.

Un projectile est lancé selon une direction d non verticale avec une vitesse v_0.
On note $\mathcal{P}$ le plan défini par la direction d et la verticale, et on muni ce plan d'un repère (O, I, J) où O est le point de départ du projectile, la droite (OI) est horizontale et la droite (OJ) est verticale.
Dans le repère (O, I, J) du plan $\mathcal{P}$, on note :

- $(x\,;y)$ les coordonnées du projectile à un instant donné, exprimées en mètres ;
- v_0 la vitesse initiale (en m/s) du projectile ($v_0 \neq 0$) ;
- α l'angle de tir (en degré), c'est-à-dire l'angle que fait la demi-droite d avec la demi-droite [OI) ; α appartient à l'intervalle $]0\,;90[$;
- $g \approx 9{,}81$ (en m/s^2) l'accélération de la gravité. On prendra $g = 10$.

On suppose ici que le frottement de l'air sur le projectile est négligeable.
En physique, on montre que, dans ces conditions, le projectile reste dans le plan $\mathcal{P}$ et que la fonction f qui à l'abscisse x fait correspondre l'ordonnée y est donnée par : .

$$f(x) = -\frac{g}{2{v_0}^2\cos^2\alpha}x^2 + (\tan\alpha)x.$$

Partie A : Étude graphique

1 À l'aide d'un logiciel de tracé de courbes ou avec la calculatrice, observer les tracés de la courbe représentative de f pour différentes valeurs de v_0 et de α.
On pourra prendre des valeurs de α entre 0 et 90 et des valeurs de v_0 entre 0 et 50.

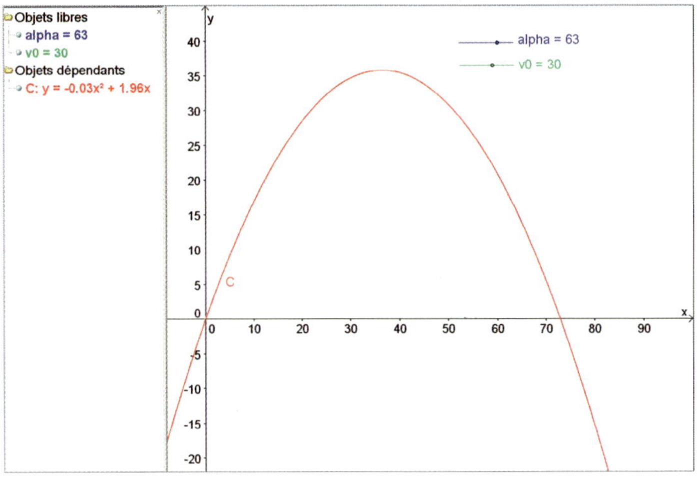

Observer les coordonnées des points d'intersection de ces courbes avec l'axe des abscisses. Quelle est leur signification ?

Partie B : Étude théorique dans le cas où v_0 = 30 m/s

Cette valeur peut correspondre à une balle de tennis lancée par un joueur confirmé.

1 On suppose $\alpha = 45°$.

a. Montrer que $f_1(x) = -\frac{1}{90}x^2 + x$.

b. Déterminer par calcul l'endroit où le projectile touchera le sol.

c. Dresser le tableau de variations de la fonction f_1 sur l'intervalle $[0 ; 90]$.

d. Tracer la courbe $\mathscr{C}_1$ représentative de f_1 dans un repère.

2 On suppose $\alpha = 30°$.

a. Montrer que $f_2(x) = -40x^2 + \frac{\sqrt{3}}{3}x$.

b. Calculer à quel endroit le projectile touchera cette fois-ci le sol.

c. Dresser le tableau de variations de la fonction f_2 sur l'intervalle $[0 ; 45\sqrt{3}]$.

d. Tracer la courbe $\mathscr{C}_2$ représentative de f_2 dans le même repère que précédemment.

e. Quelle sont les coordonnées du sommet de l'arc de la parabole tracée ?

3 On suppose $\alpha = 60°$.

a. Montrer que le projectile touche le sol au même endroit que dans le cas de la question **2**.

b. Quelles sont les coordonnées du sommet de l'arc de la parabole dans ce cas ?

4 **Recherche de la distance de sécurité**

a. Montrer que les coordonnées du deuxième point d'intersection de $\mathscr{C}_f$ avec l'axe des abscisses sont $(180 \sin\alpha \cos\alpha ; 0)$.

b. Reproduire et compléter le tableau de valeurs suivant.

α	10	20	30	40	50	60	70	80
$D = 180 \sin\alpha \cos\alpha$								

c. À la calculatrice, trouver une valeur approchée du maximum de D lorsque α varie dans l'intervalle $]0 ; 90[$.
Expliquer la signification de cette valeur.

TP3

ALGORITHMIQUE

Propriétés d'une courbe

Objectifs :
- Décrire les variations d'une fonction polynôme du second degré dans différents cas.
- Énumérer des propriétés de la parabole correspondante.
- Tester et modifier un algorithme.

Soit f la fonction définie sur $\mathbb{R}$ par $f(x) = ax^2 + bx + c$ où a, b et c sont des nombres réels, avec $a \neq 0$.
On note $\mathcal{P}$ la parabole qui est sa courbe représentative dans un repère.
On souhaite obtenir, à partir de l'indication des coefficients a, b et c, l'affichage d'un certain nombre d'informations.

1 Écrire la partie traitement manquante de l'algorithme ci-contre pour qu'il fonctionne correctement.
On pourra tester cet algorithme à la calculatrice ou avec un logiciel.

```
Entrer le nombre a
Entrer le nombre b
Entrer le nombre c
Si a > 0 alors
    | P1 prend la valeur « décroissante »
    | P2 prend la valeur « croissante »
Sinon
    |
Fin si
Afficher « La fonction f est d'abord »
Afficher P1
Afficher « La fonction f est ensuite »
Afficher P2
```

2 Proposer des modifications à effectuer dans l'algorithme de la question **1** pour qu'il affiche chacune des informations suivantes :

a. Les coordonnées du point d'intersection A de la parabole avec l'axe des ordonnées.

b. L'abscisse du deuxième point de la parabole $\mathcal{P}$ qui a comme ordonnée la même que celle de A.

c. L'abscisse du sommet de la parabole $\mathcal{P}$.

d. Selon le cas, le maximum ou le minimum de la fonction f sur $\mathbb{R}$.

TP4

ALGORITHMIQUE

Recherche d'un maximum et d'un minimum

Objectif : Étudier un algorithme qui donne une valeur approchée du minimum ou du maximum d'une fonction sur un intervalle.

Soit f la fonction $x \mapsto 2x - \sqrt{2}x^2$ définie sur l'intervalle $[0 ; 1]$.
Sans se préoccuper de l'étude de la fonction, il s'agit ici de rechercher un maximum de f sur l'intervalle $[0 ; 1]$.
On pourra se servir d'une représentation graphique pour contrôler les résultats obtenus.

1 Établir le tableau des valeurs de f pour x prenant les valeurs 0 ; 0,1 ; 0,2 … ; 1.

```
PROGRAM:ETUDE
:0→A
:0→X
:0→Y
:For(K,1,10)
:X+0.1→X
:2X-√(2)X²→Y
:If Y≥A
:Then
:Y→A
:End
:End
:Disp A
```

2 Sur une calculatrice, le programme d'un algorithme est donné ci-contre.
Que fait cet algorithme ?

3 Modifier le programme ci-contre pour qu'il stocke dans une variable B le minimum des 11 valeurs calculées en question **1**.

4 À la calculatrice ou à l'aide d'un logiciel, programmer l'algorithme de la question **3**.
On pourra l'améliorer pour réduire l'intervalle entre les valeurs calculées.

5 Pourquoi l'algorithme initial ne fonctionne pas avec la fonction $x \mapsto -3 - x^2$?

TP5

ALGORITHMIQUE

Position relative d'une courbe et d'une droite

Objectifs : • Étudier les valeurs d'une fonction homographique pour des grandes valeurs de la variable.
• Tester un algorithme.

Soit f la fonction $x \mapsto \frac{5x+50}{2x+10}$ définie sur l'intervalle [0 ; 500] et $\mathscr{C}$ sa courbe représentative dans un repère orthogonal du plan.

1 Après avoir déterminé un tableau de valeurs de la fonction f, tracer la courbe $\mathscr{C}$ dans un repère. On pourra prendre 10 cm pour 500 unités sur l'axe des abscisses et 1 cm pour 1 unité pour l'axe des ordonnées.

2 Soit Δ la droite parallèle à l'axe des abscisses qui passe par le point de coordonnées (0 ; 2,5). On donne l'algorithme suivant :

```
Entrer un nombre x
phrase1 prend la valeur « le point de 𝒞 d'abscisse x choisi n'appartient pas à Δ »
phrase2 prend la valeur « le point de 𝒞 d'abscisse x choisi appartient à Δ »
y prend la valeur (5x + 50) ÷ (2x + 10)
Si y-2,5 est supérieur à 0,1 alors
      Afficher phrase1.
Sinon
      Afficher phrase2.
Fin si
```

Quelle est la fonctionnalité de cet algorithme ? Donne-t-il une réponse « mathématiquement » exacte ?

3 Soit n un entier naturel compris entre 0 et 500.
On considère les points M et N d'abscisse n situés respectivement sur $\mathscr{C}$ et Δ.
En admettant que l'on ne peut pas différencier deux points du plan si la distance qui les sépare est inférieure à 0,05, écrire un algorithme qui donne le premier entier n pour lequel les points M et N ne seront plus différentiables.

4 Démontrer que, lorsque l'entier n augmente d'une unité, l'écart entre les points M et N diminue.

5 Retrouver la réponse à la question **3** par le calcul.

En sciences physiques ou en chimie,

il est souvent utile de pouvoir déterminer le comportement d'une fonction pour des grandes valeurs de la variable. Il est par exemple utile de connaître pour des grandes valeurs de la variable temps, la tension aux bornes d'un condensateur dans un circuit électronique, la quantité d'éléments radioactifs présents dans un lieu de stockage ou encore la concentration d'un réactif ou d'un produit lors d'une réaction chimique.

UN PEU D'HISTOIRE

Histoires de courbes

La conchoïde de Nicomède

Dès l'Antiquité, les savants se sont passionnés pour l'étude des courbes du plan. Le mathématicien grec, **NICOMÈDE d'Alexandrie** s'est rendu célèbre pour avoir construit une courbe qui porte aujourd'hui son nom, la conchoïde de Nicomède (> 1). Cette courbe est connue pour être la première construction mécanique (ou point par point) par recherche de lieu de points autre que la droite et le cercle.

Pour la construire, on se donne un point O, une droite d ne passant pas par O et un nombre réel a strictement positif. À tout point M de la droite d, on associe les points P et Q de la droite (OM) tels que MP = MQ = a. Lorsque M décrit la droite d, les points P et Q décrivent une conchoïde de Nicomède.

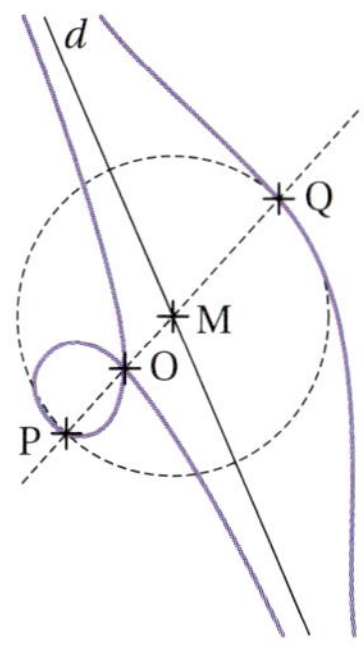

∧ **1.** La conchoïde.

La cycloïde de Galilée

Au XVIIe siècle, **GALILÉE** introduit et nomme la cycloïde et en fait une étude concise. Pour ses propriétés remarquables et harmonieuses, cette courbe est l'objet de nombreux défis entre les mathématiciens de l'époque. Elle est ainsi surnommée l'« Hélène des géomètres » en référence à l'héroïne de l'*Iliade* d'Homère (VIIIe s. av. J.-C.).

Blaise PASCAL (1623-1662) l'appelle la roulette et la définit comme « le chemin que fait en l'air un clou d'une roue quand elle roule de son mouvement ordinaire » (> 2).

Dans son *Traité des indivisibles*, le mathématicien et physicien **Gilles Personne de ROBERVAL** travaille sur la courbe, le tracé des tangentes et cherche à calculer l'aire comprise sous l'arche de la cycloïde.

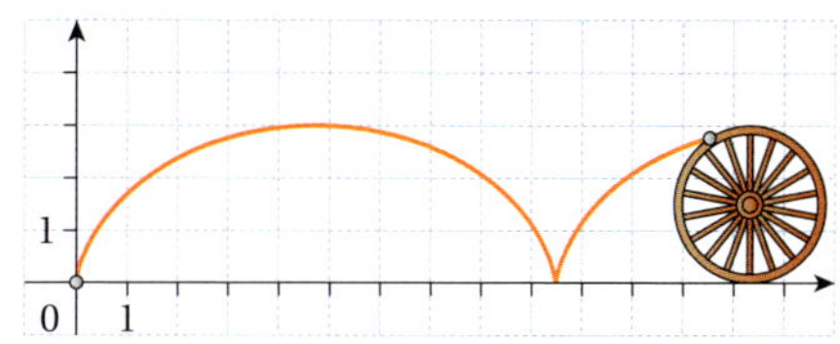

> **2.** La cycloïde.

La ligne courbe dans l'art

Les éléments géométriques comme les cercles, les angles, les lignes droites et les courbes prennent dans la peinture de Vassily Kandinsky (1866-1944) une grande importance (> 3). Kandinsky observe en particulier qu'il existe trois sortes de lignes droites : la ligne horizontale, qui exprime le froid, la ligne verticale, qui exprime le chaud, et la ligne diagonale qui possède une tonalité plus ou moins chaude ou froide selon son inclinaison. Les lignes courbes constituent quant à elles, de façon plus ou moins complexe, des variantes des trois lignes précédentes.

> **3.** *Jaune-rouge-bleu*, Vassily Kandinsky, 1925, peinture (Paris, Musée national d'Art moderne - Centre Georges Pompidou).

L'hyperbole d'Apollonius

Le mathématicien et astronome grec originaire d'Asie Mineure, Apollonius de PERGÉ (~ 262 av. J.-C. - ~ 180 av. J.-C.) a consacré l'essentiel de ses travaux aux coniques.

Il est le premier à utiliser un double cône pour définir l'hyperbole comme la section de ce double cône par un plan. Il obtient ainsi les deux branches de l'hyperbole dont il étudie les propriétés de base comme celles des tangentes et des asymptotes.

NICOMÈDE d'Alexandrie
(~ 280 av. J.-C. - ~ 210 av. J.-C., Grèce)
Il construit la conchoïde de cercle dans le but de résoudre la trisection de l'angle.

IIe s. av. J.-C.

Galileo Galilei, dit GALILÉE
(1564 - 1642, Italie)
Il introduit et nomme la cycloïde.

1599

Gilles Personne de ROBERVAL
(1602 - 1675, France)
Il travaille sur les courbes et le tracé de leurs tangentes.

1693

Exercices d'application

Fonctions polynômes de degré 2

1 Soit f la fonction définie sur $\mathbb{R}$ par $f(x) = x^2 - 3{,}5$.

1. Calculer les images par f des nombres réels suivants : -3 ; 0 ; 1 ; 2 et 3.

2. Une image par f peut-elle :

a. être négative ?

b. être strictement inférieure à $-3{,}5$?

2 Soit f la fonction définie sur $\mathbb{R}$ par $f(x) = x^2 - 3$.

a. Déterminer le ou les antécédents de 6 par f.

b. Déterminer le ou les antécédents de -3 par f.

3 Soit f la fonction définie sur $\mathbb{R}$ par $f(x) = -x^2 + 10$.

a. Calculer les images par f des nombres réels suivants : -3 ; 0 ; 1 ; 2 et 3.

b. Pour chacun des nombres réels suivants, déterminer le ou les antécédents par f : 1 ; 2 et 10.

Appliquer le savoir faire 1, p. 125

4 $\mathcal{P}$ est la courbe représentative dans un repère de la fonction f définie sur $\mathbb{R}$ par $f(x) = x^2 + 8x + 3$.

a. Montrer que $f(-5) = f(-3)$.

b. Quelle est l'abscisse du sommet de la parabole $\mathcal{P}$?

5 Soit f la fonction définie sur $\mathbb{R}$ par :

$$f(x) = -x^2 + 6x - 12.$$

a. Calculer $f(0)$, $f(1)$, $f(3)$, $f(5)$ et $f(6)$,

b. Quelle est l'abscisse du sommet de la parabole $\mathcal{P}$, courbe représentative de f dans un repère ?

Vérifier le résultat par affichage de $\mathcal{P}$ sur une calculatrice.

6 $\mathcal{P}$ est la courbe représentative dans un repère de la fonction f définie sur $\mathbb{R}$ par :

$$f(x) = 3x^2 - 30x + 3.$$

a. Montrer que $f(0) = f(10)$.

b. Calculer $f(-2)$ et en déduire sans autre calcul $f(12)$.

7 $\mathcal{P}$ est la courbe représentative dans un repère de la fonction f définie sur $\mathbb{R}$ par :

$$f(x) = 2x^2 - x - 6.$$

a. Indiquer lesquels des points suivants se trouvent sur la courbe $\mathcal{P}$.

$A\left(-\frac{1}{2};-6\right)$, $B(0\,;-6)$, $C\left(\frac{1}{6};-6\right)$, $D\left(\frac{1}{2};-6\right)$ et $F\left(\frac{3}{2};-6\right)$.

b. Quelles sont les coordonnées du sommet de $\mathcal{P}$?

c. Tracer $\mathcal{P}$.

8 Soit f la fonction définie sur $\mathbb{R}$ par $f(x) = -x^2 + 4\,000x$.
On note $\mathcal{P}$ sa courbe représentative dans un repère du plan.

a. Montrer que $f(0) = f(2\,000)$.

b. Calculer les coordonnées du sommet S de la parabole $\mathcal{P}$.

9 **a.** Tracer dans un repère les représentations graphiques des fonctions suivantes définies sur $\mathbb{R}$.

$$f(x) = x^2 + 5x + 4\ ;\ g(x) = -x^2 + 5x - 4\ ;$$
$$h(x) = x^2 - x + 2 \text{ et } i(x) = -x^2 - x - 2.$$

b. Pour chacune de ces fonctions, déterminer deux points différents qui ont la même ordonnée. En déduire les tableaux de variations de chaque fonction.

Appliquer le savoir faire 2, p. 126

10 Soit f une fonction définie par $f(x) = ax^2$, où a est un nombre réel.
Déterminer la valeur de a tel que $f(2) = 2$.

11 Soit g une fonction définie par $g(x) = x^2 + ax + b$, où a et b sont deux nombres réels.

a. Déterminer les valeurs de a et de b tel que :

$$g(0) = -4 \text{ et } g(2) = 6.$$

b. À l'aide de la calculatrice, vérifier graphiquement les réponses à la question précédente.

12 Dans un repère, une parabole $\mathcal{P}$ ayant un axe de symétrie parallèle à l'axe des ordonnées, passe par les points de coordonnées $A(-5\,;2)$, $O(0\,;0)$ et $C(5\,;2)$.

a. Déterminer la fonction polynôme de degré 2 qui admet $\mathcal{P}$ comme courbe représentative.

b. Placer les points O, A et C, puis tracer la parabole $\mathcal{P}$.

13 Soit f la fonction polynôme de degré 2 telle que :

$$f(-1) = 0, f(0) = 1 \text{ et } f(1) = 4.$$

a. Déterminer $f(x)$.

b. Tracer la courbe représentative de la fonction f dans un repère.

14 $\mathcal{P}$ est une parabole dans un repère orthogonal, qui a un axe de symétrie parallèle à l'axe des ordonnées.
Elle passe par les points $A(-50\,;8)$ et $B(2\,;8)$ et coupe l'axe des ordonnées en un seul point.
Quelles sont les coordonnées de ce point ?

15 $\mathcal{P}$ est une parabole dans un repère orthogonal, qui a un axe de symétrie parallèle à l'axe des ordonnées.
Elle passe par les points $O(0\,;0)$, $A(1\,;2)$ et $C(2\,;0)$.
Passe-t-elle également par le point $C(3\,;-6)$?

Appliquer le savoir faire 3, p. 127

16 Soit f la fonction définie sur $\mathbb{R}$ par $f(x) = x^2 + 4x$.
a. Montrer que pour tout x réel, $f(x) = (x + 2)^2 - 4$.
b. Donner le tableau de variations de f.
Utiliser l'affichage graphique de la calculatrice pour contrôler ces variations.

17 Soit la fonction f définie sur $\mathbb{R}$ par $f(x) = -x^2 + x - 4$.
a. Montrer que pour tout nombre réel x :
$$-x^2 + x - 4 = -(x - 0{,}5)^2 - 3{,}75.$$
b. Donner le tableau de variations de f.

18 Soit f la fonction définie sur $\mathbb{R}$ par $f(x) = x^2 - 7x - 2$.
a. Montrer que pour tout x réel :
$$x^2 - 7x + 2 = (x - 3{,}5)^2 - 10{,}25.$$
b. Déterminer les variations de f, puis tracer sa courbe représentative dans un repère.

19 Reprendre les questions de l'exercice **18** avec $f(x) = -x^2 + 8x - 15$ en montant que pour tout x réel, $-x^2 + 8x - 15 = -(x - 4)^2 + 1$.

20 Soit f la fonction définie sur $\mathbb{R}$ par $f(x) = -x^2 + 2\,000x$.
a. Montrer que pour tout x réel :
$$f(x) = -(x - 1\,000)^2 + 10^6.$$
b. Démontrer que la fonction f admet un maximum sur $\mathbb{R}$. En quelle valeur de x ce maximum est-il atteint ?

21 Soit f et g les fonctions définies sur $\mathbb{R}$ par :
$$f(x) = x^2 - 2{,}2\,x + 1{,}11 \quad \text{et} \quad g(x) = x^2.$$
a. Tracer dans un repère l'allure des deux paraboles $\mathcal{P}_f$ et $\mathcal{P}_g$, courbes représentatives des deux fonctions.
b. Montrer que pour tout x réel, $f(x) = (x - 1{,}1)^2 - 0{,}1$.
c. Lequel des sommets de ces paraboles a la plus grande abscisse ? la plus grande ordonnée ?

Fonctions homographiques

22 Soit f la fonction définie par $f(x) = \dfrac{x+3}{x-2}$ et $\mathcal{C}$ sa courbe représentative dans un repère.
Expliquer pourquoi $\mathcal{C}$ ne coupe pas la droite d, parallèle à l'axe des ordonnées passant par le point A(2 ; 0).

23 Soit la fonction f définie par $f(x) = \dfrac{3x+5}{x-2}$.
a. À l'aide de la calculatrice, tracer l'allure de $\mathcal{H}$, courbe représentative de f dans un repère orthonormal.
b. Tracer dans ce repère le point A(2 ; 3), la droite d_1, parallèle à l'axe des ordonnées passant par A et la droite d_2, parallèle à l'axe des abscisses passant par A.
c. Expliquer pourquoi la courbe $\mathcal{H}$ coupe les deux axes mais ne coupe pas les deux droites d_1 et d_2.

Appliquer le savoir faire 4, p. 128

24 Soit la fonction f définie sur $]-\infty\,;2[\,\cup\,]2\,;+\infty[$ par :
$$f(x) = \frac{1}{x-2}.$$
a. Montrer que $f(0) + f(4) = 0$.
b. À l'aide de la calculatrice, donner un tableau de valeurs de la fonction f, puis tracer sa courbe représentative $\mathcal{H}$ dans un repère.
c. Soit A le point d'abscisse 0 de $\mathcal{H}$, B le point d'abscisse 4 de $\mathcal{H}$ et I le point de coordonnées (2 ; 0).
Que représente le point I pour le segment [AB] ?

25 Soit la fonction f définie sur $]-\infty\,;-10[\cup]-10\,;+\infty[$ par :
$$f(x) = \frac{3}{x+10}.$$
a. Calculer $f(-11)$ et $f(-9)$.
b. À l'aide de la calculatrice, donner un tableau de valeurs de la fonction f, puis tracer sa courbe représentative dans un repère.
c. Donner, par lecture graphique, les variations de f.

26 Soit la fonction f définie sur $\mathbb{R}\setminus\{6\}$ par $f(x) = \dfrac{1}{2x-12}$.
a. Compléter le tableau de valeurs suivant :

x	0	4	5	5,5	6,5	7	8
$f(x)$							

b. Tracer la courbe représentative de f dans un repère.

27 Soit la fonction f définie sur $\mathbb{R}\setminus\{-5\}$ par $f(x) = \dfrac{x}{x+5}$.
a. Donner un tableau de valeurs pour f.
b. Tracer la courbe représentative de f dans un repère.

28 Les quatre tableaux de variations T_1, T_2, T_3 et T_4 correspondent aux quatre fonctions f, g, h et k données par :
$$f(x) = \frac{x+10000}{x+1000},\quad g(x) = \frac{x+10000}{x-1000},\quad h(x) = \frac{x-10000}{x+1000}$$
et $k(x) = \dfrac{x-10000}{x-1000}$.

T_1

x	$-\infty$		1 000		$+\infty$
...		↘	‖	↘	

T_2

x	$-\infty$		1 000		$+\infty$
...		↗	‖	↗	

T_3

x	$-\infty$		−1 000		$+\infty$
...		↘	‖	↘	

T_4

x	$-\infty$		−1 000		$+\infty$
...		↗	‖	↗	

Associer, en le justifiant, les tableaux aux fonctions.

Exercices pour se tester

Fonctions polynômes de degré 2

29 Question de cours

Soit f la fonction définie sur $\mathbb{R}$ par $f(x) = 220x^2 + 1\,000$.
Expliquer pourquoi cette fonction admet un minimum sur $\mathbb{R}$.

30 Vrai ou Faux ?

a. Soit f la fonction définie sur $\mathbb{R}$ par $f(x) = 4x^2 - 6x + 8$.
Pour tout x réel, $f(x)$ est égal à $(2x - 3)^2 - 1$.

b. On considère, dans un repère, la parabole $\mathcal{P}$, courbe représentative d'une fonction f de second degré, qui passe par les points de coordonnées $(2\,;\,3)$, $(5\,;\,8)$ $(10\,;\,3)$.
Le sommet de la parabole $\mathcal{P}$ a comme coordonnées $(6\,;\,2)$.

31 QCM

La fonction f est définie sur $\mathbb{R}$ par $f(x) = (x + 3)^2 - 7$.
f admet :

Ⓐ Un maximum en $x = -3$ qui vaut -7.
Ⓑ Un minimum en $x = -7$ qui vaut -3.
Ⓒ Un minimum en $x = -3$ qui vaut -7.
Ⓓ Un minimum en $x = 3$ qui vaut 7.

32 QCM

La fonction f est définie sur $\mathbb{R}$ par $f(x) = x^2 - 4x + 1$.
La courbe représentative de f que peut afficher la calculatrice est :

Ⓐ 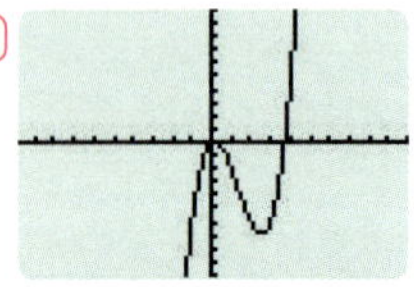
Ⓑ 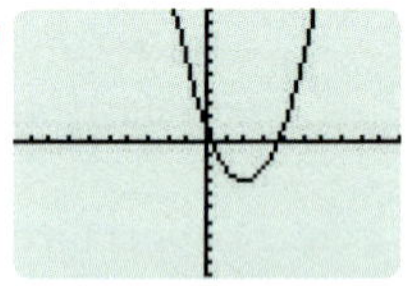
Ⓒ 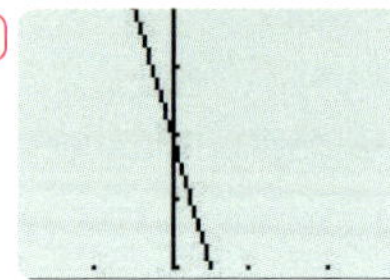
Ⓓ 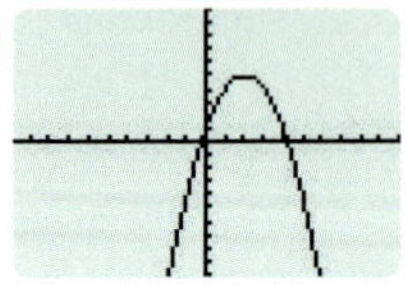

33 QCM

La fonction f est définie sur $\mathbb{R}$ par $f(x) = -3x^2 - x + 1$.
On peut affirmer que :

Ⓐ f est croissante sur $\mathbb{R}$.
Ⓑ f est d'abord décroissante sur un intervalle $]-\infty\,;\,e]$, puis croissante sur l'intervalle $[e\,;\,+\infty[$.
Ⓒ f est d'abord croissante sur un intervalle $]-\infty\,;\,e]$, puis décroissante sur l'intervalle $[e\,;\,+\infty[$.
Ⓓ On ne peut pas connaître les variations de f.

Fonctions homographiques

34 Vrai ou faux ?

Soit f la fonction définie par $f(x) = 3 + \dfrac{2}{x}$ pour tout x nombre réel non nul.
Pour tout nombre réel non nul x, le nombre $f(x)$ est supérieur à 3.

35 QCM

La fonction f est donnée par :

$$f(x) = \frac{2}{3x - 1}.$$

Son ensemble de définition est :

Ⓐ $\left]-\infty\,;\,\frac{1}{3}\right[\cup \left]\frac{1}{3}\,;\,+\infty\right[$.
Ⓑ $\mathbb{R}\backslash\left\{\frac{1}{3}\right\}$.
Ⓒ L'ensemble de tous les nombres réels sauf 0.
Ⓓ L'ensemble de tous les nombres réels sauf 0,33333.

36 QCM

La fonction f est définie sur $\mathbb{R} - \{10\}$ par $f(x) = \dfrac{-8}{x - 10}$.
f admet le tableau de variations suivant :

Ⓐ

x	$-\infty$	10	$+\infty$
$f(x)$	↘	‖	↘

Ⓑ

x	$-\infty$	8	$+\infty$
$f(x)$	↗	‖	↗

Ⓒ

x	$-\infty$	10	$+\infty$
$f(x)$	↗	‖	↘

Ⓓ

x	$-\infty$	10	$+\infty$
$f(x)$	↗	‖	↗

CORRIGÉ P. 342

Exercice résolu

37 Soit f la fonction définie sur $\mathbb{R}$ par $f(x) = -0{,}5x^2 + 3x$.
On note $\mathscr{C}$ la courbe représentative de f dans un repère.

1. a. Déterminer par le calcul les cordonnées de A et B, points d'intersection de $\mathscr{C}$ et de l'axe des abscisses.

b. Indiquer les variations de la fonction f.

c. Tracer la courbe $\mathscr{C}$.

2. a. Démontrer que pour tout nombre réel x, on a :

$$f(x) \leqslant 4{,}5.$$

b. Démontrer que, pour tout nombte réel x appartenant à l'intervalle $[0 ; 6]$, on a :

$$0 \leqslant f(x) \leqslant 4{,}5.$$

SOLUTION

1. a. Les points A et B ont une ordonnée nulle. Leurs abscisses s'obtiennent en résolvant dans l'ensemble $\mathbb{R}$ l'équation d'inconnue x : $-0{,}5x^2 + 3x = 0$.
En factorisant par x, $-0{,}5x^2 + 3x = x(-0{,}5x + 3)$.

Et $-0{,}5x + 3 = 0 \Leftrightarrow -0{,}5x = -3 \Leftrightarrow x = \dfrac{-3}{-0{,}5} \Leftrightarrow x = 6$.

Les deux solutions sont donc $x = 0$ et $x = 6$.
On obtient donc les coordonnées des deux points : A(0 ; 0) et B(6 ; 0).

b. Comme le coefficient du terme x^2 dans l'écriture de $f(x)$ est négatif (il vaut $-0{,}5$), la fonction f est d'abord croissante, puis décroissante.
La représentation graphique d'une fonction polynôme de degré deux est une parabole de « sommet » S.
Comme les deux points A et B ont même ordonnée, l'abscisse de S vaut la demi-somme des abscisses de A et de B, c'est-à-dire $\dfrac{0+6}{2} = 3$.

La fonction f est donc croissante sur l'intervalle $]-\infty ; 3]$ et décroissante sur l'intervalle $[3 ; +\infty[$.
Ces variations peuvent être résumées dans le tableau suivant :

x	$-\infty$	3	$+\infty$
$f(x)$	↗		↘

c. *Voir figure ci-contre.*

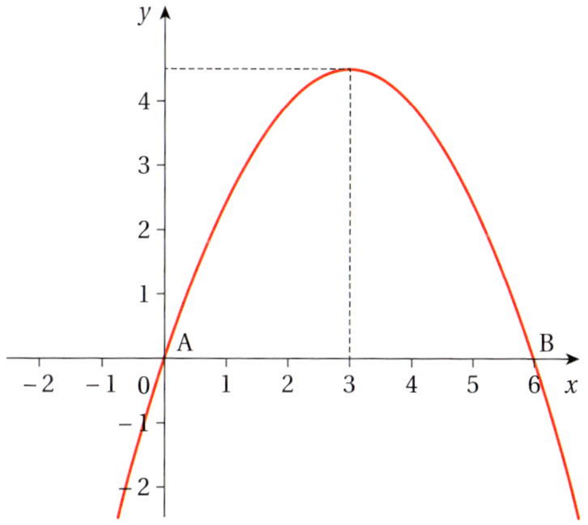

2. a. D'après la question **1.a**, la fonction f admet un maximum en $x = 3$.
Or $f(3) = -0{,}5 \times 3^2 + 3 \times 3 = 4{,}5$.
Donc pour tout nombre réel x, on a $f(x) \leqslant 4{,}5$.

b. D'après les questions **1.a** et **2.**, $f(0) = 0$ et f croissante sur l'intervalle $[0 ; 3]$.
Donc sur l'intervalle $[0 ; 3]$, le minimum de la fonction f est 0 et on a : $0 \leqslant f(x)$.
De manière similaire, sur l'intervalle $[3 ; 6]$, le minimum de la fonction f est 0.
On peut donc conclure que, pour tout nombre réel x appartenant à l'intervalle $[0 ; 6]$, on a :

$$0 \leqslant f(x) \leqslant 4{,}5.$$

Exercices d'approfondissement

Fonctions polynômes de degré 2

38 Soit f la fonction définie sur $\mathbb{R}$ par : $f(x) = -2x^2 + x$.

1. a. Calculer :

$$f(1) - f(0),\ f(2) - f(-1{,}5) \text{ et } f(100) - f(-99{,}5).$$

b. Pour a nombre réel quelconque, calculer :

$$f(0{,}25 + a) - f(0{,}25 - a).$$

2. Dans un repère, tracer la courbe $\mathscr{C}$ de la fonction f.

3. Expliquer graphiquement le constat fait aux questions **1.a** et **1.b**.

39 Soit la fonction f définie sur $\mathbb{R}$ par : $f(x) = x^2 - 5$.

a. Démontrer que f est décroissante sur l'intervalle $]-\infty ; 0]$.

b. Donner le tableau de variations de f.

c. Tracer sa courbe représentative dans un repère.

40 Démontrer que la fonction f définie sur l'intervalle $[-1 ; +\infty[$ par $f(x) = x^2 + 2x + 1$ est croissante.

41 **a.** Montrer que la courbe représentative de la fonction f définie sur $\mathbb{R}$ par $f(x) = x^2 - 2x + 5$ passe par les points A(0 ; 5) et B (2 ; 5).

b. Montrer que les courbes représentatives des fonctions g et h définies sur $\mathbb{R}$ par $g(x) = 10(x^2 - 2x) + 5$ et $h(x) = -10(x^2 - 2x) + 5$ passent également par les points A(0 ; 5) et B (2 ; 5).

c. Existe-t-il encore d'autres fonctions polynômes de degré 2 dont la courbe passe également par les points A et B ? Expliquer.

42 **a.** Tracer dans un repère la représentation graphique de la fonction définie sur $\mathbb{R}$ par $f(x) = -2x^2 + 3x$.

b. Résoudre graphiquement les équations suivantes :

$$f(x) = 0 \text{ et } f(x) = -3.$$

c. Résoudre graphiquement les inéquations suivantes :

$$f(x) \geqslant 0 \text{ et } f(x) < -3.$$

43 Les fonctions f et g, définies sur $\mathbb{R}$ par $f(x) = x^2 - 10$ et $g(x) = -x^2 + 8$, ont comme représentation graphique dans un repère les paraboles $\mathscr{P}_f$ et $\mathscr{P}_g$.

a. Déterminer graphiquement les points d'intersections de $\mathscr{P}_f$ et de $\mathscr{P}_g$.

b. Factoriser l'expression $f(x) - g(x)$.

En déduire par le calcul les points d'intersections de $\mathscr{P}_f$ et de $\mathscr{P}_g$.

c. Déterminer graphiquement et par le calcul sur quel(s) intervalle(s) $\mathscr{P}_f$ se trouve en dessous de $\mathscr{P}_g$.

44 Les fonctions f et g, définies sur $\mathbb{R}$ par $f(x) = 2x^2 + 4x - 7$ et $g(x) = -x^2 + x + 11$, ont comme représentation graphique dans un repère les paraboles $\mathscr{P}_f$ et $\mathscr{P}_g$.

a. Déterminer graphiquement les points d'intersections de $\mathscr{P}_f$ et et de $\mathscr{P}_g$.

b. Montrer que, pour tout x réel,

$$f(x) - g(x) = 3(x - 2)(x + 3).$$

En déduire par le calcul les points d'intersections de $\mathscr{P}_f$ et de $\mathscr{P}_g$.

c. Déterminer graphiquement et par le calcul sur quel(s) intervalle(s) $\mathscr{P}_f$ se trouve en dessous de $\mathscr{P}_g$.

45 **a.** Tracer dans un repère les représentations graphiques des fonctions définies sur $\mathbb{R}$ par $f(x) = 5x^2 + x + 2$ et $g(x) = x^2 + 5x + 1$.

b. Résoudre graphiquement, puis par le calcul, l'inéquation $5x^2 + x + 2 > x^2 + 5x + 1$.

46 **1.** Tracer dans un repère les représentations graphiques des fonctions suivantes définies sur $\mathbb{R}$:

$f(x) = -x^2 + 5$; $g(x) = x^2 + 4x + 5$;

$h(x) = 0{,}25x^2 - x + 2$; $i(x) = -0{,}1x^2 + 2$.

2. a. Résoudre graphiquement les équations d'inconnue x suivantes :

$$f(x) = g(x) \text{ et } f(x)(h(x) - i(x)) = 0.$$

b. Résoudre graphiquement les inéquations d'inconnue x suivantes :

$$f(x) \geqslant g(x) \text{ et } g(x)(h(x) - i(x)) \geqslant 0.$$

3. Reprendre la question **2.** par le calcul.

47 **a.** Montrer que la courbe représentative de la fonction f définie sur $\mathbb{R}$ par $f(x) = 2x^2 - 2x + 10$ passe par les points A(0 ; 10) et B(1 ; 10).

b. Existe-t-il une autre fonction polynôme de degré 2 dont la courbe passe également par les points A et B ? Expliquer.

48 Trouver une fonction du second degré dont la courbe passe par les points C(0 ; 8) et D(0 ; 10).

Expliquer en détail la méthode choisie pour la recherche, même si celle-ci n'a pas abouti.

49 Soit la fonction f définie sur $\mathbb{R}$ par $f(x) = x^2$ et la fonction g définie sur $\mathbb{R}$ par $g(x) = x^2 + ax + 1$, où a est un nombre réel quelconque.

a. Démontrer qu'il existe une unique valeur de a pour laquelle les paraboles $\mathscr{C}_f$ et $\mathscr{C}_g$ n'ont pas de point d'intersection.

b. Démontrer que, pour toutes les autres valeurs de a, les paraboles $\mathscr{C}_f$ et $\mathscr{C}_g$ ont un unique point d'intersection.

50 Dans un repère (O, I, J), soit $\mathcal{P}$ une parabole passant par les points O et A(1 ; 1).
$\mathcal{P}$ est la courbe représentative de la fonction f, polynôme de degré 2, telle que $f(x) = ax^2 + bx + c$, où a, b et c sont des nombres réels, $a \neq 0$.

a. Montrer que la parabole $\mathcal{P}$ passe par les points A et O si, et seulement si, les réels a, b et c sont solutions du système $\begin{cases} c = 0 \\ a + b + c = 1 \end{cases}$

b. Montrer que $f(x) = ax^2 - ax + x$, avec a nombre réel non nul.

c. On sait que $\mathcal{P}$ coupe l'axe des abscisses en O.
Donner, en fonction de a, l'abscisse du deuxième point d'intersection de $\mathcal{P}$ avec cet axe.

d. Quelle est, en fonction de a, l'abscisse du sommet de la parabole $\mathcal{P}$?

e. Montrer qu'aucune de ces paraboles ne peut avoir son sommet sur la droite verticale d'équation $x = 0{,}5$.

51 PROBLÈME OUVERT

Soit MAB un triangle de base AB égale à 8 cm.
Les points A et B sont fixes. Le sommet M se déplace sur une droite d parallèle à la droite (AB).
La distance entre les droites d et (AB) est égale à 6 cm.

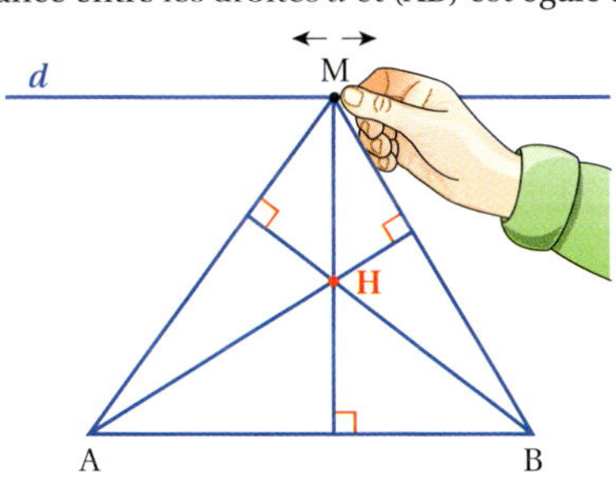

Tracer point par point la courbe sur laquelle se déplace l'orthocentre H du triangle MAB lorsque M se déplace sur la droite d.

D'après *Mathématiques sans frontières*, 2005.

Fonctions homographiques

52 **a.** La fonction f telle que $f(x) = \dfrac{x+4}{x-5}$ est-elle définie en $x = 5$? Expliquer.

b. Déterminer une fonction homographique définie sur $]-\infty\,;4[\cup]4\,;+\infty[$.

53 Démontrer que la fonction f définie sur l'intervalle $]5\,;+\infty[$ par $f(x) = \dfrac{1}{2x-10}$ est décroissante sur $]5\,;+\infty[$.

54 Soit f la fonction telle que $f(x) = \dfrac{x+1}{x-1}$.

1. Quel est l'ensemble de définition de f ?

2. a. Déterminer le ou les antécédents de 0 par f.

b. Déterminer le ou les antécédents de 2 par f.

c. Peut-on déterminer un antécédent de 1 par f ?

3. Tracer, à l'aide de la calculatrice, la courbe représentative de f et expliquer comment interpréter graphiquement les résultats de la question 2.

55 Soit f la fonction définie $\mathbb{R}\setminus\{-1\}$ par $f(x) = \dfrac{-2}{x+1}$ et $\mathcal{P}$ sa courbe représentative dans un repère (O, I, J).

a. Tracer $\mathcal{P}$.

b. Soit d_1, d_2 et d_3 les droites d'équations $y = 1$, $y = -1$ et $y = 3x - 2$.
Déterminer graphiquement, puis par le calcul, les coordonnées des points d'intersection de $\mathcal{P}$ avec les droites d_1, d_2 et d_3.

56 Soit la fonction f définie sur $\mathbb{R}\setminus\{1\}$ par $f(x) = \dfrac{1}{x-1}$ et la fonction g définie sur $\mathbb{R}\setminus\{-1\}$ par $g(x) = \dfrac{1}{x+1}$.

1. Tracer dans un repère les hyperboles représentant les fonctions f et g.

2. Démontrer que f est décroissante sur $]1\,;+\infty[$.

3. On admettra que f est décroissante sur $]-\infty\,;1[$, que g est décroissante sur $]-\infty\,;-1[$ et que g est décroissante sur $]-1\,;+\infty[$.
Dresser les tableaux de variations de f et de g.

4. Soit h la fonction telle que : $h(x) = \dfrac{1}{x-1} + \dfrac{1}{x+1}$.

a. Quel est l'ensemble de définition de la fonction h ?

b. Tracer dans un repère la courbe représentative de h.

c. Démontrer, à partir des résultats donnés dans la question 3, que la fonction h est décroissante sur l'intervalle $]-\infty\,;-1[$.

57 Soit une fonction f donnée par $f(x) = \dfrac{x}{x+a}$, où a est un nombre réel, et non définie pour la valeur $x = 3$.
Déterminer le nombre a.

58 La fonction f est donnée par $f(x) = \dfrac{x+a}{x+b}$, où a et b sont deux nombres réels. Dans un repère orthogonal, on considère sa courbe représentative $\mathscr{C}$.

a. Déterminer les nombres a et b tels que la courbe $\mathscr{C}$ coupe l'axe des abscisses au point A d'abscisse 5 et l'axe des ordonnées au point B d'ordonnée 10.

b. Tracer la courbe $\mathscr{C}$ et vérifier qu'elle respecte les conditions données dans la question précédente.

c. Déterminer une droite parallèle à l'axe des ordonnées que la courbe $\mathscr{C}$ ne coupe pas.

d. Montrer que la courbe $\mathscr{C}$ ne coupe pas la droite parallèle à l'axe des abscisses passant par le point E(0 ; 1).

Problèmes

59 Passer par trois points

Dans un repère, on considère trois points A, B et C de l'axe des abscisses.

a. Trouver une condition pour qu'il existe une fonction du second degré dont la courbe passe par A, B et C.

b. Si cette condition est vérifiée, la fonction est-elle unique ?

60 Dessiner un rectangle !

On souhaite dessiner un rectangle dans un triangle équilatéral de côté 10.

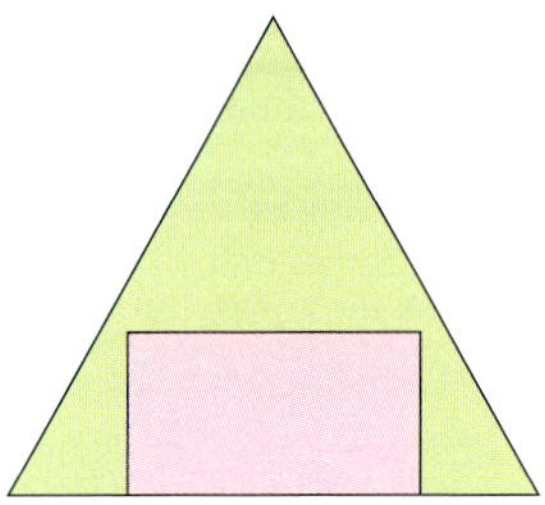

Trouver comment tracer ce rectangle pour que son aire soit la plus grande possible.
On pourra se limiter au cas où un des côtés du rectangle est confondu avec un des côtés du triangle.

61 Superposer

Soit α un nombre réel, h la fonction homographique définie par $h(x) = \dfrac{1}{x-\alpha}$ pour tout nombre réel différent de α, et $\mathscr{H}$ sa courbe représentative dans un repère orthonormal.

On donne :

- deux nombres réels a et b strictement inférieurs à α ;
- deux nombres réels c et d strictement supérieurs à α.

On considère A, B, C et D les points de $\mathscr{H}$ d'abscisses respectives a, b, c et d.

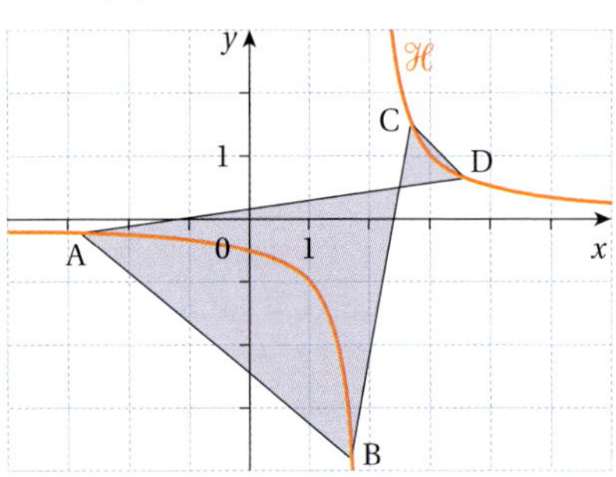

a. Le quadrilatère ABCD peut-il être un parallélogramme ?

b. Le quadrilatère ABCD peut-il être un losange ?

62 Où est la courbe ?

Soit une fonction f telle que : $f(x) = \dfrac{99x+10000}{x+101}$.

Une calculatrice donne les affichages suivants :

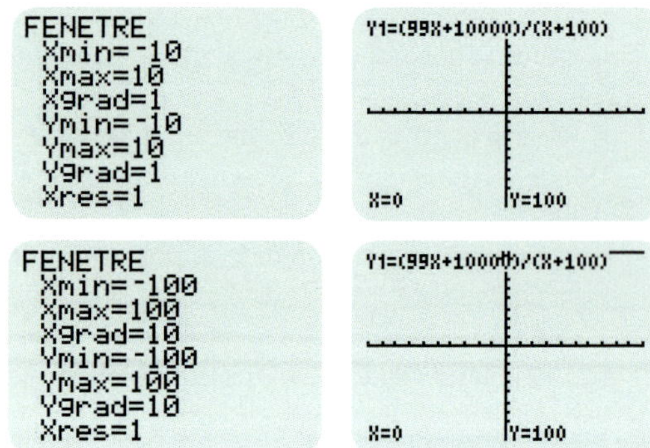

1. a. Donner un tableau de valeurs de f pour des valeurs entières de x choisies autour de -100 (-105 à -97 par exemple).

b. Quelles valeurs ($x_{\min}$, $x_{\max}$, $y_{\min}$, $y_{\max}$) faut-il choisir pour la fenêtre d'affichage pour voir sur le graphique les points donnés par ce tableau ?

c. Reproduire la courbe obtenue à la calculatrice avec cet affichage.

2. a. Montrer que 99 n'a pas d'antécédent par f.

b. Montrer que l'antécédent de 99,1 par f est 900.

c. Calculer le ou les antécédents de 99,5 par f.

d. Quelles valeurs ($x_{\min}$, $x_{\max}$, $y_{\min}$, $y_{\max}$) faut-il choisir pour la fenêtre d'affichage pour voir sur le graphique les valeurs calculées dans les questions **2.b** et **2.c** ?

e. Reproduire la courbe obtenue à la calculatrice avec ce nouvel affichage.

3. a. Choisir cette fois-ci les valeurs suivantes : $x_{\min} = -500$, $x_{\max} = 500$, $y_{\min} = -500$, $y_{\max} = 500$ et des unités adaptées.

b. Reproduire la courbe obtenue à la calculatrice avec ce dernier affichage.

63 Intersection de paraboles

Soit f et g les fonctions définies sur $\mathbb{R}$ par :

$$f(x) = (x-4)(x-3) \quad \text{et} \quad g(x) = 0{,}5x(x-4).$$

1. Résoudre dans $\mathbb{R}$ les équations $f(x) = 0$ et $g(x) = 0$.

2. a. Tracer dans un repère les courbes $\mathscr{C}_f$ et $\mathscr{C}_g$ des fonctions f et g.

b. Déterminer graphiquement leur point d'intersection.

3. Retrouver les résultats précédents par le calcul.

64 GÉOMÉTRIE DYNAMIQUE

L'aire varie-t-elle ?

Soit [AB] un segment de longueur 10 et M un point de ce segment.
On construit les deux carrés AMFE et MBHG.

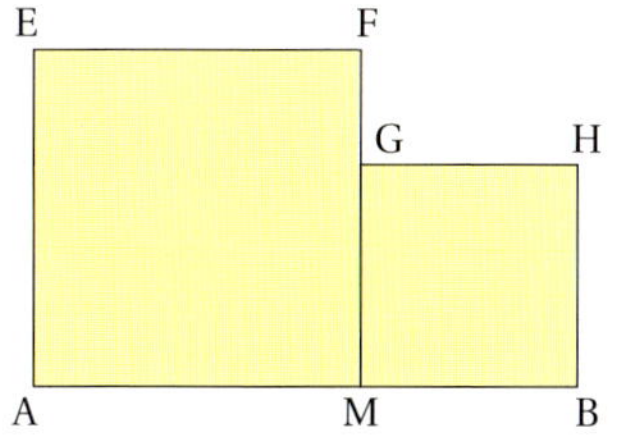

Il s'agit d'étudier la somme $\mathscr{A}$ des deux aires de ces carrés : est-elle constante ? Si non, dans quel intervalle varie-t-elle ?

1. a. Réaliser la figure à l'aide d'un logiciel de géométrie dynamique.

b. Conjecturer des réponses aux questions posées précédemment.

2. a. On pose x la longueur du segment [AM].

Quelles sont les valeurs possibles pour x ?

b. Montrer que la somme $\mathscr{A}$ des deux aires en fonction de x vaut $50 + 2(x-5)^2$.

c. Déterminer le minimum et le maximum de l'aire $\mathscr{A}$.

3. Pour aller plus loin

A, B et M étant défini comme ci-dessus, étudier :

a. la somme des aires des deux disques ci-dessous ;

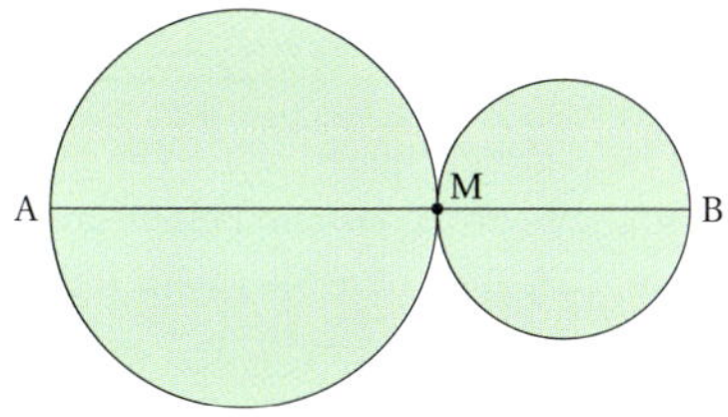

b. la somme des aires des deux triangles équilatéraux ci-dessous.

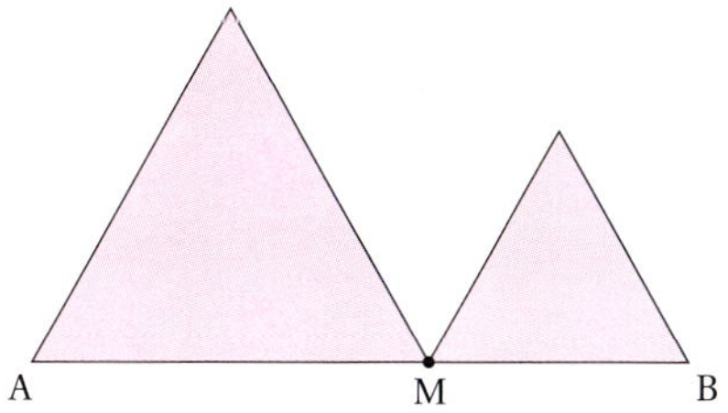

65 ALGORITHMIQUE

Décompte

Soit f la fonction définie sur l'intervalle $[2\,;9]$ par $f(x) = -0{,}25(x-2)(x-16)$ et $\mathscr{P}$ sa courbe représentative dans un repère du plan.

1. a. Déterminer les points d'intersection de $\mathscr{P}$ avec l'axe des abscisses.

b. Calculer les coordonnées du sommet de l'arc de parabole $\mathscr{P}$.

c. Dresser le tableau de variations de la fonction f.

d. Tracer $\mathscr{P}$.

2. Soit $\mathscr{E}$ la partie du plan située entre l'axe des abscisses, $\mathscr{P}$ et la droite d'équation $x = 9$.

a. Placer les points A, B, C et D ayant comme coordonnées respectives $(3\,;0)$, $(3\,;1)$, $(4\,;1)$ et $(4\,;0)$.

b. Montrer que le carré ABCD se trouve dans la partie $\mathscr{E}$.

3. On recherche le nombre de carrés de côté 1, de sommets à coordonnées entières, que l'on peut tracer dans $\mathscr{E}$.

Soit E, F, G et H un tel carré.

On note $(a\,;b)$ les coordonnées de E, avec a et b deux entiers naturels.

Par conséquent $(a\,;b+1)$, $(a+1\,;b+1)$ et $(a+1\,;b)$ sont les coordonnées des points F, G et H.

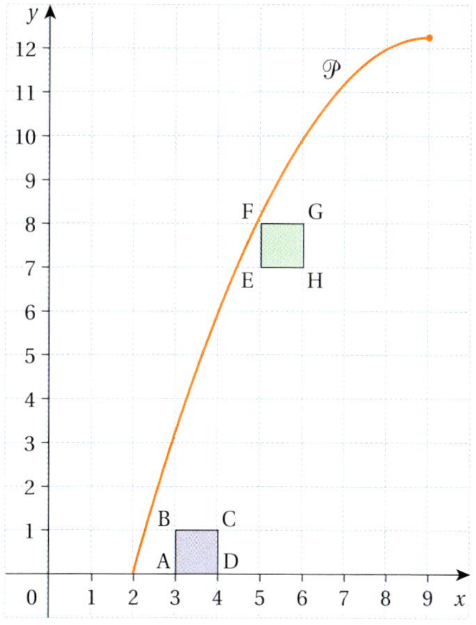

a. Quelles sont les conditions sur les nombres entiers a et b pour que le carré soit situé dans $\mathscr{E}$?

b. Proposer un algorithme qui compte le nombre de tels carrés situés dans $\mathscr{E}$.

c. Mettre en œuvre cet algorithme, soit en le déroulant « à la main », soit avec un langage de programmation.

Coup de pouce

La réponse est 50 ; cela se vérifie sur le graphique.

d. Modifier l'algorithme pour améliorer l'approximation qu'il donne de l'aire de $\mathscr{E}$.

66 Des coefficients inhabituels

Un logiciel de calcul formel permet de répondre très rapidement à certaines questions de cet exercice qui peut également être fait sans un tel outil.

Soit la fonction f définie sur $\mathbb{R}$ par :

$$f(x) = 0{,}0001x^2 - 0{,}0002x - 0{,}0003.$$

1. Tracer, à la calculatrice, la courbe $\mathscr{C}$ de f.
Vous ne la verrez peut-être pas et c'est… normal !

2. a. Montrer que :

$$f(x) = 0{,}0001(x+1)(x-3).$$

En déduire les points d'intersection de $\mathscr{C}$ et de l'axe des abscisses.

b. Quelle est l'abscisse du minimum de f sur $\mathbb{R}$?

c. Donner le tableau de variations de f sur l'intervalle $[-3\,;5]$.

3. a. Soit a un nombre réel quelconque.
Montrer que $f(1+a) = f(1-a)$.
En déduire que les points de la courbe $\mathscr{C}$ d'abscisse $(1-a)$ et $(1+a)$ sont symétriques par rapport à la droite d'équation $x = 1$.

b. Tracer la courbe $\mathscr{C}$ dans un repère judicieusement choisi.

67 TABLEUR Prévoir…

Un organisme caritatif compte chaque mois le nombre d'appels téléphoniques à son standard qui proviennent de personnes en détresse. À partir de ces données, les responsables souhaitent donner une estimation du nombre d'appels les mois suivants.
Voici leur relevé pour Janvier à Novembre 2012 :

Mois	Nombre d'appels
Janvier	1 500
Février	1 501
Mars	1 502
Avril	1 503
Mai	1 504
Juin	1 506
Juillet	1 508
Août	1 510
Septembre	1 512
Octobre	1 514
Novembre	1 516

1. Représentation à l'aide d'un tableur

a. Saisir les données dans un fichier.

b. Tracer le nuage de points correspondant.

2. Modélisations

a. Tracer dans un repère les points correspondants à l'étude. On prendra en abscisse les numéros des mois : 1 pour janvier, 2 pour février…
La graduation sur l'axe des ordonnées pourra commencer à 1 500.

b. Tracer dans le repère précédent la droite correspondant à la fonction f définie sur $\mathbb{R}$ par :

$$f(x) = 1\,500{,}4 + 1{,}5x.$$

c. Tracer, dans le même repère, la courbe correspondant à la fonction g définie sur $\mathbb{R}$ par :

$$g(x) = 0{,}1x^2 + 0{,}4x + 1\,500.$$

d. Laquelle des deux courbes semble la plus adaptée à modéliser la situation ?

e. Donner une estimation du nombre d'appels en décembre 2012, puis en décembre 2013.

68 PROBLÈME OUVERT Flip

Robert bewegt den Reifen mit Hilfe der abgebildeten Anordnung. Er zieht dazu an einem Seil, das im Punkt A befestigt ist und über die feste Rolle F sowie die bewegliche, lose Rolle P läuft.
Der Reifen hängt an der Rolle P, wodurch sein Gewicht stets so auf die beiden Seilstücke PA und PF aufgeteilt ist, dass die Winkelhalbierende des Winkels APF vertikal verläuft. Die Abmessungen der Anordnung können der Zeichnung entnommen werden.
Gesucht ist die Bahn, auf welcher sich P bewegt, wenn Robert am Seil zieht. P und F können als punktförmig angenommen werden.
Zeichne im Maßstab 1/10 mehrere aufeinanderfolgende Positionen von P ein. Verbinde diese Punkte so, dass die Bahn von P gut veranschaulicht wird.

D'après *Mathématiques sans frontières*, Mars 2004.

Coup de pouce
Il s'agit ici de construire point par point un arc d'une hyperbole. Voir p. 133 des exemples de courbes caractérisées par des conditions géométriques.

69 Variations d'une aire

Tracer un rectangle ABCD et les points E, F, G et H situés respectivement sur les segments [AB], [BC], [CD], [DA] tels que AE = BF = CF = DH.

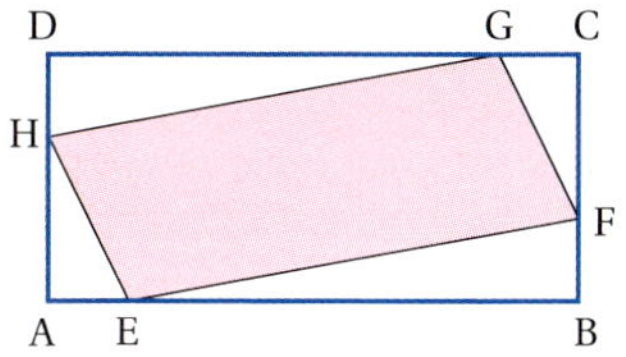

Partie A

Démontrer que le quadrilatère EFGH est un parallélogramme.

Partie B

On s'intéresse maintenant à l'aire du parallélogramme EFGH.

1. a. À l'aide d'un logiciel de géométrie dynamique construire la figure.

b. L'aire de EFGH semble-t-elle constante lorsque la longueur AE varie ?

c. La fonction qui à la longueur AE associe l'aire de EFGH semble-t-elle décroissante ?

Dans les questions **2** et **3**, on étudie deux situations.

2. Premier cas : AB = 10 et BC = 2.

On pose AE = x.

a. Montrer qu'il faut que $0 \leqslant x \leqslant 2$.

b. Montrer que la somme des aires des triangles EBF et GDE vaut $10x - x^2$.

c. Montrer que la somme des aires des triangles HAE et FCG vaut $2x - x^2$.

d. Montrer que l'aire du losange EFHG vaut :

$$2x^2 - 12x + 20.$$

e. À l'aide de la calculatrice trouver le tableau de variations de la fonction f définie sur $\mathbb{R}$ par :

$$f(x) = 2x^2 - 12x + 20.$$

f. Après avoir prouvé que $2x^2 - 12x + 20 = 2(x-3)^2 + 2$, démontrer que f est décroissante sur l'intervalle [0 ; 2].

3. Deuxième cas : AB = 8 et BC = 4.

On pose AE = x.

a. Montrer qu'il faut que $0 \leqslant x \leqslant 4$.

b. Montrer que l'aire du losange EFHG vaut :

$$2x^2 - 12x + 32.$$

c. À l'aide de la calculatrice, donner le tableau de variations de la fonction g définie sur $\mathbb{R}$ par :

$$g(x) = 2x^2 - 12x + 32.$$

d. Après avoir prouvé que :

$$2x^2 - 12x + 32 = 2(x-3)^2 + 14,$$

démontrer que g est décroissante sur l'intervalle [0 ; 3] et croissante sur l'intervalle [3 ; 4].

70 PROBLÈME OUVERT Gasper

Le dessin de Gasper ci-dessous est réalisé à partir d'arcs de paraboles.

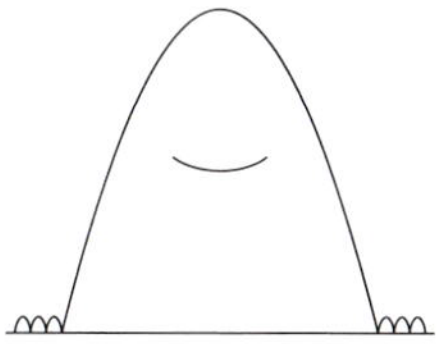

a. Proposer un repère pour cette figure.

b. Déterminer des fonctions polynômes de degré 2, définies chacune sur un intervalle, dont les courbes représentatives donnent le dessin proposé.

Coup de pouce

- Il est conseillé de choisir le repère de telle manière à ce que la haut de la tête de Gasper soit la représentation graphique de la fonction $x \mapsto -x^2 + 4$ sur l'intervalle [−2 ; 2].
- **Pour obtenir un des doigts de Gasper**

Soit f la fonction $x \mapsto -k(x-a)(x-b)$.
Calculer $f(a)$ et $f(b)$.
Donner le tableau de variations de la fonction f.
Montrer que $f\left(\dfrac{a+b}{2}\right) = \dfrac{k(b-a)^2}{4}$.

71 Coupera, coupera pas ?

1. Des conjectures

a. Dans un repère orthonormal (O, I, J), tracer la courbe $\mathscr{C}$ représentation graphique de la fonction f définie sur $\mathbb{R}$ par $f(x) = (x-4)(x-9)$.

b. Soit d une droite quelconque passant par l'origine O du repère.

À l'aide d'un logiciel ou de la calculatrice, conjecturer, selon le coefficient directeur de d, le nombre de points d'intersection de la droite d et de la courbe $\mathscr{C}$.

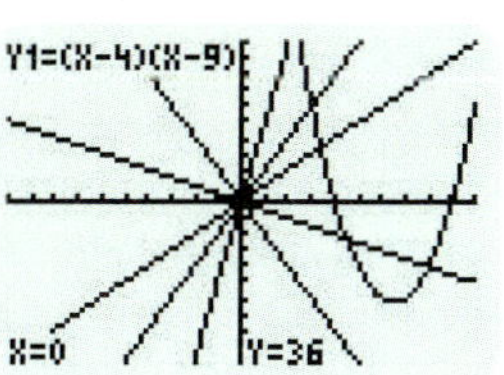

2. Deux études par le calcul

a. Résoudre dans $\mathbb{R}$ l'équation $(x-4)(x-9) = -x$.

b. Tracer la droite Δ_1 d'équation $y = -x$.

c. Interpréter graphiquement la solution trouvée à la question **2.a**.

d. Résoudre dans $\mathbb{R}$ l'équation $(x-4)(x-9) = -25x$ et interpréter graphiquement la solution trouvée.

72 ALGORITHMIQUE

Optimiser une production

Une entreprise produit des appareils électroménagers. Le coût de x appareils produits en un mois est donné, en euros, par $C(x) = x^2 + 50x + 100$, pour x entier avec $5 \leqslant x \leqslant 40$.

1. L'entreprise vend 100 euros pièce les appareils produits chaque mois.
Quel est le prix de vente de x appareils ?

2. Le bénéfice est égal à la différence entre le prix de vente et le coût de production.
Montrer que le bénéfice mensuel réalisé par la fabrication et la vente de x objets est égal à $B(x) = -x^2 + 50x - 100$, pour x appartenant à l'intervalle $[5 ; 40]$.

3. Calculer le bénéfice mensuel réalisé par la fabrication et la vente de 10 objets, puis de 40 objets.

4. a. À l'aide de la calculatrice, tracer la courbe représentative de la fonction g définie sur l'intervalle $[5 ; 11]$ par $g(x) = -x^2 + 50x - 100$.
b. Quel est le nombre d'appareils à produire et à vendre pour que le bénéfice de l'entreprise soit maximal ?

5. Proposer un algorithme pour répondre à la question **4.b** sans utiliser la question **4.a**.

73 ALGORITHMIQUE

Points à coordonnées entières ?

$\mathcal{H}$ est l'hyperbole qui est la courbe représentative de la fonction définie sur $\mathbb{R}\setminus\{-4\}$ par $f(x) = \dfrac{1}{x-4}$.

Partie A

Tracer $\mathcal{H}$ dans un repère.

Partie B

Le but de cette partie est de prouver par disjonction des cas qu'il n'existe que deux points de $\mathcal{H}$ qui a ses deux coordonnées entières.

1. *Premier cas* : soit x un nombre réel strictement supérieur à 8.
a. Montrer que si $x > 8$, alors $x - 4 > 0$.
En déduire que $f(x)$ est strictement positif.
b. Montrer que si $x > 8$, alors $x - 4 > 4$.
En déduire que $f(x) < 0{,}25$.
c. Montrer que si x est supérieur à 8, aucun des points de $\mathcal{H}$ ne peut avoir une ordonnée entière.

2. *Deuxième cas* : soit x un nombre réel strictement négatif.
a. Montrer que si $x < 0$, alors $x - 4 < 0$.
En déduire que $f(x)$ est strictement négatif.
b. Montrer que si $x < 0$, alors $x - 4 < -4$.
En déduire que $f(x) > -0{,}25$.
c. Montrer que si x est strictement négatif, aucun des points de $\mathcal{H}$ ne peut avoir une ordonnée entière.

3. *Troisième cas* : soit x un nombre réel appartenant à l'intervalle $[0 ; 8]$.
a. Montrer que si x n'est pas un entier, le point de $\mathcal{H}$ d'abscisse x ne peut pas avoir ses deux coordonnées entières.
b. Proposer un algorithme pour compter le nombre d'entiers x appartenant à $\{0 ; 1 ; \ldots ; 7 ; 8\}$ tels que $f(x)$ soit un entier.

4. Conclure.

74

Fonctionnement de l'œil

Le schéma suivant explique le fonctionnement de l'œil.
AB représente un objet. Ce dernier est vu par une personne car son image se projette au fond de l'œil sur la rétine.
Le segment vert représente le cristallin.

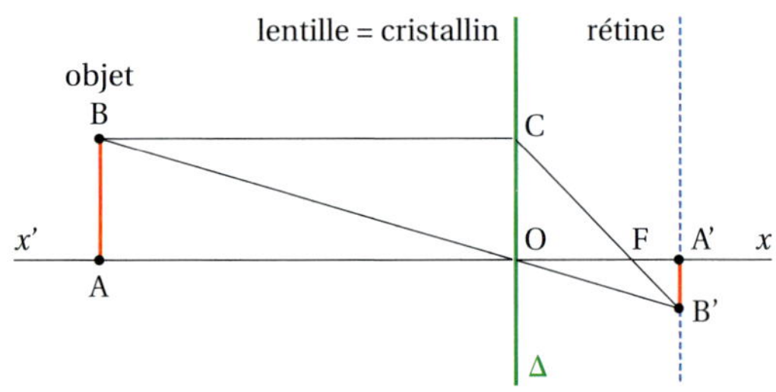

Pour construire géométriquement l'image de AB, on considère deux rayons lumineux particuliers qui partent du point B : celui qui passe par le centre de la lentille, qui n'est pas dévié, et celui qui est parallèle à l'axe, qui passe ensuite par un point donné F (foyer de la lentille).
Les 3 parties du problème sont indépendantes.

Partie A

1. Reproduire la figure ci-dessus en suivant le plan de construction imposé par le fonctionnement de l'œil :
- tracer une droite xx' (appelée axe focal) ;
- placer trois points sur cet axe : A, O et F ;
- tracer une droite Δ perpendiculaire à xx' passant par O (elle représente le cristallin) ;
- tracer un segment AB perpendiculaire à xx' (il représente l'objet vu par la personne) ;
- tracer la parallèle à xx' passant par B qui coupe Δ en C et la droite (CF) qui coupe (BO) en B' ;
- tracer la perpendiculaire à xx' passant par B' qui coupe xx' en A'.

2. a. En considérant les triangles COB et A'B'O, montrer que :

$$\frac{OA'}{BC} = \frac{A'B'}{CO}.$$

b. En considérant les triangles OFC et A'FB', montrer que :

$$\frac{A'B'}{CO} = \frac{FA'}{OF}.$$

c. En déduire que :

$$\frac{OA'}{OA} = \frac{FA'}{OF}.$$

d. On admet que dans cette construction FA' = OA' – OF. Montrer que :

$$\frac{1}{OA} = \frac{1}{OF} - \frac{1}{OA'}.$$

e. Pour la suite, on note OA = x et on pose OF = 8. Montrer que :

$$OA' = \frac{8x}{x-8}.$$

Partie B

En notant OA = x et en imposant OF = 8, on a :

$$OA' = \frac{8x}{x-8}.$$

Soit f la fonction telle que $f(x) = \frac{8x}{x-8}$.

a. Quel est son ensemble de définition, sachant que le point A se trouve sur la demi-droite [Ox') ?

b. Montrer que pour tout x appartenant à $[0;8[\cup]8;+\infty[$, $f(x) = 8 + \frac{64}{x-8}$.

c. Tracer la courbe représentative de f dans un repère.

d. Dresser le tableau de variations de f.

e. Pour quelles valeurs de x pourra-t-on être certain que $f(x)$ est compris entre 8,5 et 10 ?
Pour répondre à cette question, on pourra utiliser la calculatrice ou un logiciel de calcul formel.

Partie C

a. À l'aide d'un logiciel de géométrie dynamique, refaire la construction initiale.

b. Les droites (CF) et (BO) sont-elles toujours sécantes ?

c. Conjecturer l'endroit où se trouvera le point B' en fonction de la position du point A sur la demi-droite [Ox').

75 Intersections de courbes

Soit f la fonction définie sur l'intervalle [1 ; 3] par $f(x) = x^2$ et soit g la fonction définie sur l'intervalle [1 ; 3] par $g(x) = \frac{6-11x}{x-6}$.

1. Calculer les images de 1, 2 et 3 par f et par g.

2. Dans un repère, tracer les courbes représentatives de f et de g.

3. Pour chacune des phrases suivantes, indiquer si elle est vraie ou fausse, en justifiant la réponse.

a. Pour tout nombre réel x de l'intervalle [1 ; 3],on a $f(x) = g(x)$.

b. Il existe un nombre réel x de l'intervalle [1 ; 3] tel que $f(x) = g(x)$.

c. L'équation $f(x) = g(x)$, d'inconnue x, admet au moins 3 solutions sur l'intervalle [1 ; 3].

d. L'inéquation $f(x) > g(x)$, d'inconnue x, n'admet aucune solution sur l'intervalle [1 ; 3].

e. Si x est un nombre réel tel que $f(x) = g(x)$, alors x vaut 2.

f. Si x vaut 2, alors $f(x) = g(x)$.

76 Différence de distances

Dans un repère (O, I, J), on donne les points A(0 ; –1) et B(2 ; 1). On recherche l'ensemble $\mathcal{H}$ des points M du plan tels que la différence entre les longueurs AM et BM soit exactement égale à 2 ou à –2.

1. Placer les points A et B dans un repère (O, I, J).

2. Montrer que si les coordonnées de M sont (x ; y), alors on a :

$$MA = \sqrt{x^2+(y+1)^2} \text{ et } MB = \sqrt{(x-2)^2+(y-1)^2}.$$

3. Montrer que les points N_1 et N_2 de coordonnées respectives (2 ; 0,5) et (0 ; –0,5) appartiennent à $\mathcal{H}$.

4. Soit f la fonction définie sur $\mathbb{R}\backslash\{1\}$ par :

$$f(x) = \frac{1}{2x-2}.$$

a. Établir le tableau de variations de f.

b. Tracer sa courbe représentative $\mathcal{C}$.

c. Montrer que les point N_1 et N_2 se trouvent sur $\mathcal{C}$ dans le repère (O, I ,J).

d. À l'aide d'un logiciel de géométrie dynamique permettant de placer un point sur une courbe, vérifier que pour tout point M de la courbe, la différence MA – MB vaut 2 ou –2.

e. À l'aide d'un logiciel de calcul formel, démontrer que tous les points de $\mathcal{C}$ se trouvent sur $\mathcal{H}$.

5. Réciproquement, montrons que tout point de $\mathcal{H}$ se trouve sur $\mathcal{C}$.

a. Démontrer qu'un point M(x ; y) appartient à $\mathcal{H}$ si, et seulement si, ses coordonnées vérifient :

$$\sqrt{x^2+(y+1)^2} = \sqrt{(x-2)^2+(y-1)^2} - 2 \quad (1)$$

ou

$$\sqrt{x^2+(y+1)^2} = \sqrt{(x-2)^2+(y-1)^2} + 2 \quad (2)$$

b. Montrer que l'égalité (1) implique l'égalité :

$$x^2+(y+1)^2 = \left(\sqrt{(x-2)^2+(y-1)^2} - 2\right)^2 \quad (3)$$

Développer les deux membres de l'égalité (3), isoler la racine carrée, mettre au carré les deux membres, simplifier et conclure.

QCM Pour bien commencer

Pour chaque question, il y a une ou plusieurs bonnes réponses.

Pour les exercices 1 à 7

Soit les points A, B, C et D dans le repère ci-dessous.

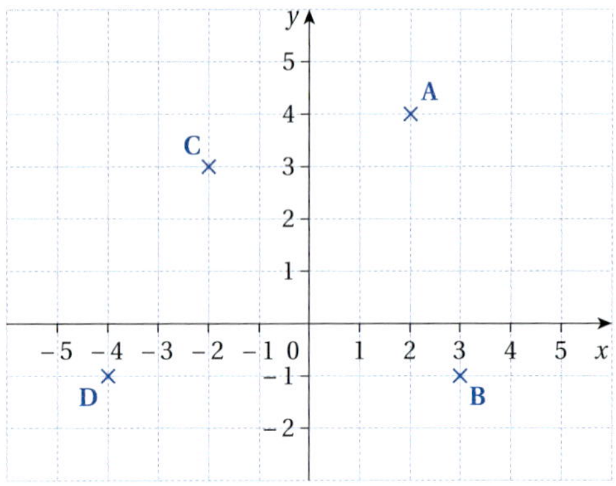

1 La longueur BD est égale à :

Ⓐ 4. Ⓑ 3. Ⓒ 7.

2 L'abscisse du point A est :

Ⓐ 4. Ⓑ 2. Ⓒ 0.

3 L'ordonnée du point B est :

Ⓐ −1. Ⓑ 0. Ⓒ 3.

4 Les coordonnées du point C sont :

Ⓐ (3 ; −2). Ⓑ (−3 ; 2). Ⓒ (−3 ; −2).
Ⓓ (2 ; −3). Ⓔ (−2 ; 3). Ⓕ (−2 ; −3).

5 Parmi les points A, B, C et D, celui qui possède la plus petite abscisse est :

Ⓐ A. Ⓑ B. Ⓒ C. Ⓓ D.

6 Parmi les points A, B, C et D, celui qui possède la plus grande ordonnée est :

Ⓐ A. Ⓑ B. Ⓒ C. Ⓓ D.

7 Les coordonnées du milieu du segment [AC] sont :

Ⓐ (0 ; 3,5). Ⓑ (3,5 ; 0).
Ⓒ (0 ; 4,5). Ⓓ (4,5 ; 0).

8 Parmi les figures suivantes, lesquelles semblent être des parallélogrammes ?

Ⓐ
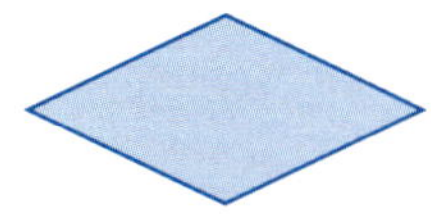

Ⓑ
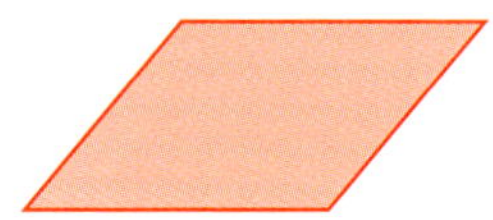

Ⓒ
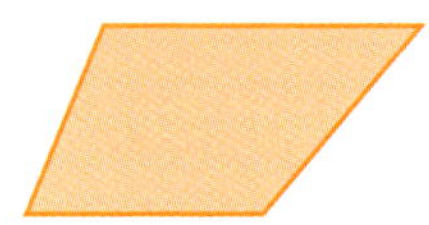

Ⓓ
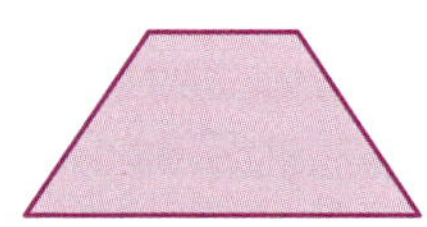

Ⓔ

Ⓕ

9 Dans un parallélogramme, les diagonales :

Ⓐ sont perpendiculaires.
Ⓑ ont la même longueur.
Ⓒ se coupent en leur milieu.

10 Dans un parallélogramme, les côtés opposés :

Ⓐ sont parallèles.
Ⓑ ont la même longueur.
Ⓒ ne possèdent pas de propriété particulière.

CORRIGÉ P. 342

Vecteurs et repères

5

Coordonnées GPS – latitude et longitude – d'une position exacte sur le globe.

> Le chemin le plus court pour aller d'un point à un autre n'est pas la ligne droite, c'est le rêve.
>
> Proverbe malien.

Le chapitre en bref

Réinvestir

- Coordonnées et repérage dans le plan

Découvrir

- Notion de translation
- Vecteurs du plan
- Coordonnées d'un vecteur
- Colinéarité

UN PEU D'HISTOIRE p. 172

Activités

1 Attention, ça glisse !

Découvrir : • Notion de translation par glissement.
• Le vecteur comme élément caractéristique de la translation.

1 **a.** Reproduire les patineurs ci-contre en respectant le quadrillage.
b. Dessiner le patineur 1 après son glissement jusqu'en B.
c. Dessiner le patineur 2 après un glissement de même direction, même sens et même longueur que celui du patineur précédent.

Le glissement ainsi défini s'appelle **la translation qui envoie A en B.**

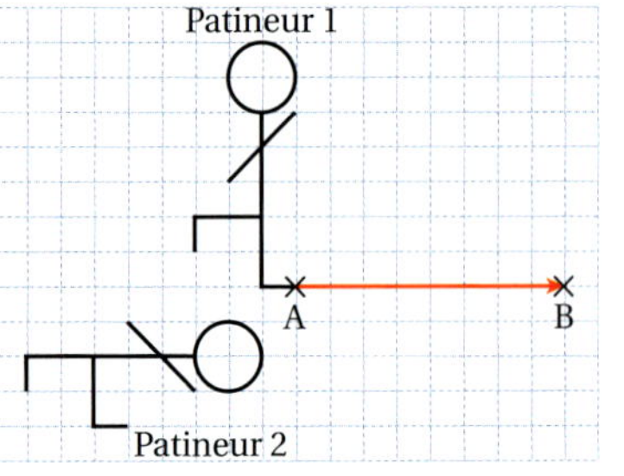

2 Regrouper les patineurs ci-dessous par paires de façon que l'on passe de l'un à l'autre par une translation.

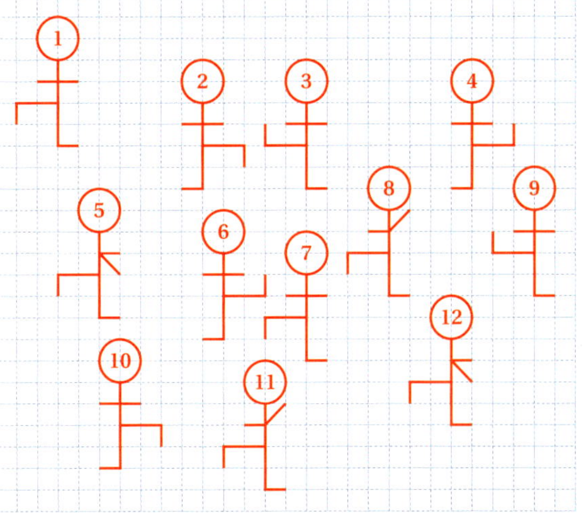

3 **a.** Reproduire la figure ci-contre en respectant le quadrillage.
b. Les points M et N définissent la translation qui envoie M en N. Construire l'image A'B'C'D' du quadrilatère ABCD par cette translation.
c. Tracer en rouge les 4 « segments fléchés » de A à A', de B à B', de C à C' et de D à D'.
Qu'ont-ils en commun ?

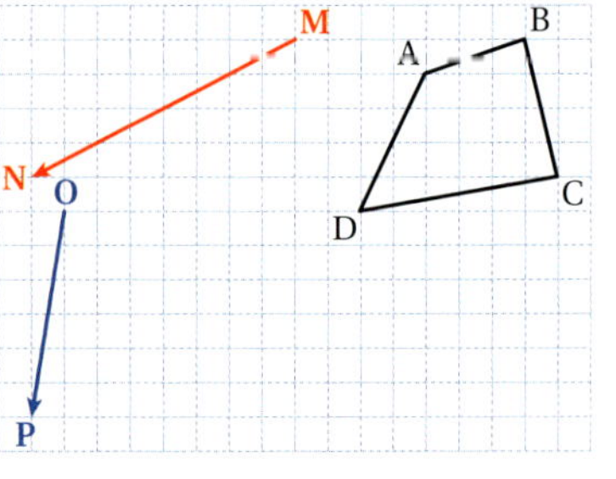

Ces « segments fléchés » représentent tous le même **vecteur** défini par sa direction, son sens et sa longueur. Celui-ci caractérise la translation précédemment définie.
Il peut se noter $\overrightarrow{MN}$, $\overrightarrow{AA'}$, $\overrightarrow{BB'}$, ... ou plus simplement $\vec{u}$.

d. Tracer l'image du quadrilatère ABCD par la translation de vecteur $\overrightarrow{OP}$.

2 Somme de vecteurs

Découvrir : • Démontrer que la composée de deux translations est une translation.
• Définir la somme de deux vecteurs.

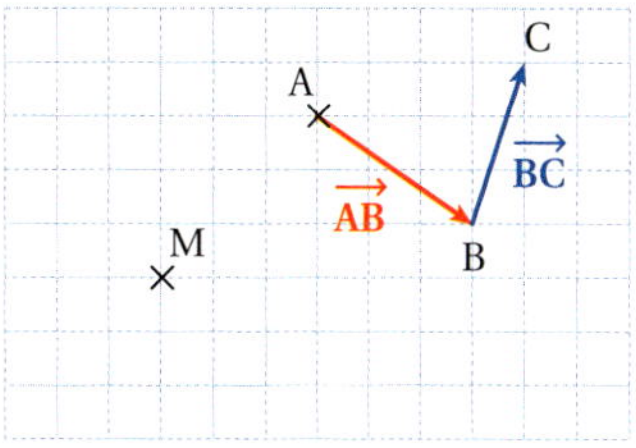

1 **a.** Reproduire la figure en respectant le quadrillage.
b. Construire le point N, image de M par la translation de vecteur $\overrightarrow{AB}$. Construire le point P, image de N par la translation de vecteur $\overrightarrow{BC}$.

2 **a.** Démontrer que ABNM est un parallélogramme.
En déduire que $\overrightarrow{AM} = \overrightarrow{BN}$.
b. Démontrer de même que $\overrightarrow{BN} = \overrightarrow{CP}$.
c. Démontrer que AMPC est un parallélogramme. En déduire que P est l'image de M par la translation de vecteur $\overrightarrow{AC}$.

3 Coordonnées de vecteurs

Découvrir : Notion de coordonnées d'un vecteur.

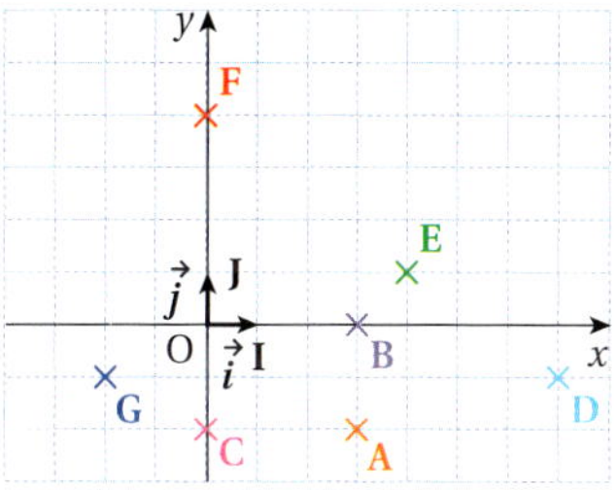

Soit (O, I, J) un repère orthonormé du plan.
On pose $\vec{i} = \overrightarrow{OI}$ et $\vec{j} = \overrightarrow{OJ}$.

1 **a.** Compléter : $\overrightarrow{OB} = \ldots \overrightarrow{OI}$ et $\overrightarrow{OC} = \ldots \overrightarrow{OJ}$.
Exprimer $\overrightarrow{OB}$ et $\overrightarrow{OC}$ en fonction de $\vec{i}$ et $\vec{j}$.
b. Exprimer $\overrightarrow{OA}$ en fonction de $\vec{i}$ et $\vec{j}$.
Comparer avec les coordonnées du point A.
c. Reproduire et compléter le tableau suivant.

Nom du point	Décomposition vectorielle	Coordonnées du point
A	$\overrightarrow{OA} = \ldots\ \vec{i} + \ldots\ \vec{j}$	(… ; …)
B		
C		
D		
E		
F		
G		

d. Reproduire le repère (O, I, J) et placer les points M, N et P tels que :
$\overrightarrow{OM} = 5\vec{i} + 3\vec{j}$ $\quad \overrightarrow{ON} = -\vec{i} + 5\vec{j}$ $\quad \overrightarrow{OP} = -4\vec{j}$

2 **a.** Exprimer $\overrightarrow{AD}$ en fonction de $\vec{i}$ et $\vec{j}$.
b. Compléter : $\overrightarrow{AD} = \overrightarrow{O\ldots}$. En déduire les coordonnées du vecteur $\overrightarrow{AD}$.
c. Reproduire et compléter le tableau suivant.

Nom du vecteur	Décomposition vectorielle	Coordonnées du vecteur
$\overrightarrow{AD}$	$\overrightarrow{AD} = \ldots\ \vec{i} + \ldots\ \vec{j}$	(… ; …)
$\overrightarrow{BF}$		
$\overrightarrow{EH}$		
$\overrightarrow{FC}$		

Cours

A NOTION DE VECTEUR

1 Translation et vecteur

DÉFINITION

Soit A et A' deux points distincts du plan.
On appelle **translation** qui envoie A sur A' la transformation par laquelle l'image $\mathcal{F}'$ d'une figure $\mathcal{F}$ est obtenue en faisant glisser la figure $\mathcal{F}$:

- selon la direction de la droite (AA') ;
- dans le sens de A vers A' ;
- d'une longueur égale à AA'.

Les couples de points (A ; A'), (B ; B'), (C ; C')… définissent un **vecteur** caractérisé par cette direction, ce sens et cette longueur.

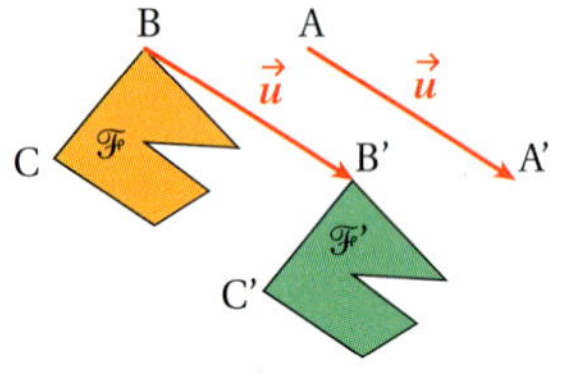

On note $\vec{u}$ ce vecteur associé à la translation et on écrit : $\vec{u} = \overrightarrow{AA'}$.
On dit que $\overrightarrow{AA'}$ est un **représentant** de $\vec{u}$.
Les vecteurs $\overrightarrow{BB'}$, $\overrightarrow{CC'}$…sont également des représentants de $\vec{u}$.
On écrit : $\overrightarrow{BB'} = \overrightarrow{CC'} = \ldots = \vec{u}$.

ATTENTION !

- Il ne faut pas confondre sens et direction.

Une droite définit une direction : ici, la direction de la droite (AB).
Une direction possède deux sens : ici, de A vers B d'une part, de B vers A d'autre part.

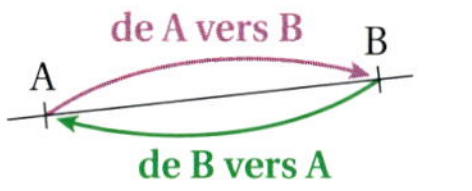

- La longueur d'un vecteur est aussi appelée la norme du vecteur.

2 Vecteurs égaux

DÉFINITION

Les vecteurs $\overrightarrow{AB}$ et $\overrightarrow{CD}$ sont égaux lorsqu'ils ont même direction, même sens et même longueur.

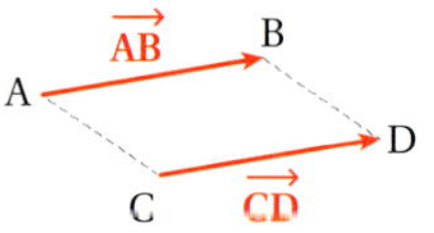

On note $\overrightarrow{AB} = \overrightarrow{CD}$.

PROPRIETÉ

Soit A, B, C et D quatre points deux à deux distincts. Les vecteurs $\overrightarrow{AB}$ et $\overrightarrow{CD}$ sont égaux si, et seulement si, le quadrilatère ABDC est un parallélogramme, éventuellement aplati.

REMARQUE

Cette propriété peut aussi être énoncée de la façon suivante : les vecteurs $\overrightarrow{AB}$ et $\overrightarrow{CD}$ sont égaux si, et seulement si, les segments [AD] et [BC] ont même milieu.

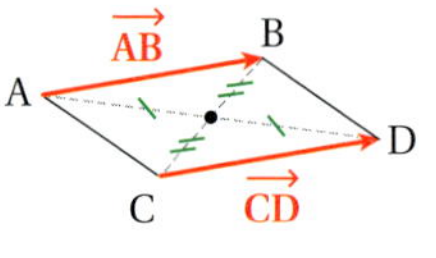

DÉMONSTRATION

Si $\overrightarrow{AB} = \overrightarrow{CD}$, la translation de vecteur $\overrightarrow{AB}$ transforme le point C en D. Les segments [AB] et [CD] ont donc même longueur et même direction. Le quadrilatère non croisé ABDC est donc un parallélogramme (éventuellement aplati).

Réciproquement, les vecteurs $\overrightarrow{AB}$ et $\overrightarrow{CD}$, définis à l'aide des segments [AB] et [CD] d'un parallélogramme ABDC, sont égaux car les côtés opposés d'un parallélogramme sont parallèles et de même longueur. ■

La seconde propriété est prouvée dans l'exercice 79, p. 174.

REMARQUES

- I est le milieu de [AB] si, et seulement si, $\overrightarrow{AI} = \overrightarrow{IB}$.
- Si $\overrightarrow{AB} = \overrightarrow{CD}$, alors on a également les égalités suivantes :
$\overrightarrow{BA} = \overrightarrow{DC}$, $\overrightarrow{BD} = \overrightarrow{AC}$ et $\overrightarrow{DB} = \overrightarrow{CA}$.

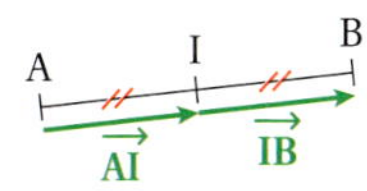

3 Vecteur nul

DÉFINITION

Un vecteur $\overrightarrow{AB}$ est **nul** lorsque les points A et B sont confondus.

On note $\vec{0} = \overrightarrow{AA} = \overrightarrow{BB} = \ldots$

4 Vecteurs opposés

DÉFINITION

Deux vecteurs sont **opposés** lorsqu'ils ont la même direction, la même longueur et qu'ils sont de sens contraire.

$\overrightarrow{AB}$ et $\overrightarrow{BA}$ sont des vecteurs opposés.
On note $\overrightarrow{BA} = -\overrightarrow{AB}$.

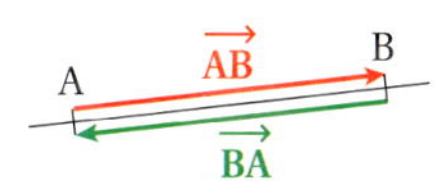

B SOMME DE DEUX VECTEURS

1 Définition

Soit t_1 **la translation de vecteur** $\vec{u}$ et t_2 **la translation de vecteur** $\vec{v}$.
Appliquer la translation t_1, puis la translation t_2 :

$$M \overset{t_1}{\mapsto} M_1 \overset{t_2}{\mapsto} M_2$$

revient à appliquer **la translation t de vecteur** $\vec{w} = \vec{u} + \vec{v}$,

$$M \overset{t}{\mapsto} M_2$$

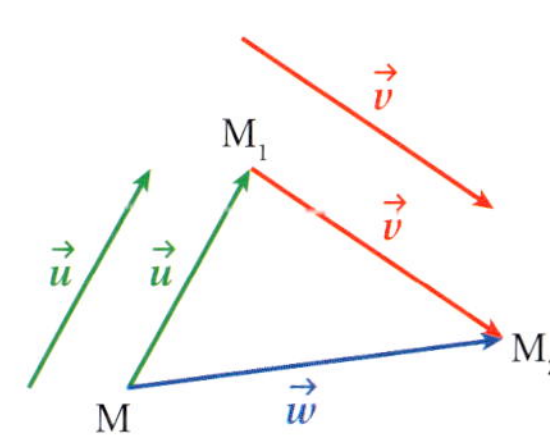

PROPRIÉTÉ

L'enchaînement (ou la composée) de deux translations est une translation.

Savoir-faire 1 Représenter graphiquement un vecteur, p. 156

DÉFINITION

Soit $\vec{u}$ et $\vec{v}$ deux vecteurs quelconques.
On appelle **somme** des vecteurs $\vec{u}$ et $\vec{v}$, notée $\vec{u} + \vec{v}$, le vecteur $\vec{w}$ associé à la translation résultant de l'enchaînement des translations de vecteur $\vec{u}$ et de vecteur $\vec{v}$.

2 Une relation fondamentale

RELATION DE CHASLES

Pour tous points A, B et C du plan, on a $\overrightarrow{AC} = \overrightarrow{AB} + \overrightarrow{BC}$.

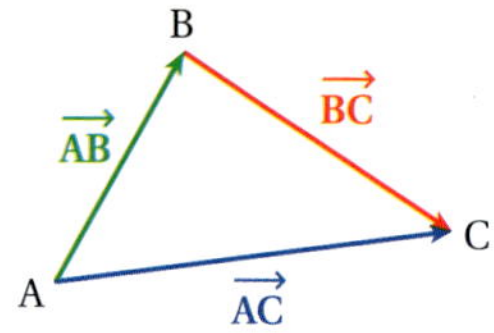

REMARQUE

Dans le triangle ABC, on a également les relations :
$\overrightarrow{AB} = \overrightarrow{AC} + \overrightarrow{CB}$ et $\overrightarrow{BC} = \overrightarrow{BA} + \overrightarrow{AC}$.

PROPRIÉTÉ

Soit A, B et C trois points du plan.
Le quadrilatère ABDC est un parallélogramme si, et seulement si, $\overrightarrow{AD} = \overrightarrow{AB} + \overrightarrow{AC}$.

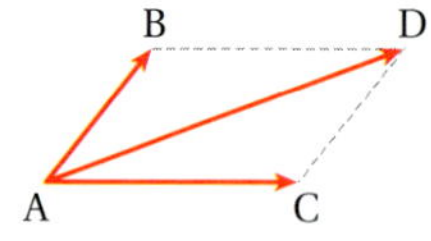

DÉMONSTRATION

D'après la relation de Chasles, $\overrightarrow{AD} = \overrightarrow{AB} + \overrightarrow{AC}$ équivaut à $\overrightarrow{AC} + \overrightarrow{CD} = \overrightarrow{AB} + \overrightarrow{AC}$, c'est-à-dire à $\overrightarrow{CD} = \overrightarrow{AB}$ et par conséquent à ABDC est un parallélogramme. ■

3 Cas particulier : différence de deux vecteurs

Savoir-faire 2
Construire un point vérifiant une égalité vectorielle, p. 157

DÉFINITION

Soit $\vec{u}$ et $\vec{v}$ deux vecteurs quelconques.
On appelle **différence** du vecteur $\vec{u}$ avec le vecteur $\vec{v}$, le vecteur noté $\vec{u} - \vec{v}$, tel que :

$$\vec{u} - \vec{v} = \vec{u} + (-\vec{v}).$$

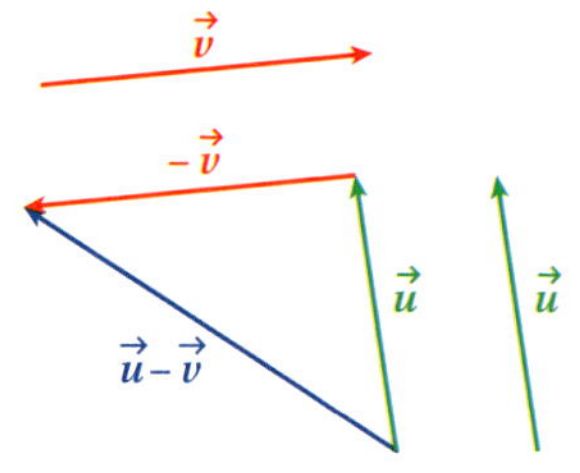

C PRODUIT D'UN VECTEUR PAR UN RÉEL ET COLINÉARITÉ

1 Produit d'un vecteur par un réel

DÉFINITION

$\vec{u}$ est un vecteur quelconque différent de $\vec{0}$ et k un nombre réel non nul.
On appelle **produit** du vecteur $\vec{u}$ par le réel k, le vecteur noté $k\vec{u}$:
- de même direction que $\vec{u}$;
- de même sens que $\vec{u}$ si $k > 0$ et de sens contraire si $k < 0$;
- de norme égale au produit de la norme de $\vec{u}$ par $|k|$.

NOTE

Valeur absolue d'un réel :
$|k| = \begin{cases} k \text{ si } k > 0\,; \\ -k \text{ si } k < 0. \end{cases}$

EXEMPLES

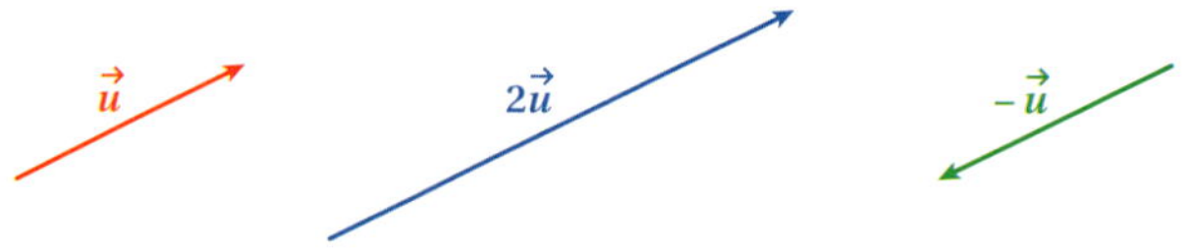

REMARQUE

Si $\vec{u} = \vec{0}$ ou $k = 0$, alors $k\vec{u} = \vec{0}$.

2 Colinéarité de deux vecteurs

DÉFINITION

Deux vecteurs non nuls $\vec{u}$ et $\vec{v}$ sont dits **colinéaires** lorsqu'ils ont même direction, c'est-à-dire lorsqu'il existe un nombre réel k tel que $\vec{u} = k\vec{v}$.

REMARQUE : On conviendra que le vecteur nul est colinéaire à tout vecteur du plan.

EXEMPLE

Soit deux vecteurs $\vec{u}$ et $\vec{v}$ du plan tels que $\vec{v} = -3\vec{u}$.
On déduit de cette expression que les vecteurs $\vec{u}$ et $\vec{v}$ sont colinéaires.

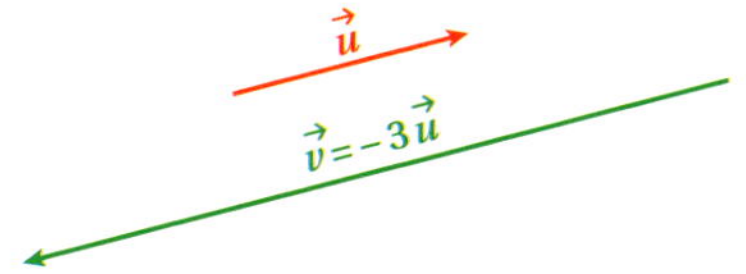

PROPRIÉTÉS

- A, B, C et D étant quatre points deux à deux distincts du plan, dire que les droites (AB) et (CD) sont parallèles équivaut à dire que les vecteurs $\overrightarrow{AB}$ et $\overrightarrow{CD}$ sont colinéaires.
- Dire que les points distincts A, B et C sont alignés équivaut à dire que les vecteurs $\overrightarrow{AB}$ et $\overrightarrow{AC}$ sont colinéaires.

D REPÈRES DU PLAN, COORDONNÉES ET VECTEURS

1 Repères du plan

Soit (O, I, J) un repère du plan. Si on pose $\vec{i} = \overrightarrow{OI}$ et $\vec{j} = \overrightarrow{OJ}$, alors ce repère se note également $(O ; \vec{i}, \vec{j})$.

DÉFINITIONS

- On appelle **repère** du plan tout triplet $(O ; \vec{i}, \vec{j})$, où O est un point et $\vec{i}$ et $\vec{j}$ sont deux vecteurs non colinéaires.
- Un repère est dit **orthogonal** si $\vec{i}$ et $\vec{j}$ ont des directions perpendiculaires.
- Un repère est dit **orthonormé** s'il est orthogonal et si $\vec{i}$ et $\vec{j}$ sont de même norme.

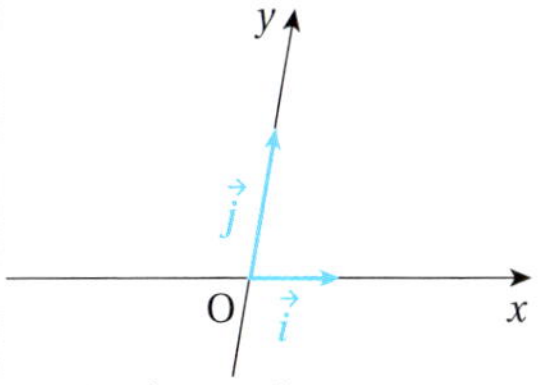

Repère quelconque

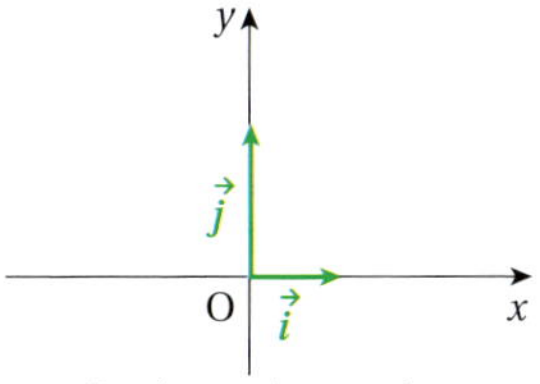

Repère orthogonal

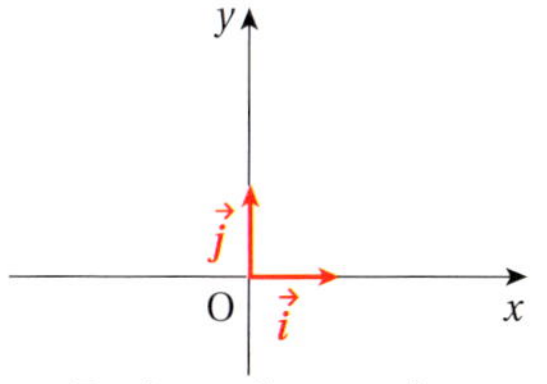

Repère orthonormé

2 Coordonnées d'un vecteur

Savoir-faire 3
Lire graphiquement les coordonnées d'un vecteur, p. 157

DÉFINITION

Soit $(O ; \vec{i}, \vec{j})$ un repère du plan. On admet que pour tout vecteur $\vec{u}$, il existe un point M tel que $\vec{u} = \overrightarrow{OM}$.
Les coordonnées du vecteur $\vec{u}$ dans le repère $(O ; \vec{i}, \vec{j})$ sont celles du point M dans ce repère.

On note $\vec{u}(x ; y)$ ou $\vec{u}\begin{pmatrix} x \\ y \end{pmatrix}$.

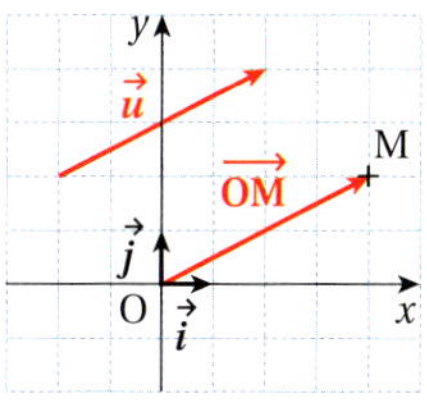

Savoir-faire 4
Calculer les coordonnées d'un point défini par une égalité vectorielle, p. 158

PROPRIÉTÉS

Soit $\vec{u}$ et $\vec{v}$ deux vecteurs de coordonnées $(x\,;y)$ et $(x'\,;y')$ dans un repère $(O\,;\vec{i},\vec{j})$.

- $\vec{u}=\vec{v}$ équivaut à $x=x'$ et $y=y'$.
- Le vecteur $\vec{u}+\vec{v}$ a pour coordonnées $(x+x'\,;y+y')$.
- Pour tout réel k, le vecteur $k\vec{u}$ a pour coordonnées $(kx\,;ky)$.

REMARQUE

Si $\vec{u}$ a pour coordonnées $(x\,;y)$, alors $-\vec{u}$ a pour coordonnées $(-x\,;-y)$.

PROPRIÉTÉ

Soit A et B deux points de coordonnées $(x_A\,;y_A)$ et $(x_B\,;y_B)$ dans un repère $(O\,;\vec{i},\vec{j})$.
Le vecteur $\overrightarrow{AB}$ a pour coordonnées $(x_B-x_A\,;y_B-y_A)$.

DÉMONSTRATION

$\overrightarrow{AB}=\overrightarrow{AO}+\overrightarrow{OB}=-\overrightarrow{OA}+\overrightarrow{OB}$.
Comme $-\overrightarrow{OA}$ et $\overrightarrow{OB}$ ont respectivement pour coordonnées $(-x_A\,;-y_A)$ et $(x_B\,;y_B)$, alors $\overrightarrow{AB}$ a pour coordonnées $(x_B-x_A\,;y_B-y_A)$. ■

EXEMPLE

Soit A(3 ; 7) et B(–1 ; 4) dans un repère $(O\,;\vec{i},\vec{j})$.
$x_B-x_A=-1-3=-4$ et $y_B-y_A=4-7=-3$.
Le vecteur $\overrightarrow{AB}$ a donc pour coordonnées (–4 ; –3).

3 Critère de colinéarité

Savoir-faire 5
Démontrer un parallélisme en utilisant la colinéarité, p. 158

Savoir-faire 6
Démontrer un alignement en utilisant la colinéarité, p. 159

PROPRIÉTÉ

Soit $\vec{u}$ et $\vec{v}$ deux vecteurs de coordonnées $(x\,;y)$ et $(x'\,;y')$ dans un repère $(O\,;\vec{i},\vec{j})$.
Les vecteurs $\vec{u}$ et $\vec{v}$ sont colinéaires équivaut à dire que les coordonnées de ces deux vecteurs sont proportionnelles, soit : $xy'-yx'=0$.

DÉMONSTRATION

- Si l'un des deux vecteurs est nul, la condition est clairement vérifiée.
- Supposons maintenant que les vecteurs $\vec{u}$ et $\vec{v}$ soient non nuls.

S'ils sont colinéaires, il existe un réel k tel que $\vec{u}=k\vec{v}$. On a alors $x=kx'$ et $y=ky'$, d'où finalement $xy'-x'y=kx'y'-x'ky'=0$.
Réciproquement, supposons que les coordonnées vérifient la relation $xy'-yx'=0$ et montrons que les vecteurs sont alors colinéaires.
Le vecteur $\vec{v}$ est non nul, l'une de ses coordonnées est donc non nulle, supposons qu'il s'agisse de x'. On pose alors $k=\frac{x}{x'}$.
La relation $xy'-yx'=0$ permet d'écrire $y=\frac{xy'}{x'}=ky'$, et on a alors bien établit que $\vec{u}=k\vec{v}$, c'est-à-dire que les vecteurs $\vec{u}$ et $\vec{v}$ sont colinéaires. ■

EXEMPLES

- Soit les vecteurs $\vec{u}(5\,;-3)$ et $\vec{v}(-15\,;9)$ dans un repère $(O\,;\vec{i},\vec{j})$.

$5\times9-(-3)\times(-15)=45-45=0$. Les vecteurs $\vec{u}$ et $\vec{v}$ sont donc colinéaires.

REMARQUE : On peut également observer directement que les coordonnées des vecteurs sont proportionnelles : $\vec{v}=-3\vec{u}$.

- Soit les vecteurs $\vec{a}(4\,;-2)$ et $\vec{b}(-7\,;3)$ dans un repère $(O\,;\vec{i},\vec{j})$.

$4\times3-(-2)\times(-7)=12-14=-2\neq0$. Les vecteurs $\vec{a}$ et $\vec{b}$ ne sont donc pas colinéaires.

4 Coordonnées du milieu d'un segment

Savoir-faire 7
Démontrer en utilisant les coordonnées, p. 159

PROPRIÉTÉ

Soit A et B deux points de coordonnées $(x_A ; y_A)$ et $(x_B ; y_B)$ dans un repère $(O ; \vec{i}, \vec{j})$.
Le milieu M du segment [AB] a pour coordonnées :

$$\left(\frac{1}{2}(x_A + x_B) ; \frac{1}{2}(y_A + y_B)\right).$$

DÉMONSTRATION

Soit OADB le parallélogramme de centre M.
On a alors : $\overrightarrow{OD} = \overrightarrow{OA} + \overrightarrow{OB}$.
Soit : $2\overrightarrow{OM} = \overrightarrow{OA} + \overrightarrow{OB}$
Donc $\overrightarrow{OM} = \frac{1}{2}(\overrightarrow{OA} + \overrightarrow{OB})$.

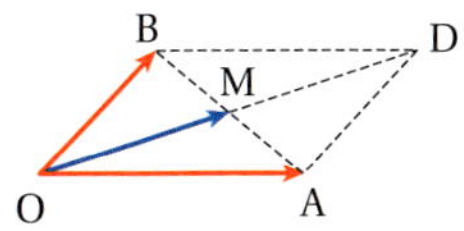

$\overrightarrow{OM}$ (ou M) a donc les mêmes coordonnées que celles du vecteur $\frac{1}{2}(\overrightarrow{OA} + \overrightarrow{OB})$,
soit $\left(\frac{1}{2}(x_A + x_B) ; \frac{1}{2}(y_A + y_B)\right)$. ■

REMARQUE

La relation vectorielle $\overrightarrow{OM} = \frac{1}{2}(\overrightarrow{OA} + \overrightarrow{OB})$ utilisée dans la démonstration précédente caractérise le milieu M du segment [AB].

EXEMPLE

Soit A(2 ; 3) et B(–2 ; –1) dans un repère $(O ; \vec{i}, \vec{j})$.
Les coordonnées du milieu M de [AB] sont :

$$\begin{cases} x_M = \frac{1}{2}(x_A + x_B) = \frac{1}{2}(2-2) = 0 \\ y_M = \frac{1}{2}(y_A + y_B) = \frac{1}{2}(3-1) = 1 \end{cases}$$

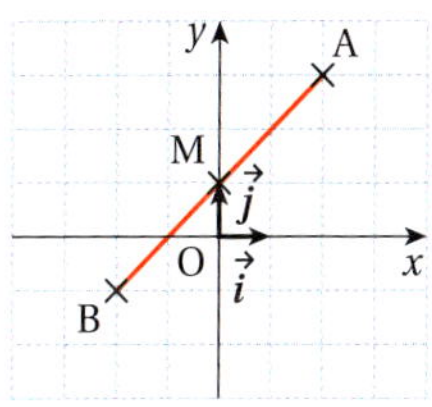

5 Distance dans un repère orthonormé

PROPRIÉTÉ

Soit A et B deux points de coordonnées $(x_A ; y_A)$ et $(x_B ; y_B)$ dans un repère **orthonormé** $(O ; \vec{i}, \vec{j})$.
La distance AB est donnée par :

$$AB = \sqrt{(x_B - x_A)^2 + (y_B - y_A)^2}.$$

REMARQUE

Cette propriété est une conséquence du théorème de Pythagore.

EXEMPLE

Soit A(3 ; 2) et B(2 ; –2) dans un repère $(O ; \vec{i}, \vec{j})$.
La distance AB, ou norme du vecteur $\overrightarrow{AB}$, est :

$$AB = \sqrt{(2-3)^2 + (-2-2)^2} = \sqrt{1+16} = \sqrt{17}.$$

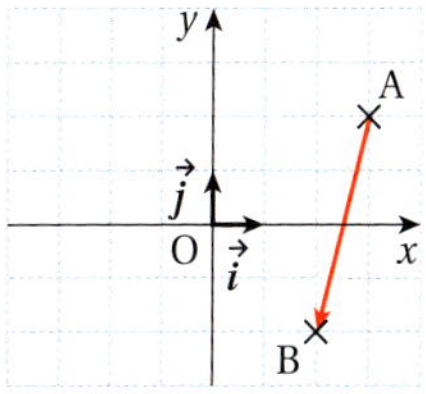

Savoir-faire

Savoir-faire 1 Représenter graphiquement un vecteur

ÉNONCÉ

1. Soit deux vecteurs $\vec{u}$ et $\vec{v}$.

Reproduire la figure suivante en respectant le quadrillage, puis représenter les vecteurs suivants :

a. $3\vec{u}$. **b.** $-\vec{v}$. **c.** $3\vec{u}-\vec{v}$.

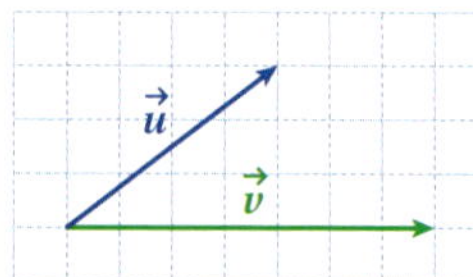

2. Soit trois points A, B et C.

Reproduire la figure suivante en respectant le quadrillage, puis représenter le vecteur $2\overrightarrow{BC}-3\overrightarrow{AC}$.

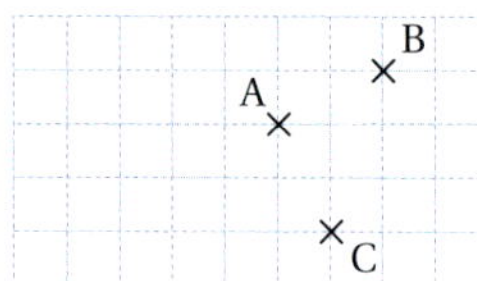

SOLUTION

1. a., b. et **c.**

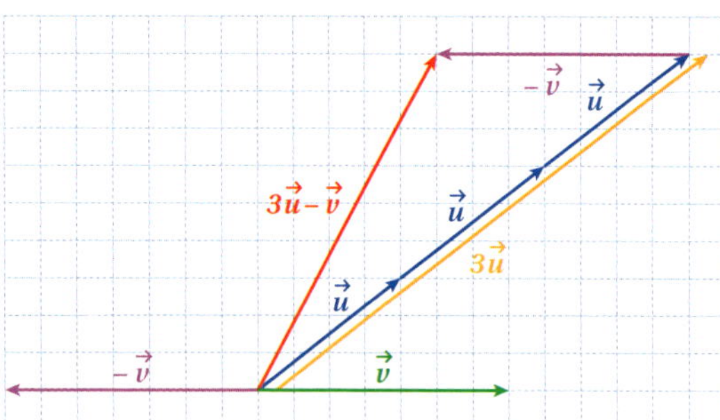

2.

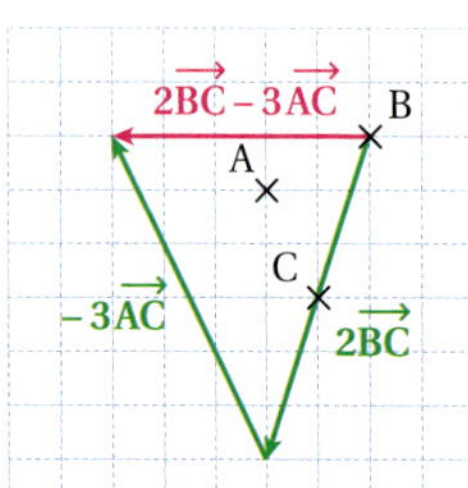

▶ Exercices 6 à 10 p. 166

MÉTHODE

1. a. Pour représenter le vecteur $3\vec{u}$, on place bout à bout trois vecteurs $\vec{u}$.

b. Pour représenter le vecteur $-\vec{v}$, on représente un vecteur de même direction et même longueur que $\vec{v}$, mais de sens opposé.

c. Pour représenter le vecteur $3\vec{u}-\vec{v}$ ou $3\vec{u}+(-\vec{v})$, on place bout à bout les vecteurs $3\vec{u}$ et $-\vec{v}$.

REMARQUE

Dans « *le chemin* » de vecteurs ainsi construit, le vecteur $3\vec{u}-\vec{v}$ a pour origine l'origine du vecteur $3\vec{u}$ et pour extrémité celle du vecteur $-\vec{v}$.

On obtiendrait le même résultat en commençant par placer le vecteur $-\vec{v}$ et ensuite le vecteur $3\vec{u}$.

2. Pour représenter le vecteur $2\overrightarrow{BC}-3\overrightarrow{AC}$ ou $2\overrightarrow{BC}+(-3\overrightarrow{AC})$, on place bout à bout les vecteurs $2\overrightarrow{BC}$ et $-3\overrightarrow{AC}$.

Savoir-faire 2 Construire un point vérifiant une égalité vectorielle

ÉNONCÉ Soit trois points A, B, C du plan.

Reproduire la figure ci-contre en respectant le quadrillage, puis construire le point M tel que $\overrightarrow{AM} = \overrightarrow{AB} + 2\overrightarrow{AC}$.

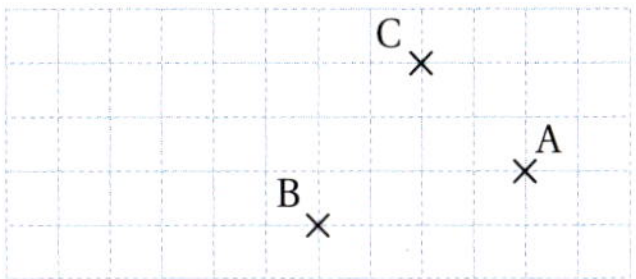

SOLUTION

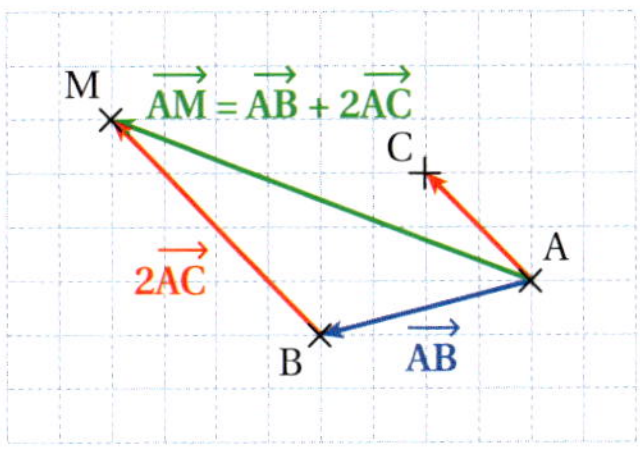

MÉTHODE

Pour représenter le vecteur $\overrightarrow{AM} = \overrightarrow{AB} + 2\overrightarrow{AC}$, on place bout à bout à partir de A les vecteurs $\overrightarrow{AB}$ et $2\overrightarrow{AC}$.

Le point M se trouve à l'extrémité du vecteur $2\overrightarrow{AC}$ dans « *le chemin* » de vecteurs ainsi construit.

▶ Exercices 13 à 15 p. 167

Savoir-faire 3 Lire graphiquement les coordonnées d'un vecteur

ÉNONCÉ On considère $(O ; \vec{i}, \vec{j})$ un repère du plan.

a. Lire graphiquement les coordonnées des vecteurs $\vec{u}$ et $\vec{v}$.

b. Représenter le vecteur $\vec{w}(-2 ; 4)$.

c. Placer le point B tel que le vecteur $\overrightarrow{AB}$ ait pour coordonnées $(4 ; -3)$.

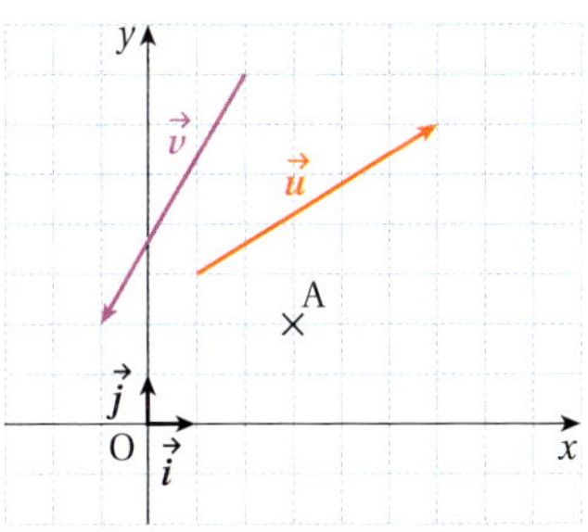

SOLUTION

a.

Les coordonnées de $\vec{u}$ sont $(5 ; 3)$.

Les coordonnées de $\vec{v}$ sont $(-3 ; -5)$.

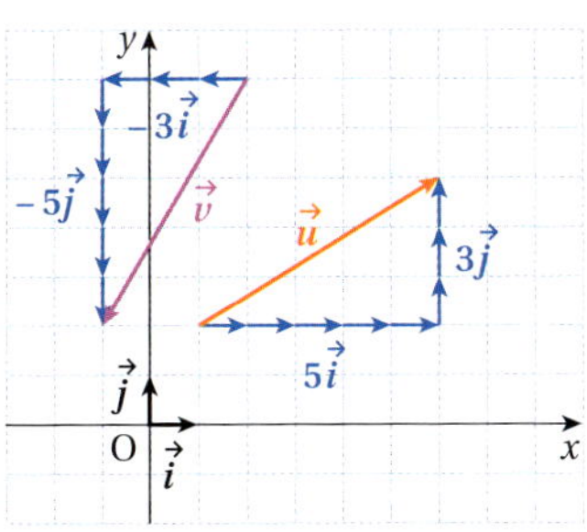

b. et c.

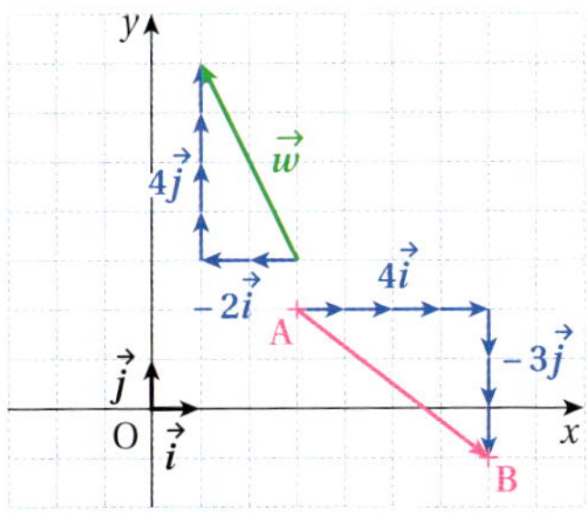

MÉTHODE

a. On trace un « *chemin* » de vecteurs $\vec{i}$ et $\vec{j}$ mis bout à bout reliant l'origine et l'extrémité du vecteur dont on cherche les coordonnées.

b. On exprime les coordonnées du vecteur $\vec{w}$ en fonction des vecteurs $\vec{i}$ et $\vec{j}$ (*ici*, $\vec{w} = -2\vec{i} + 4\vec{j}$).

À l'aide de cette expression, on construit à partir de n'importe quel point du repère le vecteur $\vec{w}$ connaissant les vecteurs $\vec{i}$ et $\vec{j}$ *(voir savoir-faire 1)*.

c. On exprime les coordonnées du vecteur $\overrightarrow{AB}$ en fonction des vecteurs $\vec{i}$ et $\vec{j}$ (*ici*, $\overrightarrow{AB} = 4\vec{i} - 3\vec{j}$).

À l'aide de cette expression, on construit, à partir du point A, le vecteur $\overrightarrow{AB}$ connaissant les vecteurs $\vec{i}$ et $\vec{j}$ *(voir savoir-faire 1)*.

▶ Exercices 27 à 29 p. 168

Savoir-faire 4 Calculer les coordonnées d'un point défini par une égalité vectorielle

ÉNONCÉ On considère $(O ; \vec{i}, \vec{j})$ un repère du plan.
Soit les points A(–1 ; 3), B(3 ; 1), C(6 ; 2).
Calculer les coordonnées du point D tel que ABCD soit un parallélogramme.

SOLUTION

Le quadrilatère ABCD est un parallélogramme si, et seulement si, on a l'égalité : $\overrightarrow{AD} = \overrightarrow{BC}$.
Cette égalité se traduit à l'aide des coordonnées :

$$\begin{cases} x_D - x_A = x_C - x_B \\ y_D - y_A = y_C - y_B \end{cases} \quad \text{soit} \quad \begin{cases} x_D + 1 = 3 \\ y_D - 3 = 1 \end{cases}$$

$$\text{soit} \quad \begin{cases} x_D = 2 \\ y_D = 4 \end{cases}$$

Les coordonnées du point D sont donc (2 ; 4).

▶ Exercices 34 à 38 p. 168

MÉTHODE

Certaines propriétés géométriques se traduisent par des relations vectorielles.
Ici, on traduit la nature du quadrilatère par une égalité vectorielle qui permet de calculer des coordonnées de points.

REMARQUE
Quand les coordonnées sont entières, il est possible de vérifier le résultat en construisant la figure dans un repère.

Savoir-faire 5 Démontrer un parallélisme en utilisant la colinéarité

ÉNONCÉ On considère $(O ; \vec{i}, \vec{j})$ un repère du plan.
Soit A(–1 ; 1), B(3 ; 2), C(–2 ; –3) et D(6 ; –1).
Démontrer que les droites (AB) et (CD) sont parallèles.

SOLUTION

Les coordonnées du vecteur $\overrightarrow{AB}$ sont :
$\begin{pmatrix} 3-(-1) \\ 2-1 \end{pmatrix}$, soit $\begin{pmatrix} 4 \\ 1 \end{pmatrix}$.
Les coordonnées du vecteur $\overrightarrow{CD}$ sont :
$\begin{pmatrix} 6-(-2) \\ -1-(-3) \end{pmatrix}$, soit $\begin{pmatrix} 8 \\ 2 \end{pmatrix}$.
Les coordonnées de $\overrightarrow{AB}$ et $\overrightarrow{CD}$ vérifient le critère de colinéarité des vecteurs :

$$4 \times 2 - 1 \times 8 = 0.$$

On en déduit que les vecteurs $\overrightarrow{AB}$ et $\overrightarrow{CD}$ sont colinéaires.
Les droites (AB) et (CD) sont donc parallèles.

▶ Exercices 46 à 48 p. 169

MÉTHODE

Pour démontrer que deux droites sont parallèles, il suffit de démontrer que des vecteurs de chacune de ces droites sont colinéaires.
Ici, il suffit par exemple de démontrer que les vecteurs $\overrightarrow{AB}$ et $\overrightarrow{CD}$ sont colinéaires.
On calcule donc les coordonnées de ces vecteurs.
Puis on applique le critère de colinéarité.

REMARQUE
On peut aussi observer directement que les coordonnées des deux vecteurs sont proportionnelles (*ici*, $\overrightarrow{CD} = 2\overrightarrow{AB}$).

Savoir-faire 6 Démontrer un alignement en utilisant la colinéarité

ÉNONCÉ On considère $(O\,;\vec{i},\vec{j})$ un repère du plan.

Soit les points B(3 ; 2), D(6 ; –1) et E(5 ; 0).

Démontrer que les points E, B et D sont alignés.

SOLUTION

Les coordonnées du vecteur $\overrightarrow{EB}$ sont :

$\begin{pmatrix} 3-5 \\ 2-0 \end{pmatrix}$, soit $\begin{pmatrix} -2 \\ 2 \end{pmatrix}$.

Les coordonnées du vecteur $\overrightarrow{ED}$ sont :

$\begin{pmatrix} 6-5 \\ -1-0 \end{pmatrix}$, soit $\begin{pmatrix} 1 \\ -1 \end{pmatrix}$.

Les coordonnées de $\overrightarrow{EB}$ et $\overrightarrow{ED}$ vérifient le critère de colinéarité des vecteurs :

$$-2\times(-1)-2\times 1=0.$$

On en déduit que les vecteurs $\overrightarrow{EB}$ et $\overrightarrow{ED}$ sont colinéaires.

Les points E, B et D sont donc alignés.

MÉTHODE

Pour démontrer que trois points sont alignés, il suffit de démontrer que deux vecteurs distincts formés par ces points sont colinéaires.

Ici, il suffit par exemple de démontrer que les vecteurs $\overrightarrow{EB}$ et $\overrightarrow{ED}$ sont colinéaires.

On calcule donc les coordonnées de ces vecteurs.

Puis on applique le critère de colinéarité.

REMARQUE

On peut aussi observer directement que les coordonnées des deux vecteurs sont proportionnelles (*ici*, $\overrightarrow{EB}=-2\overrightarrow{ED}$).

▶ Exercices 49 à 52 p. 169

Savoir-faire 7 Démontrer en utilisant les coordonnées

ÉNONCÉ On considère les points A(2 ; 1), B(6 ; –1) et C(4 ; 3) du plan muni du repère $(O\,;\vec{i},\vec{j})$.

a. Démontrer que le triangle ABC est isocèle en B.

b. Démontrer que le milieu I du segment [AB] appartient à l'axe des abscisses.

SOLUTION

a. Le triangle ABC est isocèle en B si AB = BC.

On calcule les longueurs AB et BC :

$$AB=\sqrt{(6-2)^2+(-1-1)^2}=\sqrt{4^2+2^2}=\sqrt{16+4}=\sqrt{20}$$

$$BC=\sqrt{(4-6)^2+(3-(-1))^2}=\sqrt{2^2+4^2}=\sqrt{4+16}=\sqrt{20}$$

AB = BC, donc le triangle ABC est isocèle en B.

b. On calcule les coordonnées du milieu I de [AB] :

$$x_I=\frac{1}{2}(6+2)=4 \qquad y_I=\frac{1}{2}(-1+1)=0.$$

L'ordonnée du point I est nulle, donc le point I appartient à l'axe des abscisses.

MÉTHODE

a. On applique la formule permettant de calculer la distance entre deux points A et B de coordonnées respectives $(x_A;y_A)$ et $(x_B;y_B)$:

$$AB=\sqrt{(x_B-x_A)^2+(y_B-y_A)^2}.$$

b. On applique la formule permettant de calculer les coordonnées du milieu $I(x_I;y_I)$ de deux points A et B de coordonnées respectives $(x_A;y_A)$ et $(x_B;y_B)$:

$$x_I=\frac{1}{2}(x_A+x_B) \text{ et } y_I=\frac{1}{2}(y_A+y_B).$$

▶ Exercices 53 à 55 p. 169

Travaux pratiques

TP1 — GÉOMÉTRIE DYNAMIQUE — Lire des coordonnées dans différents repères

Objectif : Avec un logiciel de géométrie dynamique, s'entraîner à lire des coordonnées dans des repères non orthonormés.

1 Dans le repère $(A ; \overrightarrow{AB}, \overrightarrow{AD})$, donner les coordonnées de tous les points de la figure.
La figure ci-dessous est formée de quatre parallélogrammes ABED, BCFE, EFIH et DEHG.

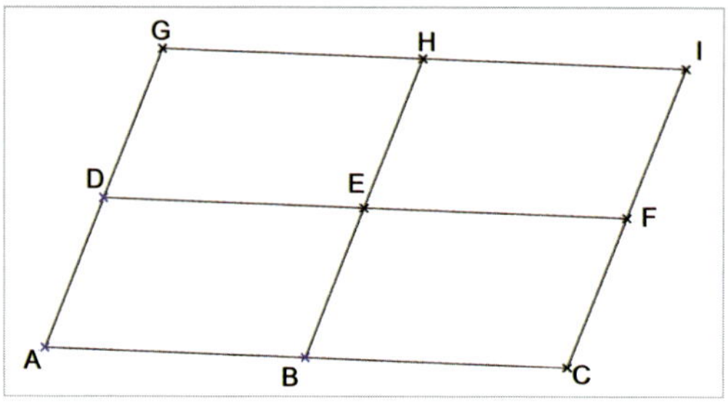

2 **a.** À l'aide d'un logiciel de géométrie dynamique, reproduire la figure ci-contre. On commencera par placer trois points A, B et D libres.
b. Afficher les axes et déplacer les points A, B et D de façon à ce que le repère $(A ; \overrightarrow{AB}, \overrightarrow{AD})$ se superpose avec le repère du logiciel.
c. La lecture des coordonnées des points de la figure peut maintenant se faire à l'aide du logiciel. Effectuer une autocorrection de la question **1**.

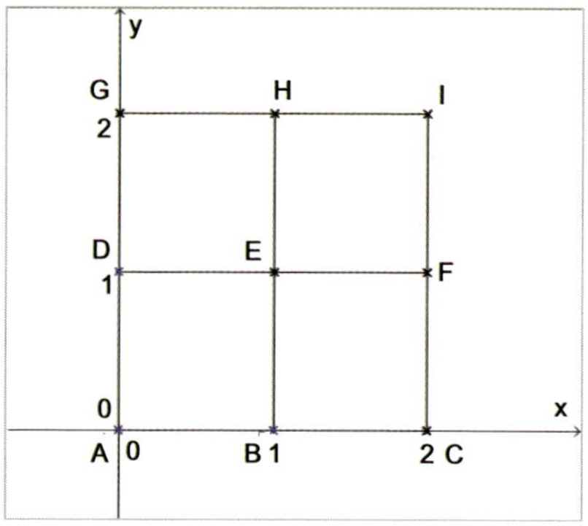

3 **a.** Supprimer les axes et ramener la figure à sa position initiale.
b. Dans le repère $(D ; \overrightarrow{DF}, \overrightarrow{DG})$, donner les coordonnées de tous les points de la figure.
c. Afficher à nouveau les axes et déplacer les points A, B et D de façon à ce que le repère $(D ; \overrightarrow{DF}, \overrightarrow{DG})$ se superpose avec le repère du logiciel.
d. Effectuer une autocorrection de la question **3 b.**

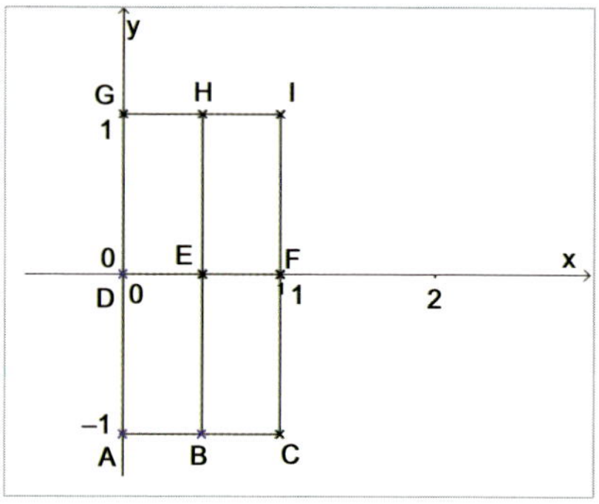

4 Reprendre les questions **3 a.** à **3 d.** avec les repères suivants :
a. $(E ; \overrightarrow{EF}, \overrightarrow{EH})$.
b. $(B ; \overrightarrow{BA}, \overrightarrow{BE})$.
c. $(C ; \overrightarrow{CB}, \overrightarrow{CI})$.

En géographie et en astronomie,

on utilise d'autres types de repères que ceux présentés ici.

- Pour repérer des lieux sur la planète, les géographes utilisent des coordonnées géographiques : latitude et longitude (voir les exercices 114 et 115 p. 177).
- Pour repérer les astres et constellations sur la sphère céleste, les astronomes utilisent quant à eux plusieurs systèmes de coordonnées (voir l'exercice 133 p. 181).

TP2

ALGORITHMIQUE

Construction du quatrième sommet du parallélogramme

Objectif : Lire et interpréter un algorithme écrit dans un langage de programmation.

Voici une séquence de construction avec le logiciel Xcas.
En rouge, les commandes qui ont été entrées, en bleu les réponses du programme.

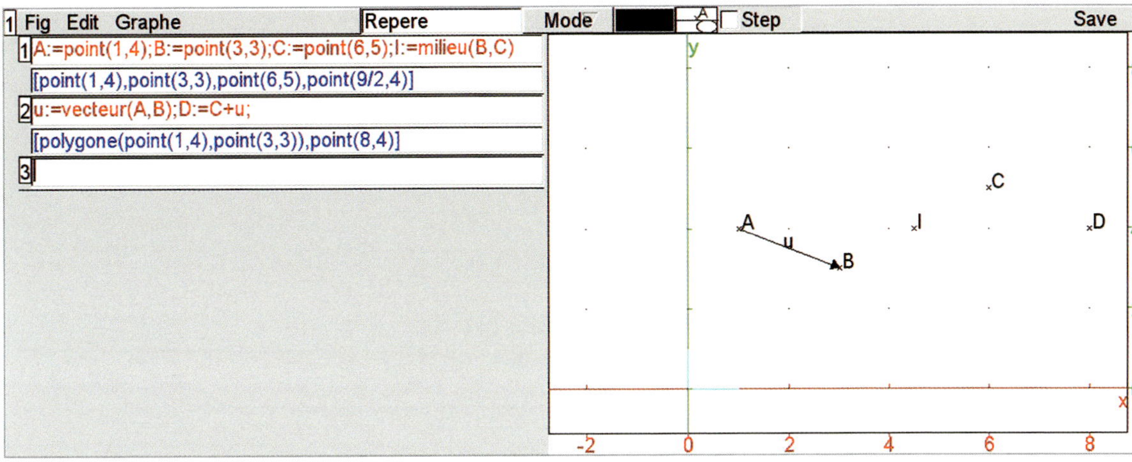

1 Vérifier le calcul des coordonnées de I.

2 **a.** Comment peut-on interpréter géométriquement la commande « D: = (C+u) »?
b. Quelle est la nature du quadrilatère ABCD ? Justifier.
c. Vérifier le calcul des coordonnées de D.

3 Écrire une ligne de commande remplaçant la ligne 2 et permettant de construire le point D à partir du point I.

TP3

ALGORITHMIQUE

Coordonnées et norme d'un vecteur

Objectifs :
- Comprendre et analyser un algorithme préexistant.
- Modifier un algorithme.
- Ameliorer un algorithme.

Vanessa a programmé sur sa calculatrice le calcul des coordonnées $(x ; y)$ d'un vecteur $\overrightarrow{AB}$ à partir de deux points repérés $A(m ; n)$ et $B(p ; q)$.

```
PROGRAM:COORDVEC
:Prompt M,N,P,Q
:P-M→X
:Q-N→Y
:Disp X,Y
```

Cinthia lui fait remarquer qu'avec une ligne en plus elle aurait aussi la norme du vecteur $\overrightarrow{AB}$.
Modifier le programme de Vanessa comme le suggère Cinthia.

ALGORITHMIQUE

TP4 Colinéarité, alignement

Objectif : Détecter une erreur dans un algorithme et l'adapter à une situation particulière.

Voici un algorithme programmé en Python qui teste la colinéarité de deux vecteurs.
Malheureusement une erreur s'est glissée dans le programme.

```
def colinearite():
    xa=float(input('abscisse de A:'))
    ya=float(input('ordonnée de A:'))
    xb=float(input('abscisse de B:'))
    yb=float(input('ordonnée de B:'))
    xc=float(input('abscisse de C:'))
    yc=float(input('ordonnée de C:'))
    xd=float(input('abscisse de D:'))
    yd=float(input('ordonnée de D:'))
    m=xb-xa
    n=yb-ya
    p=xd-xc
    q=yd-yc
    if m*q-n*p==0:
        print('Les vecteurs sont colinéaires')
    else:
        print('Les vecteurs ne sont pas colinéaires')
```

1 Retrouver et corriger l'erreur.

2 Adapter ce programme pour tester l'alignement de trois points.

GÉOMÉTRIE DYNAMIQUE

TP5 Démontrer avec les vecteurs

Objectif : Résoudre un problème d'alignement à l'aide d'un logiciel de géométrie dynamique.

1 Construction

a. On considère un parallélogramme ABCD de centre O et un point M à l'extérieur de ce parallélogramme.
Réaliser la figure à l'aide d'un logiciel de géométrie dynamique.

b. Construire les points N et P tels que les quadrilatères AMDN et AMPB soient des parallélogrammes.

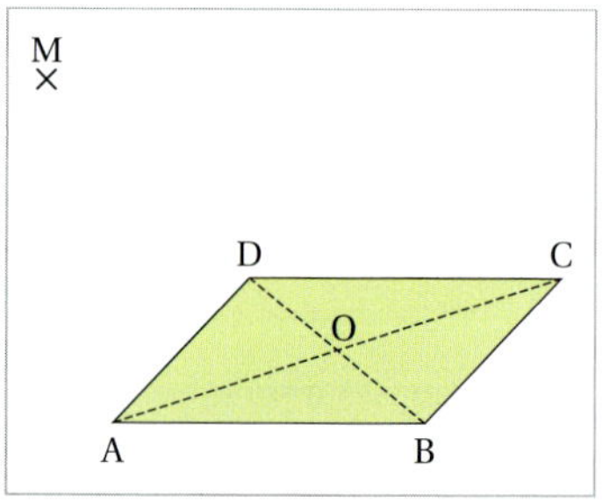

2 Conjectures

Pour établir les conjectures demandées, on pourra manipuler le point M à la souris.

a. Que peut-on dire des vecteurs $\overrightarrow{MA}$, $\overrightarrow{DN}$ et $\overrightarrow{PB}$?

b. Que peut-on dire de la position des points N, O et P ?

3 Démonstrations

a. Démontrer la conjecture établie à la question **2** a.

b. Démontrer la conjecture établie à la question **2** b.

TP6

GÉOMÉTRIE DYNAMIQUE

Somme nulle

Objectif : Trouver la position d'un point défini par une égalité vectorielle à l'aide d'un logiciel de géométrie dynamique.

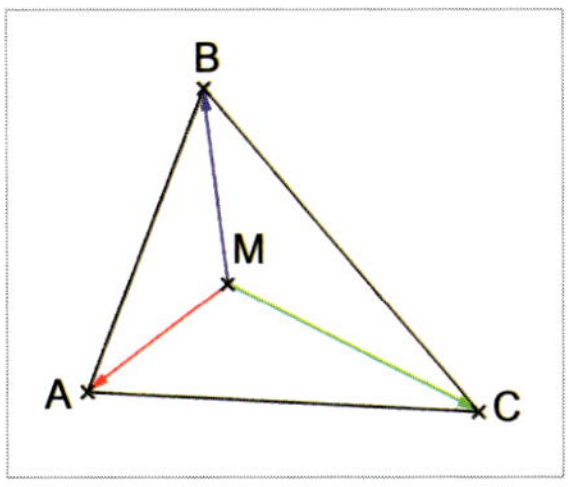

1 Construction

a. Avec un logiciel de géométrie dynamique, construire un triangle ABC et un point M à l'intérieur du triangle ABC.

b. Marquer les vecteurs $\overrightarrow{MA}$, $\overrightarrow{MB}$ et $\overrightarrow{MC}$.

c. Construire la somme de vecteurs $\overrightarrow{MA}+\overrightarrow{MB}+\overrightarrow{MC}$.

2 Conjecture

Pour établir la conjecture, on pourra manipuler le point M *à la souris dans différentes situations de* A, B *et* C.

Conjecturer la position du point M pour laquelle on a $\overrightarrow{MA}+\overrightarrow{MB}+\overrightarrow{MC}=\vec{0}$.

Coup de pouce

On pourra construire les demi droites [AM), [BM) et [CM).

3 Démonstration

On se propose de démontrer la conjecture établie à la question 2.

a. Soit I le milieu de [BC]. Démontrer que $\overrightarrow{MB}+\overrightarrow{MC}=2\overrightarrow{MI}$.

En déduire que les points A, M et I sont alignés.

b. Soit J le milieu de [AC]. Démontrer que les points B, M et J sont alignés.

c. Conclure.

TP7

GÉOMÉTRIE DYNAMIQUE

Milieux et alignement

Objectif : Résoudre un problème d'alignement à l'aide d'un logiciel de géométrie dynamique.

On considère un triangle ABC.

Le point R est le milieu du segment [AB]

Le point S est le milieu du segment [AC].

Le point I est le milieu du segment [RS].

Le point J est le milieu du segment [BC].

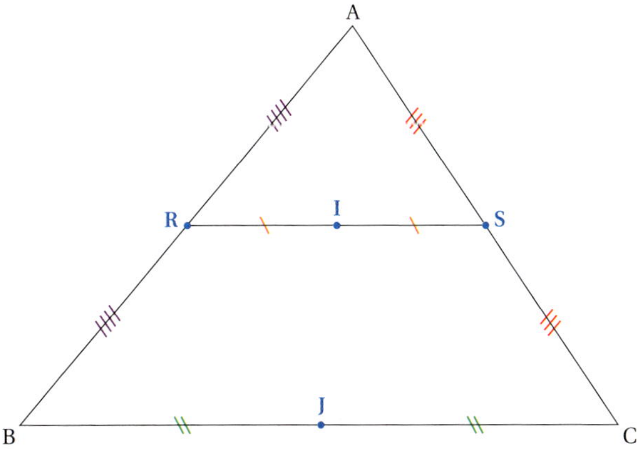

1 Conjecture

Pour établir la conjecture demandée, on pourra manipuler les points A, B ou C à la souris.

Que peut-on dire des points A, I et J ?

2 Démonstration

a. En se plaçant dans le repère $(B~;~\overrightarrow{BC}, \overrightarrow{BA})$, donner les coordonnées des points A, I et J.

b. En déduire une démonstration de la conjecture.

ALGORITHMIQUE

TP8 Triangles isocèles

Objectifs :
- Tester un algorithme et identifier le rôle des variables.
- Comprendre et analyser un algorithme préexistant.
- Valider la solution algorithmique.

Pour tester si un triangle ABC est isocèle à partir de ses sommets repérés, on construit l'algorithme ci-contre.

```
Entrer xa et ya les coordonnées de A
Entrer xb et yb les coordonnées de B
Entrer xc et yc les coordonnées de C
a prend la valeur (xb-xc)²+(yb-yc)²
b prend la valeur (xa-xc)²+(ya-yc)²
Si a = b alors
  | Afficher « Le triangle ABC est isocèle en C.»
Sinon
  | c prend la valeur (xa-xb)²+(ya-yb)²
  | Si a = c alors
  |   | Afficher « Le triangle ABC est isocèle en B.»
  | Sinon
  |   | Si b = c alors
  |   |   | Afficher « Le triangle ABC est isocèle en A. »
  |   | Sinon
  |   |   | Afficher « Le triangle ABC n'est pas isocèle. »
  |   | Fin si
  | Fin si
Fin si
```

1 Tester l'algorithme avec les points A(–1 ; –1), B(7 ; 3) et C(2 ; 3).

2 **a.** Que représentent les variables a, b et c ?

b. Pourquoi le calcul de c n'est-il pas réalisé en même temps que celui de a et b ?

3 Modifier l'algorithme afin qu'il affiche plutôt « Le triangle ABC est équilatéral » lorsque c'est le cas.

GÉOMÉTRIE DYNAMIQUE

TP9 Recherche d'un triangle particulier

Objectifs :
- Conjecturer la nature d'un quadrilatère à l'aide d'un logiciel de géométrie dynamique.
- Démontrer analytiquement la conjecture.

On considère le quadrilatère MNPQ ci-contre, O le point d'intersection des segments [MP] et [NQ].
Les points I et J sont les milieux respectifs des segments [MN] et [OP].

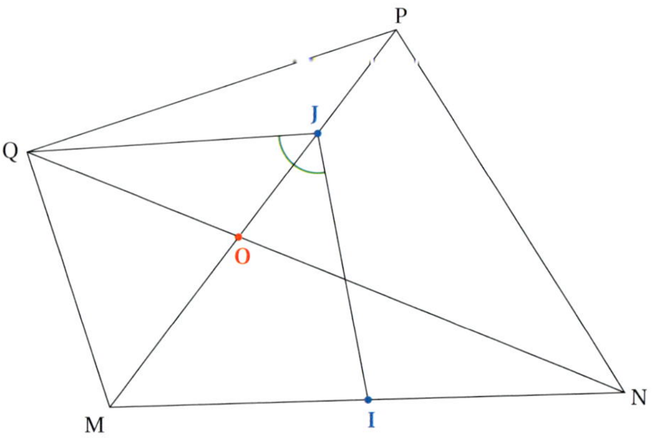

1 **Conjecture**

Pour établir la conjecture demandée, on pourra manipuler les points M, N, P ou Q à la souris.

Que peut-on dire de la nature du quadrilatère MNPQ pour que le triangle IJQ soit rectangle et isocèle en I ?

2 **Démonstration**

a. En se plaçant dans le repère $(M ; \overrightarrow{MN}, \overrightarrow{MQ})$, donner les coordonnées des points Q, I et J.

b. En déduire une démonstration de la conjecture.

ALGORITHMIQUE

TP10 Trucs et multitrucs

Objectifs : • Construire une figure décrite dans un algorithme.
• Construire un algorithme décrivant une figure.

Dans cet exercice, on utilise le logiciel Géotortue. Les fonctions et commandes sont expliquées en introduction page 12.

1 La procédure **truc** est définie par les instructions ci-dessous.

```
pour truc a l L
av l
tg a
av L
tg 180-a
av l
tg a
av L
```

a. Construire à la règle graduée et au rapporteur la figure **truc 60 50 80**, l'unité graphique étant le millimètre.

b. Justifier la nature de l'objet réalisé par la procédure truc.

2 La procédure **multitruc** est définie par les instructions ci-dessous.

```
pour multitruc n
a:=360/n
rep n [ truc a 50 80 ; tg 180]
```

a. Si $n = 4$, quelle est la nature des figures qui composent **multitruc 4** ?

b. Construire à la règle graduée et au rapporteur la figure **multitruc 6**.

3 Écrire la procédure **eolienne**, qui construit une figure constituée d'une répétition de n parallélogrammes de dimensions 50 et 80, n étant un nombre entier pair variable.
Une **eolienne** est un **multitruc** dont seul un parallélogramme sur deux est dessiné.
À l'aide du logiciel, réaliser l'**eolienne** ci-dessous.

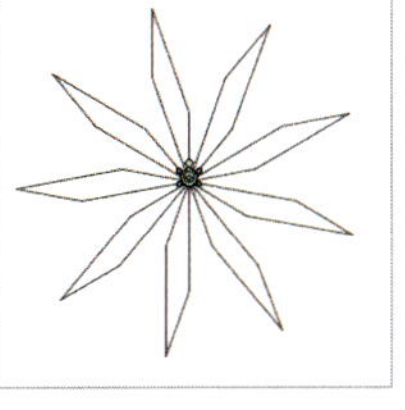

4 Écrire la procédure **etoile**, qui construit une figure constituée d'une répétition de n paires de parallélogrammes symétriques de dimensions 50 et 80, n étant un nombre entier pair variable.
À l'aide du logiciel, réaliser l'**etoile** ci-dessous.

Exercices d'application

Notion de vecteur

1 Retrouver les translations qui permettent de passer d'une figure à l'autre en précisant dans chaque cas le vecteur de la translation.

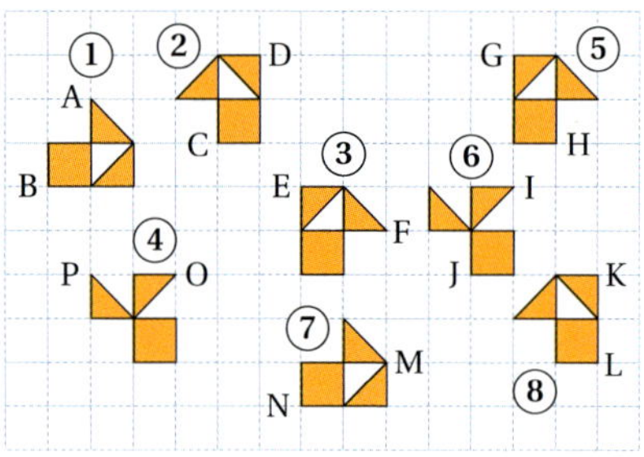

2 Reproduire et compléter le tableau ci-dessous.

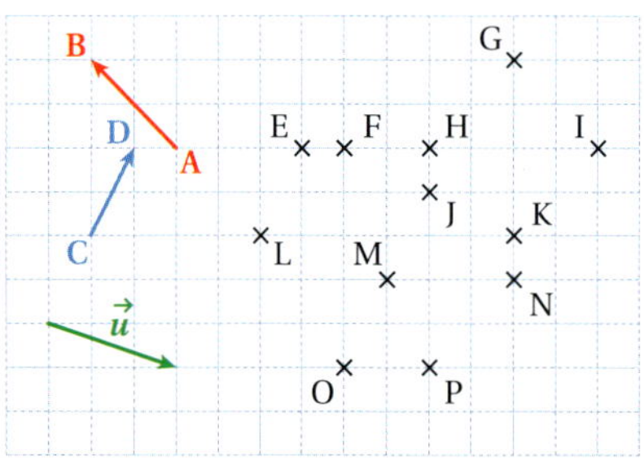

L'image du point …	par la translation de vecteur …	est le point …
N	$\overrightarrow{AB}$	…
L	$\overrightarrow{CD}$	…
…	$\vec{u}$	M
I	…	G
M	…	J
…	$\vec{u}$	J
O	$\overrightarrow{CD}$	…
…	$\overrightarrow{AB}$	H

3 **a.** Reproduire sur un quadrillage le quadrilatère ABCD ci-contre.
b. Construire l'image de ABCD par la translation de vecteur $\overrightarrow{AB}$, puis par la translation de vecteur $\overrightarrow{AC}$.

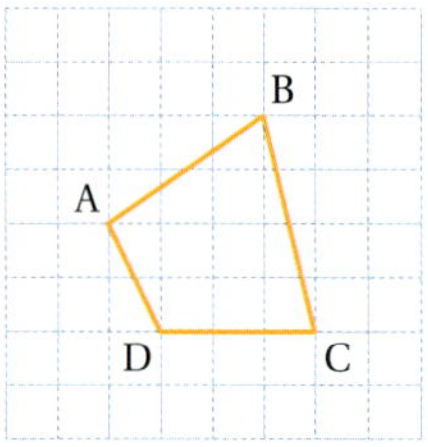

4 Reproduire une figure comme ci-contre et tracer son image par la translation de vecteur $\vec{u}$.

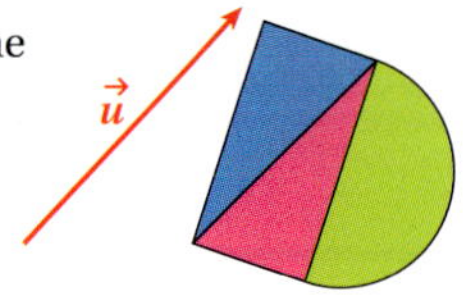

5

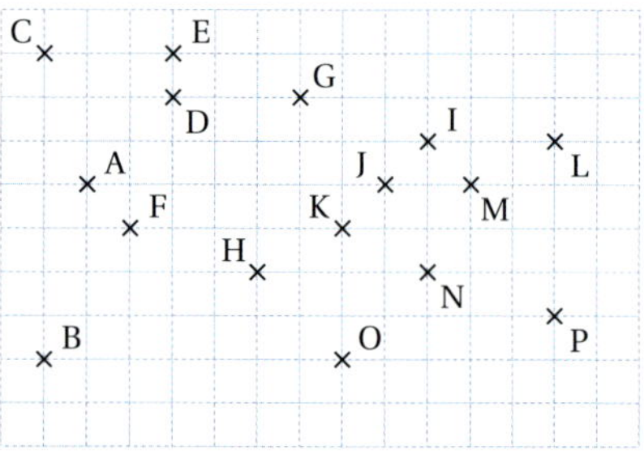

a. Citer tous les vecteurs égaux au vecteur $\overrightarrow{AB}$.
b. Même question pour $\overrightarrow{CD}$.
c. Même question pour $\overrightarrow{DC}$.

Appliquer le Savoir-faire 1, p. 156

6 Soit trois vecteurs $\vec{u}$, $\vec{v}$ et $\vec{w}$. Représenter les vecteurs suivants :
$2\vec{u}\,;\,-3\vec{v}\,;\,-\vec{w}\,;\,2\vec{u}-3\vec{v}-\vec{w}$.

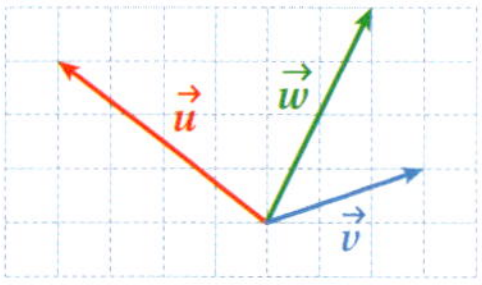

7 Soit trois vecteurs $\vec{u}$, $\vec{v}$ et $\vec{w}$. Représenter les vecteurs suivants :
$\vec{u}\,;\,-2\vec{v}\,;\,\frac{1}{2}\vec{w}\,;\,-\vec{u}-2\vec{v}+\frac{1}{2}\vec{w}$.

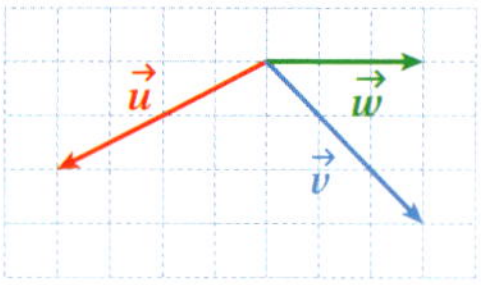

8 **a.** Reproduire sur un quadrillage les deux points A et B.
b. Représenter les vecteurs $\vec{a}$ et $\vec{b}$ tels que :
$$\vec{a}=2\overrightarrow{AB} \text{ et } \vec{b}=-\overrightarrow{BA}.$$

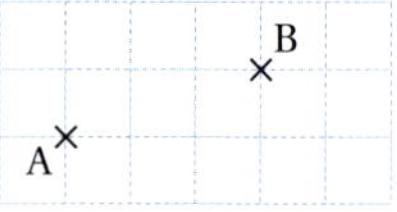

9 **a.** Reproduire sur un quadrillage les trois points A, B et C.
b. Représenter les vecteurs $\vec{a}$ et $\vec{b}$ tels que :
$$\vec{a}=\overrightarrow{AB}+\overrightarrow{BC} \text{ et } \vec{b}=\overrightarrow{AB}-\overrightarrow{BC}.$$

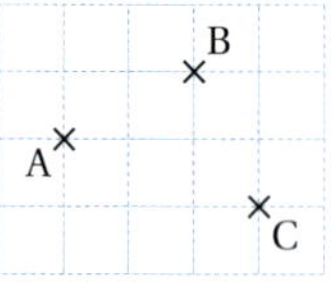

10 **a.** Reproduire sur un quadrillage les trois points A, B et C.
b. Représenter les vecteurs $\vec{a}$ et $\vec{b}$ tels que :
$$\vec{a}=2\overrightarrow{AB}+\overrightarrow{AC} \text{ et } \vec{b}=\overrightarrow{AB}-2\overrightarrow{AC}.$$

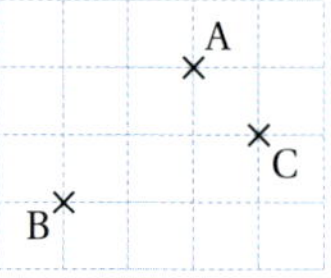

11 Dans chaque cas, exprimer le vecteur $\vec{u}$ en fonction des vecteurs $\vec{a}$ et $\vec{b}$.

a.

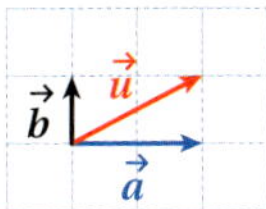

b.

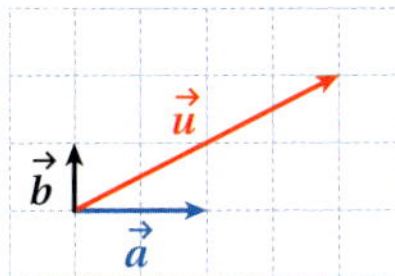

12 Dans chaque cas, exprimer le vecteur $\vec{u}$ en fonction des vecteurs $\vec{a}$ et $\vec{b}$.

a.

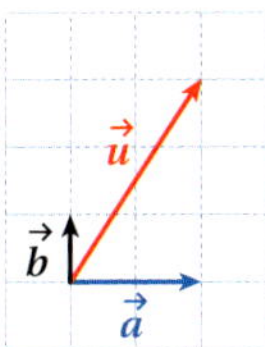

b.

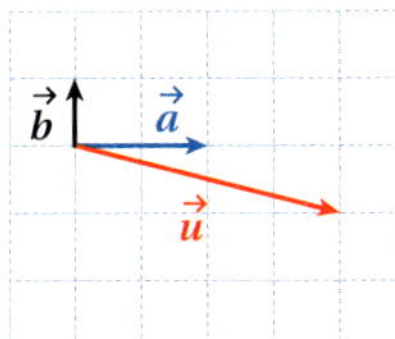

Appliquer le Savoir-faire 2, p. 157

13 Soit A, B et C trois points du plan.
Reproduire la figure ci-contre en respectant le quadrillage puis construire le point M tel que :
$$\overrightarrow{AM} = \overrightarrow{AB} + \overrightarrow{AC}.$$

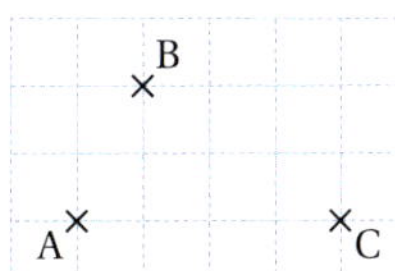

14 Soit A, B et C trois points du plan.
Reproduire la figure ci-dessous en respectant le quadrillage puis construire le point N tel que :
$$\overrightarrow{AN} = 2\overrightarrow{AB} + \overrightarrow{AC}.$$

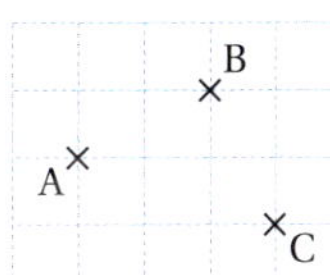

15 Soit A, B et C trois points du plan.
Reproduire la figure ci-dessous en respectant le quadrillage puis construire le point P tel que :
$$\overrightarrow{AP} = 3\overrightarrow{AB} - \overrightarrow{AC}.$$

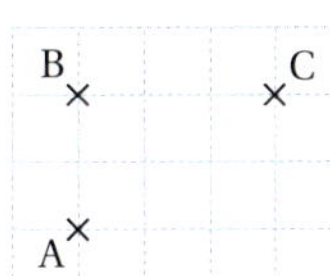

Somme de vecteur

16 Dans chaque cas, exprimer le plus simplement possible les sommes de vecteurs :
a. $2\vec{u} + 3\vec{u} + 3\vec{u}$. **b.** $\vec{u} + 5\vec{u} - 2\vec{u}$. **c.** $7\vec{u} - 5\vec{u} + \vec{u}$.

17 Dans chaque cas, exprimer le plus simplement possible les sommes de vecteurs :
a. $7\vec{a} - 3\vec{a} - 9\vec{a}$. **b.** $4\vec{b} - (3\vec{b} - \vec{b})$. **c.** $\frac{1}{2}\vec{c} - \frac{3}{2}\vec{c} + \vec{c}$.

18 Dans chaque cas, appliquer la relation de Chasles pour exprimer le plus simplement possible les sommes de vecteurs :
a. $\overrightarrow{AB} + \overrightarrow{BC}$. **b.** $\overrightarrow{AB} + \overrightarrow{CA}$. **c.** $\overrightarrow{AB} + \overrightarrow{CA} + \overrightarrow{BD}$.

19 Dans chaque cas, appliquer la relation de Chasles pour exprimer le plus simplement possible les sommes de vecteurs :
a. $\overrightarrow{AB} - \overrightarrow{AC}$. **b.** $\overrightarrow{CB} - \overrightarrow{AB}$. **c.** $\overrightarrow{AB} - \overrightarrow{DB} - \overrightarrow{AD}$.

20 Dans chaque cas, appliquer la relation de Chasles pour exprimer le plus simplement possible les sommes de vecteurs :
a. $\overrightarrow{MP} - \overrightarrow{NP}$. **b.** $\overrightarrow{MN} + \overrightarrow{MP} - \overrightarrow{PN}$. **c.** $\overrightarrow{NP} - \overrightarrow{MP} + \overrightarrow{MN}$.

21 Soit A, B, C E et F cinq points du plan.
Démontrer les égalités suivantes :
a. $\overrightarrow{AB} - \overrightarrow{CB} + \overrightarrow{CA} = \vec{0}$. **b.** $\overrightarrow{BE} - \overrightarrow{AE} = \overrightarrow{BA}$.
c. $2\overrightarrow{AF} + \overrightarrow{FB} = \overrightarrow{AB} + \overrightarrow{AF}$.

Produit d'un vecteur par un réel et colinéarité

22 Trouver tous les couples de vecteurs colinéaires.

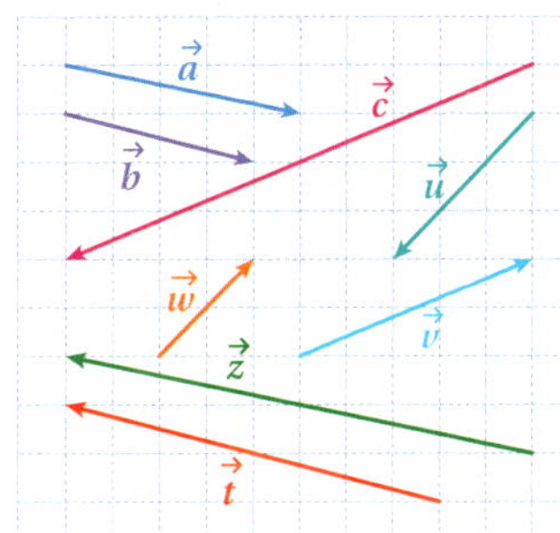

23 Soit deux vecteurs $\vec{u}$ et $\vec{v}$ du plan.

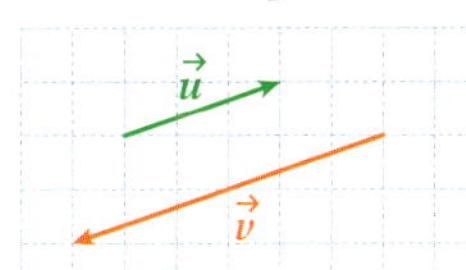

a. Trouver un réel k tel que $\vec{u} = k\vec{v}$.
b. Que peut-on en déduire pour les vecteurs $\vec{u}$ et $\vec{v}$?

24 Soit deux vecteurs $\vec{u}$ et $\vec{v}$ du plan.

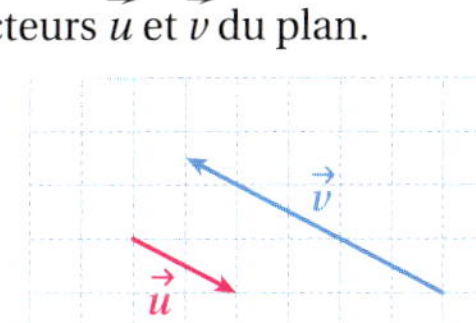

a. Trouver un réel k tel que $\vec{u} = k\vec{v}$.
b. Que peut-on en déduire pour les vecteurs $\vec{u}$ et $\vec{v}$?

25 **1.** Représenter un vecteur quelconque $\vec{u}$ du plan.
a. Construire un vecteur $\vec{v}$ tel que $\vec{v} = -4\vec{u}$.
b. Construire un vecteur $\vec{w}$ tel que $\vec{u} = 3\vec{w}$.
2. Que peut-on dire des vecteurs $\vec{v}$ et $\vec{w}$? Justifier.

Repères du plan, coordonnées et vecteurs

26 **1.** On considère un repère orthonormé du plan $(O\,;\vec{i},\vec{j})$. Donner les coordonnées des points A, B, C et D dans ce repère.

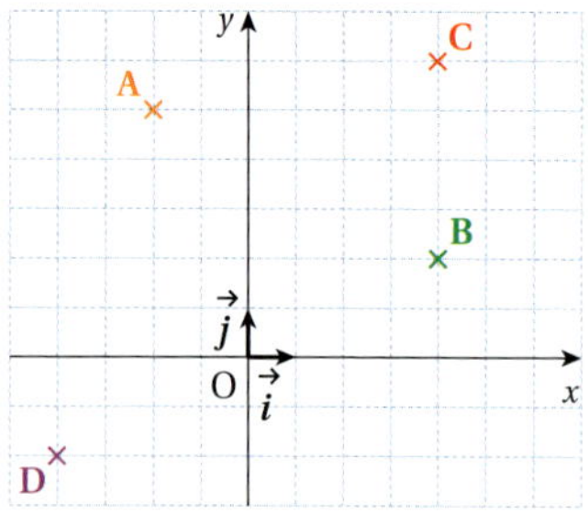

2. Même question dans les repères suivants :
a. $(O\,;\vec{i},\vec{j})$. **b.** $(O\,;\vec{i},2\vec{j})$. **c.** $(O\,;-\vec{i},-\vec{j})$.

Appliquer le Savoir-faire 3, p. 157

27 On considère un repère du plan $(O\,;\vec{i},\vec{j})$.

a. Lire les coordonnées des vecteurs $\vec{u}$ et $\vec{v}$.

b. Représenter le vecteur $\vec{w}\,(2\,;3)$.

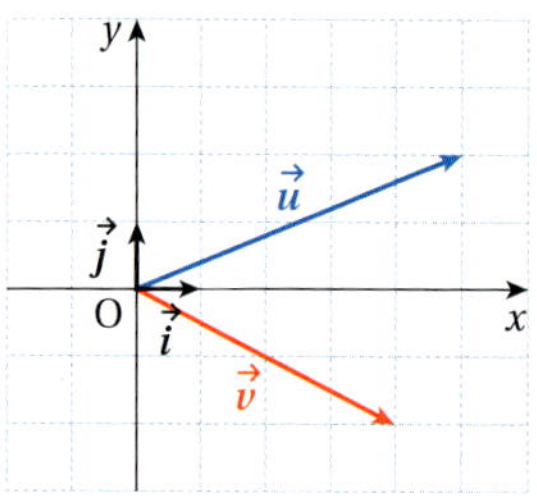

28 On considère un repère du plan $(O\,;\vec{i},\vec{j})$.

a. Lire les coordonnées des vecteurs $\vec{u}$ et $\vec{v}$.

b. Représenter le vecteur $\vec{w}\,(1\,;-2)$.

c. Placer le point B tel que le vecteur $\overrightarrow{AB}$ ait pour coordonnées $(1\,;2)$.

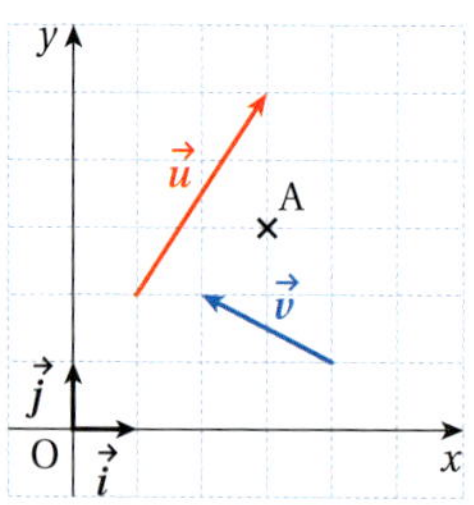

29 On considère un repère $(O\,;\vec{i},\vec{j})$ du plan.

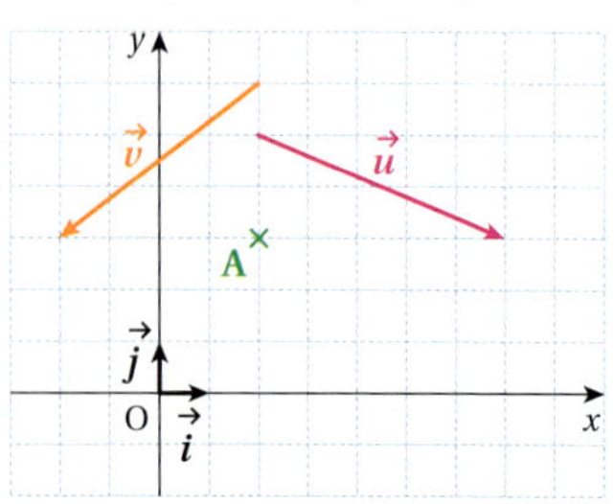

a. Lire graphiquement les coordonnées des vecteurs $\vec{u}$ et $\vec{v}$.

b. Représenter le vecteur $\vec{w}(-1\,;2)$.

c. Placer le point B tel que le vecteur $\overrightarrow{AB}$ ait pour coordonnées $(2\,;-1)$.

30 Soit $A(6\,;1)$, $B(10\,;-1)$, $C(7\,;-3)$ et $D(3\,;-1)$ quatre points dans un repère du plan.

a. Calculer les coordonnées des vecteurs $\overrightarrow{AB}$ et $\overrightarrow{DC}$.

b. Que peut-on en déduire sur la nature du quadrilatère ABCD ?

31 Soit $A(-3\,;4)$, $B(-3\,;-1)$ et $C(5\,;-2)$ trois points dans un repère du plan.
Calculer les coordonnées des vecteurs $\overrightarrow{AB}$, $\overrightarrow{AC}$ et $\overrightarrow{BC}$.

32 On considère $(O\,;\vec{i},\vec{j})$ un repère du plan.
Soit deux vecteurs $\vec{u}(2\,;-3)$ et $\vec{v}(-1\,;-4)$.
Calculer les coordonnées des vecteurs suivants :
$2\vec{u}$; $5\vec{v}$; $2\vec{u}+5\vec{v}$; $2\vec{u}-5\vec{v}$.

33 On considère $(O\,;\vec{i},\vec{j})$ un repère du plan.
Soit les vecteurs $\vec{u}(-2\,;4)$, $\vec{v}(2\,;-5)$ et $\vec{w}(0\,;-2)$.
Calculer les coordonnées des vecteurs suivants :
$-3\vec{u}$; $4\vec{v}$; $-5\vec{w}$; $-3\vec{u}+4\vec{v}-5\vec{w}$.

Appliquer le Savoir-faire 4, p. 158

34 On considère $(O\,;\vec{i},\vec{j})$ un repère du plan.
Soit les points $A(2\,;3)$, $B(5\,;2)$ et $C(6\,;3)$.
Calculer les coordonnées du point D tel que ABCD soit un parallélogramme.

35 On considère $(O\,;\vec{i},\vec{j})$ un repère du plan.
Soit les points $A(-2\,;1)$, $B(2\,;0)$ et $C(1\,;-2)$.
Calculer les coordonnées du point D tel que ABCD soit un parallélogramme.

36 On considère $(O\,;\vec{i},\vec{j})$ un repère du plan.
Soit les points $M(-3\,;-2)$, $N(-1\,;3)$ et $R(4\,;2)$.

a. Calculer les coordonnées du point S tel que MNRS soit un parallélogramme.

b. Le résultat serait-il le même dans le cas où MNSR est un parallélogramme ? Expliquer.

37 On considère $(O\,;\vec{i},\vec{j})$ un repère du plan.
Soit les points $A(5\,;-2)$ et $B(-3\,;-4)$.
Calculer les coordonnées du point C tel que ABOC soit un parallélogramme.

38 On considère $(O\,;\vec{i},\vec{j})$ un repère du plan.
Dans chacun des cas, vérifier si les vecteurs $\vec{u}$ et $\vec{v}$ sont colinéaires.

a. $\vec{u}(3\,;-4)$ et $\vec{v}(-9\,;12)$.

b. $\vec{u}(-16\,;24)$ et $\vec{v}(10\,;-15)$.

c. $\vec{u}(7\,;5)$ et $\vec{v}(-9\,;-6)$.

39 Soit $A(1\,;-3)$, $B(-2\,;-1)$, $C(3\,;3)$ et $D(1\,;8)$ quatre points dans un repère du plan.
Démontrer que les vecteurs $\overrightarrow{AC}$ et $\overrightarrow{BD}$ sont colinéaires.

40 On considère $(O\,;\vec{i},\vec{j})$ un repère du plan.
Dans chaque cas, expliquer sans calcul pourquoi les vecteurs $\vec{u}$ et $\vec{v}$ ne sont pas colinéaires.
a. $\vec{u}(3\,;3)$ et $\vec{v}(5\,;6)$.
b. $\vec{u}(31\,;-42)$ et $\vec{v}(35\,;16)$.
c. $\vec{u}(16\,;53)$ et $\vec{v}(34\,;2)$.

41 Dans un repère orthonormé, on considère les points A(–5 ; 2) et B(–3 ; 4).
Calculer les coordonnées du milieu I de [AB].

42 Dans un repère orthonormé, on considère les points $M\left(\frac{5}{3}\,;\frac{-3}{5}\right)$ et $N\left(\frac{-2}{3}\,;\frac{-4}{15}\right)$.
Calculer les coordonnées du milieu P de [MN].

43 Dans un repère orthonormé, on considère les points A(5 ; –3) et B(–5 ; 8).
Calculer la valeur exacte de la longueur AB.

44 Dans un repère orthonormé, on considère les points C(–7 ; 4) et D(–1 ; 6).
Calculer la valeur exacte de la longueur CD.

45 Dans cet exercice, l'unité de longueur est le centimètre.
Soit (O, I, J) un repère orthonormé.
1. Placer les points suivants : A(–4 ; –3) ; B(–2 ; 5) et C(3 ; –1).
2. a. Calculer la valeur exacte de la longueur BC, puis en donner une valeur arrondie au centième.
b. Calculer les coordonnées du milieu M du segment [AC].

Démontrer avec les vecteurs

Appliquer le Savoir-faire 5, p. 158

46 On considère $(O\,;\vec{i},\vec{j})$ un repère du plan.
Soit les points A(1 ; 4), B(3 ; 5), C(2 ; 1) et D(4 ; 2).
Démontrer que les droites (AB) et (CD) sont parallèles.

47 On considère $(O\,;\vec{i},\vec{j})$ un repère du plan.
Soit les points A(–2 ; 5), B(1 ; 3), C(–1 ; 2) et D(3 ; –1).
Démontrer que les droites (AB) et (CD) ne sont pas parallèles.

48 On considère $(O\,;\vec{i},\vec{j})$ un repère du plan.
Soit les points A(–1 ; –2), B(9 ; –3), C(1 ; 2), D(7 ; 1) et E(4 ; –5).
a. Les droites (AB) et (CD) sont-elles parallèles ? Justifier.
b. Les droites (AC) et (DE) sont-elles parallèles ? Justifier.

Appliquer le Savoir-faire 6, p. 159

49 Soit A(1 ; 5), B(2 ; 2) et C(3 ; –1) trois points dans un repère du plan. Démontrer que A, B et C sont alignés.

50 **a.** Soit A(–2 ; –3), B(8 ; 1) et C(3 ; –1) trois points dans un repère du plan.
Démontrer que les points A, B et C sont alignés.
b. Même question avec A(–2 ; 1), B(4 ; –2) et C(8 ; –4).

51 **a.** Soit A(–1 ; –2), B(5 ; 1) et C(2 ; –1) trois points dans un repère du plan.
Les points A, B et C sont-ils alignés ? Justifier.
b. Même question avec A(–1 ; –4), B(5 ; –3) et C(11 ; –2).

52 On considère $(O\,;\vec{i},\vec{j})$ un repère du plan. Soit les points A(2 ; 3), B(8 ; 2), C(3 ; –1), D(–3 ; 0) et E(19 ; 4).
a. Démontrer que (AB) et (CD) sont parallèles.
b. Démontrer que les points E, B et D sont alignés.

Appliquer le Savoir-faire 7, p. 159

53 On considère $(O\,;\vec{i},\vec{j})$ un repère du plan.
Soit les points A(–1 ; 1), B(5 ; 2), C(4 ; –2) et D(–2 ; –3).
a. Calculer les coordonnées des milieux respectifs I et J de [AC] et [BD].
b. En déduire la nature du quadrilatère ABCD.

54 On considère $(O\,;\vec{i},\vec{j})$ un repère orthonormé du plan.
Soit les points E(–3 ; –1), F(2 ; –1), G(5 ; 3) et H(0 ; 3).
a. Calculer les longueurs des côtés de EFGH.
b. En déduire la nature de EFGH.

55 On considère $(O\,;\vec{i},\vec{j})$ un repère orthonormé du plan.
Soit les points A(–3 ; –2), B(–2 ; 3) et C(3 ; 2).
Quelle est la nature du triangle ABC ? Justifier.

56 Dans un plan muni d'un repère, on considère les points A(2 ; 1), B(4 ; 2), C(8,5 ; 8) et D(2,5 ; 5).

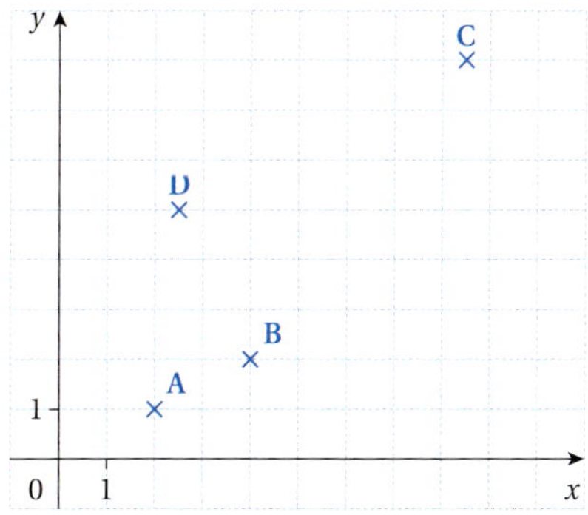

a. Montrer que le quadrilatère ABCD est un trapèze.
b. Le point I est le milieu du côté [BC]. La droite (DI) coupe la droite (AB) au point J.
Exprimer le vecteur $\overrightarrow{BJ}$ en fonction du vecteur $\overrightarrow{DC}$.

Exercices pour se tester

Notion de vecteur, somme de vecteurs, colinéarité

57 Questions de cours

a. Que peut-on dire de deux vecteurs égaux ?

b. Que peut-on dire de deux vecteurs opposés ?

c. Écrire 3 relations de Chasles dans un triangle MNP.

d. Donner une condition pour que deux vecteurs non nuls $\vec{u}$ et $\vec{v}$ soient colinéaires.

e. Que peut-on dire des points A, B et C si les vecteurs $\overrightarrow{AB}$ et $\overrightarrow{AC}$ sont colinéaires ?

58 QCM

Si MNOP est un parallélogramme, alors :

Ⓐ $\overrightarrow{MN} = \overrightarrow{PO}$.　Ⓑ $\overrightarrow{NM} = \overrightarrow{PO}$.

Ⓒ $\overrightarrow{MO} = \overrightarrow{NP}$.　Ⓓ $\overrightarrow{MO} = \overrightarrow{PN}$.

59 QCM

Si BCDE est un parallélogramme de centre O, alors :

Ⓐ $2\overrightarrow{BC} = \overrightarrow{BO} + \overrightarrow{OC}$　Ⓑ $\overrightarrow{BD} = \overrightarrow{BC} + \overrightarrow{BE}$.

Ⓒ $2\overrightarrow{DO} = \overrightarrow{DE} + \overrightarrow{DC}$　Ⓓ $\overrightarrow{CE} = \overrightarrow{CD} + \overrightarrow{CD}$.

60 Vrai ou Faux ?

a. Si $\overrightarrow{AB} = \overrightarrow{CD}$, alors les vecteurs $\overrightarrow{AB}$ et $\overrightarrow{CD}$ sont colinéaires.

b. Si les vecteurs $\overrightarrow{AB}$ et $\overrightarrow{CD}$ sont colinéaires, alors $\overrightarrow{AB} = \overrightarrow{CD}$.

c. Si $\overrightarrow{AB} = 3\overrightarrow{CD}$, alors les vecteurs $\overrightarrow{AB}$ et $\overrightarrow{CD}$ sont colinéaires.

d. Si $\overrightarrow{AB} = 3\overrightarrow{CD} + 4\overrightarrow{AB}$, alors les vecteurs $\overrightarrow{AB}$ et $\overrightarrow{CD}$ sont colinéaires.

61 QCM

Soit $\vec{u}$ et $\vec{v}$ deux vecteurs du plan tels que $\vec{u} = -5\vec{v}$.

On a alors :

Ⓐ $\vec{u}$ et $\vec{v}$ sont colinéaires.

Ⓑ $\vec{u}$ et $\vec{v}$ sont de sens contraire.

Ⓒ $\vec{u}$ et $\vec{v}$ sont de norme égale.

Ⓓ $\vec{v} = 5\vec{u}$.

Repères du plan, coordonnées de vecteurs

62 Questions de cours

On considère $(O ; \vec{i}, \vec{j})$ un repère du plan.

$A(a ; b)$ et $M(m ; n)$ sont deux points du plan.

a. Si le repère $(O ; \vec{i}, \vec{j})$ est orthonormé, que peut-on dire des vecteurs $\vec{i}$ et $\vec{j}$?

b. Quelles sont les coordonnées du vecteur $\overrightarrow{AM}$?

c. Quelles sont les coordonnées du milieu de [OA] ?

d. Quelle est la distance OA ?

63 Vrai ou Faux ?

ABCD est un rectangle de centre O.

a. Dans le repère $(A ; \overrightarrow{AB}, \overrightarrow{AD})$, les coordonnées de B sont $(1 ; 0)$.

b. Dans le repère $(A ; \overrightarrow{AB}, \overrightarrow{AD})$, les coordonnées de D sont $(1 ; 2)$.

c. Dans le repère $(B ; \overrightarrow{BA}, \overrightarrow{BC})$, les coordonnées de O sont $\left(-\frac{1}{2} ; \frac{1}{2}\right)$.

d. Dans le repère $(C ; \overrightarrow{CD}, \overrightarrow{CO})$, les coordonnées de O sont $(0 ; 1)$.

64 QCM

Dans un repère orthonormé, on considère deux points $A(1 ; -2)$ et $B(-1 ; 0)$. On a alors AB = ... :

Ⓐ 4.　Ⓑ −8.　Ⓒ 2.　Ⓓ 8.　Ⓔ $\sqrt{8}$.　Ⓕ 16.

65 Vrai ou Faux ?

On considère $(O ; \vec{i}, \vec{j})$ un repère du plan.

a. $A(3 ; -1)$ et $B(5 ; -5)$ étant deux points du plan, le vecteur $\overrightarrow{AB}$ a pour coordonnées $(-2 ; 4)$.

b. Si $\overrightarrow{AB} = 3\vec{i} - 3\vec{j}$, alors le vecteur $\overrightarrow{AB}$ a pour coordonnées $(3 ; -3)$.

c. Le vecteur $\vec{u}$ représenté ci-dessous a pour coordonnées $(-2 ; 2)$.

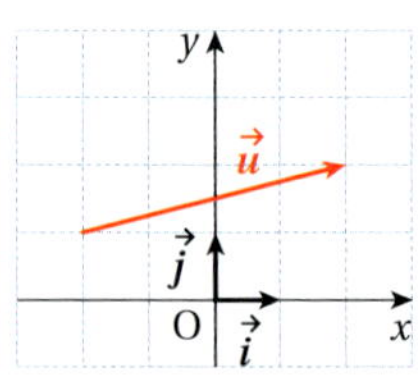

d. Le vecteur $\vec{u}$ représenté ci-contre a pour coordonnées $(-2 ; -3)$.

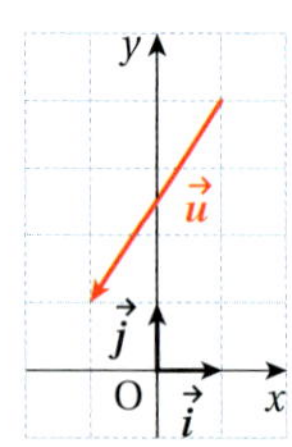

CORRIGÉ P. 342

Exercice résolu

66 Soit un carré ABCD de centre le point O.
Les points I et J sont les milieux respectifs de [AB] et [CD].
Soit K un point quelconque de [BD] autre que O.
Le point L est le symétrique de K par rapport à O.

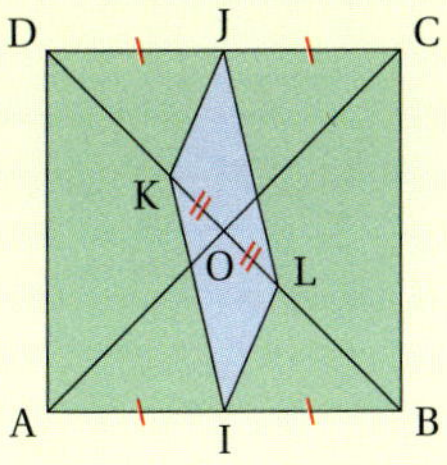

Le but de l'exercice est d'étudier la nature du quadrilatère ILJK.

1. Dans le repère $(A ; \overrightarrow{AB}, \overrightarrow{AD})$, donner les coordonnées des points I, J, K et L.

2. Démontrer que le quadrilatère ILJK est un parallélogramme.

3. À quelle condition sur le point K le quadrilatère ILJK est-il un rectange ?

SOLUTION

1. On se place dans le repère $(A ; \overrightarrow{AB}, \overrightarrow{AD})$.

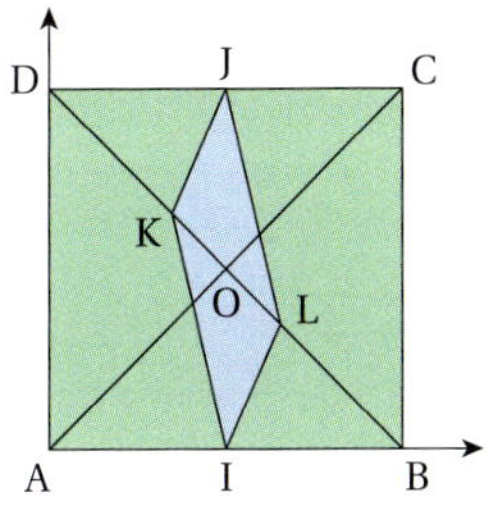

On a alors : $I\left(\frac{1}{2};0\right)$ et $J\left(\frac{1}{2};1\right)$, car I et J sont les milieux respectifs des segments [AB] et [CD].

K est un point quelconque du segment [BD]. On note $(x ; y)$ les coordonnées de K.
Le point L est le symétrique du point K par rapport à O.
Ses coordonnées en fonction de x et y sont donc : $(1-x ; 1-y)$.

2. Pour démontrer que le quadrilatère IJKL est un parallélogramme, on va prouver que pour un point K quelconque, les vecteurs $\overrightarrow{JK}$ et $\overrightarrow{LI}$ sont égaux.
On calcule, en fonction de x et y, les coordonnées des vecteurs $\overrightarrow{JK}$ et $\overrightarrow{LI}$:

$$\overrightarrow{JK}\left(x-\frac{1}{2};y-1\right) \text{ et } \overrightarrow{LI}\left(x-\frac{1}{2};y-1\right).$$

Ainsi $\overrightarrow{JK}=\overrightarrow{LI}$ et donc le quadrilatère IJKL est un parallélogramme.

REMARQUE

Le résultat peut également être démontré géométriquement en utilisant la symétrie centrale de centre O. Celle-ci transforme J en I (conservation des milieux) et K en L, le quadrilatère ILJK admet donc O comme centre de symétrie, c'est un parallélogramme.

3. Le parallélogramme ILJK est un rectangle si, et seulement si, le triangle IJK est rectangle en K.
Le point O étant le milieu du segment [IJ], le triangle IJK est rectangle en K si, et seulement si, le point O est le centre de son cercle circonscrit, c'est-à-dire si, et seulement si, OI = OJ = OK.
On commence donc par calculer IJ :

$$IJ=\sqrt{\left(\frac{1}{2}-\frac{1}{2}\right)^2+(1-0)^2}=1, \text{ d'où } OI=OJ=\frac{1}{2}.$$

Ainsi, le quadrilatère ILJK est un rectangle si, et seulement si, $OK=\frac{1}{2}$.

UN PEU D'HISTOIRE

La géométrie, un don du Nil

Des origines en Égypte

Pour l'historien grec Hérodote (~ 484 av. J.-C. - ~ 425 av. J.-C.), à qui l'on doit la célèbre phrase « *l'Égypte est un don du Nil* », la géométrie trouve ses origines 2 000 ans avant notre ère dans les crues répétées du Nil : « *[...] ce même roi fit le partage des terres, assignant à chaque Égyptien une portion égale de terre, et carrée, [...]. Si le fleuve enlevait à quelqu'un une partie de sa portion, il allait trouver le roi [...]. Ce prince envoyait sur les lieux des arpenteurs pour voir de combien l'héritage était diminué [...]. Voila, je crois, l'origine de la géométrie [...]* »
Pour reconstituer les limites des terrains, les arpenteurs égyptiens utilisaient la corde à treize nœuds (ou corde égyptienne) pour tracer des angles droits (> 1) ; ils effectuaient des calculs approchés de longueurs, de périmètres ou de surfaces.

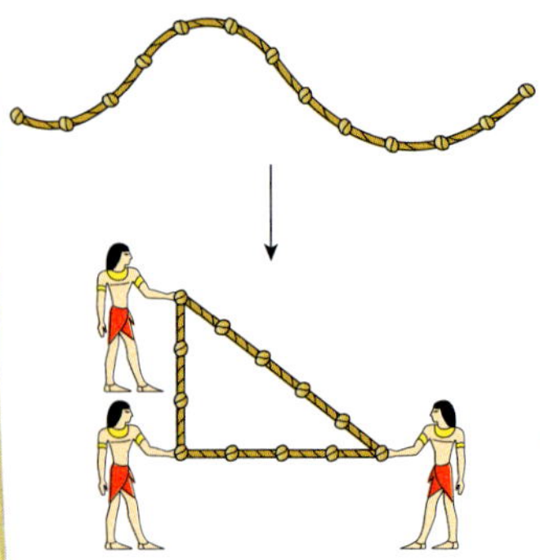

< **1.** La corde à 13 noeuds (de longueur 12) forme un angle droit lorsque le triangle a pour dimensions 3, 4, 5.

∧ **2.** *La cité idéale*, attribué à Piero della Francesca.

Art et géométrie projective

À la Renaissance, les besoins en dessin et en peinture font naître en Europe la perspective. En s'appuyant sur les tableaux d'un maître de l'époque, Piero della Francesca (~ 1416 - 1492) ((> 2), le mathématicien italien **Luca PACIOLI** traite, entre autres, de l'usage de la perspective dans les œuvres picturales.
Les règles, précises et rigoureuses, de la perspective sont clairement explicitées et constituent des préceptes de la géométrie projective.

La géométrie euclidienne

Les premiers pas de la géométrie grecque se font avec **THALÈS de MILET**, connu notamment pour avoir calculé la hauteur de la pyramide de Kheops.
Trois siècles plus tard, Euclide écrit *Les Éléments* (~ 300 av. J.-C.), ouvrage en 13 livres dont 9 sur la géométrie. Cette oeuvre constituera les fondements de la géométrie durant près de 2 000 ans.
Ainsi, avec les savants grecs de l'Antiquité, la géométrie gagne en rigueur : les formules sont appliquées pour donner des valeurs exactes, les propriétés sont démontrées dans le cas général.

Géométrie analytique et calcul vectoriel

Au XVIIe siècle, René DESCARTES (1596 - 1650) propose de se placer dans un repère pour traiter tout problème de géométrie avec les outils algébriques (cf. chapitre 2 p. 00) : la géométrie analytique est née.
Au XIXe siècle, le mathématicien et physicien allemand **Hermann GRASSMANN** pose les bases des opérations sur les segments orientés, aujourd'hui appelés vecteurs, pour les besoins de la mécanique : addition de forces, de vitesses... Le calcul vectoriel prend alors réellement son essor.

THALÈS de MILET
(~ 624 av. J.-C. - ~ 547 av. J.-C., Grèce)
Il énonce des propositions de géométrie plane.

VIe s. av. J.C.

Luca PACIOLI
(~ 1445 - 1517, Italie)
Il vulgarise les travaux de la géométrie euclidienne.

1500

Hermann GRASSMANN
(1809 - 1877, Allemagne)
Il pose les bases de la notion de vecteur et du calcul vectoriel.

1844

Exercices d'approfondissement

Notion de vecteur

67 **1.** Construire un triangle MNP.

2. a. Placer le point A tel que $\overrightarrow{MP} = \overrightarrow{NA}$.

b. Placer le point B tel que $\overrightarrow{MP} = -\overrightarrow{MB}$.

c. Placer le point C tel que $-\overrightarrow{CP} = \overrightarrow{NA}$.

3. Que peut-on en déduire sur la position des points N et P ? Justifier.

68 **1.** Placer trois points A, B et C tels que $\overrightarrow{AB} = \overrightarrow{BC}$.

2. a. Placer un point D tel que $\overrightarrow{BD} = \overrightarrow{DC}$.

b. Placer le point E tel que $\overrightarrow{DC} = \overrightarrow{CE}$.

c. Placer le point F tel que $\overrightarrow{FB} = \overrightarrow{BD}$.

3. Prouver que D est le milieu de [EF].

69 **a.** Reproduire sur un quadrillage les trois points A, B et C.

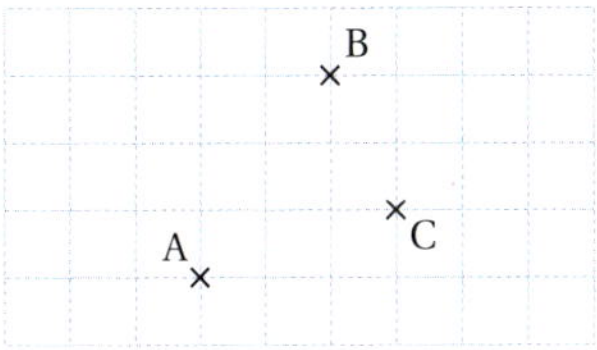

b. Représenter les vecteurs $\vec{a}$ et $\vec{b}$ tels que :

$$\vec{a} = 2\overrightarrow{BC} + 2\overrightarrow{AC} \quad \text{et} \quad \vec{b} = 3\overrightarrow{AB} - 2\overrightarrow{CB}.$$

70 Soit deux vecteurs $\vec{u}$ et $\vec{v}$ et O un point du plan.

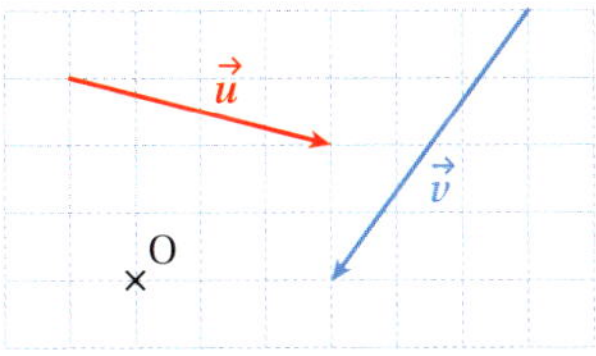

Reproduire la figure sur un quadrillage et construire les points A, B et C tels que :

$$\overrightarrow{OA} = 3\vec{u} - \vec{v}\,;\ \overrightarrow{OB} = -2\vec{u} + 2\vec{v} \ \text{ et } \ \overrightarrow{OC} = \overrightarrow{OA} - \overrightarrow{OB}.$$

71 **a.** Reproduire sur un quadrillage les trois points A, B et C.

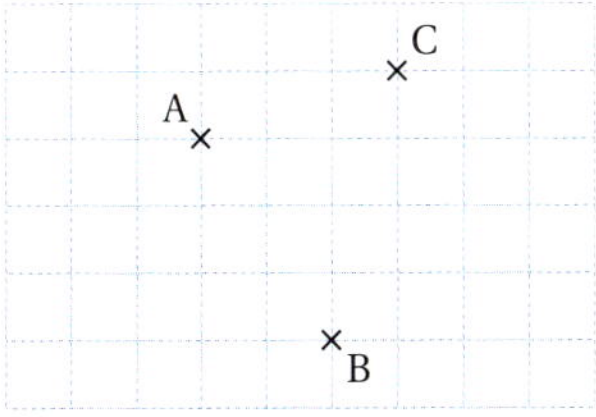

b. Construire les points M et N tels que :

$$\overrightarrow{AM} = 3\overrightarrow{BC} - \overrightarrow{AC} \quad \text{et} \quad \overrightarrow{AN} = -2\overrightarrow{AB} - \frac{3}{2}\overrightarrow{BC}.$$

72 **a.** Reproduire sur un quadrillage les quatre points A, B, C et D.

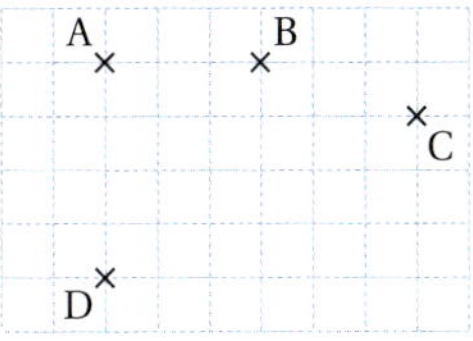

b. Construire le point M tel que $\overrightarrow{MA} = 2\overrightarrow{BC} + \overrightarrow{BD} - 2\overrightarrow{AC}$.

73 Dans chaque cas, exprimer le vecteur $\vec{u}$ en fonction des vecteurs $\vec{a}$ et $\vec{b}$.

a.

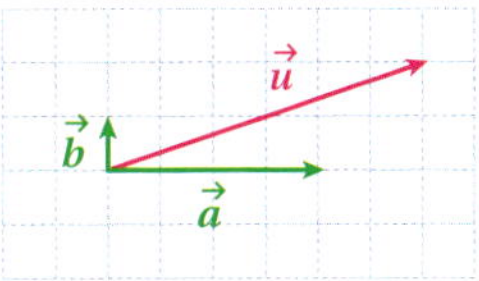

b.

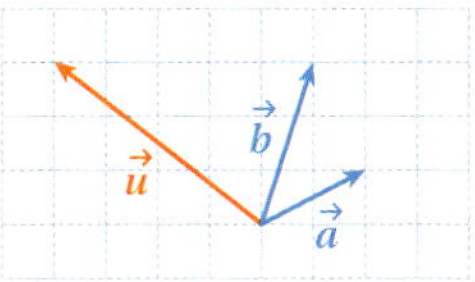

74 Exprimer le vecteur $\vec{u}$ et le vecteur $\vec{v}$ en fonction des vecteurs $\vec{a}$ et $\vec{b}$.

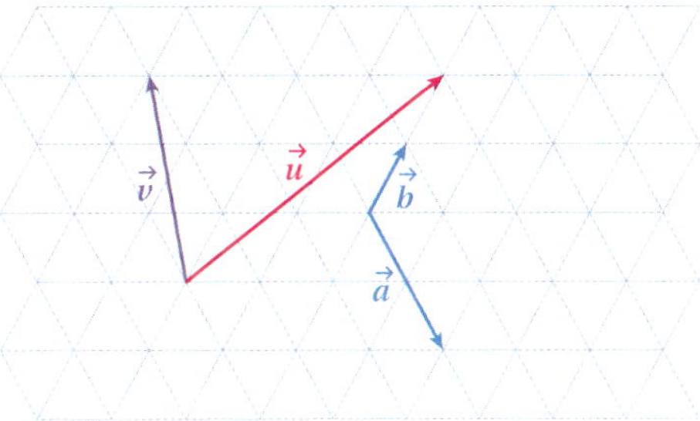

Somme de vecteur

75 Dans chaque cas, exprimer le plus simplement possible le vecteur $\vec{u}$ en fonction du vecteur $\vec{a}$.

a. $\vec{u} = 3\vec{a} + 4\vec{a} - 6\vec{a}$.

b. $\vec{u} = -\frac{3}{2}\vec{a} + \frac{3}{4}\vec{a} - \frac{1}{8}\vec{a}$.

c. $\vec{u} = 4(3\vec{a} - \vec{a}) + 5(2\vec{a} - 7\vec{a})$.

d. $\vec{u} = -2(-\vec{a} - \vec{a}) + 5(3\vec{a}) - 9\vec{a}$.

76 Dans chaque cas, exprimer le plus simplement possible le vecteur $\vec{u}$ en fonction des vecteurs $\vec{a}$ et $\vec{b}$.

a. $\vec{u} = 5\vec{a} + 4\vec{b} - 3\vec{a} + 4\vec{b}$.

b. $\vec{u} = \frac{5}{3}\vec{a} - \frac{1}{6}\vec{b} - \frac{5}{12}\vec{b} + \frac{2}{3}\vec{a}$.

c. $\vec{u} = -2(\vec{a} + 4\vec{b}) + 3(-\vec{a} - 3\vec{b})$.

77 Soit A, B, C et D quatre points du plan.
Démontrer les égalités suivantes.

a. $\overrightarrow{CB} + \overrightarrow{AC} + \overrightarrow{BA} = \vec{0}$.

b. $\overrightarrow{BC} + \overrightarrow{DA} - \overrightarrow{DC} = \overrightarrow{BA}$.

c. $\overrightarrow{AC} + \overrightarrow{DB} = \overrightarrow{AB} + \overrightarrow{DC}$.

78 Soit A, B, C et D quatre points du plan.
Démontrer que :
$$\overrightarrow{BD} - \overrightarrow{AC} + \overrightarrow{CB} = \overrightarrow{CA} - \overrightarrow{DC}.$$

79 Soit A, B, C et D quatre points du plan tel que $\overrightarrow{AB} = \overrightarrow{CD}$.
a. Démontrer que $\overrightarrow{BA} = \overrightarrow{DC}$.
b. Démontrer que $\overrightarrow{CA} = \overrightarrow{DB}$.

80 Soit A, B et C trois points du plan et I le milieu de [AB].
Démontrer que $\overrightarrow{CA} + \overrightarrow{CB} = 2\overrightarrow{CI}$.

81 Soit A, B et C trois points du plan, I le milieu de [AB] et J le milieu de [AC].
a. Démontrer que $\overrightarrow{BC} = 2\overrightarrow{IJ}$.
b. Quel théorème étudié vient d'être démontré ?

82 Soit ABCD un parallélogramme de centre I.
a. Démontrer que $\overrightarrow{IC} + \overrightarrow{ID} = \overrightarrow{AD}$.
b. Démontrer que $\overrightarrow{AB} + \overrightarrow{AD} = 2\overrightarrow{IC}$.

83 Soit un triangle ABC.
a. Construire les points E et F tels que :
$$\overrightarrow{AE} = 2\overrightarrow{AF} = \overrightarrow{AB} + \overrightarrow{AC}.$$
b. Démontrer que F est le milieu de [BC].

84 Soit ABC un triangle rectangle en A.
a. Construire le point D tel que $\overrightarrow{AD} = \overrightarrow{BA}$.
b. Construire le point E tel que $\overrightarrow{CE} = \overrightarrow{CB} + \overrightarrow{CD}$.
c. Quelle est la nature du quadrilatère BCDE ? Justifier.

85 Soit un parallélogramme ABCD.
a. Construire les points M et N tels que :
$$\overrightarrow{MA} = \overrightarrow{AB} \text{ et } \overrightarrow{NC} = \overrightarrow{CB}.$$
b. Démontrer que D est le milieu de [MN].

Produit d'un vecteur par un réel et colinéarité

86 Dans chaque cas, dire si les droites (AB) et (CD) sont parallèles.
a. $\overrightarrow{AB} = 3\overrightarrow{CD}$. **b.** $\overrightarrow{BA} = -\overrightarrow{DC}$.
c. $\overrightarrow{AC} = 2\overrightarrow{BD}$. **d.** $2\overrightarrow{BA} = -5\overrightarrow{CD}$.

87 Soit ABC un triangle. I est le milieu de [AB] et J est le milieu de [AC].
Que peut-on dire des vecteurs $\overrightarrow{IJ}$ et $\overrightarrow{AC}$? Expliquer.

88 Dans quel(s) cas, peut-on affirmer que les points A, B et C sont alignés ?
a. $\overrightarrow{AB} = 4\overrightarrow{AC}$. **b.** $\overrightarrow{BA} = -3\overrightarrow{AC}$.
c. $-\overrightarrow{BC} = 6\overrightarrow{BA}$. **d.** $2\overrightarrow{BA} = -5\overrightarrow{CA}$.

89 Soit A, B, C et D quatre points du plan tels que :
- $\overrightarrow{AB}$ et $\overrightarrow{AC}$ sont colinéaires,
- $\overrightarrow{BC}$ et $\overrightarrow{CD}$ sont colinéaires.

Prouver que les quatre points A, B, C et D sont alignés.

Repères du plan, coordonnées et vecteurs

90 **Vrai ou faux ?**
a. Si ABC est un triangle rectangle en A, alors le repère $(A ; \overrightarrow{AB}, \overrightarrow{AC})$ est orthogonal.
b. Si ABC est un triangle isocèle en A, alors le repère $(A ; \overrightarrow{AB}, \overrightarrow{AC})$ est orthonormé.
c. Si A, B et C sont alignés, alors le triplet $(A ; \overrightarrow{AB}, \overrightarrow{AC})$ n'est pas un repère du plan.
d. Si ABCD est un rectangle, alors le repère $(B ; \overrightarrow{BA}, \overrightarrow{BC})$ est orthonormé.

91 Soit un parallélogramme ABCD.
Donner les coordonnées des points A et C dans chacun des repères suivants.
a. $(A ; \overrightarrow{AB}, \overrightarrow{AD})$. **b.** $(D ; \overrightarrow{DA}, \overrightarrow{DC})$. **c.** $(A ; \overrightarrow{AC}, \overrightarrow{AB})$.

92 Soit un triangle ABC isocèle en A et I le milieu de [BC].
1. Déterminer un repère du plan dans lequel A et B ont pour coordonnées respectives (0 ; 1) et (1 ; 0).
2. a. Déterminer un repère orthogonal dans lequel A et C ont pour coordonnées respectives (0 ; 1) et (1 ; 0).
b. Dans ce repère, quelles sont les coordonnées des points I et B ?

93 Soit un losange ABCD de centre I.
1. Donner les coordonnées des points I et C dans le repère $(D ; \overrightarrow{DA}, \overrightarrow{DB})$.
2. a. Déterminer un repère orthogonal dans lequel les points A et D ont pour coordonnées respectives (0 ; –1) et (–1 ; 0).
b. Dans ce repère, quelles sont les coordonnées des points I et C ?

94 On considère $(O ; \vec{i}, \vec{j})$ un repère du plan.

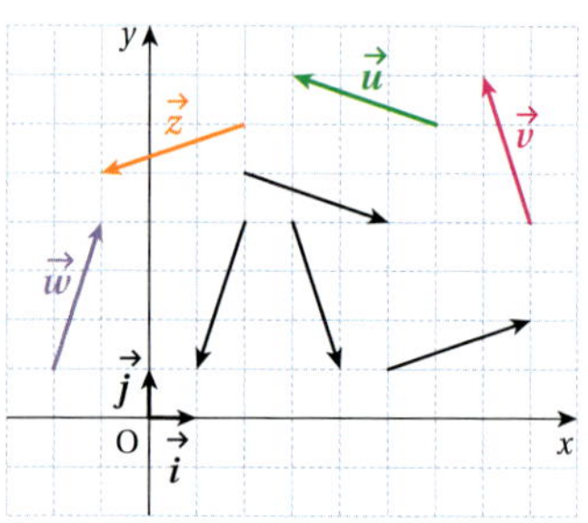

a. Repérer sur la figure les vecteurs $-\vec{u}$; $-\vec{v}$; $-\vec{w}$ et $-\vec{z}$.

b. Associer à chacun des huit vecteurs de la figure ses coordonnes parmi celles de la liste suivante :
(–1 ; 3) ; (–3 ; –1) ; (1 ; 3) ; (1 ; –3) ; (3 ; –1) ; (3 ; 1) ; (–1 ; –3) ; (–3 ; 1).

95 On considère $(O ; \vec{i}, \vec{j})$ un repère du plan.

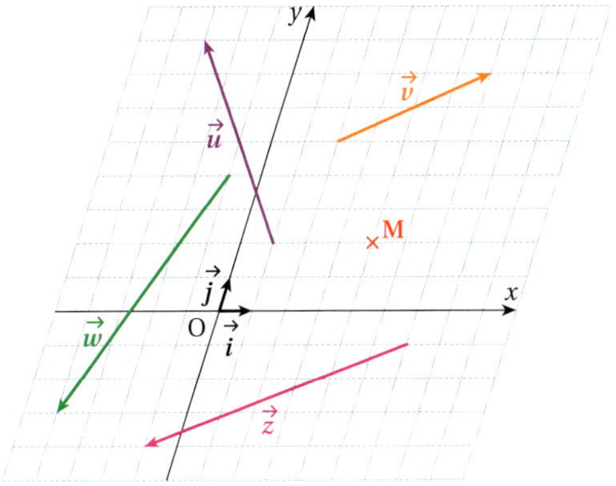

1. Lire les coordonnées des vecteurs $\vec{u}$, $\vec{v}$, $\vec{w}$ et $\vec{z}$.

2. a. Donner les coordonnées du point A tel que le vecteur $\overrightarrow{MA}$ ait pour coordonnées (5 ; –3).

b. Donner les coordonnées du point B tel que le vecteur $\overrightarrow{BM}$ ait pour coordonnées (2 ; –4).

96 Soit $(O ; \vec{i}, \vec{j})$ un repère orthonormé du plan.

1. Représenter les vecteurs suivants :

$\vec{u}(2 ; 3)$; $-\vec{u}$; $\vec{v}(-2 ; 1)$; $2\vec{v}$; $\vec{w}(-3 ; 0)$; $-\frac{1}{3}\vec{w}$.

2. a. Construire dans le même repère les vecteurs $\vec{a} = -\vec{u} + 2\vec{v}$ et $\vec{b} = \vec{u} - \frac{1}{3}\vec{w}$.

b. Lire graphiquement les coordonnées des vecteurs $\vec{a}$ et $\vec{b}$.

97 Soit A(–4 ; 1) et B(2 ; 0) deux points dans un repère $(O ; \vec{i}, \vec{j})$ du plan.
Calculer les coordonnées des points M et N tels que :
a. $\overrightarrow{AM} = \overrightarrow{MB}$. **b.** $3\overrightarrow{NA} = 2\overrightarrow{BN}$.

98 On considère $(O ; \vec{i}, \vec{j})$ un repère du plan.

1. Exprimer les vecteurs $\vec{u}(1 ; -2)$ et $\vec{v}(-3 ; -1)$ en fonction des vecteurs $\vec{i}$ et $\vec{j}$.

2. Calculer les coordonnées des vecteurs suivants :
a. $\vec{a} = 2\vec{i} - 3\vec{j}$. **b.** $\vec{b} = -3\vec{i} + 4\vec{j}$.
c. $\vec{c} = -3\vec{i} + 4(\vec{i} + \vec{j})$.

99 On considère $(O ; \vec{i}, \vec{j})$ un repère du plan.

1. Exprimer les vecteurs $\vec{u}(2 ; 4)$ et $\vec{v}(-1 ; 2)$ en fonction des vecteurs $\vec{i}$ et $\vec{j}$.

2. Calculer les coordonnées des vecteurs suivants :
a. $\vec{a} = \vec{u} + \vec{v}$. **b.** $\vec{b} = \vec{u} - \vec{v}$. **c.** $\vec{c} = 3\vec{u} - 2\vec{v}$.

100 Soit A(2 ; –1) et B(3 ; 1) deux points dans un repère du plan.

1. Calculer les coordonnées du vecteur $\overrightarrow{AB}$.

2. Calculer les coordonnées des points M, N et P tels que :
a. $\overrightarrow{AM} = 2\overrightarrow{AB}$. **b.** $\overrightarrow{NB} = -2\overrightarrow{AB}$. **c.** $\overrightarrow{PA} = 3\overrightarrow{PB}$.

101 On considère $(O ; \vec{i}, \vec{j})$ un repère du plan.
Dans chaque cas, calculer la (les) valeur(s) du nombre réel n tel que les vecteurs $\vec{u}$ et $\vec{v}$ soient colinéaires.
a. $\vec{u}(2 ; n)$ et $\vec{v}(-8 ; 5)$. **b.** $\vec{u}(3 ; -n)$ et $\vec{v}(n ; -3)$.
c. $\vec{u}(n ; 3n)$ et $\vec{v}(5 ; n + 1)$.

Démontrer avec les vecteurs

102 On considère $(O ; \vec{i}, \vec{j})$ un repère du plan.
Soit les points A(–4 ; 4), B(14 ; 12), C(6 ; 0) et D(–3 ; –4).
Démontrer que ABCD est un trapèze.

103 On considère $(O ; \vec{i}, \vec{j})$ un repère orthogonal du plan.

1. Placer dans ce repère :
a. les points M(0 ; 4), N(5 ; 0), B(0 ; 7), C(12 ; 0) ;
b. le point P tel que OMPN soit un rectangle.

2. Le point P appartient-t-il au segment [BC] ? Justifier.

104 Soit A, B et C trois points non alignés du plan.
Soit D le point de coordonnées (1 ; 1) dans le repère $(B, \overrightarrow{BC}, \overrightarrow{BA})$.

1. Démontrer que ABCD est un parallélogramme.

2. Soit trois points E(0 ; –2), F(1 ; –1) et G(–1 ; 3).
a. Démontrer que les droites (BD) et (EF) sont parallèles.
b. Démontrer que les points F, A et G sont alignés.

105 On considère $(O ; \vec{i}, \vec{j})$ un repère du plan.
a. Placer les points A(2 ; 4), B(6 ; 2) et C(0 ; –4).
b. Calculer les coordonnées du milieu D de [AC].
c. Soit E le point d'intersection de la droite parallèle à [AB] passant par D avec [BC].
Calculer les coordonnées de E.

106 On considère $(O ; \vec{i}, \vec{j})$ un repère orthonormé du plan.
Soit A(3 ; –2), B(7 ; 2) et M(4 ; m), avec $m \in \mathbb{R}$.
Déterminer les valeurs de m pour lesquelles le triangle ABM est rectangle.

107 On considère $(O ; \vec{i}, \vec{j})$ un repère orthonormé du plan.
Calculer les coordonnées des points d'abscisse – 1 qui appartiennent au cercle de centre O et de rayon 4.

Problèmes

108 Pavage de dromadaires

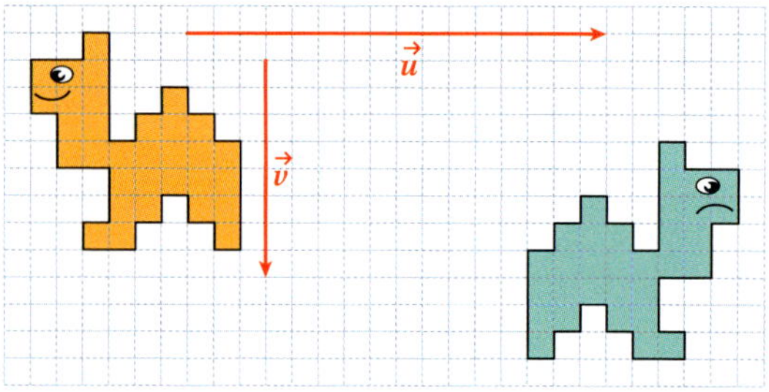

a. Reproduire sur un quadrillage les deux dromadaires en respectant la position de l'un par rapport à l'autre.

b. Déplacer le dromadaire heureux selon les translations de vecteurs :

$$\vec{u}\,;\ \vec{v}\,;\ \frac{3}{2}\vec{u} \text{ et } \vec{u}+\vec{v}.$$

c. Déplacer le dromadaire triste selon les translations de vecteurs :

$$-\vec{u}\,;\ \frac{1}{2}\vec{u}\,;\ \frac{1}{2}\vec{u}+\vec{v} \text{ et } \vec{v}-\vec{u}.$$

109 Téléski

La skieuse représenté ci-dessous subit des forces représentées par des vecteurs :

- $\vec{P}$ est la force d'attraction terrestre qui dépend de la masse de la skieuse ;
- $\vec{R}$ est la force de réaction exercée par le sol sur la skieuse ;
- $\vec{F}$ est la force exercée par la perche du téléski sur la skieuse à l'arrêt.

On considère que les forces de frottement de la neige sur les skis sont nulles.

a. Dans la situation représentée, le téléski ne fonctionne pas ; la skieuse est immobile.
Que peut-on dire de la somme des forces (vecteurs) exercées sur la skieuse ? Faire une figure.

b. Lorsque le téléski fonctionne, la force $\vec{F}'$ exercée sur la skieuse est telle que $\vec{F}' = 5\vec{F}$.
Représenter la somme des forces exercées sur la skieuse.

REMARQUE

En physique, on expliquera que si la somme des forces exercée sur un objet est nulle alors l'objet est immobile ; dans le cas contraire, il est en mouvement.

110 Levier

« Donnez-moi un point d'appui et je soulèverai le monde. »

ARCHIMÈDE

Le principe du levier, découvert par Archimède (287 - 212 av. J.-C.), peut être schématisé par une tige [AB] posée sur un support faisant pivot au point O.
On a posé en A un objet de masse m et en B un objet de masse m'.
Le levier est en équilibre si l'égalité suivante est vérifiée :

$$m \times \text{OA} = m' \times \text{OB}.$$

Cette condition se traduit par l'égalité vectorielle

$$m\overrightarrow{\text{OA}} + m'\overrightarrow{\text{OB}} = \vec{0}.$$

1. Dans chacun des cas suivants, réaliser une figure pour obtenir l'équilibre.

a. $m = m'$. **b.** $m = 5$ kg et $m' = 2$ kg. **c.** $m = 2m'$.

2. a. Si $m = 2$ kg et $m' = 3$ kg, démontrer que :

$$\overrightarrow{\text{OA}} = -\frac{3}{5}\overrightarrow{\text{AB}}.$$

b. Si $m = 6$ kg et $m' = 5$ kg, démontrer que :

$$\overrightarrow{\text{OB}} = \frac{6}{11}\overrightarrow{\text{AB}}.$$

3. Expliquer la citation d'Archimède.

111 Symétriques

Soit un parallélogramme ABCD de centre O.
Les points I, J, K et L sont les symétriques respectifs de A, B, C et D par rapport à B, C, D et A.

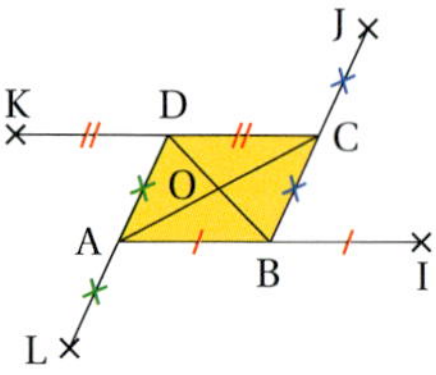

a. Démontrer que $\overrightarrow{\text{BI}} = \overrightarrow{\text{KD}}$.
En déduire que O est le milieu de [IK].

b. Démontrer de même que O est le milieu de [LJ].

c. En déduire la nature du quadrilatère IJKL.

112 Deux en un !

Deux fourmis se promènent sur le quadrillage ci-contre.

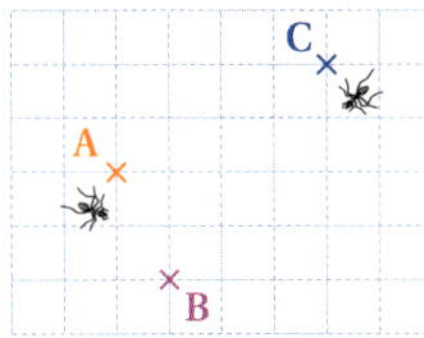

La première, partant de A, se retrouve en M en ayant suivi un chemin défini par la somme de vecteurs :

$$5\overrightarrow{AB} + \overrightarrow{CA}.$$

La deuxième, partant de C, arrivera en N après avoir suivi le chemin défini par la somme de vecteurs :

$$2\overrightarrow{AB} + \overrightarrow{AC} - 3\overrightarrow{BC}.$$

Démontrer que les deux fourmis se retrouveront au même point.

113 Médianes

Construire un parallélogramme MNPQ de centre O.

Placer les points A, B et C tels que :

$$\overrightarrow{NA} = \overrightarrow{MO},\ \ \overrightarrow{PB} = \overrightarrow{MN} + \overrightarrow{MO}\ \text{ et }\ \overrightarrow{PC} = \overrightarrow{OP}.$$

1. a. Démontrer que $\overrightarrow{AB} = \overrightarrow{MP}$.

b. Démontrer que $\overrightarrow{OC} = \overrightarrow{MP}$.

c. En déduire la nature du quadrilatère OABC.

2. Démontrer que les droites (PB) et (CA) sont des médianes du triangle OBC.

3. Ces deux droites se coupent en G. Démontrer que (OG) coupe [BC] en son milieu.

114 Coordonnées géographiques (1)

Sur la Terre, on utilise des coordonnées géographiques pour se repérer.

Celles-ci s'expriment en degrés par la longitude et la latitude.

1. a. Quelle est la latitude d'un lieu se trouvant sur l'Équateur ?

b. Quelle est la latitude du pôle Nord ? du pôle Sud ?

c. Quels pays d'Europe sont traversés par le méridien de Greenwich (méridien d'origine) ?

2. a. Donner un ordre de grandeur de la plus petite latitude en France métropolitaine.

b. Donner un ordre de grandeur de la longitude de l'Alsace.

3. a. Quelles sont les coordonnées géographiques de l'antipode du Caire en Égypte (30°N ; 31°E) ?

b. Même question pour Santiago du Chili (33°S ; 70°O).

115 Coordonnées géographiques (2)

a. Les villes de Siaya au Kenya et de Macapa au Brésil sont situées pratiquement sur l'Équateur. La longitude de Siaya est de 34°E. Celle de Macapa est de 51°O.

Calculer la distance la plus courte séparant ces deux villes.

On prendra 6370 km pour rayon de la Terre.

b. Deux villes se trouvent sur un même méridien mais dans des hémisphères différents. La somme de leur latitude est égale à 100°.

Calculer la distance la plus courte séparant ces deux villes.

116 PROBLÈME OUVERT Ausblick

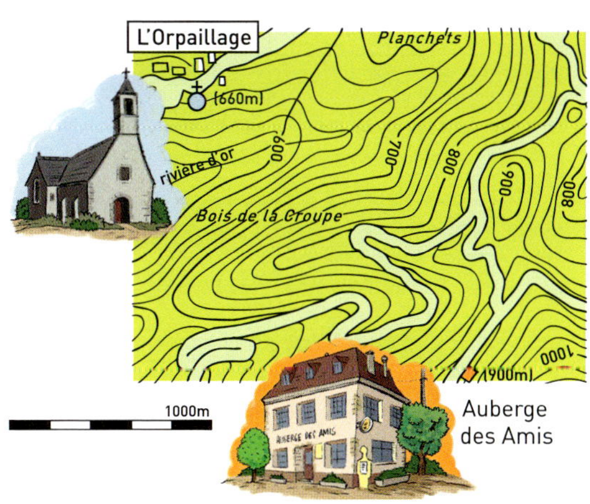

Kann man bei gutem Vogesenwetter von der Türschwelle der *Auberge des Amis* (900 m ü. NN) den Glokkenturm der Kapelle von L'Orpaillage (660 m ü. NN) sehen?

Verwende für die Lösung den abgebildeten Kartenausschnitt und begründe deine Antwort.

D'après *Mathématiques sans frontières,* décembre 2006.

117 PROBLÈME OUVERT
Cercle et parallélogramme

Soit un segment [AB] et un point C de [AB].

a. Tracer le cercle de diamètre [AC] et placer un point P sur ce cercle.

Construire le point M tel que le quadrilatère APMB soit un parallélogramme.

Construire le point N tel que le quadrilatère APBN soit un parallélogramme.

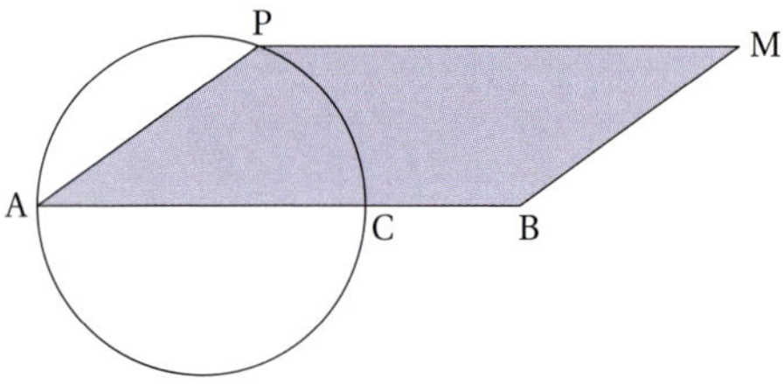

b. À l'aide d'un logiciel de géométrie dynamique, conjecturer la position des points M, B et N.

c. Démontrer ce résultat.

118 PROBLÈME OUVERT
Dans un parallélogramme

Soit un parallélogramme ABCD. Le point E est le milieu du segment [BC].

A' est le symétrique de A par rapport à B.

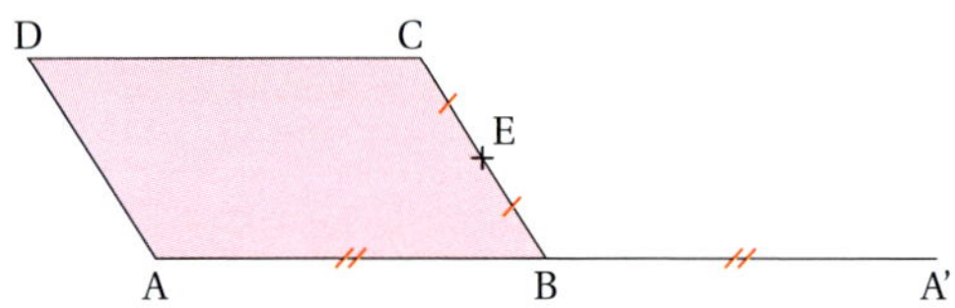

a. À l'aide d'un logiciel de géométrie dynamique, que peut-on conjecturer sur les points A', E et D ?

b. Démontrer ce résultat.

119 PROBLÈME OUVERT Dans un trapèze

Soit ABCD un trapèze tel que les droites (AB) et (CD) sont parallèles. On note I, J, K et L les milieux respectifs des segments [AD], [AC], [BD] et [BC].

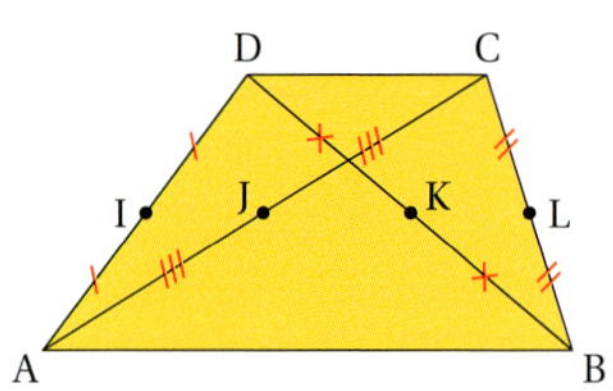

a. À l'aide d'un logiciel de géométrie dynamique, que peut-on conjecturer sur les segments [IL] et [JK] ?

b. Démontrer ce résultat.

120 PROBLÈME OUVERT Droites parallèles

Soit un triangle ABC.

Le point I est le milieu du segment [BC].

Soit P un point quelconque de [AC].

La parallèle à (BC) passant par P coupe le segment [AB] en E.

La parallèle à (AB) passant par P coupe le segment [BC] en F.

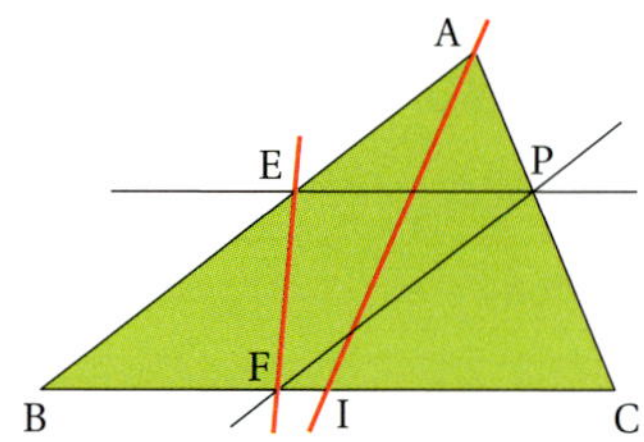

a. À l'aide d'un logiciel de géométrie dynamique, conjecturer la position du point P pour laquelle les droites (AI) et (EF) sont parallèles.

b. Démontrer ce résultat.

Coup de pouce

On pourra se placer dans le repère $(O ; \overrightarrow{BC}, \overrightarrow{BA})$.

121 PROBLÈME OUVERT
Milieu cherche son segment

Soit d et d' deux droites sécantes en A.

B est un point qui n'appartient à aucune des droites d et d'.

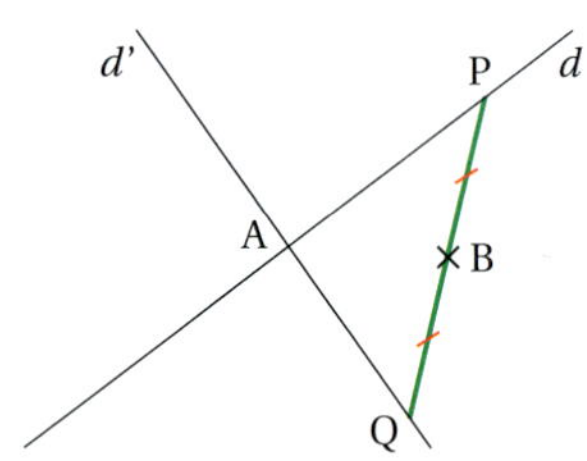

Construire le segment [PQ] tel que :

– P appartient à d ;

– Q appartient à d' ;

– B est le milieu de [PQ].

122 Cercles circonscrits

Dans un repère (O, I, J), on considère les points $A(1 ; \sqrt{2})$, $B(0 ; \sqrt{2}-4)$ et $C(4 ; \sqrt{2}-5)$.

a. Démontrer que le triangle ABC est rectangle et isocèle en B.

b. Calculer les coordonnées du centre M du cercle circonscrit au triangle ABC.

c. Calculer les coordonnées des centres respectifs P et Q des cercles circonscrits aux triangles MAB et MBC.

123 Le puzzle de Lewis Carroll*

Dans un carré de côté 8, on a découpé deux triangles rectangles et deux trapèzes (**fig. 1**).
À l'aide des quatre pièces ainsi obtenues, on reconstitue un rectangle (**fig. 2**).

fig. 1

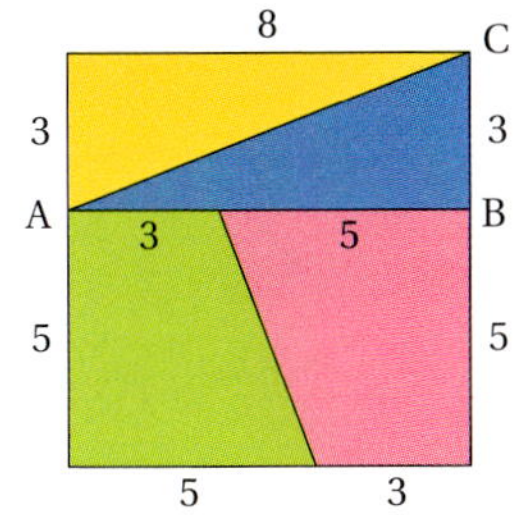

fig. 2

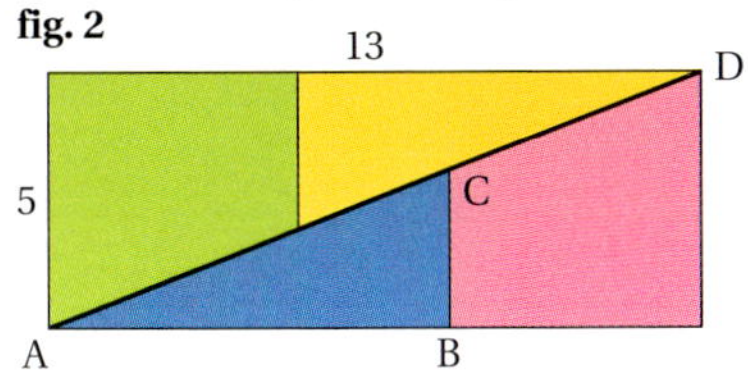

1. Calculer l'aire du carré et l'aire du rectangle.
Que constate-t-on ?

2. a. Démontrer que les vecteurs $\overrightarrow{AC}$ et $\overrightarrow{AD}$ ne sont pas colinéaires.
b. Expliquer alors les résultats obtenus à la question **1**.

* Charles Lutwidge Dodgson, alias Lewis Carrol, (1832-1898), logicien, s'est rendu célèbre grâce à son ouvrage *Alice au pays des merveilles*. Il est l'auteur de nombreuses énigmes mathématiques.

124 Tangente à un cercle

Dans un repère (O, I, J), on considère les points A(–1 ; 2), B(0 ; –2) et C(3 ; 3).

1. Calculer les coordonnées du milieu I de [BC].

2. a. Calculer les coordonnées du symétrique A' du point A par rapport à I.
b. Quelle est la nature du quadrilatère ABA'C ?
c. Justifier que le cercle circonscrit au triangle ABC a pour centre le point I.

3. Démontrer que la droite passant par B et T(–5 ; 1) est tangente au cercle.

125 Nature d'un triangle

Dans un repère (O, I, J), on considère les points M(a ; b) et N($-b$; a), où a et b sont deux nombres réels non nuls.

1. Réaliser une figure.

2. a. Quelle semble être la nature du triangle OMN ?
b. Démontrer ce résultat.

126 Choisir le bon repère

Soit un parallélogramme ABCD.

1. Construire les points M et N tels que :

$$\overrightarrow{CM} = \frac{1}{4}\overrightarrow{CB} \text{ et } \overrightarrow{AN} = \frac{4}{3}\overrightarrow{AB}.$$

2. L'objectif de cette question est de démontrer que les points C, D et N sont alignés.
a. Parmi les repères suivants, choisir celui qui permettra de simplifier le calcul des coordonnées des points construits :
- un repère orthonormé d'origine A ;
- un repère orthogonal d'origine A ;
- le repère (N ; $\overrightarrow{NC}$, $\overrightarrow{NM}$) ;
- le repère (A ; $\overrightarrow{AB}$, $\overrightarrow{AD}$).

b. Dans le repère choisi, calculer les coordonnées des points D, C et N.
c. Conclure.

127 Parallélogramme de Varignon

On considère (O ; $\vec{i}$, $\vec{j}$) un repère du plan.

1. Placer les points A(3 ; 2), B(5 ; –1), C(8 ; 3) et D(10 ; –2).

2. a. Placer les milieux respectifs I, J, K et L des segments [AB], [BC], [CD] et [AD].
b. Conjecturer la nature du quadrilatère IJKL.

3. a. Calculer les coordonnées des points I, J, K et L.
b. Démontrer la conjecture du **2.b**.

REMARQUE : Ce résultat est un cas particulier du théorème de Varignon selon lequel les milieux des côtés d'un quadrilatère quelconque sont les sommets d'un parallélogramme.

128 PROBLÈME OUVERT
Problème d'alignement

ABCD est un carré de centre O.
M est un point autre que O de la diagonale [AC] différent du point O.
La parallèle à (AB) passant par M coupe [AD] en I et [BC] en J.
La parallèle à (AD) passant par M coupe [AB] en K et [DC] en L.
Les droites (IL) et (AC) se coupent en P.

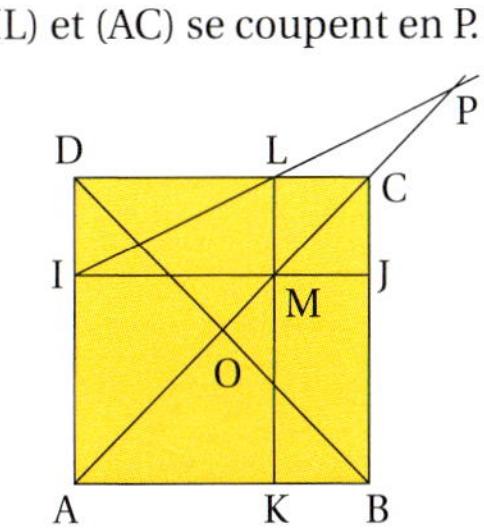

Démontrer que les points K, J et P sont alignés.

129 Points alignés

Sur la figure ci-dessous, ABCD est un carré. ABE et BCF sont deux triangles équilatéraux.

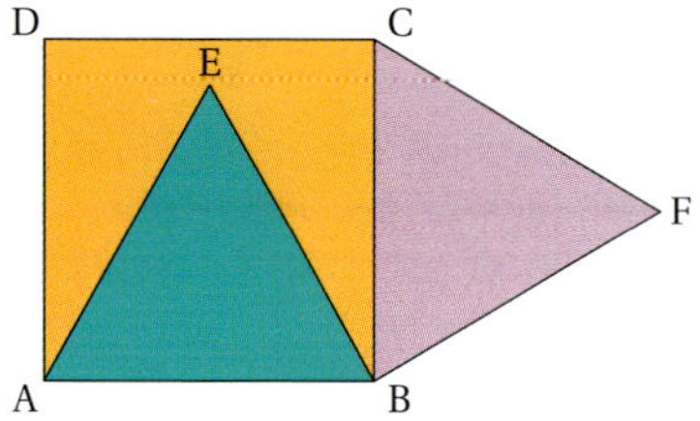

On se place dans le repère orthonormé $(A ; \overrightarrow{AB}, \overrightarrow{AD})$.

a. Démontrer que la hauteur des triangles équilatéraux est égale à $\frac{\sqrt{3}}{2}$.

b. En déduire les coordonnées des points E et F.

c. Démontrer que les points D, E et F sont alignés.

130 PROBLÈME OUVERT Paires et milieux

Dans un repère orthonormé du plan, Hugo place des points à coordonnées entières en s'imposant la règle suivante : « *Aucun milieu de 2 points placés ne doit avoir ses 2 coordonnées entières* ».

Quel est le nombre maximal de points que Hugo pourra placer en respectant cette règle ? Expliquer.

D'après *Mathématiques sans frontières,* février 2006.

131 Avec les parallélogrammes

1. a. Construire un parallélogramme ABCD de centre O. Nommer I le milieu de [OC].

b. Construire A', symétrique de A par rapport à D, et O', symétrique de O par rapport à B.

2. a. Démontrer que $\overrightarrow{A'C} = \overrightarrow{DB}$.

b. Démontrer que $\overrightarrow{DB} = \overrightarrow{OO'}$.

c. En déduire que I est le milieu de [A'O'].

132 La guitare

On considère les vecteurs représentés dans le quadrillage ci-dessous.

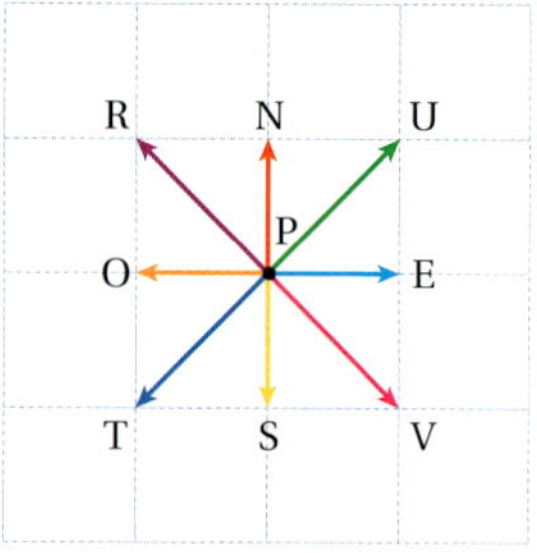

1. a. Placer un point A sur la gauche d'une feuille quadrillée.

b. Construire le point B, image du point A par la translation de vecteur $\overrightarrow{PN}$.

c. Construire le point C tel que :

$$\overrightarrow{BC} = \overrightarrow{PU} + \overrightarrow{PN}.$$

d. Construire le point D tel que $\overrightarrow{CD} = 2\overrightarrow{PE}$.

e. Construire le point F tel que :

$$\overrightarrow{DF} = 2\overrightarrow{PS} + 2\overrightarrow{PE}.$$

2. a. Construire le point G, image du point F par la translation de vecteur $\overrightarrow{PE}$.

b. Construire le point H tel que :

$$\overrightarrow{GH} = \overrightarrow{PH} + \overrightarrow{HU}.$$

c. Construire le point I tel que $\overrightarrow{HI} = -\overrightarrow{OP}$.

d. Construire le point J tel que :

$$\overrightarrow{IJ} = \overrightarrow{PV} + 0{,}5\overrightarrow{PS}.$$

e. Construire le point K tel que $\overrightarrow{JK} = 5\overrightarrow{PE}$.

f. Construire le point L tel que :

$$\overrightarrow{KL} = 0{,}5\overrightarrow{PN} + \text{PE}.$$

g. Construire le point M tel que :

$$\overrightarrow{LM} = 3\overrightarrow{PU} - 3\overrightarrow{PN} + \overrightarrow{PO}.$$

h. Construire le point Q tel que :

$$\overrightarrow{MQ} = \overrightarrow{PT} - \overrightarrow{PO}.$$

3. Tracer la ligne brisée ABCDFGHIJKLMQ.

4. Finir la construction par symétrie de la ligne brisée par rapport à la droite (AQ).

133 Carte du ciel

La carte suivante représente une portion de ciel visible pour un observateur se trouvant sur Terre.
Le système de repérage s'appelle un *repère équatorial*.
Les coordonnées se composent de l'*ascension droite* (en heure et minute) et de la *déclinaison* (en degré).

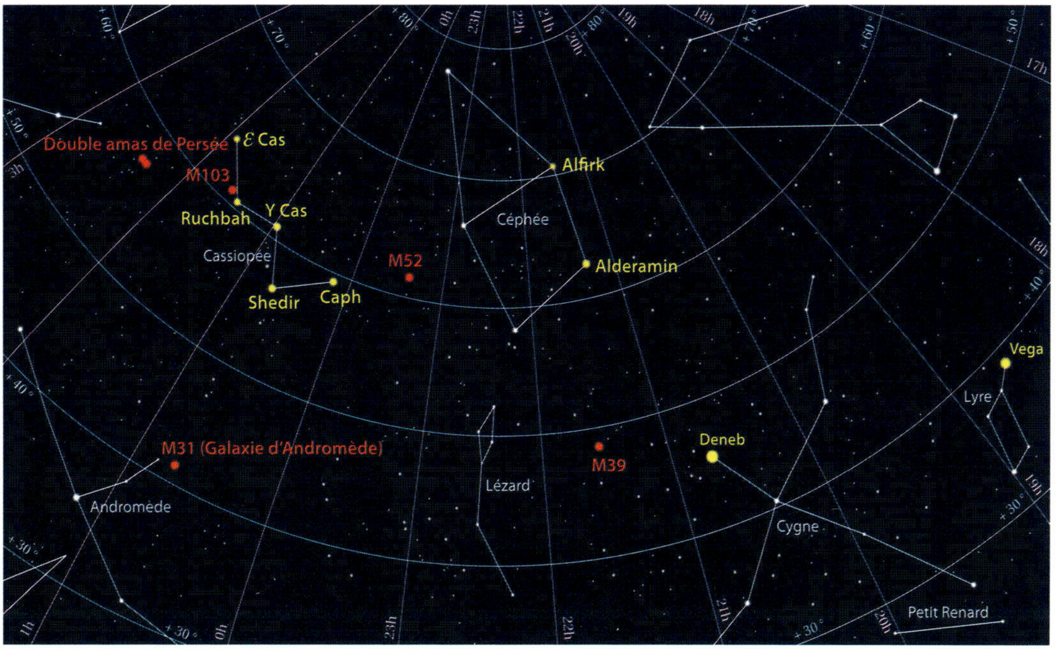

1. Dans la constellation de Cassiopée

a. Quelle est la déclinaison de l'amas d'étoiles M103 ?

b. Quelle est la déclinaison de l'amas d'étoiles M52 ?

c. On a représenté ci-dessous la constellation de Cassiopée, composée de 5 étoiles.

La retrouver sur la carte et donner le nom de l'étoile qui possède la plus grande déclinaison.

2. Dans la constellation de Céphée

a. Quelle est l'ascension droite de l'étoile Alderamin ?

b. Quelle est l'ascension droite de l'étoile Alfirk ?

3. Dans la constellation du Cygne

Quelles sont les coordonnées de l'amas d'étoiles M39 ?

4. Retrouver le nom des astres dont les coordonnées équatoriales sont :

(0 h 42 min ; 41°) ; (20 h 41 min ; 45°)
et (2 h 20 min ; 57°).

QCM Pour bien commencer

Pour chaque question, il y a une ou plusieurs bonnes réponses.

1 On a représenté ci-dessous dans un repère la fonction affine f :

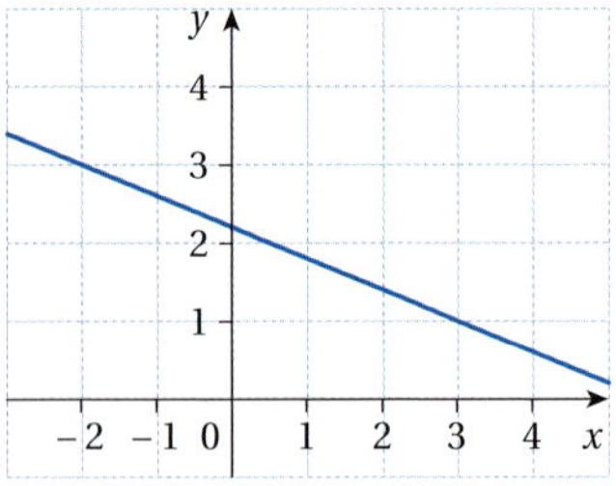

Quels points semblent appartenir à la droite représentative de f ?

A A(3 ; 1). B B(1 ; 3). C C(–2 ; 3). D D(3 ; –2).

2 Soit une fonction f définie par $f(x)=ax+b$.
Si $x_1 \neq x_2$, alors :

A $a=\dfrac{x_2-x_1}{f(x_2)-f(x_1)}$. B $a=\dfrac{f(x_1)+f(x_2)}{x_1+x_2}$.

C $a=\dfrac{f(x_2)-f(x_1)}{x_2-x_1}$. D $a=\dfrac{f(x_1)-f(x_2)}{x_1-x_2}$.

3 La droite représentative de la fonction f définie par $f(x)=3x-1$ possède :

A Pour coefficient directeur 3 et pour ordonnée à l'origine 1.

B Pour coefficient directeur 3 et pour ordonnée à l'origine –1.

C Pour coefficient directeur 1 et pour ordonnée à l'origine 3.

D Pour coefficient directeur –1 et pour ordonnée à l'origine 3.

4 Pour une fonction linéaire, la droite représentative de coefficient directeur –4 passe par le point de coordonnées :

A (0 ; –4). B (–4 ; 0). C (1 ; –4). D (–4 ; 1).

5 Un friand et trois quiches coûtent 12,50€ et deux friands et une quiche coûtent 10€.
On peut traduire ce problème par :

A $\begin{cases} x+3x=12{,}5 \\ 2y+y=10 \end{cases}$ B $\begin{cases} x+3y=12{,}5 \\ 2x+y=10 \end{cases}$

C $\begin{cases} 3x+y=12{,}5 \\ x+2y=10 \end{cases}$ D $\begin{cases} x+3y=10 \\ 2x+y=12{,}5 \end{cases}$

6 Le système $\begin{cases} 2x-y=4 \\ -x+5y=10 \end{cases}$ possède les mêmes solutions que :

A $\begin{cases} y=4-2x \\ -x+5y=10 \end{cases}$ B $\begin{cases} 2x-y=4 \\ x=5y-10 \end{cases}$

C $\begin{cases} y=2x-4 \\ y=\dfrac{x}{5}+2 \end{cases}$ D $\begin{cases} x-\dfrac{y}{2}=2 \\ x-5y=-10 \end{cases}$

7 La solution du système $\begin{cases} 3x+2y=10 \\ -x+3y=-7 \end{cases}$ est :

A (–1 ; 4).

B (4 ; –1).

C (1 ; –4).

D la même que celle du système $\begin{cases} 2x-6y=14 \\ \dfrac{2}{3}x+y=5 \end{cases}$

8

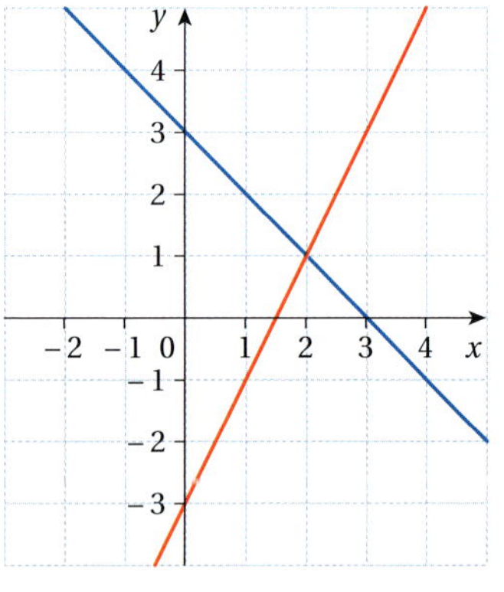

Le graphique permet de lire la solution du système :

A $\begin{cases} y=3x+3 \\ y=-3x+1{,}5 \end{cases}$

B $\begin{cases} y=-x+3 \\ y=2x-3 \end{cases}$

C $\begin{cases} 2x+3y=7 \\ -2x+y=-3 \end{cases}$

D $\begin{cases} y=x+3 \\ y=x-3 \end{cases}$

CORRIGÉ P. 342

Équations de droites et systèmes

6

Alignement de peupliers formant des rangées parallèles.

> **Je suis l'équation triste au bras d'une inconnue.**
>
> *C'est fantastique*, Léo Ferré (1916-1993).

Le chapitre en bref

Réinvestir

- Équations et inéquations
- Repérage
- Fonctions affines
- Vecteurs

Découvrir

- Caractérisation analytique d'une droite
- Positions relatives de deux droites
- Droites et systèmes d'équations

UN PEU D'HISTOIRE p. 199

Activités

1 Équations de droites

Réinvestir : À l'aide d'un logiciel de géométrie dynamique (ici, GeoGebra), conjecturer :
- la caractérisation analytique d'une droite ;
- une condition de parallélisme de deux droites.

1 Construction

a. À l'ouverture du logiciel GeoGebra, choisir la disposition « Algèbre&Graphique ».

b. Tracer deux droites (AB) et (CD).

c. Modifier l'écriture des équations de droites : faire un clic droit sur chaque droite et cocher « Equation y = ax + b ».

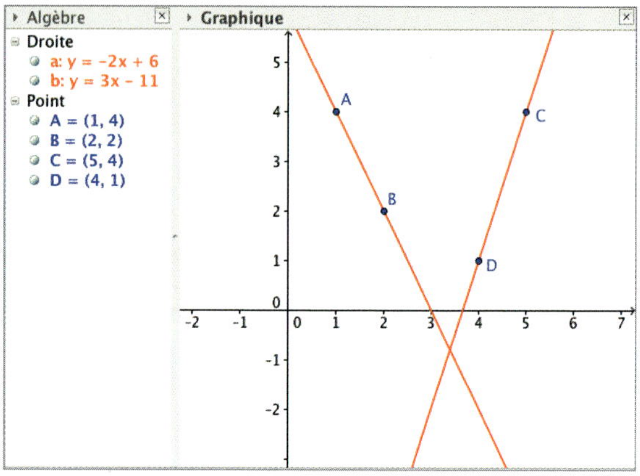

2 Conjectures

Pour établir les conjectures qui suivent, on manipulera à la souris les deux droites affichées.

a. Quelle est la forme générale d'une équation de droite :
- qui n'est pas parallèle à l'axe des ordonnées ?
- qui est parallèle à l'axe des abscisses ?
- qui est parallèle à l'axe des ordonnées ?

b. Discuter de l'allure d'une droite suivant le signe de son coefficient directeur.

c. À quelle condition sur les coefficients directeurs, deux droites non parallèles à l'axe des ordonnées sont-elles parallèles entre elles ?

2 Droites et systèmes d'équations

Découvrir : Donner une approche géométrique de la résolution de systèmes en passant par les droites associées.

1 Soit (S_1) le système de deux équations et d'inconnues x et y : $\begin{cases} x-2y=6 \\ 2x+y=7 \end{cases}$

a. Dans chacune des équations du système (S_1), isoler l'inconnue y.

b. Dans un repère $(O ; \vec{i}, \vec{j})$, tracer les droites d et d' dont les équations respectives sont celles du système (S_1).

c. Lire graphiquement les coordonnées du point vérifiant simultanément les équations de d et de d'.

En déduire la solution du système (S_1).

d. Vérifier ce résultat par le calcul.

2 Soit (S_2) le système de deux équations et d'inconnues x et y : $\begin{cases} \frac{3}{2}x-y=-12 \\ -3x+2y=-14 \end{cases}$

a. Reprendre la méthode de la question **1**. pour lire graphiquement les solutions du système (S_2).
Que constate-t-on ?
b. Que peut-on conclure pour les solutions du système (S_2) ?

3 Soit (S_3) le système de deux équations et d'inconnues x et y : $\begin{cases} 3x-4y=-12 \\ -x+\dfrac{4}{3}y=4 \end{cases}$

a. Dans chacune des équations du système (S_3), isoler l'inconnue y.
Que constate-t-on ?
b. Que peut-on conclure pour les solutions du système (S_3) ?

3 Mise en équation

Réinvestir :
- Résoudre graphiquement un problème conduisant à un système d'équations.
- Vérifier par le calcul le résultat obtenu.

En déambulant dans le Souk de Bagdad, le jeune Aladdin déniche chez le marchand Khwariz une incroyable lampe magique.
En la frottant délicatement, sort au milieu d'un nuage de fumée, un génie qui s'exclame :
« Mon brave Aladdin, si tu parviens à résoudre mon problème, tu pourras me soumettre trois vœux :
Deux serpents et un singe pèsent 8 *mines** ; par ailleurs, cinq serpents pèsent 2 *mines* de plus que deux singes. Combien pèse un serpent et combien pèse un singe ? »

1 **a.** Traduire les données du problème par un système de deux équations à deux inconnues.
b. Représenter, dans un même repère, les droites dont les équations ont été établies dans la question précédente.
c. Déterminer graphiquement la solution vérifiant les deux équations de droites.

2 Vérifier les résultats par le calcul.

3 Conclure pour répondre au génie.

(*) La *mine* est une unité de masse Antique.

Cours

A | ÉQUATIONS DE DROITES

1 Caractérisation analytique d'une droite

Savoir-faire 1
Représenter graphiquement une droite d'équation donnée,
p. 190

PROPRIÉTÉS

Soit d une droite du plan rapporté au repère $(O\,;\vec{i},\vec{j})$.

- Si d est parallèle à l'axe des ordonnées, alors d admet une équation de la forme $x = c$, où c est un nombre réel **(fig. 1)**.

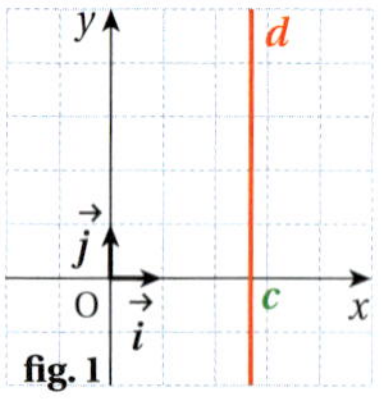

fig. 1

- Si d n'est pas parallèle à l'axe des ordonnées, alors d admet une équation de la forme $y = ax + b$, où a et b sont deux nombres réels **(fig. 2)**.

a est appelé le **coefficient directeur** de la droite d.
b est appelé l'**ordonnée à l'origine** de la droite d.

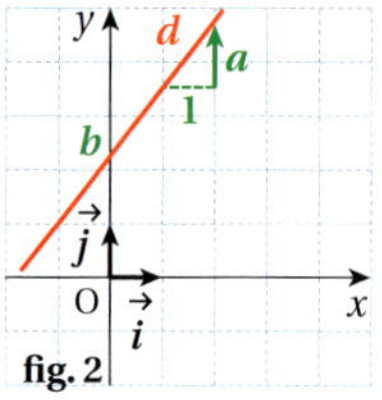

fig. 2

NOTE
Dans un repère, toute droite non parallèle à l'axe des ordonnées est la représentation graphique d'une fonction affine (cf. chapitre 3 p. 92).

DÉMONSTRATION

Soit $(O\,;\vec{i},\vec{j})$ un repère du plan.

Soit $A(x_A\,;y_A)$ et $B(x_B\,;y_B)$ deux points distincts d'une droite d de ce repère.

Dire qu'un point M de coordonnées $(x\,;y)$ appartient à la droite d revient à dire que les vecteurs $\overrightarrow{AM}\begin{pmatrix}x-x_A\\y-y_A\end{pmatrix}$ et $\overrightarrow{AB}\begin{pmatrix}x_B-x_A\\y_B-y_A\end{pmatrix}$ sont colinéaires.

D'après le critère de colinéarité, cela revient à dire que les coordonnées de M vérifient l'équation (E) :

$$(x-x_A)(y_B-y_A)-(x_B-x_A)(y-y_A)=0 \quad (E)$$

- **1er cas : d est parallèle à l'axe des ordonnées**

Dans ce cas, $x_A = x_B$.

L'équation (E) peut alors s'écrire :

$$(x-x_A)(y_B-y_A)=0.$$

Ce qui équivaut à $x = x_A$ car $y_A \neq y_B$, les points A et B étant distincts.

d admet donc une équation de la forme $x = c$, avec $c = x_A$.

- **2e cas : d n'est pas parallèle à l'axe des ordonnées**

Dans ce cas, $x_A \neq x_B$.

L'équation (E) peut s'écrire :

$$y-y_A=\frac{y_B-y_A}{x_B-x_A}(x-x_A),$$

soit $y=\dfrac{y_B-y_A}{x_B-x_A}x+y_A-\left(\dfrac{y_B-y_A}{x_B-x_A}\right)x_A$.

d admet donc une équation de la forme $y = ax + b$, avec $a=\dfrac{y_B-y_A}{x_B-x_A}$ et $b=y_A-\left(\dfrac{y_B-y_A}{x_B-x_A}\right)x_A$. ■

Savoir-faire 2
Vérifier si un point appartient à une droite d'équation donnée, p. 191

PROPRIÉTÉ

Si $A(x_A ; y_A)$ et $B(x_B ; y_B)$ sont deux points distincts d'une droite d tels que $x_A \neq x_B$, alors la droite d a pour coefficient directeur $a = \dfrac{y_B - y_A}{x_B - x_A}$.

Savoir-faire 3
Déterminer une équation de droite dont on connaît deux points, p. 191

REMARQUE

Cette propriété est une conséquence de celle démontrée précédemment.

EXEMPLE

Soit $(O ; \vec{i}, \vec{j})$ un repère du plan.
La droite d a pour équation $x = -3$.
La droite d' a pour équation $y = -2x + 3$. Son ordonnée à l'origine est 3 et son coefficient directeur est -2.

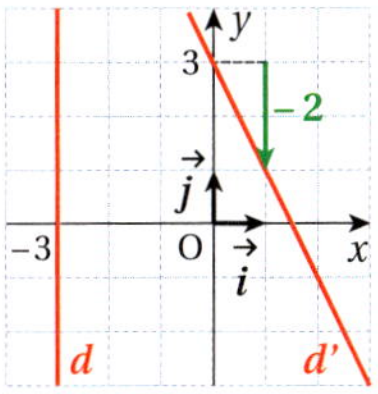

Réciproquement, nous admettrons que :

PROPRIÉTÉ

Soit $(O ; \vec{i}, \vec{j})$ un repère du plan et a, b, c trois nombres réels, a non nul.
L'ensemble des points M du plan dont les coordonnées $(x ; y)$ vérifient une équation de la forme $y = ax + b$ ou $x = c$ est une droite.

2 Vecteur directeur d'une droite

DÉFINITION

Soit d une droite du plan.
On appelle **vecteur directeur** de d tout vecteur non nul $\vec{u}$ tel qu'il existe deux points A et B distincts de d vérifiant $\vec{u} = \overrightarrow{AB}$.

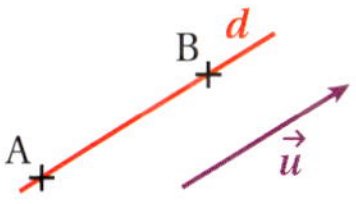

Savoir-faire 4
Déterminer une équation de droite dont on connaît un point et un vecteur directeur, p. 192

PROPRIÉTÉS

Soit $(O ; \vec{i}, \vec{j})$ un repère du plan et une droite d de ce repère.
- Si d est parallèle à l'axe des ordonnées, alors $\vec{j}$ est un vecteur directeur de d.
- Si d n'est pas parallèle à l'axe des ordonnées, alors la droite d'équation $y = ax + b$ admet le vecteur $\vec{u}(1 ; a)$ comme vecteur directeur.

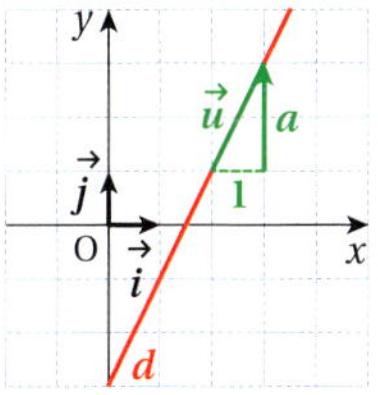

DÉMONSTRATION

Soit $(O ; \vec{i}, \vec{j})$ un repère du plan.
La droite d d'équation $y = ax + b$ passe par les points $A(0 ; b)$ et $B(1 ; a + b)$.
Les points A et B étant distincts, le vecteur $\overrightarrow{AB}$ de coordonnées $\begin{pmatrix} 1-0 \\ a+b-b \end{pmatrix}$, soit $\begin{pmatrix} 1 \\ a \end{pmatrix}$, est un vecteur directeur de la droite d. ■

EXEMPLE

Soit $(O ; \vec{i}, \vec{j})$ un repère du plan.
La droite d d'équation $y = 7x + 4$ admet le vecteur $\vec{u}(1 ; 7)$ pour vecteur directeur.
Le vecteur $\vec{v}(2 ; 14)$ est également un vecteur directeur de d car $\vec{u}$ et $\vec{v}$ sont colinéaires.

B POSITION RELATIVE DE DEUX DROITES

1 Droites parallèles

PROPRIÉTÉ

Soit $(O ; \vec{i}, \vec{j})$ un repère du plan.

Soit d et d' deux droites non parallèles à l'axe des ordonnées.

Dire que d et d' sont parallèles entre elles équivaut à dire qu'elles ont le même coefficient directeur.

DÉMONSTRATION

La droite d admet une équation du type $y = ax + b$.

La droite d' admet une équation du type $y = a'x + b'$.

Dire que les droites d et d' sont parallèles équivaut à dire que leur vecteurs directeurs respectifs $\vec{u}(1 ; a)$ et $\vec{u'}(1 ; a')$ sont colinéaires, c'est-à-dire que $a = a'$. ■

2 Droites parallèles, droites sécantes

Équation de d	$x = c$	$y = ax + b$	$y = ax + b$	
Équation de d'	$x = c'$	$x = c'$	$y = a'x + b'$	
Position relative de d et d'	d et d' sont parallèles	d et d' sont sécantes	$a = a'$ d et d' sont parallèles	$a \neq a'$ d et d' sont sécantes
Représentation	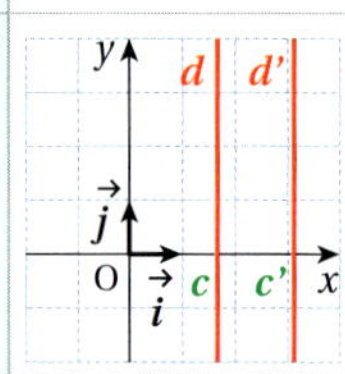	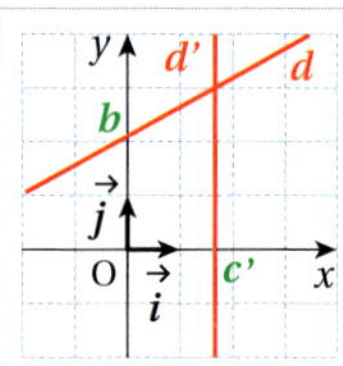	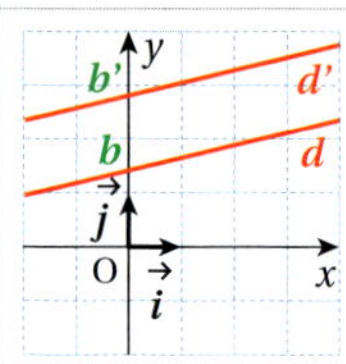	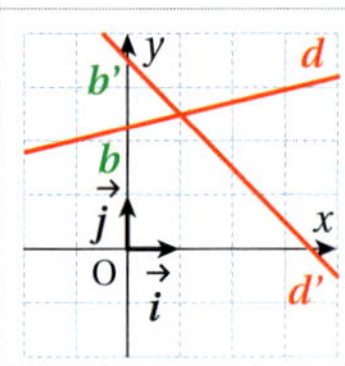

EXEMPLE

Dans un repère du plan, d_1, d_2 et d_3 admettent pour équations :

$d_1 : y = -5x + 2$; $\quad d_2 : y = -5x + 3$; $\quad d_3 : x = 8$.

Les droites d_1 et d_2 sont parallèles car elles ont un même coefficient directeur (–5).

Les droites d_1 et d_3 sont sécantes.

C DROITES ET SYSTÈMES LINÉAIRES

1 Système linéaire

DÉFINITION

Soit (S) le système d'équations $\begin{cases} ax + by = c \\ a'x + b'y = c' \end{cases}$, où a, b, c, a', b' et c' sont des nombres réels.

Résoudre le système (S) consiste à trouver tous les couples de réels $(x ; y)$ vérifiant **simultanément** les deux équations du système.

2 Systèmes et droites sécantes

Soit (S) le système d'équations : $\begin{cases} ax+by=c \\ a'x+b'y=c' \end{cases}$ où a, b, c, a', b' et c' sont des nombres réels donnés avec $b \neq 0$ et $b' \neq 0$.

Savoir-faire 5
Résoudre un système par la méthode de substitution, p. 192

Savoir-faire 6
Résoudre un système par la méthode des combinaisons linéaires, p. 193

Le système (S) équivaut à $\begin{cases} by=-ax+c \\ b'y=-a'x+c' \end{cases}$, soit $\begin{cases} y=-\dfrac{a}{b}x+\dfrac{c}{b} \\ y=-\dfrac{a'}{b'}x+\dfrac{c'}{b'} \end{cases}$

Les droites associées à ces deux équations possèdent un unique point d'intersection si leurs coefficients directeurs sont différents, soit $-\dfrac{a}{b} \neq -\dfrac{a'}{b'}$, ou encore $ab' \neq a'b$.

Si M est le point d'intersection des deux droites, le couple de ses coordonnées $(x_M ; y_M)$ est solution du système.

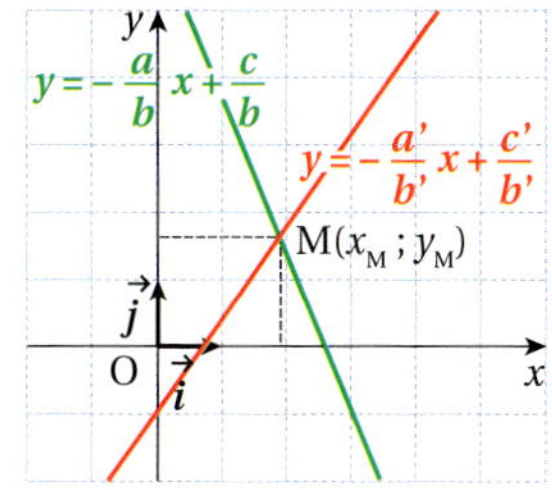

3 Systèmes et droites parallèles

Certains systèmes n'admettent pas un unique couple solution.

EXEMPLE 1

Système n'admettant pas de solution

Soit (S) le système $\begin{cases} -2x+y=0 \\ 4x-2y=4 \end{cases}$

Résolution du système

En isolant y dans la première équation, on obtient $y = 2x$.

En remplaçant y dans la deuxième équation, on obtient $4x - 2 \times 2x = 4$, soit $4x - 4x = 4$, soit encore $0 = 4$. On aboutit à une contradiction.

Les deux équations du système (S) ne peuvent pas être vérifiées simultanément par un couple de nombres réels $(x ; y)$.

Interprétation géométrique

Le système (S) équivaut à $\begin{cases} y=2x \\ -2y=-4x+4 \end{cases}$

Soit : $\begin{cases} y=2x \\ y=2x-2 \end{cases}$

On désigne par d et d' les droites d'équations respectives $y = 2x$ et $y = 2x - 2$.

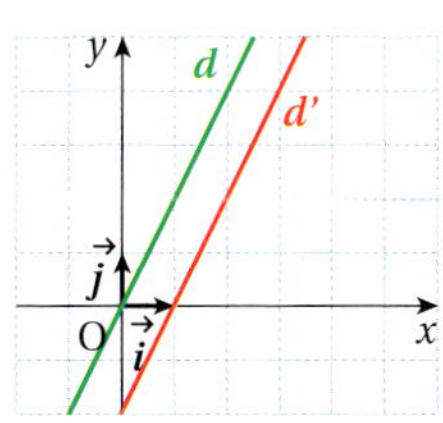

d et d' possèdent des coefficients directeurs égaux ; elles sont donc strictement parallèles.

Il n'existe pas de couple de nombres réels $(x ; y)$ vérifiant les équations de d et d'.

Conclusion

Le système (S) ne possède donc pas de solution.

EXEMPLE 2

Système admettant une infinité de solutions

Soit (S) le système $\begin{cases} 4x-2y=2 \\ -2x+y=-1 \end{cases}$

Résolution du système

On constate que la première équation s'obtient en multipliant les deux membres de la deuxième par -2. Le système est donc équivalent à l'équation $-2x + y = -1$, c'est-à-dire aussi à $y = 2x - 1$.

Interprétation géométrique

Les droites d et d' associées à ces deux équations sont confondues.

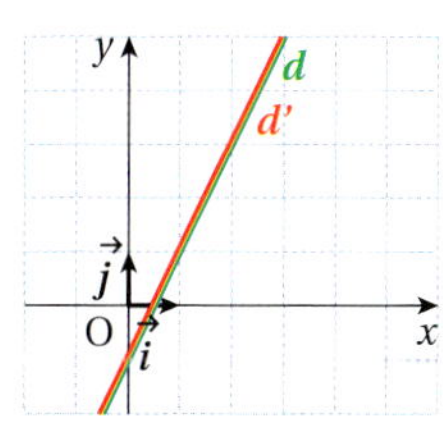

Conclusion

Tous les couples de coordonnées $(x ; y)$ vérifiant l'équation $y = 2x - 1$ sont solutions du système (S).

Par exemple, pour $x = 4$, $y = 2 \times 4 - 1$; le couple $(4 ; 7)$ est donc une solution de (S).

On peut encore par exemple vérifier que le couple $(1 ; 1)$ est une autre solution de (S).

Savoir-faire

Savoir-faire 1 Représenter graphiquement une droite d'équation donnée

ÉNONCÉ Dans un repère $(O ; \vec{i}, \vec{j})$ du plan, tracer les droites d'équations suivantes :

a. $d_1 : y = -3x + 4$. **b.** $d_2 : y = -2$. **c.** $d_3 : x = 3$.

SOLUTION

a. La droite d_1 d'équation $y = -3x + 4$ a pour ordonnée à l'origine 4.
Donc le point A de coordonnées (0 ; 4) appartient à la droite d_1.
Soit B le point d'abscisse 2 appartenant à la droite d_1.
Les coordonnées de B vérifient l'équation de d_1, donc $y_B = -3 \times 2 + 4 = -2$.
Le point B de coordonnées (2 ; –2) appartient à la droite d_1.
On peut ainsi tracer la droite d_1 passant par A et B.

b. La droite d_2 d'équation $y = -2$ est l'ensemble des points dont l'ordonnée est égale à –2.
La droite d_2 est donc la droite parallèle à l'axe des abscisses coupant l'axe des ordonnées au point de coordonnées (0 ; –2).

c. La droite d_3 d'équation $x = 3$ est l'ensemble des points dont l'abscisse est égale à 3.
La droite d_3 est donc la droite parallèle à l'axe des ordonnées coupant l'axe des abscisses au point de coordonnées (3 ; 0).

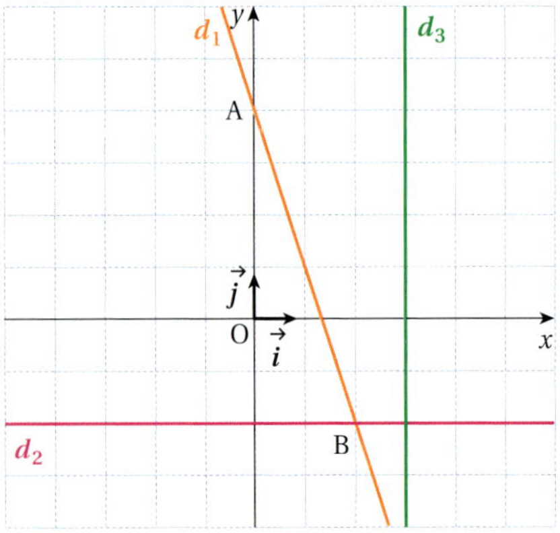

Exercices 6 à 9 p. 200

MÉTHODE

a. Lorsque l'équation est de la forme $y = ax + b$, on cherche deux points dont les coordonnées vérifient l'équation de la droite.
Un point simple à déterminer de la droite d'équation $y = ax + b$ est le point de coordonnées $(0 ; b)$.

MÉTHODE

b. Lorsque l'équation est de la forme $y = b$, la droite est l'ensemble des points dont l'ordonnée est égale à b ; c'est donc la droite parallèle à l'axe des abscisses coupant l'axe des ordonnées au point de coordonnées $(0 ; b)$.

c. Lorsque l'équation est de la forme $x = c$, la droite est l'ensemble des points dont l'abscisse est égale à c ; c'est donc la droite parallèle à l'axe des ordonnées coupant l'axe des abscisses au point de coordonnées $(c ; 0)$.

Savoir-faire 2 Vérifier si un point appartient à une droite d'équation donnée

ÉNONCÉ On considère $(O ; \vec{i}, \vec{j})$ un repère du plan.
Soit d la droite d'équation $y = 5x - 9$.
Les points A(5,8 ; 21) et B(235 ; 1 166) appartiennent-ils à la droite d ?

SOLUTION

- Dire que le point A(5,8 ; 21) appartient à la droite d d'équation $y = 5x - 9$ équivaut à dire que les coordonnées de A vérifient l'équation de la droite d.
Or $5 \times 5{,}8 - 9 = 20 \neq 21$.
Donc le point A n'appartient pas à la droite d.

- Les coordonnées du point B(235 ; 1 166) vérifient l'équation de la droite d : $5 \times 235 - 9 = 1\,166$.
Donc le point B appartient à la droite d.

▶ Exercices 12 à 14 p. 200

MÉTHODE

Pour étudier l'appartenance d'un point de coordonnées $(m ; n)$ à une droite d'équation $y = ax + b$, on étudie l'égalité $n = am + b$.
Si cette égalité est vérifiée, alors le point appartient à la droite, sinon il n'y appartient pas.

Savoir-faire 3 Déterminer une équation de droite dont on connaît deux points

ÉNONCÉ On considère $(O ; \vec{i}, \vec{j})$ un repère du plan.
Soit A(2 ; –6) et B(–4 ; 6) deux points d'une droite d.
Déterminer une équation de la droite d.

SOLUTION

Les points A et B sont d'abscisses différentes, donc la droite d n'est pas parallèle à l'axe des ordonnées.
L'équation de la droite d est donc de la forme $y = ax + b$, où a et b sont deux nombres réels.
Le coefficient directeur de d est :

$$a = \frac{y_B - y_A}{x_B - x_A} = \frac{6-(-6)}{-4-2} = \frac{12}{-6} = -2.$$

L'équation de la droite d est donc de la forme $y = -2x + b$.
Comme A(2 ; –6) appartient à la droite d, ses coordonnées vérifient l'équation de d, soit :

$$-6 = -2 \times 2 + b.$$

D'où $b = -6 + 2 \times 2 = -2$.
Une équation de d est donc $y = -2x - 2$.

▶ Exercices 18 à 21 p. 201

MÉTHODE

- Lorsque la droite n'est pas parallèle à l'axe des ordonnées, il s'agit de déterminer les réels a et b pour lesquels les points vérifient la relation $y = ax + b$.
- Pour calculer a, coefficient directeur de d, on utilise la relation $a = \frac{y_B - y_A}{x_B - x_A}$.
- Puis, a étant connu, on calcule b en résolvant l'équation $y = ax + b$, où x et y sont les coordonnées de n'importe quel point de d (*ici, le point* A).

REMARQUE : Une autre méthode consiste à résoudre le système d'équations linéaires :

$$\begin{cases} y_A = ax_A + b \\ y_B = ax_B + b \end{cases}$$

Savoir-faire 4 Déterminer une équation de droite dont on connaît un point et un vecteur directeur

ÉNONCÉ On considère $(O ; \vec{i}, \vec{j})$ un repère du plan.
Soit $A(2 ; -5)$ un point d'une droite d admettant $\vec{u}(5 ; -3)$ comme vecteur directeur.
Déterminer une équation de la droite d.

SOLUTION

Soit $M(x ; y)$ un point du plan.
Le point M est sur la droite d si, et seulement si, les vecteurs $\overrightarrow{AM}\begin{pmatrix} x-2 \\ y+5 \end{pmatrix}$ et $\vec{u}\begin{pmatrix} 5 \\ -3 \end{pmatrix}$ sont colinéaires.

D'après le critère de colinéarité, on a :

$-3(x-2)-5(y+5)=0$

$\Leftrightarrow -3x+6-5y-25=0$

$\Leftrightarrow -5y=3x+19.$

Une équation de d est donc $y=-\frac{3}{5}x-\frac{19}{5}$.

▶ Exercices 22 à 24 p. 201

MÉTHODE

Un point M appartient à la droite définie par un point A et un vecteur $\vec{u}$ si, et seulement si, les vecteurs $\overrightarrow{AM}$ et $\vec{u}$ sont colinéaires.
On calcule donc les coordonnées de $\overrightarrow{AM}$, puis on applique le critère de colinéarité (voir chapitre 5, p.xxx).

Savoir-faire 5 Résoudre un système d'équations par la méthode de substitution

ÉNONCÉ Soit (S) le système $\begin{cases} 3x-y=-10 \\ x+6y=22 \end{cases}$

a. Le système (S) admet-il des solutions ?

b. Résoudre le système (S).

SOLUTION

a. Le système (S) est équivalent à $\begin{cases} y=3x+10 \\ y=-\frac{1}{6}x+\frac{11}{3} \end{cases}$

Dans un repère orthonormé $(O ; \vec{i}, \vec{j})$, les droites associées aux équations du système sont sécantes car elles possèdent des coefficients directeurs différents.
Le système possède donc un unique couple solution.

b.

• $\begin{cases} 3x-y=-10 & (1) \\ x+6y=22 & (2) \end{cases}$

$\Leftrightarrow \begin{cases} 3x-y=-10 & (1) \\ x=22-6y & (2) \end{cases}$

MÉTHODE

a. On isole l'inconnue y dans chacune des équations du système, puis on étudie la position relative des deux droites associées aux équations du système.

b.

• On isole une inconnue dans une équation.
Ici, on exprime x en fonction de y dans l'équation (2).

REMARQUE : Ici, la méthode de substitution se prête bien à la résolution du système car une équation contient une inconnue facile à isoler.

- $\begin{cases} 3(22-6y)-y=-10 & (1) \\ x=22-6y & (2) \end{cases}$

$\Leftrightarrow \begin{cases} 66-18y-y=-10 \\ x=22-6y \end{cases}$

• On substitue l'inconnue isolée dans l'autre équation. *Ici, on remplace x dans l'équation (1) par son expression (2) en fonction de y.*

- $\begin{cases} -19y=-76 \\ x=22-6y \end{cases}$

• On résout cette équation pour trouver la valeur d'une inconnue.
Ici, on résout l'équation (1) pour trouver y.

- $\begin{cases} y=4 & (1) \\ x=22-6\times 4 & (2) \end{cases}$

$\Leftrightarrow \begin{cases} y=4 \\ x=-2 \end{cases}$

La solution est le couple $(-2\,;4)$.

• On substitue dans l'autre équation la valeur ainsi trouvée pour calculer la valeur de la deuxième inconnue. *Ici, on substitue la valeur y = 4 dans l'équation (2).*

▶ Exercices 38 à 41 p. 202

Savoir-faire 6 Résoudre un système d'équation par la méthode des combinaisons linéaires

ÉNONCÉ Résoudre le système $\begin{cases} 2x-5y=7 \\ 3x+4y=-1 \end{cases}$

SOLUTION

- $\begin{matrix} \times 3 \\ \times 2 \end{matrix} \begin{cases} 2x-5y=7 & (1) \\ 3x+4y=-1 & (2) \end{cases}$

$\Leftrightarrow \begin{cases} 6x-15y=21 & (1) \\ 6x+8y=-2 & (2) \end{cases}$

- D'où en faisant la différence des deux équations :

$6x-15y-6x-8y=21-(-2)$

soit : $-23y=23$, c'est-à-dire $y=-1$.

- On substitute la valeur de y dans l'équation (2) :

$6x+8\times(-1)=-2$

$6x-8=-2$

$6x=6$

$x=1.$

La solution du système est donc le couple $(1\,;-1)$.

▶ Exercices 38 à 41 p. 202

MÉTHODE

• On cherche à éliminer une des deux inconnues par soustraction ou addition membre à membre des deux équations.
Ici, on multiplie l'équation (1) par 3 et l'équation (2) par 2, puis on élimine l'inconnue x en soustrayant l'équation (2) à l'équation (1).

• On résout l'équation obtenue pour trouver une inconnue.
Ici, on trouve y.

• On substitue dans une des équations du système la valeur ainsi trouvée pour calculer la valeur de la deuxième inconnue.
Ici, on remplace y dans (2) pour trouver x.

REMARQUE

Ici, la méthode de substitution ne se prête pas à la résolution du système car en isolant une inconnue, on obtient des équations avec des coefficients rationnels, ce qui complique considérablement les calculs.

Travaux pratiques

TP1 — ALGORITHMIQUE
Rechercher une équation de droite

Objectifs : • Lire et faire fonctionner un algorithme.
• Étudier le domaine de validité d'un algorithme.

Jessica a programmé en Python un algorithme qui permet de déterminer l'équation d'une droite passant par deux points donnés.

```
>>> def droite(xa,ya,xb,yb):
        a=(yb-ya)/(xb-xa)
        b=yb-a*xb
        print('y=',a,'x +',b)

>>> droite(2,5,4,9)
y= 2.0 x + 1.0
```

1 La fenêtre ci-contre montre ce programme ainsi que l'essai qu'elle a ensuite effectué.

a. Avec quels points A et B a-t-elle testé son programme ?

b. Vérifier le résultat proposé par le programme.

2 Jessica prête son programme à Azim qui cherche une équation de droite. Il saisit « droite(4,5,4,7) » mais le programme lui retourne une erreur. Expliquer ce phénomène.

3 Modifier le programme de Jessica afin qu'il tienne compte de la situation rencontrée par Azim.

TP2 — GÉOMÉTRIE DYNAMIQUE
Un réseau de droites

Objectif : Utiliser un logiciel de géométrie dynamique (ici, GeoGebra) pour étudier une famille de droites.

Soit la famille de droites D_k d'équations $y = \frac{2k+3}{4}x - 3k - 1$, où $k \in \mathbb{R}$.

1 Construction

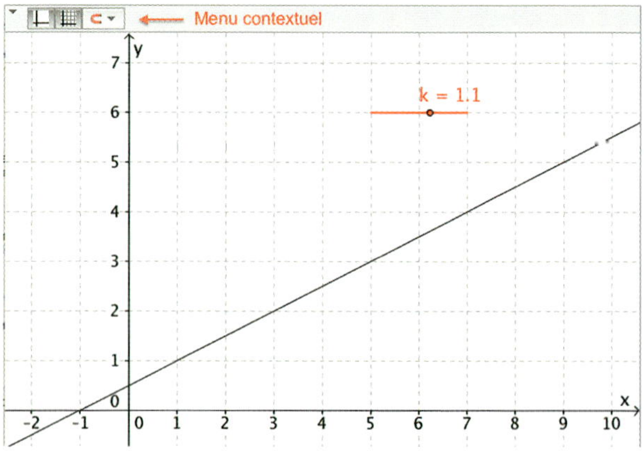

a. Cliquer sur les boutons du menu contextuel pour afficher les axes et la grille.

b. Créer un curseur de nom k, pour k compris entre –5 et 5, avec incrément de 0,1.

c. Dans le champ de saisie, entrer l'équation de la droite D_k.

2 Conjectures

Pour établir les conjectures demandées, on pourra manipuler le curseur à la souris.

a. Trouver la valeur de k pour que :
- D_k soit parallèle à l'axe des abscisses ;
- D_k passe par le point d'ordonnée 8 ;
- D_k ait pour coefficient directeur 0,5.

b. Existe-t-il un point du plan qui semble appartenir à D_k quelle que soit la valeur de k ? Si oui, donner ses coordonnées.

> **Coup de pouce**
> On pourra activer la trace de la droite : faire un clic droit sur la droite et cocher « Trace activée ».

3 Démonstrations

Démontrer les conjectures établies à la question **2**.

TP3 Un repère pour démontrer

GÉOMÉTRIE DYNAMIQUE

Objectif : Utiliser un logiciel de géométrie dynamique (ici, GeoGebra) pour étudier la position de deux droites.

1 Construction

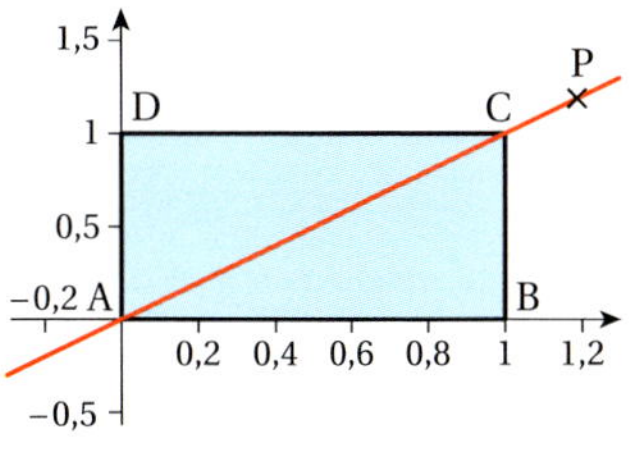

a. Soit le repère $(A ; \overrightarrow{AB}, \overrightarrow{AD})$ comme représenté ci-contre. On considère le rectangle ABCD. Réaliser la figure avec un logiciel de géométrie.

b. Placer un point P sur la droite (AC).
Construire le symétrique B' de B par rapport à P.
La parallèle à l'axe des abscisses passant par B' coupe l'axe des ordonnées en M. Tracer les droites (DB) et (MP).

c. Afficher la fenêtre d'algèbre : dans le menu *Affichage*, cocher « Algèbre ».
Modifier l'écriture des équations de droites : dans la fenêtre d'algèbre, faire un clic droit sur chaque équation et cocher « Équation y = ax + b ».

2 Conjecture

Pour établir la conjecture demandée, on pourra manipuler le point P *à la souris.*
En observant dans la fenêtre d'algèbre les équations des droites (DB) et (MP), conjecturer un résultat sur la position relative de ces deux droites.

3 Démonstration

On se propose de démontrer la conjecture établie à la question **2**.

a. Donner une équation de la droite (DB). Justifier.

b. Déterminer les coordonnées des points M et P en fonction de p, abscisse de P.

c. En déduire une équation de la droite (MP) en fonction de p.

d. Conclure.

TP4 Déterminer l'intersection de deux droites

ALGORITHMIQUE

Objectif : Construire un algorithme avec une instruction conditionnelle, puis le programmer.

On souhaite trouver, s'il existe, le point d'intersection des deux droites d'équations $y = ax + b$ et $y = mx + p$, avec a, b, m et p des réels donnés.

1 En supposant que ces deux droites sont sécantes, donner la formule permettant de calculer x en fonction de a, b, m et p.

2 Tester le programme ci-contre, écrit en Python, pour les droites d'équation $y = x + 2$ et $y = 3x + 4$.
Quel résultat est affiché en sortie ?

```
def inter(a,b,m,p):
    x=(p-b)/(a-m)
    y=a*x+b
    print('les droites sont sécantes au point de coordonnées(',x,';',y,')')
```

3 Le programme précédent n'envisage que le cas où il existe un unique point d'intersection.

a. À quelle condition les deux droites sont-elles parallèles ?

b. À quelle condition les deux droites sont-elles confondues ?

c. Écrire en langage naturel l'algorithme permettant de traiter les trois cas envisageables.

4 Programmer en Python l'algorithme de la question **3 c**.

5 Tester ce programme avec les droites d'équations $y = -5x + 4$ et $y = -5x - 3$.
Donner le résultat affiché en sortie.

ALGORITHMIQUE

TP5 Déterminer l'alignement de trois points

Objectif : Comprendre et programmer un algorithme avec une instruction conditionnelle.

On donne trois points $A(x_A\,;y_A)$, $B(x_B\,;y_B)$ et $C(x_C\,;y_C)$ d'abscisses deux à deux différentes.

1 Pour déterminer si les trois points A, B et C sont alignés, on souhaite comparer les coefficients directeurs respectifs a et a' des droites (AB) et (BC).

a. Exprimer a et a' en fonction de x_A, y_A, x_B, y_B, x_C et y_C.

b. À quelle condition sur a et a' les points A, B et C sont-ils alignés ?

c. Montrer que si $a = a'$, alors $(y_B - y_A)(x_C - x_B) = (y_C - y_B)(x_B - x_A)$.

2 Voici un algorithme écrit en langage naturel, testant l'alignement des trois points A, B et C :

```
Entrer les réels xA, yA, xB, yB, xC et yC
Si (yB - yA)(xC - xB) = (yC - yB)(xB - xA) alors
     Afficher « Les points A, B et C sont alignés.»
Sinon
     Afficher « Les points A, B et C ne sont pas alignés. »
Fin si
```

a. Tester cet algorithme avec $A(-2\,;-1)$, $B(4\,;8)$ et $C(0\,;2)$, puis placer ces points dans un repère pour vérifier le résultat.

b. Programmer cet algorithme sur la calculatrice.

TP6 Système d'équations et calculatrice graphique

Objectif : Utiliser la calculatrice pour déterminer la solution en valeurs approchées de systèmes dont la résolution par les méthodes classiques est fastidieuse.

Exercice 1

Soit le système (S) $\begin{cases} 29x - 86y = -23 & (1) \\ 70x + 36y = 37 & (2) \end{cases}$

1 **a.** Montrer que l'équation (1) du système (S) peut s'écrire : $y = \frac{29}{86}x + \frac{23}{86}$.

b. Exprimer de même y en fonction de x pour l'équation (2) du système (S).

2 **a.** Soit f la fonction affine associée à la droite d'équation : $y = \frac{29}{86}x + \frac{23}{86}$.

Saisir sur la calculatrice l'expression de la fonction f afin d'afficher dans un repère sa droite représentative.

b. Soit g la fonction affine associée à la droite dont l'équation a été établie dans la question **1b**.

Dans la même fenêtre graphique, afficher la droite représentative de la fonction g.

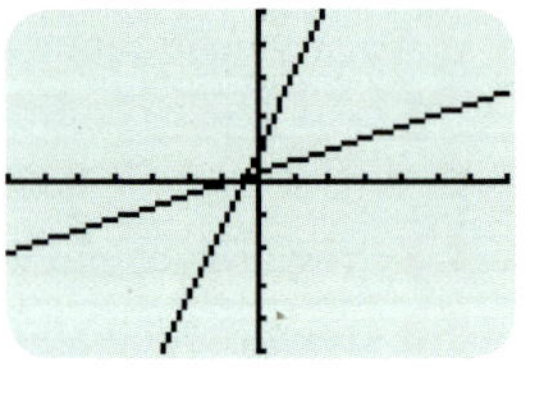

3 À l'aide de la commande *Intersection*, déterminer le couple $(x\,;\,y)$ solution du système (S).

On donnera des valeurs approchées à 10^{-2} près par défaut.

Exercice 2

Soit le système (S') $\begin{cases} 17x-27y=37 & (1) \\ 27x-47y=-57 & (2) \end{cases}$

Reprendre la méthode de l'exercice 1 pour déterminer le couple $(x\,;\,y)$ solution du système (S'). On donnera des valeurs approchées à 10^{-3} près par excès.

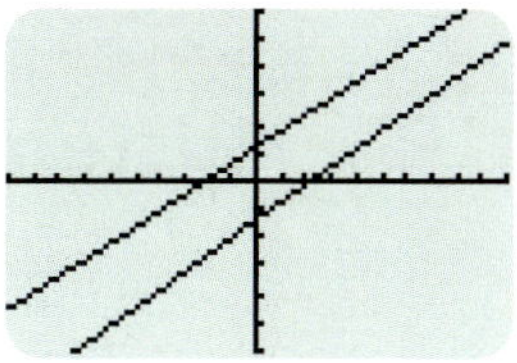

Coup de pouce

Il se peut que le point d'intersection des deux droites se situe en dehors du domaine choisi. Il faudra dans ce cas redéfinir les limites de la fenêtre d'affichage.

TP7 ALGORITHMIQUE Résoudre un système

Objectifs :
- Lire et faire fonctionner un algorithme avec une instruction conditionnelle..
- Améliorer un algorithme pour traiter des cas non envisagés.

On souhaite résoudre le système $\begin{cases} (L_1) & a_1x+b_1y=c_1 \\ (L_2) & a_2x+b_2y=c_2 \end{cases}$, avec a_1, b_1, c_1, a_2, b_2, c_2 des réels quelconques.

L'algorithme suivant, écrit en Scilab, propose une résolution du système :

```
a1=input("a1?");
b1=input("b1?");
c1=input("c1?");
a2=input("a2?");
b2=input("b2?");
c2=input("c2?");
if (b1*a2-b2*a1==0) then
  disp("il n existe pas une solution unique");
else
  y=(c1*a2-c2*a1)/(b1*a2-b2*a1);
  x=(c1-b1*y)/a1;
end;
disp("l unique solution est le couple :");
disp(x,y);
```

1 Tester cet algorithme avec les systèmes suivants, puis vérifier le résultat en résolvant ces systèmes.

a. $\begin{cases} 3x+2y=4 \\ 6x+4y=5 \end{cases}$ **b.** $\begin{cases} 2x+5y=12 \\ 3x-y=1 \end{cases}$

2 Tester l'algorithme avec le système $\begin{cases} 4y=7 \\ 5x-2y=9 \end{cases}$

Expliquer quelle situation n'a pas été envisagée.

3 **Pour aller plus loin**

Proposer une modification du programme afin de résoudre également le système rencontré dans la question **2**.

Coup de pouce

La syntaxe pour tester si deux nombres sont différents s'écrit « ! = » dans la plupart des langages de programmation. En Scilab, on écrit « < > », syntaxe plus proche du Basic, langage utilisée entre autre par les calculatrices et les tableurs.

TABLEUR

TP8 Système d'équations et tableur

Objectif : Utiliser un tableur pour déterminer la solution de problèmes dont la résolution se ramène à un système non linéaire.

Exercice 1

Un père annonce à ses deux fils :
« La différence des surfaces de mes deux champs carrés est égale 6169 m^2. Lorsque j'additionne les cotés des deux champs, j'obtiens 199 m. Celui qui trouvera les dimensions de chaque champ héritera du plus grand. »

a. Traduire les données du problème par un système de deux équations à deux inconnues.

b. À partir des équations établies, trouver des formules à saisir dans les cellules B2 et C2.

c. Trouver la solution au problème en copiant vers le bas les cellules de la ligne 2.

	A	B	C
1	Côté du 1er champ	Côté du 2e champ	Différence des surface des deux champs
2			
3			
4			
5			
6			
7			
8			

Exercice 2

Un train composé d'une locomotive et de dix wagons mesure 131 m. Sur le trajet du retour, on ajoute une locomotive et on décroche 2 wagons. Le train mesure alors 118 m.
On cherche la longueur d'une locomotive et d'un wagon.

Traduire les données du problème par un système de deux équations à deux inconnues, puis trouver la solution au problème à l'aide d'un tableur.

	A	B	C
1	Longueur d'un wagon	Longueur d'une locomotive	Longueur du train au retour
2			
3			
4			
5			
6			
7			
8			

UN PEU D'HISTOIRE

De la droite à la résolution des systèmes d'équations

La droite, une figure parfaite

Pour les anciens, la droite et le cercle sont les plus parfaites des figures : celles qui permettent de générer toutes les autres.
Dans *Les Éléments*, ouvrage de 13 livres, EUCLIDE (> **1**) s'intéresse aux méthodes de constructions à la règle (la droite) et au compas (le cercle).
Il considère la ligne comme « *une longueur sans largeur* » et définit la droite comme « *une ligne droite qui est également placée entre ses points* ». Ce qui signifie que la distance minimale entre deux points de la droite est égale à la distance parcourue par la ligne droite qui les sépare.

1. Détail de *L'École d'Athènes*, fresque de Raphaël, 1511. Euclide y est représenté démontrant son nouveau théorème avec un compas.

Vers la géométrie analytique

Au XIVe siècle, **Nicole ORESME** rompt avec l'approche purement géométrique en donnant une équation de la ligne droite.
Dans *La Géométrie* (1637), **René DESCARTES** poursuit cette approche en considérant la droite comme un ensemble de points dont les coordonnées sont liées par une formule algébrique et ramène l'étude de l'intersection de deux courbes à la résolution d'un système d'équations.

L'étude des systèmes d'équations

Dès la fin du XVIIe siècle, l'étude des systèmes d'équations linéaires révèle de nombreuses méthodes de résolutions algébriques. Gottfried LEIBNIZ (1646 - 1716) s'attache à la résolution des systèmes de trois équations à trois inconnues (ou systèmes d'ordre 3) en éliminant successivement deux inconnues.
En 1729, l'Écossais **Colin MACLAURIN** établit des formules de résolution explicites pour des systèmes d'ordre 2, 3 et 4. Le suisse Gabriel CRAMER (1704 - 1752) énoncera plus tard ces résultats avec des notations plus claires et l'histoire retiendra le nom de « système de Cramer ». Peu à peu, avec le développement de l'algèbre, les techniques de résolution traitent des cas généraux. Par ailleurs, l'approche algorithmique de la résolution et l'usage de l'informatique permettent de traiter les cas les plus complexes possédant un grand nombre d'inconnues.

> **4. Une ligne droite eſt celle qui étant menée d'un point à un autre ne ſe détourne ni à droite, ni à gauche, & qui eſt la plus courte que l'on puiſſe mener entre ces deux points, comme AB**
>
> **A ———————— B**

2. Au XVIIIe siècle, certains mathématiciens posent encore des définitions géométriques étonnantes et peu précises ; ici, traduction d'une définition de la droite des *Éléments de géométrie* de Thomas Simpson, 1747.

Nicole ORESME
(~ 1320 - 1382, France)
Il donne une première approche du repérage pour des points et des droites.

XIVe siècle

René DESCARTES
(1596 - 1650, France)
Il a recours à l'algèbre pour résoudre des problèmes de géométrie.

1637

Colin MACLAURIN
(1698 - 1746, Écosse)
Il étudie l'intersection de courbes.

1729

Exercices d'application

Équations de droites

1 On considère (O ; $\vec{i}, \vec{j}$) un repère du plan.
Parmi les équations suivantes, lesquelles sont des équations de droite ?

a. $y = x^2 + 1$. **b.** $y = 4x - 5$.
c. $y - 2 = 0$. **d.** $y^2 = 5x$.
e. $y = \sqrt{x + 4}$. **f.** $x = -5$.

2 On considère (O ; $\vec{i}, \vec{j}$) un repère du plan.
Donner le coefficient directeur et l'ordonnée à l'origine des droites suivantes.

a. $d_1 : y = 2x + 1$. **b.** $d_2 : y = 5x - 3$.
c. $d_3 : y = -2x - 7$. **d.** $d_4 : y = 7x$.
e. $d_5 : y = -5$. **f.** $d_6 : y = x$.

3 On considère (O ; $\vec{i}, \vec{j}$) un repère du plan.
Donner le coefficient directeur et l'ordonnée à l'origine des droites suivantes.

a. $d_1 : y + 3 = 5x$. **b.** $d_2 : 3y = 9x - 6$.
c. $d_3 : x = -2y + 1$. **d.** $d_4 : y = 7(x + 5)$.
e. $d_5 : 4(y - 2) = 8x$. **f.** $d_6 : 2y = 5x + 1$.

Pour les exercices 4 et 5
Dans chaque cas, on considère un repère (O ; $\vec{i}, \vec{j}$). Pour chacune des figures, reproduire et compléter le tableau suivant.

Droite	Coefficient directeur	Ordonnée à l'origine	Équation
d_1			
d_2			
d_3			
d_4			
d_5			
d_6			

4

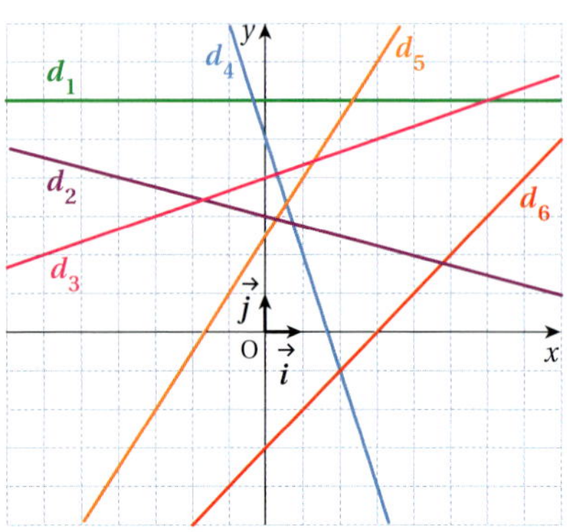

5

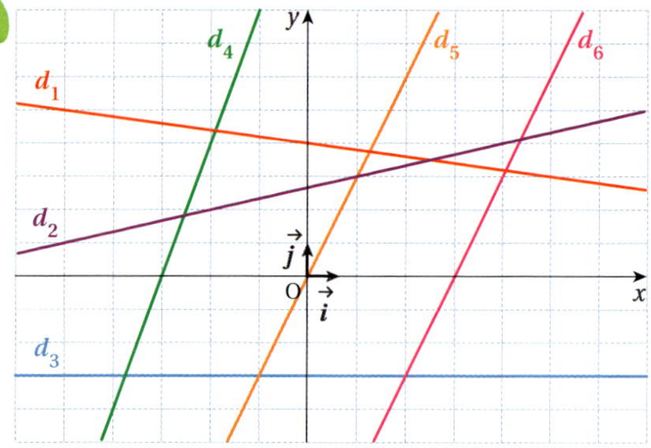

Appliquer le Savoir-faire 1, p. 190

6 Dans un même repère (O ; $\vec{i}, \vec{j}$), représenter les droites suivantes :
$d_1 : y = 3x + 2$; $d_2 : y = -x + 6$; $d_3 : y = -1$.

7 Dans un même repère (O ; $\vec{i}, \vec{j}$), représenter les droites suivantes :
$d_1 : y = -2x - 4$; $d_2 : y = -5x$; $d_3 : x = -3$.

8 Dans un repère (O ; $\vec{i}, \vec{j}$), représenter les droites suivantes :
$d_1 : y = -3x + 5$; $d_2 : y = 4x - 2$; $d_3 : y = 5$.

9 Dans un repère (O ; $\vec{i}, \vec{j}$), représenter les droites suivantes :
$d_1 : y = \frac{1}{2}x + 4$; $d_2 : y = -\frac{2}{3}x$;
$d_3 : y = -\frac{4}{5}x + \frac{1}{2}$; $d_4 : y = -\frac{3}{4}x - 5$.

10 On considère (O ; $\vec{i}, \vec{j}$) un repère du plan.
Exprimer les équations des droites suivantes sous la forme $y = ax + b$, puis les représenter.
$d_1 : y = \frac{-x + 8}{4}$; $d_2 : 3x + y = 5$; $d_3 : x - 2y = 12$.

11 On considère (O ; $\vec{i}, \vec{j}$) un repère du plan.
Les équations suivantes sont-elles des équations de droites ? Si oui, les exprimer sous la forme $y = ax + b$.
$d_1 : y(x - 3) = 4x$; $d_2 : 3(2x - 4) = 5y$;
$d_3 : y(2x - 3) = 2x(y + 5)$; $d_4 : \frac{7x - 2}{4} = \frac{1}{y}$.

Appliquer le Savoir-faire 2, p. 191

12 On considère (O ; $\vec{i}, \vec{j}$) un repère du plan.
Soit d la droite d'équation $y = -3x + 7$.
Les points A(2,6 ; –1) et B(479 ; –1 430) appartiennent-ils à la droite d ? Justifier.

13 On considère $(O ; \vec{i}, \vec{j})$ un repère du plan.
Soit d la droite d'équation $y = 9x - 11$.
Les points A(12 ; 97) et B(– 6 ; 65) appartiennent-ils à la droite d ? Justifier.

14 On considère $(O ; \vec{i}, \vec{j})$ un repère du plan.
Soit d la droite d'équation $y = -\frac{1}{3}x + 4$.
Les points $A\left(5 ; \frac{7}{3}\right)$ et $B\left(-50 ; \frac{41}{2}\right)$ appartiennent-ils à la droite d ? Justifier.

15 On considère $(O ; \vec{i}, \vec{j})$ un repère du plan.
Soit d et d' les droites d'équations respectives $y = -3$ et $x = 3$.
Parmi les points A(3 ; –3), B(3 ; 3), C(–3 ; 3) et D(–3 ; –3), lesquels appartiennent à la droite d ? à la droite d' ?

16 On considère $(O ; \vec{i}, \vec{j})$ un repère du plan.
Soit d la droite d'équation $y = -5x + 7$.
a. Déterminer l'ordonnée du point A de d d'abscisse 5.
b. Déterminer l'abscisse du point B de d d'ordonnée –3.

17 On considère $(O ; \vec{i}, \vec{j})$ un repère du plan.
Soit d la droite d'équation $y = -\frac{2}{5}x + 2$.
a. Déterminer l'ordonnée du point A de d d'abscisse $\frac{10}{7}$.
b. Déterminer l'abscisse du point B de d d'ordonnée $\frac{3}{2}$.

Appliquer le Savoir-faire 3, p. 191

18 On considère $(O ; \vec{i}, \vec{j})$ un repère du plan.
Soit A un point d'une droite d de coefficient directeur a.
Dans chaque cas, déterminer une équation de la droite d.
a. A(1 ; 2) et $a = 3$. **b.** A(–1 ; 5) et $a = -2$.
c. A(–6 ; 5) et $a = 1$. **d.** A(0 ; 1) et $a = 0$.

19 On considère $(O ; \vec{i}, \vec{j})$ un repère du plan.
Soit A et B deux points d'une droite d.
Dans chaque cas, déterminer une équation de la droite d.
a. A(3 ; –2) et B(–1 ; 4). **b.** A(6 ; 1) et B(–2 ; –3).
c. A(4 ; –3) et B(7 ; 1). **d.** A(3 ; 3) et B(3 ; 5).

20 On considère $(O ; \vec{i}, \vec{j})$ un repère du plan.
Soit trois points A(6 ; –1), B(3 ; –1) et C(6 ; –2).
Déterminer des équations des droites (AB), (AC) et (BC).

21 On considère un repère du plan $(O ; \vec{i}, \vec{j})$.
Soit trois points A(2 ; 4), B(2 ; –6) et C(1 ; –6).
Sans calcul, déterminer des équations des droites (AB) et (BC).

Appliquer le Savoir-faire 4, p. 192

22 Soit $(O ; \vec{i}, \vec{j})$ un repère du plan et A un point d'une droite d admettant $\vec{u}$ comme vecteur directeur.
Dans chaque cas, déterminer une équation de la droite d.
a. A(4 ; –2) et $\vec{u}$ (2 ; –7). **b.** A(3 ; –1) et $\vec{u}$(–3 ; –9).
c. A(3 ; 2) et $\vec{u}$(5 ; –1).

23 Soit $(O ; \vec{i}, \vec{j})$ un repère du plan et A un point d'une droite d admettant $\vec{u}$ comme vecteur directeur.
Déterminer dans chaque cas une équation de la droite d.
a. A(–5 ; –3) et $\vec{u}$(6 ; 0,5). **b.** $A\left(\frac{3}{4} ; -2\right)$ et $\vec{u}\left(-\frac{3}{2} ; 1\right)$.
c. $A\left(\frac{2}{3} ; \frac{-1}{3}\right)$ et $\vec{u}$(4 ; 1).

24 Soit $(O ; \vec{i}, \vec{j})$ un repère du plan. Associer à chaque droite de la liste 1, définie par son équation, le (ou les) vecteur(s) de la liste 2 qui la dirige(nt).

Liste 1	Liste 2
	$\vec{u}$ (–2 ; –6)
$d_1 : y = -2x - 4$	$\vec{v}$ (1 ; –1)
$d_2 : y = 3x + 5$	$\vec{w}$ (1 ; –2)
$d_3 : y = 9$	$\vec{a}$ (–1 ; 1)
$d_4 : y = -x + 7$	$\vec{b}$ (–3 ; 6)
	$\vec{c}$ (7 ; 0)

25 On considère $(O ; \vec{i}, \vec{j})$ un repère du plan.

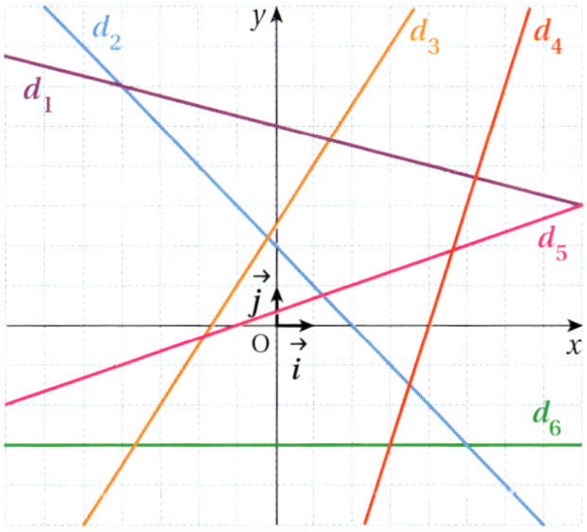

Reproduire et compléter le tableau suivant.

Droite	Vecteur directeur
…	$\vec{a}$ (9 ; 3)
…	$\vec{b}$ (–4 ; –6)
…	$\vec{c}$ (–2 ; –6)
d_1	$\vec{u}$ (… ; 2)
d_6	$\vec{v}$ (… ; …)
d_2	$\vec{w}$ (–5 ; …)

Position relative de deux droites

26 Dans chaque cas, indiquer si les droites d_1 et d_2 sont parallèles et justifier.

a. $d_1 : y = 3x + 5$ et $d_2 : y = 3x - 2$.
b. $d_1 : y = -3x + 7$ et $d_2 : y = 3x + 8$.
c. $d_1 : y = 4x + 1$ et $d_2 : y = 4x$.
d. $d_1 : y = 5$ et $d_2 : y = 5x$.

27 Dans chaque cas, donner la position relative des droites d_1 et d_2 et justifier.

a. $d_1 : y = 2x + 3$ et $d_2 : y = 3x + 2$.
b. $d_1 : y = 5x + 1$ et $d_2 : y = 1 + 5x$.
c. $d_1 : y = 5$ et $d_2 : y = 7$.
d. $d_1 : x = 3$ et $d_2 : x = -1$.

28 **Vrai ou faux ?**

a. La droite d'équation $y = 2$ est parallèle à l'axe des ordonnées.
b. La droite d'équation $y = x$ est parallèle à l'axe des abscisses.
c. Les droites d'équations $y = x$ et $y = -x$ sont parallèles.
d. Les droites d'équation $y = 3$ et $x = 2$ sont sécantes.

29 **a.** Donner l'équation de la droite d_1 passant par le point A(0 ; 2) et parallèle à la droite d_2 d'équation $y = -2x + 5$.
b. Donner l'équation de la droite d_3 passant par le point B(0 ; –1) et parallèle à l'axe des abscisses.
c. Donner l'équation de la droite d_4 passant par le point C(3 ; 2) et parallèle à l'axe des ordonnées.

30 Dans un repère $(O ; \vec{i}, \vec{j})$, soit les droites suivantes :

$d_1 : y = \frac{1}{2}x + 4$; $d_2 : y = -\frac{1}{2}x + 4$; $d_3 : y = -\frac{1}{2}x$;

$d_4 : x = \frac{1}{2}$; $d_5 : y = \frac{1}{2}x + \frac{1}{2}$; $d_6 : y = \frac{1}{2}$;

$d_7 : x = -\frac{1}{2}$; $d_8 : y = -\frac{1}{2}$.

Reproduire et compléter le tableau en cochant les cases désignant deux droites parallèles.

	d_1	d_2	d_3	d_4	d_5	d_6	d_7	d_8
d_1								
d_2								
d_3								
d_4								
d_5								
d_6								
d_7								
d_8								

Droites et systèmes d'équations linéaires

31 Le couple (2 ; 3) est-il solution du système (S) :
$$\begin{cases} x + y = 5 \\ x - y = -1 \end{cases} ?$$

32 Le couple (–5 ; 7) est-il solution du système (S) :
$$\begin{cases} 2x + 3y = 11 \\ -x - 3y = -10 \end{cases} ?$$

33 Le couple (4 ; –1) est-il solution du système (S) :
$$\begin{cases} -x + 7y = -11 \\ 2x - 2y = 11 \end{cases} ?$$

34 Soit le système (S) : $\begin{cases} 3x - 4y = 9 \\ -2x + y = -1 \end{cases}$

Parmi les couples de nombres suivants, lequel est solution du système (S) ?
(–1 ; 3), (1 ; –3), (–1 ; –3), (1 ; 3) et (–3 ; –1).

35 Le couple $\left(\frac{2}{3} ; -\frac{7}{3}\right)$ est-il solution du système (S) :
$$\begin{cases} 4x - \frac{1}{7}y = 3 \\ -\frac{3}{2}x + 2y = -\frac{17}{3} \end{cases}$$
? Justifier.

36 Associer à chaque système sa solution lorsqu'elle existe.

Systèmes :

$(S_1) : \begin{cases} x - 2y = 6 \\ -x + y = -4 \end{cases}$

$(S_2) : \begin{cases} -4y = 8 \\ 2x + 3y = -8 \end{cases}$

$(S_3) : \begin{cases} x - y = 2 \\ -3x + 2y = -5 \end{cases}$

$(S_4) : \begin{cases} 4x - \frac{1}{2}y = 9 \\ -8x + y = -1 \end{cases}$

Solutions éventuelles :

a. Pas de solution
b. (1 ; –1)
c. (2 ; –2)
d. (–1 ; –2)

37 **a.** Trouver un système de deux équations à deux inconnues dont le couple (3 ; –2) est solution.
b. Même question avec le couple (0 ; –1).
c. Même question avec le couple (7 ; 0).

Appliquer les Savoir-faire 5 et 6, p. 192

38 Pour chaque système, discuter de l'existence de solutions, puis résoudre les systèmes admettant une unique solution.

a. $\begin{cases} 2x - 3y = 15 \\ 3x + y = 6 \end{cases}$ **b.** $\begin{cases} 2x - 8y = 4 \\ -3x + 12y = -6 \end{cases}$

c. $\begin{cases} 6x + 9y = 4 \\ -8x - 12y = 8 \end{cases}$ **d.** $\begin{cases} 3x - y = 1 \\ x + 5y = -3 \end{cases}$

39 Pour chaque système, discuter de l'existence de solutions, puis résoudre les systèmes admettant une unique solution.

a. $\begin{cases} 6x-5y=38 \\ 3x-y=13 \end{cases}$ **b.** $\begin{cases} 2x-3y=-2 \\ 2x-5y=-7 \end{cases}$

c. $\begin{cases} 4x+9y=35 \\ 6x-5y=-77 \end{cases}$ **d.** $\begin{cases} 8y-6x=8 \\ -4x+3y=-1 \end{cases}$

40 Pour chaque système, discuter de l'existence de solutions, puis résoudre les systèmes admettant une unique solution.

a. $\begin{cases} x-6y=13 \\ 6x-7y=20 \end{cases}$ **b.** $\begin{cases} -3x-9y=6 \\ 2x-7y=5 \end{cases}$

c. $\begin{cases} 9x-6y=1 \\ -8x+6y=-3 \end{cases}$ **d.** $\begin{cases} -10x+9y=10 \\ 10x+3y=-8 \end{cases}$

41 Pour chaque système, discuter de l'existence de solutions, puis résoudre les systèmes admettant une unique solution.

a. $\begin{cases} 7x+8y=-27 \\ y-10x=6 \end{cases}$ **b.** $\begin{cases} -7y=7 \\ 4x+y=-1 \end{cases}$

42 Dans chaque cas, dire si le système composé des équations des deux droites admet une solution.

a. d_1 et d_2. **b.** d_2 et d_3. **c.** d_1 et d_3.

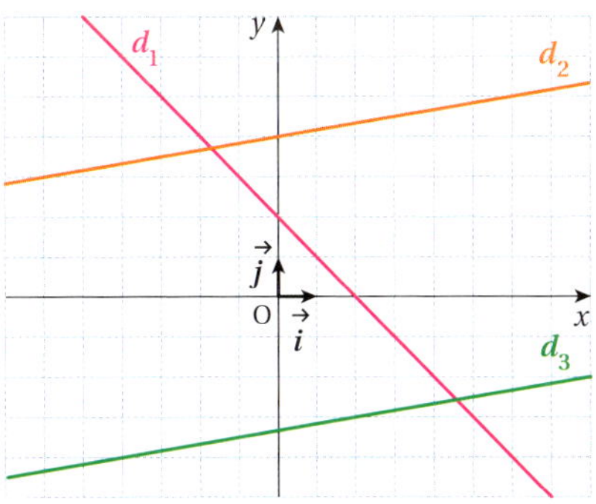

Pour les exercices 43 à 45

Pour chacun des systèmes proposés :

a. Représenter dans un repère les droites associées aux deux équations du système.

b. Par lecture graphique, déterminer la solution du système.

c. Vérifier le résultat par le calcul.

43 **a.** $\begin{cases} x-y=-2 \\ 2x+y=-1 \end{cases}$ **b.** $\begin{cases} 2x=1 \\ x-y=6 \end{cases}$

44 **a.** $\begin{cases} 3x-2y=7 \\ -x-y=1 \end{cases}$ **b.** $\begin{cases} 3x-y=8 \\ 5x-2y=13 \end{cases}$

45 **a.** $\begin{cases} 3x+5y=9 \\ 3x-2y=-33 \end{cases}$ **b.** $\begin{cases} 3x-2y=-6 \\ x-3y=-16 \end{cases}$

46 À l'aide du logiciel de calcul formel Xcas, on obtient la solution d'un système d'équations.

```
1 linsolve([3*x+2*y=-3,4*x-4*y=2],[x,y])
  [-2/5, -9/10]                              M
```

a. Quel est le système résolu à l'aide de Xcas ?

b. Donner les équations des droites associées aux équations de ce système.

c. Quelles sont les coordonnées du point d'intersection de ces droites ?

47 À l'aide du logiciel de calcul formel Xcas, on obtient l'affichage suivant pour solution d'un système d'équations.

```
1 linsolve([3*x+y=4,-6*x-2*y=-2],[x,y])
  []                                         M
```

a. Quel est le système résolu à l'aide de Xcas ?

b. Donner les équations des droites associées aux équations de ce système.

c. Interpréter alors l'affichage de la solution donnée par le logiciel.

48 À l'aide du logiciel de calcul formel Xcas, on obtient l'affichage suivant pour solution d'un système d'équations.

```
1 linsolve([-3*x+6y=6,4*x-8*y=-8],[x,y])
  [2·y-2, y]                                 M
```

a. Quel est le système résolu à l'aide de Xcas ?

b. Donner les équations des droites associées aux équations de ce système.

c. En déduire les solutions du système.

d. Expliquer le résultat affiché par le logiciel.

49 À l'aide du logiciel de calcul formel Xcas, on a résolu deux systèmes d'équations.

```
1 linsolve([6*x-y=2,-3*x+3*y=-1],[x,y])
  [1/3, 0]                                   M
2 linsolve([3*x-4y=1,6*x-7*y=2],[x,y])
  [1/3, 0]                                   M
```

a. Donner les équations des quatre droites associées aux équations de ces deux systèmes.

b. Que peut-on dire de ces quatre droites ? Justifier.

Exercices pour se tester

Équations de droites et position relative de deux droites

50 Questions de cours

a. Quelle est la forme générale d'une équation de droite parallèle à l'axe des ordonnées ?

b. Donner une formule permettant de calculer le coefficient directeur d'une droite connaissant les coordonnées de deux points de la droite.

c. Donner les coordonnées d'un vecteur directeur d'une droite d'équation $y = ax + b$.

d. À quelle condition sur leur coefficient directeur deux droites sont-elles parallèles ?

51 Vrai ou faux ?

On considère $(O ; \vec{i}, \vec{j})$ un repère du plan.

d est la droite d'équation $y = -\frac{1}{5}x + 5$. Alors :

a. d a pour vecteur directeur $\vec{u}\begin{pmatrix}1 ; -\frac{1}{5}\end{pmatrix}$.

b. Le point A(–5 ; 5) appartient à la droite d.

c. 5 est le coefficient directeur de d.

d. La droite d passe par le point de coordonnées (0 ; 5).

52 QCM

On considère $(O ; \vec{i}, \vec{j})$ un repère du plan.

La droite d a pour équation $y = -4x + 5$ lorsque :

Ⓐ Les points A(2 ; –3) et B(4 ; –11) appartiennent à d.

Ⓑ La droite d passe par le point A(0 ; 5) et est parallèle à la droite d'équation $y = 4x - 5$.

Ⓒ La droite rouge est une représentation de d.

Ⓓ La droite d possède un vecteur directeur $\vec{u}(2 ; -8)$ et passe par le point A(–1 ; 9).

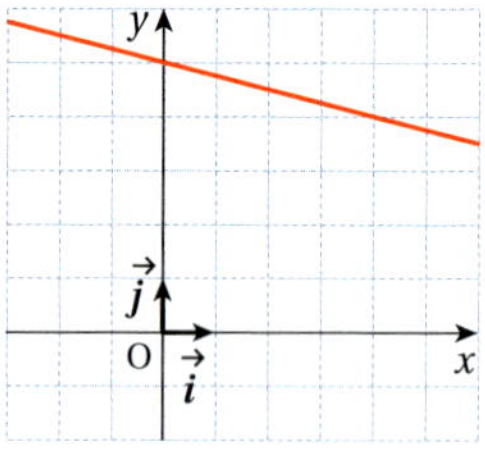

53 QCM

On considère $(O ; \vec{i}, \vec{j})$ un repère du plan.

Soit $\vec{u}(-3 ; 6)$ un vecteur directeur d'une droite d.

On peut alors affirmer que :

Ⓐ $\vec{v}(1 ; -2)$ est également un vecteur directeur de d.

Ⓑ d a pour équation $y = -2x + 1$.

Ⓒ d passe par le point de coordonnées (–3 ; 6).

Ⓓ d est parallèle à la droite d'équation $y = -2x - 7$.

54 Vrai ou faux ?

On considère $(O ; \vec{i}, \vec{j})$ un repère du plan.

d est la droite d'équation $y = -3x - 1$.

a. La droite d'équation $y = -3$ est parallèle à d.

b. La droite d'équation $x = -3$ est parallèle à d.

c. La droite d'équation $y = -3x + 1$ est parallèle à d.

d. La droite (OA), avec A(0 ; –3), est parallèle à d.

Droites et systèmes d'équations linéaires

55 Vrai ou faux ?

On considère le système (S) : $\begin{cases} 2x - y = 5 \\ -6x + 3y = -15 \end{cases}$

a. Le système (S) admet pour solution le couple (1 ; 3).

b. Le système (S) admet pour solution le couple (3 ; 1).

c. Le système (S) admet une unique solution.

d. Le système (S) admet les mêmes solutions que (S') :

$$\begin{cases} y = 2x - 5 \\ -2x + y = -5 \end{cases}$$

56 QCM

Soit le système (S) : $\begin{cases} 2x - 5y = -1 \\ -7x + 4y = 17 \end{cases}$

Le système (S) admet pour solution le couple :

Ⓐ (–1 ; –3).

Ⓑ (–3 ; –1).

Ⓒ $(-\frac{1}{2} ; 0)$.

Ⓓ D (0 ; 0).

57 QCM

La représentation graphique ci-contre permet de lire les solutions du système :

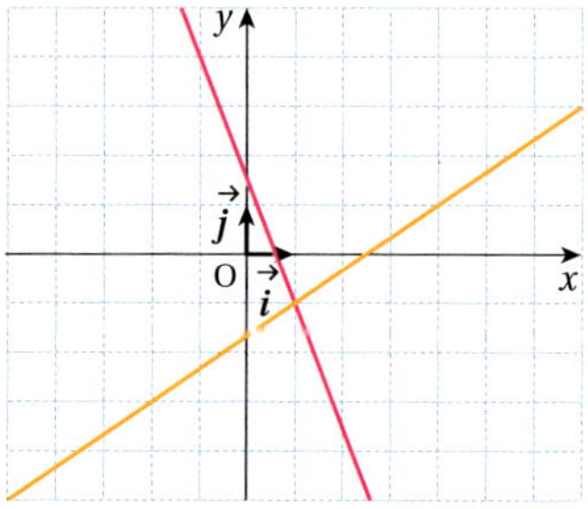

Ⓐ $\begin{cases} 2x - 3y = 5 \\ 3x + 2y = 1 \end{cases}$

Ⓑ $\begin{cases} -2x + 3y = -5 \\ 5x + 2y = 3 \end{cases}$

Ⓒ $\begin{cases} 2x - 3y = 5 \\ -4x + 6y = -10 \end{cases}$

58 QCM

Le système $\begin{cases} 9x - 3y = 12 \\ -x + 2y = 5 \end{cases}$ admet les mêmes solutions que le système :

Ⓐ $\begin{cases} 3x - y = 4 \\ x - 2y = -5 \end{cases}$

Ⓑ $\begin{cases} -x + 2y = 5 \\ 3x - 3y = 12 \end{cases}$

Ⓒ $\begin{cases} 9x - 3y = 12 \\ 3x - y = 4 \end{cases}$

Ⓓ $\begin{cases} y = \frac{x}{2} + 2{,}5 \\ y = 3x - 4 \end{cases}$

CORRIGÉ P. 342

Exercice résolu

59 Dans le plan muni d'un repère $(O ; \vec{i}, \vec{j})$, on considère les points A(–2 ; 0), B(–1 ; 3) et C(5 ; 1).

L'objectif de l'exercice est de déterminer les coordonnées du centre de gravité du triangle, point de concours des médianes.

1. Placer les points A, B et C.

2. a. Tracer la médiane d passant par A et par le milieu I de [BC].

b. Déterminer l'équation de la droite d.

3. a. Tracer la médiane d' passant par B et par le milieu J de [AC].

b. Déterminer l'équation de la droite d'.

4. En déduire les coordonnées du centre de gravité G du triangle ABC.

SOLUTION

1., 2. et **3.a.** *Figure ci-contre.*

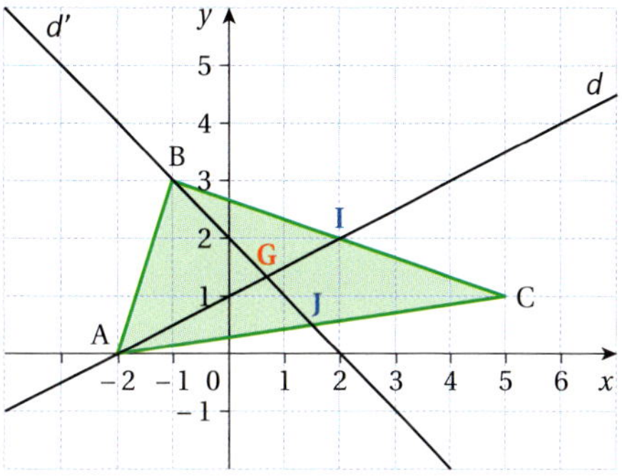

2. b. La droite d passe par le milieu I du segment [BC].

On calcule les coordonnées du point I :

$$I\left(\frac{1}{2}(-1+5) ; \frac{1}{2}(3+1)\right) = (2 ; 2).$$

Soit M(x ; y) un point du plan.

Le point M est sur la droite d si, et seulement si, les vecteurs $\overrightarrow{IM}\begin{pmatrix} x-2 \\ y-2 \end{pmatrix}$ et $\overrightarrow{AI}\begin{pmatrix} 2-(-2) \\ 2-0 \end{pmatrix} = \begin{pmatrix} 4 \\ 2 \end{pmatrix}$ sont colinéaires.

C'est-à-dire si, et seulement si : $2(x-2) - 4(y-2) = 0$, d'après le critère de colinéarité.

Or $2(x-2) - 4(y-2) = 0 \Leftrightarrow 2x - 4 - 4y + 8 = 0 \Leftrightarrow -4y = -2x - 4$.

Une équation de d est donc $y = \frac{1}{2}x + 1$.

3. b. La droite d' passe par le milieu J du segment [AC].

On calcule les coordonnées du point J :

$$I\left(\frac{1}{2}(-2+5) ; \frac{1}{2}(0+1)\right) = \left(\frac{3}{2} ; \frac{1}{2}\right).$$

Soit M(x ; y) un point du plan.

Le point M est sur la droite d' si, et seulement si, les vecteurs $\overrightarrow{JM}\begin{pmatrix} x-\frac{3}{2} \\ y-\frac{1}{2} \end{pmatrix}$ et $\overrightarrow{BJ}\begin{pmatrix} \frac{3}{2}-(-1) \\ \frac{1}{2}-3 \end{pmatrix} = \begin{pmatrix} \frac{5}{2} \\ -\frac{5}{2} \end{pmatrix}$ sont colinéaires.

C'est-à-dire si, et seulement si : $-\frac{5}{2}\left(x-\frac{3}{2}\right) - \frac{5}{2}\left(y-\frac{1}{2}\right) = 0$, d'après le critère de colinéarité.

Or : $-\frac{5}{2}\left(x-\frac{3}{2}\right) - \frac{5}{2}\left(y-\frac{1}{2}\right) = 0 \Leftrightarrow -\frac{5}{2}x + \frac{15}{4} - \frac{5}{2}y + \frac{5}{4} = 0 \Leftrightarrow -\frac{5}{2}y = \frac{5}{2}x - \frac{15}{4} - \frac{5}{4} \Leftrightarrow -\frac{5}{2}y = \frac{5}{2}x - 5$.

Une équation de d' est donc $y = -x + 2$.

4. Les coordonnées (x ; y) du point d'intersection G de d et d' vérifient les équations des deux droites, ainsi :

$\begin{cases} y = \frac{1}{2}x + 1 \\ y = -x + 2 \end{cases}$, donc $\frac{1}{2}x + 1 = -x + 2$, soit $\frac{1}{2}x + x = -1 + 2$, soit encore $\frac{3}{2}x = 1$ et donc $x = \frac{2}{3}$.

Finalement $y = -\frac{2}{3} + 2 = \frac{4}{3}$.

Les coordonnées du centre de gravité G du triangle ABC sont $\left(\frac{2}{3} ; \frac{4}{3}\right)$.

Exercices d'approfondissement

Équations de droites

60 **Vrai ou faux ?**

a. Le coefficient directeur d'une droite parallèle à l'axe des abscisses est égal à 0.

b. Le coefficient directeur d'une droite d'équation de la forme $x = a$ ($a \in \mathbb{R}$) est a.

c. Dans un repère orthonormé, la droite d'équation $y = -x$ est une bissectrice des axes du repère.

d. Deux droites dont les équations possèdent des coefficients directeurs de même signe n'ont pas de point commun.

e. Une droite dont l'équation possède un coefficient directeur positif et une ordonnée à l'origine négative croise l'axe des abscisses en un point d'abscisse positive.

61 On considère $(O\,;\vec{i},\vec{j})$ un repère orthonormé du plan. Malheureusement, une tache d'encre en a masqué les vecteurs $\vec{i}$ et $\vec{j}$.

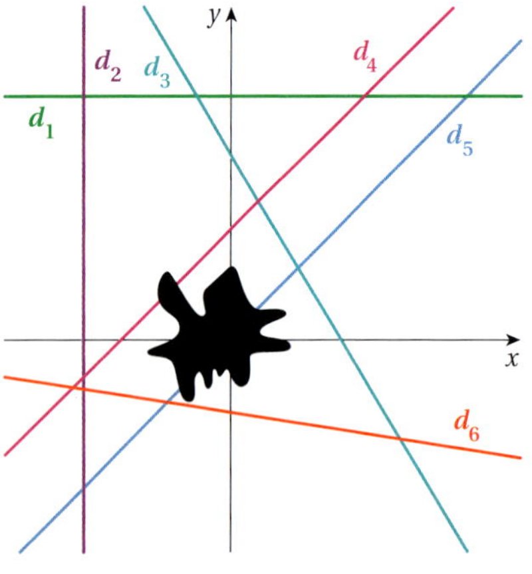

Associer à chacune des droites de ce repère l'équation qui lui correspond dans la liste suivante.

a. $y = \frac{2}{15}x - \frac{9}{4}$. **b.** $y = \frac{8}{9}x + \sqrt{10}$. **c.** $x = -\frac{17}{4}$.

d. $y = \frac{13}{2}$. **e.** $y = -\frac{20}{11}x + \sqrt{24}$. **f.** $y = \frac{7}{8}x$.

62 Dans un repère orthonormé $(O\,;\vec{i},\vec{j})$, représenter les droites d_1, d_2 et d_3 telles que :
- d_1 est parallèle à l'axe des abscisses ;
- l'ordonnée à l'origine de d_1 est égale au coefficient directeur de d_2 ;
- d_1 et d_3 se coupent au point de coordonnées $(2\,;-3)$;
- d_2 représente une fonction linéaire ;
- d_3 coupe l'axe des ordonnées au point d'ordonnée 1.

63 On considère $(O\,;\vec{i},\vec{j})$ un repère orthonormé du plan. Soit d la droite d'équation $y = -7x + 9$ et d' la droite passant par les points $E(22\,;-145)$ et $F(23\,;-152)$.
Démontrer que les droites d et d' sont confondues.

64 On considère $(O\,;\vec{i},\vec{j})$ un repère orthonormé du plan. Soit d la droite d'équation $y = ax + 5$, où a est un nombre réel.
Déterminer la (ou les) valeur(s) de a dans chacun des cas suivants.

a. Le point de coordonnées $(-3\,;4)$ appartient à la droite d.

b. Le point de coordonnées $(2k\,;k+5)$, $k \in \mathbb{R}$, appartient à la droite d.

65 On considère $(O\,;\vec{i},\vec{j})$ un repère orthonormé du plan. Soit trois points $M(-1\,;4)$, $N(3\,;-4)$ et $P(2\,;-2)$.

a. Déterminer une équation de la droite (MN).

b. Les points M, N et P sont-ils alignés ? Justifier.

66 On considère $(O\,;\vec{i},\vec{j})$ un repère orthonormé du plan.

Soit trois points $A\left(5\,;-\frac{16}{7}\right)$, $L(21\,;0)$ et $I\left(9\,;-\frac{13}{8}\right)$.

Les points A, L et I sont-ils alignés ? Justifier.

67 On considère $(O\,;\vec{i},\vec{j})$ un repère du plan.

a. Tracer la droite d d'équation $y = -x - 2$.

b. Placer le point $A(2\,;-3)$.

c. Tracer la droite d' passant par A et coupant la droite d sur l'axe des ordonnées.

d. Déterminer une équation de la droite d'.

Position relative de deux droites

68 **Vrai ou faux ?**

a. Si le coefficient directeur d'une droite est multiple du coefficient directeur d'une autre droite, alors les droites sont parallèles.

b. Les droites d'équations $x = 2$ et $y = 2$ sont parallèles.

c. Les droites d'équations $y = 3$ et $y = 3x$ ne sont pas parallèles.

d. Les droites d'équations $y = -10$ et $y = 10$ sont parallèles.

69 On considère un repère du plan $(O\,;\vec{i},\vec{j})$.
Soit quatre points $A(-1\,;2)$, $B(1\,;3)$, $C(1\,;1)$ et $D(5\,;3)$.

a. Déterminer les équations des droites (AB) et (CD).

b. En déduire la position relative des deux droites.

70 On considère $(O ; \vec{i}, \vec{j})$ un repère orthonormé du plan.

1. Soit trois points A(–1 ; 2), B(5 ; –1) et C(3 ; 2).

a. Déterminer une équation de la droite (AB).

b. Déterminer une équation de la droite parallèle à (AB) et passant par le point C.

2. Mêmes questions avec A(–1 ; –3), B(4 ; 2) et C(–1 ; 2).

71 On considère $(O ; \vec{i}, \vec{j})$ un repère orthonormé du plan.

a. Déterminer une équation de la droite d passant par le point A(5 ; –3) et parallèle à la droite d'équation $y = -5x + 3$.

b. Déterminer une équation de la droite d' passant par le point B(–7 ; –1) et parallèle à la droite d.

72 On considère $(O ; \vec{i}, \vec{j})$ un repère du plan.

1. a. Tracer la droite d d'équation $y = -2x + 3$.

b. Donner un vecteur directeur $\vec{u}$ de d.

2. a. Tracer la droite d', parallèle à la droite d et passant par le point de coordonnées (0 ; 1).

b. Donner une équation de la droite d' et un vecteur directeur $\vec{v}$ de d'.

c. Justifier que les vecteurs $\vec{u}$ et $\vec{v}$ sont colinéaires.

3. a. Tracer la droite d'' d'équation $y = 2x + 4$.

b. Justifier qu'un vecteur directeur quelconque de d'' n'est pas colinéaire à $\vec{u}$.

73 On considère $(O ; \vec{i}, \vec{j})$ un repère orthonormé du plan.

1. Tracer la droite d d'équation $y = -2x - 1$.

2. Justifier que le point A(–1 ; 2) n'appartient pas à la droite d.

3. a. Tracer la droite d', parallèle à d et passant par A.

b. Donner une équation de la droite d'.

4. a. La droite Δ, d'ordonnée à l'origine 3 et de vecteur directeur $\vec{u}(3 ; -6)$, est-elle parallèle aux droites d et d' ? Justifier.

b. Déterminer une équation de Δ et tracer cette droite.

Droites et systèmes d'équations linéaires

74 **a.** Résoudre le système (S) : $\begin{cases} 2X - Y = 2 \\ -3X + 2Y = 2 \end{cases}$

b. Déduire de la question précédente la solution du système (S') : $\begin{cases} \dfrac{2}{x} - \dfrac{1}{y} = 2 \\ -\dfrac{3}{x} + \dfrac{2}{y} = 2 \end{cases}$

Coup de pouce
On pourra effectuer un changement de variable.

75 En s'inspirant de la méthode de l'exercice **68**, résoudre les systèmes suivants :

a. $\begin{cases} 2x^2 + y^2 = 17 \\ 3x^2 - 2y^2 = -6 \end{cases}$ **b.** $\begin{cases} 2\sqrt{x} + \sqrt{y} = 17 \\ 3\sqrt{x} - 2\sqrt{y} = -6 \end{cases}$

76 Résoudre le système de 3 équations à 3 inconnues :

$$\begin{cases} x - 3y = 8 \\ 4x + 2y = -10 \\ 2x - 6y + 4z = 24 \end{cases}$$

Coup de pouce
On pourra commencer par résoudre le système défini par les deux premières équations.

77 Résoudre le système de 3 équations à 3 inconnues :

$$\begin{cases} 2x + 3y + 4z = 8 \\ -x + 3y - 5z = -22 \\ -2x - y + z = 3 \end{cases}$$

78 **1.** Écrire des systèmes d'équations permettant de trouver les coordonnées de chacun des points d'intersection entre les droites d_1, d_2 et d_3.

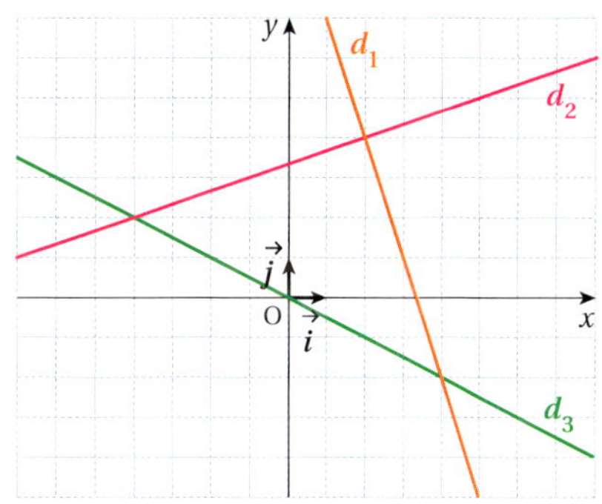

Coup de pouce
On pourra commencer par déterminer une équation de chacune des droites.

2. a. Calculer les coordonnées de chacun de ces points d'intersection.

b. Vérifier le résultat par lecture graphique.

79 Quelles sont les coordonnées du point d'intersection des droites (AB) et (CD) ? Justifier.

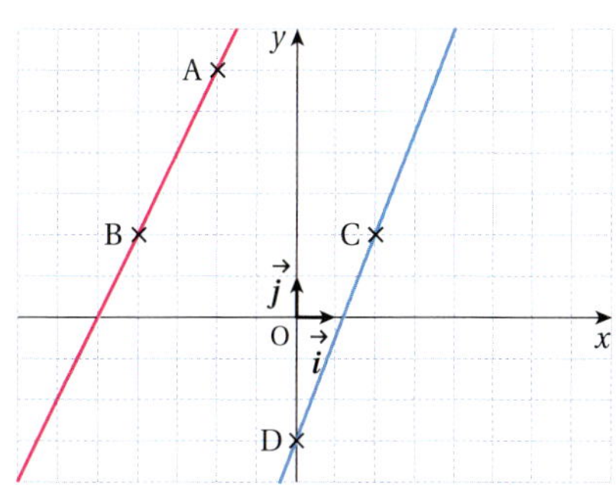

Problèmes

80 Punti al traguardo

Sul grafico riportato, ogni crocetta rappresenta una nazione partecipante a "Matematica senza frontiere" : l'ascissa del centro della crocetta rappresenta la superficie della nazione e l'ordinata rappresenta la popolazione.

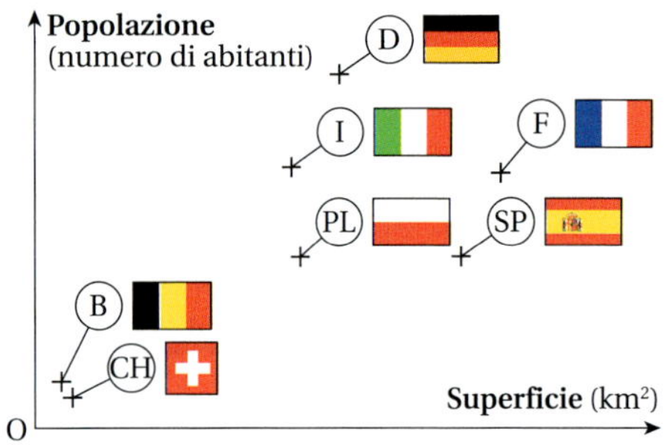

Con l'aiuto di questo grafico classificare in ordine crescente le diverse densità di popolazione (numero di abitanti per km²). Illustrare la procedura seguita.

D'après *Mathematica Sensa Frontiere*, 1995.

81 L'oiseau

À partir du tableau suivant, tracer dans un repère le polygone à treize côtés ABCDEFGHIJKLM.

Segment	Équation de la droite associée	Restriction pour x ou y
[AB]	$y = 0,5x + 4,5$	$x \in [-2\,;-1]$
[BC]	$y = 2x + 6$	$x \in [-1\,;-0,5]$
[CD]	$y = 5$	$x \in [-0,5\,;0,5]$
[DE]	$y = -2x + 6$	$x \in [0,5\,;4]$
[EF]	$y = -x + 2$	$x \in [4\,;6]$
[FG]	$y = -0,5x - 1$	$x \in [2\,;6]$
[GH]	$x = 2$	$x \in [-4,5\,;-2]$
[HI]	$y = -5x + 5,5$	$x \in [1,5\,;2]$
[IJ]	$y = -\dfrac{2}{3}x - 1$	$x \in [0\,;1,5]$
[JK]	$y = -4x - 1$	$x \in [-0,5\,;0]$
[KL]	$y = 4x + 3$	$x \in [-0,5\,;0]$
[LM]	$y = -0,5x + 3$	$x \in [-1\,;0]$
[MA]	$y = 3,5x$	$x \in [-2\,;-1]$

REMARQUE

Un polygone à treize côtés porte le nom étonnant de *triskaidecagone* ou plus simplement *tridécagone*.

82 Le cœur

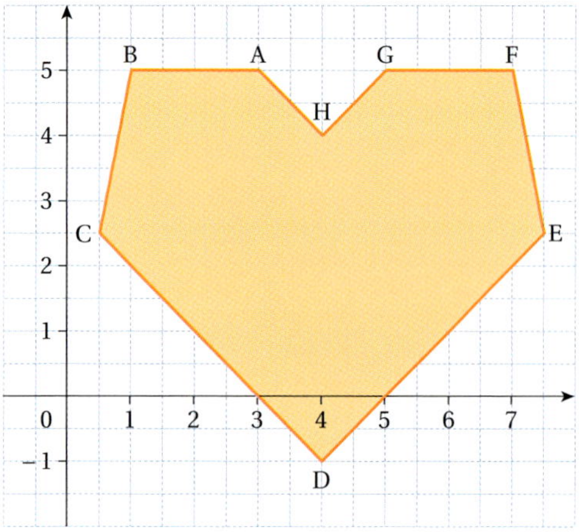

À partir de la figure ci-dessus, compléter le tableau suivant.

Segment	Équation de la droite associée	Restriction pour x
[AB]	$y = 5$	$x \in [1\,;3]$
[BC]	...	...
[CD]	...	...
[DE]	...	...
[EF]	...	...
[FG]	...	...
[GH]	...	...
[HA]	...	...

83 Cercle circonscrit

Dans un repère $(O\,;\vec{i},\vec{j})$, on considère les points A(–2 ; –2), B(4 ; –2) et C(3 ; 5).

1. Donner une équation de la médiatrice d du segment [AB].

2. a. Calculer les coordonnées du milieu I de [AC].

b. Prouver que le point M(–3 ; 4) est équidistant de A et C.

c. En déduire une équation de la droite d', médiatrice du segment [AC].

3. a. Calculer les coordonnées du point d'intersection P des droites d et d'.

b. En déduire le rayon du cercle circonscrit au triangle ABC.

84 Droites parallèles ?

On considère $(O ; \vec{i}, \vec{j})$ un repère du plan.
Soit d et d' les droites d'équations respectives $y+3=2ax$ et $3x-y=b(x-y)$, où a et b sont deux nombres réels.

1. a. Dans le cas où $a=1$ et $b=2$, les droites d et d' sont-elles parallèles ?
b. Représenter les droites d et d' dans ce cas.

2. a. Donner des valeurs de a et b pour lesquelles les droites d et d' sont parallèles.
b. Dans un nouveau repère, représenter dans ce cas les droites d et d'.

85 Drôles d'équations

On a saisi sur un logiciel une équation de la droite d et on a obtenu l'affichage suivant.

a. Justifier la représentation graphique obtenue.
b. Quelle sera la position de la droite obtenue si l'on saisit l'équation $\frac{y}{2}+x=\frac{2x-1}{2}$?
c. Prouver que la droite d'équation $\frac{x+y}{2}+1=0$ a pour coefficient directeur -1.

86 Une équation, deux droites

a. Factoriser l'expression $x^2-(2x-y)^2$.
b. Dans un repère $(O ; \vec{i}, \vec{j})$, on considère l'ensemble des points $(x ; y)$ vérifiant l'équation $x^2=(2x-y)^2$.
Démontrer que cet ensemble est la réunion de deux droites et donner leurs équations.
c. Représenter ces deux droites dans le repère $(O ; \vec{i}, \vec{j})$.

87 Dessine moi un rectangle

Représenter un rectangle dont le périmètre est égal à 25 cm et dont la longueur est égale aux deux tiers de sa largeur.

88 Théorème de Pappus*

Sur la figure suivante, on a :

$$OA = 2AB = \frac{2}{3}BC \text{ et } OA' = A'B' = \frac{1}{2}B'C'.$$

M est le point d'intersection des droites (AB') et (A'B).
N est le point d'intersection des droites (AC') et (A'C).
P est le point d'intersection des droites (BC') et (B'C).

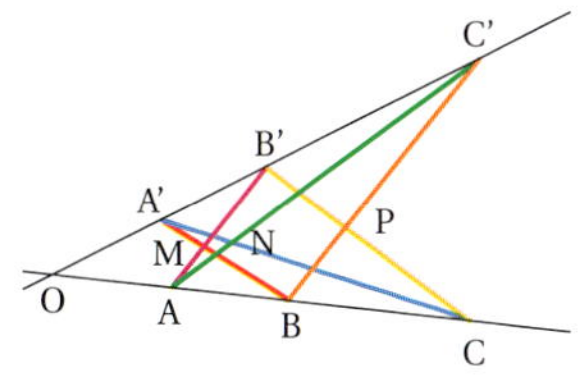

On veut démontrer que les points M, N *et* P *sont alignés.*

1. Dans le repère $(O, \overrightarrow{OA}, \overrightarrow{OA'})$, exprimer les coordonnées des points A, B, C, A', B' et C'.

2. a. Déterminer les équations de (AB') et (A'B).
b. En déduire les coordonnées de M.

3. Calculer de même les coordonnées des points N et P.

4. En déduire que les points M, N et P sont alignés.

* Pappus d'Alexandrie, IVe siècle après J. – C.

89 Concert de rap

Un célèbre groupe de rap propose deux types de tarifs pour ses concerts : un billet pour une place assise coûte 43€ et un billet pour une place debout coûte 26 €.

Le concert à Strasbourg comptait 5347 personnes pour une recette totale de 199 967€.
Combien de billets de chaque type ont été vendus ?

90 Norbert le poissonnier

C'est la fin du marché, Norbert le poissonnier brade sa marchandise à la criée :
« Ils sont beaux mes poisons ! Une daurade pour le prix de deux soles… Un filet de 4 belles soles et de 2 daurades pour 28 €. »
Calculer le prix d'une sole.

91 Bouquets

Une fleuriste vend des bouquets composés de roses, d'hortensias et de tournesols.

Une rose coûte 0,70 €, un hortensia coûte le double et les tournesols sont au prix de 1,80 € pièce.

Roméo souhaite offrir un bouquet à Juliette. Il commande un bouquet de 13 fleurs, dont 3 tournesols. Il lui en coûtera 14,50 €.

Quelle est la composition du bouquet de Roméo ?

92 Basket

Au Basket, il est possible de marquer des paniers à un point, à deux points ou à trois points.

Lors de son dernier match, la SIG a marqué 86 points dont 5 paniers à un point. Par ailleurs, l'équipe a marqué trois fois plus de paniers à deux points que de paniers à trois points.

Calculer le nombre de paniers à trois points marqués par l'équipe de la SIG.

93 Généreux oncle Picsou

Très généreusement, l'oncle Picsou prête de l'argent à ses neveux Riri et Fifi. Bien sûr, cela a un prix !

À Riri, il réclame un taux d'intérêt de 8 %. À Fifi, qui met toujours plus de temps à rembourser, il demande un taux de 15 %.

L'oncle Picsou fait ses comptes et s'exclame : « En prêtant à mes neveux au total 530 louis d'or, je vais gagner 55 louis d'or d'intérêts. »

Quelle somme a emprunté chacun des neveux Riri et Fifi ?

94 Papouttes et pitounes au chocolat

Pour faire 10 papouttes au chocolat, il faut 250 g de chocolat et compter en moyenne 45 minutes de confection.

Avec 400 g de chocolat, on peut fabriquer 20 pitounes au chocolat en 20 minutes.

Stella dispose de sa journée (9 heures) pour fabriquer ces petits gâteaux et a prévu 5,6 kg d'un chocolat de qualité.

Combien pourra-t-elle fabriquer de papouttes et de pitounes en travaillant toute la journée ?

95 Calculs de longueurs

Sur la figure ci-dessous, les droites (AE), (BF) et (CD) sont perpendiculaires à (AC).

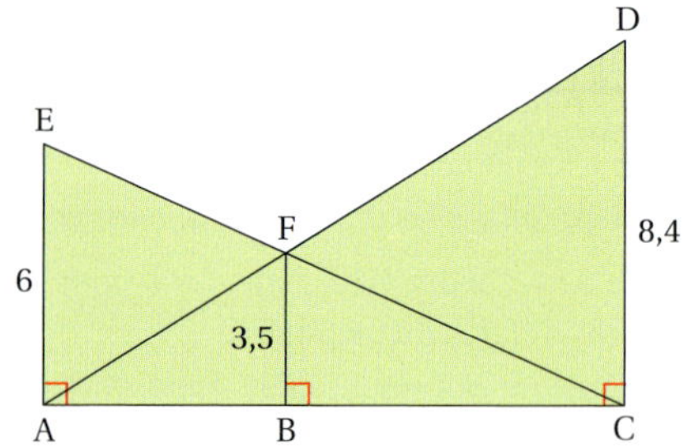

a. Exprimer AB en fonction de BC.

b. On donne AC = 12. Calculer AB et BC.

96 La piscine

La figure ci-dessous schématise une piscine formée à partir de deux disques tangents et de rayon R.

La piscine est entourée d'une surface rectangulaire revêtue de dalles dont les bords sont situés à une distance minimum d des bords de la piscine.

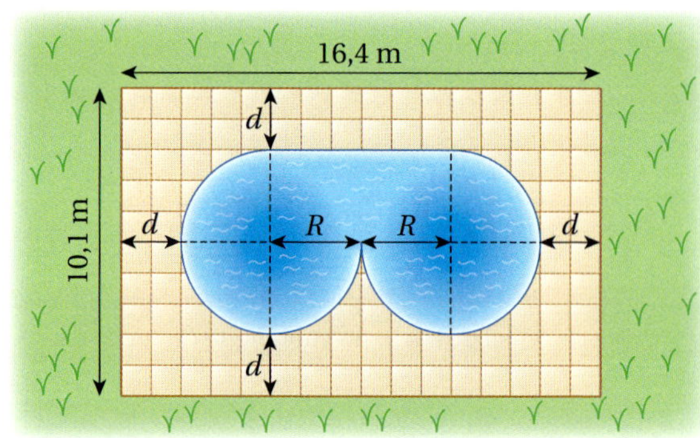

Calculer d et R, puis réaliser une figure à l'échelle $\frac{1}{100}$.

97 Pierrot et Margot

Le tableau suivant résume les notes en mathématiques de Pierrot et Margot pour le premier trimestre.

Contrôle	n° 1	n° 2	n° 3	Moyenne
Coefficient	x	y	5	
Notes de Pierrot	13	11	15	13,6
Notes de Margot	15	17	14	14,9

Calculer les coefficients des contrôles n° 1 et n° 2.

98 PROBLÈME OUVERT ALGORITHMIQUE
Mystère

On donne une droite d'équation $y = ax + b$.

À quoi sert la fonction *mystere* définie dans le programme en Python ci-dessous ?

```
>>> def mystere(a,b):
        x=0
        y=b
        for i in range(10):
            print '(',x,';',y,')'
            x=x+1
            y=y+a
```

99 PROBLÈME OUVERT
Vide-carré

On découpe un carré selon deux droites perpendiculaires en quatre pièces identiques.

Ces quatre pièces peuvent être disposées pour former un carré plus grand laissant un carré libre au milieu.

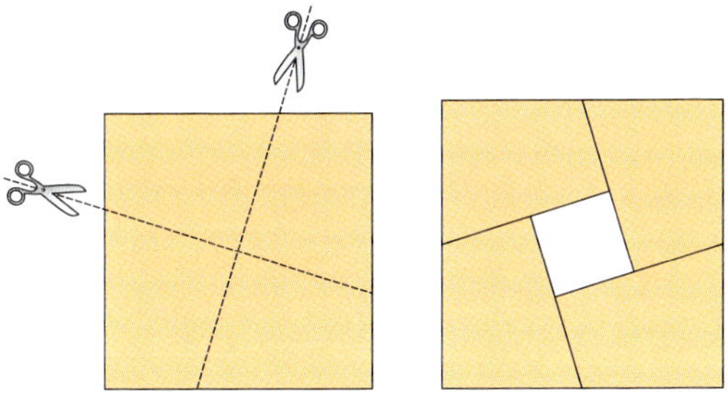

À partir d'un carré de 8 cm de côté, réaliser un tel découpage de façon que les cinq régions du grand carré soient de même aire. Justifier la démarche.

D'après *Mathématiques sans frontières, février 2009.*

100 PROBLÈME OUVERT
Disque troué

La figure ci-dessous est composée de deux cercles tels que le rayon du grand cercle mesure 5 cm de plus que le rayon du petit cercle.

L'aire de la surface colorée est égale à 100π cm^2.

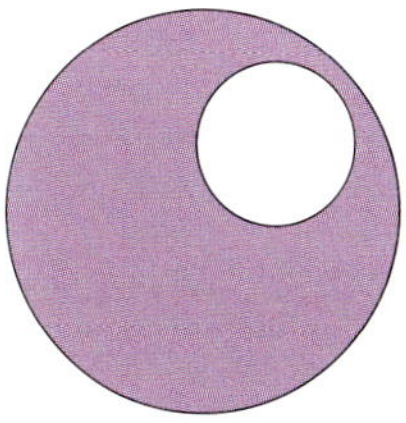

Calculer le rayon de chaque cercle.

101 PROBLÈME OUVERT
Avec un logiciel (1)

On considère $(O ; \vec{i}, \vec{j})$ un repère du plan.

Soit la droite d d'équation $y = 2x - \frac{7}{2}$ et les points $A\left(3 ; \frac{5}{2}\right)$ et $B\left(\frac{13}{2} ; \frac{5}{2}\right)$.

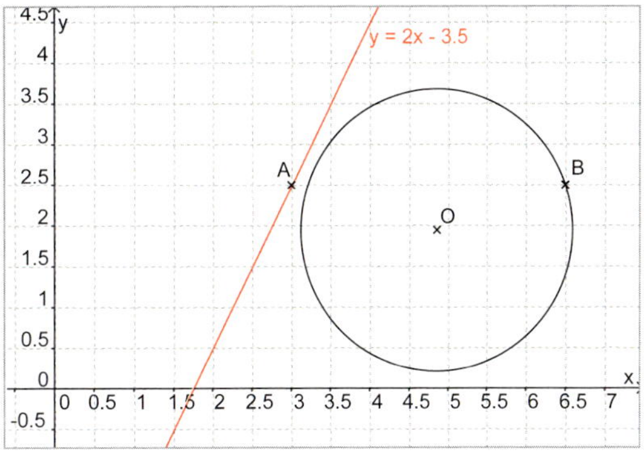

a. À l'aide d'un logiciel de géométrie dynamique, déterminer des valeurs approchées des coordonnées du point O, centre du cercle passant par B et tangent à la droite d en A.

b. Calculer les coordonnées du point O et vérifier avec la lecture précédente.

102 PROBLÈME OUVERT
Silver surfer

Une petite entreprise artisanale fabrique de type de planche de surf. Le modèle *shortboard* nécessite 6,5 heures de fabrication. Quant au modèle *longboard*, il demande 8 heures de fabrication.

L'entreprise peut assumer un maximum de 49 heures de main d'œuvre par jour. Le chef d'entreprise souhaite fabriquer le maximum de planches possible.

Combien de planches de chaque type doit-il produire par jour ?

103 PROBLÈME OUVERT
Avec un logiciel (2)

Trouver les nombres $a > 0$ tels que l'équation $x + y = a$ possède le plus grand nombre de couples solutions $(x ; y)$, avec x et y entiers compris entre 0 et 10.

QCM Pour bien commencer

Pour chaque question, il y a une ou plusieurs bonnes réponses.

1 ABC est un triangle rectangle en A. On sait que $\tan\widehat{ABC} = 1{,}5$. L'arrondi au centième de la mesure de l'angle $\widehat{ABC}$ est :

A 56,30°. B 56,31°. C 0,98°. D 62,57°.

2

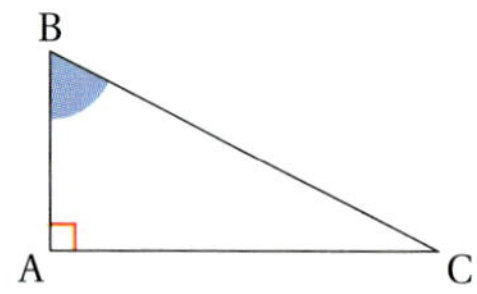

Dans le triangle ABC, rectangle en A, $\sin\widehat{ABC}$ est égal à :

A $\frac{AB}{BC}$. B $\frac{AC}{AB}$. C $\frac{AC}{BC}$.

3

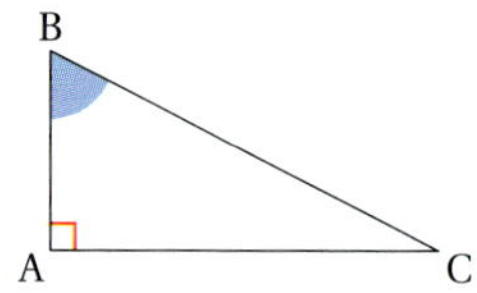

Dans le triangle ABC, rectangle en A, $\cos\widehat{ABC}$ est égal à :

A $\frac{AB}{BC}$. B $\frac{AC}{AB}$. C $\frac{AC}{BC}$.

4

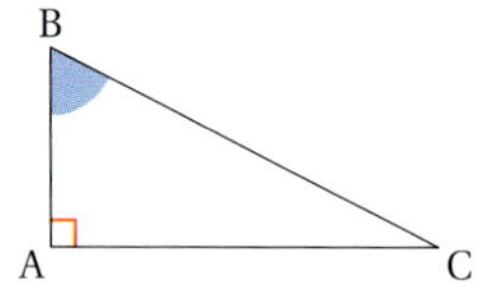

Dans le triangle ABC, rectangle en A, $\tan\widehat{ABC}$ est égal à :

A $\frac{AB}{BC}$. B $\frac{AC}{AD}$. C $\frac{AC}{BC}$.

5

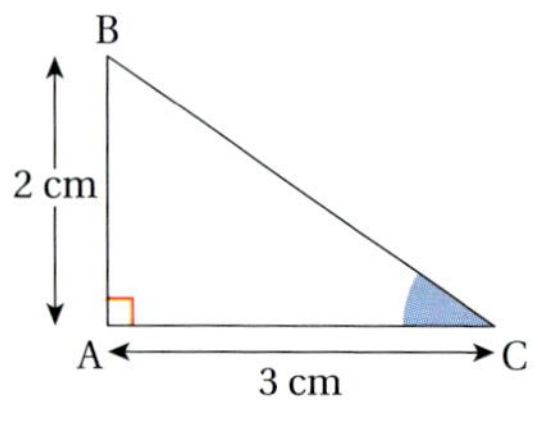

La valeur, arrondie au degré, de l'angle $\widehat{ACB}$ est :

A 42°. B 34°. C 33°. D 48°.

6 Le triangle ABC est rectangle en A, les segments [AC] et [DE] sont parallèles.
On peut écrire les égalités :

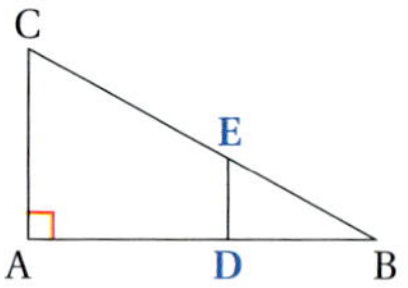

A $\frac{BD}{BE} = \frac{AB}{BC}$.

B $\frac{BD}{DE} = \frac{AB}{AC}$.

C $\frac{BD}{BE} = \frac{AD}{CE}$. D $\frac{AC}{BC} = \frac{BD}{BE}$.

7

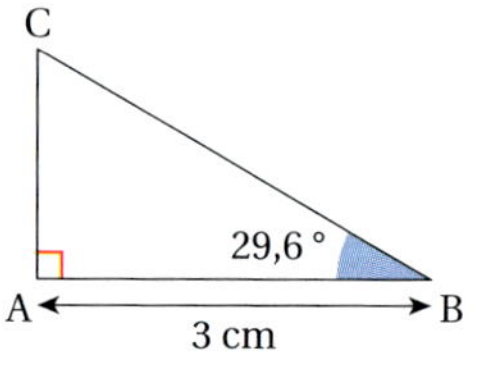

La longueur AC est égale à :

A $3\tan 29{,}6°$. B $\frac{\tan 29{,}6°}{3}$.

C $3\sin 29{,}6°$. D $\frac{3}{\tan 60{,}4°}$.

8 On note α un angle aigu d'un triangle rectangle.
Si $\cos\alpha = \frac{5}{13}$, alors :

A $\sin\alpha = \frac{8}{13}$. B $\tan\alpha = \frac{5}{12}$.

C $\tan\alpha = \frac{12}{5}$. D $\sin\alpha = \frac{12}{13}$.

9 On note α et β les deux angles aigus d'un triangle rectangle. On peut écrire les relations suivantes :

A $(\cos\alpha + \sin\alpha)^2 = 1$. B $\tan\alpha = \frac{\sin\alpha}{\cos\alpha}$.

C $\sin\alpha = \cos\beta$. D $\cos^2\alpha = \sin^2\alpha - 1$.

10 ABC est un triangle rectangle en A. On a alors :

A $\tan^2\hat{B} = \frac{1}{\cos^2\hat{B}}$. B $\tan^2\hat{B} = \frac{1}{\sin^2\hat{B}}$.

C $\tan^2\hat{B} = \frac{1}{\cos^2\hat{B}} - 1$. D $\tan^2\hat{B} = \frac{1}{\sin^2\hat{B}} - 1$.

CORRIGÉ P. 342

Trigonométrie

7

Sur les points, de Wassily Kandinsky (1886-1944).
Huile sur toile 140 × 140 cm, 1928. Centre Georges Pompidou, Paris.

« 3,141519..., ce nombre mystérieux qui s'infiltre par toutes les portes et les fenêtres et s'échappe par l'une des cheminées. »

Augustus de Morgan (1806-1871).

Le chapitre en bref

Réinvestir

- Relations trigonométriques dans le triangle rectangle

Découvrir

- Enroulement de la droite des réels
- Sinus et cosinus d'un nombre réel

UN PEU D'HISTOIRE p. 225

Activités

1 Calculs dans un triangle rectangle

Réinvestir : Trigonométrie dans le triangle rectangle.

On considère un triangle ABC en A. On note $\widehat{B}$ et $\widehat{C}$ les angles $\widehat{ACB}$ et $\widehat{ABC}$ respectivement.
On pose $a = BC$, $b = AC$ et $c = AB$.
Dans chacun des cas suivants, calculer les distances et angles manquants :

a. $b = 5$ cm ; $c = 7$ cm.
b. $a = 10$ cm ; $\widehat{B} = 25°$.
c. $b = 6$ cm ; $\widehat{C} = 40°$.
d. $b = 12$ cm ; $\widehat{B} = 30°$.

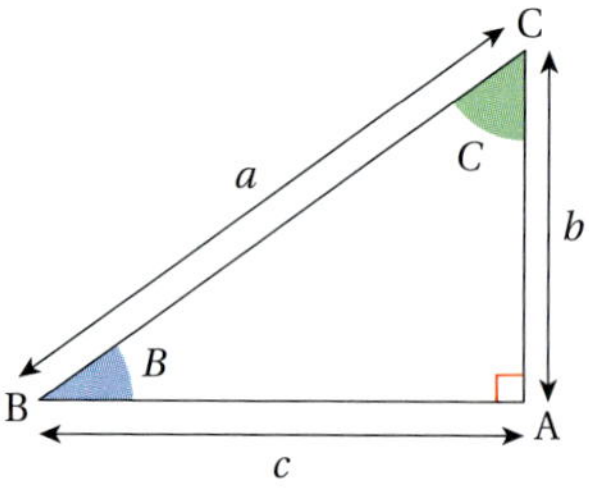

2 C'est parti pour l'entraînement !

Découvrir : Enroulement de la droite numérique sur le cercle trigonométrique.

Jessica veut améliorer son classement en triathlon lors des prochains jeux olympiques.
À défaut de piste olympique, elle s'entraîne à la course à pied sur une piste circulaire de rayon 100 m.

1 **a.** Calculer le trajet parcouru par Jessica à chaque tour ; on arrondira au décimètre.
b. Le parcours olympique mesure 10 km. Combien de tours Jessica doit-elle faire à l'entraînement pour être proche des conditions réelles ?
c. Jessica part toujours du point A. Où faut-il mettre la marque qui indique que les 10 km sont atteints ?

2 L'entraîneur arrive une demi-heure après le début de l'entraînement de Jessica et la voit au point A.
Quelles sont les distances possibles qu'elle a pu parcourir ?

Cours

A LE CERCLE TRIGONOMÉTRIQUE

DÉFINITION

Dans le plan muni d'un repère orthonormal (O, A, B) et orienté positivement, le **cercle trigonométrique** est le cercle de centre O et de rayon 1.

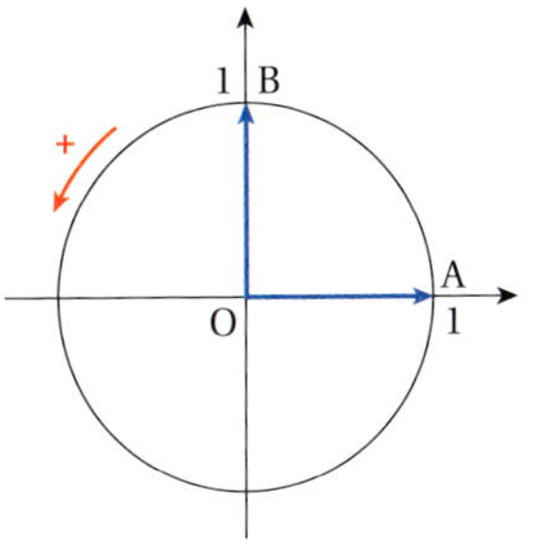

REMARQUE

Par convention, le sens positif est le sens inverse de celui des aiguilles d'une montre ; il est appelé sens trigonométrique.

B ENROULEMENT DE LA DROITE DES RÉELS

Dans le plan muni d'un repère orthonormal (O, A, B), on considère le cercle trigonométrique $\mathscr{C}$.

Soit C le point tel que $\overrightarrow{AC} = \overrightarrow{OB}$ et d la droite orientée, perpendiculaire à l'axe des abscisses, qui passe par A, munie du repère (A, C).

En « enroulant » cette droite d autour du cercle $\mathscr{C}$, on obtient une correspondance entre un point N de la droite et un point M du cercle.

Savoir-faire 1
Enrouler la droite des réels sur le cercle trigonométrique, p. 218

Savoir-faire 2
Calculer la longueur d'un arc connaissant l'angle au centre, p. 218

EXEMPLE

Sur le schéma ci-contre, le point N de coordonnée 3 sur la droite orientée d, se retrouve après « enroulement » de d sur $\mathscr{C}$ en M tel que la longueur de l'arc $\overset{\frown}{AM}$ soit égale à la longueur AN.

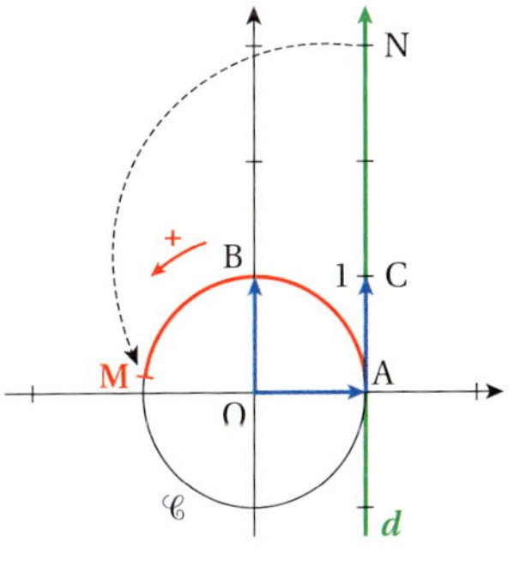

REMARQUES

- Comme le cercle trigonométrique est de rayon 1, son périmètre est de longueur 2π.
- Le point de d de coordonnée 2π se retrouve ainsi en A.

Cela correspond à un tour complet, soit à un angle de 360°.

Par proportionnalité entre angle et arc intercepté, on obtient les correspondances suivantes :

Coordonnée du point N sur d	$-\frac{\pi}{2}$	0	$\frac{\pi}{2}$	π	2π
Mesure de l'angle $\widehat{AOM}$	– 90°	0°	90°	180°	360°

REMARQUE

Plusieurs points de la droite d correspondent à un même point du cercle $\mathscr{C}$ car la droite peut s'enrouler plusieurs fois.

Par exemple :

- les points de d de coordonnées $-\frac{3\pi}{2}$ et $\frac{\pi}{2}$ correspondent tous les deux au point B de $\mathscr{C}$ (quart de tour positif) ;
- les points de d de coordonnées $-\frac{\pi}{2}$ et $\frac{3\pi}{2}$ correspondent tous les deux au point C de $\mathscr{C}$ (quart de tour négatif).

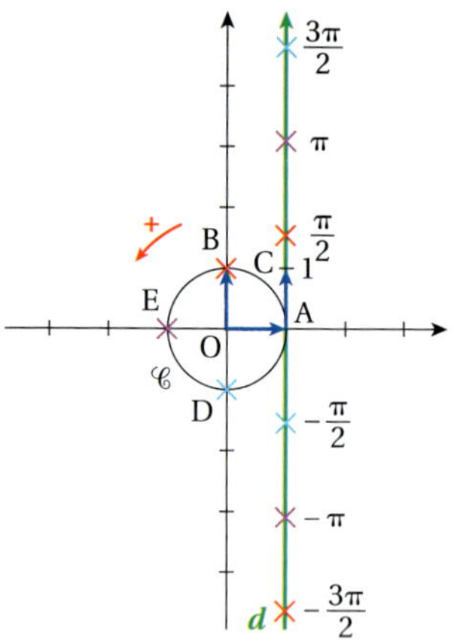

C SINUS ET COSINUS D'UN NOMBRE RÉEL

DÉFINITIONS

Pour tout nombre réel x, on considère le point N de la droite d de coordonnée x.

À ce point correspond un point M sur le cercle trigonométrique. L'ordonnée et l'abscisse de M sont données par les points H et K, projetés orthogonaux de M respectivement sur les axes (OA) et (OB).

- Le **sinus du nombre réel** x est l'ordonnée du point M ; ce nombre se note $\mathbf{\sin x}$.
- Le **cosinus du nombre réel** x est l'abscisse du point M ; ce nombre se note $\mathbf{\cos x}$.

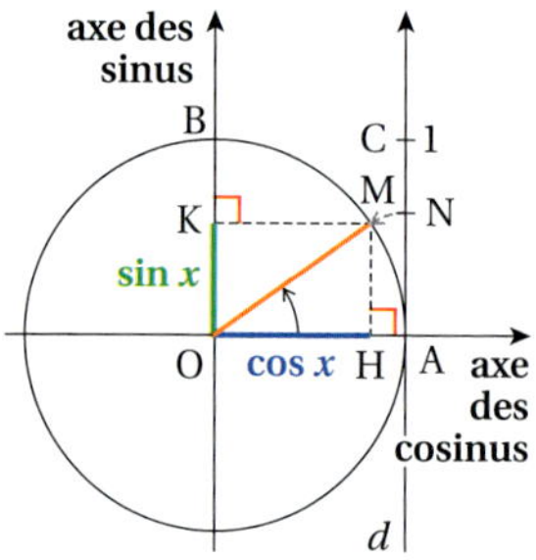

Savoir-faire 3
Résoudre une équation trigonométrique, p. 219

Savoir-faire 4
Calculer un cosinus connaissant le sinus, p. 219

PROPRIÉTÉS

Pour tout nombre réel x, on a :

- $\sin^2 x + \cos^2 x = 1$
- $-1 \leqslant \sin x \leqslant 1$ et $-1 \leqslant \cos x \leqslant 1$
- $\sin(-x) = -\sin x$ et $\cos(-x) = \cos x$

DÉMONSTRATIONS

- Dans le triangle OKM, rectangle en K, l'égalité de Pythagore permet d'écrire :

$$\sin^2 x + \cos^2 x = OM^2 = 1. \blacksquare$$

- Le cercle trigonométrique est de rayon 1 ; on en déduit donc que :

$$-1 \leqslant \sin x \leqslant 1 \text{ et } -1 \leqslant \cos x \leqslant 1. \blacksquare$$

- Les angles qui correspondent aux réels x et $-x$ sont symétriques par rapport à l'axe des abscisses ; on en déduit que :

$$\sin(-x) = -\sin x \text{ et } \cos(-x) = \cos x. \blacksquare$$

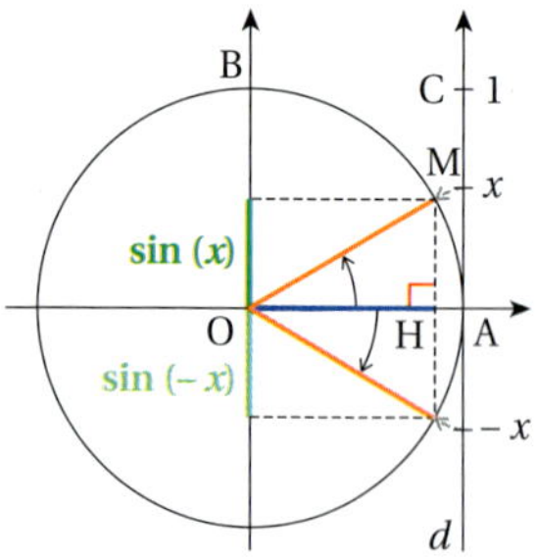

D LIEN AVEC LE SINUS ET LE COSINUS DANS UN TRIANGLE RECTANGLE

1 Rappels

Dans un triangle rectangle :

- le sinus d'un angle est égal au rapport de la longueur du côté opposé sur la longueur de l'hypoténuse ;
- le cosinus d'un angle est égal au rapport de la longueur du côté adjacent sur la longueur de l'hypoténuse.

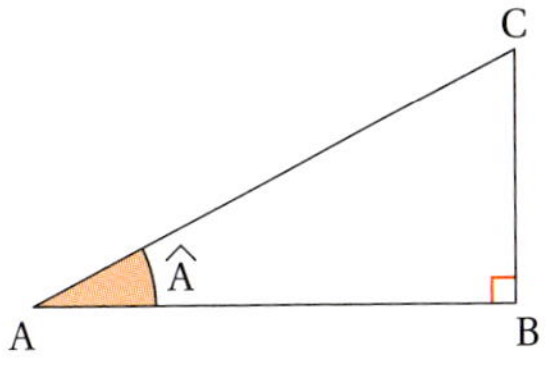

$\cos\widehat{A} = \frac{AB}{AC}$ $\sin\widehat{A} = \frac{BC}{AC}$

2 Cercle trigonométrique et triangle rectangle

Soit un point N de d de coordonnée x pour x compris entre 0 et $\frac{\pi}{2}$.
À ce point correspond un point M sur le cercle trigonométrique ; comme x est compris entre 0 et $\frac{\pi}{2}$, l'angle $\widehat{KOM}$ a une mesure comprise entre 0° et 90°, et le point M se trouve sur le premier quadrant du cercle.

On considère le triangle OKM rectangle en K.

Comme OM = 1, on a :

$\cos\widehat{HOM} = \frac{OH}{OM} = OH = \cos x$ $\sin\widehat{HOM} = \frac{MH}{OM} = MH = MK = \sin x.$

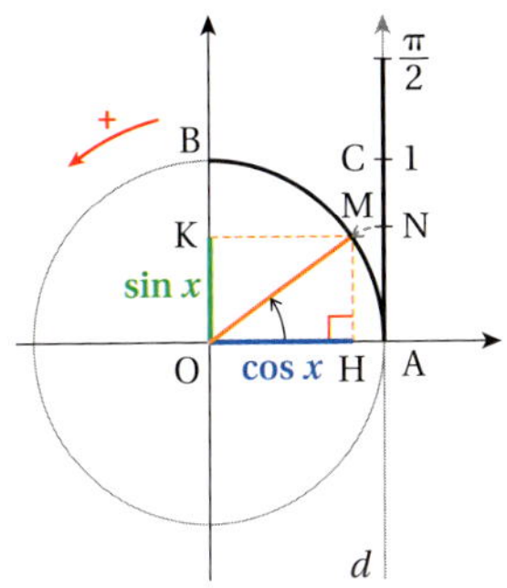

Savoir-faire 5
Dans un triangle rectangle, déterminer un angle dont on connaît le sinus, p. 220

PROPRIÉTÉ

Pour x compris entre 0 et $\frac{\pi}{2}$, les définitions données pour le sinus et le cosinus d'un nombre réel (paragraphe C) donnent les mêmes valeurs que les définitions du sinus et du cosinus dans un triangle rectangle.

3 Valeurs particulières

Il est utile de connaître ou de savoir retrouver rapidement les valeurs des sinus et cosinus des angles suivants.

Savoir-faire 6
Retrouver rapidement certaines valeurs des sinus et cosinus, p. 220

α	0°	30°	45°	60°	90°
sin α	0	$\frac{1}{2}$	$\frac{\sqrt{2}}{2}$	$\frac{\sqrt{3}}{2}$	1
cos α	1	$\frac{\sqrt{3}}{2}$	$\frac{\sqrt{2}}{2}$	$\frac{1}{2}$	0

En appliquant le théorème de Pythagore aux deux configurations ci-contre, on détermine les longueurs des côtés en fonction de a et on en déduit les sinus et cosinus de 30°, 45° et 60°.

Demi-carré

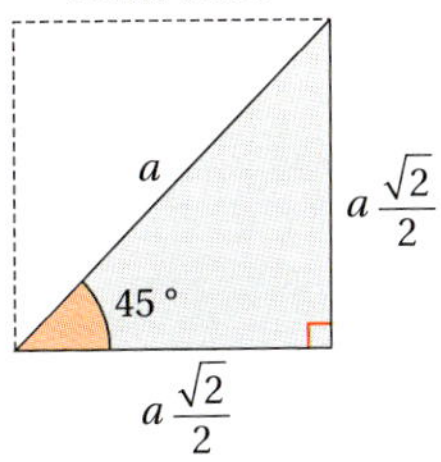

Demi-triangle équilatéral

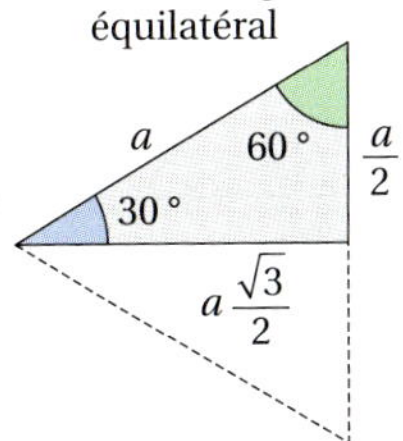

Savoir-faire

Savoir-faire 1 Enrouler la droite des réels sur le cercle trigonométrique

ÉNONCÉ On enroule la droite des réels sur le cercle trigonométrique.

a. Déterminer le point M du cercle correspondant au réel $\frac{17\pi}{4}$.

b. Déterminer le point N du cercle correspondant au réel $-\frac{17\pi}{6}$.

SOLUTION

a. $\frac{17\pi}{4} = \frac{16\pi}{4} + \frac{\pi}{4} = 4\pi + \frac{\pi}{4}$.

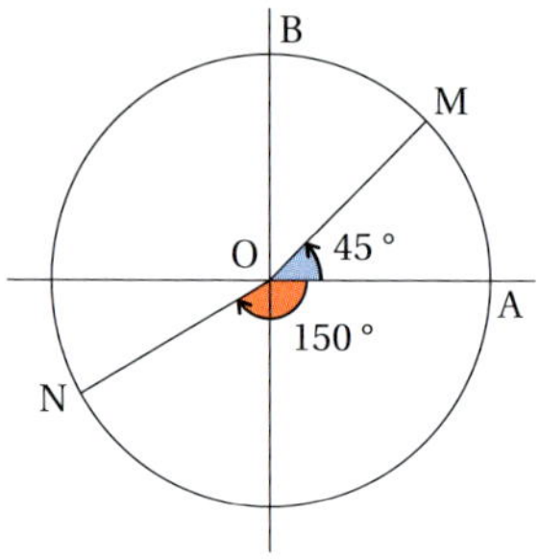

Le périmètre du cercle trigonométrique, qui est de rayon 1, est égal à 2π. On effectue donc deux tours complets suivis d'un huitième de tour.

Le point M est donc dans le premier quadrant du cercle et tel que : $\widehat{AOM} = 45°$.

b. $-\frac{17\pi}{6} = -\frac{12\pi}{6} - \frac{5\pi}{6} = -2\pi - \frac{5\pi}{6}$.

On effectue cette fois deux tours dans le sens négatif suivis de cinq douzièmes de tours.
Le point N est dans le troisième quadrant tel que : $\widehat{AON} = 150°$.

MÉTHODE

On détermine, dans un premier temps, le nombre entier de tours effectués dans l'enroulement, dans le sens positif ou négatif. Le point à placer s'obtient en déterminant la proportion de tours qui reste à effectuer.

▶ Exercices 1 à 4 p. 226

Savoir-faire 2 Calculer la longueur d'un arc connaissant l'angle au centre

ÉNONCÉ A et B sont deux points situés sur un cercle de centre O et de rayon $r = 5$ cm tels que l'angle au centre $\widehat{AOB}$ mesure 135°. Calculer la longueur de l'arc $\overset{\frown}{AB}$.

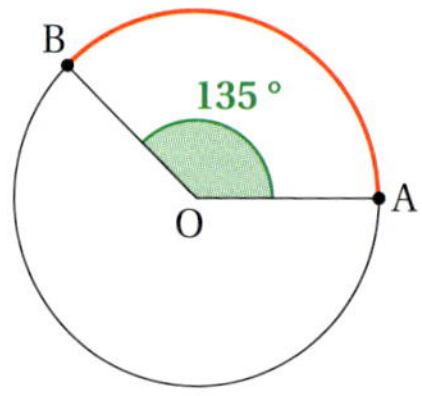

SOLUTION

La longueur du périmètre du cercle vaut :

$$5 \times 2\pi = 10\pi \text{ cm.}$$

La longueur de l'arc $\overset{\frown}{AB}$ est donc égale à :

$$10\pi \times \frac{135}{360} = \frac{15}{4}\pi \approx 11{,}8 \text{ cm.}$$

MÉTHODE

On utilise la proportionnalité entre la longueur d'un arc de cercle et la mesure de l'angle au centre correspondant.
La longueur du périmètre d'un cercle de rayon r vaut $2\pi r$. Ce périmètre correspond à un angle au centre de 360°.

▶ Exercices 5 à 7 p. 226

Savoir-faire 3 Placer un angle et en déduire le cosinus et le sinus correspondants

ÉNONCÉ **a.** Placer sur le cercle trigonométrique les points correspondants aux angles de – 45° et 440°.
b. Déterminer des valeurs approchées des sinus et cosinus correspondants.

SOLUTION

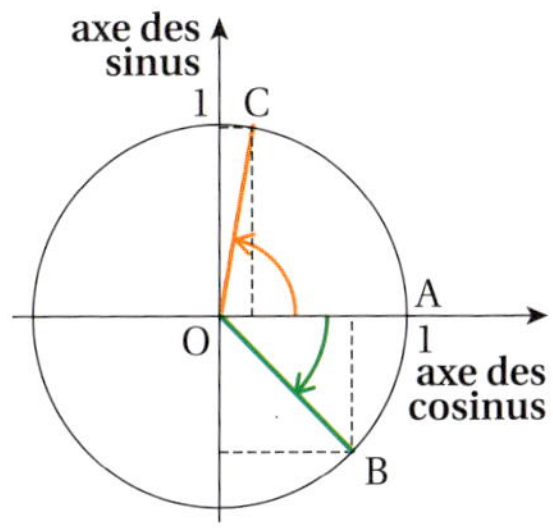

a. On note B et C les points tels que les mesures des angles $\widehat{AOB}$ et $\widehat{AOC}$ soient – 45° et 440°. On a 440° = 360° + 80° ; 80° est donc une autre mesure de l'angle $\widehat{AOC}$ qui nous permet de placer le point C.

b. Sur le dessin, on peut lire sur l'axe des sinus et l'axe des cosinus que : $\sin(-45°) \approx -0{,}7$; $\cos(-45°) \approx 0{,}7$;
$\sin(440°) \approx 0{,}9$; $\cos(440°) \approx 0{,}1$.

Les valeurs approchées obtenues à la calculatrice sont :
$\sin(-45°) \approx -0{,}71$; $\cos(-45°) \approx 0{,}71$; $\sin(440°) \approx 0{,}98$; $\cos(440°) \approx 0{,}17$.

Les valeurs exactes : $\sin(-45°) = -\dfrac{\sqrt{2}}{2}$ et $\cos(-45°) = \dfrac{\sqrt{2}}{2}$ sont obtenues par symétrie à partir des valeurs remarquables correspondant à l'angle de 45°.

▶ Exercices 9 à 11 p. 226

MÉTHODE

a. Pour placer un point sur le cercle trigonométrique, on trace l'angle en prenant l'axe des abscisses comme premier côté.
Il faut veiller à respecter le sens trigonométrique :
- lorsque la mesure de l'angle est positive, on la reporte en tournant dans le sens inverse des aiguilles d'une montre ;
- lorsque la mesure de l'angle est négative, on la reporte en tournant dans le sens des aiguilles d'une montre.

b. Le tracé sur le cercle trigonométrique permet de lire une valeur approchée des sinus et cosinus.
Une meilleure approximation est obtenue à la calculatrice.
Pour certaines valeurs remarquables, des valeurs exactes peuvent être données.

Savoir-faire 4 Calculer un cosinus connaissant le sinus

ÉNONCÉ Soit a un nombre réel. Calculer $\cos a$ sachant que $\sin a = \dfrac{2}{5}$.

SOLUTION

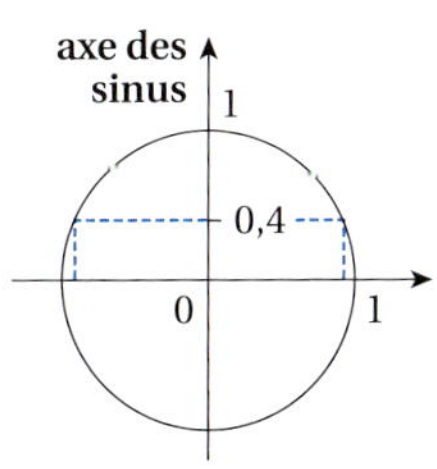

On constate que deux points du cercle trigonométrique, correspondant à des valeurs de cosinus différentes, sont associés à l'ordonnée $\dfrac{2}{5} = 0{,}4$.

Il y a donc deux valeurs possibles pour $\cos a$.
Comme $\sin^2 a + \cos^2 a = 1$, on a :

$$\cos^2 a = 1 - \sin^2 a = 1 - \left(\frac{2}{5}\right)^2 = \frac{21}{25}.$$

Ainsi :

$$\cos a = \frac{\sqrt{21}}{5} \approx 0{,}92 \text{ ou } \cos a = -\frac{\sqrt{21}}{5} \approx -0{,}92.$$

▶ Exercices 12 p. 227

MÉTHODE

On utilise la formule $\sin^2 a + \cos^2 a = 1$.
Cette formule permet de calculer un cosinus connaissant le sinus (en écrivant $\cos^2 a = 1 - \sin^2 a$) ou de calculer un sinus connaissant le cosinus (en écrivant $\sin^2 a = 1 - \cos^2 a$).

REMARQUE

Il est recommandé de faire au préalable une figure. Celle-ci permettra de vérifier le nombre de valeurs recherché ainsi que l'ordre de grandeur de ces valeurs.

Savoir-faire 5 Dans un triangle rectangle, trouver un angle dont on connaît le sinus

ÉNONCÉ Dans un triangle ABC rectangle en A, on connaît la longueur des deux côtés de l'angle droit : AB = 25 m et AC = 60 m.
Calculer les mesures des angles $\widehat{ABC}$ et $\widehat{ACB}$.

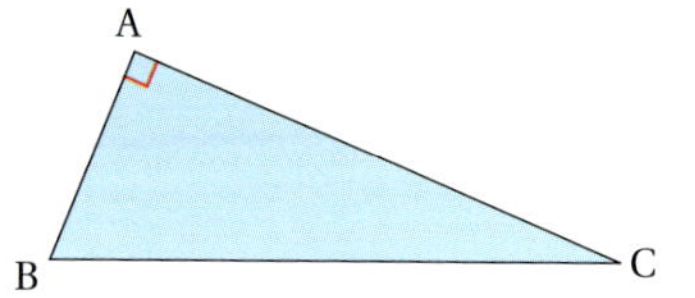

SOLUTION

En appliquant le théorème de Pythagore au triangle ABC, on obtient : $BC = \sqrt{25^2 + 60^2} = \sqrt{3825} = 65$.

D'où $\sin \widehat{ABC} = \dfrac{AC}{BC} = \dfrac{60}{65} = \dfrac{12}{13}$.

À la calculatrice, on obtient que la mesure de l'angle $\widehat{ABC}$ vaut environ 67,4°.

On en déduit que l'angle $\widehat{ACB}$ vaut environ : 90 – 67,4 = 22,6°.

▶ Exercices 14 à 16 p. 227

MÉTHODE

On calcule le sinus (ou le cosinus) de l'angle cherché à l'aide des données de l'énoncé.
La fonction *Arcsin* ou *Asn* (ou *Arccos* ou *Acs*) de la calculatrice (en mode degré) permet ensuite de déterminer la mesure de l'angle.

REMARQUE

Un tracé de la figure à l'échelle permettra de vérifier le résultat obtenu.

Savoir-faire 6 Retrouver rapidement certaines valeurs des sinus et cosinus

ÉNONCÉ Reproduire le tableau ci-contre et le compléter sans utiliser la calculatrice.

α	0°	30°	45°	60°	90°	120°	– 150°
sin α							
cos α							

SOLUTION

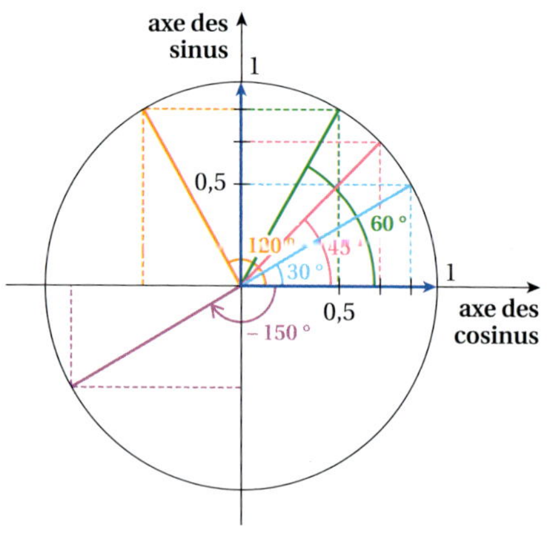

α	0°	30°	45°	60°	90°	120°	– 150°
sin α	0	$\frac{1}{2}$	$\frac{\sqrt{2}}{2}$	$\frac{\sqrt{3}}{2}$	1	$\frac{\sqrt{3}}{2}$	$-\frac{1}{2}$
cos α	1	$\frac{\sqrt{3}}{2}$	$\frac{\sqrt{2}}{2}$	$\frac{1}{2}$	0	$-\frac{1}{2}$	$-\frac{\sqrt{3}}{2}$

▶ Exercice 13 p. 227

MÉTHODE

Il peut être utile de retenir les valeurs de ces sinus et cosinus, mais le plus important est de savoir les retrouver à l'aide du cercle trigonométrique.
Pour cela, on reporte sur le cercle les points correspondants à chacun de ces angles.

- Pour les angles de 0° et 90°, la lecture des valeurs des sinus et cosinus est immédiate.
- Pour les angles de 30°, 45° et 60°, on trace les projetés orthogonaux des points sur les axes des sinus et des cosinus pour repérer les valeurs approchées des sinus et cosinus correspondants.
La connaissance des valeurs approchées 0,707 et 0,866 des valeurs particulières $\frac{\sqrt{2}}{2}$ et $\frac{\sqrt{3}}{2}$ est alors utile pour déduire de la figure la valeur exacte des cosinus et sinus recherchés.
- Par symétrie par rapport à l'origine ou par rapport à un des axes, on peut trouver les valeurs des sinus et cosinus d'autres angles (*ici*, 120° et –150°).

Travaux pratiques

TP1 Géométrie dynamique
Sinus et cosinus

Objectif : Observer l'évolution des nombres $\sin x$ et $\cos x$ à l'aide d'un logiciel de géométrie.

Partie A. Construction

1 **a.** À l'aide d'un logiciel de géométrie, placer les points O, A et B de coordonnées respectives (0 ; 0) ; (1 ; 0) et (0 ; 1).

b. Construire le cercle trigonométrique, c'est-à-dire le cercle de centre O et de rayon OA.

c. Choisir un point quelconque M de ce cercle.

Placer le point H, intersection de la droite (OB) et de la perpendiculaire à (OB) passant par M et le point K, intersection de la droite (OA) et de la perpendiculaire à (OA) passant par M.

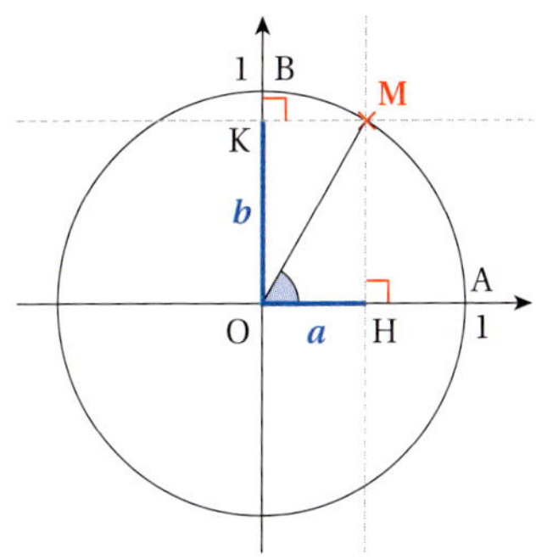

d. Dans le repère (O, I, J), faire apparaître :
- la mesure de l'angle $\widehat{AOM}$;
- la valeur a de l'ordonnée de H ;
- la valeur b de l'abscisse de K.

2 Quel est le lien entre les nombres a, b et la mesure de l'angle $\widehat{AOM}$?

Partie B. Observations

1 **Variations de a**

a. Lorsque la mesure (en degré) de l'angle $\widehat{AOM}$ se trouve dans l'intervalle [0 ; 90], décrire la variation de la fonction qui, à cette mesure, associe le nombre a.

Décrire ces variations pour chacun des trois autres quarts de cercle.

b. Reproduire le tableau suivant et le compléter en donnant la valeur de a pour les différentes valeurs de l'angle $\widehat{AOM}$.

$\widehat{AOM}$	0°	30°	60°	90°	120°	150°	180°	210°	240°	270°	300°	330°	360°
a													

c. Placer dans un repère les points correspondants à ce tableau (on reportera les mesures de l'angle $\widehat{AOM}$ sur l'axe des abscisses et les valeurs de a sur l'axe des ordonnées).

2 **Variations de b**

a. Étudier de la même manière les variations de b en fonction de la mesure de l'angle $\widehat{AOM}$.

b. Représenter dans le même repère les valeurs de b obtenues pour les angles donnés dans le tableau de la question **1 b.**

c. En utilisant le graphique précédent, donner une valeur approchée de cos(200°), sin(200°), cos(300°) et sin(300°).

TP2 — Géométrie dynamique

Triangles calés

Objectifs : • Conjecturer à l'aide d'un logiciel de géométrie dynamique.
• Réinvestir les propriétés de la géométrie plane.

ABC est un triangle équilatéral de 8 cm de côté. On place 3 points A', B' et C', respectivement sur [AB], [BC] et [CA], de sorte que AA' = BB' = CC'.
Comment faut-il choisir la distance AA' pour que les triangles AA'C', BB'A' et CC'B' soient rectangles, respectivement en A', B', C' ?

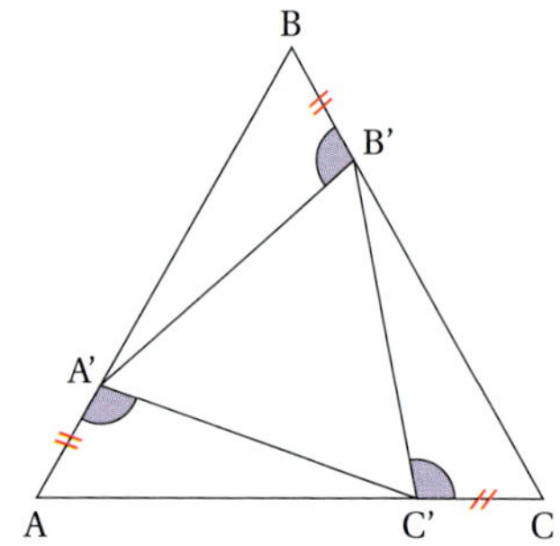

1 Réaliser la figure à l'aide d'un logiciel de géométrie dynamique.
On pourra s'aider d'un curseur pour placer les trois points A', B et C'.

2 Conjecturer les positions des points A', B' et C' qui répondent au problème posé.

3 Démontrer la conjecture précédente.

D'après *Mathématiques sans frontières*, décembre 2002.

TP3 — Géométrie dynamique

Variations d'une aire

Objectif : Étudier les variations d'une aire à l'aide d'un logiciel de géométrie dynamique.

1 **Construction**

Soit un quart de disque OAB de rayon 10.
N est un point du segment [OA] et M est le point de l'arc de cercle $\overset{\frown}{AB}$ tel que OMN soit un triangle rectangle en N.
Réaliser la figure à l'aide d'un logiciel de géométrie dynamique.

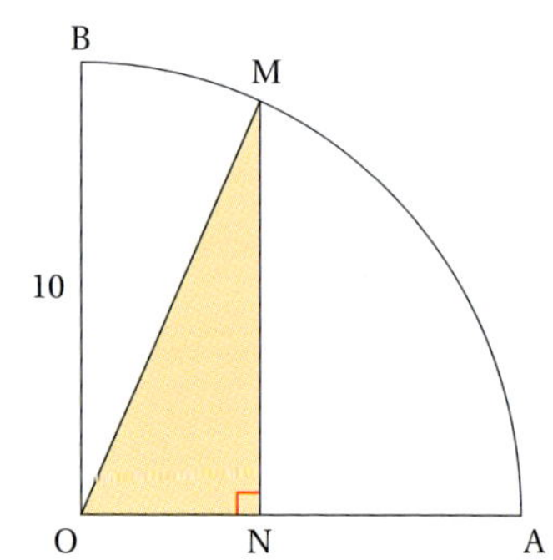

2 **Conjectures**

On s'intéresse à l'aire du triangle OMN lorsque le point N parcourt le segment [OA].

a. Lorsque le point N parcourt le segment [OA], un des triangles OMN semble-t-il avoir une aire plus grande que les autres ?

b. Certains des triangles OMN semblent-ils avoir une aire plus petite que les autres ?

c. Pour un triangle OM_1N_1 fixé, semble-t-il exister un autre triangle OM_2N_2 de même aire que OM_1N_1 ?

3 **Tracé d'une courbe**

Soit (O, I, J) un repère du plan tel que les points A et B aient comme coordonnées (1 ; 0) et (0 ; 1).
On note x la mesure de l'angle $\widehat{NOM}$.

a. Quelles sont les valeurs possibles pour x ?

b. Calculer l'aire du triangle OMN en fonction de x.

c. Dans un repère (différent du précédent), tracer à l'aide de la calculatrice la courbe représentative de la fonction f qui, à un nombre réel x, associe l'aire du triangle OMN.

d. Répondre aux questions **2** a, b et c en utilisant cette représentation graphique.

ALGORITHMIQUE

TP4 Le pentagone

Objectifs : • Déterminer les coordonnées des sommets d'un pentagone régulier.
• Généraliser à un polygone régulier.
• Modifier et programmer un algorithme.

Partie A Avec les coordonnées

Dans un repère orthonormal (O, I, J), on considère le point A de coordonnées (10 ; 0) et les points B, C, D et E tels que ABCDE soit un pentagone régulier orienté positivement.

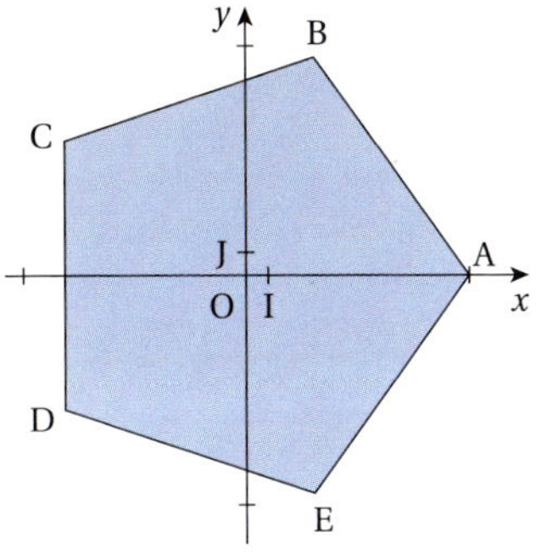

1 Déterminer une mesure des angles $\widehat{AOB}$ et $\widehat{AOC}$.

2 Montrer que les coordonnées du point B sont $(10\cos 72° ; 10\sin 72°)$. Donner une valeur arrondie à 10^{-1} de ces coordonnées.

3 Soit $\mathscr{C}$ le cercle trigonométrique de centre O.

a. Placer les points B' et C', points d'intersection de $\mathscr{C}$ et des demi-droites [OB) et [OC).

b. Donner les coordonnées du point C'.

c. Montrer que $\overrightarrow{OC} = 10\overrightarrow{OC'}$.

d. Montrer que les coordonnées du point C sont $(10\cos 144° ; 10\sin 144°)$.

4 Montrer que les coordonnées exactes des sommets du pentagone sont :
$(10\cos(72° \times k) ; 10\sin(72° \times k))$, où k est un entier qui vaut 0, 1, 2, 3 ou 4.

Partie B À l'aide d'un algorithme

1 Quelle est la fonctionnalité de l'algorithme suvivant ?

```
Pour k allant de 0 à 4
    | x prend la valeur 10.cos(72.k)
    | y prend la valeur 10.sin(72.k)
    | Tracer le point de coordonnées (x ; y)
Fin pour
```

2 **a.** Modifier cet algorithme pour qu'il trace un polygone régulier à n côtés, où n est un paramètre indiqué en « entrée ».

b. À l'aide d'un logiciel pouvant tracer des points, programmer cet algorithme.

3 Modifier le programme pour qu'il trace, en plus, les côtés du polygone.

REMARQUE

La construction d'un polygone régulier n'est pas toujours aisée à la règle et au compas et, dans bien des cas, cette construction n'est pas possible.

TP5 Les polygones réguliers

Objectif : Élaborer un algorithme de construction d'une figure géométrique

La figure de ce TP est à réaliser avec le logiciel *Géotortue (voir annexe algorithmique page 000)*. On peut également la réaliser avec le module *turtle* du langage Python.

Un polygone est dit régulier lorsque tous ses côtés et tous ses angles sont égaux entre eux.

1 Écrire une procédure qui dessine les polygones réguliers de côté 100 à 3, 4, 5, 6 côtés.

2 De façon plus générale, écrire une procédure qui dessine un polygone régulier de côté c et qui a n côtés.

3 Réaliser la figure suivante :

TP6 Une spirale

Objectif : Utiliser les fonctionnalités d'un logiciel.

Le langage du programme *Géotortue* possède des fonctions mathématiques, en particulier les fonctions trigonométriques *cos, sin* et *tan* .

1 À l'aide des fonctions trigonométriques, réaliser à l'aide de *Géotortue* les triangles suivants :

a.

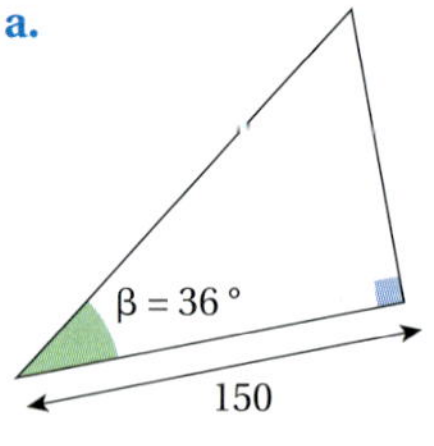

b.

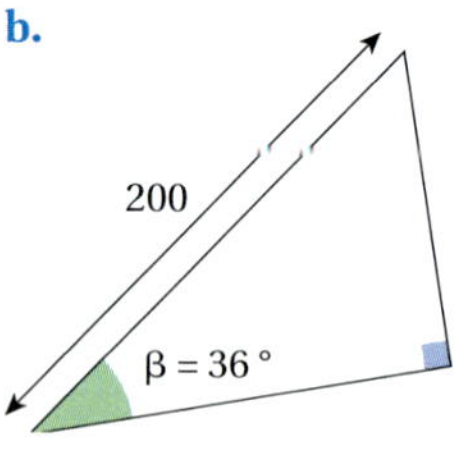

2 Construire à l'aide de procédures, la configuration suivante, sachant que la figure est constituée de triangles rectangles ayant un angle au centre de la spirale de 25°.

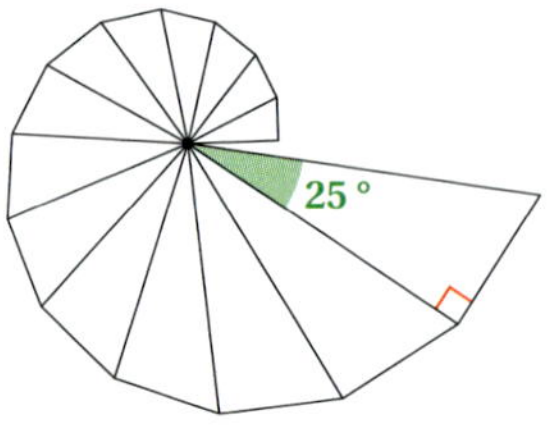

UN PEU D'HISTOIRE

La trigonométrie : du cercle aux fonctions

Un outil pour l'astronomie

L'héritage de la géométrie babylonienne appliquée à l'étude du monde et de l'univers conduit les savants grecs de l'Antiquité à effectuer des mesures de plus en plus complexes pour les besoins de l'astronomie.

Les premières tables trigonométriques, que l'on attribue à l'astronome **HIPPARQUE DE NICÉE**, permettent de faciliter ces mesures.

Elles font correspondre l'angle au centre et la longueur de la corde interceptée dans le cercle (> 1).

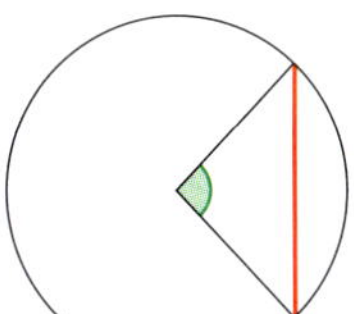

∧ **1.**

L'astronome et mathématicien grec Claude PTOLÉMÉE (~90 - ~168) poursuit les travaux d'Hipparque de Nicée avec une meilleure précision dans un ouvrage célèbre intitulé l'*Almageste* (~140) (> 2).

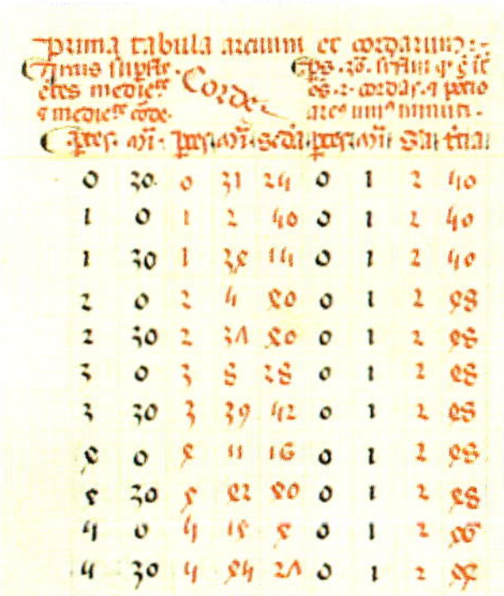

∧ **2.** Extrait d'une table trigonométrique de l'*Almageste*.

La trigonométrie hors du cercle

Les astronomes indiens sont les premiers à voir la trigonométrie hors du cercle. En considérant la demi corde (> 3), **ARYABHATA L'ANCIEN** établit dans son *Aryabhatiya* une table des sinus sous la forme d'un long poème écrit en vers.

Au XVe siècle, l'astronome et mathématicien **REGIOMONTANUS** définit le sinus d'un angle dans le triangle rectangle comme le rapport du côté opposé avec l'hypoténuse. La trigonométrie devient alors peu à peu une branche des mathématiques indépendante de l'astronomie et proche de celle sque nous connaissons aujourd'hui : un outil de calcul de longueur et de mesure d'angle dans le triangle rectangle.

Dans l'*Encyclopédie* (1751) (> 4), Jean LE ROND D'ALEMBERT (1717-1783) définira d'ailleurs la trigonométrie comme « l'art de trouver les parties inconnues d'un triangle par le moyen de celles qu'on connaît ».

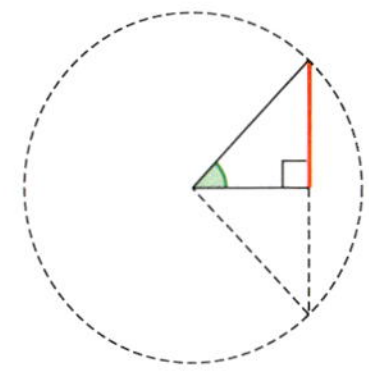

∧ **3.** Pour un cercle de rayon 1, la longueur de la demi-corde est le sinus de l'angle.

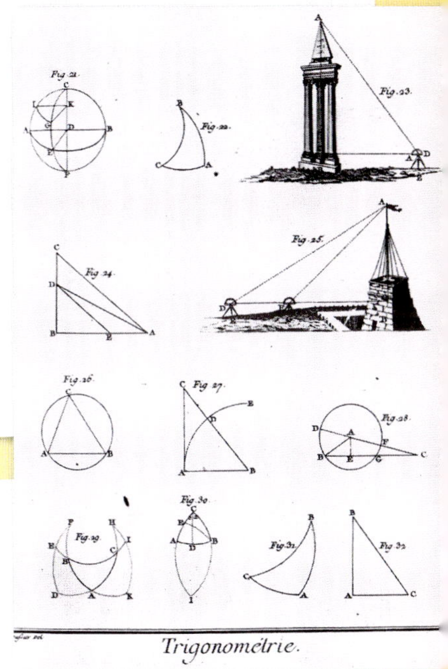

> **4.** Extrait d'une planche de l'*Encyclopédie* de Diderot et d'Alembert.

Vers les fonctions

Au XVIIe siècle, les mathématiciens Gilles Personne de ROBERVAL (1602-1675) puis Gottfried LEIBNIZ (1646-1716) considèrent la fonction sinus dont ils étudient la représentation graphique.

À la fin des années 1970, les élèves se munissaient encore de tables trigonométriques pour déterminer par exemple le cosinus ou le sinus d'un angle ; aujourd'hui, la calculatrice permet d'appliquer les fonctions trigonométriques. De nos jours, la trigonométrie trouve des applications très diverses dans de nombreux domaines scientifiques, tels l'optique ou la propagation des ondes.

HIPPARQUE de Nicée
(~190 av. J.-C. - ~120 av. J.-C., Grèce)
Il est le fondateur de la trigonométrie.

IIe s. av. J.-C.

ARYABHATA l'Ancien
(476 - 550, Inde)
Il initie la trigonométrie hors du cercle.

510

Johann MÜLLER, dit REGIOMONTANUS
(1436 - 1476, Allemagne)
Il fait de la trigonométrie une branche des mathématiques indépendante de l'astronomie.

1464

Exercices d'application

Enroulement de la droite

Appliquer le Savoir-faire 1, p. 218

Pour les exercices 1 à 4

On considère la figure suivante, où $\mathscr{C}$ est le cercle trigonométrique et la droite d, tangente à $\mathscr{C}$ en A, est munie du repère (A, I).

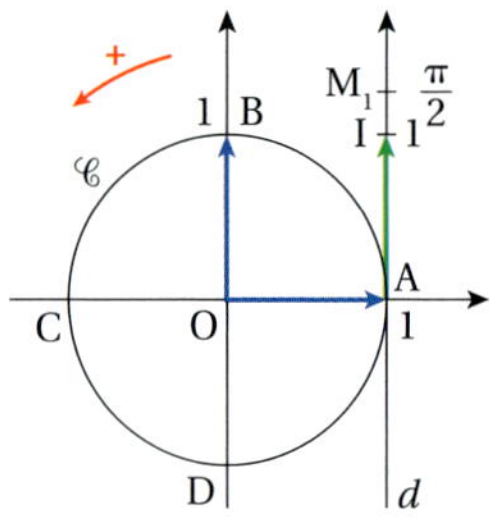

1 Reproduire la figure, puis indiquer en quels points du cercle $\mathscr{C}$ se retrouvent après enroulement les points de la droite d suivants :

$M_1\left(\frac{\pi}{2}\right)$; $M_2\left(\frac{3\pi}{2}\right)$; $M_3\left(-\frac{\pi}{2}\right)$; $M_4(5\pi)$.

2 Reproduire la figure, puis indiquer en quels points du cercle $\mathscr{C}$ se retrouvent après enroulement les points de la droite d suivants :

$M_5\left(-\frac{3\pi}{2}\right)$; $M_6\left(\frac{5\pi}{2}\right)$; $M_7\left(-\frac{13\pi}{2}\right)$; $M_8\left(\frac{2010\pi}{2}\right)$.

3 Indiquer sur quel quart d'arc de cercle se trouvent, après enroulement, chacun des points de la droite d suivants :

$M_9(1)$; $M_{10}(4)$; $M_{11}(6)$; $M_{12}(63)$.

4 **a.** Le point de coordonnées $\frac{\pi}{4}$ de la droite d se trouve, après enroulement, en un point N du cercle $\mathscr{C}$.

Reproduire la figure et placer le point N.

b. Donner les coordonnées de six autres points de la droite d qui se retrouvent au même point que N après enroulement.

Appliquer le Savoir-faire 2, p. 218

5 Un secteur circulaire de rayon 12 cm a un angle au centre $\widehat{BAC}$ qui mesure 70°.

Calculer le périmètre et l'aire de ce secteur circulaire.

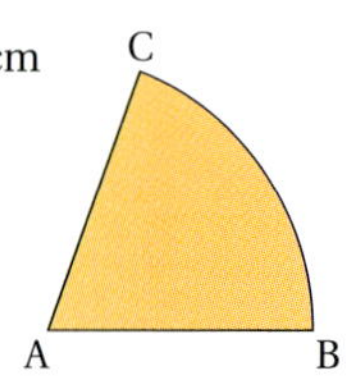

6 Soit un cercle $\mathscr{C}$ de centre O et de rayon 5 cm et un point A de ce cercle.

a. Faire une figure.

b. Soit B un point du cercle $\mathscr{C}$ tel que la longueur de l'arc $\widehat{AB}$ soit 20 cm.

Calculer une mesure de l'angle $\widehat{AOB}$.

c. Placer le point B sur le cercle $\mathscr{C}$, ainsi qu'un point C tel que l'arc AC mesure 10 cm.

d. Calculer la longueur de l'arc BC.

Y a-t-il plusieurs réponses possibles ?

7 Sur un cercle de centre O et de rayon 5 cm, tracer cinq arcs A_iB_i dont les longueurs sont celles données dans le tableau suivant :

i	1	2	3	4	5
Longueur (en cm)	1	π	10	5π	30

Sinus et cosinus d'un nombre réel

8 **Vrai ou faux ?**

a. Il existe un nombre réel x tel que $\sin(-x) = \sin x$.

b. Pour tout nombre réel x, on a $\sin(-x) = \sin x$.

c. Il existe un nombre réel x tel que $\sin 2x = \sin x$.

d. Pour tout nombre réel x, on a $\sin 2x = \sin x$.

e. Il existe un nombre réel x tel que $\cos x = \sin x$.

f. Pour tout nombre réel x, on a $\cos x \neq \sin x$.

Appliquer le Savoir-faire 3, p. 219

9 **a.** Représenter le cercle trigonométrique, puis les points de ce cercle qui correspondent aux mesures d'angles suivantes :

$x_1 = 0°$; $x_2 = 30°$; $x_3 = 45°$; $x_4 = 90°$;
$x_5 = 120°$; $x_6 = 135°$; $x_7 = 150°$; $x_8 = 180°$.

b. Donner les valeurs des sinus et cosinus qui correspondent à chacun de ces points.

10 **a.** Représenter le cercle trigonométrique, puis les points de ce cercle qui correspondent aux mesures d'angles suivantes :

$x_1 = -90°$; $x_2 = 270°$; $x_3 = 360°$; $x_4 = 330°$;
$x_5 = 720°$; $x_6 = -270°$; $x_7 = -150°$; $x_8 = 1\,080°$;

b. Donner les valeurs des sinus et cosinus qui correspondent à chacun de ces points.

11 **a.** Représenter le cercle trigonométrique, puis les points de ce cercle qui correspondent aux mesures d'angles suivantes :

$x_1 = 100°$; $x_2 = 200°$; $x_3 = 340°$; $x_4 = 730°$.

b. Donner des valeurs approchées des sinus et cosinus qui correspondent à chacun de ces points.

Appliquer le Savoir-faire 4, p. 219

12 **a.** Soit a un nombre réel compris entre 0° et 90° tel que $\cos a = \frac{2}{3}$. Calculer $\sin a$.

b. Soit b un nombre réel compris entre 0° et 90° tel que $\sin b = -\frac{1}{5}$. Calculer $\cos b$.

Lien avec sinus et cosinus dans un triangle rectangle

Appliquer le Savoir-faire 6, p. 220

13 Sans utiliser la calculatrice, donner les valeurs exactes des sinus et cosinus de :

0° ; 45° ; 90° ; 30° ; 60°.

Appliquer le Savoir-faire 5, p. 220

14 Soit un triangle EFG est rectangle en E.
Dans chaque cas, calculer les mesures des angles de EFG.

a. EF = 43 et FG = 50.

b. FG = 60 et EG = 22.

c. EF = 34 et EG = 55.

15 **1.** Tracer un parallélogramme ABCD tel que AB = 12 cm et AD = 5 cm.

2. On note α la mesure de l'angle $\widehat{BAD}$.

a. Calculer, en fonction de α, l'aire de ABCD.

b. Cette aire peut-elle être égale à 70 cm^2 ? à 60 cm^2 ? à 50 cm^2 ?
Expliquer et, si possible, tracer le(s) parallélogramme(s) correspondant(s).

16 LMN et LKN sont deux triangles rectangles respectivement en M et en K tels que sur la figure suivante.

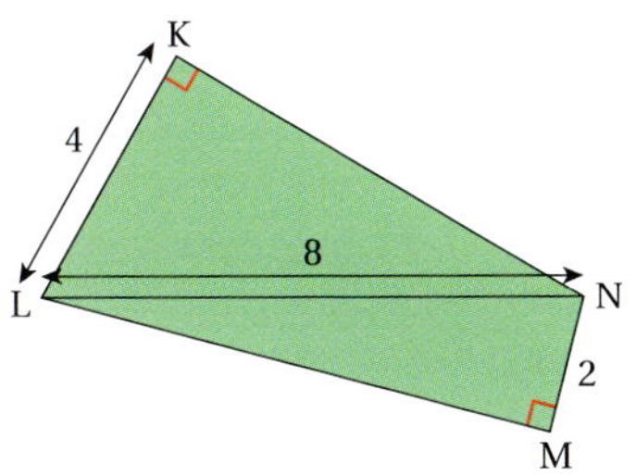

1. a. Déterminer une valeur approchée, à 10^{-1} près, de la mesure de l'angle $\widehat{KLN}$.

b. En déduire une valeur approchée, à 10^{-1} près, de la mesure de l'angle $\widehat{KLM}$.

2. Un élève, qui a eu la consigne de cet exercice par messagerie mais sans la figure, prétend que l'angle $\widehat{KLM}$ mesure 45,5°. Peut-il avoir raison ?

17 ABCDEFGH est un cube de côté 10 cm. Calculer une mesure de l'angle $\widehat{EBH}$.

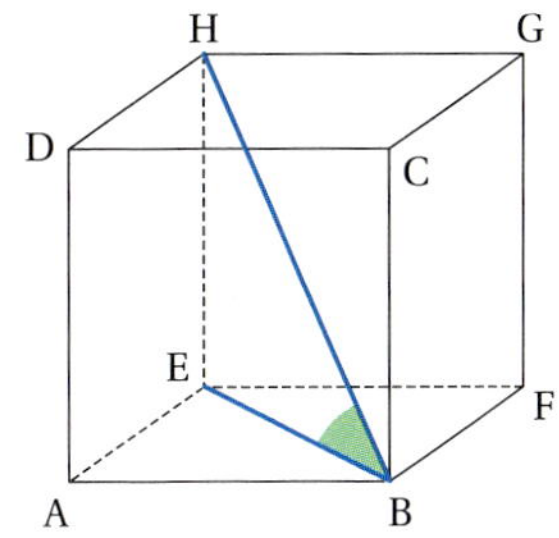

18 SABCD est une pyramide régulière dont la base est un carré de côté 10 cm. La hauteur de la pyramide h est égale à 15 cm.

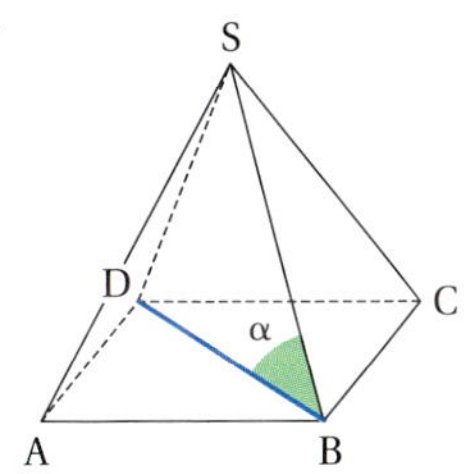

Calculer une mesure de l'angle α.

19 On considère le quadrilatère ABCD ci-dessous.
Calculer les longueurs AC, BD et BC.

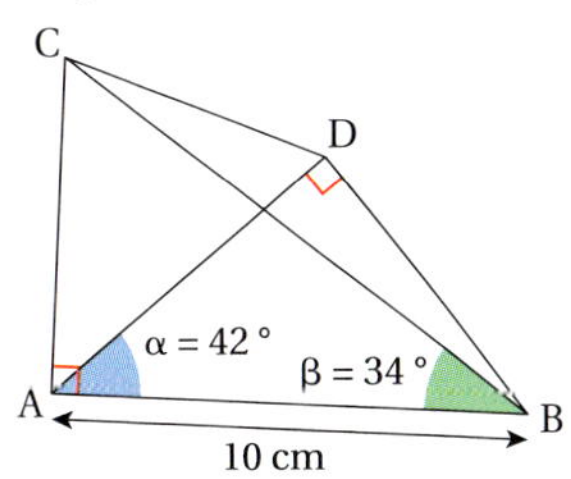

20 On sait que AB =10 cm. Calculer une valeur approchée de la longueur CD.

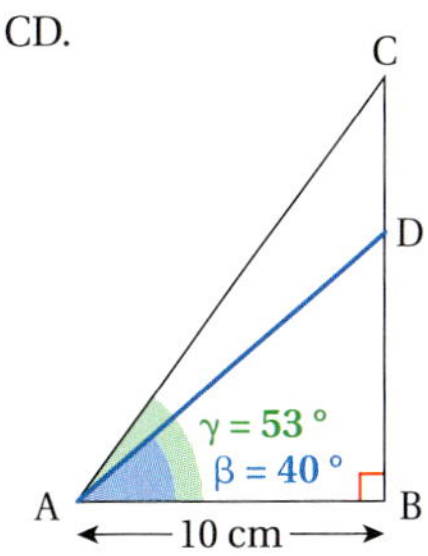

Exercices pour se tester

Enroulement de la droite

Pour les exercices 21 à 23
On considère un point M (non placé sur la figure) d'abscisse a dans le repère (A, I) sur la droite d et on enroule d autour du cercle trigonométrique.

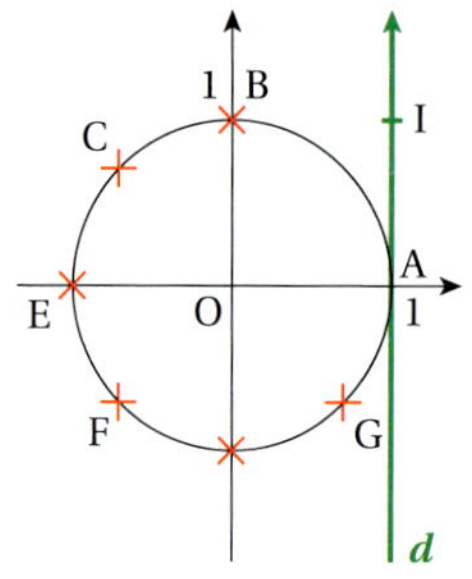

21 QCM
Si $a = \frac{\pi}{2}$, alors, après enroulement, M se trouvera en :
A B. B C. C F. D A.

22 QCM
Si $a = \frac{5\pi}{4}$, alors, après enroulement, M se trouvera en :
A B. B C. C F. D G.

23 QCM
Le point E, obtenu après enroulement, peut provenir d'un point de d d'abscisse :
A -1. B π. C 2π. D 3π.

24 QCM
On enroule la droite d autour du cercle $\mathscr{C}$ de rayon 1. Les points N_1, N_2 et N_3 sont situés sur d, avec $AN_1 = 3$, $AN_2 = 4$ et $AN_3 = 2\pi$.
Après enroulement :

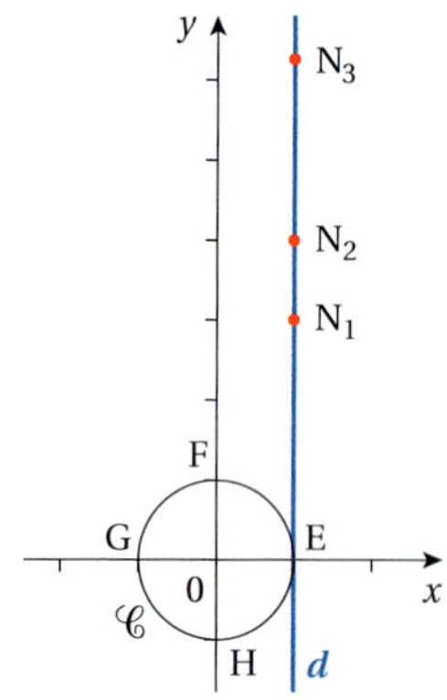

a. Le point N_1 se retrouve :
A en E.
B en F.
C en G .
D ni en F ni en G.

b. le point N_2 se retrouve :
A sur l'arc $\widehat{FG}$. B en F.
C ni en E ni en F. D sur l'arc $\widehat{GH}$.

c. le point N_3 se retrouve:
A en E. B en F.
C en H. D ni en E ni en H.

Cosinus et sinus d'un nombre réel

25 QCM
Le cosinus du réel $\frac{2\pi}{3}$ est égal à :
A $\frac{1}{2}$. B $-\frac{1}{2}$. C 1. D $\frac{2}{3}$.

26 QCM
Le sinus du réel $\frac{11\pi}{3}$ est égal à :
A $-\frac{\sqrt{3}}{2}$. B $-\frac{1}{2}$. C $\frac{1}{2}$. D $\frac{\sqrt{3}}{2}$.

27 QCM
$\cos(30000°)$ est égal à :
A 0. B $-0{,}5$. C $\frac{\sqrt{3}}{2}$. D 1.

28 QCM
La hauteur d'un triangle équilatéral de côté a vaut :
A $2a$. B $\frac{a\sqrt{3}}{2}$. C $a\frac{\sqrt{2}}{2}$. D $3\frac{a\sqrt{3}}{2}$.

Pour les exercices 29 et 30
On considère le triangle rectangle ci-contre :

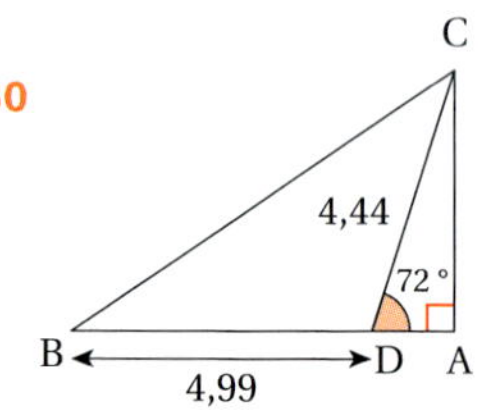

29 QCM
La longueur du segment [AC] vaut, à 10^{-2} près :
A 4,22. B 5,55. C 1,37. D 4,12.

30 QCM
L'angle $\widehat{ABC}$ mesure, à 10^{-1} près :
A 30,5°. B 33,5°. C 36,5°. D 39,5°.

31 Vrai ou faux ?
Dans un triangle ABC, rectangle en A :
a. L'égalité $\cos\hat{B} = \cos\hat{C}$ est toujours fausse.
b. L'égalité $\sin\hat{B} = \cos\hat{C}$ est toujours vraie.
c. Il existe une situation dans laquelle l'égalité $\cos\hat{B} = \cos\hat{C}$ est vraie.
d. L'égalité $\sin\hat{B} + \cos\hat{C} = 1$ est toujours vraie.

CORRIGÉ P. 342

Exercice résolu

32 Un algorithme de calcul de sin x

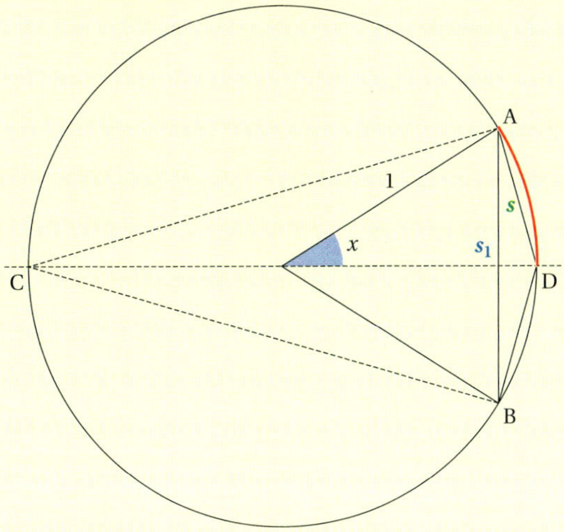

Soit un réel x de l'intervalle $\left[0\,;\frac{\pi}{2}\right]$.

Le point A est le point du premier cadran du cercle trigonométrique tel que la mesure de l'arc $\widehat{DA}$ soit égale à x.

On pose $s = AD$ et $s_1 = AB$.

1. Exprimer la longueur AC en fonction de s.

2. En calculant de deux manières différentes l'aire du triangle ACD, montrer que :

$$s_1 = s\sqrt{4-s^2} \quad (1)$$

3. En déduire l'expression de $\sin x$ en fonction de s.

4. Avec un algorithme

La relation (1) établit une relation entre une corde d'angle au centre x et une corde d'angle au centre $2x$:

le sinus est égal à la demi corde de l'arc double.

Soit n un entier naturel. On approche alors l'arc $\widehat{AB}$ par 2^n cordes de longueurs égales à $\frac{2x}{2^n}$, si on applique n fois la relation (1), on obtiendra une approximation de la corde [AB], puis du sinus de x.

L'algorithme est alors le suivant :

```
Entrées x, n
s prend la valeur 2x/2^n
Tant que n > 0
    | s prend la valeur s√(4 - s²)
    | n prend la valeur n - 1
Fin tant que
Afficher s/2
```

Écrire cet algorithme dans le langage de votre choix.

SOLUTION

1. Le triangle ACD est inscrit dans le cercle trigonométrique dont CD est un diamètre.
Ce triangle est donc rectangle en A, on a donc la relation :

$$AC^2 = CD^2 - AD^2 = 4 - AD^2, \text{ c'est-à-dire } AC = s\sqrt{4-s^2}.$$

2. L'aire du triangle rectangle ACD est égale à $\frac{AC \times AD}{2}$, et est aussi égale à $\frac{s_1 \times CD}{2}$, d'où la relation :
$AC \times AD = s_1 \times CD$, c'est-à-dire $s\sqrt{4-s^2} = s_1$.

3. Comme $s_1 = 2\sin x$, on déduit de la question précédente la relation : $\sin x = \frac{s}{2}\sqrt{4-s^2}$.

4. Voici le programme écrit en python et quelques essais :

```python
from math import *
n=int(input("n="))
x=eval(input("x="))
s=2*x/2**n
while n>0:
    s=s*sqrt(4-s*s)
    n=n-1
print("une approximation de sinx :" ,s/2)
```

```
n=20
x=pi/6
une approximation de sinx : 0.5000000000000187
>>> ================================ RESTART ========
>>>
n=10
x=pi/2
une approximation de sinx : 0.9999999999998103
>>> ================================ RESTART ========
>>>
n=20
x=pi/4
une approximation de sinx : 0.7071067811865992
>>> ================================ RESTART ========
>>>
n=10
x=pi/3
une approximation de sinx : 0.8660254950495587
```

Exercices d'approfondissement

33 Soit ABCDEF un hexagone régulier dont les sommets se trouvent sur le cercle trigonométrique.
Déterminer les valeurs exactes des coordonnées de chacun de ses sommets.

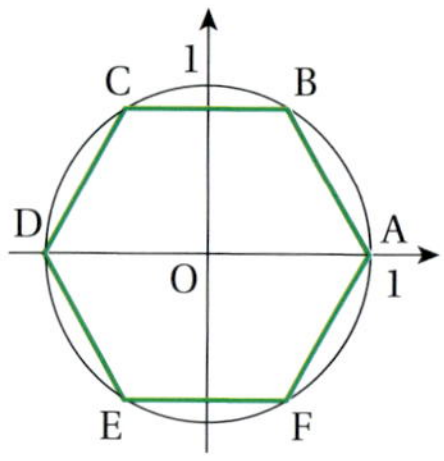

34 Soit AGHIJKL un heptagone régulier dont les sommets se trouvent sur le cercle trigonométrique.

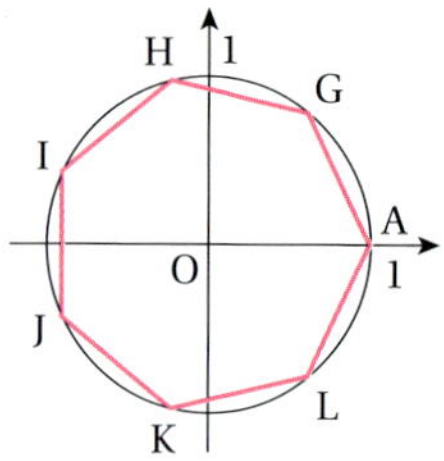

1. a. Calculer a, mesure en degré de l'angle $\widehat{AOG}$.
b. Calculer, en fonction de $\sin a$ et $\cos a$, les cordonnées du point G.
2. Donner des valeurs approchées, à 10^{-1} près, des coordonnées de chacun des sommets de l'heptagone.

35 **ALGORITHMIQUE**
On souhaite dessiner la figure ci-contre à l'aide d'un algorithme programmé dans un « langage tortue ».
Le point de départ est A.
Alex propose l'algorithme suivant :

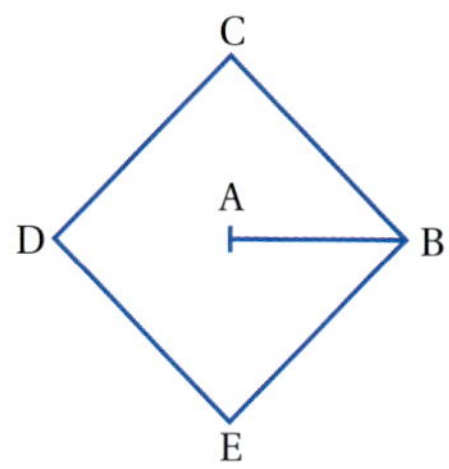


```
>td 90
>av 50*sqrt(2)
>tg 135
>rep 4 [ av 100;tg 90 ]
```

Boris, Chloé et Donan testent chacun, en la modifiant un peu, la proposition d'Alex et obtiennent les figures suivantes :

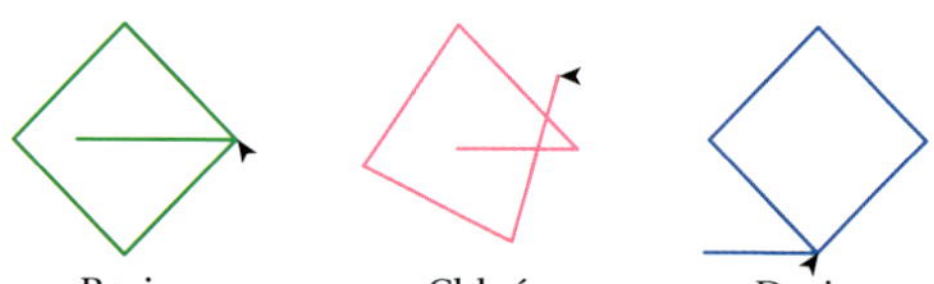
Boris Chloé Dorian

a. Expliquer les modifications faites par chacun d'eux.
b. Modifier l'algorithme d'Alex pour qu'il trace un pentagone.

36 Résoudre les équations suivantes, où a est compris entre 0° et 90°.
a. $\sin a = 0$. **b.** $\sin a = \frac{1}{2}$.
c. $\sin a = \frac{\sqrt{3}}{2}$. **d.** $\sin a = \frac{\sqrt{2}}{2}$.

37 Résoudre les équations suivantes, où a est compris entre 0° et 90°.
a. $\cos a = 0$. **b.** $\cos a = \frac{\sqrt{2}}{2}$.
c. $\cos a = -\frac{1}{2}$. **d.** $\cos a = 1$.

38 **ALGORITHMIQUE**
Sur la figure ci-contre, x est une mesure, en degrés, de l'angle $\widehat{AOM}$ comprise entre 0° et 360°.
Soit b un nombre réel quelconque et (E) l'équation, d'inconnue x, $\sin x = b$.

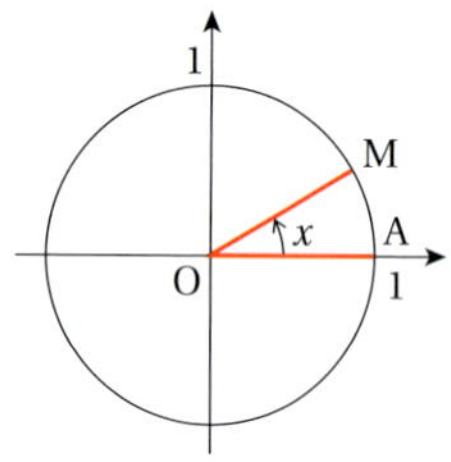

a. L'équation (E) a-t-elle des solutions pour $b = 2$?
b. Écrire un algorithme qui, en entrée, demande la valeur du nombre réel b, et qui, en sortie, donne le nombre de solutions de l'équation (E).
c. Programmer cet algorithme sur la calculatrice.
d. En utilisant la fonction « $\sin^{-1}$ » de la calculatrice, compléter le programme pour qu'il donne les solutions de l'équation (E).

39 Dans une documentation d'une entreprise qui loue des échelles, figure le passage suivant :
« Donnez un angle suffisant par rapport au sol (recommandations de l'*Organisme Professionnel de Prévention du Bâtiment et des Travaux Publics* : entre 70,5° et 75,5°). Ne pas dresser une échelle trop verticalement, afin d'éviter son basculement en arrière. »
Ce texte est accompagné du schéma ci-dessous.

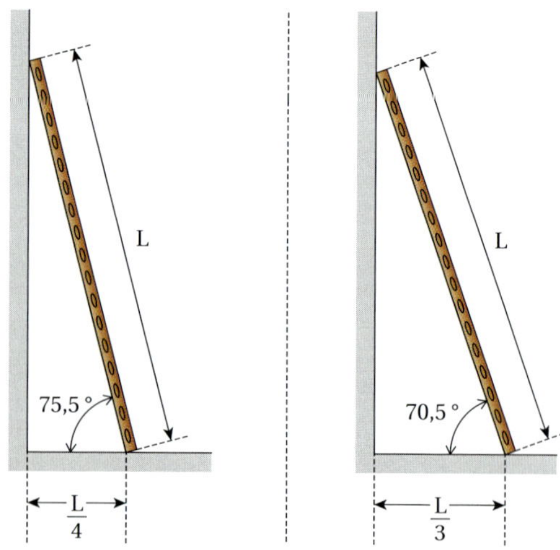

Les angles indiqués sont-ils en accord avec les longueurs L, $\frac{L}{3}$ et $\frac{L}{4}$ qui y figurent ?

40 Un charpentier doit réaliser la structure ci-dessous avec des poutres à section carrée de 20 cm par 20 cm.

L'angle $\widehat{DEH}$ est droit.

Les angles $\widehat{IJE}$ et $\widehat{FPQ}$ sont respectivement égaux à 36° et 13,5°.

AB = 160 cm ; EH = 160 cm ; EJ = FP = 60 cm.

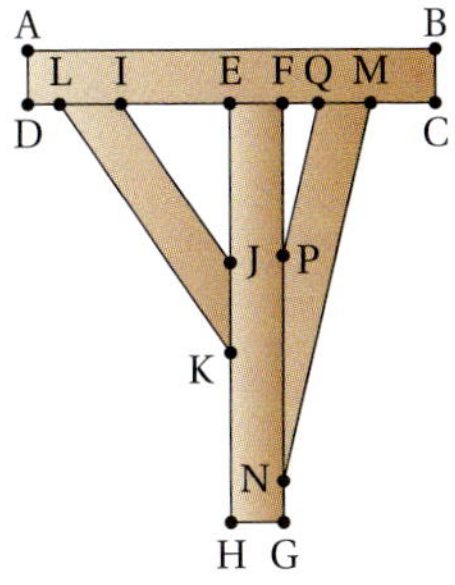

a. Calculer les longueurs IJ et PQ.

b. Calculer les longueurs LI et JK.

c. Calculer la longueur LK.

Les réponses seront données au mm près.

41 Victor veut donner une estimation de la hauteur d'un chêne qu'il a remarqué dans un parc.

Il prend du recul, se place au point A et mesure l'angle $\widehat{SAH} = \alpha$ sous lequel il voit l'arbre : $\alpha = 42°$.

Il s'éloigne de 35 m du point A, se place au point B et mesure l'angle $\widehat{SBH} = \beta$ sous lequel il voit l'arbre : $\beta = 24°$.

Sur la figure suivante, H est le pied du chêne et S son sommet. On suppose que les points A, B et H sont alignés et que les droites (BH) et (SH) sont perpendiculaires.

a. Faire une figure à l'échelle.

b. Montrer que, dans le triangle rectangle AHS, on a :

$$\frac{SH}{AH} = \frac{\sin\alpha}{\cos\alpha}.$$

c. Montrer que : $\dfrac{SH}{BH} = \dfrac{\sin\beta}{\cos\beta}$.

d. Calculer la hauteur du chêne. Donner une valeur approchée au demi-mètre près de cette hauteur.

42 On construit un début de « spirale » ABCDEFGO en partant d'un triangle OAB rectangle en B et dont l'angle en O vaut $\alpha = 30°$. Les triangles OBC, OCD, ODE, OEF et OFG sont construits de façon similaire, c'est-à-dire rectangles et l'angle en O étant toujours égal à 30°.

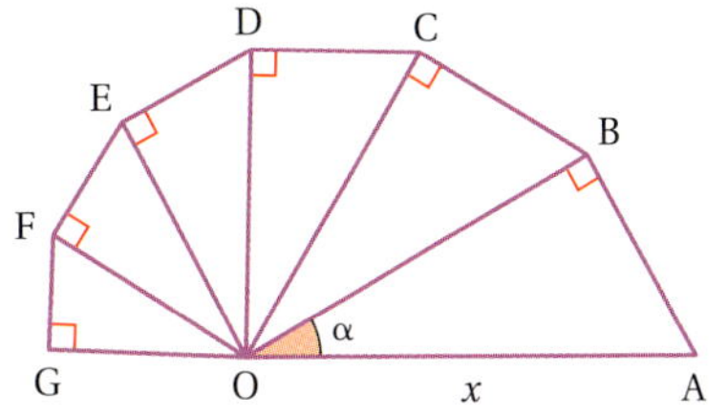

a. On note x la longueur OA. Calculer, en fonction de x, les longueurs AB et OB.

b. Calculer, en fonction de x, la longueur du périmètre du polygone ABCDEFGO.

43 L'acuité visuelle est la capacité d'un œil à discerner les objets. Lorsqu'elle est de 10/10, cela signifie que l'œil O peut différencier deux objets E et F tels que l'angle $\widehat{EOF}$ soit de $\dfrac{1}{60}$ de degré.

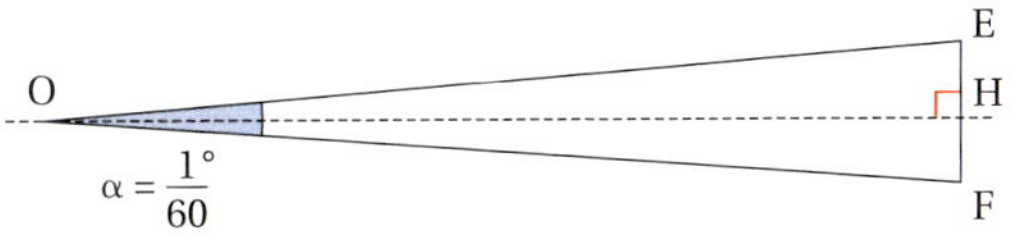

On cherche à calculer la distance minimale entre deux objets qu'une personne, ayant une acuité visuelle de 10/10, peut distinguer dans deux situations.

a. Dans une salle de classe :

pour une distance OE = 6 m, calculer EF (en mm).

b. Dans le ciel :

pour une distance OE = 4,22 al, calculer EF en km.

1 année lumière (al) = 9 461 milliards de km.

44 On souhaite construire un cône en en découpant un secteur dans un disque de rayon 15 cm. Le solide est obtenu en superposant les segments [OA] et [OB].

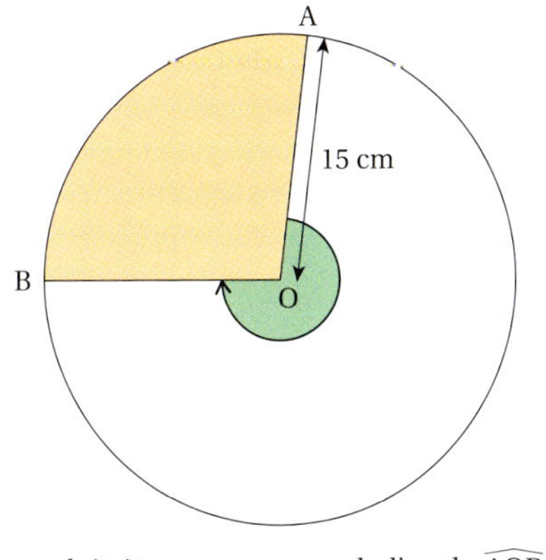

Quelle est doit être une mesure de l'angle $\widehat{AOB}$ pour que le cône construit ait une hauteur égale à 10 cm ?

Problèmes

45 Presque la même aire ?

Un terrain ABCD a la forme d'une partie d'un secteur circulaire, limitée par deux arcs de cercles concentriques. Ses dimensions, en mètres, sont : 51, 40, 74, 40. Est-il plus grand qu'un terrain A'B'C'D' de forme carrée, d'aire 2500 m^2 ?

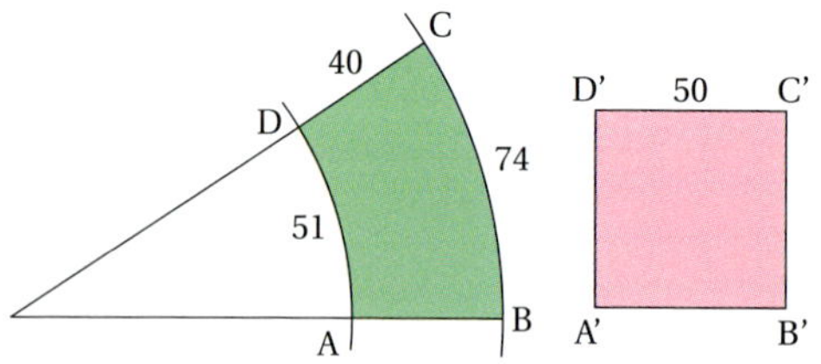

46 Chapeau !

Pour une pièce de théâtre, Faustine souhaite confectionner un chapeau chinois.

La figure suivante présente une coupe de ce chapeau.

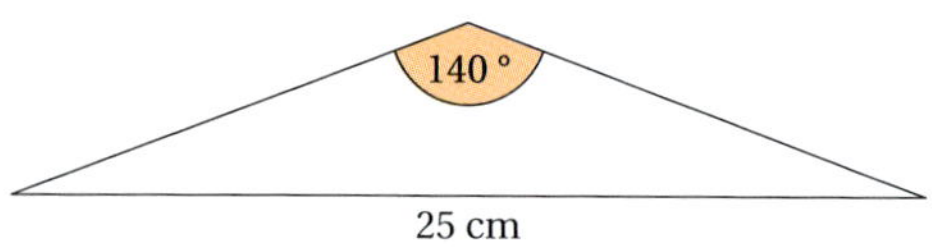

Réaliser le patron de ce chapeau à l'échelle $\frac{1}{2}$.

47 Le cône

La coupe d'un cône de signalisation peut être schématisée par le dessin ci-contre.

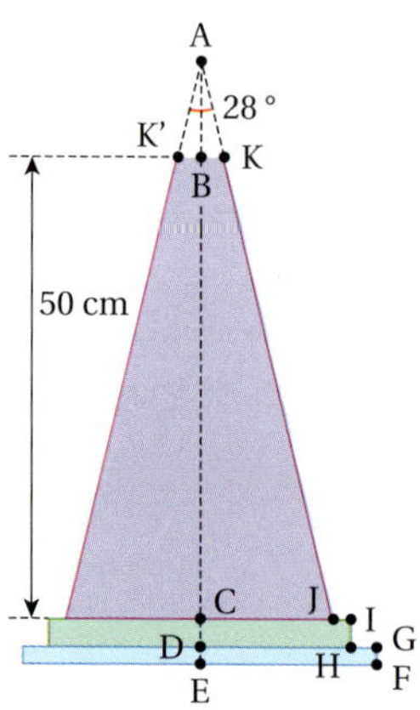

La base est une plaque carrée de côté 40 cm et de hauteur 2 cm (EF = 20 cm ; GF = 2 cm).

Elle est surmontée d'un cylindre de rayon 34 cm et de hauteur 3 cm (DH = 17 cm ; HI = 2 cm).

Le tronc de cône a une hauteur de 50 cm et sa base un rayon de 15 cm (CB = 50 cm ; CJ = 15 cm).

L'angle $\widehat{K'AK}$ vaut 28°.

a. Quel est le volume de tout le solide ?

b. Quelle est l'aire latérale du tronc de cône ?

48 L'estomac dans les talons

Un escargot se trouve sur la margelle d'un puits en un point A. Une feuille de salade est au point B.

Cette margelle a la forme d'une couronne circulaire de centre O, de grand rayon 75 cm et de petit rayon 45 cm. Les points A, O et B sont alignés.

Calculer, au cm près, la longueur du plus court chemin que pourrait emprunter l'escargot pour aller manger la salade.

D'après *Mathématiques sans frontières*, décembre 2005

49 Équilibre

1. a. Tracer un triangle ABC tel que :

AB = 4, AC = 5 et BC = 6.

b. On note H le pied de la hauteur issue de A, h la longueur AH et x la longueur BH.

Montrer que x et h sont solution du système suivant :

$$\begin{cases} x^2 + h^2 = 4^2 \\ x^2 + (6 - x)^2 = 5^2 \end{cases}$$

En déduire les valeurs de x et h.

On pourra utiliser une calculatrice ou un logiciel de calcul formel.

2. Un système composé de deux poulies et trois poids est en équilibre lorsque la somme des vecteurs $\vec{u}$ et $\vec{v}$ est égale au vecteur $-\vec{w}$.

Les normes des vecteurs $\vec{u}$, $\vec{v}$ et $\vec{w}$ sont respectivement égales à 4, 5 et 6.

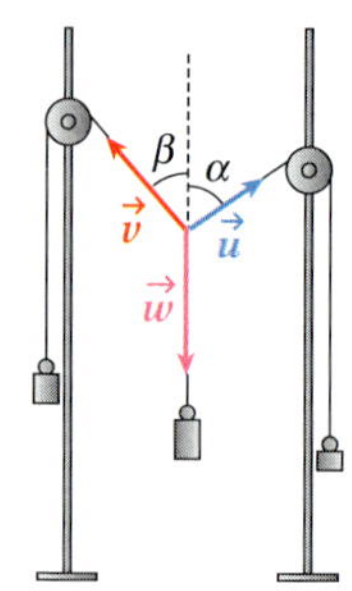

Calculer les mesures des angles que font les vecteurs avec la verticale.

50 Que reste-t-il ?

La coupe d'une pièce de métal est représentée ci-contre. Une entaille d'angle $\alpha = 30°$ y a été faite. On y place une sphère de rayon 5,4 cm. La cote a mesure 35,4 cm.

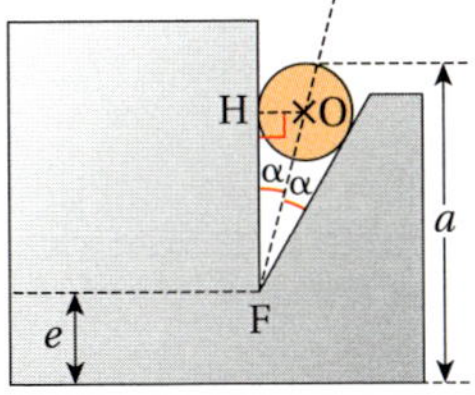

On admet que tous les segments tracés sont parallèles ou perpendiculaires entre eux, sauf l'arrête oblique de l'entaille.

Calculer l'épaisseur e restante à partir du fond de l'entaille.

51 Angle ?

La coupe d'une pièce de métal qui comporte une entaille est représentée ci-dessous. Pour mesurer l'angle α de cette entaille, on y place une première bille en métal de rayon $r = 1{,}5$ cm et on mesure la cote h qui vaut 7,66 cm **(fig. 1)**.

Avec une autre bille de rayon $R = 2$ cm, la cote H est cette fois de 9,61 cm **(fig. 2)**.

On suppose que la bissectrice de l'angle de l'entaille est perpendiculaire aux faces supérieures et inférieures, et parallèle aux faces latérales.

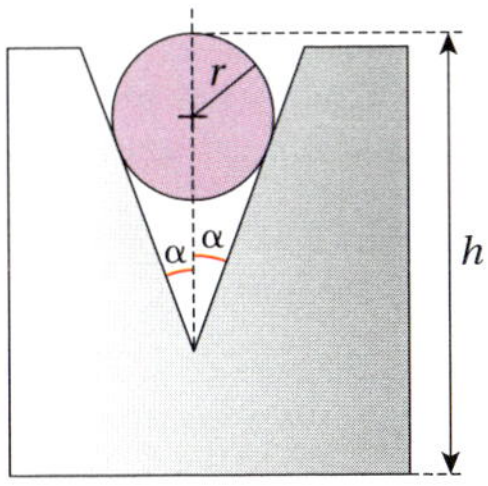

fig. 1

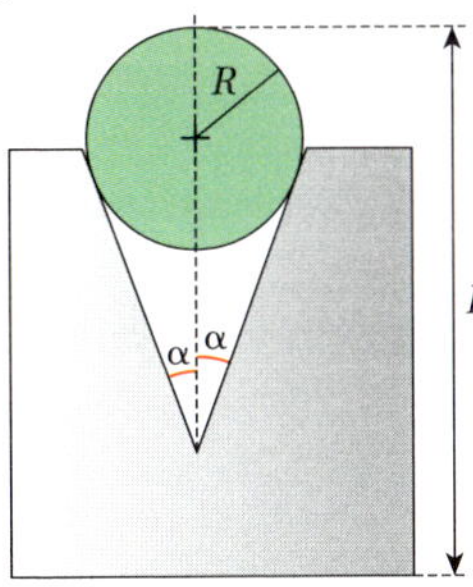

fig. 2

a. Montrer que :

$$\sin\alpha = \frac{R-r}{H+r-h-R}.$$

b. Calculer une valeur approchée en degrés, à 10^{-1} près, de l'angle α.

52 Wyoming

The borders of our countries are normally defined by natural features or become fixed by the events of our history. The state of Wyoming in the USA has borders that are much simpler, at least on the map.

Wyoming is bounded :

- to the west by the line of longitude 111° west ;
- to the east by the line of longitude 104° west ;
- to the north by the line of latitude 45° north ;
- to the south by the line of latitude 41° north.

Assuming that the earth is a sphere and that the equator is 40 000 km long, calculate the perimeter of the state of Wyoming.

D'après *Mathématiques sans frontières*, décembre 2004

53 Grand angle

La planète Vénus, aussi appelée étoile du Berger, est souvent visible au petit matin ou après le coucher du Soleil.

Comme la Terre, Vénus tourne autour du Soleil sur une orbite quasi circulaire, mais à une vitesse différente. Les orbites de la Terre et de Vénus sont à peu près coplanaires.

Les astronomes ont ainsi observé que l'angle $\widehat{STV}$ varie au cours du temps, mais que sa valeur ne dépasse jamais une certaine valeur maximale.

a. Représenter l'orbite de la Terre par un cercle de 5 cm de rayon et de centre S.

Placer la Terre en un point T de son orbite.

Construire l'orbite de Vénus sachant que la valeur maximale de l'angle $\widehat{STV}$ est égale à 46°.

b. Calculer le rayon de l'orbite de Vénus sachant que $ST \approx 150 \times 10^6$ km.

D'après *Mathématiques sans frontières*, mars 1999

QCM Pour bien commencer

Pour chaque question, il y a une ou plusieurs bonnes réponses.

Pour les exercices 1 à 3

On considère le prisme droit ci-dessous.

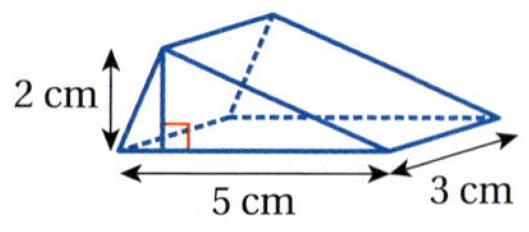

1 Sa base est :

(A) Un rectangle.
(B) Un triangle.
(C) Un triangle rectangle.
(D) Un parallélogramme.

2 Son volume est :

(A) 5 cm^3. (B) 10 cm^3.
(C) 15 cm^3. (D) 30 cm^3.

3 Un patron de ce solide peut être :

(A)
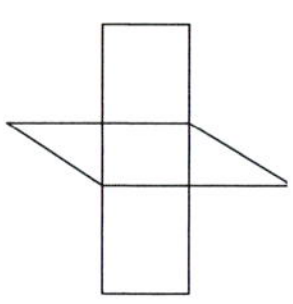

(B)
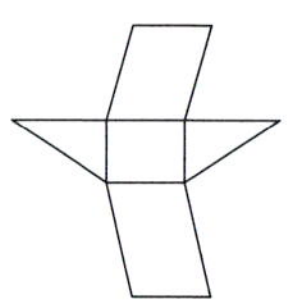

(C)
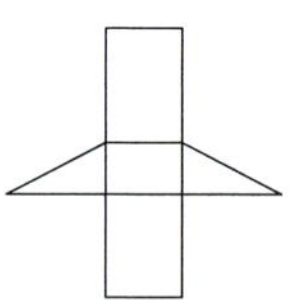

(D)
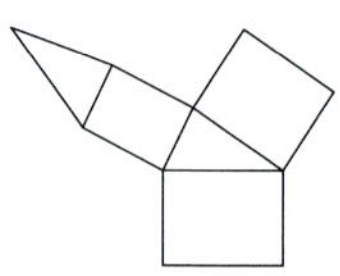

Pour les exercices 4 et 5

ABCDEFGH est un pavé droit. Les points I, J et K sont les milieux respectifs des segments [AB], [EF] et [FG].

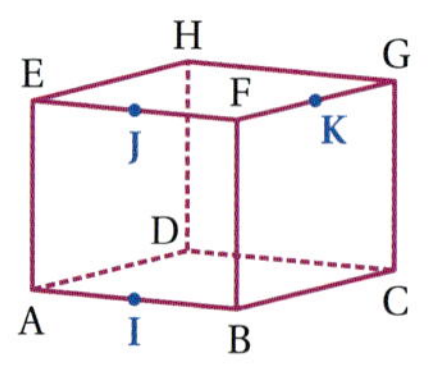

4 La section du pavé par le plan parallèle à la face ADHE contenant la droite (IJ) est :

(A) Un parallélogramme.
(B) Un rectangle.
(C) Le quadrilatère IJHD.
(D) Le quadrilatère IJGC.

5 La section du pavé par le plan (IJK) est :

(A) Un rectangle. (B) Un triangle.
(C) Un trapèze. (D) Le quadrilatère IJKC.

Pour les exercices 6 et 7

SABCD est une pyramide régulière à base carrée de volume 24 cm^3.

Les points I, J, K et L sont les milieux respectifs des segments [AS], [BS], [CS] et [DS].

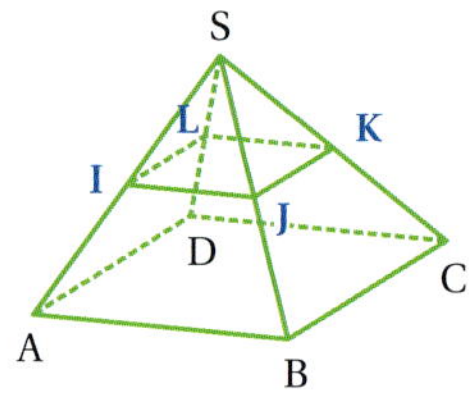

6 Le plan (IJK) est :

(A) Parallèle à la base de SABCD.
(B) Perpendiculaire à la base de SABCD.
(C) Parallèle à l'axe de SABCD.
(D) Perpendiculaire à l'axe de SABCD.

7 Le volume de la pyramide SIJKL est :

(A) 3 cm^3. (B) 6 cm^3. (C) 8 cm^3. (D) 12 cm^3.

8 La section d'un cylindre par un plan parallèle à son axe est :

(A) Un cercle. (B) Un demi-cercle.
(C) Une ellipse. (D) Un rectangle.

9 La section d'un cône par un plan perpendiculaire à son axe est :

(A) Un cercle. (B) Un tronc de cône.
(C) Un triangle. (D) Un rectangle.

10 Les sections d'une sphère par deux plans parallèles sont :

(A) Deux cercles.
(B) Deux cercles de même rayon.
(C) Un seul cercle.
(D) Deux cercles de même centre.

CORRIGÉ P. 342

Géométrie dans l'espace

8

Le mur de glace de la série « Game of Thrones », en trompe l'œil dans une rue de Londres.

« L'espace est l'ordre des choses qui coexistent. »

Gottfried Wilhelm Leibniz (1646-1716)

Le chapitre en bref

Réinvestir

- Représentations en perspective cavalière
- Solides usuels et calculs de volumes
- Sections planes de solides

Découvrir

- Positions relatives de droites et de plans
- Parallélisme dans l'espace

UN PEU D'HISTOIRE p. 253

Activités

1 Calculer dans l'espace

Réinvestir : • Appliquer les théorèmes de géométrie plane sur une figure extraite d'un solide.
• Calculer des longueurs et des volumes.

ABCD est un tétraèdre trirectangle, c'est-à-dire que ses faces ABD, ACD et ABC sont des triangles rectangles en A. On sait de plus que AB = AC = 3 et AD = 2.

I et J sont deux points respectivement placés sur les arêtes [DA] et [DB] tels que $DI = \frac{1}{3}DA$ et $DJ = \frac{1}{3}DB$.

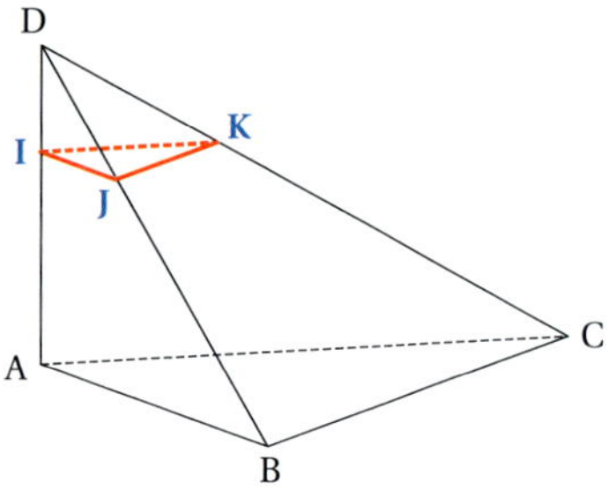

1 a. Calculer les longueurs DB, DC et BC.
b. Le triangle BCD est-il isocèle ? Est-il rectangle ?

2 Les droites (IJ) et (AB) sont-elles parallèles ?

3 K est le point de [DC] tel que (JK) est parallèle à (BC).
Montrer que $DK = \frac{1}{3}DC$. En déduire la longueur DK.

4 a. Calculer le volume du tétraèdre ABCD.
b. Quel coefficient de réduction permet de passer du tétraèdre ABCD au tétraèdre IJKD ?
c. En déduire le volume du tétraèdre IJKD.

2 Solide, patron et perspective

Réinvestir / Découvrir : Construire et manipuler un solide pour mieux comprendre sa représentation en perspective.

Sur le prisme droit ABCDEFGH, les faces EFGH et DCGH sont des carrés de coté 3 cm et les faces ADHE et BCGF sont des trapèzes rectangles tels que BC = AD = 6 cm.

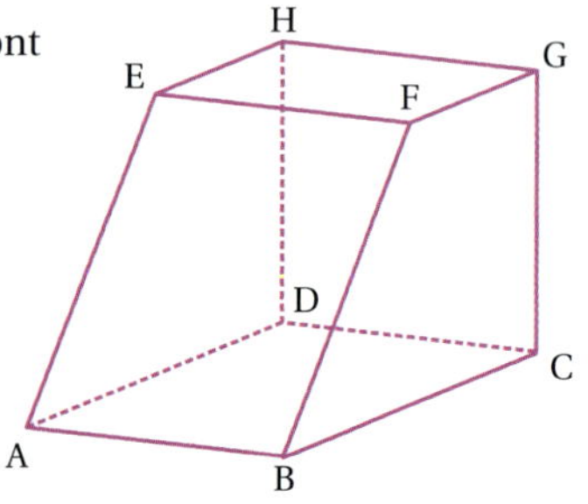

1 Construire, à l'aide d'un patron en vraie grandeur, le prisme ABCDEFGH.

2 À l'aide du solide construit et de sa représentation en perspective, préciser dans chacun des cas suivants si les droites proposées sont parallèles, sécantes, ou ni parallèles ni sécantes.

a. (HD) et (GC). b. (HD) et (AE). c. (HD) et (FB). d. (DC) et (FB).
e. (FG) et (AD). f. (EG) et (AC). g. (EC) et (FD). h. (AH) et (BG).

3 Pour chacune des affirmations suivantes, répondre par vrai ou faux et illustrer la réponse à l'aide d'une des propositions étudiées à la question **2**.
a. Deux droites sécantes dans l'espace sont représentées par deux droites sécantes.
b. Deux droites parallèles dans l'espace sont représentées par deux droites parallèles.
c. Deux droites sécantes sur la représentation en perspective sont sécantes dans l'espace.
d. Deux droites parallèles sur la représentation en perspective sont parallèles dans l'espace.

3 Que voit-on réellement sur une figure en perspective ?

Réinvestir : Comprendre les informations que l'on peut déduire et celles que l'on ne peut pas déduire d'une représentation de l'espace.

Une situation de l'espace est représentée par la figure en perspective cavalière ci-contre.

SABCD est une pyramide à base rectangle. Les points I et J sont les milieux respectifs des segments [SA] et [SB].

L et K sont deux points de l'espace.

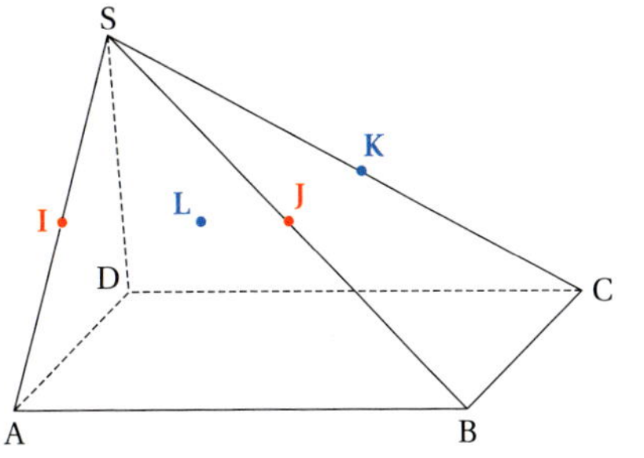

Partie A

Reproduire les tableaux suivants et, pour chacune des affirmations, indiquer si elle est vraie ou fausse avec certitude ou si on ne peut pas savoir (« peut-être »).

1 Avec des points de l'espace

	Vrai	Faux	Peut-être
a. Le point K appartient à l'arête [SC].			
b. Le point I appartient au plan (SAB).			
c. Les points L, I et J sont alignés.			
d. Le point L appartient au plan (SAB).			
e. Le point L appartient à la face ABCD.			
f. Le point L appartient au plan (ABC).			
g. Les points I, J, K et B sont coplanaires.			

2 Avec des droites de l'espace

	Vrai	Faux	Peut-être
a. Les droites (IJ) et (AB) sont parallèles.			
b. Les droites (JK) et (BC) sont parallèles.			
c. Les droites (AJ) et (CJ) sont sécantes.			
d. Les droites (LB) et (AC) sont coplanaires.			
e. Les droites (IJ) et (DC) sont coplanaires.			

Partie B

Les réponses « peut-être » aux questions de la **partie A** signifient que la figure et l'énoncé ne donnent pas assez d'informations pour conclure.

On ajoute les données suivantes à l'énoncé précédent :

- L est un point de la droite (AD) ;
- K est un point de la droite (AJ).

À l'aide de ces informations supplémentaires, corriger et compléter les réponses des tableaux précédents.

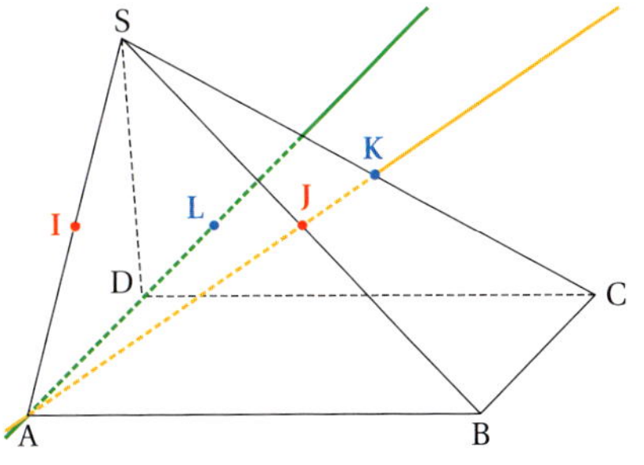

Cours

A REPRÉSENTATION EN PERSPECTIVE CAVALIÈRE ET RÈGLES DE BASE DANS L'ESPACE

1 Représentation en perspective cavalière de solides

Savoir-faire 1
Représenter un solide en perspective, p. 243

RÈGLES DE REPRÉSENTATION

La représentation plane d'un solide en perspective cavalière doit respecter les règles suivantes :

- une droite de l'espace est représentée par une droite (et donc trois points alignés dans l'espace sont représentés par trois points alignés) ;
- deux droites parallèles dans l'espace sont représentées par deux droites parallèles ;
- le milieu d'un segment de l'espace est représenté au milieu du segment dessiné et, plus généralement, la représentation conserve sur un segment les proportions de longueur ;
- les éléments visibles d'un solide sont dessinés en traits pleins, les éléments cachés en pointillés ;
- dans un plan vu de face, la figure représentée est en vraie grandeur (mêmes longueurs et même forme).

EXEMPLE

ABCDEFGH est un pavé droit. Le point I est le milieu de [EH].
On a représenté ce solide en perspective cavalière.

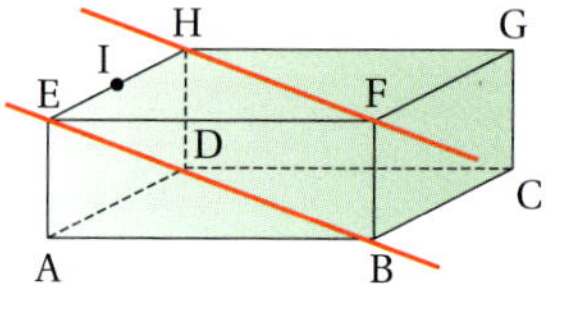

On peut faire les observations suivantes.

Dans l'espace	Sur la représentation en perspective cavalière
La face ABFE est un rectangle.	La face ABFE, vue de face, est représentée par un rectangle conservant les mêmes dimensions.
La face FBCG est un rectangle.	La face FBCG est représentée par un parallélogramme.
Les droites (EH) et (BC) sont parallèles.	Les droites (EH) et (BC) sont parallèles.
I est le milieu de [EH].	I est le milieu de [EH].
[AD] est caché par la face ABFE.	[AD] est représenté en pointillés.

ATTENTION !

Les propriétés ci-dessus sont des implications. Leur réciproque n'est pas nécessairement vraie. Par exemple, on a vu que si deux droites sont parallèles dans l'espace, leurs représentations sont aussi parallèles. Par contre, si deux droites sont parallèles sur une représentation, on ne peut pas conclure quant à leur position dans l'espace (voir les droites (HF) et (EB) de l'exemple ci-dessus).

REMARQUE

Un plan est illimité; il n'a pas de côtés. Pour le représenter, il a fallu instaurer des conventions de représentation.

Comme les faces d'un pavé sont représentées en perspective cavalière par des parallélogrammes, il a été convenu de représenter un plan par un parallélogramme.

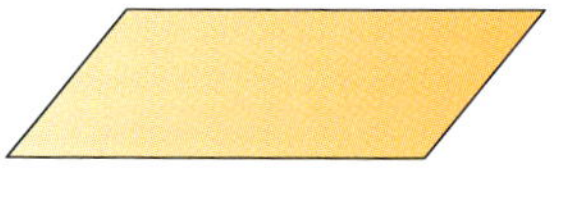

2 Règles de base

Savoir-faire 2
Extraire une figure plane, p. 243

RÈGLES (ADMISES)

- Par trois points non alignés de l'espace passe un unique plan.
- Si deux points A et B appartiennent à un plan, alors ce plan contient tous les points de la droite (AB).
- Dans chaque plan de l'espace, on peut appliquer tous les théorèmes de la géométrie plane (théorèmes de Thalès, Pythagore…).

B LES SOLIDES USUELS

1 Les solides droits

Pavé droit (ou parallélépipède rectangle)	Prisme	Cylindre
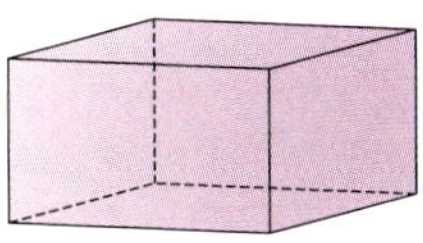	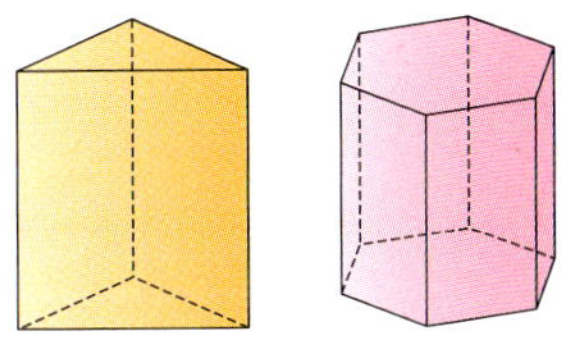	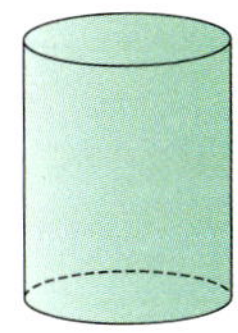
La base est un rectangle.	La base est un polygone.	La base est un disque.

Les faces latérales des pavés droits et des prismes sont des rectangles.
Sur le patron du cylindre, la face latérale est un rectangle.
Le volume des solides droits est donné par la formule :

$$\mathcal{V} = \mathcal{B} \times h,$$

où $\mathcal{B}$ est l'aire de la base et h la hauteur du solide.

REMARQUE : Le cube est un pavé droit particulier.

2 Les pyramides et cônes

Pyramide	Cône
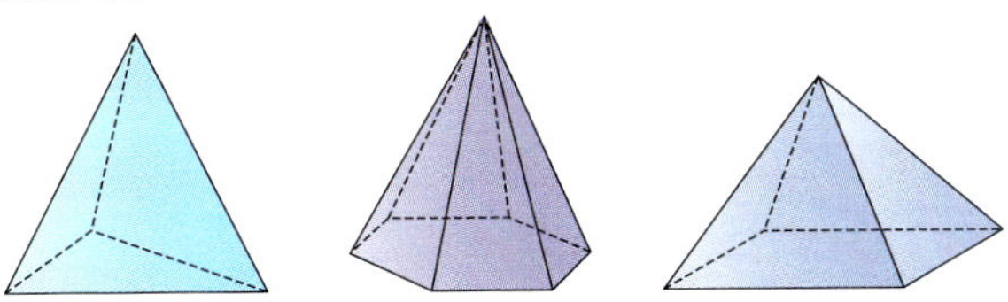	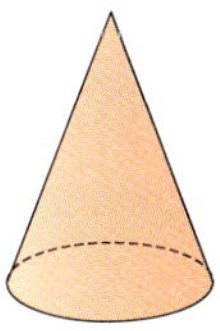
La base est un polygone.	La base est un disque.

Leur volume est donné par la formule :

$$\mathcal{V} = \frac{1}{3}\mathcal{B} \times h,$$

où $\mathcal{B}$ est l'aire de la base et h la hauteur du solide.

REMARQUE : Le tétraèdre est une pyramide à base triangulaire.

DÉFINITION

On appelle **pyramide régulière**, une pyramide dont la base est un polygone régulier et dont les arêtes issues du sommet sont toutes de même longueur. Ses faces latérales sont des triangles isocèles.

EXEMPLES

Les pyramides les plus couramment rencontrées sont :

- le tétraèdre régulier, dont les quatre faces sont des triangles équilatéraux ;
- la pyramide régulière à base carrée.

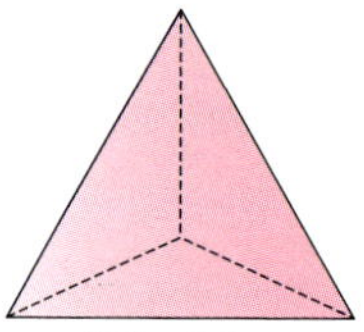
Tétraèdre régulier

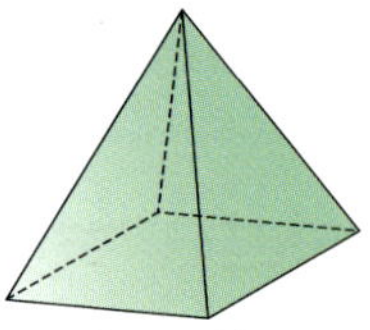
Pyramide régulière à base carrée

3 Les sphères

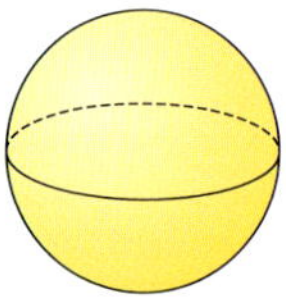

La sphère est le seul solide usuel non « développable », c'est-à-dire qu'on ne peut en réaliser de patron.

Le volume d'une sphère de rayon R est donné par la formule :

$$\mathcal{V} = \frac{4}{3}\pi R^3.$$

C PLAN DE L'ESPACE

CARACTÉRISATION

Par trois points non alignés de l'espace passe un unique plan.

Un plan peut donc être défini :

- soit par trois points non alignés :

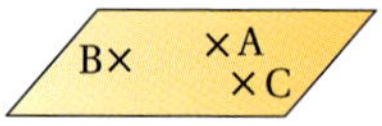

- soit par une droite et un point n'appartenant pas à cette droite :

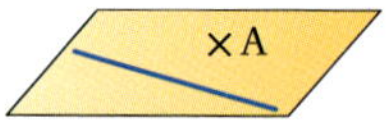

- soit par deux droites sécantes :

- soit par deux droites strictement parallèles :

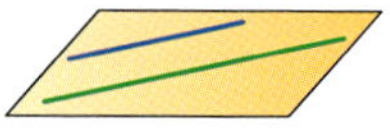

Notation

L'unique plan contenant trois points A, B et C non alignés pourra être noté (ABC).

Savoir-faire 3
Caractériser un plan, p. 244

DÉFINITIONS

- **Quatre points** de l'espace sont dits **coplanaires** s'ils appartiennent à un même plan.
- **Deux droites** de l'espace sont dites **coplanaires** si elles sont incluses dans un même plan.

D POSITIONS RELATIVES DANS L'ESPACE

1 Position relative de deux droites

Savoir-faire 4
Montrer que deux droites de l'espace sont sécantes, p. 245

Savoir-faire 5
Montrer que deux droites de l'espace ne sont pas coplanaires, p. 245

PROPRIÉTÉ

Les positions relatives possibles des deux droites d_1 et d_2 sont les suivantes :

<table>
<tr><th colspan="3">d_1 et d_2 sont coplanaires.</th><th rowspan="2">d_1 et d_2 sont non coplanaires.</th></tr>
<tr><th>d_1 et d_2 sont sécantes.</th><th colspan="2">d_1 et d_2 sont parallèles.</th></tr>
<tr>
<td>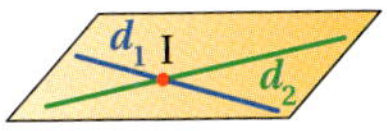
d_1 et d_2 sont sécantes en un point I.</td>
<td>
d_1 et d_2 sont strictement parallèles.</td>
<td>
d_1 et d_2 sont confondues.</td>
<td>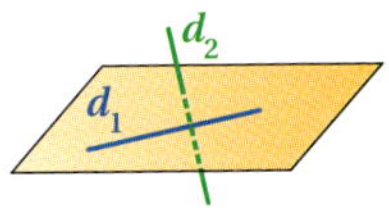</td>
</tr>
</table>

EXEMPLE

ABCDEFGH est un cube.

- Les droites (EG) et (GC) sont sécantes en G.
- Les droites (AD) et (FG) sont parallèles.
- Les droites (EH) et (FB) sont non coplanaires.

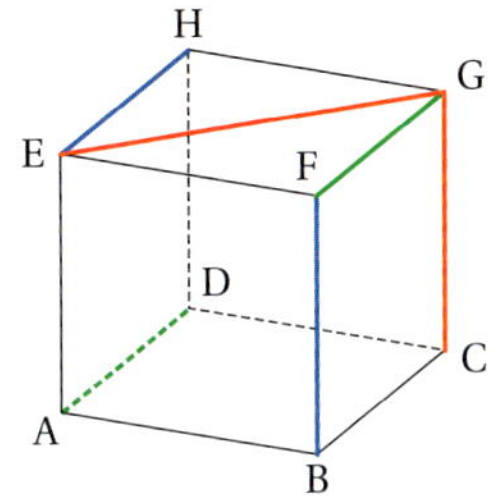

2 Position relative de deux plans

PROPRIÉTÉ

Deux plans $\mathcal{P}_1$ et $\mathcal{P}_2$ de l'espace sont soit sécants, soit parallèles.

<table>
<tr><th>$\mathcal{P}_1$ et $\mathcal{P}_2$ sont sécants.</th><th colspan="2">$\mathcal{P}_1$ et $\mathcal{P}_2$ sont parallèles.</th></tr>
<tr>
<td>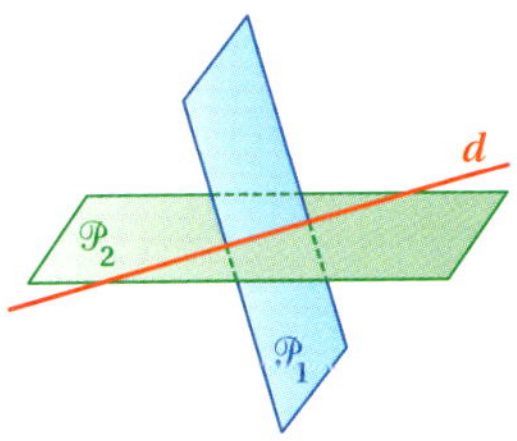
$\mathcal{P}_1$ et $\mathcal{P}_2$ sont sécants suivant une droite d.</td>
<td>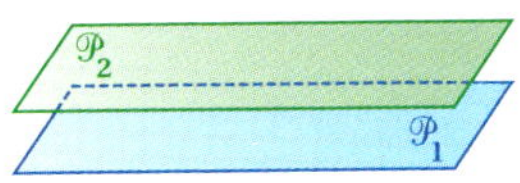
$\mathcal{P}_1$ et $\mathcal{P}_2$ sont strictement parallèles.</td>
<td>
$\mathcal{P}_1$ et $\mathcal{P}_2$ sont confondus.</td>
</tr>
</table>

EXEMPLE

ABCDEFGH est un cube.

- Les plans (EFG) et (FBC) sont sécants suivant la droite (FG).
- Les plans (EFG) et (ABH) sont sécants suivant la droite (GH).
- Les plans (EFG) et (ADC) sont parallèles.
- Les plans (EFC) et (CDE) sont confondus.

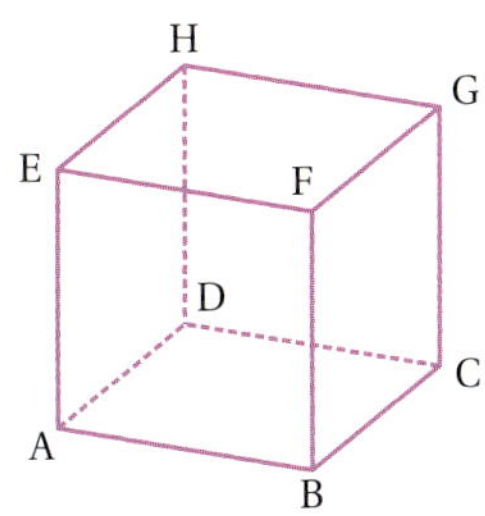

3 Position relative d'une droite et d'un plan

PROPRIÉTÉ

Une droite d et un plan $\mathcal{P}$ de l'espace sont soit sécants, soit parallèles.

d et $\mathcal{P}$ sont **sécants**.	d et $\mathcal{P}$ sont **parallèles**.	
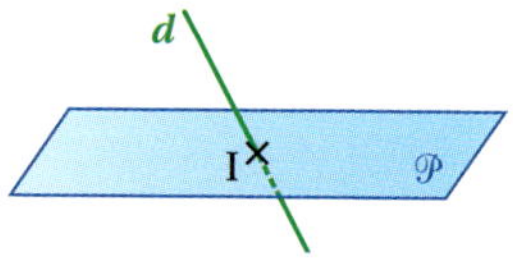	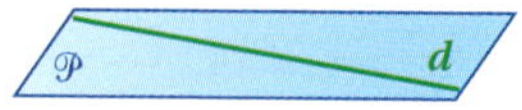	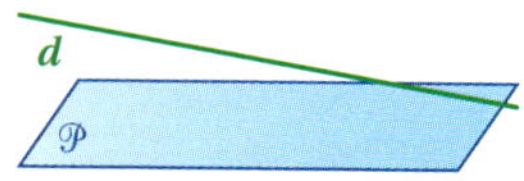
d et $\mathcal{P}$ sont **sécants** en un point I.	d est **incluse dans** $\mathcal{P}$.	d et $\mathcal{P}$ sont **strictement parallèles**.

E PARALLÉLISME DANS L'ESPACE

1 Droites parallèles à un plan

Savoir-faire 6
Montrer qu'une droite est parallèle à un plan, p. 246

PROPRIÉTÉ

Si une droite d est parallèle à une droite d' contenue dans un plan $\mathcal{P}$, alors d est parallèle au plan $\mathcal{P}$.

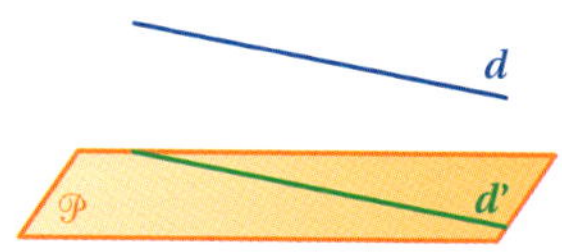

Savoir-faire 7
Construire l'intersection de deux plans, p. 246

THÉORÈME DU « TOIT »

Si on a :

- deux droites parallèles d_1 et d_2 ;
- un plan $\mathcal{P}_1$ contenant d_1 ;
- un plan $\mathcal{P}_2$ contenant d_2 ;
- et $\mathcal{P}_1$ et $\mathcal{P}_2$ sécants suivant une droite d ;

alors l'intersection d des deux plans $\mathcal{P}_1$ et $\mathcal{P}_2$ est parallèle aux droites d_1 et d_2.

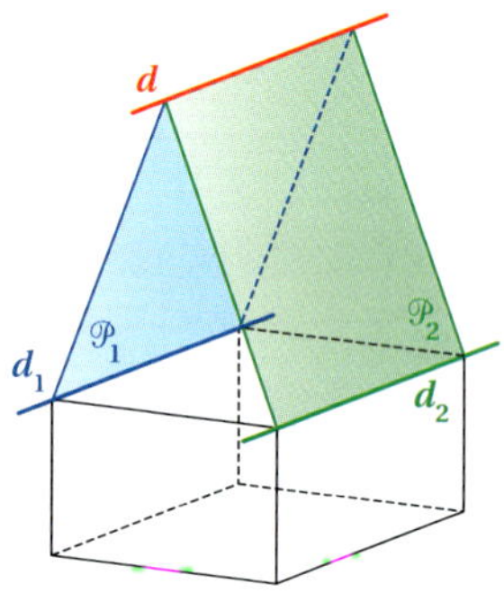

2 Plans parallèles

Savoir-faire 8
Montrer que deux plans sont parallèles, p. 247

PROPRIÉTÉ

Si un plan $\mathcal{P}$ contient deux droites sécantes et parallèles à un plan $\mathcal{P}'$, alors les plans $\mathcal{P}$ et $\mathcal{P}'$ sont parallèles.

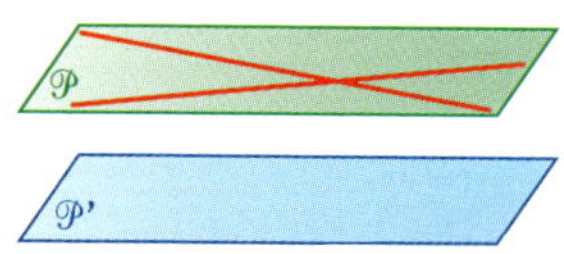

Savoir-faire 9
Construire la section d'un solide par un plan, p. 247

PROPRIÉTÉ

Si deux plans sont parallèles, tout plan sécant à l'un est sécant à l'autre, et leurs intersections sont deux droites parallèles.

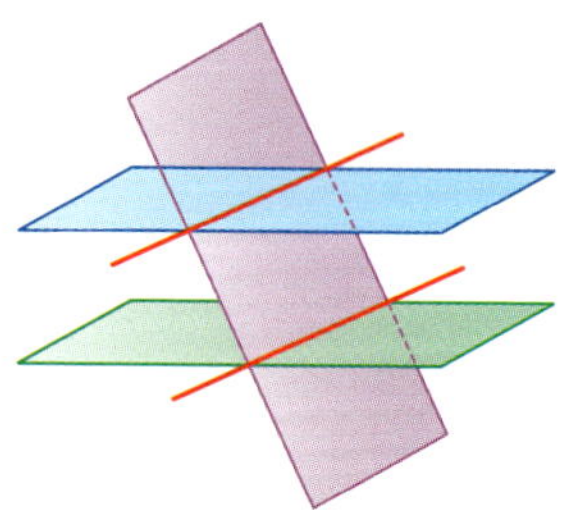

Savoir-faire

Savoir-faire 1 Représenter un solide en perspective

ÉNONCÉ La figure ci-contre représente un solide composé d'un cube ABCDEFGH de coté 5 cm et d'une pyramide régulière SEFGH de hauteur 5 cm.
On souhaite reproduire la figure en faisant apparaître en pointillé les arêtes cachées.

a. Construire le cube ABCDEFGH et placer le milieu I de [EG]. On veillera à mettre en pointillé les arêtes qui seront cachées sur le solide final.

b. On admet que I est le pied de la hauteur de la pyramide SEFGH.
Placer le point S et tracer la pyramide SEFGH.

c. Tracer une pyramide identique à SEFGH, de base ABCD et extérieure au cube.

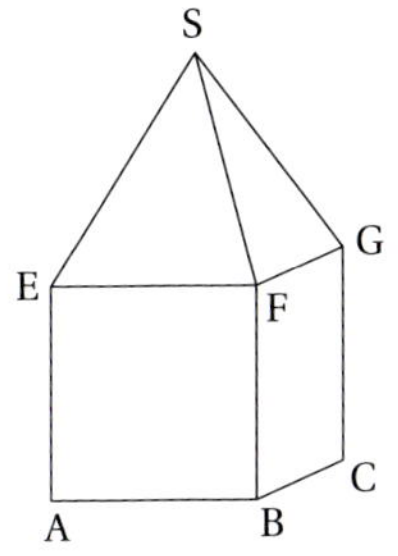

SOLUTION

a. La face ABFE est un carré de coté 5 cm sur la représentation. Les autres faces sont représentées par des parallélogrammes. Les arêtes [AD], [DC], [EH], [HG] et [HD] sont en pointillé.

b. La hauteur de SEFGH est parallèle à (AE). On place S tel que IS = 5 cm.

c. Le pied de la hauteur de cette pyramide est le centre J de la face ABCD, c'est-à-dire le milieu de [AC].
On place T sur la hauteur tel que JT = 5 cm.

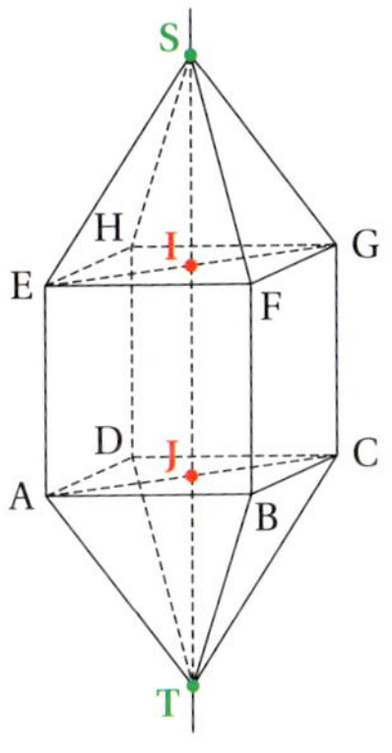

MÉTHODE

a. La face ABFE est de face, en vraie grandeur.
On peut tracer chaque face où deux arêtes consécutives sont connues puisque les faces sont représentées par des parallélogrammes.

b. Toute droite parallèle à la face ABFE est elle aussi en vraie grandeur, donc la longueur IS vaut 5 cm sur la représentation.

c. Le milieu d'un segment dans l'espace est aussi le milieu du segment sur sa représentation.

▶ Exercices 1 à 6 p. 254

Savoir-faire 2 Extraire une figure plane

ÉNONCÉ ABCDEFGH est un cube de coté 5 cm.
Le point I est le milieu de [HB].

a. Donner la longueur de la diagonale d'une face du cube.

b. Dessiner en vraie grandeur le quadrilatère BCHE et le triangle ACH.

c. Le point I appartient-il aux plans de ces deux polygones ? Justifier.

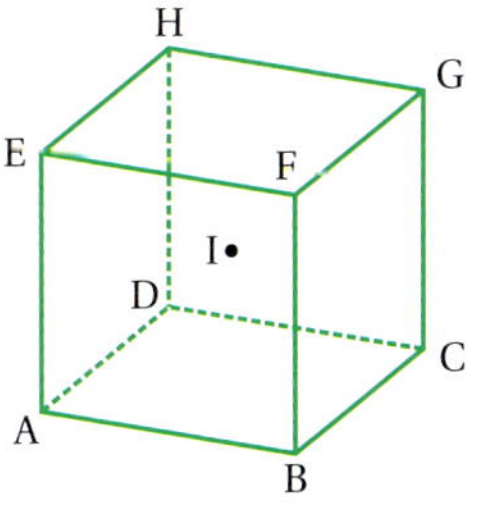

SOLUTION

a. La diagonale d'une face du cube de côté 5 mesure $5\sqrt{2}$ cm car la face est un carré.

MÉTHODE

a. Chaque face est un carré, les diagonales mesurent $\sqrt{2}$ fois la longueur du côté (ce résultat se retrouve en appliquant le théorème de Pythagore).

b. On admet que le quadrilatère BCHE est un rectangle de côtés 5 cm et $5\sqrt{2}$ cm.

Le triangle ACH est équilatéral de coté $5\sqrt{2}$ cm.

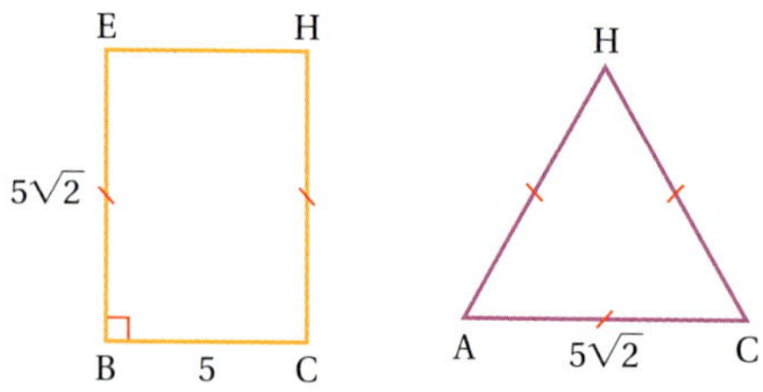

c. Le point I est le milieu de [HB], donc il est dans le même plan que le rectangle BCHE.

En revanche, si I était dans le plan du triangle ACH, alors toute la droite (HI) serait dans ce plan et donc le point B aussi car B appartient à [HI].

Or A, B et C sont sur la face ABCD mais pas H, donc ces points ne peuvent être dans un même plan.

On a donc une contradiction. On en déduit que le point I n'est pas dans un même plan que le triangle ACH.

▶ Exercices 8 à 10 p. 255

b. On admet que si l'arête [BC] est perpendiculaire à la face ABFE, alors elle est perpendiculaire à la droite (BE).

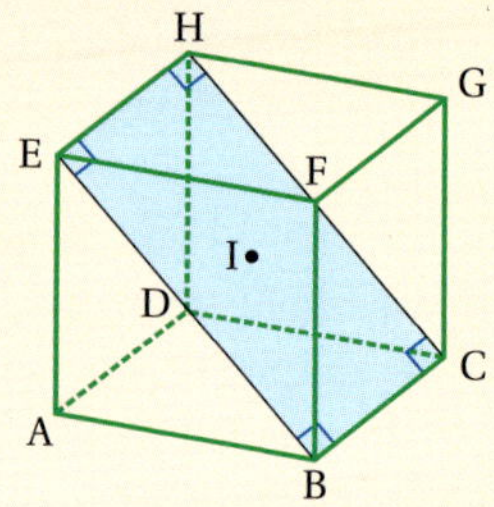

c. Pour montrer qu'un point appartient à un plan, on peut montrer qu'il appartient à une droite de ce plan.

Pour montrer qu'un point n'appartient pas à un plan on peut raisonner par l'absurde (voir RAISONNEMENT LOGIQUE, p. 9)

Savoir-faire 3 Caractériser un plan

ÉNONCÉ ABCDEFGH est un pavé droit. Le point I est le milieu de [FB].

a. Les droites (AB) et (GH) définissent-elles un plan?

b. Les droites (AB) et (EI) définissent-elles un plan?

c. Les droites (GH) et (EI) définissent-elles un plan?

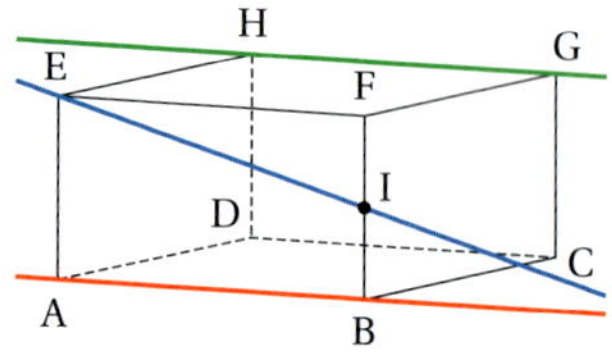

SOLUTION

a. Les droites (GH) et (AB) sont parallèles à (EF), donc elles sont parallèles entre elles ; elles définissent donc un plan.

b. Les droites (AB) et (EI) sont coplanaires non parallèles, elles sont donc sécantes et définissent un plan.

c. Les droites (GH) et (EI) ne sont pas coplanaires, elles ne définissent donc pas un plan.

▶ Exercices 11 et 12 p. 255

MÉTHODE

a. Sur la face rectangle EFGH, les droites (EF) et (GH) sont parallèles, sur la face rectangle EFBA, les droites (EF) et (AB) sont parallèles,

On en déduit que les droites (GH) et (AB) sont parallèles.

b. On remarque que les droites (AB) et (EI) sont coplanaires car les points A, B, E et I sont sur la face ABFE.

c. On remarque que les droites (GH) et (EI) ne sont pas coplanaires car les points G, H, E et I ne le sont pas non plus (voir le savoir-faire 5).

Savoir-faire 4 Montrer que deux droites de l'espace sont sécantes

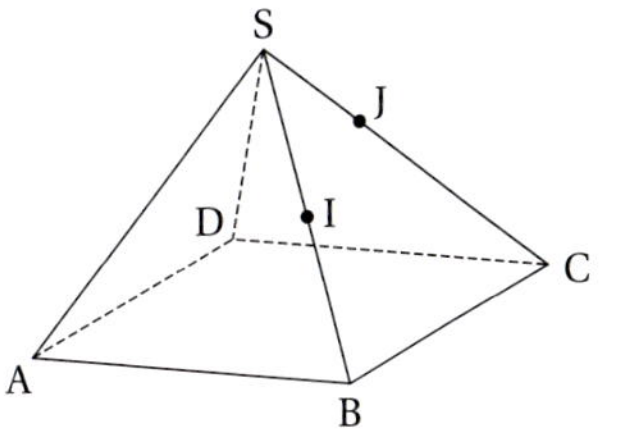

ÉNONCÉ SABCD est une pyramide. I est le milieu de [SB] et J est un point de [SC] tel que $SJ = \frac{1}{3}SC$.

Les droites (IJ) et (BC) sont-elles sécantes ?

SOLUTION

Les points I, J, B et C appartiennent à la face SBC de la pyramide, ils sont donc coplanaires.
Les droites (IJ) et (BC) sont alors elles aussi coplanaires, elles sont donc soit parallèles soit sécantes.
D'après le théorème des milieux, si (IJ) et (BC) étaient parallèles, comme I est le milieu de [SB], alors J serait le milieu de [SC], ce qui est faux car $SJ = \frac{1}{3}SC$.
Donc (IJ) et (BC) ne sont pas parallèles ; elles sont donc sécantes.

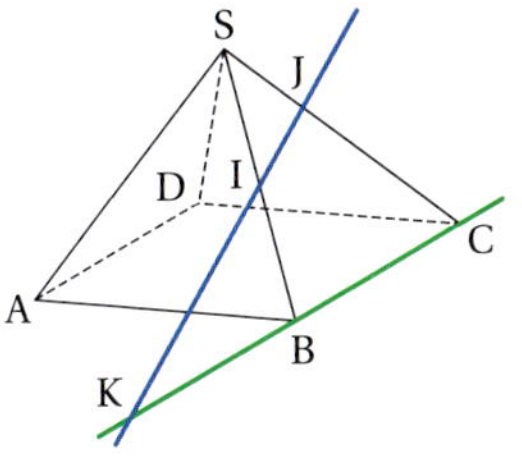

MÉTHODE

Pour montrer que deux droites sont sécantes, on montre tout d'abord qu'elles sont coplanaires, puis on se place dans le plan qui les contient. On utilise alors des propriétés de la géométrie plane pour montrer qu'elles sont sécantes.

▶ Exercices 14 à 17 p. 256

Savoir-faire 5 Montrer que deux droites de l'espace ne sont pas coplanaires

ÉNONCÉ ABCD est un tétraèdre.
Les droites (AB) et (CD) sont-elles sécantes ?

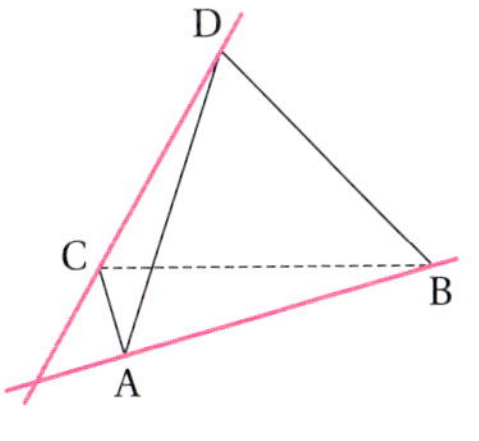

SOLUTION

Les points A, B, C et D ne sont pas coplanaires (sinon le tétraèdre ne serait pas un solide de l'espace), donc les droites (AB) et (CD) ne sont pas non plus coplanaires.
Deux droites non coplanaires ne peuvent être sécantes, donc les droites (AB) et (CD) ne sont pas sécantes.

MÉTHODE

Il est plus facile de montrer que quatre points ne sont pas coplanaires que de montrer que deux droites ne sont pas coplanaires.
On peut alors considérer le plan formé par trois des quatre points et montrer que le quatrième point n'appartient pas à ce plan.
Ici, le point D n'appartient pas au plan (ABC).

▶ Exercices 14 à 17 p. 256

Savoir-faire 6 Montrer qu'une droite est parallèle à un plan

ÉNONCÉ SABCD est une pyramide. I est le milieu de [SA] et J est le milieu de [SC].
Montrer que la droite (IJ) est parallèle au plan (ABC).

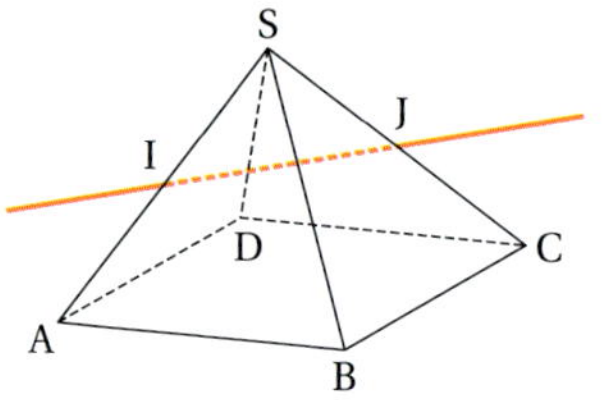

SOLUTION

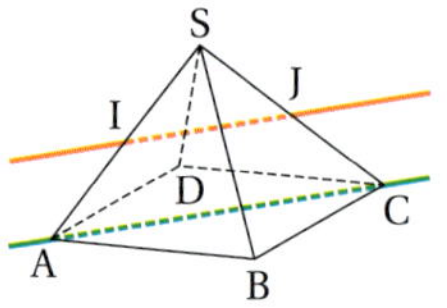

Les points S, I, J, A et C sont coplanaires car ils appartiennent au plan (SAC).
Dans le triangle SAC, on peut appliquer le théorème des milieux car I est le milieu de [SB] et J est le milieu de [SC], on en déduit que les droites (IJ) et (AC) sont parallèles.
Comme (AC) est une droite du plan (ABC) et (IJ) est parallèle à (AC), alors la droite (IJ) est parallèle au plan (ABC).

MÉTHODE

Pour montrer qu'une droite est parallèle à un plan, il suffit de montrer qu'elle est parallèle à une droite de ce plan. On recherche donc une droite du plan (ABC) parallèle à la droite (IJ).

▶ Exercice 21 p. 257

Savoir-faire 7 Construire l'intersection de deux plans

ÉNONCÉ ABCDEFGH est un pavé droit. M est un point de la face BCGF.
Soit $\mathcal{P}$ le plan formé par le point M et la droite (AD).
Construire l'intersection du plan $\mathcal{P}$ et de la face BCGF.

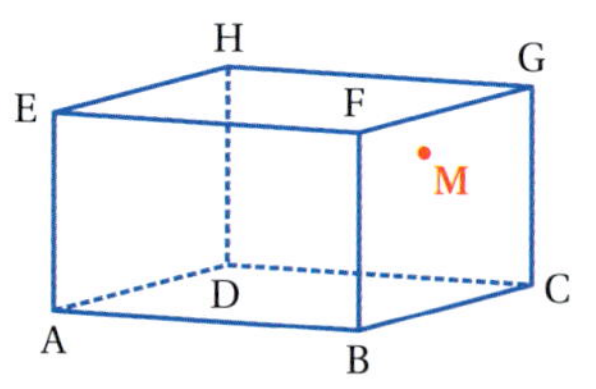

SOLUTION

On sait que :
- le plan $\mathcal{P}$ contient la droite (AD) ;
- le plan (BCG) contient la droite (BC) ;
- les droites (AD) et (BC) sont parallèles (la face ABCD est un rectangle).

D'après le théorème du toit, les plans $\mathcal{P}$ et (BCG) se coupent suivant une droite d parallèle à (AD) et (BC).
On sait de plus que M appartient à $\mathcal{P}$ et (BCG), donc pour tracer l'intersection de $\mathcal{P}$ et de la face BCGF, il suffit de tracer la parallèle à (AD) passant par M et de limiter le tracé de la droite d à la face BCGF (l'intersection est alors un segment).

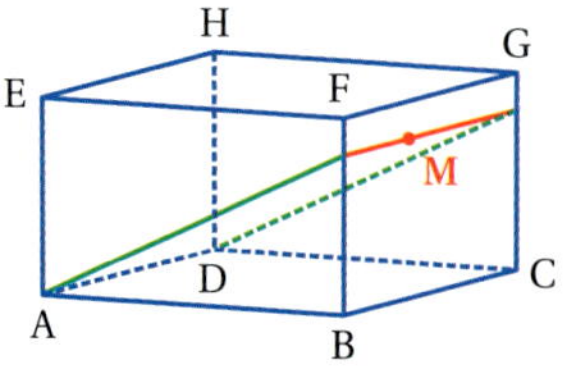

MÉTHODE

On recherche ici une configuration du théorème du toit.
On peut ensuite appliquer les règles de la perspective : « Si deux droites sont parallèles dans l'espace, elles sont parallèles sur la représentation. »
L'intersection est donc le segment passant par M tracé en rouge.
Les segments dessinés en vert ne sont là que pour aider à mieux visualiser le plan $\mathcal{P}$.

▶ Exercices 22 et 23 p. 257

Savoir-faire 8 Montrer que deux plans sont parallèles

ÉNONCÉ ABCD est un tétraèdre. I est un point de l'arête [DC], J un point de l'arête [AD] et K un point de l'arête [BD] tels que (IJ) // (AC) et (IK) // (BC).
Montrer que les plans (IJK) et (ABC) sont parallèles.

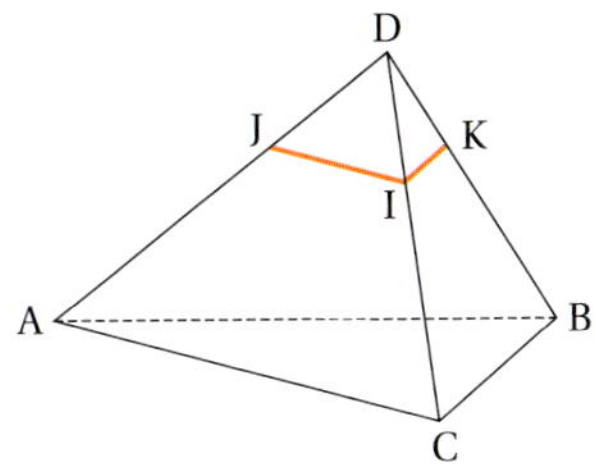

SOLUTION

(IJ) // (AC) et (IK) // (BC), donc les droites (IJ) et (IK) sont parallèles au plan (ABC).
Les droites (IJ) et (IK) sont deux droites du plan (IJK), sécantes en I et parallèles au plan (ABC), donc le plan (IJK) est parallèle au plan (ABC).

▶ Exercice 21 p. 257

MÉTHODE

Pour montrer que les plans (IJK) et (ABC) sont parallèles, on peut rechercher deux droites sécantes du plan (IJK) et montrer que chacune d'elles est parallèle au plan (ABC).
Pour montrer qu'une droite est parallèle à un plan, il suffit de montrer qu'elle est parallèle à une droite de ce plan.

Savoir-faire 9 Construire la section d'un solide par un plan

ÉNONCÉ ABCDEFGH est un pavé droit. I est un point de l'arête [EH], J un point de l'arête [HG] et K un point de l'arête [DC].
Construire l'intersection du plan (IJK) avec chaque face du pavé ABCDEFGH.

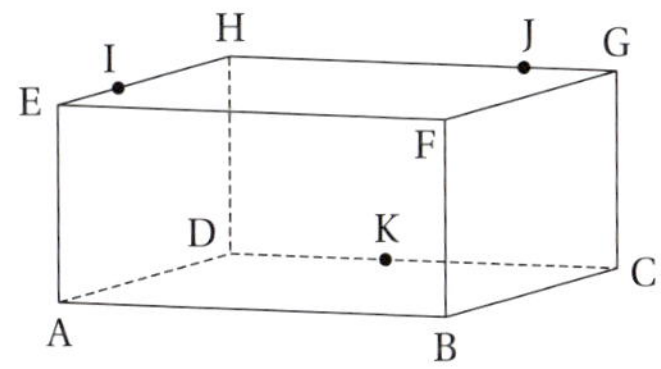

SOLUTION

I et J appartiennent à la face EFGH, donc la droite (IJ) est située dans le plan (EFG). La trace de cette droite sur la face EFGH est le segment [IJ]. On peut tracer de même le segment [JK] sur la face DCGH.

Les plans (ABC) et (EFG) sont parallèles, donc le plan (IJK) coupe ces deux plans suivant deux droites parallèles : la droite (IJ) et la droite d ,parallèle à (IJ) passant par K.

On trace la restriction de d à la face ABCD et on nomme L le point d'intersection de d et de (AD).

On termine la section par le segment [LI], trace du plan (IJK) sur la face ADHE.

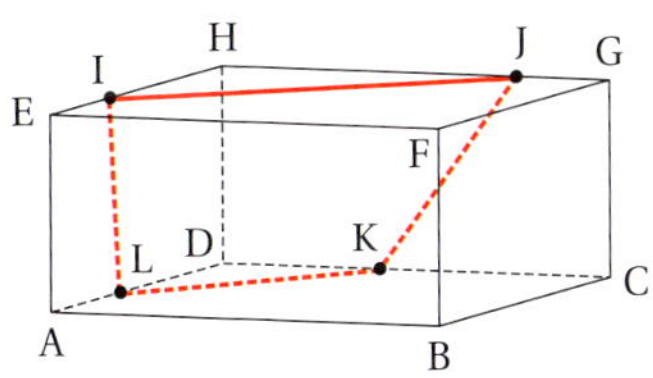

▶ Exercices 24 à 26 p. 257

MÉTHODE

Dès que l'on a deux points sur une même face, on peut tracer la droite passant par ces deux points, en se limitant au segment appartenant à la face. Sinon, il faut s'appuyer sur les intersections ou le parallélisme de certains plans. Ici, on utilise la propriété de l'intersection de deux plans parallèles par un plan.

Travaux pratiques

TP 1 — ALGORITHMIQUE
Calcul du nombre d'arêtes d'un solide convexe

Objectifs : • Utiliser une propriété des solides pour en dénombrer les arêtes.
• Écrire un algorithme de calcul.

Euler a établi que tous les solides convexes* vérifiaient la formule suivante :

$$S + F = A + 2$$

où A est le nombre d'arêtes,
S est le nombre de sommets,
F est le nombre de faces.

On souhaite écrire un algorithme qui calcule le nombre d'arêtes d'un solide convexe à l'aide de cette formule.

1 **a.** Quelles sont les données nécessaires à fournir en entrée ?
b. Quel calcul doit effectuer l'algorithme ?

2 Écrire l'algorithme en langage naturel, en précisant les étapes « Entrée – Traitement – Sortie ».

3 Calculer, à l'aide de l'algorithme, le nombre d'arêtes des solides convexes suivants, puis vérifier les résultats sur les figures.

a.
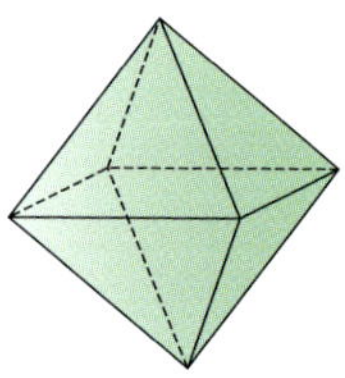

b.
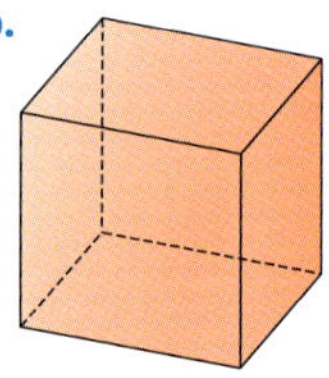

c.
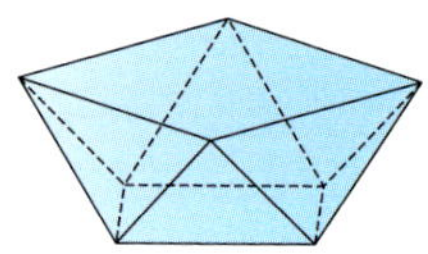

4 Le ballon de football n'est pas rond : il est composé de 12 pentagones et 20 hexagones réguliers. Il possède 60 sommets.
Pour coudre à la main ce ballon, un ouvrier a besoin d'une minute par couture (c'est-à-dire par arête).
Combien de temps est nécessaire pour coudre ce ballon ?

* On appelle **solide convexe** un solide tel que tout segment reliant deux points intérieurs au solide reste entièrement à l'intérieur du solide.

TP 2 — GÉOMÉTRIE DYNAMIQUE
Construire des solides de dimensions variables

Objectifs : • Utiliser les formules d'aire et de volume.
• Conjecturer les variations de volumes.

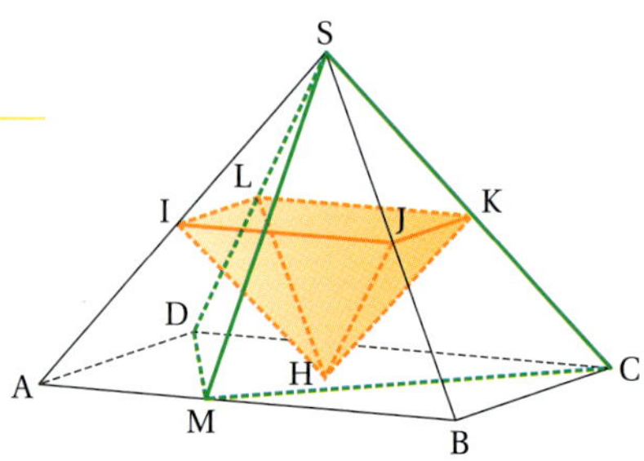

SABCD est une pyramide régulière à base carrée.
Selon le logiciel de géométrie dans l'espace utilisé, on pourra charger une figure pré-existante ou la construire à l'aide d'un outil pour tracer les polyèdres réguliers.

1 Solide 1

M est un point mobile sur le segment [AB].

a. Construire le tétraèdre SMDC.

b. Afficher son volume puis, en déplaçant le point M sur le segment [AB], conjecturer les variations de ce volume.

c. En affichant le plan ABC de face, justifier que l'aire du triangle DMC reste constante quand le point M se déplace sur le segment [AB].

e. Conclure quant au résultat conjecturé à la question **1 b.**

2 Solide 2

I est un point mobile sur le segment [SA]. $\mathcal{P}$ est le plan parallèle à (ABC) passant par I.
Le point H est le centre du carré ABCD.

a. Construire les points J, K et L, intersection du plan $\mathcal{P}$ avec les segments [SB], [SC] et [SD].

b. Construire la pyramide HIJKL et afficher son volume.

c. En déplaçant I sur le segment [SA], déterminer la position du point I sur [SA] telle que le volume de la pyramide HIJKL soit maximal.

d. Vérifier que, dans cette position, le centre du carré IJKL est aussi le centre de gravité du triangle SAC.

TP3

GÉOMÉTRIE DYNAMIQUE

Construire un patron, voir et calculer

Objectifs :
- Observer un solide, calculer des longueurs, des volumes.
- Étudier les liens entre le patron et le solide.

ABCDEFGH est un cube de coté 6 cm, les points I, J, K, L, M et N sont les milieux respectifs des segments [AB], [BC], [CD], [DA], [EF] et [HG].

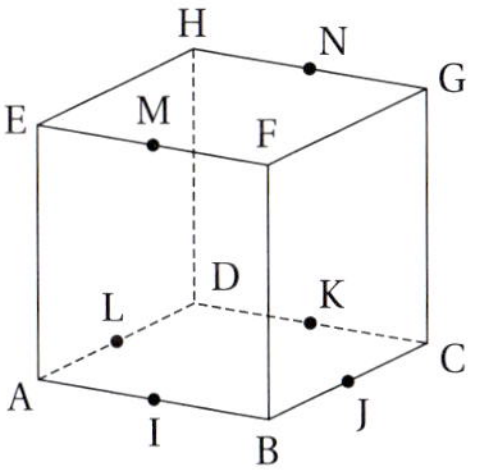

1 Construire la figure à l'aide d'un logiciel de géométrie dans l'espace.

2 Construire le polyèdre IJKLMN. On nomme « *Choc* » ce polyèdre.

3 Combien *Choc* a-t-il de faces ? d'arêtes ? de sommets ?

4 Calculer la longueur de chacune des arêtes de *Choc* (on admettra que le triangle MIJ est rectangle en I).

5 **a.** À l'aide du logiciel de géométrie dans l'espace, créer un patron de *Choc*.

Boîte à outils

Les outils des logiciels pour créer un patron

Avec Geoplan-Geospace

(1) Pour créer le patron avec le coefficient d'ouverture 1, dans le menu *Créer*, sélectionner « Solide » puis « Patron de polyèdre ».

(2) Pour observer la figure dans le plan du patron, utiliser l'icone [plan isolé].

Avec Cabri 3D

(1) Pour créer le patron, sélectionner l'icone « Ouverture de polyèdre » puis ouvrir le patron avec le clic droit de la souris.

(2) Pour observer la figure dans le plan du patron, dans le menu *Document*, sélectionner « Nouvelle page patron ».

b. À l'aide des observations sur le patron, construire à l'échelle et sans le moindre calcul le patron de *Choc*.

6 Calculer le volume de *Choc* (on pourra le considérer comme la somme des volumes de deux pyramides).

TP4 — ALGORITHMIQUE

Calcul des volumes des solides de révolution

Objectif : Construire un algorithme avec des instructions conditionnelles pour calculer différents volumes.

```
VARIABLES
  S EST_DU_TYPE CHAINE
  r EST_DU_TYPE NOMBRE
  h EST_DU_TYPE NOMBRE
  V EST_DU_TYPE NOMBRE
DEBUT_ALGORITHME
  AFFICHER "Choix du solide : sphère, cône, cylindre"
  LIRE S
  LIRE r
  SI (S=="sphère") ALORS
    DEBUT_SI
    V PREND_LA_VALEUR 4/3*Math.PI*pow(r,3)
    FIN_SI
    SINON
      DEBUT_SINON
      LIRE h
      SI (S=="cône") ALORS
        DEBUT_SI
        V PREND_LA_VALEUR 1/3*Math.PI*pow(r,2)*h
        FIN_SI
        SINON
          DEBUT_SINON
          V PREND_LA_VALEUR Math.PI*pow(r,2)*h
          FIN_SINON
      FIN_SINON
  AFFICHER "Le volume du solide est : "
  AFFICHER V
FIN_ALGORITHME
```

Aymeric a programmé un algorithme avec Algobox afin de calculer le volume des solides de révolution usuels (*ci-contre*).

1 Expliquer le rôle de chacune des variables et vérifier les formules de calcul des volumes proposées par Aymeric.

2 Alya, qui veut s'amuser, a voulu tester l'algorithme d'Aymeric. Elle ironise : « Super ! Ton programme calcule même le volume d'un cube de rayon 1 et de hauteur 2 !!! »
Voici ci-dessous sa fenêtre d'exécution.

```
***Algorithme lancé***
Choix du solide : sphère, cône, cylindre
Entrer S : cube
Entrer r : 1
Entrer h : 2
Le volume du solide est : 6.2831853
***Algorithme terminé***
```

a. Expliquer ce qu'a fait le programme.

b. Modifier le programme afin qu'il affiche dans ce cas : « Mauvaise saisie, recommencez ».

3 **Pour aller plus loin**
Modifier le programme afin qu'il se ré-exécute immédiatement tant que la saisie du solide est erronée.

TP5 — GÉOMÉTRIE DYNAMIQUE

Construire la section d'un cube par un plan

Objectifs : • Découvrir la notion de section plane de solide.
• Utiliser les règles d'incidences et de parallélisme.

Partie A

ABCDEFGH est un cube. I, J et K sont des points mobiles différents de D sur les demi-droites respectives [DA), [DC) et [DH).

1 À l'aide d'un logiciel de géométrie dans l'espace, construire le tétraèdre DIJK.

2 On définit la trace de la section du cube ABCDEFGH par le plan (IJK) comme étant la partie du triangle IJK se trouvant à l'intérieur du cube.

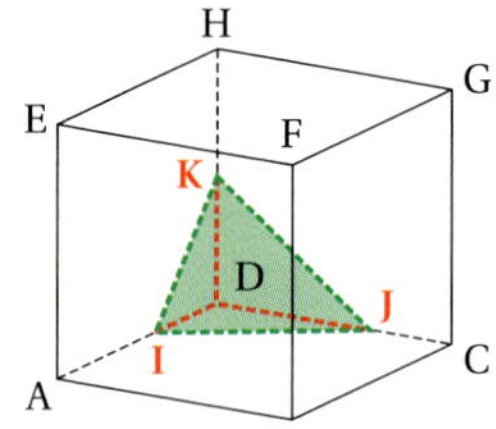

fig. 1

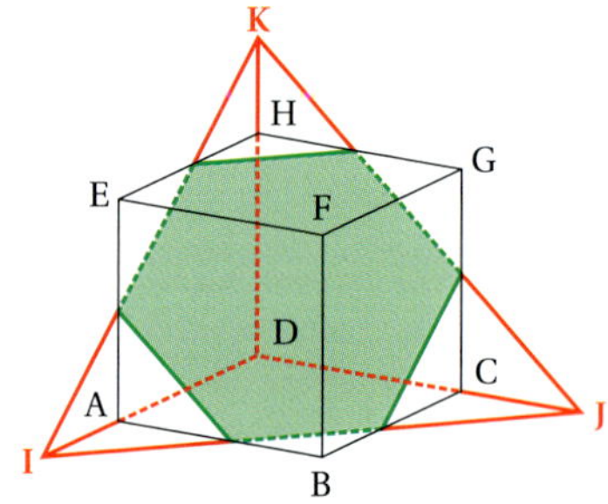

fig. 2

En plaçant les points I, J et K sur les arêtes du cube, afin que le tétraèdre DIJK soit à l'intérieur du cube, la trace de la section du cube par le plan (IJK) est le triangle IJK (**fig. 1**).
Lorsque I, J et K sont à l'extérieur des segments [AD], [DC] et [DH], la trace du plan (IJK) sur le cube est un polygone contenu dans le triangle IJK (**fig. 2**).

Tracer ce polygone avec l'outil de section du logiciel.

Boîte à outils

Les outils des logiciels pour créer une section

Avec Geoplan-Geospace

Dans le menu *Créer*, sélectionner « Ligne » puis « Polygone convexe » et « Section d'un polyèdre par un plan ».

Avec Cabri 3D

Utiliser l'icone « Découpe de polyèdre » .

3 Placer le point I sur le segment [DA], le point K sur le segment [DH] et le point J hors du segment [DC]. Quelle est la nature de la trace de la section du cube par le plan (IJK)? Justifier.

4 **a.** Placer les points I, J et K de telle sorte que la trace de la section du cube par le plan (IJK) soit un parallélogramme. Justifier ce résultat.

b. Placer les points I, J et K de telle sorte que la trace de la section du cube par le plan (IJK) soit un pentagone. Peut-on obtenir un pentagone régulier ? Justifier.

c. Placer les points I, J et K de telle sorte que la trace de la section du cube par le plan (IJK) soit un hexagone régulier. Justifier ce résultat.

5 Peut-on placer les points I, J et K de telle sorte que la trace de la section du cube par le plan (IJK) soit un heptagone (7 côtés) ? Justifier.

Partie B

1 **Construction pas à pas sur un exemple**

Les points I, J et K sont placés sur les arêtes [AD], [EH] et [AB] avec :

$HJ = \frac{1}{3}HE$, $AI = \frac{1}{3}AD$ et $AK = \frac{1}{3}AB$ **(fig. 3)**.

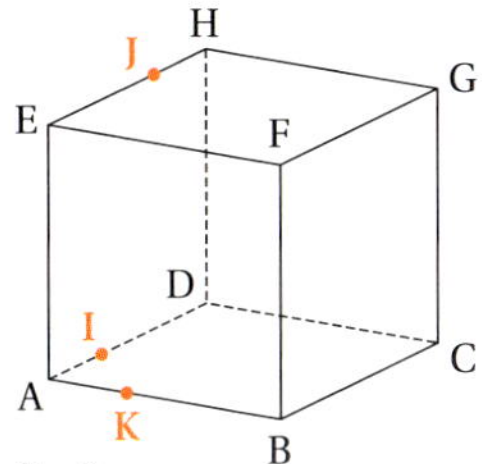

fig. 3

On se propose de construire la trace de la section du cube ABCDEFGH par le plan (IJK) de deux manières différentes.

a. **Méthode 1**

(1) Construire le point d'intersection M des droites (IJ) et (AE). Justifier l'existence de M.

(2) Construire la droite (MK) et son point d'intersection L avec la droite (EF).

(3) Justifier que la droite (MK) appartient au plan (ABF).

(4) Terminer la trace en reliant les points du plan (IJK) qui sont sur une même face.

(5) Contrôler le résultat obtenu avec l'outil de création de section du logiciel.

b. **Méthode 2**

(1) Construire la droite *d* parallèle à (IK) passant par J. Justifier que cette droite est à la fois dans les plans (IJK) et (EFG).

(2) Construire le point d'intersection L de *d* et (EF).

(3) Terminer la trace en reliant les points du plan (IJK) qui sont sur une même face.

(5) Contrôler le résultat obtenu en comparant avec la construction de la méthode 1.

REMARQUE

La plupart des constructions nécessiteront d'utiliser l'une ou l'autre de ces deux méthodes.

2 On place maintenant le point J sur le segment [GC] tel que $GJ = \frac{1}{3}GC$ **(fig. 4)**.

En recherchant les points d'intersection de la droite (IK) avec les droites (DC) et (BC), construire la trace de la section du cube ABCDEFGH par le plan (IJK).

Contrôler le résultat avec l'outil de création de section du logiciel et construire cette section en vraie grandeur.

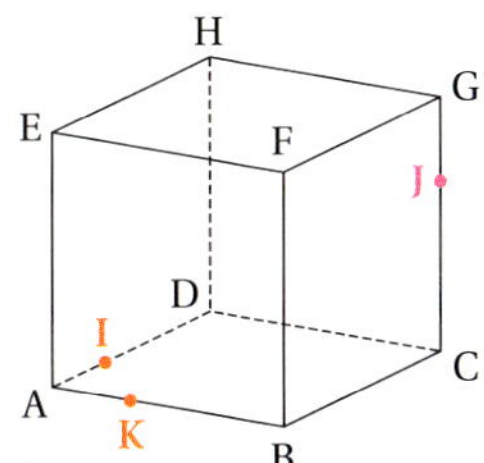

fig. 4

3 On place maintenant le point J sur le segment [GF] tel que $GJ = \frac{1}{3}GF$ **(fig. 5)**.

À l'aide des méthodes rencontrées dans les questions précédentes, construire la trace de la section du cube ABCDEFGH par le plan (IJK).
Contrôler le résultat avec l'outil de création de section du logiciel et construire cette section en vraie grandeur.

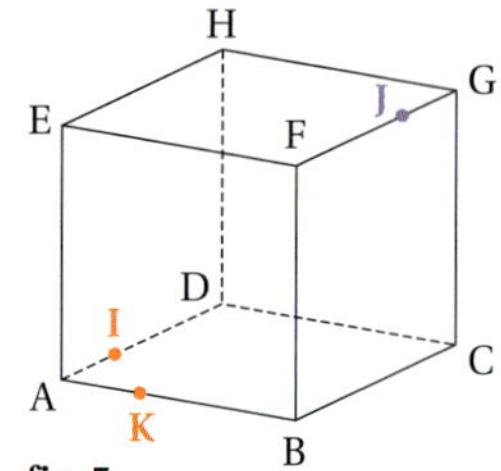

fig. 5

En infographie,

la plupart des images de synthèse sont réalisées à partir d'assemblages de solides usuels et de sections de ces solides par des plans. Pour animer la scène, il suffit alors d'indiquer un déplacement à l'aide de vecteurs (voir chapitre 6).
Le logiciel n'a alors pas besoin de calculer le déplacement de tous les points de l'image mais seulement le déplacement des éléments caractéristiques des solides utilisés (sommets, centre de sphère...).

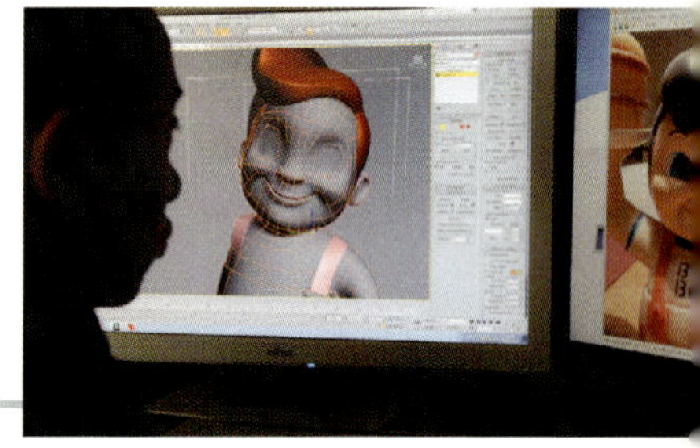

ALGORITHMIQUE

TP6 À dos de chameau

Objectif : Calculer un volume à l'aide d'un algorithme avec une boucle conditionnelle.

La pyramide de Khéops est construite avec des pavés pesant 2,5 tonnes chacun. On estime que les zones creuses de la pyramide représentent 20 % de l'ensemble. On veut déterminer la masse de cette pyramide.
La pyramide est à base carrée. On dénombre 212 pavés sur le côté du premier étage, 211 pavés sur le côté du deuxième étage, et ainsi de suite, à chaque nouvel étage, un pavé de moins par côté qu'à l'étage précédent.

1 Voici un algorithme de calcul de la masse de la pyramide en tonnes.

```
N prend la valeur 212
S prend la valeur 0
Tant que N > 0
    | S prend la valeur S + N²
    | N prend la valeur N - 1
Fin Tant que
M prend la valeur 0,8 × 2,5 × S
Afficher M.
```

a. Compléter le tableau suivant des premières valeurs successives de N et S dans l'algorithme :

S	0					
N	212					

b. Que représente la valeur de S lorsque l'algorithme sort de la boucle ?

c. Expliquer le calcul « $M = 0{,}8 \times 2{,}5 \times S$ ». Que représente la valeur de M ?

2 Programmer cet algorithme sur calculatrice et déterminer la masse de la pyramide de Khéops.

REMARQUE

En réalité, la pyramide de Khéops a une masse estimée à 5 000 000 de tonnes, car elle repose sur une petite butte qui a permis d'économiser bon nombre de blocs de pierre !

UN PEU D'HISTOIRE

Les solides de Platon

La philosophie de Platon

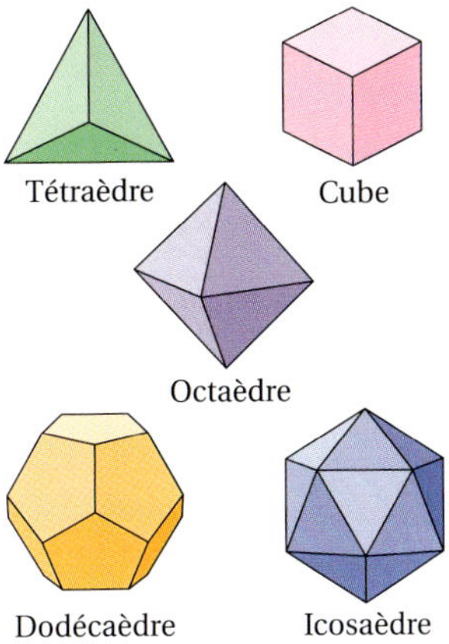

∧ **1.** Les solides de Platon.

Dans son dialogue *Timée* (~ 358 av. J.-C.), **PLATON** décrit cinq solides dont les faces sont des polygones réguliers identiques et qui sont tous inscriptibles dans une sphère : ce sont les cinq polyèdres réguliers. Bien que les peuples néolithiques d'Écosse aient construit des modèles en pierre de ces figures en trois dimensions au moins 1 000 ans avant Platon, ces solides portent aujourd'hui le nom de ce dernier (> **1**).

Dans sa théorie sur la nature de l'univers, Platon associe à chacun des quatre éléments physiques qui constituent l'univers un de ces solides en fonction de leurs caractéristiques : au feu, il associe le tétraèdre, à la terre le cube, à l'air l'octaèdre et à l'eau l'icosaèdre. Quant au dernier des solides réguliers, le dodécaèdre, il symbolise l'univers, le tout. Pour Platon, il ne pouvait y avoir d'autres solides réguliers car l'équilibre du cosmos était ainsi fait. C'est **EUCLIDE** qui démontrera dans *Les Éléments* que les polyèdres réguliers sont exactement au nombre de cinq.

D'étonnantes propriétés

Ces polyèdres peuvent s'associer deux par deux. Sur chacun d'eux, le solide qui relie le centre de chacune de ses faces est lui même l'un des cinq solides de Platon, appelé son dual. Le dual du cube est l'octaèdre et réciproquement (> **2**), et le dual de l'icosaèdre est le dodécaèdre et réciproquement. Mais alors, comme il y a cinq solides, qui est le dual du tétraèdre ? Et bien c'est lui-même !

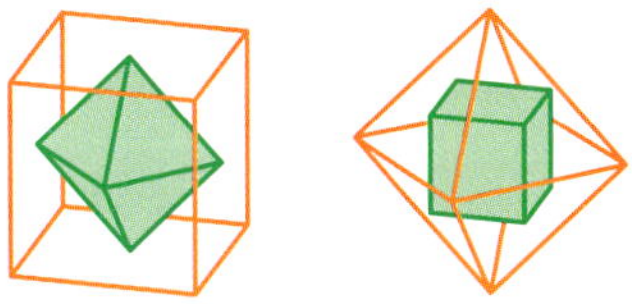

∧ **2.** Exemple de dualité : le cube et l'octaèdre.

L'harmonie cosmique de Kepler

En 1596, à la Renaissance, **Johannes KEPLER** publie *Mysterium Cosmographicum* où il propose un modèle du système solaire, dont on ne connaît alors que six planètes, s'appuyant sur les cinq solides de Platon. Kepler emboîte ces solides à la manière des poupées russes (> **3**), chacun d'eux ayant une sphère inscrite et une sphère circonscrite. Chaque sphère décrit l'orbite d'une planète. Ainsi :

- la sphère circonscrite au cube décrit l'orbite de Saturne;
- la sphère inscrite dans le cube et circonscrite au tétraèdre décrit l'orbite de Jupiter ;
- la sphère inscrite dans le tétraèdre et circonscrite au dodécaèdre décrit l'orbite de Mars ;
- la sphère inscrite dans le dodécaèdre et circonscrite à l'icosaèdre décrit l'orbite de la Terre ;
- la sphère inscrite dans l'icosaèdre et circonscrite à l'octaèdre décrit l'orbite de Vénus ;
- la sphère inscrite dans l'octaèdre décrit l'orbite de Mercure.

Ce modèle permit à Kepler d'expliquer les distances relatives entre les six planètes alors connues.

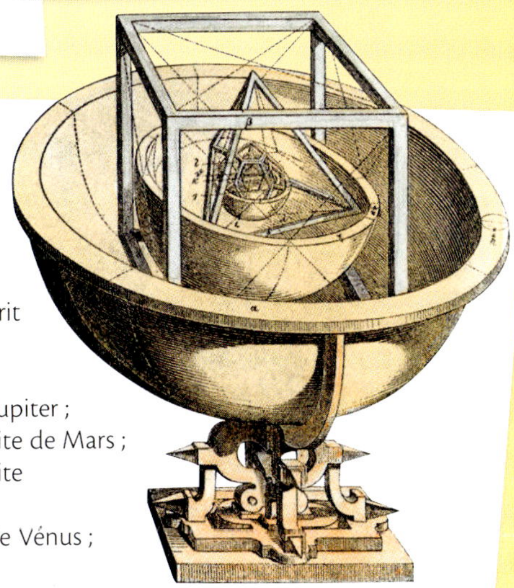

∧ **3.** Modèle du système solaire de Kepler, 1596.

PLATON
(428 av. J.-C. - 348 av. J.-C., Grèce)
Il met en lumière les cinq polyèdres réguliers qui porteront son nom.

~ 358 av. J.-C.

EUCLIDE
(~ 325 av. J.-C. - ~ 265 av. J.-C., Grèce)
Il étudie les plans et droites de l'espace et détermine le volume d'une pyramide.

IIIe s. av. J.-C.

Johannes KEPLER
(1571 - 1630, Allemagne)
Il calcule les trajectoires elliptiques des orbites de plusieurs planètes.

1596

Exercices d'application

Représentation en perspective cavalière et règles de base dans l'espace

Appliquer le savoir faire 1, p. 243

1 Dans les deux situations représentées, ABCDEFGH est un pavé droit.

a. Déterminer, dans chacun des cas, quelle est la face avant du pavé (située dans le plan vu de face).

b. Déterminer, dans chacun des cas, quelle est la face du dessous du pavé (située dans le plan vu de dessous).

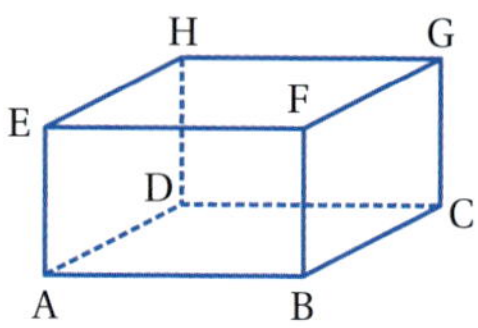

Fig. 1

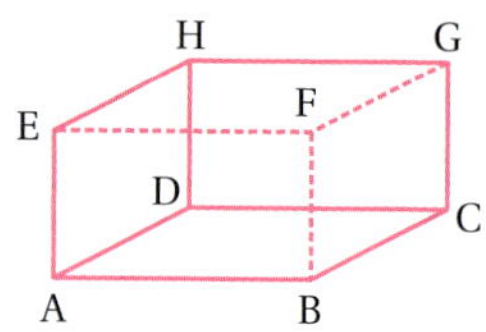

Fig. 2

2 ABCDS est une pyramide régulière.

La figure codée suivante ne respecte pas toutes les règles de la perspective cavalière.

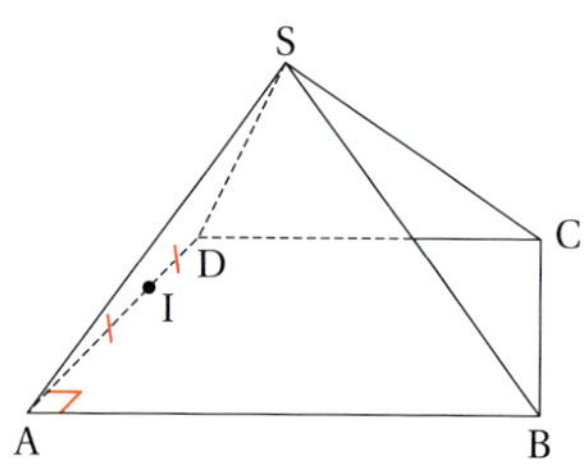

Préciser les erreurs qui ont été commises.

3 Le solide ci-dessous a été dessiné en perspective cavalière. L'unité est le carreau.

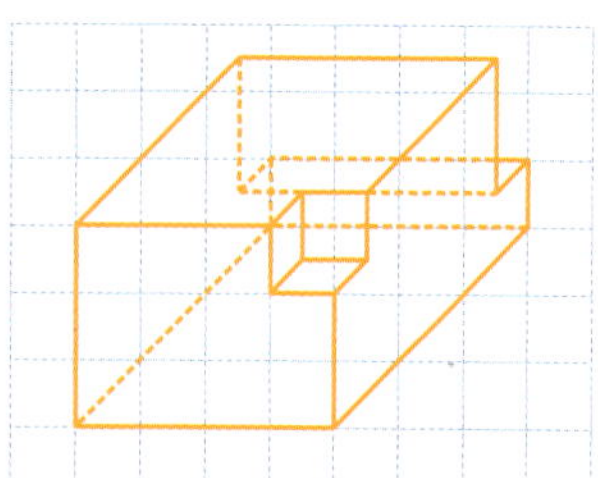

1. Reproduire la figure en perspective du solide sans faire apparaitre les parties cachées.

2. Les arêtes du solide mesurent 1, 2, 3, 4 ou 5 carreaux.

a. Les plus grandes arêtes mesurent 5 carreaux, combien sont-elles?

b. Ajouter sur votre figure les longueurs des arêtes visibles.

3. Représenter en vraie grandeur la face latérale visible de votre figure (face de droite sur la représentation).

4 **a.** On a représenté ci-contre en perspective cavalière un cube de coté 3 carreaux.

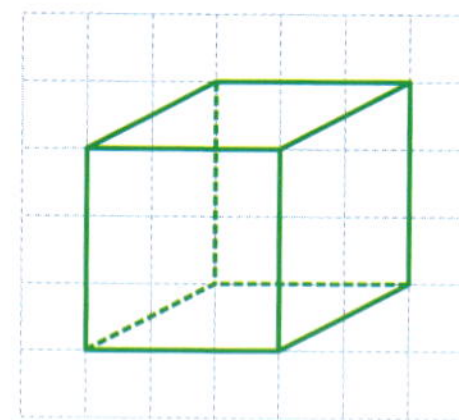

En respectant les mêmes règles de perspective, notamment l'angle de perspective et les proportions, construire un pavé droit de dimensions 3, 5 et 6 carreaux.

b. Reprendre la question **a.** en respectant la perspective choisie sur la figure ci-dessous.

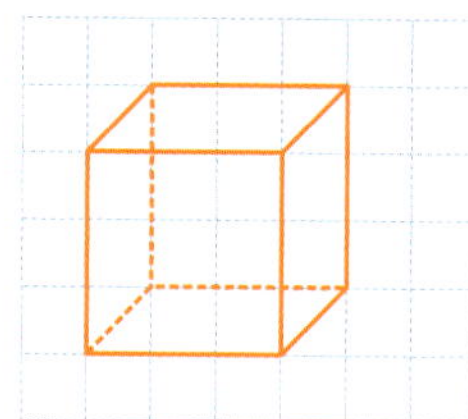

5 Un solide est représenté ci-contre en perspective.

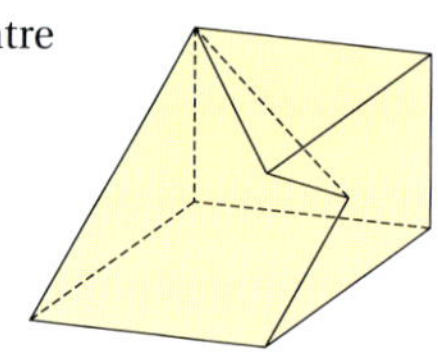

Déterminer, parmi les figures suivantes, lesquelles représentent une vue du solide en précisant de quel coté il est observé.

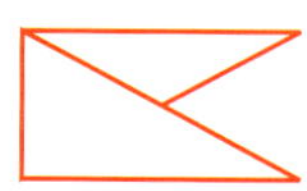

a.

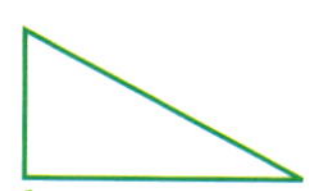

b.

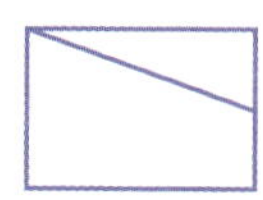

c.

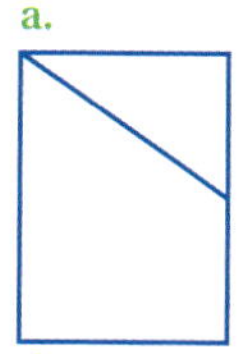

d.

e.

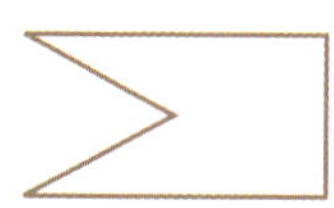

f.

6 ABCDEFGH est un pavé droit.

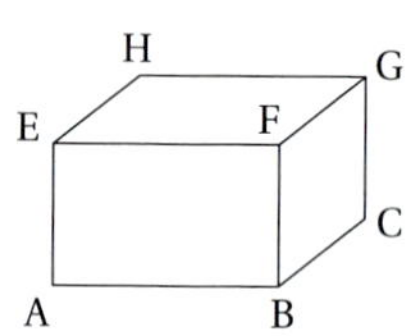

a. Reproduire la figure en ajoutant les arêtes non visibles et le point D.

b. Tracer en rouge les droites (EG), (ED) et (DG).

c. Placer les points I et J, milieux respectifs des segments [ED] et [EG].

d. Que peut-on conjecturer sur les droites (IJ) et (DG)? Démontrer ce résultat.

Les solides usuels

7 Franck et Elissa jouent au mot le plus long sur le pavé droit ABCDEFGH.

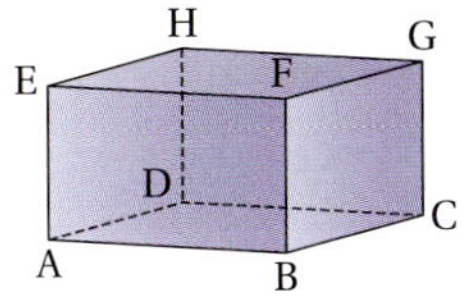

Le jeu consiste à mesurer la longueur parcourue sur le parallélépipède rectangle pour écrire le mot. Par exemple le mot BAC mesure BA + AC.
On donne AB = 10, BC = 8 et BF = 6.

a. Calculer la longueur exacte du mot CHEF.

b. Franck propose le mot BACHE, Elissa le mot CAGE. Qui l'emporte ?

Appliquer le savoir faire 2, p. 243

8 ABCDS est une pyramide régulière à base carrée de coté 6 cm.
Les points I, J et O sont les milieux respectifs des segments [SA], [SC] et [AC].

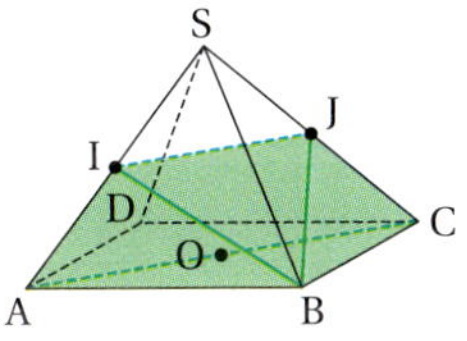

a. Calculer la longueur AC. En déduire la nature du triangle SAC.

b. Représenter en vraie grandeur le triangle SAC ainsi que les éléments de la figure situés dans le plan (SAC).

c. Calculer la longueur IJ, puis l'aire du trapèze ACJI.

d. En admettant que (OB) soit une hauteur de la pyramide AIJCB, calculer son volume.

9 ABCDEF est un prisme droit tel que BC = 5 cm et FC = 8 cm.
On décide de le couper en deux solides suivant le plan (BCD).

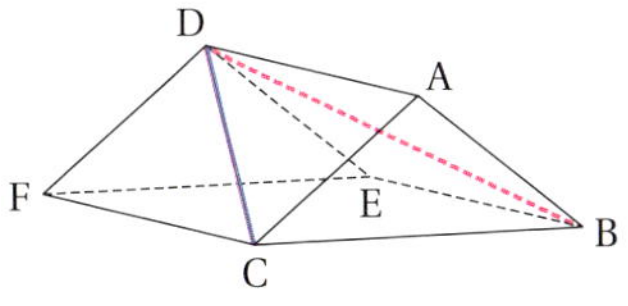

a. Quelle est la nature des deux solides obtenus ?

b. Sachant que la hauteur issue de A dans le triangle ABC mesure 4 cm, calculer le volume de chacun de ces solides.

c. En déduire une méthode pour couper le prisme ABCDEF en trois solides de même volume.
Y-a-t-il une autre méthode ?

10 ABCD est un tétraèdre régulier de côté 4. Les points I et J sont les milieux respectifs de [AB] et [CD].

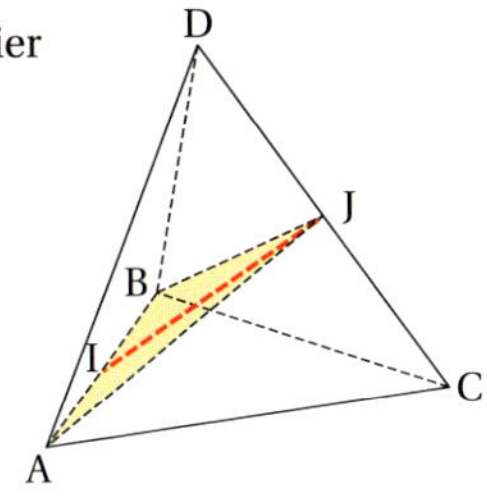

a. Montrer que la longueur AJ vaut $2\sqrt{3}$.

b. Quelle est la nature du triangle AJB ?

c. En déduire la longueur IJ.

Plan de l'espace

Appliquer le savoir faire 3, p. 244

11 SABCD est une pyramide à base carrée. I est le centre du carré ABCD et J est le milieu de [AB].

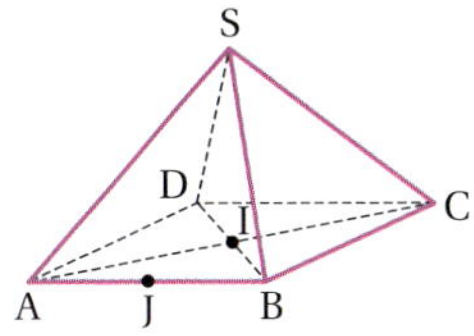

Dans chacun des cas suivants, dire si les éléments donnés définissent un plan. Si oui, préciser les autres points de la figure qui appartiennent à ce plan.

a. (AD) et (BC).
b. (AJ) et (SB).
c. I, B et D.
d. J, D et S.
e. (SD) et I.
f. (AD) et (BS).
g. (AJ) et C.
h. (AC) et I.

12 ABCDEFGH est un pavé droit. I est le milieu de [AH], J est le milieu de [AG] et K est le milieu de [FC].

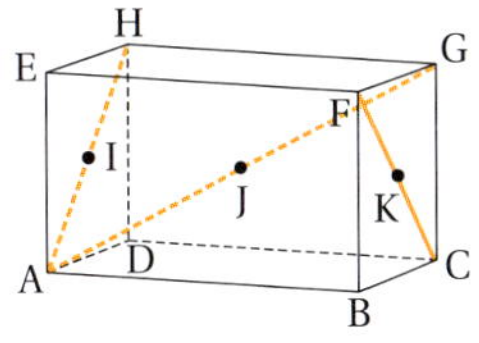

Dans chacun des cas suivants, dire si les éléments donnés définissent un plan. Si oui, préciser les autres points de la figure qui appartiennent à ce plan.

a. (AD) et (FG).
b. (AJ) et (GC).
c. I, J et K.
d. A, D et J.
e. (HB) et G.
f. (AH) et (FC).
g. (FC) et E.
h. (HB) et J.

13 **Vrai ou faux ?**
Justifier la réponse.

a. Trois points définissent un plan.

b. Trois points sont coplanaires.

c. Deux droites définissent un plan.

d. Deux droites sont coplanaires.

e. Une droite et un point définissent un plan.

f. Une droite et un point sont coplanaires.

Positions relatives dans l'espace

Appliquer les savoir faire 4 et 5, p. 245

14 ABCDEFGH est un cube. Le point I est le milieu de [CG].

Pour chacune des affirmations illustrées ci-dessous, indiquer si elle est vraie ou fausse. Justifier.

a. Les droites (BI) et (HG) sont sécantes en M.

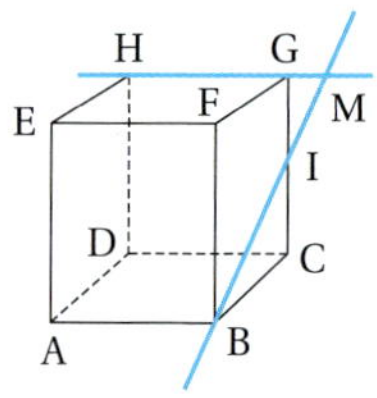

b. Les droites (BI) et (FG) sont sécantes en M.

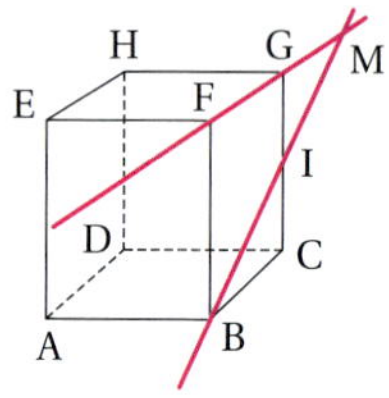

c. Les droites (BI) et (EG) sont sécantes en M.

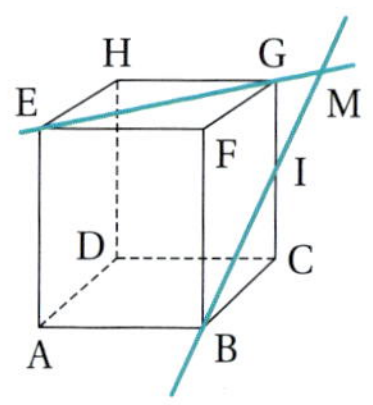

Coup de pouce

Pour justifier que deux droites définies par 4 points ne sont pas coplanaires, il suffit de montrer que les 4 points ne sont pas coplanaires.

15 ABCD est un tétraèdre.

I est le milieu de [AD] et J est le milieu de [DC].

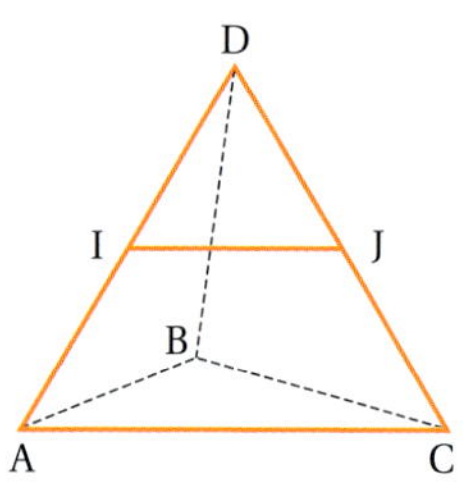

Déterminer et justifier la position relative des droites suivantes.

a. (AC) et (IJ).
b. (AJ) et (CI).
c. (AI) et (DJ).
d. (BD) et (IJ).
e. (AJ) et (BJ).
f. (AJ) et (BI).

16 SABCD est une pyramide à base trapèze.

I est le milieu de [SC] et J le milieu de [SB].

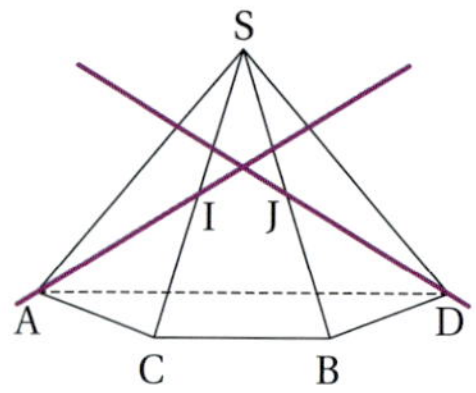

Les droites (AI) et (DJ) sont-elles sécantes ?

Justifier.

Coup de pouce

Pour justifier que deux droites sont sécantes, il faut s'assurer qu'elles sont coplanaires.

On pourra pour cela étudier la position relative des droites (AD) et (IJ).

17 ABCD est un tétraèdre.

I est un point de [AD] et J est un point de [BD].

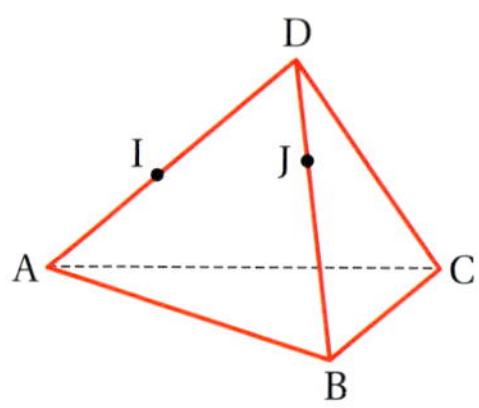

Construire l'intersection des plans (AJC) et (BIC).

Parallélisme dans l'espace

18 **Vrai ou faux ?**

Pour chaque proposition, justifier la réponse.

ABCDEFGH est un parallélépipède. Ses faces sont des parallélogrammes.

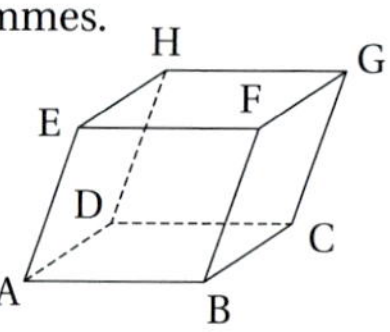

a. Les droites (AB) et (HG) sont parallèles.
b. La droite (EH) est parallèle au plan (BCG).
c. Les droites (DF) et (AG) sont confondues.
d. Les droites (AG) et (HB) sont sécantes.
e. La droite (AD) est parallèle au plan (HBC).

19 **Vrai ou faux ?**

Soit $\mathcal{P}$ et $\mathcal{P}'$ deux plans parallèles.

a. Toute droite de $\mathcal{P}$ est parallèle à $\mathcal{P}'$.
b. Toute droite de $\mathcal{P}$ est parallèle à toute droite de $\mathcal{P}'$.
c. Toute droite de $\mathcal{P}$ et toute droite de $\mathcal{P}'$ sont non coplanaires.

20 **Vrai ou faux ?**

Soit d une droite parallèle à un plan $\mathcal{P}$.

a. Toute droite parallèle à d est parallèle à $\mathcal{P}$.

b. Toute droite parallèle à $\mathcal{P}$ est parallèle à d.

c. d est parallèle à toute droite de $\mathcal{P}$.

d. Toute droite sécante à d coupe le plan $\mathcal{P}$.

Appliquer les savoir faire 6 et 8, p. 246 et 247

21 ABCDEFGH est un cube.

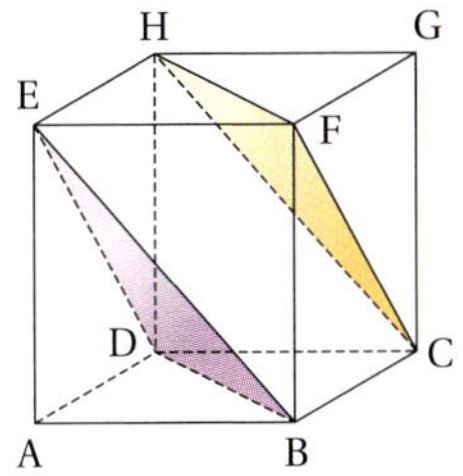

1. a. À l'aide des propriétés du cube, justifier que EFCD est un parallélogramme.

b. En déduire que la droite (FC) est parallèle au plan (EBD).

2. a. Montrer de même que la droite (FH) est parallèle au plan (EBD).

b. En déduire la position relative des plans (FCH) et (EBD).

Appliquer le savoir faire 7, p. 246

22 $\mathcal{P}$ et $\mathcal{P}'$ sont deux plans parallèles.

I est un point du plan $\mathcal{P}$, J et K sont deux points distincts du plan $\mathcal{P}'$.

Construire l'intersection du plan (IJK) avec les plans $\mathcal{P}$ et $\mathcal{P}'$.

23 $\mathcal{P}$ et $\mathcal{P}'$ sont deux plans sécants et d est leur droite d'intersection.

I et J sont deux points distincts de $\mathcal{P}$, K est un point de $\mathcal{P}'$ qui n'appartient pas au plan $\mathcal{P}$.

On sait de plus que la droite (IJ) est parallèle à d.

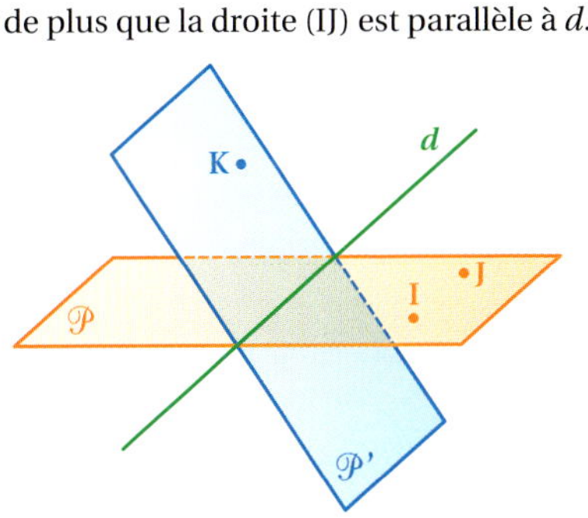

Reproduire la figure et construire la droite d'intersection des plans (IJK) et $\mathcal{P}'$.

Appliquer le savoir faire 9, p. 247

24 ABCDEFGH est un prisme droit à base trapèze. M est un point de la face ABFE.

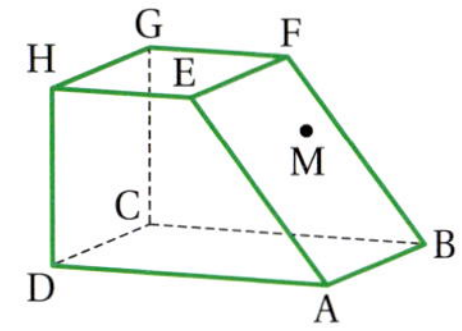

a. Reproduire la figure et construire la droite d'intersection des plans (DCM) et (ABE).

b. En déduire la trace de la section du prisme par le plan (DCM).

c. Construire la droite d, intersection des plans (HAB) et (DCM), et préciser la position relative de la droite d par rapport aux droites (DC) et (AB).

25 ABCDEFGH est un cube. I est le milieu de [AD] et J est le centre de la face BCGF.

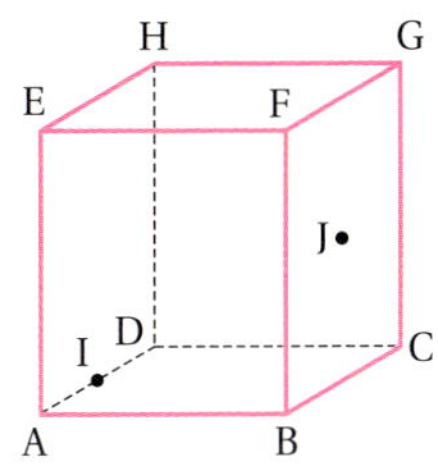

a. Reproduire la figure et construire la droite d, intersection des plans (HIJ) et (BCG).

En déduire la trace de la section du cube par le plan (HIJ).

b. On note M et N les points d'intersection respectifs de la droite d avec les arêtes [BC] et [FG]. Quelle est la nature du quadrilatère HIMN ?

26 **LOGIQUE**

Pour chacun des figures suivantes, indiquer si elle représente la trace d'une section du cube ABCDEFGH par un plan. Justifier la réponse.

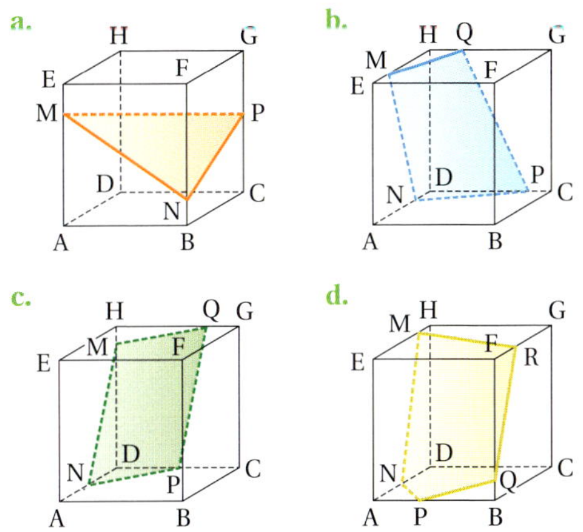

Exercices pour se tester

Perspective cavalière, règles de base dans l'espace et solides usuels

27 QCM

La figure ci-contre est un octaèdre régulier. Combien de segments auraient dû être dessinés en pointillés ?

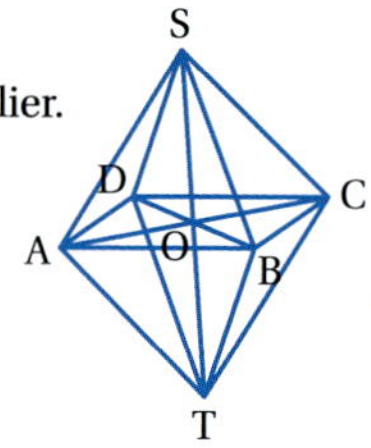

Ⓐ 3. Ⓑ 4.
Ⓒ 7. Ⓓ 9.

28 QCM

Déterminer le solide de plus grand volume parmi :

Ⓐ Un cube de coté 5.
Ⓑ Un cylindre de rayon 3 et de hauteur 4.
Ⓒ Une sphère de rayon 3.
Ⓓ Une pyramide à base carrée de côté 7 et de hauteur 7.

29 Vrai ou faux?

a. Un cube a au plus trois faces visibles.
b. Le patron d'un cône est constitué d'un disque et d'un triangle.
c. Une pyramide régulière a toutes ses arêtes de même longueur.
d. Une sphère n'a pas de patron.

Positions relatives dans l'espace

30 Question de cours

Si une droite est parallèle à un plan $\mathcal{P}$ et sécante à un plan $\mathcal{P}'$, que peut-on dire des plans $\mathcal{P}$ et $\mathcal{P}'$?

Pour les exercices 31 à 33

On considère le parallélépipède suivant :

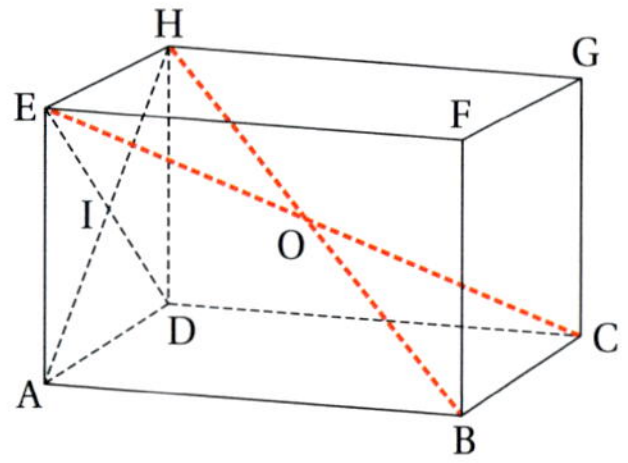

31 QCM

Quels sont les points qui appartiennent au plan (GBH) ?

Ⓐ O. Ⓑ I. Ⓒ C. Ⓓ A.

32 QCM

Quelles sont, parmi les droites suivantes, celles qui sont coplanaires avec (IO) ?

Ⓐ (EG). Ⓑ (BG). Ⓒ (HG). Ⓓ (DC).

33 QCM

Quelles sont, parmi les droites suivantes, celles qui sont parallèles au plan (GBD) ?

Ⓐ (HF). Ⓑ (AO). Ⓒ (AH). Ⓓ (AF).

Parallélisme dans l'espace

34 Question de cours

Si deux droites d et d', appartenant respectivement à deux plans $\mathcal{P}$ et $\mathcal{P}'$, sont parallèles entre elles, que peut-on dire des plan $\mathcal{P}$ et $\mathcal{P}'$?

35 Question de cours

Si un plan $\mathcal{P}$ contient deux droites sécantes et qui sont parallèles à un autre plan $\mathcal{P}'$, que peut-on dire des plans $\mathcal{P}$ et $\mathcal{P}'$?

36 QCM

Si une droite d d'un plan $\mathcal{P}$ est parallèle à une droite d' d'un plan $\mathcal{P}'$, alors $\mathcal{P}$ et $\mathcal{P}'$ peuvent être :

Ⓐ Sécants suivant une droite parallèle à d et d'.
Ⓑ Sécants suivant une droite sécante à d et d'.
Ⓒ Parallèles. Ⓓ Confondus.

37 QCM

Le prisme ABCDEF ci-contre est coupé par le plan (DCI), où I est un point de (AF).

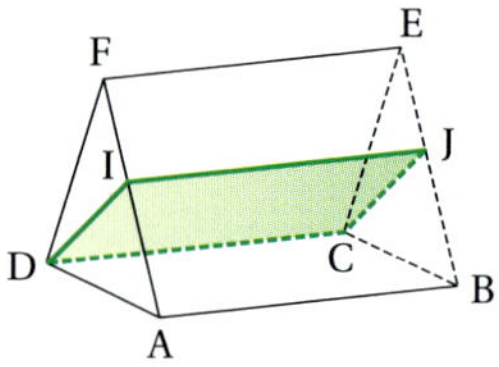

1. À l'aide du théorème du toit, on montre que :

Ⓐ (IJ) // (DC). Ⓑ (IJ) // (AB).
Ⓒ (IJ) // (EF). Ⓓ (DI) // (CJ).

2. À l'aide de la propriété d'un plan sécant à deux plans parallèles, on montre que :

Ⓐ (IJ) // (DC). Ⓑ (IJ) // (AB).
Ⓒ (IJ) // (EF). Ⓓ (DI) // (CJ).

CORRIGÉ P. 342

Exercice résolu

38 ABCDEFGH est un parallélépipède. Ses faces sont toutes des parallélogrammes.
I est un point de l'arête [BC].
Le but de l'exercice est de construire l'intersection des plans (HDI) et (AFC) et d'étudier un cas particulier.

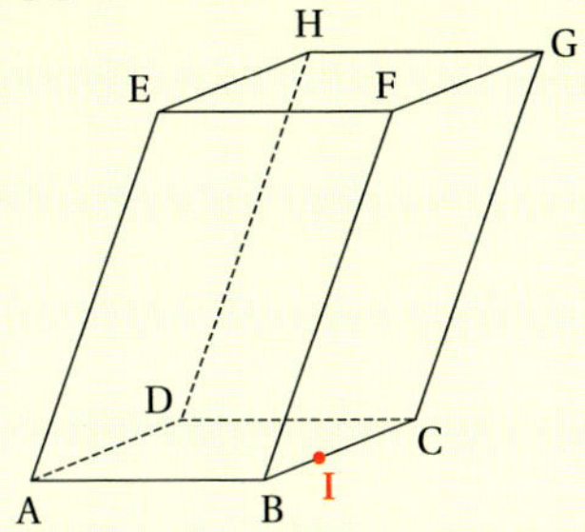

1. a. Montrer que le plan (HDI) coupe le plan (BCG) suivant une droite parallèle à (GC).

b. En déduire la trace du plan (HDI) sur le solide ABCDEFGH.

2. a. Représenter sur la figure la trace du plan (AFC) sur le solide ABCDEFGH.

b. En déduire le tracé de la droite d d'intersection des plans (HDI) et (AFC).

3. On considère désormais le cas où I est le milieu du segment [BC].

a. Montrer que d coupe le segment [FC] en son milieu qu'on notera N.

b. La droite d coupe le segment [DI] en un point M. Déterminer la position de M sur le segment [DI].

SOLUTION

1. a. Le plan (HDI) coupe les deux faces parallèles ADHE et BCGF suivant deux droites parallèles. L'une d'elle est la droite (HD) et l'autre la parallèle à (HD) passant par I.
Or (HD) est parallèle à (CG) car la face DCGH est un parallélogramme, donc le plan (HDI) coupe le plan (BCD) suivant une droite parallèle à (GC).

b. *Voir ci-contre.*

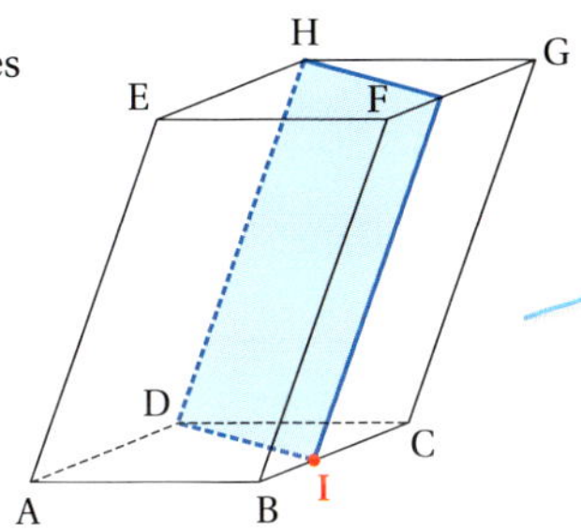

Pour dessiner la trace, il suffit de tracer la parallèle à (CG) passant par I, de restreindre le tracé à la face BCGF, puis de relier les points communs à chaque face.
Penser à mettre en pointillé les faces cachées.

2. a.

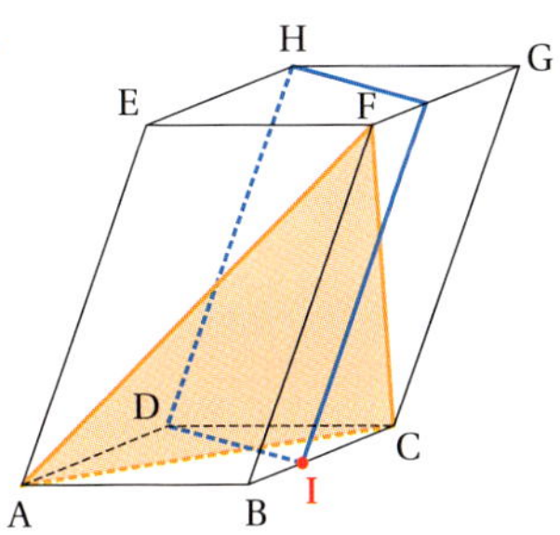

b. Les plans (HDI) et (AFC) ont deux points communs car leurs traces respectives sur le solide ABCDEFGH sont sécantes sur les faces BCGH et ABCD en deux points M et N.
Les plans (HDI) et (AFC) se coupent suivant une droite contenant M et N : c'est la droite (MN).

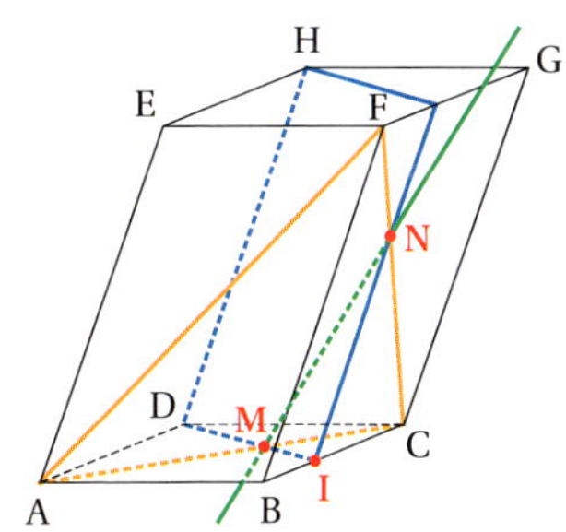

3. a. La droite d coupe [FC] en N. On sait que (IN) est parallèle à (CG) et donc à (FB). Dans le triangle BCF, en appliquant le théorème de Thalès, comme I est milieu de [BC], alors N est milieu de [FC].

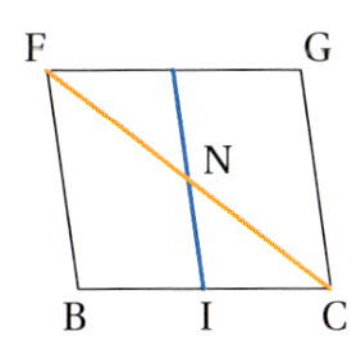

Face BCGF vue de face.

b. Dans le triangle BCD, (DI) est la médiane issue de D.
ABCD étant un parallélogramme, la diagonale (AC) coupe le segment [BD] en son milieu K. La droite (CK) est aussi une médiane du triangle BCD.
Le point M est donc à l'intersection de deux médianes de ce triangle, c'est donc son centre de gravité : il se situe au deux tiers de chaque médiane.

On a donc $DM = \frac{2}{3}DI$.

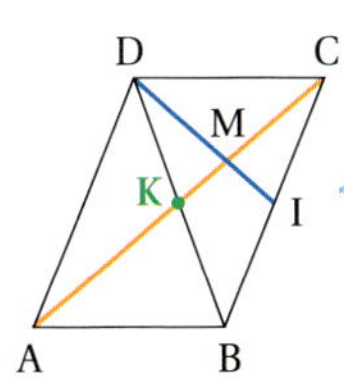

Face ABCD vue de face.

Exercices d'approfondissement

Les solides usuels

39 PROBLÈME OUVERT

Harry dispose des trois boîtes fermées et doit en choisir une pour ranger sa baguette de magicien de 30 cm de long. Quelle boîte peut-il choisir ? On négligera la largeur de la baguette.

Cône	**Cylindre**	**Pyramide régulière à base carrée**
Rayon : 15 cm Hauteur : 25 cm	Rayon : 12 cm Hauteur : 20 cm	Côté : 20 cm Hauteur : 25 cm

40 **1.** Un pavé droit a pour base un carré de côté 10 cm.

a. Quelle doit-être sa hauteur pour contenir 2 L ?

b. Combien mesure alors sa surface ?

2. Un cylindre a pour rayon 7 cm.

a. Quelle doit-être sa hauteur pour contenir 2 L ?
On arrondira au millimètre.

b. Combien mesure alors sa surface ?

3. Des deux récipients précédents, quel est celui qui nécessite le moins d'emballage ?

41 SABCD est une pyramide régulière à base carrée, de côté de longueur 40 mètres. Ses arêtes ont toutes la même longueur.
Le point H est le centre du carré ABCD.

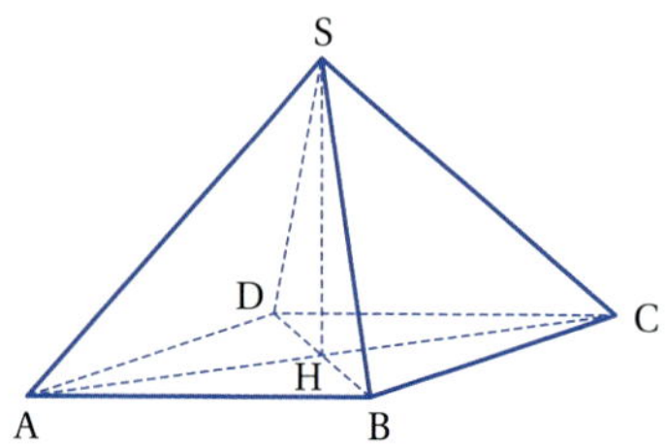

a. Calculer la longueur AH.

b. Montrer que (SH) est une hauteur du triangle SAC. En déduire la longueur SH.

c. On admet que H est le pied de la hauteur issue de S de la pyramide SABCD.
Calculer le volume de cette pyramide.

42 PROBLÈME OUVERT

Pour redresser une bague, un bijoutier utilise un cône de rayon 2 cm et de hauteur 10 cm.

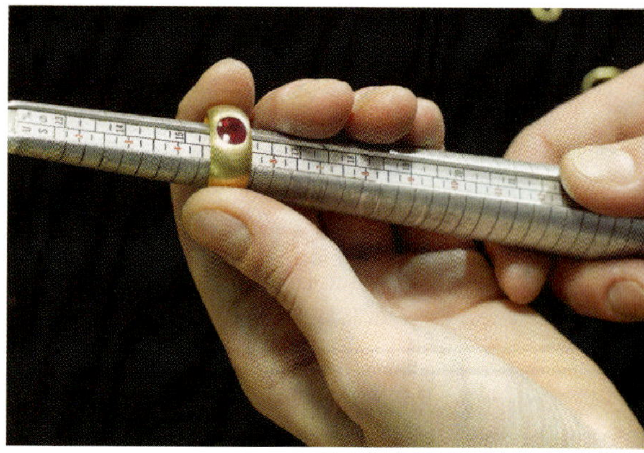

Il doit redresser une bague de rayon 1,2 cm. On souhaite trouver à quelle hauteur elle se situera sur le cône. On a représenté la situation en coupe ci-dessous.

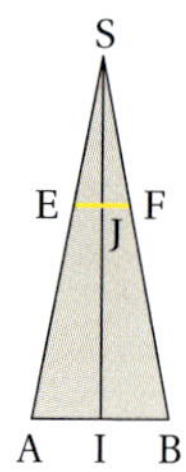

Déterminer la longueur IJ.

43 ABCDEFGH est un cube de coté a.

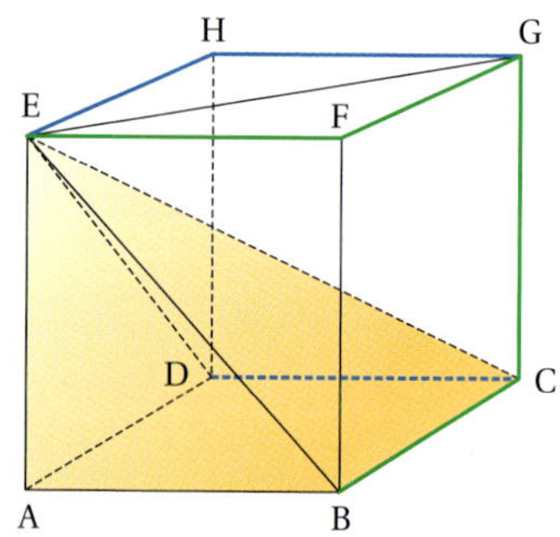

a. Justifier que les pyramides ABCDE, BCGFE et DCGHE sont des pyramides identiques.

b. Retrouver la formule permettant de calculer le volume exact de la pyramide ABCDE à l'aide de la question **a**.

c. Construire le patron de la pyramide ABCDE en vraie grandeur avec $a = 5$ cm.
(Avec trois pyramides identiques, on pourrait donc reconstituer le cube.)

44 **PROBLÈME OUVERT**

La figura adjunta muestra un cubo de arista a, un cubo pequeño de arista b y seis ladrillos (rectos) cuyas aristas miden a o b.

Es posible juxtaponer estas ocho piezas de manera que, dos a dos, tengan solo un lado común o solo una arista común o solo un vértice común. La construcción forma un gran cubo.

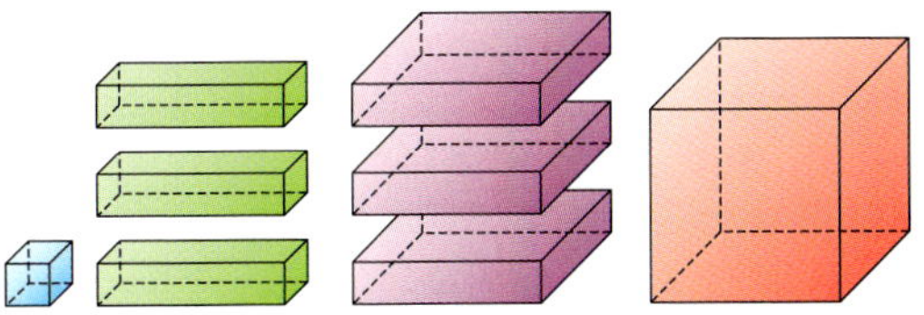

Representad la construcción en perspectiva caballera.

Escribid de dos formas diferentes la expresión del volumen del gran cubo en función de a y b para obtener una identidad notable.

D'après *Mathématiques sans frontières.*

45 ABCDEFGH est un cube de côté 12 cm.

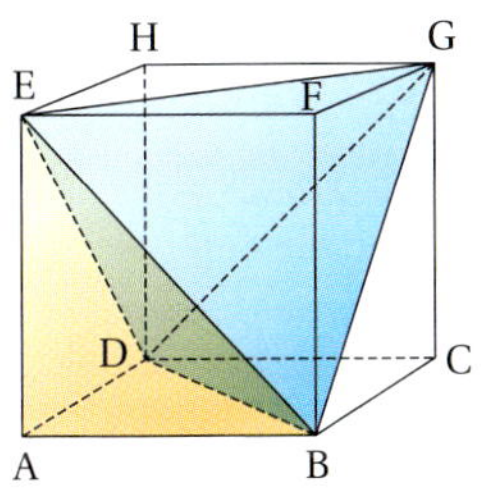

1. Calculer le volume du tétraèdre ABDE.

2. a. Calculer les longueurs EB, DB et DE.

b. En déduire la nature du triangle EBD.

3. a. Quelle est la nature du tétraèdre DBGE ?

b. Quel est le volume du tétraèdre DBGE ?

46 Une pyramide régulière à base carrée de côté 7 cm a toutes ses arêtes de même longueur. On construit le solide orange ci-dessous en joignant les milieux des arêtes de la pyramide de sorte à tronquer les coins de celle-ci :

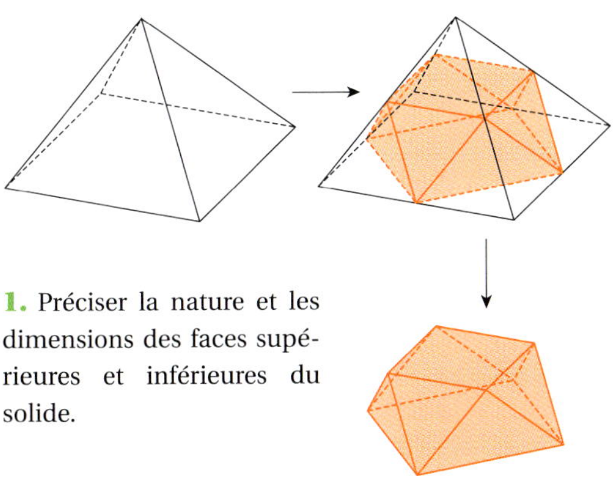

1. Préciser la nature et les dimensions des faces supérieures et inférieures du solide.

2. Justifier que les arêtes latérales ont toutes la même longueur et préciser cette longueur.

3. Déterminer la nature des faces latérales du solide.

4. À l'aide des informations précédentes, construire à la règle et au compas le patron du solide orange.

Positions relatives dans l'espace

47 ABCDEFGH est un cube. Le point I est le milieu de [FB].

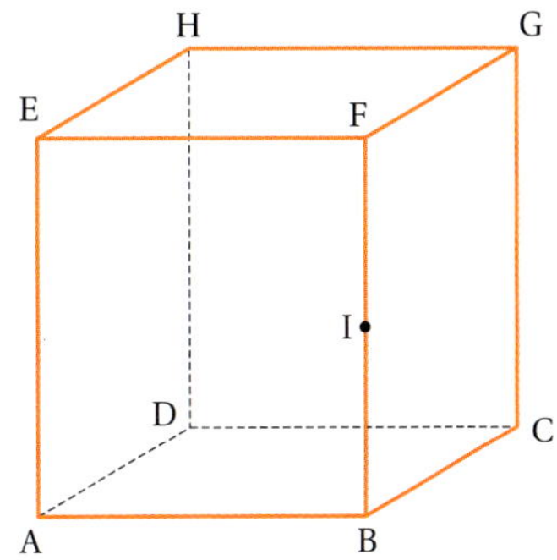

Le but de l'exercice est de construire l'intersection des plans (IGE) et (ABC).

a. Quelle est la nature de l'intersection des plans (IGE) et (ABC) ?

b. Justifier que les droites (GI) et (BC) sont sécantes en un point M.

c. Justifier que les droites (EI) et (AB) sont sécantes en un point N.

d. En déduire l'intersection des plans (IGE) et (ABC).

48 $\mathscr{P}$ et $\mathscr{P}'$ sont deux plans sécants et d est leur droite d'intersection. I et J sont deux points distincts de $\mathscr{P}$, K est un point de $\mathscr{P}'$ qui n'appartient pas à $\mathscr{P}$.

On sait de plus que la droite (IJ) n'est pas parallèle à d.

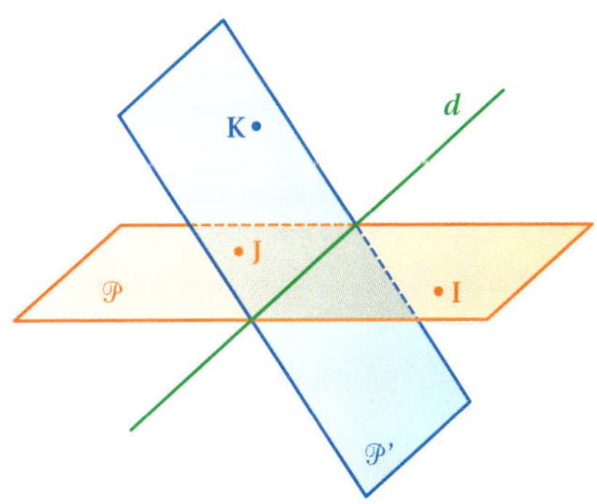

a. Reproduire la figure et construire le point M, intersection de la droite (IJ) et du plan $\mathscr{P}'$.

b. En déduire la droite d'intersection des plans (IJK) et $\mathscr{P}'$.

Parallélisme dans l'espace

49 SABCDT est un octaèdre régulier.

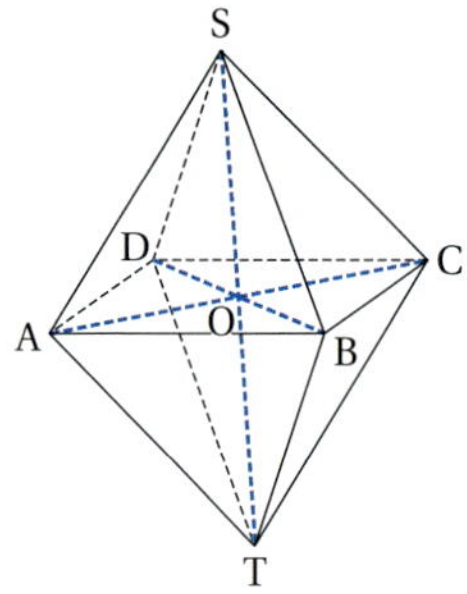

On admet que les droites (AC), (BD) et (ST) se coupent en un point O.

a. Montrer que la droite (BC) est parallèle au plan (ADS).

b. Montrer que les points S, B, T et D sont coplanaires. En déduire que le quadrilatère SBTD est un losange.

c. En déduire que (BT) est parallèle au plan (ADS).

d. Montrer alors que les plans (ADS) et (BTC) sont parallèles.

50 ABCDEFGH est un pavé droit, I est un point de la face AFGH.

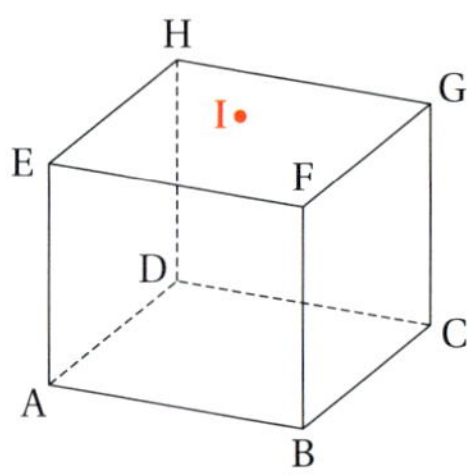

a. Déterminer la droite d d'intersection des plans (ADI) et (BCI).

b. En déduire l'existence d'un point M de d appartenant à [EF], et d'un point N de d appartenant à [HG].

c. Donner une condition suffisante sur le point I pour que les droites (EN) et (MG) soient parallèles.

51 ABCD est un tétraèdre. Les points I et J sont les centres des faces respectives ABD et BCD.

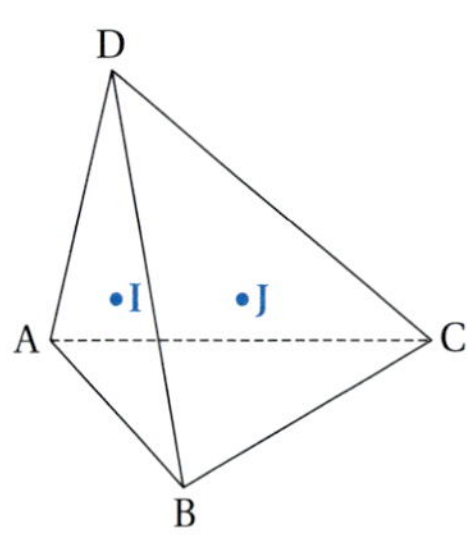

a. Construire l'intersection des plans (DIJ) et (ABC).

b. En déduire que (IJ) est parallèle à (AC).

c. Construire l'intersection des plans (ABC) et (BIJ).

52 ABCDEFGH est un cube. I est le milieu de [AD] et J est le milieu de [FB].

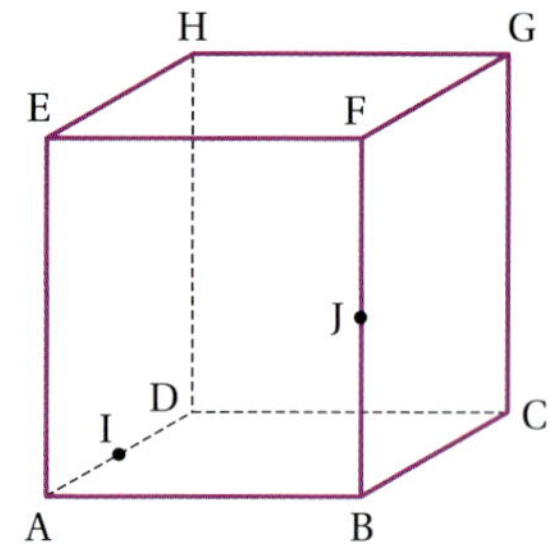

a. Reproduire la figure et construire la droite d, intersection des plans (HIJ) et (BCG).

b. On note N le point d'intersection de la droite d avec l'arête [FG]. Construire le point M, intersection du plan (HIJ) et de l'arête [AB].

c. Terminer la trace de la section du cube par le plan (HIJ).

53 GÉOMÉTRIE DYNAMIQUE

ABCDEFGH est un cube. Les points I et J sont les centres respectifs des faces BCGF et DCGH.

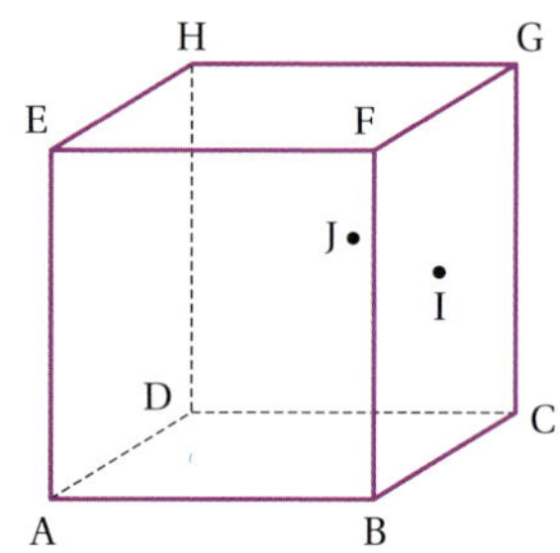

Le but de l'exercice est de tracer la section du cube par le plan (AIJ).

1. a. Montrer que les droites (IJ) et (DB) sont parallèles.

b. En déduire la construction de la droite d, intersection des plans (ABC) et (AIJ).

c. Construire le point K, intersection de la droite d et du plan (DCG).

d. En déduire la trace sur la face DCGH de la section du cube par le plan (AIJ).

e. Terminer la trace de la section du cube par le plan (AIJ).

2. Vérifier la construction à l'aide de l'outil de section d'un logiciel.

Problèmes

54 Antiprisme

Un prisme droit est un polyèdre ayant deux faces polygonales parallèles et superposables et dont les faces latérales sont des rectangles.
Un antiprisme est un polyèdre ayant aussi deux faces polygonales parallèles et superposables, mais dont les faces latérales sont des triangles isocèles.

Construire le patron d'un antiprisme tel que :

- les deux faces parallèles soient des hexagones réguliers de côté 3 cm ;
- les faces latérales soient des triangles isocèles, leurs côtés égaux mesurant 4 cm.

D'après *Mathématiques sans frontières*

55 PROBLÈME OUVERT Plus ou moins la moitié

Un cylindre est inscrit dans un cône. Sa hauteur est la moitié de celle du cône.

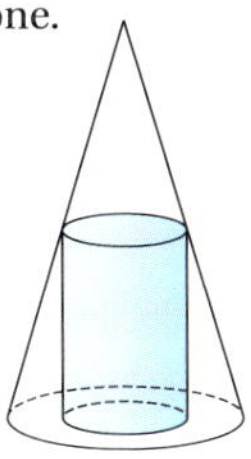

Son volume est-il plus ou moins grand que la moitié du volume du cône ?

56 PROBLÈME OUVERT Plus ou moins la même chose

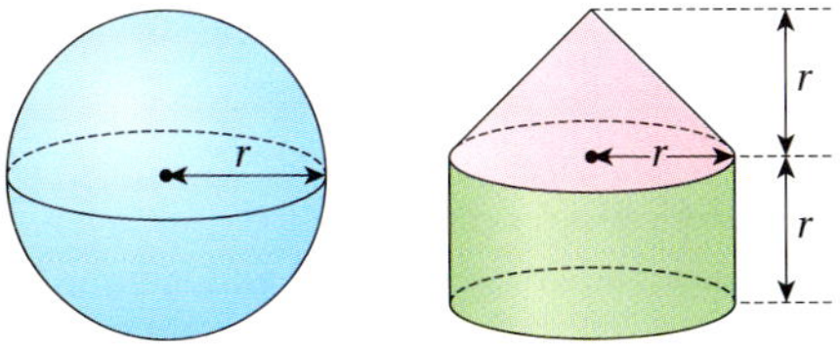

Lequel de ces deux solides a le plus grand volume?

57 Histoire de volume

Un cube de côté 6 a été évidé comme sur la figure ci-contre (chaque perçage formant un pavé droit débouchant de l'autre côté du cube).
Le gabarit de perçage est un carré de côté 2. Calculer le volume de ce solide.

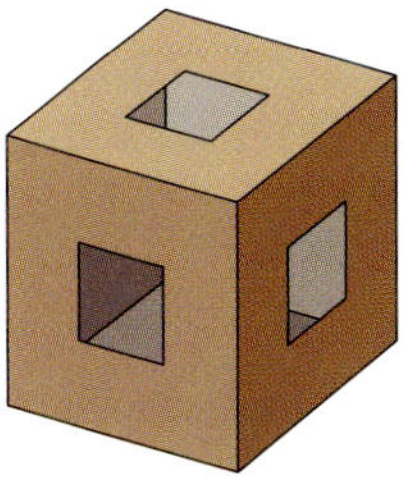

58 Le 100 mètres du pharaon

La pyramide de Khéops est à base carrée. Elle mesure 230 mètres de côté à sa base.
Elle est composée à son origine de 212 étages de parement de 69 cm de haut chacun.

1. Quelle était sa hauteur à l'origine ?

2. De combien d'étages faut-il monter pour en faire le tour complet sur un même niveau en parcourant moins de 100 mètres ?

59 Eurêka !

Archimède (287 av. J.-C. - 212 av. J.-C.) a travaillé sur le volume de la sphère et du cylindre et a demandé à ce que ces figures soient gravées sur sa tombe avec l'inscription suivante :

> LE RAPPORT DES VOLUMES D'UNE SPHÈRE ET D'UN CYLINDRE, SI LA SPHÈRE EST TANGENTE AU CYLINDRE PAR LA FACE LATÉRALE ET LES DEUX BASES, EST ÉGALE À DEUX-TIERS.

Justifier cette inscription.

60 Le π verre

Un artiste veut concevoir une sculpture composée d'une boule en verre à l'intérieur de laquelle se trouve emprisonné un cylindre de vide.

L'artiste souhaite que la sphère soit de diamètre 60 centimètres et que le cylindre soit de diamètre 20 centimètres. Les bases du cylindre sont des cercles de la sphère.

Calculer la masse de la sculpture.

On donne la masse volumique du verre : 2 500 kg/m³.

61 Dans la boîte

Quatre ballons sphériques de diamètre 20 cm sont disposés de façon à former une pyramide.

Le but du problème est de déterminer si on peut ranger ces ballons ainsi dans une boite cylindrique fermée de rayon 22 cm et de hauteur 37 cm.

1. On note A, B et C les centres respectifs des sphères posées au fond de la boite.

a. Quelle est la nature du triangle ABC ?

b. Calculer une hauteur du triangle ABC et vérifier que les trois ballons peuvent être disposés à plat ensemble dans la boite.

2. On note D le centre du quatrième ballon.

a. Quelle est la nature du tétraèdre ABCD ?

b. Calculer la hauteur de ce tétraèdre à l'aide de la question **1.b**.

c. Peut-on ranger les ballons dans la boite fermée?

3. Pour aller plus loin

Que se serait-il passé si la boite avait eu pour rayon 25 cm et pour hauteur 34 cm ?

62 PROBLÈME OUVERT Oh peuchère !

Sur une boule de pétanque de rayon 37 mm, on veut tracer 6 cercles comme indiqué sur la figure ci-dessous. Leurs 8 points d'intersection sont les sommets d'un cube.

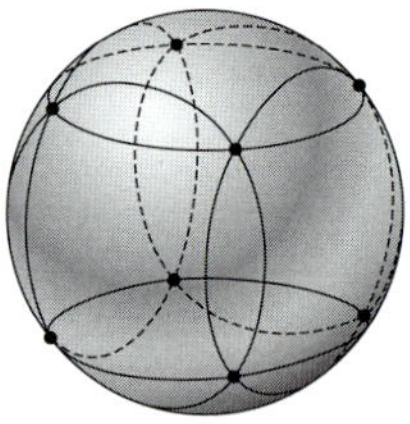

Calculer le rayon de ces cercles.

D'après *Mathématiques sans frontières*

63 Patron de cône

Le patron d'un cône sans base **(fig. 1)** est un secteur circulaire **(fig. 2)**.

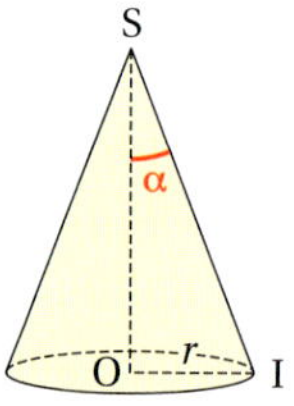

fig. 1

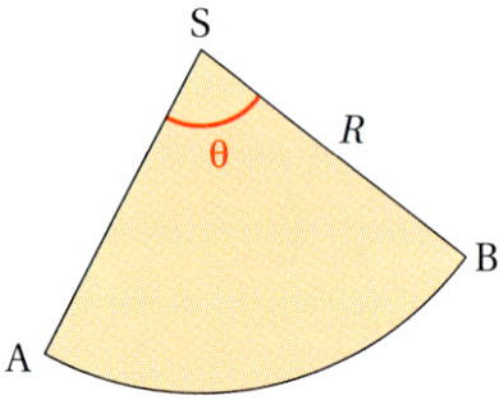

fig. 2

On appelle le demi-angle du cône l'angle $\widehat{OSI}$ noté α.

L'angle $\theta = \widehat{ASB}$ est l'angle du patron.

On note R la longueur SB et r la longueur OI.

1. Exprimer r en fonction de R et de α.

2. Justifier le fait que l'arc $\overset{\frown}{AB}$ mesure $2\pi R \times \dfrac{\theta}{360}$.

3. Écrire l'égalité entre le périmètre de la base du cône et la longueur de l'arc $\overset{\frown}{AB}$.

En déduire l'expression de θ en fonction de α.

4. On veut construire un cône avec $\alpha = 30°$.

a. Que vaut alors θ ?

b. On choisit $R = 5$.

Calculer r ainsi que la hauteur du cône.

c. Fabriquer ce cône et vérifier sur le solide les résultats précédents.

64 Sphère circonscrite à une pyramide

SABCD est une pyramide à base rectangle telle que AB = 8 et AD = 6.
Les faces latérales sont des triangles isocèles et AS = 13.
On note I le centre du rectangle ABCD et O le centre de la sphère circonscrite à la pyramide SABCD.
On admettra que O est sur la droite (SI).

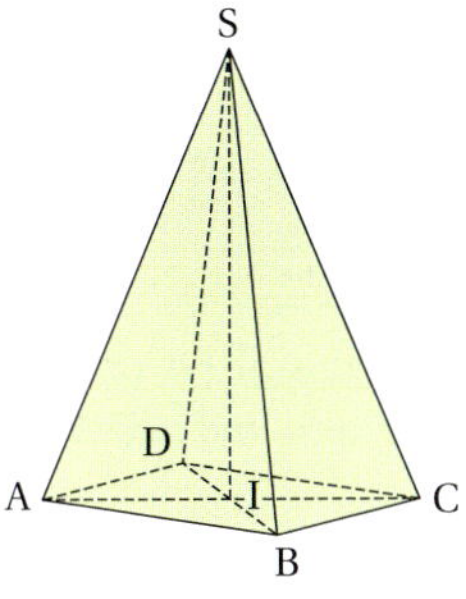

Le but du problème est de déterminer la position du point O sur le segment [SI] et le rayon de la sphère circonscrite.

a. Calculer les longueurs AI et IS.

b. Dans le triangle SAC, montrer que O est équidistant des points S, A et C.

c. En se plaçant dans le triangle SAC, exprimer la longueur IO en fonction du rayon r de la sphère circonscrite.

d. En déduire le rayon de la sphère circonscrite.

65 Marche à l'ombre

Les rayons du soleil dessinent l'ombre d'un bâtiment de forme cubique sur le sol plat.
On donne une extrémité M de l'ombre, obtenue en traçant le rayon passant par G.

a. Faire un schéma en conservant les proportions.

b. En supposant que les rayons du soleil sont tous parallèles, construire à partir du point M l'ombre que laisse le cube sur un sol plat.

66 GÉOMÉTRIE DYNAMIQUE Section en aveugle

ABCD est un tétraèdre. I, J et K sont des points des faces respectives ACD, ABD et BCD.

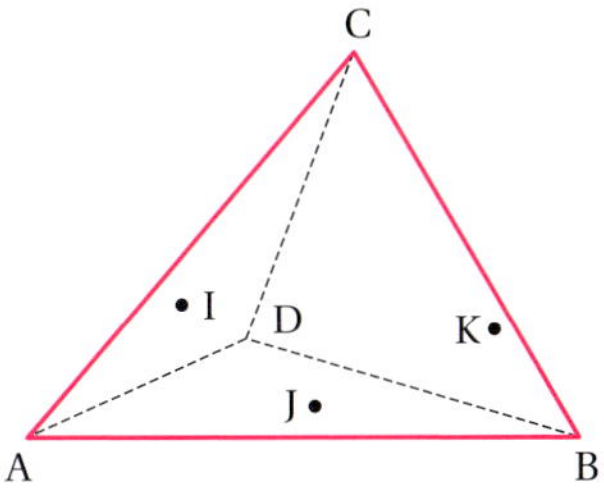

L'objectif est de construire la trace de la section du tétraèdre par le plan (IJK).

1. a. Construire la section du tétraèdre par le plan (AIJ).

b. En déduire la construction de M, point d'intersection de la droite (IJ) et du plan (BCD)

c. À l'aide du point M, construire la trace du plan (IJK) sur la face BCD.

d. Terminer la construction.

2. Vérifier la construction à l'aide de l'outil de section d'un logiciel.

67 Coupe en creux

La figure ci-dessous représente un cube auquel on a extrait un petit cube. On a marqué trois sommets du solide A, B et C.

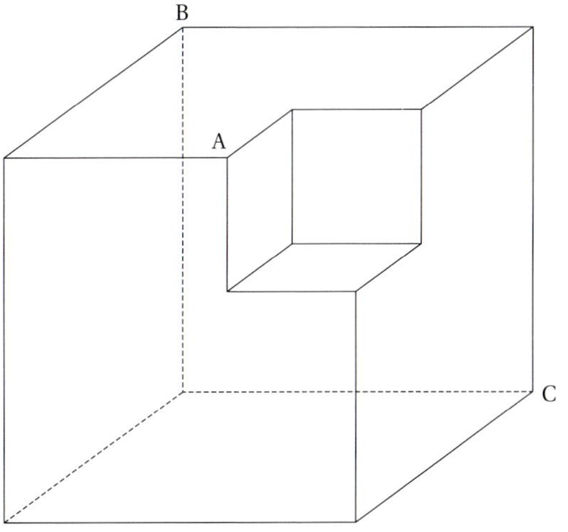

a. Reproduire la figure.

b. Construire la trace de la section de ce solide par le plan (ABC)

QCM Pour bien commencer

Pour chaque question, il y a une ou plusieurs bonnes réponses.

Pour les exercices 1 à 5

On considère la série statistique suivante, constituée des notes sur 20 obtenues à l'épreuve du brevet par les élèves d'un collège :

Note	4	5	6	7	8	9	10	11	12
Effectif	5	0	3	3	6	7	10	3	9

Note	13	14	15	16	17	18	19	20
Effectif	14	17	12	7	6	3	0	1

1 La moyenne de la série, arrondie au centième, est :
(A) 12,2. (B) 12,3. (C) 12,25. (D) 12,26.

2 La note médiane de la série est :
(A) 12. (B) 13. (C) 12,5. (D) 11,3.

3 L'étendue de la série est :
(A) 106. (B) 16. (C) 20. (D) 13.

4 Le premier quartile de la série est :
(A) 26,5. (B) 9. (C) 10. (D) 25 %.

5 Le troisième quartile de la série est :
(A) 79,5. (B) 15. (C) 16. (D) 75 %.

6 Pierrot affirme que dans son entreprise le salaire médian est de 1750 € et le salaire moyen de 1950 €.
On peut alors dire que :
(A) L'étendue des salaires est de 200 €.
(B) L'entreprise comprend une proportion très importante de salariés dont le salaire est élevé.
(C) La moitié des salariés de l'entreprise gagne moins de 1750 €.
(D) La moitié des salariés de l'entreprise gagne plus de 1950 €.

7 Un cycliste note chaque week-end le nombre de kilomètres qu'il parcourt :
70, 45, 65, 65, 130, 70, 70, 120, 130, 65, 65, 65, 70 et 45.
Quel écran de calculatrice affiche le kilométrage moyen parcouru le week-end ?

(A)
```
70+45+2*65+130+▸
      1033.214286
```
(B)
```
(70+45+2*65+130▸
      76.78571429
```
(C)
```
70/14+45/14+65/▸
      76.78571429
```
(D)
```
70/14+45/14+65/▸
             76.8
```

8 Lors d'une livraison de pommes du Limousin, les masses des fruits d'une cagette sont relevées :

Masse (en gramme)	[100 ; 110[	[110 ; 120[	[120 ; 130[	[130 ; 140[	[140 ; 150[
Effectif	3	23	15	8	1

Le pourcentage de pommes de la cagette ayant une masse comprise entre 120 et 135 grammes peut être :
(A) 23 %. (B) Supérieur à 30 %.
(C) Inférieur à 38 %. (D) 46 %.

9 Le diagramme en bâtons ci-dessous donne la quantité produite, en millions de litres, d'eau plate et d'eau gazéifiée dans une entreprise durant une année.

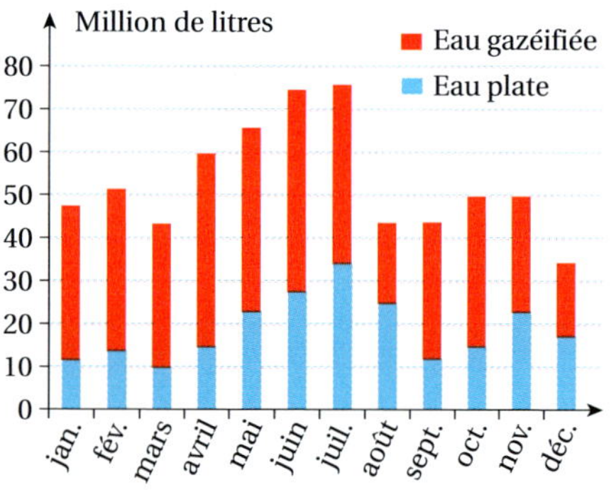

On peut affirmer que :
(A) La production d'eau plate en octobre a été supérieure à 11 millions de litres.
(B) La production d'eau gazéifiée a augmenté entre juin et juillet.
(C) La moyenne des productions mensuelles d'eau plate est comprise entre 15 et 25 millions de litres.
(D) Chaque mois, la production mensuelle d'eau plate a été inférieure à la moitié de la production d'eau gazéifiée.

CORRIGÉ P. 342

Statistiques et échantillonnage

9

Chaîne de fabrication : on peut prélever un échantillon de taille n, ce qui consisterait ici à prendre un pingouin, vérifier s'il est défectueux ou non, et ceci n fois de suite.

> **La beauté, c'est l'harmonie du hasard et du bien.**
>
> *La pesanteur et la grâce*, Simone Weil (1909-1943).

Le chapitre en bref

Réinvestir

- Moyenne
- Médiane
- Quartiles
- Étendue

Découvrir

- Fréquences cumulées
- Échantillon, fluctuation
- Intervalle de fluctuation
- Réalisation d'une simulation

UN PEU D'HISTOIRE p. 281

Activités

1 Des lettres et des chiffres

Réinvestir : Notion de fréquence.

1 Dans la langue française, la fréquence en pourcentage d'apparition des différentes lettres est la suivante :

Lettre	A	B	C	D	E	F	G	H	I	J	K	L	M
Fréquence	8,11	0,81	3,38	4,28	17,69	1,13	1,19	0,74	7,24	0,18	0,02	5,99	2,29

Lettre	N	O	P	Q	R	S	T	U	V	W	X	Y	Z
Fréquence	7,68	5,2	2,92	0,83	6,53	8,87	7,44	5,23	1,28	0,06	0,53	0,26	0,12

a. Tracer un diagramme en bâtons de ces données.
Quelles sont les lettres les plus fréquentes ?

b. D'après ce tableau de fréquences, peut-on dire qu'il y a plus de voyelles que de consonnes dans un texte en français ?

2 L'extrait suivant du roman *Vipère au poing* d'Hervé Bazin contient 392 lettres :

« Nos paysans, proches parents des paysans bretons, se contentent d'élargir leur pré carré quand ils le peuvent. Les plus riches d'entre eux iront jusqu'à se payer une étable de bonne pierre, matériau rare dans la région et qui doit être amené à grands frais de Bécon-les-Carrières. Mais les bourgeois semblent avoir besoin d'un nombre de pièces inutiles proportionnel à celui des hectares sur lesquels s'étend la domination de leurs redevances et de leurs chasses ».

a. Quel devrait être, d'après le tableau de fréquences de la question 1, le nombre de lettres « e » et de lettres « z » contenues dans cet extrait de *Vipère au poing* ?

b. Combien de lettres « e » et de lettres « z » cet extrait contient-il ?

c. Expliquer les résultats obtenus.

3 Le codage d'un texte selon la méthode dite « de Jules César » correspond au remplacement de toutes les lettres par une autre lettre située n places plus loin dans l'alphabet. Par exemple si $n = 1$, les « a » sont remplacées par des « b », les « b » par des « c », … , les « y » par des « z » et les « z » par des « a ».
Anaïs découvre le message suivant, codé selon cette méthode :

« NGU RNWU TKEJGU F GPVTG GWZ KTQPV LWUSW C UG RCAGT WPG GVCDNG ».

a. Établir la fréquence d'apparition des lettres de ce texte codé.

b. En supposant que ces fréquences sont similaires à celles données à la question 1, décoder le message.

c. Reprendre les questions 3a et 3b avec le message suivant : « STX UFDXFSX ».

2 Une entreprise dans la moyenne ?

Réinvestir : • Notions de moyenne et de médiane.
• Commenter des statistiques.

Filord, une entreprise de confection de jeans, souhaite s'installer dans une ville.
Pour obtenir l'accord de la municipalité, elle met en avant les embauches prévues, avec des salaires similaires à ce qui se pratique ailleurs. Elle fournit la grille suivante :

Salaire compris dans l'intervalle (en €)	[1 200 ; 2 000[	[2 000 ; 2 800[	[2 800 ; 3 600[	[3 600 ; 4 400]
Nombre de personnes à embaucher	19	1	2	3

Deux conseillers municipaux exposent leurs arguments.

Indication : Pour calculer le salaire médian et le salaire moyen des données ci-dessus on considérera les milieux de chaque intervalle : par exemple, pour l'intervalle [1 200 ; 2 000[, on considérera que les 19 personnes gagnent 1 600 €.

1 M. Dacor commente : « Beaucoup des salaires prévus par Filord ne sont pas élevés, mais globalement c'est similaire à ce qui se passe en France où, d'après l'INSEE pour l'année 2010, la médiane des salaires était de 1 675 € et la moyenne des salaires était de 2 082 €. »
Vérifier cette affirmation.

2 M. Padacor prétend que les informations fournies par Filord ne sont pas suffisantes : « Imaginons que les salaires réels soient les suivants :
1 240 ; 1 250 ; 1 260 ; 1 270 ; 1 280 ; 1 290 ; 1 300 ; 1 310 ; 1 320 ; 1 330 ; 1 340 ; 1 350 ; 1 360 ; 1 370 ; 1 380 ; 1 390 ; 1 400 ; 1 410 ; 1 420 ; 2 010 ; 2 810 ; 2 820 ; 3 620 ; 3 630 ; 3 630.
Cela pourrait correspondre au tableau donné par Filord, alors que moyenne et médiane ne sont absolument pas comparables aux valeurs connues pour la France. »
M. Padacor a-t-il raison ?

3 Simuler un lancer de dés

Réinvestir : Notion de fluctuation d'échantillonnage

Partie A : Expérience

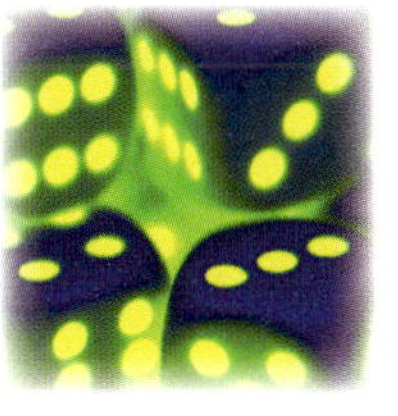

1 a. Jeter 10 fois un dé et noter les résultats.
b. Reproduire et compléter le tableau suivant :

Face supérieure	1	2	3	4	5	6
Fréquence d'apparition						

Par exemple, pour la fréquence d'apparition du 1, on divisera le nombre de 1 obtenus par 10.
Est-il possible qu'une de ces fréquences soit nulle ? Soit égale à 1 ?

2 Regrouper les résultats de 10 camarades pour obtenir la fréquence d'apparition du « 1 » pour 100 dés. Compléter un second tableau avec ces nouvelles valeurs.

Partie B : Simulation

Voici des programmes saisis sur calculatrice.
a. Vérifier que ces programmes renvoient un entier compris entre 1 et 6.

```
======DE          ======
Ran# →X↵
Int (6X+1)→N↵
N◢
```

fig. 1 - Sur Casio Graph 35+.

```
PROGRAM:DE
:NbrAléat→X
:ent(6*X+1)→N
:Disp N
```

fig. 2 - Sur TI-83 Plus.

b. Modifier un de ces programmes pour que l'utilisateur puisse choisir le nombre de lancers et pour qu'il affiche la fréquence (en pourcentage) d'apparition de chaque valeur lors de la série de lancers.

Cours

A STATISTIQUES DESCRIPTIVES

Dans cette partie, tous les exemples s'appuieront sur les données suivantes :

Une entreprise Z emploie 52 personnes. On souhaite étudier le montant, en euro, de leurs salaires mensuels. Le service comptable fournit le tableau suivant :

Salaire mensuel net (en €)	1 000	1 200	1 500	2 500	3 000
Nombre de personnes	5	8	24	13	2

1 Vocabulaire

- La **population** désigne l'ensemble des personnes ou objets sur lesquels porte l'étude statistique.
- L'ensemble des données recueillies s'appelle la **série statistique.** Elle énumère des propriétés des individus de la population, appelés **caractères**.

EXEMPLE

Ici, la population est l'ensemble des 52 personnes et le caractère est le montant du salaire mensuel net de chacune d'elle.

Lors d'une étude statistique, on note les valeurs prises par le caractère étudié.

- L'**effectif** d'une valeur du caractère est le nombre d'éléments de la population ayant cette valeur pour caractère.
- La **fréquence** d'une valeur du caractère est le quotient de l'effectif de la valeur par l'effectif total ; c'est un nombre compris entre 0 et 1.

EXEMPLE

Ici, les valeurs du caractère sont 1 000, 1 200, 1 500, 2 500 et 3 000.

L'effectif total de l'entreprise est égal à 52 (5 + 8 + 30 + 7 + 2).

L'effectif de la valeur 1 200 est 8 et la fréquence de la valeur 1 200 est $\frac{8}{52} \approx 0{,}154$.

Cela signifie que environ 15,4 % des personnes gagnent 1 200 €.

DÉFINITIONS

Les **effectifs cumulés croissants** donnent les effectifs des valeurs inférieures ou égales à chaque valeur du caractère.

De manière similaire, on peut étudier les **effectifs cumulés décroissants**.

DÉFINITIONS

Les **fréquences cumulées croissantes** donnent les fréquences des valeurs inférieures à chaque valeur du caractère.

De manière similaire, on peut étudier les **fréquences cumulées décroissantes**.

EXEMPLE

Le tableau suivant donne les effectifs cumulés croissants et fréquences cumulées croissantes (arrondies au centième) :

Salaire mensuel (en €)	1 000	1 200	1 500	2 500	3 000
Effectif cumulé croissant	5	13	37	50	52
Fréquence cumulée croissante (en %)	9,62 %	25 %	71,15 %	96,15 %	100 %

Le nombre 13 signifie que 13 personnes ont un salaire mensuel inférieur ou égal à 1 200 €.
Le nombre 25 % signifie que 25 % des salariés considérés ont un salaire mensuel inférieur ou égal à 1 200 €.

2 Représentation d'une série statistique

Savoir-faire 1
Proposer une représentation graphique, p. 275

- Un **nuage de points** est, dans un repère, l'ensemble des points ayant comme abscisses les valeurs du caractère et comme ordonnée l'effectif correspondant.
- Un **diagramme en bâtons** indique sous forme de segments les effectifs ou les fréquences qui correspondent aux valeurs du caractère étudié.
- Un **histogramme** indique sous forme de rectangles les effectifs ou les fréquences en fonction des différentes valeurs du caractère étudié. L'aire des rectangles est proportionnelle à l'effectif ou à la fréquence de la valeur.

REMARQUE

Les histogrammes sont principalement utilisés lorsque les valeurs du caractère sont regroupées en classes.

EXEMPLES

Nuage de points

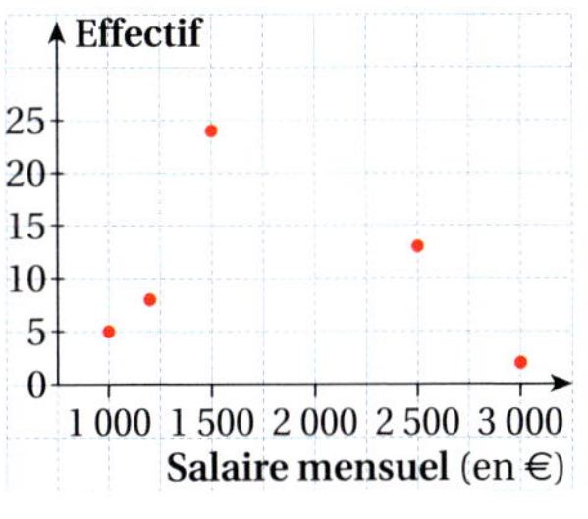

Diagramme en bâtons

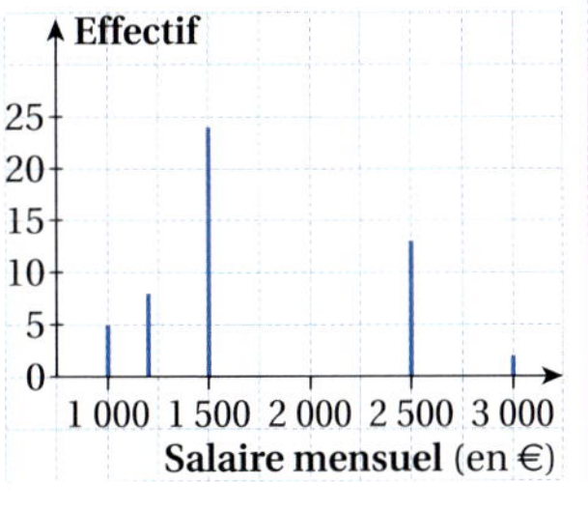

Histogramme

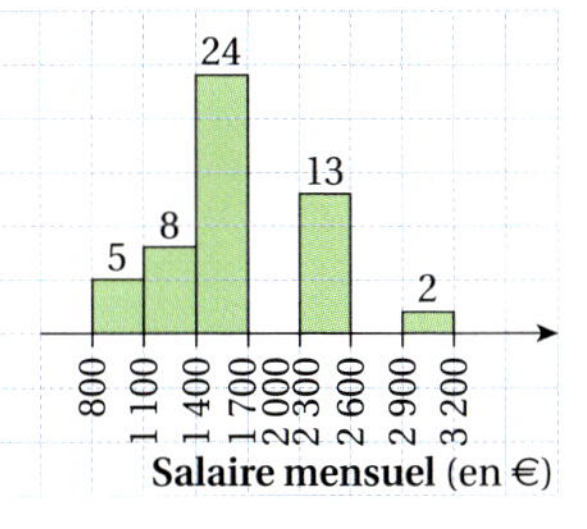

Une **courbe des fréquences cumulées** relie le nuage de points qui correspond aux effectifs cumulés croissants.

EXEMPLE

Le point de coordonnées (1 200 ; 25) signifie que 25 % des personnes ont un salaire mensuel inférieur ou égal à 1 200 €.

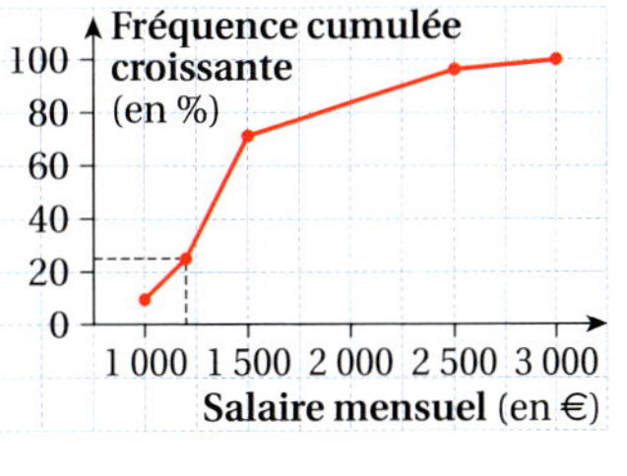

3 Moyenne

DÉFINITION

La **moyenne** d'une série statistique dont les valeurs du caractère sont x_1 ; x_2 , …, x_k et les effectifs correspondants n_1 ; n_2 ; …, n_k est notée $\overline{x}$ et vaut $\overline{x} = \dfrac{n_1x_1 + \ldots + n_kx_k}{n_1 + \ldots + n_k}$.

EXEMPLE

Pour l'entreprise Z, la moyenne des salaires vaut environ 1 713 €, en effet :

$$\frac{5\times1000+8\times1200+24\times1500+13\times2500+2\times3000}{5+8+24+13+2} = \frac{89100}{52} \approx 1713.$$

4 Médiane et quartiles

Savoir-faire 2
Comparer deux séries statistiques, p. 276

DÉFINITION

La **médiane** m est une valeur du caractère étudié telle que la moitié de l'effectif ait des valeurs inférieures à m, l'autre moitié des valeurs supérieures à m.

Pour déterminer la médiane de N valeurs, on range ces valeurs par **ordre croissant**.

- Si N est impair, la médiane m est la valeur du caractère numérotée $\dfrac{N+1}{2}$.
- Si N est pair, la médiane m est le moyenne des valeurs numérotées $\dfrac{N}{2}$ et $\dfrac{N}{2}+1$.

EXEMPLE

Pour l'entreprise Z, la médiane des salaires est égale à 1 500 €.

En effet, la moitié de l'effectif est $\dfrac{52}{2} = 26$. Les salaires rangés dans l'ordre croissant sont 1 000 ; 1 000 ;… ; 2 500 ; 3 000 ; 3 000.

Le 26e et le 27e salaires sont égaux à 1 500 €.

DÉFINITIONS

- Le **premier quartile** est le plus petit élément Q_1 des valeurs des termes de la série, tel qu'au moins 25 % des données sont inférieures ou égales à Q_1.
- Le **troisième quartile** est le plus petit élément Q_3 des valeurs des termes de la série, tel qu'au moins 75 % des données sont inférieures ou égales à Q_3.

EXEMPLE

- Pour l'entreprise Z, $Q_1 = 1\,200$ € et $Q_3 = 2\,500$ €.

En effet, 25 % de l'effectif correspond à 13. Le 13e salaire vaut 1 200 €.
75 % de l'effectif vaut 39. Le 39e salaire vaut 2 500 €.

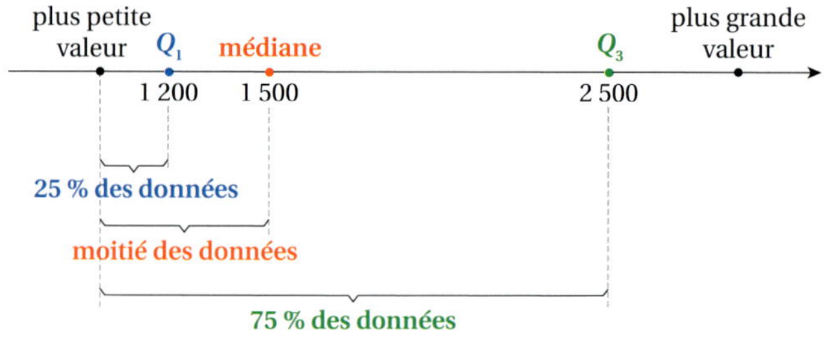

B ÉCHANTILLONNAGE

1 Échantillon

DÉFINITION

Un échantillon de taille n est obtenu à partir d'une population en réitérant n fois de suite l'opération suivante : on prélève au hasard un de ses éléments, on note la valeur du caractère prélevé et on remet l'élément prélevé dans la population.

REMARQUE

Bien souvent, pour des raisons pratiques, il n'y a pas de remise lors du prélèvement. On peut néanmoins prouver que les résultats suivants restent vrais lorsqu'il n'y a pas remise après chaque prélèvement, pour peu que l'effectif total soit très grand par rapport au nombre d'objets prélevés.

EXEMPLES

1. Dans une entreprise qui fabrique des lecteurs MP4, pour effectuer un contrôle dans la fabrication, on peut prélever un échantillon de taille 100. C'est-à-dire que l'on prend au hasard un des lecteurs pour vérifier si le logo est défectueux, puis on le remet. Et ceci 100 fois de suite.

2. Dans un établissement scolaire, pour étudier ce que les élèves pensent du restaurant, on peut adresser un questionnaire de satisfaction à 50 élèves. Pour cela, on prélève au hasard une fiche du fichier des élèves de l'établissement, on lui fait remplir le questionnaire de satisfaction, on note son nom et on remet la fiche. Et ceci 50 fois de suite.

2 Intervalle de fluctuation

Soit une population pour laquelle on étudie un caractère pouvant prendre les valeurs « vrai » ou « faux ». On suppose connaître la proportion p de la population pour laquelle le caractère est vrai ; on la nommera « **proportion effective** p ».
Un échantillon de taille n de cette population est prélevé. On peut mesurer la proportion f de l'échantillon pour laquelle le caractère est vrai ; on la nommera « **fréquence observée** f ».

DÉFINITION

L'**intervalle de fluctuation au seuil de 95 %** d'une fréquence d'un échantillon de taille n est l'intervalle I centré autour de la proportion effective p tel que la fréquence observée f se trouve dans I avec une probabilité égale à 0,95.

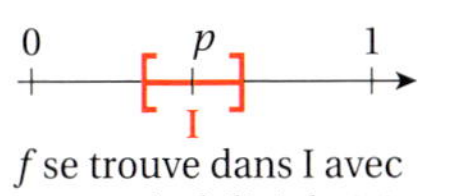

f se trouve dans I avec une probabilité de 0,95.

EXEMPLE

Dans une entreprise qui fabrique des lecteurs MP4, on suppose que 25 % d'entre eux ont le logo défectueux. La proportion effective p est donc égale à 0,25.
Lorsque l'on prélève un échantillon de taille $n = 100$ dans cette production, on peut compter le nombre de lecteurs MP4 ayant le logo défectueux dans ce prélèvement.

Notons ce nombre $n_{\text{défectueux}}$. La fréquence observée f est le quotient $\frac{n_{\text{défectueux}}}{n}$.

Pour un échantillon de taille $n = 100$, l'intervalle de fluctuation au seuil de 95 % de la fréquence des lecteurs au logo défectueux, est un intervalle I de centre 0,25 tel que pour 95 % des échantillons de taille 100, les fréquences observées se trouvent dans I.

Savoir-faire 3
Comprendre l'influence de la taille sur l'étendue de l'intervalle de fluctuation, p. 277

PROPRIÉTÉ

Soit une population pour laquelle on connaît la proportion effective p d'un caractère, située entre 0,2 et 0,8. On s'intéresse à la fréquence observée f du caractère dans un échantillon de taille $n > 25$ prélevé dans cette population.
L'intervalle de fluctuation au seuil de 95 % de f est l'intervalle $\left[p-\frac{1}{\sqrt{n}}\ ;\ p+\frac{1}{\sqrt{n}}\right]$.

Cela signifie qu'il y a une probabilité de 0,95 pour que la fréquence observée du caractère se trouve dans l'intervalle $\left[p-\frac{1}{\sqrt{n}}\ ;\ p+\frac{1}{\sqrt{n}}\right]$.

REMARQUE

Cet intervalle peut être obtenu, de façon approchée, par simulation (paragraphe **B.4**).

3 Estimation d'une proportion

Soit p la proportion d'un caractère dans une population ; on suppose que p est compris entre 0,2 et 0,8.
Pour un échantillon de taille n prélevé dans cette population, on note f la fréquence observée pour cet échantillon. On suppose que n est supérieur à 25.

PROPRIÉTÉ

Parmi tous les échantillons de taille n possibles ayant comme fréquence observée f, 95 % des intervalles associés $\left[f-\frac{1}{\sqrt{n}}\ ;f+\frac{1}{\sqrt{n}}\right]$ contiennent la proportion effective p.

DÉFINITION

L'intervalle $\left[f-\frac{1}{\sqrt{n}}\ ;f+\frac{1}{\sqrt{n}}\right]$ est dit un **intervalle de confiance** de p au niveau 0,95 ou encore une fourchette de sondage de p au niveau 0,95.

4 Simulation

Savoir-faire 4
Réaliser une simulation, p. 278

Pour déterminer l'intervalle de fluctuation au seuil 95 %, ou encore pour vérifier si une hypothèse émise pourrait être vraie, des simulations s'avèrent nécessaires.

EXEMPLE

Une urne contient 400 boules rouges et 600 boules blanches.
Pour un échantillon de taille 100, on compte le nombre de boules rouges de l'échantillon et on calcule la fréquence observée f.
Le prélèvement de cet échantillon peut être simulé à l'aide d'une calculatrice ou d'un tableur*.

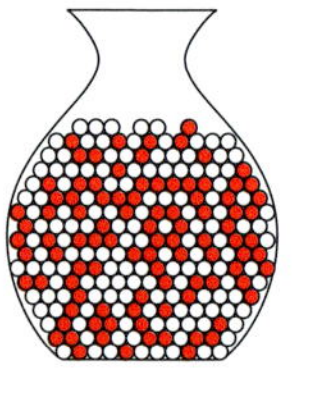

Une telle simulation permet d'« effectuer » des milliers de tels prélèvements et de vérifier que, dans 95 % des cas, la fréquence (proportion) des boules rouges dans l'échantillon est située dans l'intervalle [0,3 ; 0,5], ce qui correspond bien à l'intervalle $\left[p-\frac{1}{\sqrt{n}}\ ;\ p+\frac{1}{\sqrt{n}}\right]$ où $p = 0{,}4$ et $n = 100$.

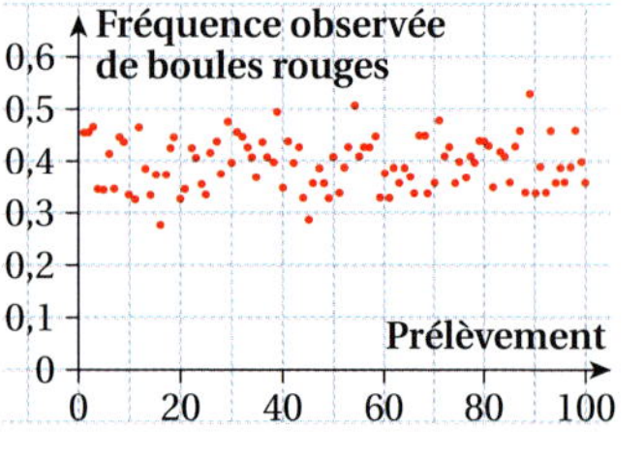

Graphique donnant pour 100 prélèvements les fréquences observées de boules rouges.

* Avec un tableur, on utilisera la fonction « = ENT(ALEA()+1,6) » qui donne 1 avec la probabilité 0,4 et 2 avec la probabilité 0,6.

Savoir-faire

Savoir-faire 1 Proposer une représentation graphique

ÉNONCÉ Dans une classe de seconde, chaque élève est invité à noter sur une feuille le nombre d'heures, arrondi à l'unité, passé devant l'écran d'un ordinateur durant son premier jour de vacances de printemps.
Les données inscrites sur la feuille sont les suivantes :
3 ; 1 ; 3 ; 2 ; 5 ; 7 ; 7 ; 7 ; 0 ; 1 ; 4 ; 6 ; 0 ; 6 ; 5 ; 1 ; 0 ; 3 ; 3 ; 0 ; 4 ; 7 ; 6 ; 3 ; 5 ; 6 ; 7 ; 3 ; 5 ; 3 ; 0 ; 0 ; 7.
Proposer des représentations graphiques qui permettent de synthétiser ces données.

SOLUTION

Les valeurs du caractère étudié sont 0 ; 1 ; 2 ; 3 ; 4 ; 5 ; 6 et 7.
Le tableau qui donne les effectifs est :

Nombre d'heures	0	1	2	3	4	5	6	7
Effectif	6	3	1	7	2	4	4	6

On trace le nuage de points de cette série statistique :

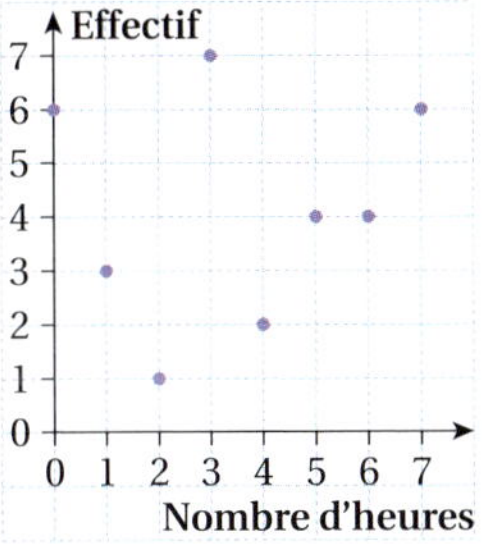

Le diagramme en bâtons correspondant est :

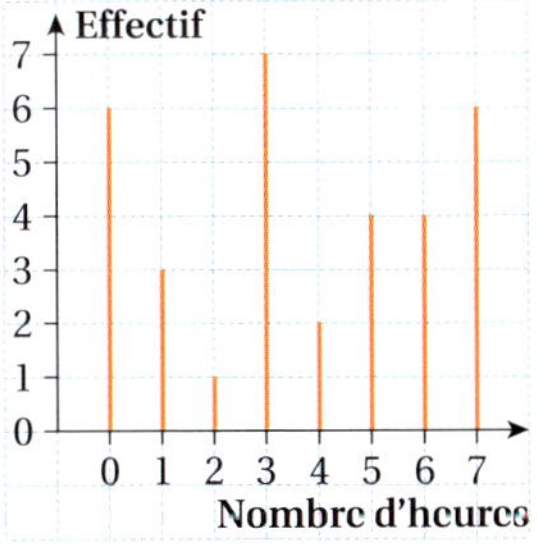

L'histogramme correspondant est :

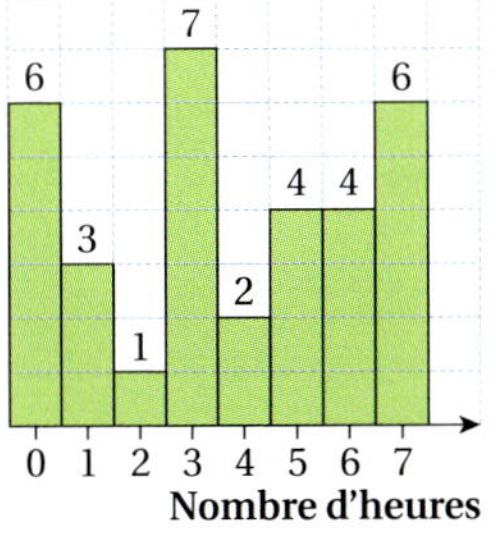

Exercices 1 à 4 p. 282

MÉTHODE

Il s'agit d'identifier précisément quel est le caractère étudié et quelles sont les valeurs prises par ce caractère.
Pour les représentations graphiques, les valeurs du caractère sont sur l'axe des abscisses et les effectifs correspondants sont sur l'axe des ordonnées.

REMARQUE
On aurait également pu déterminer la fréquence de chaque valeur du caractère et tracer le diagramme en bâtons.

Nombre d'heures	0	1	2	3	4	5	6	7
Fréquence (en %)	18,2	9,1	3,0	21,2	6,1	12,1	12,1	18,2

L'allure de cette représentation est similaire à celle des effectifs car effectifs et fréquences sont proportionnels (les fréquences s'obtiennent en divisant les effectifs par l'effectif total, *ici 33*).

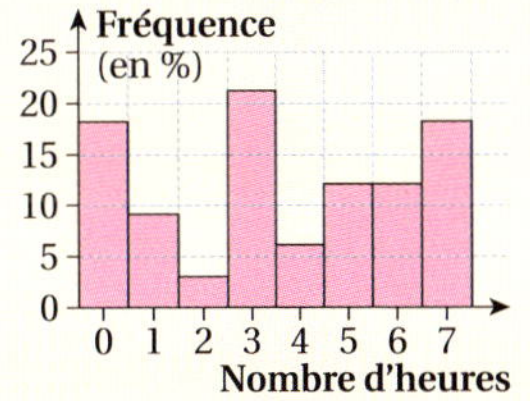

REMARQUE
Un diagramme circulaire est également une représentation possible.

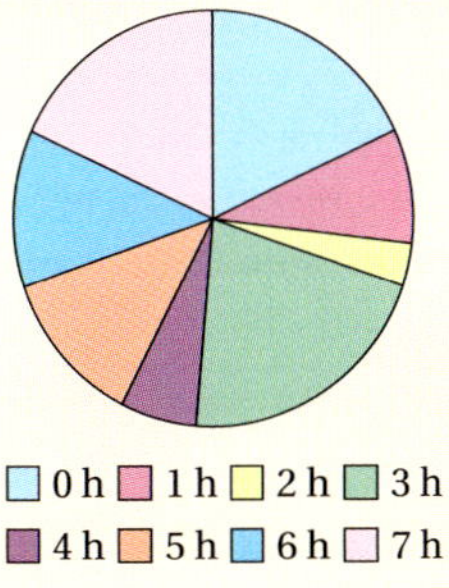

Savoir-faire 2 Comparer deux séries statistiques

ÉNONCÉ Les notes à un devoir de sciences de l'ingénieur, donné à deux groupes d'une même classe, sont les suivantes :

Groupe A	6 ; 6 ; 8 ; 10 ; 10 ; 10 ; 11 ; 11 ; 12 ; 12 ; 13 ; 13 ; 15 ; 15 ; 16.
Groupe B	6 ; 6 ; 6 ; 6 ; 7 ; 9 ; 10 ; 11 ; 14 ; 14 ; 14 ; 19 ; 19 ; 20.

a. Calculer les moyennes, médianes et quartiles pour chacun des groupes.

b. Comparer les notes des deux groupes.

SOLUTION

a. **Pour le groupe A**

- L'effectif est $N = 15$. La moyenne est 11,2.
- Comme N est impair, la médiane est le $\frac{N+1}{2}^{e}$ élément de la série, c'est-à-dire 11.
- $\frac{1}{4}N = 3{,}75$. Donc Q_1 est le 4e élément de la série, c'est-à-dire 10.
- $\frac{3}{4}N = 11{,}25$. Donc Q_3 est le 12e élément de la série, c'est-à-dire 13.

Pour le groupe B

- L'effectif est $N = 14$. La moyenne est 11,5.
- Comme N est pair, on cherche le $\frac{N}{2}^{e}$ élément de la série (10) et le $\left(\frac{N}{2}+1\right)^{e}$ élément de la série (11).

La médiane est le milieu de ces deux valeurs, c'est-à-dire $\frac{10+11}{2} = 10{,}5$.

- En procédant de la même manière que pour le groupe A, on trouve : $Q_1 = 6$ et $Q_3 = 14$.

b. **Comparaison des deux groupes**

	Groupe A	Groupe B
Effectif total	15	14
Moyenne	11,2	11,5
Q_1	10	6
Médiane	11	10,5
Q_3	13	14

La moyenne des notes du groupe A est plus faible que celle du groupe B.

La médiane des notes du groupe A est plus élevée que celle du groupe B.

La différence la plus significative des deux groupes est le regroupement des notes autour de la médiane. En effet, pour le groupe A, Q_1 et Q_3 sont de 10 et 13, alors que pour le groupe B ce sont respectivement 6 et 14.

▶ Exercices 11 à 13 p. 283

MÉTHODE

a. • La moyenne est obtenue en divisant la somme des valeurs par le nombre de valeurs, ou effectif total, que nous noterons N.

REMARQUE : L'effectif et la moyenne peuvent être obtenus à la calculatrice ou à l'aide d'un tableur.

• Pour déterminer médiane et quartiles, il faut au préalable ranger les valeurs du caractère étudié par ordre croissant.

- La médiane est définie comme la valeur du caractère numéroté $\frac{N+1}{2}$ lorsque N est impair, et le milieu entre les valeurs numéro $\frac{N}{2}$ et $\frac{N}{2}+1$ lorsque N est pair.
- Les quartiles se trouvent après avoir calculé $\frac{1}{4}N$ et $\frac{3}{4}N$.

Si n est le plus petit entier naturel supérieur ou égal à $\frac{1}{4}N$, le premier quartile est la n^{e} valeur de la série étudiée.

On procède de même pour le troisième quartile.

REMARQUE : La médiane et les quartiles donnés par le tableur ou la calculatrice peuvent différer de ce que l'on obtient en appliquant les définitions du cours, mais cela permet néanmoins d'avoir un ordre de grandeur de ce qu'il faut trouver.

	A	B
Q_1_tableur	10	6,25
Médiane_tableur	11	10,5
Q_3_tableur	13	14

b. Pour comparer deux séries de données, on commente les différences entre les paramètres calculés. Pour la médiane et les quartiles, on peut expliquer leur signification. Mais il s'agit bien de faire une « comparaison mathématiques » et non d'interpréter les résultats trouvés.

Savoir-faire 3 Comprendre l'influence de la taille sur l'étendue d'un intervalle de fluctuation

ÉNONCÉ On jette n fois une pièce de monnaie équilibrée, n étant un entier supérieur à 25.

a. Lorsque $n = 50$, calculer l'intervalle de fluctuation au seuil de 95 % de la fréquence d'apparition de « pile » dans ces 50 lancers.

b. Comparer la largeur de l'intervalle de fluctuation lorsque $n = 50$ et lorsque $n = 200$

c. Quelle doit être le nombre de jets n de la pièce de monnaie pour que la taille de l'intervalle de fluctuation soit inférieur à 10^{-2} ?

SOLUTION

a. L'intervalle de fluctuation de la fréquence observée f est $\left[p-\frac{1}{\sqrt{n}}\,;p+\frac{1}{\sqrt{n}}\right]$, formule qui peut être appliquée lorsque $n \geqslant 25$ (ici $n = 50$) et $0{,}2 \leqslant p \leqslant 0{,}8$ (ici $p = 0{,}5$ car la pièce est équilibrée).

Donc l'intervalle de fluctuation est :

$$\left[0{,}5-\frac{1}{\sqrt{50}}\,;0{,}5+\frac{1}{\sqrt{50}}\right]$$

avec une probabilité d'au moins 0,95, soit [0,35 ; 0,64].

Cela signifie que, lorsque l'on lance 50 fois une pièce de monnaie équilibrée, la proportion de « pile » est entre 0,35 et 0,64 (entre 17 et 32 « pile ») avec une probabilité de 0,95.

b. La largeur de l'intervalle lorsque $n = 50$ est égale à :

$$\left(0{,}5+\frac{1}{\sqrt{50}}\right)-\left(0{,}5-\frac{1}{\sqrt{50}}\right)=\frac{2}{\sqrt{50}}\approx 28.$$

Lorsque $n = 25$, cette largeur est égale à :

$$\left(0{,}5+\frac{1}{\sqrt{200}}\right)-\left(0{,}5-\frac{1}{\sqrt{200}}\right)$$

$$=\frac{2}{\sqrt{200}}=\frac{2}{2\sqrt{50}}\approx 0{,}14.$$

La largeur de l'intervalle a été divisée par 2.

c. Pour n jets, la largeur de l'intervalle est égale à :

$$\left(0{,}5+\frac{1}{\sqrt{n}}\right)-\left(0{,}5-\frac{1}{\sqrt{n}}\right)=\frac{2}{\sqrt{n}}.$$

On souhaite ici :

$$\frac{2}{\sqrt{n}}<10^{-2} \Leftrightarrow \frac{2}{10^{-2}}<\sqrt{n}$$

$$\Leftrightarrow \sqrt{n}>200$$

$$\Leftrightarrow n>40\,000\,.$$

▶ Exercices 21 à 23 p. 285

MÉTHODE

a. Lancer n fois une pièce de monnaie et compter les « pile » peut être considéré comme un prélèvement d'un échantillon de taille n dans une population avec une proportion p d'éléments ayant le caractère « pile ».

Cette proportion p vaut 0,5 pour une pièce équilibrée.

Lorsque le nombre de prélèvements n est supérieur à 25, et p compris entre 0,2 et 0,8, l'intervalle de fluctuation de la fréquence observée f pour un échantillon est $\left[p-\frac{1}{\sqrt{n}}\,;p+\frac{1}{\sqrt{n}}\right]$ avec une probabilité d'au moins 0, 95.

b. La largeur d'un intervalle $[a\,;\,b]$, appelé également étendue de l'intervalle, est la différence $b - a$.

Savoir-faire 4 Réaliser une simulation

ÉNONCÉ Un jeu consiste à jeter 100 dés cubiques équilibrés dont les faces sont numérotées de 1 à 6.

a. Simuler ce jeu à l'aide de la calculatrice, d'un logiciel de programmation ou d'un tableur.

b. Compter, parmi les 100 dés, la proportion observée de dés dont la face supérieure est un six.

SOLUTION

Avec une calculatrice ou un logiciel de programmation

a. Chaque jet de dé correspond à l'affichage d'un nombre choisi de manière aléatoire parmi les nombres 1, 2, 3, 4, 5 ou 6. Pour simuler le jeu, on « calcule » 100 valeurs entières comprises entre 1 et 6, et on les affiche.

b. Comme les 100 valeurs sont calculées lors de 100 passages dans la boucle, il suffit à chaque passage dans la boucle de vérifier si le dé simulé affiche 6 ; si c'est la cas on augmente de 1 une variable qui au départ est initialisée à 0.

TI-83 Plus

```
prgmLANCEDE
{4 3 5 4 5 5 2 …
             .17
            Done
```

Casio Graph 35+

```
1[    5]
2     3
3     1
4     3
5     3
              Done
              0.18
          - Disp -
```

Python

```
lancer n°  93 ; résultat :  5
lancer n°  94 ; résultat :  5
lancer n°  95 ; résultat :  6
lancer n°  96 ; résultat :  2
lancer n°  97 ; résultat :  2
lancer n°  98 ; résultat :  2
lancer n°  99 ; résultat :  4
0.12
>>> |
```

MÉTHODE

a. L'algorithme correspondant contient une boucle itérative, parcourue 100 fois.

L'écran d'une calculatrice ne permet pas d'afficher 100 valeurs ; c'est pourquoi il peut être intéressant de les enregistrer dans une « liste ».

Lorsque la fonction pour obtenir un entier choisi aléatoirement n'existe pas dans le langage de programmation, une des méthodes les plus courantes est la suivante :

- partir d'un nombre réel aléatoire a appartenant à l'intervalle $[0\,;1[$
- calculer ENT($6a+1$) où ENT(x) désigne le plus grand entier inférieur ou égal à x.

b. La variable qui contiendra le nombre de six doit être initialisée à 0 en début de programme. La fréquence s'obtient en divisant le nombre de 6 par 100, le nombre de lancers.

TI-83 Plus

```
PROGRAM:LANCEDE
:100→dim(L1)
:0→N
:For(I,1,100)
:int(6*rand+1)→L
1(I)
:If L1(I)=6
:Then
:N+1→N
:End:End
:Disp L1
:Disp N/100
```

Casio Graph 35+

```
======LANCEDE ======
100→Dim List 1↵
0→N↵
For 1→I To 100↵
Int (6×Ran# +1)→List
1[I]↵
If List 1[I]=6↵
Then N+1→N↵
IfEnd↵
Next↵
List 1◢
N÷100◢
```

Avec un tableur

a. Les cellules B2 à B101 contiennent le résultat d'une simulation de lancers de 100 dés équilibrés.

La touche F9 permet de générer un nouveau lancer de 100 dés.

b. La proportion observée de dés dont la face supérieure est un six se trouve en cellule F3.

	A	B	C	D	E	F
1	Numéro jet	Résultat jet				
2	1	4		Résultat dé	Effectif	Proportion
3	2	4		6	21	0,21
4	3	6				
5	4	4				
6	5	1				
7	6	4				
8	7	6				
9	8	6				
10	9	1				

MÉTHODE

a. Il s'agit d'afficher dans des cellules du tableur 100 nombres entiers, choisis au hasard entre 1et 6.

En saisissant la fonction « =ENT(6*ALEA())+1 » dans une cellule et en la copiant dans 99 autres cellules, on obtient les 100 résultats demandés.

b. La fonction « =NB.SI(B2:B101;6) » permet de trouver le nombre de 6 obtenus dans la plage des 100 cellules B2:B101.

Si le nombre de 6 obtenus se trouve en cellule E3, la formule « = E3/100 » donne la fréquence cherchée.

▶ Exercices 24 à 27 p. 285

Travaux pratiques

TP1 Étudier une grande quantité de données

Objectif : Traitement statistique d'une grande quantité de données.

Sur le site du loto, on trouve l'historique des tirages du loto en France depuis l'année 2008.

1 Importer ces données dans un tableur en faisant apparaître les informations suivantes : annee_numero_tirage, boule_1, boule_2, boule_3, boule_4, boule_5 et numero_chance.
Choisir une année et supprimer les autres données.

	A	E	F	G
1	annee_numero_de_tirage	boule_1	boule_2	boule_3
2	2012157	4	47	21
3	2012156	45	7	11
4	2012155	3	17	31
5	2012154	5	12	32
6	2012153	47	1	2
7	2012152	5	10	25
8	2012151	16	27	39
9	2012150	26	24	11
10	2012149	37	19	32

2 **a.** Déterminer, pour les données de l'année choisie, à l'aide des fonctions NBVAL, MIN et MAX, le nombre total de boules tirées pendant l'année, ainsi que le plus petit et le plus grand numéros sortis aux tirages.

b. Utiliser la fonction NB.SI pour déterminer l'effectif, puis la fréquence d'apparition de chacun des numéros sortis durant l'année choisie.

c. Une telle étude permet-elle d'augmenter les chances pour un joueur de gagner ?

	A	E	F	G	AY	AZ	BA
160	Numéro sorti	1	2	3	47	48	49
161	Effectif pour ce numéro pendant une année	40	28	35	16	12	15
162	Fréquence d'apparition de ce numéro	0,042	0,03	0,037	0,017	0,013	0,016
163							
164	Nombre de boules sorties pendant une année	942					
165	Plus petit numéro	1					
166	Plus grand numéro	49					

ALGORITHMIQUE

TP2 Déterminer le premier quartile

Objectif : Constater que la recherche des quartiles se fait par algorithme.

On donne l'algorithme ci-contre.

1 Que vaut la sortie de cet algorithme lorsqu'on l'applique aux nombres suivants ?
- 4 pour la variable N.
- 16 ; 12 ; 19 ; 13 pour les éléments de la liste L.

2 Modifier l'algorithme proposé pour qu'il affiche le premier quartile d'une liste de nombres.

3 Programmer l'algorithme de la question **2**.

```
Entrer un nombre N
Créer une liste L à N éléments (notés dans la suite
L(1),..., L(N))
Entrer N nombres et les affecter aux N variables
L(1), L(2),..., L(N)
Ordonner par ordre croissant les termes de la liste L
Si N est impair alors
    | MM prend la valeur L((N+1)/2)
Sinon
    | MM prend la valeur (L(N/2) + L(N/2 + 1))/2
Fin Si
Afficher MM
```

TP3 Pizza ou kebab ?

Objectif : Simuler le jet d'une pièce de monnaie.

Arthur est hésitant. Il est à mi-chemin entre une pizzéria A et un vendeur de kebabs B.
Il décide de faire tout son chemin en jouant à pile ou face avec les règles suivantes : « pile », il se rapproche de 10 pas vers A, « face » il se rapproche de 10 pas vers B.
La distance entre les deux restaurants est de 200 pas. Arthur décide de lancer sa pièce au plus 50 fois. Sur un axe gradué, on peut considérer qu'Arthur se trouve à l'origine, que la pizzéria se trouve au point A d'abscisse 100, et donc que l'abscisse du point B est – 100.

1 **a.** Montrer que si Arthur, après un certain nombre de lancers, se trouve en un point d'abscisse n différent de -100 et de 100, il se trouvera après un lancer supplémentaire en un point d'abscisse $n + 10$ ou $n - 10$.
b. À l'aide d'un tableur ou d'une calculatrice, réaliser une simulation de 50 lancers.

2 Réaliser plusieurs simulations de 50 lancers. Arthur a-t-il plus de chances de déjeuner ou plus de chances de jeûner ?

ALGORITHMIQUE

TP4 Prendre une décision après prise d'échantillon

Objectif : Aborder la notion de test.

Un sac de grains contient des grains de blé et des grains d'avoine. En apparence, la proportion de grains de blé pourrait être de 50 %.

On souhaite en savoir plus sur cette proportion I de grains de blés par rapport à tous les grains du sac, sans bien sûr tout compter !

Pour cela, on prélève au hasard un grain, on note sa nature (blé ou avoine). Après avoir recommencé ce tirage N fois, on calcule f la proportion de grains de blé parmi les N tirages.

Écrire un algorithme qui, à partir des données N et f, donne les deux bornes de l'intervalle de confiance p au niveau 0,95.

UN PEU D'HISTOIRE

Des recensements aux statistiques

Naissance d'une science

Les recensements sont nés avec le besoin de démontrer une certaine puissance d'un peuple. On répertoriait ainsi les armes, les soldats, les récoltes, les revenus du commerce… On trouve les premières données de recensements dans l'Antiquité : par exemple en Chine en 2200 avant J.-C. ou bien chez les Égyptiens en 1700 avant J.-C. Chez les Romains, les censeurs effectuaient tous les 5 ans sur la place publique un recensement du peuple. En l'an 21 de notre ère, l'empereur Auguste ordonna un dénombrement général de tout son empire.
En France, on trouve quelques données sur la population dès le ve siècle. En 1697, Louis XIV demande à ses intendants une étude détaillée de l'état politique, agricole et commercial du royaume. D'après une évaluation statistique donnée par Vauban en 1698, la France comptait alors : 13 millions d'habitants, 1,5 millions de domestiques, 24 000 maisons à Paris dont 4 000 à porte cochère.
Le mot « statistique » est introduit au XVIIIe siècle par un économiste allemand **Gottfried ACHENWALL**. Il désigne alors une arithmétique permettant de connaître un État par l'étude de sa population, de son commerce, de son industrie…
La statistique est restée essentiellement descriptive jusqu'au XVIIIe siècle.

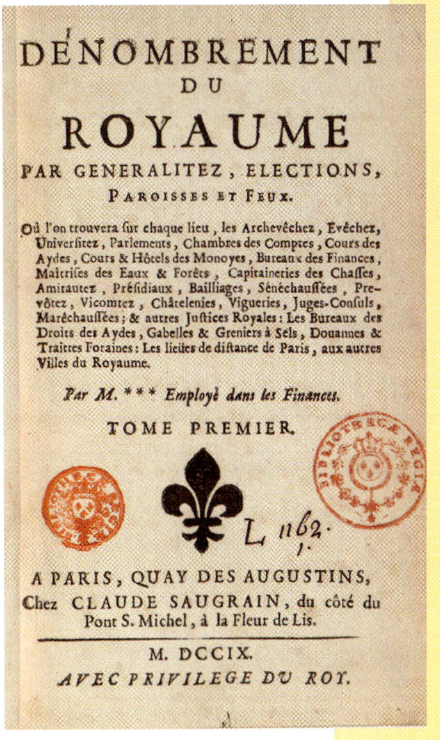
DÉNOMBREMENT DU ROYAUME PAR GENERALITEZ, ELECTIONS, PAROISSES ET FEUX.

Où l'on trouvera sur chaque lieu, les Archevêchez, Evêchez, Universitez, Parlements, Chambres des Comptes, Cours des Aydes, Cours & Hôtels des Monoyes, Bureaux des Finances, Maîtrises des Eaux & Forêts, Capitaineries des Chasses, Amirautez, Présidiaux, Bailliages, Sénéchaussées, Prevôtez, Vicomtez, Châtelenies, Vigueries, Juges-Consuls, Maréchaussées ; & autres Justices Royales : Les Bureaux des Droits des Aydes, Gabelles & Greniers à Sels, Douannes & Traittes Foraines : Les lieües de distance de Paris, aux autres Villes du Royaume.

*Par M. *** Employé dans les Finances.*

TOME PREMIER.

A PARIS, QUAY DES AUGUSTINS, Chez CLAUDE SAUGRAIN, du côté du Pont S. Michel, à la Fleur de Lis.

M. DCCIX.

AVEC PRIVILEGE DU ROY.

> **1.** 1709, Bibliothèque Nationale de France, Paris.

Statistiques et mathématiques

À partir du XVIIIe siècle les statistiques prennent une orientation différente : il s'agit alors de réfléchir sur les données descriptives et d'étudier les enseignements que l'on peut en tirer. En particulier, on cherche à émettre les premières prévisions à partir de phénomènes observés. Par exemple, à la fin du XVIIIe siècle sont dressées les premières tables de mortalité en vue d'organiser un système d'assurance sur la vie.
Cette évolution des statistiques s'appuie sur celle des probabilités : on utilise le calcul des probabilités pour exploiter les résultats observés. Jacques BERNOULLI (1654-1705) et **Pierre Simon marquis de LAPLACE** sont les initiateurs de ce progrès : ils ont formulé la loi des grands nombres et ont montré l'utilisation possible des probabilités dans les sciences humaines et sociales.
Depuis la fin du XIXe siècle, les statistiques trouvent leur application dans de nombreux domaines : astronomie, physique, sociologie, médecine, industrie… Dans l'industrie par exemple, les travaux du suédois **Wallodi WEIBULL** ont contribué à fournir aux industriels des méthodes afin de mettre en place des tests de fiabilité à partir d'études sur des échantillons d'un produit.

Gottfried ACHENWALL
(1719-1772, Allemagne)
Économiste considéré comme un des fondateurs de la statistique.

XVIIIe s.

Pierre Simon marquis de LAPLACE
(1749-1827, France)
Donne la définition de la probabilité d'un événement.

1795

Wallodi WEIBULL
(1887-1979, Suède)
Ses travaux permettent de préciser la notion de fiabilité d'un produit.

1951

Exercices d'application

Statistiques descriptives

Appliquer le savoir faire 1, p. 275

1 En France, les immatriculations mensuelles de voitures électriques ont été les suivantes :

Mois	Jan	Fév	Mars	Avr	Mai	Juin
Volume	311	406	483	395	564	112

Mois	Juil	Août	Sept	Oct	Nov	Déc	TOTAL
Volume	594	960	514	763	330	231	**5663**

Tracer un histogramme correspondant à ces données statistiques.

2 Dans une entreprise qui fabrique des batteries pour smartphones, un contrôle est effectué : pour chacune d'elle, après 50 charges puis décharges, on mesure la tenue de la 51e charge pour un téléphone en mode veille. Les temps obtenus, exprimés en heures, arrondis à l'unité, sont les suivants :

40 ; 38 ; 35 ; 34 ; 30 ; 30 ; 30 ; 34 ; 38 ; 38 ; 31 ; 37 ; 38 ; 39 ; 38 ; 32 ; 30 ; 40 ; 34 ; 38.

Représenter graphiquement, par une méthode de votre choix, ces données statistiques.

3 Les productions annuelles de bouteilles de champagne entre 2003 et 2012 sont les suivantes :

Année	Total
2012	308 837 119
2011	322 951 807
2010	319 496 853
2009	293 330 613
2008	322 637 259
2007	338796703
2006	321 789 798
2005	307 665 132
2004	301 420 052
2003	293 509 624

Tracer le nuage de points correspondant à ces données statistiques.

4 Au cours du dernier mois, les scores de Rita au scrabble ont été les suivants :

325, 203, 377, 260, 351, 403, 377, 338, 273, 412, 351, 273, 51, 351, 312, 377, 273, 299, 312, 286, 289, 312, 325, 351, 403, 286, 377, 273, 190, 338, 312, 377, 390, 312, 234, 364, 322, 377, 325, 325, 351, 312, 364, 250, 339, 186, 238, 364, 390 et 112.

a. Quel est le pourcentage des scores compris entre 50 et 100 ? entre 100 et 150 ? entre 150 et 200 ?

b. Proposer une représentation graphique des scores de Rita.

5 Un magasin de sport fait l'inventaire des paires de skis qu'il propose en location :

Taille des skis (en cm)	Nombre de paires
130	2
135	5
140	7
145	15
150	35
155	46
160	63
165	32
170	10
175	10

Proposer plusieurs représentations graphiques de ces données.

6 Les salaires annuels, en euro, dans le secteur production d'une entreprise sont les suivants.

15 238 € ;	20 236 € ;	22 704 € ;	27 435 € ;
16 301 € ;	20 268 € ;	22 730 € ;	27 710 € ;
16 895 € ;	20 307 € ;	23 021 € ;	27 842 € ;
17 106 € ;	20 421 € ;	23 828 € ;	27 851 € ;
17 377 € ;	20 932 € ;	24 215 € ;	27 995 € ;
17 946 € ;	20 951 € ;	24 796 € ;	28 177 € ;
17 951 € ;	21 251 € ;	25 352 € ;	28 540 € ;
18 006 € ;	21 256 € ;	25 520 € ;	28 789 € ;
18 098 € ;	21 373 € ;	25 556 € ;	29 164 € ;
18 315 € ;	21 378 € ;	26 646 € ;	29 256 € ;
18 840 € ;	21 988 € ;	26 824 € ;	29 311 € ;
18 954 € ;	22 008 € ;	26 937 € ;	29 330 € ;
19 044 € ;	22 047 € ;	27 285 € ;	29 576 € ;

Déterminer la médiane et les quartiles de ces salaires.

7 On a mené une étude statistique sur la durée de stationnement de véhicules sur un parking « Dépose minute ».

L'histogramme des effectifs en fonction de la durée de stationnement est le suivant :

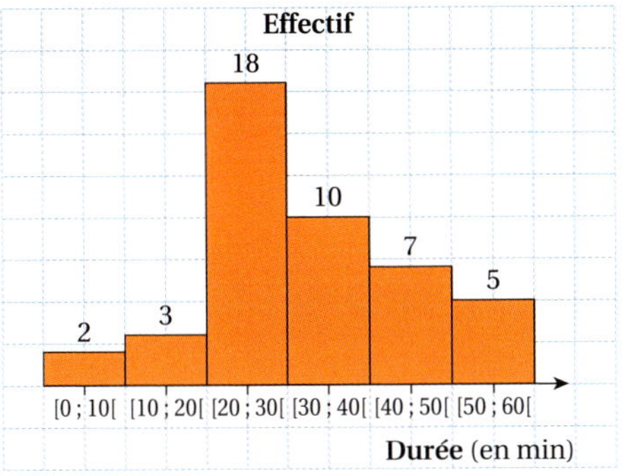

a. Donner la médiane et les quartiles.

b. Peut-on affirmer que la médiane est égale à la moyenne ? Expliquer.

8 Un dictionnaire de scrabble indique en première page le nombre de mots qu'il contient en fonction du nombre de lettre qui les composent :

Mots de 2 lettres :	75
Mots de 3 lettres :	571
Mots de 4 lettres :	2 364
Mots de 5 lettres :	7 277
Mots de 6 lettres :	16 622
Mots de 7 lettres :	29 996
Mots de 8 lettres :	44 664
Mots de 9 lettres :	55 309
Mots de 10 lettres :	58 149
Mots de 11 lettres :	53 026
Mots de 12 lettres :	42 227
Mots de 13 lettres :	29 666
Mots de 14 lettres :	18 550
Mots de 15 lettres :	10 589

Calculer le nombre moyen de lettres des mots donnés par ce dictionnaire.

9 Le montant moyen des 145 factures éditées au mois de juillet dans un camping est de 253,45 €. Pour le mois d'août, le montant moyen pour les 152 factures est de 221,10 €.

Quel est le montant moyen des factures éditées pendant les deux mois - juillet et août - dans ce camping ?

10 La moyenne des notes en mathématiques au diplôme national du brevet pour les 25 élèves d'une classe de troisième a été de 14. Elle a été de 14,5 pour les notes des 18 filles de la classe.

a. Calculer la somme des notes des filles de cette classe.

b. Calculer la somme des notes de tous les élèves de cette classe.

c. Calculer la moyenne des notes des garçons.

Appliquer le savoir faire 2, p. 276

11 On donne la série statistique suivante :

1200 ; 1300 ; 1300 ; 1300 ; 1400 ; 1400 ; 1400 ; 2200 ; 2300 ; 2400.

a. Calculer la moyenne, la médiane et les quartiles.

b. Expliquer pourquoi la médiane est inférieure à la moyenne.

12 Comparer les deux séries statistiques suivantes. On pourra au préalable calculer leurs moyennes, médianes et quartiles.

Série A	45 ; 45 ; 45 ; 65 ; 85 ; 105 ; 125 ; 145 ; 145 ; 145
Série B	45 ; 65 ; 85 ; 85 ; 85 ; 105 ; 105 ; 105 ; 125 ; 145

13 Un jury note quatre jours de suite les prestations chantées de personnes qui souhaitent participer à une émission de télé-réalité.

Le tableau suivant donne les notes attribuées :

Lundi	5 ; 7 ; 3 ; 7 ; 10 ; 1 ; 6 ; 8 ; 3 ; 3 ; 4 ; 9 ; 8 ; 5 ; 6 ; 5 ; 6 ; 7 ; 8 ; 4 ; 9 ; 3 ; 5
Mardi	2 ; 8 ; 9 ; 5 ; 9 ; 3 ; 4 ; 8 ; 1 ; 9 ; 8 ; 3 ; 8 ; 6 ; 5 ; 9 ; 8 ; 4 ; 9 ; 3 ; 10 ; 10
Mercredi	1 ; 5 ; 6 ; 10 ; 10 ; 4 ; 6 ; 7 ; 4 ; 6 ; 6 ; 7 ; 2 ; 4 ; 9 ; 9 ; 5 ; 4 ; 9 ; 9 ; 5 ; 6
Jeudi	10 ; 6 ; 8 ; 10 ; 9 ; 5 ; 7 ; 4 ; 9 ; 6 ; 9 ; 9 ; 10 ; 4 ; 2 ; 7 ; 8 ; 8 ; 6 ; 7 ; 10 ; 9

a. Déterminer les quartiles des 4 séries de notes.

b. Quel jour le « meilleur » quart a-t-il été le plus éloigné du « moins bon » quart ?

14 Un contrôle dans une production de jus de fruits porte sur la contenance réelle de 50 bouteilles produites.

Les mesures, au centilitre (cl) près, donnent les résultats suivants :

- 32 bouteilles contiennent exactement 100 cl ;
- dans 8 bouteilles, il manque 1 cl ;
- dans 7 bouteilles, il y a 1 cl de trop ;
- dans 3 bouteilles, il y a 2 cl de trop.

Dessiner deux représentations graphiques pour ces données : l'une qui indique les effectifs, et l'autre les fréquences.

15 La figure suivante donne la répartition de la population française par sexe, âge et état matrimonial au 1re janvier 2012. Elle est constituée par des histogrammes.

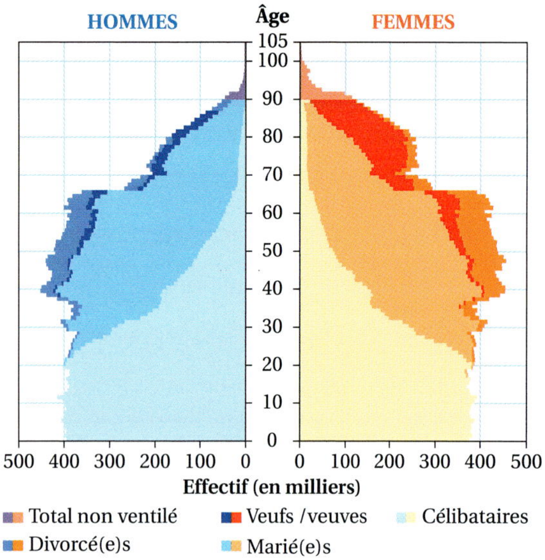

D'après Insee

1. a. Indiquer quels sont les caractères étudiés.

b. A-t-on affaire à des histogrammes d'effectifs ou d'effectifs cumulés croissants ?

2. a. Donner l'allure de l'histogramme des effectifs de l'âge des hommes mariés.

b. Donner l'allure de l'histogramme des effectifs cumulés croissants de l'âge des femmes mariées.

16 ALGORITHMIQUE

Le diagramme en bâtons suivant donne, pour chaque mois d'une année, la température moyenne et la hauteur moyenne des précipitations à Paris.

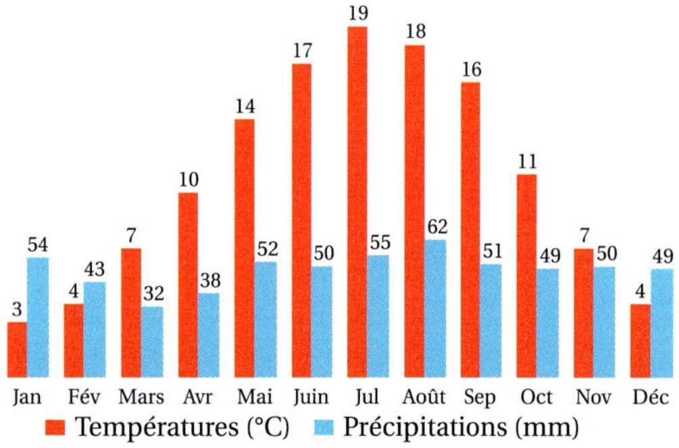

a. Calculer la moyenne des hauteurs des précipitations.

Le nombre obtenu permet-il de donner la hauteur totale des précipitations pendant une année à Paris ?

b. À votre avis, par quelle(s) mesure(s), a-t-on pu obtenir le nombre 3 indiqué pour le mois de janvier ?

Proposer un algorithme qui permette d'obtenir une température moyenne par mois à un endroit donné.

17 Voici les longueurs (en km) de chacune des 21 étapes du Tour de France 2013 :

213 ; 156 ; 145,5 ; 25 ; 228,5 ; 176,5 ; 205,5 ; 195 ; 168,5 ; 197 ; 33 ; 218 ; 173 ; 191 ; 242,5 ; 168 ; 32 ; 172,5 ; 204,5 ; 125 ; 133,5.

1. Calculer la moyenne de cette série.

2. a. Ranger les données de cette série dans l'ordre croissant et déterminer sa médiane.

b. Recopier et compléter les phrases suivantes :

« La moitié des étapes du Tour de France 2013 a comporté moins de … km. »

« Le kilométrage total représente 21 fois … km. »

18 Lors de ses 15 derniers matchs de basket, Maddy a marqué le nombre de points suivants :

32 ; 13 ; 23 ; 15 ; 15 ; 21 ; 19 ; 15 ; 22 ; 32 ; 6 ; 9 ; 33 ; 21 ; 2.

a. Calculer la moyenne de cette série de points.

b. Déterminer la médiane de la série.

c. Maddy semblait-elle en meilleure forme en début de saison ?

19 Soit les cinq séries de données suivantes :

Série 1	4	12	56	67	90
Série 2	0	0	56	86	86
Série 3	28	29	56	57	58
Série 4	2	26	56	57	88
Série 5	22	45	56	100	108

a. Calculer pour chacune de ces séries les 3 paramètres suivants : l'étendue, la moyenne et la médiane.

b. Expliquer les ressemblances ou les différences constatées.

20 a. Inventer une série de huit valeurs dont l'étendue est 8, la moyenne est 13 et la médiane est 14.

b. Modifier l'une des valeurs extrêmes de la série pour que l'étendue devienne égale à 15.

Quel est l'effet sur les deux autres caractéristiques ?

Échantillonnage

Appliquer le savoir faire 3, p. 277

21 Dans une production de cartons d'emballage, on admet que sur 500 cartons produits, on en compte 123 où le logo a un léger défaut d'impression.

a. Calculer la proportion p d'emballages produits ayant un léger défaut d'impression.

b. Donner un intervalle de fluctuation au seuil 95 % de cette proportion p.

22 **a.** Un dé équilibré est lancé 100 fois.
Donner un intervalle de fluctuation au seuil 95 % de la proportion de lancers où l'on obtient un nombre supérieur ou égal à 5.
Calculer l'étendue de cet intervalle de fluctuation.

b. Un dé truqué est lancé 100 fois. On admet que la proportion de lancers où l'on obtient un nombre supérieur ou égal à 5 avec ce dé truqué est 0, 2. L'étendue de l'intervalle de fluctuation au seuil de 95 % de la proportion 0,2 est-elle différente de celle trouvée en **a.** ?

23 **a.** Une pièce équilibrée est lancée 64 fois. Calculer l'intervalle de fluctuation au seuil de 0,95 de la fréquence d'apparition de « pile » dans ces 64 lancers.

b. Même question que la précédente lorsqu'une pièce équilibrée est lancée 256 fois.

c. Combien de fois faut-il lancer cette pièce pour que l'intervalle de fluctuation au seuil de 0,95 de la fréquence d'apparition de « pile » soit [0,49 ; 0,51] ?

Appliquer le savoir faire 4, p. 278

24 ALGORITHMIQUE On donne l'algorithme suivant.

```
Pour i allant de 1 à 10
    a prend comme valeur un nombre réel
    aléatoire de l'intervalle [0 ; 1[
    Si a < 0,5 alors
        | x prend la valeur -1
    Sinon
        | x prend la valeur 1
    Fin si
    b prend comme valeur un nombre réel
    aléatoire de l'intervalle [0 ; 1[
    Si b < 0,5 alors
        | y prend la valeur -1
    Sinon
        | y prend la valeur 1
    Fin si
    Afficher x + y
Fin pour
```

a. Quelles sont les valeurs qui peuvent être affichées à la fin de chacune des 10 boucles ?

b. Programmer cet algorithme sur la calculatrice.

c. Expliquer pourquoi cet algorithme peut simuler 10 lancers de 2 pièces de monnaie.

25 Un jeu consiste à lancer 1000 fois une pièce de monnaie équilibrée et de noter le nombre de « pile » qui apparaissent.

a. Simuler ce jeu à l'aide de la calculatrice.

b. Déterminer, parmi 1000 lancers, la proportion de « pile ».

c. Tous les élèves qui font cet exercice obtiennent-ils la même réponse à la question précédente ?

26 Deux dés cubiques équilibrés sont lancés 10 fois ; le jeu consiste à noter le nombre de lancers sur les 10 où l'on obtient un double-six, c'est à dire un « six » sur chacun des deux dés.

a. Simuler ce jeu à l'aide de la calculatrice.

b. Refaire cette simulation plusieurs fois en notant à chaque fois le nombre de double-six obtenus parmi les 10 lancers.

27 Un dé icosaédrique non truqué est un dé à 20 faces triangulaires, numérotées de 1 à 20, chacune ayant la même probabilité d'être au dessus lorsqu'on le lance.

a. Simuler 100 lancers d'un tel dé, à l'aide de la calculatrice, d'un tableur ou d'un logiciel de programmation.

b. Compter, parmi les 100 lancers, le nombre de lancers où la face supérieure est un vingt.

c. Reproduire 10 fois les 100 lancers et noter à chaque fois le nombre de lancers où la face supérieure est un vingt.

28 Une roue de loterie est partagée en 8 secteurs. Chacun d'eux a la même la même probabilité d'être obtenu chaque fois que la roue est lancée. Parmi ces secteurs, deux sont rouges et les autres sont jaunes.

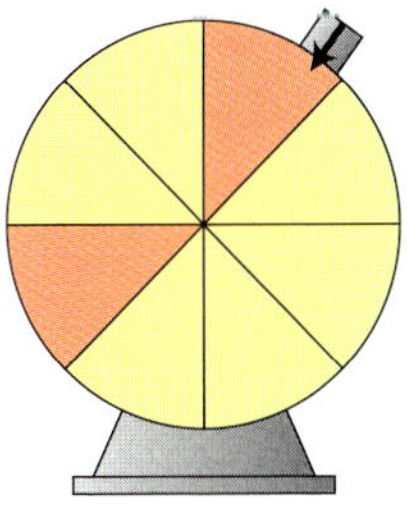

Dans une journée, la roue est lancée 50 fois. On note a le nombre de lancers où un secteur rouge est obtenu.
Donner l'intervalle de fluctuation au seuil de 95 % du nombre $\frac{a}{50}$.

Exercices pour se tester

Statistiques descriptives

29 Question de cours

a. On considère les nombres réels a, b, c, et d. On note m_1 la moyenne de a et b, et m_2 la moyenne de c et d. Démontrer que la moyenne des 4 valeurs a, b, c, et d est égale à la moyenne de m_1 et m_2.

b. On considère les nombres réels a, b, c, d et e. On note m_1 la moyenne de a et b, et m_2 la moyenne de c, d et e. Démontrer que la moyenne des 5 valeurs a, b, c, d et e n'est pas toujours égale à la moyenne de m_1 et m_2.

30 Vrai ou Faux ?

a. On a mesuré la hauteur de plants de framboisiers. Les valeurs, en centimètres, sont les suivantes :

105 ; 105 ; 115 ; 115 ; 115 ; 115 ; 120 ; 120 ; 120 ; 120 ; 120 ; 125 ; 135 ; 135 ; 135 ; 135 ; 135 ; 140 ; 140 ; 140 ; 140 ; 140 ; 145 ; 145 ; 150.

On peut affirmer que la médiane de ces données est égale à leur moyenne.

b. La médiane d'une série statistique qui comporte 120 valeurs peut être égale à 60.

c. La médiane d'une série statistique est toujours égale à la moyenne des deux quartiles Q_1 et Q_2.

31 QCM

Dans une étude statistique, on donne l'histogramme des effectifs ci-contre.

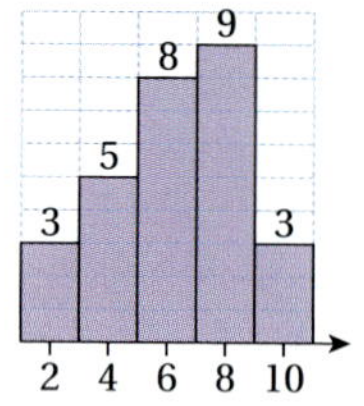

La moyenne vaut :

(A) 5. (B) $\frac{44}{7}$.

(C) 5,6. (D) 6,28.

32 QCM

À un devoir, les notes des filles sont 7, 8, 12 et 17 ; la moyenne des notes des garçons à ce même devoir est 10. La moyenne des notes de la classe à ce devoir est :

(A) 10. (B) 10,5.

(C) 11. (D) On ne peut pas savoir.

33 Vrai ou faux ?

Lors d'un contrôle postproduction de billes destinées à des roulements, on mesure leur diamètre :

Diamètre (en mm)	9,8	9,9	10	10,1	10,2
Nombre de billes	2	39	32	6	1

Le nombre 2 + 39 + 32 représente la différence entre le nombre total de billes et le nombre de celles qui ont un diamètre supérieur ou égal à 10,1 mm.

Échantillonnage

34 Question de cours

On considère une population pour laquelle on connaît la proportion effective p d'un caractère, située entre 0,2 et 0,8. On note f la fréquence observée du caractère dans un échantillon de taille n supérieur à 25 prélevé dans cette population.

Démontrer que l'intervalle de fluctuation au seuil de 95 % de f a une amplitude de $\frac{2}{\sqrt{n}}$.

35 Vrai ou faux ?

a. On lance dix fois une pièce de monnaie équilibrée. On peut affirmer qu'il est possible d'obtenir dix fois « face ».

b. Un échantillon de taille 1000 est prélevé dans une production de stylos. La moitié d'entre eux présente un défaut.

On peut affirmer qu'environ la moitié des stylos produits sont défectueux.

36 QCM

Dans un tableur, une cellule contient la formule « = 1+ENT(6*ALEA()) ».

Cette formule peut simuler :

(A) Le lancer d'un dé équilibré à 6 faces.

(B) Le lancer d'une pièce de monnaie équilibrée.

(C) Le tirage au hasard d'un nombre entier entre 1 et 6.

(D) Le tirage au hasard d'un nombre entier entre 1 et 2.

37 QCM

Un échantillon de taille 100 est prélevé dans une urne qui contient 30 % de boules rouges et le reste de boules noires. On note f la proportion de boules rouges dans l'échantillon.

(A) f vaut 0,30.

(B) f est comprise entre 0 et 1.

(C) Au risque de 95 %, f est comprise entre 0,20 et 0,40.

(D) On ne peut pas connaître f sans compter le nombre de boules rouges dans l'échantillon.

CORRIGÉ P. 342

Exercice résolu

38 Des verres en cristal sont fabriqués artisanalement. Avant de les mettre en vente, on contrôle leur contenance.

1. Le tableau ci-dessous donne les contenances, exprimées en cl, arrondies à l'unité, de 200 verres.

Contenance (en cl)	17	18	19	20	21	22	23	24
Effectif	3	8	38	48	67	25	7	4

a. Représenter graphiquement ces données à l'aide d'un histogramme.

b. Déterminer les quartiles Q_1 et Q_3 de ces données.

c. Une verre produit est classé comme inutilisable lorsque sa contenance est inférieure à 20 cl.

Quelle est la proportion de verres inutilisables parmi ces 200 verres ?

2. On suppose dans cette question que 25% des verres produits sont inutilisables. On prélève un échantillon de taille 50 dans cette production et on note f la proportion de verres inutilisables dans cet échantillon.

Déterminer l'intervalle de fluctuation au seuil de 95 % de f.

SOLUTION

1. a.

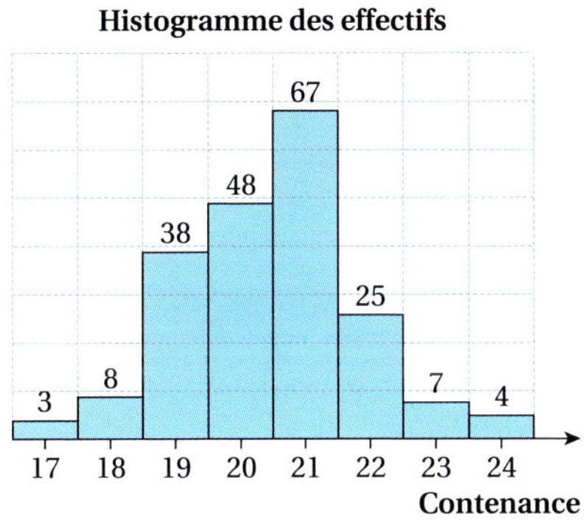

b. Le quart de 200 vaut 50.

Comme 3 + 8 + 38 = 49, on sait qu'en ordonnant par contenance croissante les 200 verres, le 50ᵉ verre contient 20 cl. Le premier quartile est donc égal à 20.

Trois quarts de 200 valent 150.

Comme 3 + 8 + 38 + 48 = 97 et 3 + 8 + 38 + 48 + 67 = 164, on sait qu'en ordonnant par contenance croissante les 200 verres, le 150ᵉ verre contient 21 cl. Le troisième quartile est donc égal à 21.

c. La proportion de verres inutilisables vaut :

$$\frac{3+8+38}{200}=0{,}245 \text{ ou encore } 24{,}5\%.$$

2. L'effectif de cet échantillon est supérieur à 25 et la proportion p de verres défectueux dans la production est comprise entre 0,2 et 0,8.

La formule $\left[p-\frac{1}{\sqrt{n}}\,;p+\frac{1}{\sqrt{n}}\right]$ peut donc être utilisée.

Comme $0{,}25-\frac{1}{\sqrt{100}}=0{,}24$ et $0{,}25+\frac{1}{\sqrt{100}}=0{,}26$, l'intervalle de fluctuation au seuil 0,95 de f est $[0{,}24\,;0{,}26]$.

Exercices d'approfondissement

Statistiques descriptives

39 Les notes à un devoir de sciences économiques et sociales dans une classe de première sont les suivantes :
13 ; 11 ; 8 ; 11 ; 9 ; 12 ; 13 ; 8 ; 16 ; 8 ; 14 ; 15 ; 7 ; 11 ; 8 ; 6 ; 6 ; 10 ; 16 ; 8 ; 15 ; 12 ; 14 ; 16 ; 16 ; 14 ; 14 ; 14 ; 12 ; 9 ; 15 ; 8.

a. Établir le tableau des effectifs cumulés croissants pour ces notes.

b. Tracer le diagramme en bâtons des effectifs cumulés croissants.

c. Compléter les phrases suivantes :

« ... % des élèves ont eu une note inférieure ou égale à 10. »

« ... % des élèves ont eu une note inférieure ou égale à 12. »

« ... % des élèves ont eu une note inférieure ou égale à 16. »

40 TABLEUR Les statistiques suivantes de l'INSEE donnent la structure de la population française (hors Mayotte) par sexe et par groupe d'âge au 1er janvier 2013.

	A	B	C	D
1		**Femmes**	**Hommes**	**Ensemble**
2	Moins de 15 ans	5 962 127	6 230 379	12 192 506
3	15-19 ans	1 944 561	2 038 450	3 983 011
4	20-24 ans	1 973 699	2 005 579	3 979 278
5	25-29 ans	1 989 531	1 937 070	3 926 601
6	30-34 ans	2 083 435	2 018 349	4 101 784
7	35-39 ans	2 098 093	2 070 712	4 168 805
8	40-44 ans	2 296 905	2 261 611	4 558 516
9	45-49 ans	2 300 750	2 241 596	4 542 346
10	50-54 ans	2 227 647	2 138 497	4 366 144
11	55-59 ans	2 150 461	2 013 628	4 164 089
12	60-64 ans	2 130 736	1 976 151	4 106 887
13	65-69 ans	1 684 195	1 528 361	3 212 556
14	70-74 ans	1 283 881	1 085 109	2 368 990
15	75 ans ou plus	3 691 206	2 223 138	5 914 344
16	**Ensemble**	33 817 227	31 768 630	65 585 857

D'après Insee

Pour tout l'exercice, on pourra utiliser un tableur.

1. Quel est le nombre d'habitants en France au 1er janvier 2013 ?
Pour vérifier la cohérence des nombres indiqués, montrer qu'il est possible de retrouver ce nombre en additionnant 14 cellules de la colonne D.

2. Quel est le nombre d'habitants de sexe masculin qui ont moins de 20 ans ?

3. On note Fm(a) la proportion des français de sexe masculin dont l'âge est inférieur à a par rapport au nombre total des français de sexe masculin.
On note Ff(a) la proportion des français de sexe féminin dont l'âge est inférieur à a par rapport au nombre total des français de sexe féminin.

a. Compléter le tableau suivant :

Âge a	15	20	60	75	150
Fm(a)					
Ff(a)					

b. Représenter sur un même graphique ces deux séries de fréquences cumulées croissantes.

41 Dans une publication de l'« Agence Nationale de Lutte Contre l'Illettrisme », on trouve des statistiques concernant l'âge des 180 000 personnes illettrées d'une région française. Ces statistiques sont comparées à celles portant sur les 3 100 000 personnes illettrées en France métropolitaine.

Illettrisme et âge

Si l'on considère les 180 000 personnes concernées :

- 4 % sont âgées de 18 à 25 ans (France métropolitaine : 9 %) ;
- 15 % sont âgées de 26 à 35 ans (France métropolitaine : 15 %) ;
- 25 % sont âgées de 36 à 45 ans (France métropolitaine : 23 %) ;
- 29 % sont âgées de 46 à 55 ans (France métropolitaine : 30 %) ;
- 27 % sont âgées de 56 à 65 ans (France métropolitaine : 23 %).

a. Tracer, dans un même repère, l'histogramme des pourcentages d'illettrés en France et celui des illettrés dans cette région.

b. Commenter ces graphiques.

42 Deux clubs de cyclistes souhaitent comparer leurs performances lors de l'ascension du col du Galibier.

Les temps mis par les cyclistes du club *BeCycle* sont :
2 h 45 min 30 s ; 3 h 01 min 15 s ; 3 h 07 min 30 s ;
3 h 17 min 00 s ; 3 h 35 min 00 s ; 3 h 43 min 30 s ;
3 h 45 min 30 s ; 4 h 00 min 15 s ; 4 h 06 min 00 s ;
4 h 12 min 15 s ; 4 h 15 min 00 s ; 4 h 24 min 00 s.

Ceux du club *CycloPlus* sont :
2 h 53 min 00 s ; 2 h 53 min 45 s ; 3 h 23 min 15 s ;
3 h 25 min 00 s ; 3 h 25 min 45 s ; 3 h 32 min 00 s ;
3 h 42 min 30 s ; 3 h 50 min 00 s ; 3 h 58 min 45 s ;
4 h 17 min 00 s ; 4 h 17 min 30 s.

Calculer le temps moyen mis par les cyclistes de chacun des clubs.
On pourra convertir les temps en seconde.

43 **1.** Calculer la moyenne m_1 des températures suivantes : 14 °C, 15 °C, 20 °C, 28 °C et 30 °C.

2. Le lien entre les degrés Celsius (°C) et les degrés Kelvin (K) est donné par la relation suivante :

$$T = \theta + 273{,}15$$

avec θ la température en °C et T la température en K.

a. Exprimer les 5 températures données dans la question **1.** en K.

b. Quelle est leur moyenne m_2 en K ?

44 Deux facteurs se partagent une tournée pour desservir un village en courrier.
Pendant une partie du mois de juin, le premier facteur a eu, en moyenne, 14,950 kg de courrier par jour.
Pendant le reste du mois, le deuxième facteur a eu, en moyenne, 16,250 kg de courrier par jour.
Calculer le nombre de jour où le courrier a été distribué par le premier facteur, sachant qu'en moyenne, au cours des 26 jours ouvrables du mois, il y a eu 15,700 kg de courrier par jour.

45 Le professeur de latin rend un devoir aux 28 élèves de sa classe. Il n'a mis que deux notes différentes : 15/20 et 20/20.

a. Montrer que la moyenne de la classe se situera entre 15/20 et 20/20.

b. Le professeur annonce que la moyenne des notes pour ce devoir, arrondie au dixième, est de 19,6/20. Stéphane a eu 15/20 à ce devoir.
Peut-il trouver le nombre d'élèves qui, comme lui, ont eu 15/20 ? Expliquer.

46 Sur un site Internet de jeu de stratégie en ligne, on trouve un tableau des meilleurs scores.

Date	Joueur	Score
15/03/2012 16:21	Kact Aovt	6800
01/04/2012 13:42	M ForGG	4620
03/05/2012 22:05	Koe Cduedo	8220
13/06/2012 18:07	Sixz Iexh	6500
30/06/2012 07:51	Dact Eoct	8350
03/08/2012 18:46	Kain Pons	9240
15/08/2012 02:35	Sif Dino	4820
22/08/2012 21:40	Sihs Uefe	7250
24/10/2012 13:38	Saey Zode	5480
01/11/2012 18:17	LiquidTLO	3800
06/11/2012 00:07	Sit Tuvs	6720
03/04/2013 23:35	Koe Xdaeyf	5310
27/05/2013 23:26	Zanster	9460
23/06/2013 17:02	Saey Teco	8510
01/07/2013 09:43	Elfi	7380
25/07/2013 00:44	Dins Iezh	7530
06/08/2013 13:40	Kaey Punu	8300
13/09/2013 16:21	Dac Beru	7830
23/09/2013 21:21	Qaef Geod	1250

1. Représenter les scores graphiquement par :

a. un diagramme en bâtons ;

b. un histogramme, après avoir regroupé les scores par tranches de 1 000 ([0 ; 1 000[, [1 000 ; 2 000[, …).

2. Quelle est la moyenne des scores ?

3. On s'intéresse aux scores des joueurs qui terminent leur partie entre 7 h et 21 h qu'on appellera « joueurs diurnes » par rapport aux scores des autres joueurs qu'on appellera « joueurs nocturnes».

a. Comparer les moyennes des scores des joueurs diurnes et des joueurs nocturnes.

b. Parmi les joueurs diurnes, quel est le pourcentage de ceux qui ont un score dépassant la moyenne de tous les joueurs ?
Même question pour les joueurs nocturnes.

47 Voici la pyramide des âges pour la population de la France métropolitaine au 1er janvier 2013.

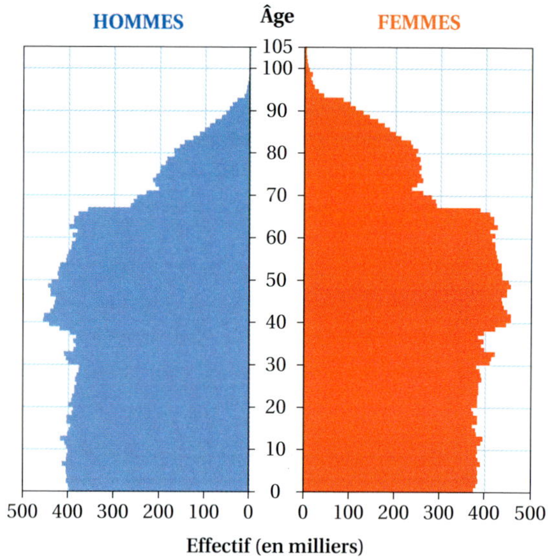

D'après Insee

Expliquer précisément comment calculer l'âge moyen des Français à partir de cette pyramide des âges.

48 Dans une station de métro, on note le nombre de tickets à l'unité achetés par chaque client. L'histogramme des effectifs cumulés croissants est le suivant :

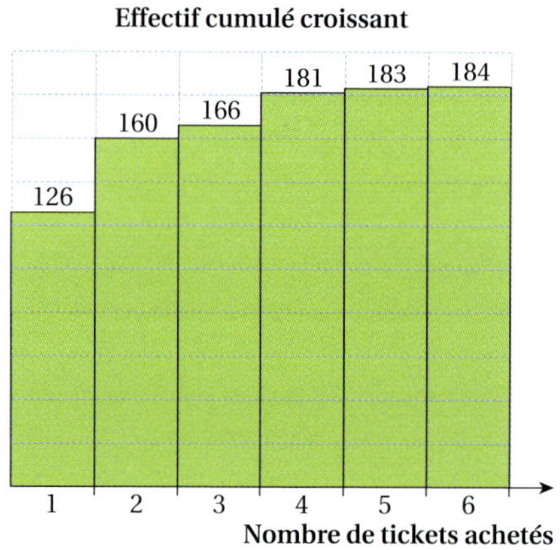

Peut-on en déduire que :

a. chaque client achète au moins 2 tickets ?

b. aucun client n'achète plus de 7 tickets ?

c. la moyenne des tickets achetés est de 3 ?

d. la médiane vaut 2 ?

e. le premier quartile est 1 ?

f. plus de 75 % des clients achètent un seul ticket ?

49 **Vrai ou faux ?**

Une étude statistique portant sur les tailles, en mètre, des élèves d'une classe a donné les résultats suivants :

- minimum : 1,54 m ;
- moyenne : 1,73 m ;
- médiane : 1,75 m ;
- premier quartile : 1,65 m ;
- troisième quartile : 1,82 m.

Pour chacune des affirmations suivantes, indiquer si elle est vraie, fausse ou si on ne peut pas savoir.

a. « L'élève le plus grand mesure 1,90 m. »

b. « La somme de toutes les tailles des élèves vaut 100 m. »

c. « Il y a exactement autant d'élèves qui ont une taille inférieure ou égale à 1,75 m que d'élèves qui ont une taille supérieure ou égale à 1,75 m. »

d. « 30 % des élèves ont une taille inférieure ou égale à 1,67 m. »

e. « $\frac{3}{4}$ des élèves ont une taille inférieure ou égale à 1,82 m. »

50 Lors d'un championnat européen de marche, les temps au 10 km route des 29 participantes classées ont été les suivants.

Rang	Temps	Participante	Pays
1	44'16''	MINEYEVA T.	Russie
2	46'32''	TURNEA A.	Roumanie
3	46'48''	PALMISANO A.	Italie
4	48'25''	TSINOPOULOU P.	Grèce
5	48'37''	DELON L.	France
6	48'45''	MENUET É.	France
7	48'48''	CURIAZZI F.	Italie
8	49'00''	KAEMAKA A.	Lettonie
9	49'24''	ALONSO S.	Espagne
10	49'30''	GRADINARIU A.	Roumanie
11	50'12''	KRIVAN B.	Hongrie
12	50'22''	MIELCAREK A.	Pologne
13	50'55''	YERGA S.	Espagne
14	51'06''	DARAZHUK N.	Biélorussie
15	51'21''	JASINSKA M.	Pologne
16	51'36''	SVITKO K.	Ukraine

17	51'39''	MARTINEZ P.	Espagne
18	53'03''	CZYCHY C.	Allemagne
19	53'10''	YAKOVCHUK H.	Ukraine
20	53'13''	LOFBACKA M.	Finlande
21	53'32''	BUSSU C.	Italie
22	53'43''	KOC E.	Turquie
23	54'39''	ONNO M.	France
24	55'11''	DENNEHY F.	Irlande
25	55'15''	LADA N.	Grèce
26	55'35''	KLEBAUSKAITE A.	Lituanie
27	55'54''	DOHERTY E.	Irlande
28	57'13''	PRENDIVILLE E.	Irlande
29	59'52''	TASER H.	Turquie

1. a. Situer la moyenne des temps des participantes françaises par rapport à la moyenne des temps des 29 participantes européennes de ce tableau.

b. Situer les participantes françaises par rapport à la médiane de cette série.

c. Situer les participantes françaises par rapport aux quartiles de cette série.

2. Les analyses statistiques demandées dans la question 1 vous semblent-elles pertinentes ?

51 Un professeur d'EPS note les performances (en m) de ses élèves au lancer de poids.

La première série, relevée au début du cycle d'athlétisme est :

4,7 ; 5,12 ; 5,1 ; 5,45 ; 5,44 ; 5,72 ; 6,01 ; 6 ; 6,3 ; 6,5 ; 6,7 ; 6,9 ; 6,99 ; 6,57 ; 7,59 ; 7,7 ; 7,8 ; 8,1 ; 8,4 ; 7,99 ; 8,59 ; 8 ; 8,09 ; 8,23 ; 9,54 ; 9,7 ; 9,7 ; 9,9 ; 10,1 ; 10,3.

La deuxième série, relevée à la fin du cycle d'athlétisme, est :

4,58 ; 6,19 ; 5,1 ; 5,49 ; 5,5 ; 7,1 ; 5,56 ; 5,95 ; 7,32 ; 8,23 ; 6,7 ; 6,28 ; 7,1 ; 7,3 ; 7,38 ; 7,92 ; 7,9 ; 8,37 ; 8,41 ; 8,5 ; 8,7 ; 8,83 ; 9,1 ; 9,3 ; 9,72 ; 9,7 ; 9,7 ; 9,98 ; 10,16 ; 10,41.

a. Déterminer, pour chacune des séries, l'effectif et l'étendue.

b. La proportion d'élèves qui ont lancé le poids au-delà de 8 m a-t-elle augmenté entre le début et la fin du cycle d'athlétisme ? Peut-on en conclure que les élèves ne se sont pas améliorés ?

c. Déterminer, pour chacune des deux séries, la moyenne, la médiane et les quartiles.

d. Quelle a été l'évolution de la médiane et des quartiles ? Que peut-on en conclure ?

52 Le tableau suivant donne la distribution en décile (chacune des 9 valeurs divisant une distribution statistique en 10 classes d'effectif égal) des salaires mensuels nets, en euro, des salariés français pour les années 2010 et 2011.

	Ensemble		Hommes		Femmes	
	2010	**2011**	**2010**	**2011**	**2010**	**2011**
D1*	1 142	1 170	1 197	1 226	1 096	1 120
D2	1 275	1 305	1 348	1 378	1 202	1 230
D3	1 396	1 428	1 482	1 515	1 300	1 330
D4	1 525	1 559	1 622	1 657	1 403	1 436
Médiane	**1 675**	**1 712**	**1 782**	**1 820**	**1 527**	**1 562**
D6	1 862	1 902	1 984	2 024	1 686	1 724
D7	2 111	2 156	2 266	2 309	1 903	1 948
D8	2 510	2 569	2 734	2 794	2 212	2 270
D9	3 317	3 400	3 663	3 733	2 812	2 909
D1 ÷ D9	2,90	2,91	3,06	3,04	2,57	2,60

D'après INSEE.

* La ligne D1 donne, pour chaque catégorie, la valeur du salaire telle que 10 % de l'effectif a un salaire inférieure ou égal à cette valeur. Par exemple, le nombre 1 142 signifie que 10 % des salariés français ont eu, en 2010, un salaire inférieur ou égal à 1 142 € par mois.
De même, la ligne D2 donne les valeurs du salaire en deçà duquel se trouve 20 % de l'effectif…

a. Interpréter le nombre 1 675 de ce tableau.

b. Donner un encadrement du premier quartile pour les salaires mensuels des salariés français en 2011.

c. Interpréter par une phrase la différence entre les nombres 1 820 et 1 562.

d. Quelle est, pour chaque catégorie donnée, l'augmentation en pourcentage de D1 entre 2010 et 2011 ?

53 **Vrai ou faux ?**

a. La médiane est toujours supérieure à la moyenne.

b. Le premier quartile est toujours inférieur ou égal à la médiane.

c. Le premier quartile est toujours strictement inférieur au troisième quartile.

d. La moitié de l'étendue peut être égale à la médiane.

e. La moitié de l'étendue est toujours égale à la médiane.

Échantillonnage

54 Dans une boîte, il y a 15 boules rouges, 10 boules vertes et 5 boules bleues.

On tire une boule, on note sa couleur et on la remet dans la boîte. On fait ainsi 300 tirages successifs. On note f_r, f_v et f_b les fréquences d'apparition d'une boule rouge, d'une boule verte et d'une boule bleue dans les 300 tirages.

Donner les intervalles de fluctuation au seuil de 95 % de ces trois fréquences.

55 Un journaliste interroge un candidat à une élection :

LE JOURNALISTE. - Les sondages d'hier, auprès d'un échantillon représentatif de 1000 personnes vous donnent gagnant à 70 %. Quelles dispositions prendrez-vous au lendemain des élections ?

LE CANDIDAT. - Il est clair que lorsque je serai élu, j'augmenterai les salaires de 5 % dès que possible.

Commenter ce dialogue. Pour étayer vos arguments, il pourra être intéressant de parler d'intervalle de confiance.

56 Dans un article traitant des sondages, on trouve l'affirmation suivante :

« Lorsque l'on réalise un sondage, pour diviser la marge d'erreur par deux, il faut quadrupler l'effectif à interroger, et pour la diviser par dix, il faut le centupler ».

a. Expliquer ce que l'auteur voulait dire en parlant de « marge d'erreur ».

b. Quelle erreur peut-on commettre lorsque l'on commente les résultats d'un sondage ?

57 On lance deux pièces de monnaie en même temps : une pièce de 1 € et une pièce de 2 €. Un des résultats possible est par exemple, $\{P_1 ; P_2\}$, ce qui signifie que la pièce de 1 € est tombée sur le côté « pile » et la pièce de 2 € sur le côté « pile » également.

a. Quel est l'ensemble des résultats possibles ? On supposera, dans la suite, que chacun de ces résultats a la même probabilité.

b. On reproduit 100 fois un tel lancer.

On note f_1 la proportion de lancers, parmi les 100, qui aboutissent à deux « pile » et f_2 la proportion de lancers, parmi les 100, qui aboutissent à un « pile » et un « face ».

Donner les intervalles de fluctuation au seuil de 95 % de f_1 et f_2.

58 Avant une élection à laquelle se présente un candidat A, on réalise un sondage auprès de 98 personnes pour estimer le pourcentage de votants qui vont choisir le candidat A.

On suppose que ce sondage revient à une prise d'échantillon, c'est-à-dire que chaque personne interrogée est choisie au hasard parmi les votants et qu'elle va réellement voter pour la personne qu'elle aura désignée lors du sondage.

42 personnes interrogées déclarent voter pour le candidat A. On note p la proportion des votants qui voteront effectivement pour le candidat A.

a. Donner un intervalle de confiance de p au niveau 0,95.

b. Le candidat A est déclaré élu si plus de 50 % des votants l'ont choisi. Est-il possible que le candidat A ne soit pas élu ? Expliquer.

c. Un deuxième sondage est organisé dans les mêmes conditions mais on interroge 1 000 personnes.

Parmi celles-ci, 565 voteront pour le candidat A.

Est-il possible que le candidat A ne soit pas élu ?

Expliquer.

59 Lu sur un site Internet : « Dès le début de la campagne électorale des élections présidentielles françaises de 2002, la prolifération prévue des sondages révélait des divergences inquiétantes. » Que penser de cette phrase ?

60 **a.** Les logiciels et les calculatrices possèdent une fonction (notée par exemple « Ran# », « NbrAleat », « ALEA() », « random() »...) qui donne une nombre aléatoire compris dans l'intervalle $[0 ; 1[$.

On notera un tel nombre r.

Montrer que $1 \leqslant 6r + 1 < 7$.

b. Les logiciels et les calculatrices possèdent également une fonction (notée par exemple « intg », « PartEnt », « ENT() », « floor() »...) qui donne, à partir d'un nombre réel x, le plus grand entier naturel inférieur ou égal à x. On le notera $E(x)$.

Quelles sont les valeurs que peut prendre $E(6r + 1)$, où r est le nombre défini à la question **a.** ?

61 ALGORITHMIQUE

Début décembre 2013, des statistiques donnant l'audience de chaînes de télévision le samedi soir à 21 heures sont les suivantes :

Chaîne 1	Chaîne 2	Chaîne 3	Autres chaînes
25,5 %	17 %	11 %	46,5 %

Supposons que ces chiffres aient été exacts et restent stables dans les mois suivants.

a. On souhaite simuler le choix au hasard d'une personne parmi les téléspectateurs.

Expliquer comment ceci est réalisable à l'aide d'une urne qui contient 255 boules rouges, 170 boules vertes, 110 boules jaunes et 465 boules blanches.

b. Proposer un algorithme qui permet de simuler ce choix.

c. Programmer cet algorithme à la calculatrice ou à l'aide d'un logiciel.

d. On choisit au hasard 1 000 téléspectateurs.
Simuler ce choix pour donner le nombre d'entre eux qui ont fait, un samedi soir à 21 heures, le choix des chaînes 1, 2 et 3.

62 TABLEUR Lors d'une élection, le dépouillement des bulletins de vote d'une urne donne le résultat suivant : 50 % des bulletins portent le nom du candidat A et 50 % celui du candidat B !

a. Simuler ce qu'aurait donné un sondage sorti des urnes auprès de 50 personnes, c'est-à-dire le choix au hasard de 50 personnes qui viennent de mettre leur bulletin de vote dans cette urne et à qui on demande pour qui ils ont voté.

b. Reproduire une dizaine de fois cette simulation et noter pour chaque simulation le score des deux candidats.

63 Dans un lycée, 78 % des élèves possèdent un smartphone avec un abonnement permettant la connexion à internet.
On s'intéresse à un groupe de 26 élèves de cet établissement. On admettra dans la suite de l'exercice que le choix au hasard d'un groupe de 26 élèves parmi les 1 432 élèves du lycée peut être assimilé au prélèvement d'un échantillon de taille 26, pris parmi 1432 éléments dont la proportion du caractère « smartphone et internet » est égale à 0,78.

1. Donner, pour un tel échantillon, l'intervalle de fluctuation au seuil de 95% de la proportion des élèves possédant un smartphone avec un abonnement permettant la connexion à internet.

2. À l'aide d'un tableur, on simule pour un choix de 26 élèves, prélevés au hasard parmi les 1432 élèves, ceux d'entre eux avec « smartphone et internet ».
Indiquer, parmi les formules suivantes, laquelle permet de réaliser cette simulation :

= ALEA()*26	=-ENT(ALEA()-0,78)
=ENT(2*ALEA())+1	=26*ENT(ALEA()+1))
=SI(ALEA() < 0,78;1;0)	=ENT(26+ALEA()))

3. a. Réaliser à l'aide du tableur la simulation de 1000 choix de 26 élèves.

b. Pour chaque choix de cette simulation, indiquer dans une cellule la proportion d'élèves avec « smartphone et internet ».

c. Dans la question 3.b, 1000 proportions sont calculées. Ces proportions se trouvent-elles dans l'intervalle de fluctuation demandé dans la question **1.** ?
Expliquer.

64 TABLEUR On s'intéresse à une grille carrée de 100 cases. Chacune d'elle est coloriée de manière aléatoire en bleu ou en orange. On suppose qu'il y autant de chance qu'une case soit bleue ou orange.

1. Donner un intervalle de fluctuation au seuil de 95% de la proportion de cases coloriées en orange dans la grille.

2. Parmi de telles grilles coloriées de manière aléatoire, on se demande s'il est fréquent qu'une des cases en orange, non située près du bord, soit complètement entourée par des cases bleues.
Pour cela on se propose de réaliser une simulation à l'aide d'un tableur.

a. Quelle formule faut-il saisir dans une cellule pour que le nombre qui s'y trouve soit 0 ou 1, une fois sur deux, lorsque l'on demande le recalcul de la feuille ?

b. Réaliser un tableau dans les 100 cellules A1 à J10 qui contiennent 0 ou 1, chacune de ces deux valeurs ayant la même chance d'apparaître.

c. Si une cellule contient la formule
« =NB.SI(A1:C3 ;1) »,
quelles sont ses valeurs possibles ?

d. La cellule B12 contient la formule
« =SI(ET(NB.SI(A1:C3 ;1) = 1 ;B2 = 1) ;1 ;0) ».
Quelles sont les valeurs possibles pour cette cellule B12 ?

e. Sur l'extrait de tableur ci-dessous, la formule :
« =SI(ET(NB.SI(A1:C3 ;1) = 1 ;B2 = 1) ;1 ; 0) »
a été recopiée vers le bas et vers la droite, à partir de la cellule B12 jusqu'à la cellule I19.

	A	B	C	D	E	F	G	H	I	J
1	1	0	1	0	0	1	1	1	1	0
2	0	0	0	0	1	0	0	0	0	0
3	1	1	1	0	1	1	0	1	0	1
4	1	0	0	0	0	0	0	0	0	0
5	1	0	0	1	1	0	1	0	0	1
6	1	1	0	1	1	0	0	0	0	1
7	1	0	0	0	1	0	0	1	0	1
8	1	0	0	0	1	1	1	0	1	0
9	1	0	1	1	0	1	0	0	0	0
10	0	1	1	0	0	0	1	0	0	1
11										
12		0	0	0	0	0	0	0	0	
13		0	0	0	0	0	0	1	0	
14		0	0	0	0	0	0	0	0	
15		0	0	0	0	0	1	0	0	
16		0	0	0	0	0	0	0	0	
17		0	0	0	0	0	0	0	0	
18		0	0	0	0	0	0	0	0	
19		0	0	0	0	0	0	0	0	

Comment peut-on savoir si, parmi les 100 cellules A1 à J10, l'une d'entre elle contient la valeur 1 et n'entourée que par des cellules qui contiennent 0 ?

f. Comment répondre à la question qu'on se pose : « Parmi les grilles coloriées de manière aléatoire, décrites en début d'exercice, est-il fréquent qu'une des cases en orange, non située près du bord, soit complètement entourée par des cases bleues ?

REMARQUE : Pour colorier en orange ou en bleu des cellules d'un tableur, on pourra utiliser la fonctionnalité « affichage conditionnel » du tableur, et ainsi modifier l'aspect des cellules A1 à J10.

Problèmes

65 Percent-age-ism

In a town of 5000 inhabitants there are only young people and old people.
But 20 % of the young ones consider themselves to be old and 10 % of the old people consider themselves as young. The others just accept themselves for what they are.
Everyone in this strange town is asked the same question : « Are you old ? ». 34 % of the inhabitants answer yes !

How many young people live in the town ? Justify your answer.

D'après *Mathématiques sans frontières*, février 2008.

66 www.velos-occasions.com

Un site internet permet à des particuliers de vendre leurs vélos. Pour étudier l'évolution des annonces présentes sur le site, le webmaster a relevé les prix demandés par les internautes au cours des mois de janvier 2012 et janvier 2013.
Le tableau suivant donne ces prix, en euro, arrondis à la dizaine d'euros.

Janvier 2012	Janvier 2013
10 ; 10 ; 10 ; 10 ; 10 ; 20 ; 20 ; 20 ; 20 ; 30 ; 30 ; 30 ; 30 ; 40 ; 40 ; 60 ; 60 ; 70 ; 80 ; 110 ; 180 ; 200 ; 210 ; 230 ; 250 ; 270 ; 280 ; 290 ; 290 ; 290 ; 320 ; 330 ; 330 ; 330 ; 340 ; 350 ; 350 ; 380 ; 390 ; 390 ; 390 ; 390 ; 400 ; 400 ; 410 ; 430 ; 440 ; 450 ; 450 ; 450 ; 460 ; 460 ; 460 ; 470 ; 470 ; 480 ; 480 ; 500 ; 570 ; 780 ; 800 ; 810 ; 930 ; 940 ; 970 ; 1 010 ; 1 230 ; 1 250 ; 1 270 ; 1 270 ; 1 280 ; 1 430	10 ; 10 ; 10 ; 10 ; 10 ; 10 ; 20 ; 20 ; 20 ; 30 ; 30 ; 30 ; 40 ; 40 ; 40 ; 40 ; 40 ; 40 ; 40 ; 50 ; 70 ; 70 ; 80 ; 90 ; 100 ; 130 ; 130 ; 160 ; 170 ; 180 ; 180 ; 210 ; 220 ; 220 ; 230 ; 240 ; 250 ; 250 ; 280 ; 290 ; 330 ; 330 ; 340 ; 340 ; 340 ; 340 ; 350 ; 350 ; 390 ; 390 ; 400 ; 410 ; 420 ; 420 ; 430 ; 430 ; 440 ; 440 ; 440 ; 450 ; 470 ; 480 ; 480 ; 490 ; 570 ; 590 ; 750 ; 840 ; 930 ; 940 ; 950 ; 1 030 ; 1 060 ; 1 080 ; 1 120 ; 1 190 ; 1 330

a. Faire une étude statistique complète : représentation graphique, calcul de paramètres.

b. En s'appuyant sur votre étude, comparer l'évolution des annonces présentes sur ce site.

67 A voté !

Sur le blog de Marjolaine, les visiteurs sont invités à donner leur avis et une note.
La moyenne actuelle est indiquée.
Julien, qui aime bien le blog de son amie, décide de donner comme note cette moyenne augmentée de 1 point.
Après son vote, Julien constate que la moyenne a augmenté de 0,02 points. Il se demande alors combien de personnes ont bien pu voter avant lui.
Calculer le nombre d'internautes qui ont voté avant Julien sur le blog de Marjolaine.

D'après *Mathématiques sans frontières*, février 2008.

68 Maritime/Semi-continental

Le tableau suivant donne les températures mensuelles maximales (T_{max}), minimales (T_{min}), moyennes (T_m), ainsi que la pluviométrie totale (RR_{tot}) au cours de l'année 2012 dans les villes de Brest et de Strasbourg.

Brest Strasbourg

	T_{max} (en °C)		T_{min} (en °C)		T_m (en °C)		RR_{tot} (en mm)	
	Brest	Strasbourg	Brest	Strasbourg	Brest	Strasbourg	Brest	Strasbourg
janv.	13,5	13,2	−2,3	−6,7	8,1	3,9	78,0	47,9
fév.	17,1	15,0	−5,6	−15,0	5,9	−1,1	31,5	5,0
mars	23,3	23,5	0,5	−2,5	9,6	9,2	39,4	16,7
avril	15,4	30,0	0,6	−2,2	8,5	10,2	197,7	25,0
mai	28,6	32,5	2,1	2,0	12,6	16,5	79,3	60,8
juin	25,8	32,5	8,0	7,9	14,7	18,5	132,9	73,5
juill.	27,2	33,7	8,6	8,8	15,8	19,4	88,8	72,8
août	29,6	34,3	9,7	10,0	17,3	20,8	83,5	40,2
sept.	27,1	31,2	4,4	3,2	13,9	15,6	54,5	55,4
oct.	20,0	22,9	0,1	−3,8	12,3	9,8	132,8	62,0
nov.	15,5	19,5	−1,8	−1,5	8,5	6,7	171,8	72,4
déc.	13,6	16,3	−1,4	−9,7	8,3	4,1	237,1	44,4

1. Représenter ces données sur 3 graphiques :

a. Températures mensuelles minimales, moyenne et maximales pour Brest.

b. Températures mensuelles minimales, moyenne et maximales pour Strasbourg.

c. Précipitations mensuelles pour Brest et Strasbourg.

2. Déterminer la température médiane pour les températures moyennes à Brest, puis à Strasbourg.

3. Calculer le minimum et le maximum des différences entre T_{max} et T_{min} pour les deux villes.

4. Calculer la moyenne annuelle des températures minimales, moyennes et maximales mensuelles pour les deux villes.

5. Comparer les climats à Brest et à Strasbourg.

69 ALGORITHMIQUE Drôle de moyenne

Voici la courbe des températures relevées pendant une journée, de 0 h à 24 h.

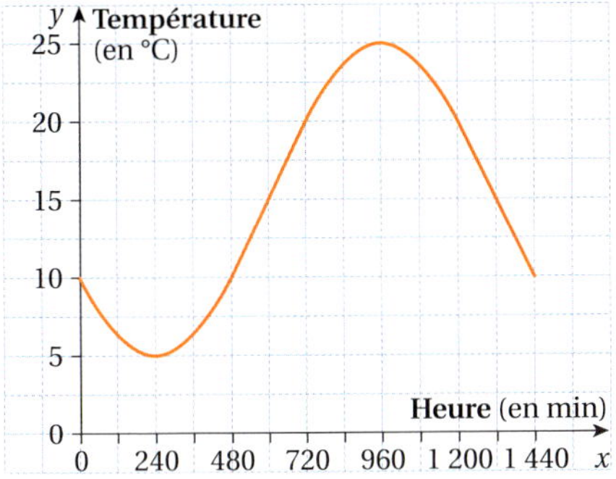

La moyenne des températures pour un jour donné en un lieu donné n'est pas définie par toutes les personnes de la même manière.
Voici trois possibilités pour déterminer dans notre cas cette valeur.

1. Quelle est la température maximale (T_{max}) durant ces 24 heures ? La température minimale (T_{min}) ?
Calculer $M_1 = (T_{max} - T_{min}) \div 2$.
C'est ce calcul que préconise l'OOM, l'Organisation Météorologique Mondiale.

2. Déterminer la température à 6 h, 12 h, 18 h et 24 h, puis calculer la moyenne M_2 de ces 4 températures.
C'est ce calcul que préconise Météo-France en l'absence de très nombreuses données.

3. On suppose que la fonction dont la courbe approxime ces températures est donnée par :

$$f(x) = 15 + 10\sin\left(\frac{x}{4} - 150\right).$$

Régler la calculatrice en mode degré.

a. Donner, en langage naturel, un algorithme qui calcule la moyenne M_3 des températures prises chaque minute.

b. Programmer cet algorithme et calculer M_3.
C'est cette méthode qui se rapproche le plus de ce que l'on devrait faire. Mais elle ne peut être appliquée car, la plupart du temps, les relevés de température ne se font pas en continu.

70 ALGORITHMIQUE Qui est gagnant ?

Le jeu du Vingt, organisé par une association, se déroule de la manière suivante.
Le joueur mise 5 € et lance un dé cubique équilibré plusieurs fois. Il additionne le total des points obtenus et s'arrête lorsque cette somme a atteint 20.
Si le total de ses points atteint ou dépasse 20 en 5 lancers ou moins, il a gagné et l'organisateur du jeu lui donne 10 €. Dans le cas contraire, le joueur a perdu et l'organisateur ne lui donne rien.
L'objet de ce problème est de simuler ce jeu pour savoir si l'association va être gagnante.

1. Première situation : un seul joueur

a. Soit N le nombre de fois où le joueur lance le dé. Montrer que $4 \leqslant N \leqslant 20$.

b. Écrire un algorithme qui simule les lancers pour un joueur.

c. Programmer cet algorithme avec une calculatrice ou un logiciel.

2. Deuxième situation : plusieurs joueurs

a. Est-il possible que le premier joueur gagne ?
Que les 10 premiers joueurs gagnent ? Que les 100 000 premiers joueurs gagnent ?

b. Avec la simulation de la question **1**, compléter pour 10 joueurs le tableau suivant :

Numéro du joueur	1	2	…
Nombre de lancers de dé			
Gain du joueur (–5 ou +5)			
Gain total de l'association			
Gain moyen de l'association par joueur			

c. Modifier le programme de la question **1** pour qu'il simule les lancers de 100 joueurs et qu'il donne le gain moyen pour l'association par joueur après le passage des 100 joueurs.

d. Exécuter plusieurs fois le programme précédent et observer la fluctuation du gain moyen.
Peut-on être certain que l'association va être gagnante ?

71 ALGORITHMIQUE Vendredi 13

Un jeu consiste à tirer au hasard un carton comportant un nom de jour (lundi, mardi, …, dimanche) et un carton comportant un nombre choisi au hasard parmi les entiers de 1 à 30.

a. Écrire un algorithme qui permet de simuler 10 000 jeux de ce type pour déterminer la fréquence observée f des cartons « vendredi 13 ».

b. Programmer cet algorithme avec une calculatrice ou un logiciel et indiquer le nombre f trouvé.

72 ALGORITHMIQUE Et le vendredi 12 ?

a. Combien de « vendredi 12 » y a-t-il dans l'année civile 2014 ?

b. On choisit 12 fois un jour au hasard dans l'année 2014. Simuler un tel choix à l'aide de la calculatrice. On pourra considérer le numéro du jour compris entre 1 et 365.

c. Modifier la simulation précédente pour déterminer la proportion v de « vendredi 12 » dans ces 12 choix.

d. Comparer entre elles les proportions v trouvées par tous les élèves de la classe.

e. Pourquoi ne peut-on pas dans ce cas appliquer la propriété qui donne l'intervalle :

$$\left[p-\frac{1}{\sqrt{n}}\,;p+\frac{1}{\sqrt{n}}\right]?$$

73 ALGORITHMIQUE Remplacer deux dés

1. Une roue de loterie a 11 secteurs de même taille numérotés de 2 à 12. Quand on fait tourner la roue, on a autant de chance de s'arrêter sur chacun des secteurs.

On gagne lorsque le 4 sort.

a. Simuler 100 tirages à cette loterie pour déterminer la proportion f_1 sur les 100 tirages où l'on aurait gagné.

b. Simuler 1 000 fois 100 tirages et donner le minimum et le maximum des 1 000 nombres f_1.

2. Un jeu consiste à lancer deux dés non truqués, numérotés de 1 à 6. On gagne lorsque la somme des deux nombres sur les faces supérieures vaut 4.

a. Simuler 100 jeux de ce type pour déterminer la proportion f_2 sur les 100 lancers où l'on aurait gagné.

b. Simuler 1 000 fois 100 lancers et donner le minimum et le maximum des 1 000 nombres f_2.

Peut-on remplacer les deux dés par la roue de loterie ?

74 Bienvenue

Dans un article sur l'élargissement de l'Union Européenne, Julien a trouvé le tableau suivant :

Pays	Nombre d'habitants	Superficie (en km^2)
Chypre	800 000	9 251
Estonie	1 380 000	45 227
Hongrie	10 320 000	93 036
Lettonie	2 390 000	64 589
Lituanie	3 620 000	65 300
Malte	390 000	316
Pologne	38 660 000	312 683
République Tchèque	10 310 000	78 864
Slovaquie	5 420 000	49 032
Slovénie	1 940 000	20 256

Il se propose alors de représenter chaque pays par un pavé droit à base carrée dessiné en perspective tel que :

- l'aire de la base de chaque pavé soit proportionnelle à la superficie du pays qu'il représente ;
- le volume de chaque pavé soit proportionnel à la population du pays.

Il prend un carré de 1 cm de côté pour représenter une superficie réelle de 10 000 km^2 et 1 cm^3 de volume pour représenter 100 000 habitants.

a. Calculer les dimensions des pavés pour Chypre, l'Estonie, la République Tchèque, la Pologne et Malte.

b. Dessiner en perspective les pavés représentant Chypre, l'Estonie, la République Tchèque et la Pologne.

c. Quelle caractéristique démographique est illustrée par les hauteurs des pavés de Julien ?

D'après *Mathématiques sans frontières*, Mars 2004.

75 Téléphone portable

Le DAS, « Débit d'Absorption Spécifique », est un indice qui mesure le niveau de radiofréquences émis par un téléphone portable envers l'usager durant son fonctionnement en puissance maximale.

On a étudié le DAS de 625 téléphones portables sur le marché en France et aux États-Unis. Les résultats sont indiqués dans le tableau suivant :

Intervalle dans lequel se trouve le DAS	Effectif n_i	Milieu de l'intervalle x_i
[0,1 ; 0,3[	17	0,2
[0,3 ; 0,5[	32	...
[0,5 ; 0,7[	114	...
[0,7 ; 0,9[	185	...
[0,9 ; 1,1[	78	...
[1,1 ; 1,3[	94	...
[1,3 ; 1,5[	76	...
[1,5 ; 1,7[	29	...

On sait donc, par exemple, que 17 téléphones ont un DAS compris entre 0,1 et 0,3.

1. Reproduire et compléter le tableau ci-dessus.

2. Tracer le nuage de points $(x_i\,;\,n_i)$.

3. Étudier la série statistique $(x_i\,;\,n_i)$ en :

a. dressant le tableau des effectifs cumulés croissants ;

b. déterminant sa moyenne ;

c. déterminant sa médiane.

4. Le téléphone portable de Florence a un DAS de 0,9. Cette caractéristique est-elle en dessous de la moyenne des DAS des 625 téléphones de l'étude ?
Son téléphone fait-il partie de la moitié des portables qui ont le DAS le plus faible ?

76 Au Mali

Les statistiques suivantes donnent les valeurs moyennes de différents paramètres météorologiques pour chacun des mois de l'année à Gao, au Mali.

	Températures (en °C)			Précipitations (en mm)	Autres paramètres	
	Maximum	Minimum	Moyenne	Total	Ensoleillement (en h)	Vitesse du vent (en km/h)
J	31	15	23	0	270	15
F	34	17	26	0	258	15
M	37	21	2	0	270	16
A	41	25	32	3	254	15
M	43	29	35	6	275	15
J	42	29	35	22	227	19
J	39	37	33	57	250	19
A	37	26	31	69	252	16
S	39	26	32	28	254	13
O	39	25	32	4	280	11
N	36	20	28	0	281	11
D	31	16	24	0	262	14

a. Proposer une représentation graphique pour les températures.

b. Pour les précipitations, tracer un diagramme en 3D en représentant pour chaque mois un cube (schématisant une citerne cubique) tel que le volume de chaque cube est proportionnel à la hauteur des précipitations du mois.

77 ALGORITHMIQUE Au hasard

1. Le hasard 1

a. Demander à une personne d'écrire une suite de 10 chiffres, choisis au hasard parmi les deux chiffres 0 ou 1. Noter la fréquence d'apparition du chiffre 0 dans la suite proposée.

b. Reproduire ceci plusieurs fois, par exemple auprès des différents élèves de la classe.

2. Le hasard 2

a. Écrire un algorithme qui :

- donne 10 chiffres au hasard, choisis parmi les deux chiffres 0 ou 1 ;
- calcule la fréquence f des chiffres 0 parmi les 10 chiffres donnés.

b. Programmer cet algorithme avec la calculatrice ou un logiciel.

c. Modifier ce programme pour qu'il s'exécute 1 000 fois et qu'il calcule la moyenne, le maximum et le minimum des fréquences f obtenues.

3. Comparer les nombres f obtenus dans les questions **1** et **2**.

78 ALGORITHMIQUE Le magicien

Filibert le magicien vient acheter une pièce de monnaie truquée à la boutique « Trucs pour tous » où le vendeur annonçait : « Avec cette pièce, le nombre de “pile” sera supérieur de 50 % au nombre de “face”. »
Filibert lance la pièce 30 fois et obtient 15 fois « pile ».
Il retourne immédiatement à « Trucs pour tous » pour se faire rembourser son achat. Mais le vendeur lance également la pièce de 30 fois et obtient 25 fois « pile ».

1. a. Montrer qu'avec une telle pièce la probabilité d'obtenir pile est de 0,6.

b. Donner un intervalle de fluctuation au seuil de 95 % de la fréquence de « pile » dans un échantillon de 30 lancers d'une telle pièce truquée.

c. Expliquer les résultats obtenus par Filibert et le vendeur lors de leurs lancers.

2. a. Proposer une méthode avec un tableur, la calculatrice ou un logiciel de programmation, qui permet de simuler le lancer de 30 fois une pièce truquée où la probabilité d'obtenir pile est de 0,6.

b. En effectuant de nombreuses simulations de 30 lancers, comparer le nombre de fois où l'on obtient 15 fois « pile » et le nombre de fois où l'on obtient 25 fois « pile ».

79 Le mouton

Un paisible mouton écossais se trouve chaque matin au milieu d'une lande carrée, de longueur de côté 20 m, bordée d'une route. Durant la journée, pendant 10 heures, toutes les 5 minutes le mouton se déplace de 1 m en choisissant au hasard une direction : soit le nord, soit le sud, soit l'est, soit l'ouest.
La moitié des jours de l'année, il est retrouvé, le soir, hors de la lande…
Est-ce normal ?

QCM Pour bien commencer

Pour chaque question, il y a une ou plusieurs bonnes réponses.

1 On lance 6 fois un dé bien équilibré à 6 faces.
Est-il possible que :

A Le 6 ne soit pas sorti ?
B Le 6 soit sorti une fois ?
C Le 6 soit sorti six fois ?
D Le 6 soit sorti trente-six fois ?

2 On lance deux dés à six faces numérotées de 1 à 6.

a. On observe la somme des faces obtenues.
Le nombre d'issues possibles est :

A 12. B 36. C 11. D 6.

b. On mesure l'écart entre les valeurs obtenues sur les deux dés.
Le nombre d'issues possibles est :

A 0. B 1. C 5. D 6.

3 Damien a une pièce de monnaie mal équilibrée. Pour calculer la probabilité en la lançant de tomber sur « pile», il répète de nombreux lancers et note les résultats dans le tableau suivant.

Nombre de lancers	10	50	200	1 000
Nombre de « pile »	2	36	89	398

a. La fréquence de « pile » obtenue pour 200 lancers est :

A 89. B 0,89. C 0,445. D 0,5.

b. La probabilité d'obtenir « pile » en lançant la pièce :

A Vaut 398.
B N'existe pas.
C Vaut environ 40%.
D Est impossible à connaitre avec précision.

4 On lance un dé bien équilibré à 6 faces.

a. La probabilité d'obtenir un multiple de 3 est :

A 0. B $\frac{1}{6}$. C $\frac{1}{3}$. D $\frac{1}{2}$.

b. La probabilité d'obtenir un diviseur de 12 est :

A 0. B $\frac{5}{6}$. C $\frac{1}{3}$. D $\frac{1}{6}$.

c. La probabilité d'obtenir un diviseur de 60 est :

A 0. B $\frac{1}{6}$. C $\frac{5}{6}$. D 1.

5 Le diagramme ci-dessous donne la durée, en seconde, de chaque couleur d'un feu tricolore.

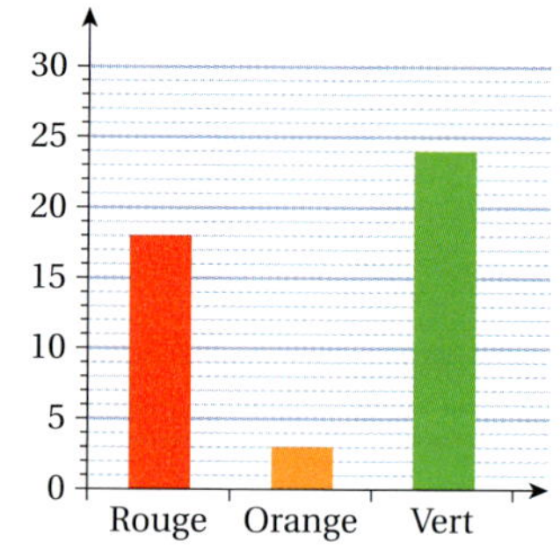

Un automobiliste se présente devant le feu.

a. La probabilité que le feu soit vert est :

A $\frac{24}{45}$. B $\frac{8}{15}$. C $\frac{1}{3}$. D $\frac{1}{2}$.

b. La probabilité que l'automobiliste doive s'arrêter est :

A $\frac{2}{5}$. B $\frac{7}{15}$. C $\frac{2}{3}$. D 40%.

6

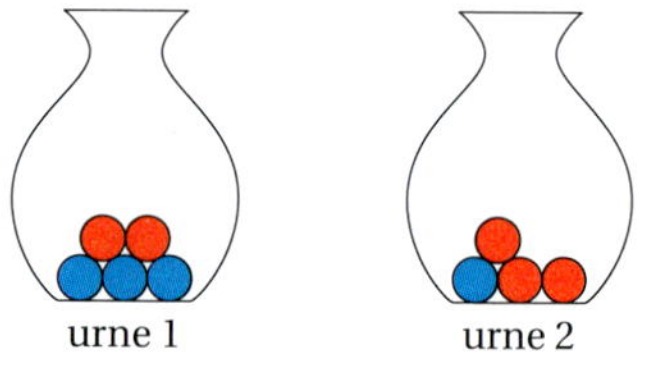

a. On pioche une boule au hasard dans l'urne 1.
Quelle est la probabilité que la boule tirée soit bleue ?

A $\frac{3}{2}$. B $\frac{3}{5}$. C $\frac{1}{2}$. D $\frac{1}{5}$.

b. On pioche une boule au hasard dans l'urne 2.
Quelle est la probabilité que la boule tirée soit bleue ?

A $\frac{1}{4}$. B $\frac{1}{3}$. C $\frac{3}{4}$. D $\frac{1}{2}$.

c. On choisit une urne au hasard, puis on pioche une boule au hasard dans l'urne choisie.
Quelle est la probabilité que la boule tirée soit bleue ?

A $\frac{17}{40}$. B $\frac{17}{20}$. C $\frac{2}{9}$. D $\frac{4}{9}$.

CORRIGÉ P. 342

Probabilités

10

Partie de poker tirée du film « Les bluffeurs », réalisé en 2004 par Pupi Avati. C'est en étudiant les jeux de hasard que les mathématiciens Blaise Pascal et Pierre de Fermat ont posé les bases du traitement mathématique des probabilités.

> Le hasard est le plus grand romancier du monde ; pour être fécond, il n'y a qu'à l'étudier.
>
> Honoré de Balzac.

Le chapitre en bref

Réinvestir

- Expérience aléatoire
- Probabilité d'un événement
- Modélisation d'une expérience à l'aide d'un arbre

Découvrir

- Probabilité d'un événement contraire
- Calculs de probabilités à partir d'arbres
- Réunion et intersection d'événements

UN PEU D'HISTOIRE p. 315

Activités

1 Chance ou stratégie ?

Réinvestir : • Calculer une probabilité. • Distinguer les situations d'équiprobabilité.

Le jeu du démineur consiste à découvrir des cases d'une grille sans tomber sur une mine. La grille ci-dessous comporte dix cases minées. Sélectionner une case vierge découvre toutes les cases vierges voisines ainsi que les cases limitrophes d'une mine. Le numéro inscrit dans certaines cases précise le nombre de mines voisines de la case (y compris voisine par les coins).
Voici quelques étapes successives d'une partie.

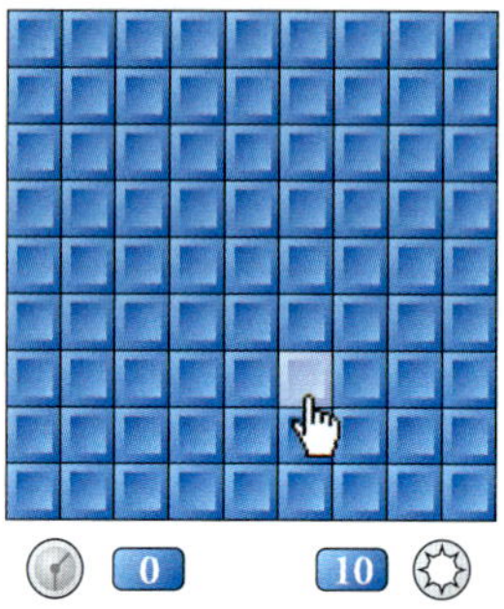

Fig. 1

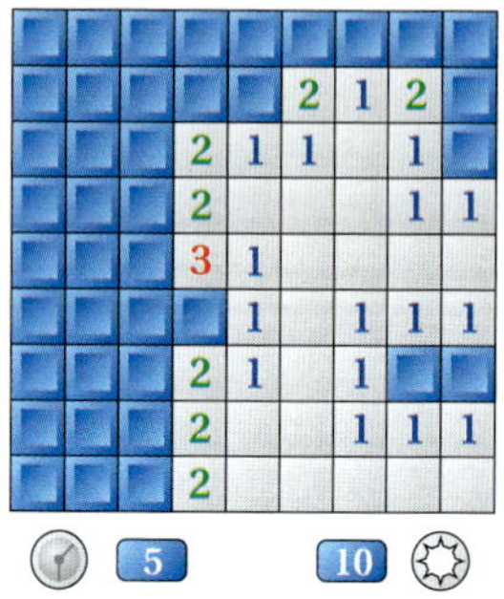

Fig. 2

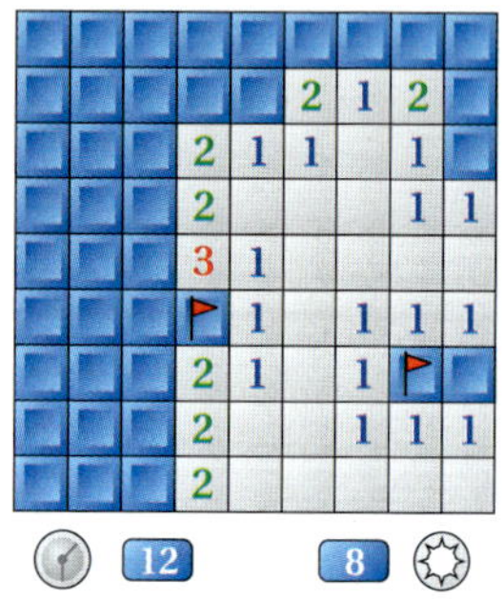

Fig. 3

1 Figure 1 : quelle est la probabilité que le joueur tombe sur une mine en cliquant ?

2 Figure 2 : quelle est la probabilité de tomber sur une mine en sélectionnant aléatoirement une case recouverte ?

3 Pour augmenter ses chances, le joueur peut marquer d'un drapeau les mines qu'il a repérées avec certitude à l'aide des nombres inscrits dans les cases. Sur la figure 3, il en a identifié deux.
a. Quelle est alors la probabilité de tomber sur une mine en découvrant une case restante au hasard ?
b. Il existe en réalité huit cases où l'on peut mettre un drapeau avec certitude. Identifier ces cases et calculer la probabilité de tomber sur une mine en découvrant une case restante au hasard.

2 Des statistiques aux probabilités

Réinvestir : • Réaliser une expérience aléatoire avec la calculatrice.
• Faire un bilan statistique pour évaluer une probabilité.

1 **Simuler un lancer de dé avec la calculatrice**
Pour lancer un dé, il faut utiliser une fonction aléatoire de la calculatrice (`entAléat` ou `RanInt#`). Cette fonction renvoie au hasard un nombre entier compris entre 1 et 6.
Simuler un lancer de dé, puis avec la touche d'exécution, répéter plusieurs fois la simulation (**fig. 1** et **2**).

```
entAléat(1,6)
                6
entAléat(1,6)
                2
entAléat(1,6)
                5
```

Fig. 1 - Exemple avec la TI 83+.

```
RanInt#(1,6)
                6
RanInt#(1,6)
                2
RanInt#(1,6)
                5
JUMP DEL ▶MAT MATH
```

Fig. 2 - Exemple avec la Casio 35+.

2 **a.** Effectuer vingt lancers de dé et noter la liste des valeurs obtenues au fur et à mesure.
b. Relever le nombre de valeurs supérieures ou égales à 5.
c. Calculer la fréquence d'apparition des valeurs obtenues supérieures ou égales à 5.

3 **a.** Avec le professeur, regrouper les résultats de tous les élèves de la classe, puis reproduire et compléter le tableau suivant résumant les résultats :

Nombre de valeurs obtenues supérieures ou égales à 5	0	1	2	3	4	5	6	7	8	9	10	11	12	13	14	15	16	17	18	19	20
Nombre d'élèves																					

b. Calculer la fréquence des valeurs obtenues supérieures ou égales à 5 pour l'ensemble des lancers de la classe.

4 **a.** Recommencer l'expérience avec de nouveaux relevés.
b. Comparer les fréquences des valeurs obtenues supérieures ou égales à 5 de ces deux expériences.

5 **a.** Regrouper les résultats des deux expériences.
b. Évaluer la probabilité que la face supérieure du dé porte un chiffre supérieur ou égal à 5.
c. Comparer ce résultat à la probabilité théorique.

3 Avec ou sans remise ?

Réinvestir : • Modéliser une expérience.
• Construire un arbre pour dénombrer.

Un sac contient trois boules indiscernables au toucher. Les boules sont numérotées 1, 2 et 3.

Partie A. Expérience 1

On tire successivement deux boules avec remise de la première boule tirée. On considère le couple obtenu en tenant compte de l'ordre des tirages.
Exemple : On tire en premier la boule nº 1 ; on la remet dans le sac ; on tire en second la boule nº 3. Le couple obtenu se note (1 ; 3).
Ainsi, les couples (1 ; 2) et (2 ; 1) sont des issues **différentes**.

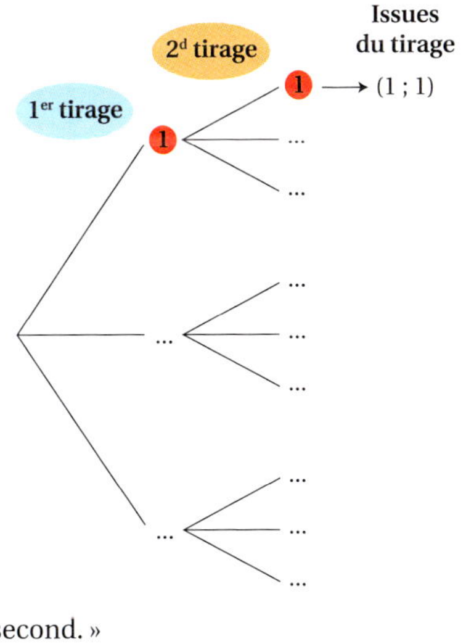

1 Reproduire et compléter l'arbre ci-contre donnant l'ensemble des issues.

2 Dénombrer les issues possibles de ce tirage et en déduire la probabilité de chacune d'elle.

3 Donner la probabilité de chacun des événements suivants :
a. « On a tiré deux fois le même nombre. »
b. « Le premier nombre tiré est strictement inférieur au second. »
c. « La somme des deux nombres tirés est 4. »

Partie B. Expérience 2

On tire successivement deux boules **sans** remise de la première boule tirée. On considère le couple obtenu en tenant compte de l'ordre du tirage.
Exemple : On tire en premier la boule nº 1 ; on ne la remet pas dans le sac ; on tire en second la boule nº 3. Le couple obtenu se note (1 ; 3).
Si on tire en premier la boule nº 1, comme on ne la remet pas dans le sac, on ne peut tirer en second la boule nº 1. Le couple (1 ; 1) ne peut donc pas être une issue du tirage !

1 Représenter l'ensemble des issues possibles à l'aide d'un arbre.

2 Reprendre les questions **2** et **3** de la partie A.

Cours

A EXPÉRIENCE ALÉATOIRE

Savoir-faire 1
Identifier les événements élémentaires d'un univers et les dénombrer, p. 306.

DÉFINITIONS

- Une **expérience aléatoire** est une expérience vérifiant les deux conditions suivantes :
  - elle comporte plusieurs issues envisageables ;
  - on ne peut prévoir l'issue lorsqu'on réalise l'expérience.

On se restreindra aux expériences ne comportant qu'un nombre fini d'issues.

- L'**univers** de l'expérience aléatoire est l'ensemble des issues de cette expérience aléatoire.
- Un **événement** est un ensemble d'issues de l'expérience aléatoire.
- Les **événements élémentaires** sont les événements réduits à une unique issue de l'expérience.

EXEMPLES

Les trois expériences suivantes permettront d'illustrer l'ensemble du cours.

- **Expérience nº 1**

On lance un dé équilibré à 6 faces et on note le résultat obtenu sur la face supérieure.
L'univers de l'expérience est l'ensemble $\Omega = \{1 ; 2 ; 3 ; 4 ; 5 ; 6\}$.
L'événement « obtenir un nombre pair » est l'ensemble $I = \{2 ; 4 ; 6\}$.
L'événement « obtenir un 4 » est un événement élémentaire. Il y a 6 événements élémentaires.

- **Expérience nº 2**

On tire au hasard une carte dans un jeu de 32 cartes.
L'univers de l'expérience est l'ensemble Ω des 32 cartes :{as de pique ; as de cœur ; ... ; sept de carreau ; sept de trèfle}.
L'événement « tirer un roi » est l'ensemble J = {roi de trèfle ; roi de carreau ; roi de cœur ; roi de pique}.
L'événement « tirer l'as de cœur » est un événement élémentaire. Il y a 32 événements élémentaires.

- **Expérience nº 3**

On tire au hasard une boule dans une urne contenant 2 boules blanches, 3 boules jaunes, 4 boules noires. On note la couleur de la boule tirée.
L'univers de l'expérience est l'ensemble Ω = {boule blanche ; boule jaune ; boule noire}.
L'événement « tirer une boule de couleur claire » est l'ensemble K = {boule blanche ; boule jaune}.
L'événement « tirer une boule blanche » est un événement élémentaire. Il y a 3 événements élémentaires.

B PROBABILITÉ D'UN ÉVÉNEMENT

1 Loi des grands nombres et probabilité

PROPRIÉTÉ ET DÉFINITION

Lors d'une expérience répétée n fois, les fréquences obtenues d'un événement A de l'expérience se rapprochent d'une valeur théorique lorsque n devient grand.
Cette valeur s'appelle **probabilité** de l'événement A.

EXEMPLE

On a simulé n lancers d'un dé équilibré à 6 faces et noté le nombre de fois que le chiffre 4 est sorti. Le tableau suivant résume les résultats obtenus.

Nombre de lancers	10	50	100	500	1 000	10 000	100 000
Nombre de 4 obtenu	3	10	19	76	161	1 681	16 649
Fréquence d'apparition du chiffre 4	0,30	0,20	0,19	0,152	0,161	0,1681	0,16649

Le résultat théorique est $\frac{1}{6}$ si le dé est bien équilibré, c'est-à-dire que le chiffre 4 a une chance sur 6 de sortir, or $\frac{1}{6} \approx 0{,}1666...$

On peut remarquer que la fréquence d'apparition du chiffre 4 se rapproche de cette valeur quand le nombre de lancers augmente.

2 Calcul de probabilités

PROPRIÉTÉ

Dans une expérience aléatoire :

- la probabilité $p(\mathrm{A})$ d'un événement A vérifie $0 \leqslant p(\mathrm{A}) \leqslant 1$;
- la somme des probabilités des événements élémentaires vaut 1 ;
- la probabilité d'un événement est la somme des probabilités des événements élémentaires qui le constituent.

NOTE

On note Ø un ensemble vide (qui ne contient aucun élément).

REMARQUES

- La probabilité de l'événement vide vaut 0, on la note $p(\varnothing) = 0$.
- La probabilité de l'événement certain vaut 1, on la note $p(\Omega) = 1$.

DÉFINITION

Lorsque, dans une expérience aléatoire, toutes les issues ont la même probabilité de se réaliser, on dit que l'expérience est **équiprobable**.

NOTE

On appellera « cardinal de A » et on notera card(A), le nombre d'éléments d'un ensemble A.

PROPRIÉTÉ

Lors d'une expérience aléatoire ayant n issues équiprobables :

- la probabilité de chaque événement élémentaire est $\frac{1}{n}$;
- la probabilité d'un événement A est $p(\mathrm{A}) = \frac{\mathrm{card(A)}}{n}$.

Savoir-faire 2
Dénombrer pour calculer une probabilité, p. 306.

Savoir-faire 3
Modéliser avec un arbre pour calculer une probabilité, p. 307.

Savoir-faire 4
Modéliser avec un arbre pondéré pour calculer une probabilité, p. 307.

EXEMPLES

- Dans **l'expérience n° 1**, la probabilité d'un événement élémentaire est $\frac{1}{6}$.

La probabilité de l'événement I : « tirer un nombre pair » est $p(\mathrm{I}) = \frac{3}{6} = \frac{1}{2}$.

- Dans **l'expérience n° 2**, la probabilité d'un événement élémentaire est $\frac{1}{32}$.

La probabilité de l'événement J : « tirer un roi » est $p(\mathrm{J}) = \frac{4}{32} = \frac{1}{8}$.

- Dans **l'expérience n° 3**, les événements élémentaires ne sont pas équiprobables.

Toutefois, en considérant l'expérience équiprobable de tirer une boule parmi les 9 boules présentes dans le sac, on peut calculer les probabilités de chacun des événements élémentaires.
L'urne contient 2 boules blanches, 3 boules jaunes, 4 boules noires. Il y a donc 9 boules.

$$p(\{\text{boule blanche}\}) = \frac{2}{9} \text{ ; } p(\{\text{boule jaune}\}) = \frac{3}{9} = \frac{1}{3} \text{ et } p(\{\text{boule noire}\}) = \frac{4}{9}.$$

3 Événement contraire

Savoir-faire 5
Identifier l'événement contraire et calculer sa probabilité, p. 308.

DÉFINITION

On appelle **événement contraire** d'un événement A l'événement, noté $\overline{A}$, qui contient l'ensemble des événements élémentaires n'appartenant pas à A.

PROPRIÉTÉ

La probabilité de l'événement contraire d'un événement A est $p(\overline{A}) = 1 - p(A)$.

DÉMONSTRATION

En notant $\Omega = \{e_1 ; e_2 ;\dots ; e_n\}$ l'univers de l'expérience et en considérant l'événement $A = \{e_1 ; e_2 ;\dots ; e_k\}$; on peut déterminer $\overline{A} = \{e_{k+1} ;\dots ; e_n\}$.

Comme la probabilité de l'événement A est la somme des probabilités des événements élémentaires qui le composent, alors $p(A) = p(e_1) + p(e_2) + \dots + p(e_k)$.

On obtient de même $p(\overline{A}) = p(e_{k+1}) + p(e_{k+2}) + \dots + p(e_n)$.

Or $p(\Omega) = p(e_1) + p(e_2) + \dots + p(e_n) = 1$, d'où $p(A) + p(\overline{A}) = 1$.

On en déduit que $p(\overline{A}) = 1 - p(A)$. ■

On peut schématiser la propriété ainsi :

$$\Omega = \left\{ \underbrace{e_1 ; e_2 ; \dots e_k}_{A} ; \underbrace{e_{k+1} ; \dots ; e_n}_{\overline{A}} \right\}$$

$$p(\Omega) = \quad p(A) \quad + \quad p(\overline{A})$$

EXEMPLES

- Dans **l'expérience n° 1**, l'événement contraire de I : « obtenir un nombre pair » est l'événement $\overline{I}$: « obtenir un nombre impair » et $p(\overline{I}) = 1 - p(I) = 1 - \frac{1}{2} = \frac{1}{2}$.
- Dans **l'expérience n° 2,** l'événement contraire de J : « tirer un roi » est l'événement $\overline{J}$: « ne pas tirer un roi » et $p(\overline{J}) = 1 - p(J) = 1 - \frac{1}{8} = \frac{7}{8}$.
- Dans **l'expérience n° 3**, l'événement contraire de M : « tirer une boule blanche » est l'événement $\overline{M}$: « ne pas tirer une boule blanche » et $p(\overline{M}) = 1 - p(M) = 1 - \frac{2}{9} = \frac{7}{9}$.

C RÉUNION ET INTERSECTION DE DEUX ÉVÉNEMENTS

1 Réunion et intersection

Savoir-faire 6
Modéliser une situation à l'aide d'un diagramme ou d'un tableau pour dénombrer, p. 308.

DÉFINITIONS

- L'événement « A et B », noté $A \cap B$, s'appelle l'intersection des événements A et B.

Elle est réalisée lorsque les deux événements sont simultanément réalisés.

- L'événement « A ou B », noté $A \cup B$, s'appelle la réunion des événements A et B.

Elle est réalisée lorsqu'au moins l'un des deux événements est réalisé.

Ces situations sont représentées par le **diagramme de Venn** ci-contre.

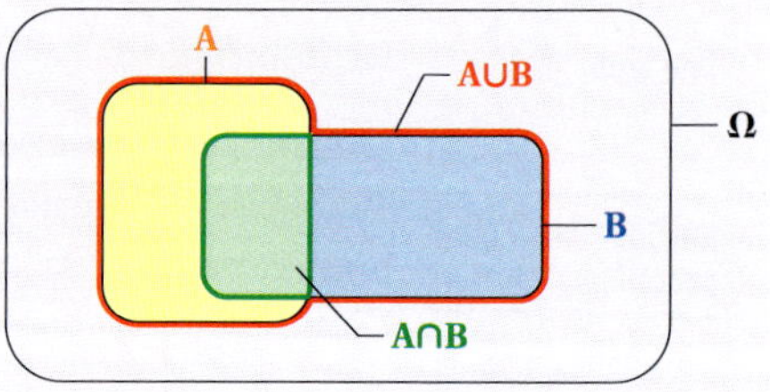

EXEMPLE

Dans **l'expérience n° 1**, on considère l'événement A : « obtenir un nombre pair » et l'événement B : « obtenir un multiple de 3 », alors :

$$A \cap B = \{6\} \text{ et } A \cup B = \{2\,;3\,;4\,;6\}.$$

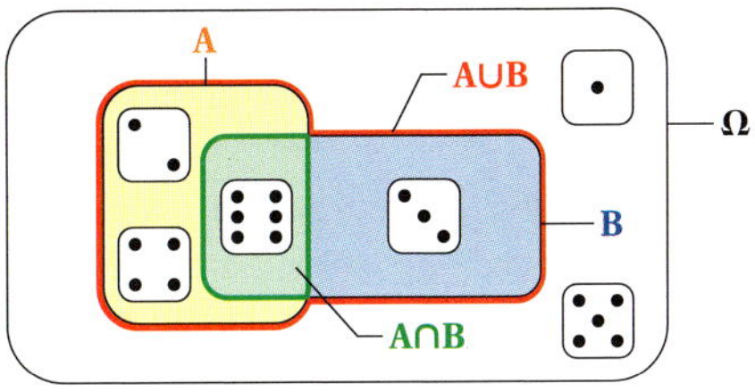

2 Événements incompatibles

DÉFINITION

Deux événements A et B sont dits **incompatibles** lorsqu'ils sont disjoints, c'est-à-dire lorsque $A \cap B = \emptyset$.

PROPRIÉTÉ

Si deux événements A et B sont incompatibles, alors $p(A \cup B) = p(A) + p(B)$.

EXEMPLE

Dans **l'expérience n° 2**, les événements A : « tirer un cœur » et B : « tirer un pique » sont incompatibles. L'événement $A \cup B$: « tirer un cœur ou un pique » a pour probabilité :

$$p(A \cup B) = p(A) + p(B) = \frac{1}{4} + \frac{1}{4} = \frac{1}{2}.$$

REMARQUE : A et $\overline{A}$ sont incompatibles car $A \cap \overline{A} = \emptyset$. On retrouve le résultat du paragraphe **B.3** car $A \cup \overline{A} = \Omega$ et $p(A \cup \overline{A}) = p(A) + p(\overline{A}) = p(\Omega) = 1$.

3 Probabilité d'une réunion

Savoir-faire 7 Modéliser à l'aide d'un tableau pour calculer la probabilité d'une réunion, p. 309.

THÉORÈME

Si A et B sont deux événements d'une expérience aléatoire, alors :

$$p(A \cup B) = p(A) + p(B) - p(A \cap B).$$

DÉMONSTRATION

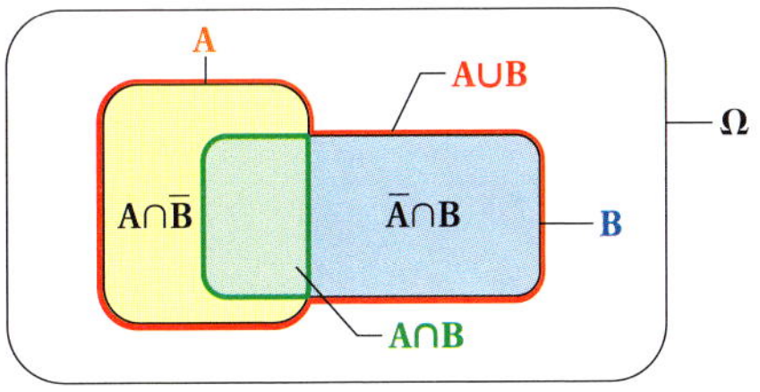

Les éléments de la réunion $A \cup B$ sont répartis dans trois sous-ensembles : ceux appartenant à A et à B $(A \cap B)$, ceux appartenant à A mais pas à B $(A \cap \overline{B})$ et ceux appartenant à B mais pas à A $(\overline{A} \cap B)$.

Ces trois sous-ensembles sont deux à deux disjoints, donc :

$$p(A \cup B) = p(A \cap B) + p(\overline{A} \cap B) + p(A \cap \overline{B}).$$

D'où $p(A \cup B) + p(A \cap B) = p(A \cap B) + p(A \cap B) + p(\overline{A} \cap B) + p(A \cap \overline{B})$.

Or $A = (A \cap B) \cup (A \cap \overline{B})$ avec A et B disjoints, donc $p(A) = p(A \cap B) + p(A \cap \overline{B})$.

On a de même $p(B) = p(A \cap B) + p(\overline{A} \cap B)$.

On en déduit que $p(A \cup B) + p(A \cap B) = p(A) + p(B)$ et par suite que :

$$p(A \cup B) = p(A) + p(B) - p(A \cap B)$$ ■

EXEMPLE

Dans **l'expérience n° 2,** on considère les événements A : « tirer un roi » et B : « tirer un cœur ».

$A \cap B$ est l'événement élémentaire : « tirer le roi de cœur », donc $p(A \cap B) = \frac{1}{32}$.

On a vu que $p(A) = \frac{1}{8}$ et $p(B) = \frac{1}{4}$. L'événement $A \cup B$ a pour probabilité :

$$p(A \cup B) = p(A) + p(B) - p(A \cap B) = \frac{1}{8} + \frac{1}{4} - \frac{1}{32} = \frac{4}{32} + \frac{8}{32} - \frac{1}{32} = \frac{11}{32}.$$

Savoir-faire

Savoir-faire 1 Identifier et dénombrer les événements élémentaires d'un univers

ÉNONCÉ La trousse de Samantha contient 4 stylos indiscernables au toucher : un noir, un bleu, un vert et un rouge.
Elle pioche sans regarder deux stylos dans sa trousse.
Quelles sont les issues possibles de cette expérience ?

SOLUTION

En notant N ; B ; V et R les couleurs des stylos ; les 6 issues envisageables sont :
{N, B} ; {N, V} ; {N, R} ; {B, V} ; {B, R} ; {V, R}.

▶ Exercices 1 à 5 p. 316

MÉTHODE

Il faut avant tout identifier la nature des issues (*ici, ce sont des couples de stylos de couleur*).
Il faut ensuite identifier toutes les combinaisons possibles, en organisant cette liste pour ne pas en oublier.

REMARQUE : Dans cette expérience, l'ordre des stylos ne doit pas être pris en compte car le tirage est simultané.

Savoir-faire 2 Dénombrer pour calculer une probabilité

ÉNONCÉ On lance simultanément deux dés équilibrés à 6 faces, l'un vert, l'autre rouge.

a. Combien y a-t-il d'issues à l'expérience ?

b. Quelle est la probabilité que la somme des dés fasse 4 ?

SOLUTION

a. Il y a 6 issues pour le dé vert et, pour chacune d'elles, 6 issues pour le dé rouge.
Il y a donc $6 \times 6 = 36$ issues différentes et la probabilité d'un événement élémentaire est de $\frac{1}{36}$.

b. Les issues dont la somme fait 4 sont les couples (V1 ; R3), (V2 ; R2) et (V3 ; R1).
Il y a donc 3 issues dont la somme est 4.
Ainsi, $p(\text{« la somme est 4 »}) = \frac{3}{36} = \frac{1}{12}$.

▶ Exercices 8 à 11 p. 317

MÉTHODE

a. Ici les issues sont des couples ordonnés car les dés n'ont pas la même couleur. Il y a donc deux façons d'obtenir par exemple un 1 et un 5. La couleur du dé, vert (V) ou rouge (R) doit être prise en compte dans la notation des issues : les couples (V1 ; R5) et (V5 ; R1) sont alors des issues différentes.

b. Les issues sont équiprobables car les dés sont bien équilibrés.
On utilise la formule $p(A) = \frac{\text{card}(A)}{n}$, où n est le nombre d'issues équiprobables de l'expérience.

Savoir-faire 3 Modéliser avec un arbre pour calculer une probabilité

ÉNONCÉ On lance simultanément deux pièces identiques.
Quelle est la probabilité qu'elles retombent sur la même face ?

SOLUTION

Pour chaque lancer, obtenir « pile » (P) ou « face » (F) est équiprobable.
L'arbre suivant admet 4 issues équiprobables.

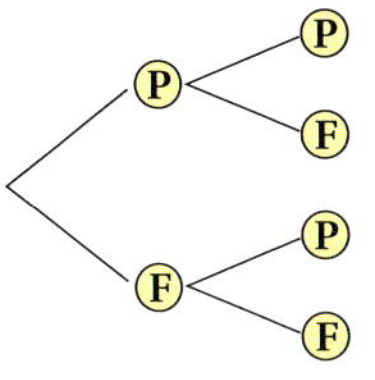

Les événements élémentaires sont alors des couples ordonnés et leur probabilité est $\frac{1}{4}$.

L'événement A : « elles sont tombées sur la même face » est constitué de deux événements élémentaires de cette modélisation, (P ; P) et (F ; F), donc $p(\text{A}) = \frac{2}{4} = \frac{1}{2}$.

La probabilité que les deux pièces retombent sur la même face est $\frac{1}{2}$.

MÉTHODE

Les trois issues envisageables sont simples à identifier (deux piles, deux faces ou un de chaque) mais ne sont pas nécessairement équiprobables.
Pour calculer leur probabilité, il peut être ici astucieux de reformuler l'expérience : on peut considérer les lancers comme consécutifs et non simultanés car ils sont de toute façon indépendants.
Ainsi, on peut construire un arbre et en dénombrer des issues équiprobables.

▶ Exercices 12 à 14 p. 317

Savoir-faire 4 Modéliser avec un arbre pondéré pour calculer une probabilité

ÉNONCÉ On lance deux dés à 6 faces. Quelle est la probabilité d'obtenir un et un seul 6 ?

SOLUTION

On modélise l'expérience avec un arbre de probabilité :

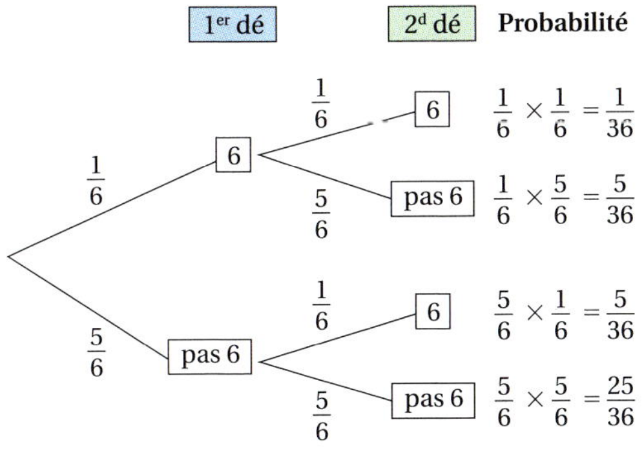

L'événement A : « un et un seul des deux dés vaut 6 » est composé des deux événements (6 ; pas 6) et (pas 6 ; 6).

Sa probabilité est donc la somme de ces deux probabilités : $p(\text{A}) = \frac{5}{36} + \frac{5}{36} = \frac{10}{36} = \frac{5}{18}$.

MÉTHODE

On peut considérer que chaque lancer de dé a deux issues qui ne sont pas équiprobables : obtenir 6 avec la probabilité $\frac{1}{6}$ et ne pas obtenir 6 avec la probabilité $\frac{5}{6}$.
On représente la situation par un arbre pondéré.
On peut alors calculer les probabilités de chaque issue de l'arbre en effectuant le produit des probabilités pondérant les branches.

▶ Exercices 16 à 19 p. 318

Savoir-faire 5 Identifier l'événement contraire et calculer sa probabilité

ÉNONCÉ En France, la population active est composée des personnes de plus de 15 ans occupant ou recherchant un emploi.

En 2013, la France compte 65,6 millions d'habitants. 12,3 millions de personnes ont 15 ans ou moins et 38 % des habitants ont plus de 15 ans et sont inactifs (retraités ou ne recherchant pas d'emploi).

On choisit un habitant au hasard.

1. a. Quelle est la probabilité qu'il ait 15 ans ou moins ?

b. Quel est l'événement contraire ? Quelle est sa probabilité ?

2. a. Quelle est la probabilité qu'il ne soit pas dans la population active ?

b. En déduire la probabilité qu'il soit dans la population active.

SOLUTION

1. a. En notant A l'événement « la personne choisie au hasard a 15 ans ou moins »,

$$p(\mathrm{A}) = \frac{12{,}3}{65{,}6} = 0{,}1875 = 18{,}75\ \%.$$

b. L'événement contraire est $\overline{\mathrm{A}}$: « la personne choisie au hasard a plus de15 ans » et :

$$p(\overline{\mathrm{A}}) = 1 - p(\mathrm{A}) = 1 - 18{,}75\ \% = 81{,}25\ \%.$$

2. a. En notant B l'événement : « la personne choisie au hasard n'est pas dans la population active »,

$$p(\mathrm{B}) = 18{,}75\ \% + 38\ \% = 56{,}75\ \%.$$

b. L'événement contraire est $\overline{\mathrm{B}}$: « la personne choisie au hasard est dans la population active » et :

$$p(\overline{\mathrm{B}}) = 1 - p(\mathrm{B}) = 1 - 56{,}75\% = 43{,}25\%.$$

MÉTHODE

L'événement contraire de l'événement A est la négation de A.
Il faut être vigilant quant aux personnes de 15 ans exactement. Ces derniers ne sont pas inclus dans la catégorie des actifs (plus de 15 ans), d'où les différentes formulations à bien distinguer.
On utilise la locution : « 15 ans ou moins » car les personnes de 15 ans ne seraient pas comptabilisés avec la locution : « moins de 15 ans ».

▶ Exercices 21 à 24 p. 318

Savoir-faire 6 Dénombrer à l'aide d'un diagramme ou d'un tableau

ÉNONCÉ Dans une classe de seconde de 35 élèves, 16 élèves pratiquent le ski et 11 élèves pratiquent le surf.
Parmi eux, 4 élèves pratiquent les deux sports.
Combien d'élèves ne pratiquent aucun sport ?

SOLUTION 1 : à l'aide d'un diagramme de Venn

On note A l'ensemble des élèves qui pratiquent le ski et B l'ensemble des élèves qui pratiquent le surf.
La situation peut être représentée par le diagramme ci-contre*.
16 – 4 = 12 élèves ne pratiquent que le ski.
11 – 4 = 7 élèves ne pratiquent que le surf.
35 – (12 + 4 + 7) = 12.
Il y a 12 élèves qui ne pratiquent aucun sport.

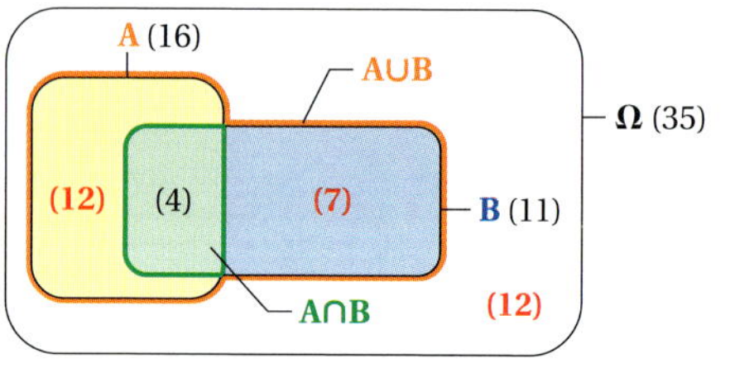

SOLUTION 2 : à l'aide d'un tableau

L'énoncé peut être traduit par le tableau additif suivant* :

	Pratiquent le surf	Ne pratiquent pas le surf	Total
Pratiquent le ski	4	12	16
Ne pratiquent pas le ski	7	12	19
Total	11	24	35

16 – 4 = 12 élèves ne pratiquent que le ski.
11 – 4 = 7 élèves ne pratiquent que le surf.
35 – 11 = 24 élèves ne pratiquent pas le surf.
35 – 16 = 19 élèves ne pratiquent que le ski.
19 – 7 = 12.
Il y a 12 élèves qui ne pratiquent aucun sport.

* Les données de l'énoncé sont en **noir**, les données calculées sont en **rouge**.

Exercices 25 à 28 p. 318

MÉTHODE

Il y a deux façons de représenter la situation : un diagramme de Venn (solution 1) ou un tableau (solution 2).
Dans un cas comme dans l'autre, il faut veiller à bien reporter les données de l'énoncé.
Ici, il faut bien comprendre que les données « 16 élèves pratiquent le ski » et « 11 élèves pratiquent le surf » incluent toutes deux les 4 élèves qui pratiquent les deux sports.

Selon les données de l'énoncé et les informations recherchées, une méthode peut être plus adaptée que l'autre.
Ici, le tableau est plus complet que le diagramme, mais certaines données sont superflues pour répondre à la question.

Savoir-faire 7 Calculer la probabilité d'une réunion

ÉNONCÉ Dans un lycée, un tiers des élèves sont en seconde et 60 % sont des filles.
Les filles de seconde représentent un dixième des élèves du lycée.
En choisissant un élève du lycée au hasard, quelle la probabilité qu'il s'agisse d'une fille ou d'un élève de seconde ?

SOLUTION

En notant A l'événement : « l'élève choisi est en seconde » et B l'événement : « l'élève choisi est une fille », on cherche la probabilité de $A \cup B$.

On sait que $p(A)=\frac{1}{3}$, $p(B)=60\,\%=\frac{60}{100}=\frac{3}{5}$

et $p(A\cap B)=\frac{1}{10}$.

$$p(A\cup B)=p(A)+p(B)-p(A\cap B)$$

$$=\frac{1}{3}+\frac{3}{5}-\frac{1}{10}=\frac{10}{30}+\frac{18}{30}-\frac{3}{30}=\frac{25}{30}=\frac{5}{6}.$$

La probabilité qu'un élève du lycée choisi au hasard soit une fille ou un élève de seconde est $\frac{5}{6}$.

Exercices 29 à 33 p. 318

MÉTHODE

Il faut traduire l'énoncé et identifier les ensembles d'élèves correspondant à l'intersection et à la réunion.
Il suffit ensuite d'appliquer le théorème donnant la probabilité de la réunion :

$$p(A \cup B) = p(A) + p(B) - p(A \cap B).$$

Travaux pratiques

TP1 ALGORITHMIQUE
Lancers de dés

Objectif : Réaliser une simulation à l'aide d'un algorithme programmé sur une calculatrice, avec une boucle itérative et un test conditionnel.

Voici un algorithme programmé sur calculatrice (**fig. 1** et **2**) permettant de simuler N lancers d'un dé à 6 faces et de calculer la fréquence d'apparition du chiffre 6.

```
PROGRAM:DES
:Prompt N
:0→S
:For(I,1,N)
:entAléat(1,6)→A
:If A=6
:Then
:S+1→S
:End
:End
:Disp S/N
```

Fig. 1 - Avec la TI 83+

```
======DES       ======
?→N↵
0→S↵
For 1→I To N↵
RanInt#(1,6)→A↵
If A=6↵
Then S+1→S↵
IfEnd↵
Next↵
S÷N◢
TOP BTM SRC MENU A↔a CHAR
```

Fig. 2 - Avec la Casio 35+.

1 **a.** Écrire l'algorithme correspondant en langage naturel, en précisant les entrées, le traitement et la sortie (on structurera la présentation afin de bien voir le début et la fin de chaque traitement).

b. Expliquer le rôle des lettres N, S et A.

c. Que représente la valeur affichée en sortie ?

2 La probabilité d'obtenir un 6 est de $\frac{1}{6}$. On souhaite mesurer l'écart observé entre la simulation et cette valeur théorique.

a. Ajouter à l'algorithme la ligne permettant d'afficher cet écart.

b. Programmer ce nouvel algorithme.

c. Tester plusieurs fois le programme avec N = 20.

Atteint-on parfois un écart inférieur à 1 % ? Peut-on l'expliquer ?

TP2 TABLEUR
Simuler et comprendre la loi des grands nombres

Objectif : Utiliser les fonctions d'un tableur pour simuler, dénombrer les issues et construire un histogramme des fréquences.

On souhaite construire une table de chiffres au hasard.
Pour simuler un chiffre au hasard, on utilisera la formule « = ENT(ALEA()*10)».

1 Créer sur la **feuille1** de calcul une table de chiffres aléatoires de dimensions 10 par 10 sur la plage A1:J10.

2 **a.** Sur la **feuille2**, construire le tableau ci-dessous, dénombrant les effectifs de chaque chiffre dans la table.

	A	B	C	D	E	F	G	H	I	J	K
1											
2	chiffres	0	1	2	3	4	5	6	7	8	9
3	effectifs	11	9	5	9	13	4	11	11	15	12

Pour compléter la ligne « Effectif », on saisira dans la cellule B3 la formule « = NB.SI(*plage* ;*critère*)» ; la plage étant celle des simulations **feuille1**, le critère étant le chiffre à dénombrer dans la plage. La formule saisie en B3 doit être recopiable vers la droite.

b. Ajouter une ligne permettant d'afficher la fréquence d'apparition de chaque chiffre.

c. Construire un histogramme des fréquences observées (on pourra fixer l'échelle des ordonnées pour faciliter la lecture des futures simulations).

3 Répéter plusieurs simulations à l'aide de la touche F9.
Peut-on préjuger du chiffre qui apparaît le plus fréquemment ? Quelle est l'amplitude maximale entre les fréquences observées de deux chiffres ?

4 Modifier les deux feuilles de calcul afin de simuler 10 000 chiffres choisis au hasard et reprendre la question **3**.

5 Peut-on penser que cette simulation est équiprobable ?

ALGORITHMIQUE

TP3 Simuler le lancer d'une pièce à la calculatrice

Objectifs :
- Utiliser les fonctions aléatoires d'une calculatrice.
- Utiliser les outils statistiques pour contrôler la conformité d'une simulation.

On souhaite comparer différentes méthodes pour simuler un Pile ou Face avec la calculatrice.

Partie A

Pour lancer une pièce, il faut utiliser une fonction aléatoire de la calculatrice (*entAléat* sur TI ou *RanInt#* sur Casio). Cette fonction renvoie au hasard les entiers 0 ou 1.
Dans la suite de cet exercice on notera cette fonction *AléaEntier*(0,1) et on choisira « pile » pour 1 et « face » pour 0.

1 Simuler un « pile » ou « face » puis avec la touche d'exécution, relancer plusieurs fois la simulation (**fig. 1** et **2**).

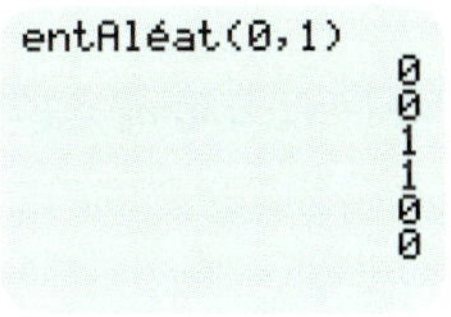

Fig. 1 - Avec la la TI 83+.

2 On peut ajouter une variable à cette fonction pour préciser le nombre de lancers. Par exemple pour 10 lancers, on exécutera la commande *AléaEntier*(0, 1, 10) ; le résultat sera alors une liste.
Effectuer 10, puis 200 lancers d'une pièce.

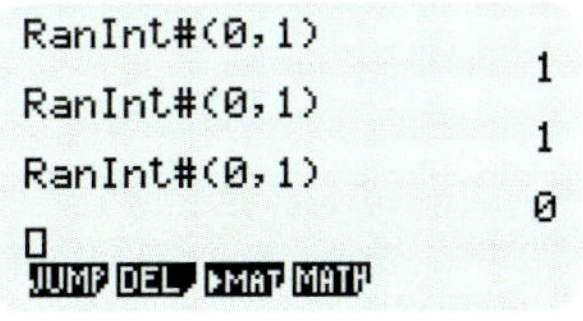

Fig. 2 - Avec la Casio 35+.

3 Pour étudier la répartition de ces résultats, on peut utiliser le mode statistique de la calculatrice. Pour cela, il faut affecter la liste des résultats de la simulation à une liste du menu statistique (voir **Boîte à outils**, page suivante) puis, à l'aide du menu de calcul, déterminer la fréquence d'apparition du côté « pile ».

4 Chaque issue du lancer d'une pièce est équiprobable.
Comment peut-on l'interpréter avec la simulation réalisée ?

Partie B

On souhaite désormais trouver une formule permettant de simuler le lancer de trois pièces et de compter le nombre de résultats « pile ».

1 Exécuter plusieurs fois la commande *AléaEntier*(0, 1)*3. Cette commande réalise-t-elle la simulation espérée ? Expliquer.

2 Le nombre de « pile » possible en lançant trois pièces est 0, 1, 2 ou 3.

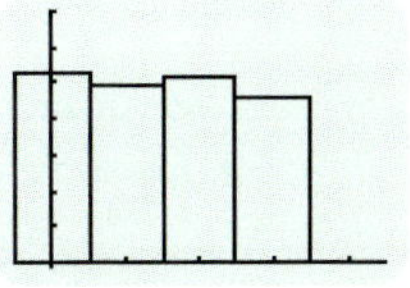

a. Affecter la commande *AléaEntier*(0, 3, 200) à la liste 1 et construire l'histogramme ci-contre de cette série (voir **Boîte à outils**, page suivante).
Peut-on penser que la répartition des résultats observée est équiprobable ?
b. Combien y a-t-il de triplet (pièce n° 1, pièce n° 2, pièce n° 3) permettant d'obtenir 3 « pile » ? 2 « pile » ?
c. Quelle contradiction y-a-t-il avec l'expérience menée à la question **2** **a** ?

3 **a.** Simuler désormais 200 lancers d'une pièce dans chacune des listes 2, 3 et 4.
Affecter à la liste 1 la somme des valeurs contenues dans ces trois listes.
b. Afficher l'histogramme de cette somme.
c. Quelle semble être le nombre de « pile » ayant la plus forte probabilité ?
d. Contrôler ce résultat en déterminant les probabilités de chaque issue à l'aide d'un arbre.

Boîte à outils

Avec TI	Avec Casio
• Affecter les résultats de la simulation à une liste	
Avant de commencer, nettoyer les listes qui vont être utilisées (commande *EffList*). Saisir la formule « entAléat(0, 1, 200) → L1 ».	Avant de commencer, nettoyer les listes qui vont être utilisées (commande *ClrList*). Dans le menu Run, saisir la formule « RanInt#(0, 1, 200) →List 1 ».
• Construire l'histogramme des résultats de la série statistique	
Entrer dans le menu graphique (2nde f(x)). Ouvrir Graph1. Dans *Type*, choisir l'histogramme, puis affecter L1 dans *ListeX* et 1 dans *Effectifs*. Afficher le graphique.	Entrer dans le menu Stat. Paramétrer le graphique (bouton F1) en allant dans Set (bouton F6). Dans *GraphType*, choisir l'histogramme (Hist), puis affecter List1 dans *XList* et 1 dans *Frequency*. Afficher le graphique.

TABLEUR

TP4 Sommes de plusieurs dés

Objectif : Simuler avec un tableur une situation non équiprobable.

On souhaite simuler 100 lancers de deux dés afin d'étudier la série des sommes obtenues.

1 Construire la feuille de calcul et le graphique ci-dessous. Les lancers de dés pourront être simulés à l'aide de la formule « =ENT(ALEA()*6)+1 » et on pourra comptabiliser les effectifs de chaque somme à l'aide de la fonction « NB.SI ».

	A	B	C	D
1	n°	dé 1	dé 2	somme
2	1	6	1	7
3	2	2	4	6
4	3	4	6	10
5	4	3	1	4
6	5	5	5	10
7	6	4	6	10
8	7	5	1	6
9	8	2	6	8
10	9	1	6	7
11	10	2	4	6
12	11	3	2	5
13	12	6	6	12
14	13	6	5	11
15	14	5	1	6
16	15	1	1	2
17	16	2	2	4
18	17	4	2	6
19	18	4	1	5
20	19	6	1	7
21	20	2	2	4
22	21	2	6	8

	F	G	H	I	J	K	L	M	N	O	P	Q	R
1	Somme	2	3	4	5	6	7	8	9	10	11	12	nb de lancers
2	Effectif	1	4	10	16	12	15	21	6	9	5	1	100
3	Fréquence	0,01	0,04	0,1	0,16	0,12	0,15	0,21	0,06	0,09	0,05	0,01	

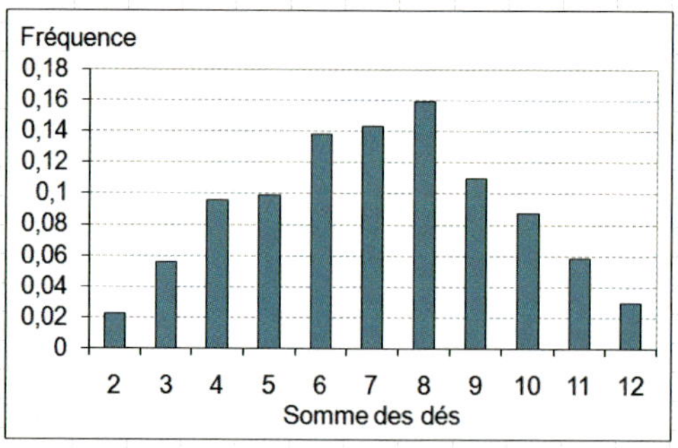

2 À l'aide de la touche F9, on peut répéter l'expérience. La régularité des résultats permet-elle de déterminer la valeur la plus fréquente de la série ainsi que sa fréquence ?

3 Modifier le tableau pour simuler 2 000 lancers de deux dés et reprendre la question **2**.

4 En construisant un tableau à double entrée (en listant les couples (dé1 ; dé2)), déterminer les probabilités de chacun des résultats de l'expérience.

5 Pour aller plus loin

Cosmes de Medicis (1590-1621), prince de Toscane, avait remarqué que, bien qu'il y ait autant de façons d'écrire 9 et 10 comme somme de 3 nombres compris entre 1 et 6 (voir ci-contre), on obtient plus souvent un total de 10 lorsqu'on lance 3 dés.

$$9 = \begin{cases} 1+2+6 \\ 1+3+5 \\ 1+4+4 \\ 2+2+5 \\ 2+3+4 \\ 3+3+3 \end{cases} \qquad 10 = \begin{cases} 1+3+6 \\ 1+4+5 \\ 2+2+6 \\ 2+3+5 \\ 2+4+4 \\ 3+3+4 \end{cases}$$

a. À l'aide du tableur, simuler cette expérience 2 000 fois.

b. L'expérience confirme-t-elle la conjecture du prince de Toscane ?

c. Simuler cette expérience 10 000 fois et reprendre la question **b**.

ALGORITHMIQUE

TP5 Marche aléatoire

Objectif : Comprendre et modifier un algorithme avec une boucle itérative et un test conditionnel.

L'algorithme ci-contre, écrit sous Algobox, propose une marche aléatoire sur un quadrillage muni d'un repère orthonormé $(O\,;\vec{i},\vec{j})$ d'unité 1 cm en partant de O.

On appelle « pas » un segment de longueur 1 suivant l'un des axes du quadrillage.

```
VARIABLES
  pas EST_DU_TYPE NOMBRE
  i EST_DU_TYPE NOMBRE
  A EST_DU_TYPE NOMBRE
  x EST_DU_TYPE NOMBRE
  y EST_DU_TYPE NOMBRE
DEBUT_ALGORITHME
  LIRE pas
  x PREND_LA_VALEUR 0
  y PREND_LA_VALEUR 0
  POUR i ALLANT_DE 1 A pas
    DEBUT_POUR
    A PREND_LA_VALEUR ALGOBOX_ALEA_ENT(0,1)
    SI (A==1) ALORS
      DEBUT_SI
      TRACER_SEGMENT (x,y)->(x+1,y)
      x PREND_LA_VALEUR x+1
      FIN_SI
      SINON
        DEBUT_SINON
        TRACER_SEGMENT (x,y)->(x,y+1)
        y PREND_LA_VALEUR y+1
        FIN_SINON
    FIN_POUR
FIN_ALGORITHME
```

1 Le résultat de l'exécution de ce programme est donné ci-dessous.

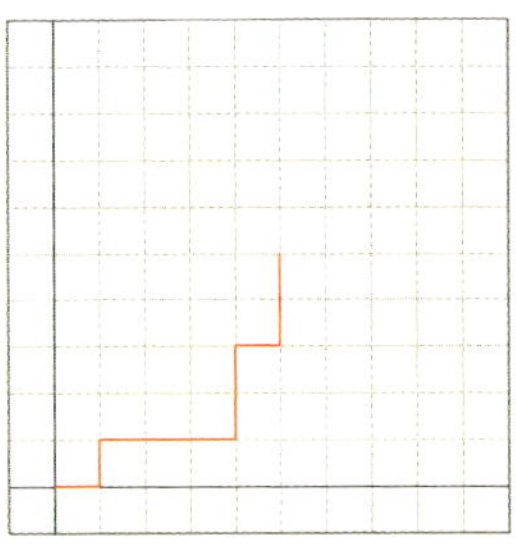

a. Quelle est la valeur de *pas* proposée en entrée ?

b. Quelle est la dernière valeur obtenue pour A ?

2 **a.** Dans un repère, représenter toutes les extrémités des chemins que l'on peut atteindre en 3 pas ; en 8 pas.

b. Expliquer pourquoi les points que l'on peut atteindre en p pas sont alignés.

3 **Pour aller plus loin**

Pour aller dans n'importe quelle direction sur le quadrillage, on modifie l'algorithme en choisissant un entier au hasard entre 1 et 4, et en lui associant l'une des quatre directions.

a. Écrire cet algorithme en langage naturel.

b. Programmer cet algorithme et l'exécuter pour une marche aléatoire de 1 000 pas.

Des applications variées

Contrairement à son image simplement ludique, l'étude des marches aléatoires est des plus moderne et raisonnée. En effet, grâce à des modèles aléatoires comme les chaînes de Markov, on a pu accélérer le décodage de l'ADN, résoudre de nombreuses questions de cryptographie et, plus proche de nous, participer à l'élaboration des nouveaux ordinateurs quantiques. La marche aléatoire d'une particule (que les anglo-saxons appellent « marche de l'ivrogne ») est au cœur des recherches actuelles et porte le nom de « mouvement Brownien ».

ALGORITHMIQUE

TP6 Approcher π par hasard

Objectif : Réaliser une simulation afin d'obtenir une approximation du nombre π.

On se propose d'approcher le nombre π en simulant l'apparition aléatoire de points dans un carré de coté 2. On affichera en rouge les points dont la distance au centre du carré est inférieure ou égale à 1, en bleu sinon.
Dans l'exemple ci-contre, on a choisi de placer 20 000 points.
On admettra que la proportion de points rouges dans le carré tend vers le rapport entre les aires du cercle de rayon 1 et du carré de coté 2.

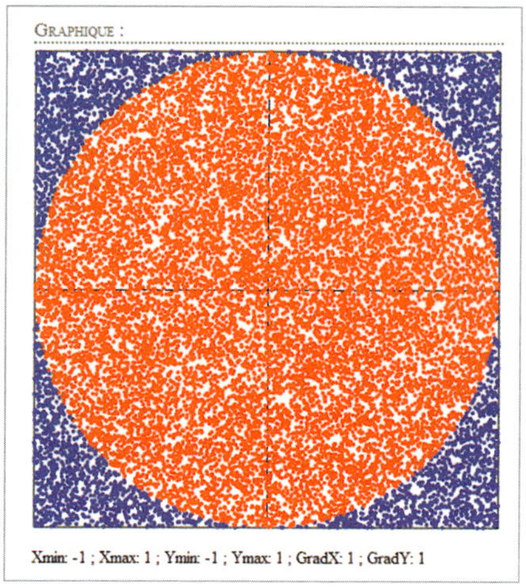

1 Calculer la valeur théorique de ce rapport.

2 Pour placer un point aléatoirement dans le carré, on affecte aux variables x et y un nombre de l'intervalle $[-1 , 1]$.
Comment peut-on vérifier si le point $M(x ; y)$ est à l'intérieur du cercle ?

3 Avec Algobox, programmer l'algorithme permettant d'obtenir la figure précédente, le nombre de points N étant l'unique valeur d'entrée.

Coup de pouce

On affectera à x et y les expressions « 2*random()-1 » pour obtenir des nombres aléatoires compris entre -1 et 1.

4 Ajouter à l'algorithme le calcul du rapport du nombre de points rouges sur le nombre de points total. Afficher en sortie de l'algorithme une approximation de π.

5 Évaluer, à l'aide du programme, des approximations de π pour 20 000 points, 100 000 points.

6 Afin d'améliorer l'approximation, on propose deux modifications :
- réduire la zone en comparant un quart de cercle de rayon 1 à un carré de coté 1 (en choisissant x et y positifs par exemple) ;
- limiter l'algorithme aux seuls calculs, sans afficher les points.

a. Expliquer en quoi ces modifications peuvent améliorer le résultat.
b. Déterminer l'approximation obtenue en simulant 500 000 points.

À savoir

La capacité d'Algobox est limitée à environ 500 000 boucles. L'approximation de π obtenue reste médiocre (à 0,01 près).
En programmant l'algorithme avec Python, l'approximation de π obtenue avec 100 000 000 points donne une précision de l'ordre de 0,0002, ce qui reste modeste et montre que cette méthode, bien qu'originale, n'est pas très performante pour approcher π, mais elle permet par contre de faire un peu d'art néo-impressionniste : le pointillisme !

UN PEU D'HISTOIRE

Du jeu à la science

Des jeux de hasard naissent les probabilités

Pour ARISTOTE (−384 - −322), le concept de probabilité se distingue clairement de celui de hasard : alors que la probabilité est un discours rationnel qui peut permettre d'opérer des choix, le hasard échappe à la nature et à la rationalité. Les probabilités, au sens actuel du terme, naissent en 1654 d'une correspondance entre **Blaise PASCAL** et **Pierre de FERMAT**. En étudiant les jeux de hasard, les deux mathématiciens posent les bases du traitement mathématique des probabilités.
Ils s'intéressent tout particulièrement à la résolution de problèmes de dénombrement. Le problème le plus célèbre est celui dit « des parties » (> **1**) : comment répartir équitablement les mises effectuées par deux joueurs lorsqu'une partie d'un jeu de hasard a été interrompue avant la fin ? Néanmoins, Blaise Pascal et Pierre de Fermat n'ont pas publié leurs travaux.
Le premier ouvrage traitant des probabilités est publié par Christiaan HUYGENS (1629 - 1695) en 1657.

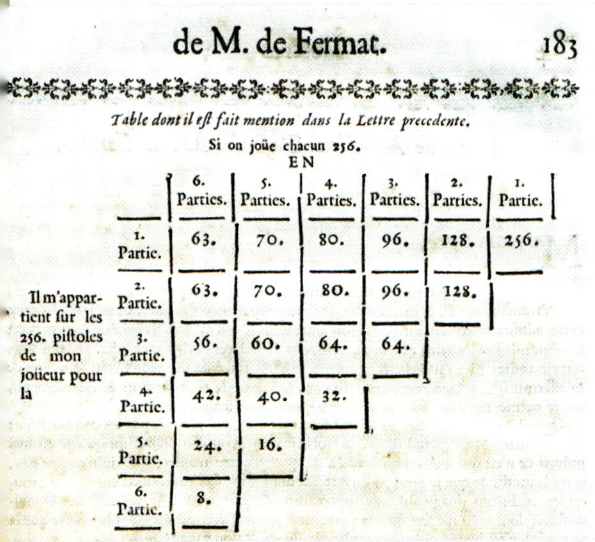
de M. de Fermat. 183

Table dont il eſt fait mention dans la Lettre precedente.

Si on joüe chacun 256.

EN

		6. Parties.	5. Parties.	4. Parties.	3. Parties.	2. Parties.	1. Partie.
Il m'appartient ſur les 256. piſtoles de mon joüeur pour la	1. Partie.	63.	70.	80.	96.	128.	256.
	2. Partie.	63.	70.	80.	96.	128.	
	3. Partie.	56.	60.	64.	64.		
	4. Partie.	42.	40.	32.			
	5. Partie.	24.	16.				
	6. Partie.	8.					

1. Reproduction d'une table envoyée à P. de Fermat par B. Pascal dans *Varia Opera Mathematica*, 1679.

De la théorie du jeu à la théorie des probabilités

Dans son ouvrage *Ars conjectandi* (*L'Art de la conjecture*), publié post-mortem en 1713, **Jacques BERNOULLI** étudie les fréquences des événements et aboutit à l'énoncé de la loi appelée loi des grands nombres. En 1814, dans son *Essai philosophique sur les probabilités*, le mathématicien Pierre Simon de LAPLACE (1749 - 1827) résume la découverte de Jacques Bernoulli en ces termes : « [...] en multipliant indéfiniment les observations et expériences, le rapport des événements de diverses natures qui doivent arriver, approche de celui de leurs possibilités respectives, dans des limites dont l'intervalle se resserre de plus en plus et devient moindre qu'aucune quantité assignable. »

Les probabilités modernes et leurs applications

Au début du XXe siècle, de nombreux mathématiciens ont établi une théorie générale des probabilités. Les chercheurs russes sont au premier plan. Andreï Andreïevitch MARKOV (1856 - 1922) proposa dès 1910 des modèles aléatoires dont les applications sont encore au cœur de l'actualité. Par exemple, les algorithmes d'identification des chaînes de Markov permettent aujourd'hui de décrypter une séquence d'ADN. En 1933, son compatriote **Andreï KOLMOGOROV** unifie les concepts de probabilités et fonde la théorie des probabilités modernes. Les applications modernes de cette théorie en économie, en sciences physiques, en biologie, en informatique... sont tout sauf un jeu !

Pierre de FERMAT (1601 - 1665, France) et **Blaise PASCAL** (1623 - 1662, France)
Leur correspondance marque le point de départ de la théorie des probabilités.

1654

Jacques BERNOULLI (1654 - 1705, Suisse)
Il énonce la loi des grands nombres.

1713

Andreï KOLMOGOROV (1903 - 1987, Russie)
Il formalise une théorie moderne des probabilités.

1933

Exercices d'application

Expérience aléatoire

Appliquer le savoir faire 1, p. 306

1 On tire trois boules dans un sac contenant trois boules rouges et trois boules noires.

a. Décrire l'univers de cette expérience.

b. Décrire par une phrase l'événement :

« On tire au moins une boule noire ».

c. L'expérience aurait-elle eu plus d'issues si l'on avait tiré quatre boules ?

2 On lance deux dés équilibrés à six faces.

a. On calcule la somme des faces obtenues. Déterminer l'univers de cette expérience.

b. On calcule le produit des faces obtenues. Déterminer l'univers de cette expérience.

c. Laquelle des deux expériences a le plus d'issues ?

3 On lance une pièce de monnaie.
Si on obtient « pile », on relance la pièce une fois.
Sinon, on la relance deux fois.
Déterminer les issues de cette expérience.

4 Tiphaine passe beaucoup de temps à accorder les couleurs de ses vêtements.
Elle possède par exemple quatre foulards (un noir, un bleu, un rose et un marron) et deux manteaux (un noir et un bleu).
Elle choisit au hasard un foulard et un manteau.

a. De combien de façons différentes Tiphaine peut-elle s'habiller ?

b. De combien de façons différentes Tiphaine peut-elle s'habiller avec des vêtements de couleurs différentes ?

5 Pour ouvrir un cadenas, il faut composer le bon code à partir de 4 roues, chacune numérotée de 0 à 9.

a. Dénombrer toutes les combinaisons possibles de ce cadenas.

b. Dénombrer les combinaisons commençant par le chiffre 4.

c. Dénombrer les combinaisons possédant quatre chiffres identiques.

Probabilité d'un événement

6 Le professeur de mathématiques a réalisé une petite enquête de façon anonyme auprès de ses élèves.
Ils devaient répondre à la question :

« Comment aimes-tu les mathématiques ? ».

Les résultats sont résumés dans le tableau suivant.

Un peu	5
Beaucoup	6
Passionnément	9
À la folie	10
Pas du tout	3

a. Calculer la fréquence de chacune des réponses.

b. En désignant un de ses élèves au hasard, quelle est la probabilité que le professeur choisisse un élève qui aime beaucoup les mathématiques ?

c. En désignant un de ses élèves au hasard, quelle est la probabilité que le professeur choisisse un élève qui aime au moins un peu les mathématiques ?

7 Dans un sac, on a placé 9 boules dont 5 rouges et 4 noires.
Les boules rouges sont marquées par les nombres :

« 1 ; 1 ; 2 ; 3 ; 5 ».

Les boules noires sont marquées par les nombres :

« 1 ; 2 ; 3 ; 3 ».

Calculer la probabilité de chacun des événements suivants :

a. « Tirer une boule noire ».

b. « Tirer une boule marquée d'un 1 ».

c. « Tirer une boule noire marquée d'un 3 ».

d. « Tirer une boule marquée d'un nombre pair ».

Appliquer le savoir faire 2, p. 306

8 Lorsque Yacine a déplacé son lecteur DVD, il a été obligé de débrancher trois câbles. Les trois câbles sont de couleurs différentes et correspondent chacun à une entrée spécifique. Malheureusement, les entrées n'ont pas de couleur et Yacine ne se souvient plus dans quelle prise brancher chaque câble.

a. Combien de possibilités différentes existe-t-il pour effectuer les branchements ?

b. Yacine prétend qu'il a une chance sur trois de réussir au hasard le branchement.
Est-ce vrai ? Expliquer.

9 Une roue de loterie bien équilibrée est partagée en 12 secteurs identiques.
La probabilité que la roue s'arrête sur un secteur coloré en rouge est de $\frac{1}{4}$; qu'elle s'arrête sur un secteur coloré en jaune est de $\frac{2}{3}$ et le reste de la roue est coloré en bleu.

a. Proposer une représentation de la roue.

b. Quelle est la probabilité que la roue s'arrête sur un secteur coloré en bleu ?

10 Un animateur propose trois jeux de hasard différents :
- lancer une roue,
- tirer une boule dans un sac,
- lancer un dé.

Pour chacun d'eux, la couleur verte indique que le joueur est gagnant.

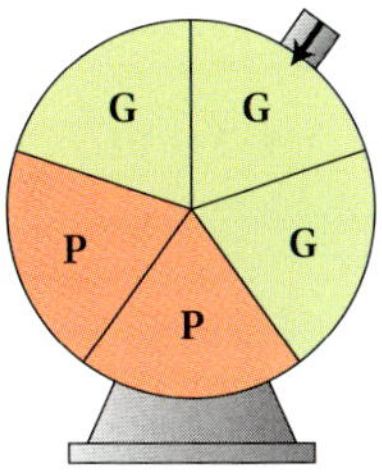

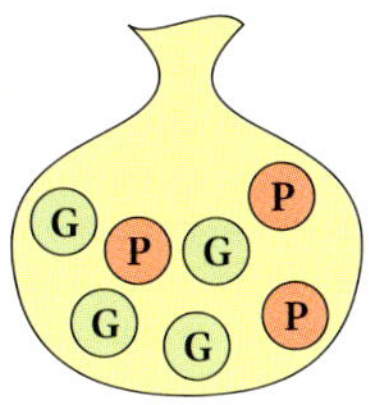

4 faces sur 6 sont vertes.

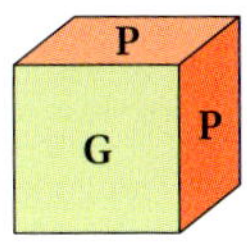

Quel jeu vaut-il mieux choisir pour avoir la plus grande chance de gagner ? Expliquer.

11 On tire au hasard une carte dans un jeu de 32 cartes. Calculer la probabilité de chacun des événements suivants :

a. « Tirer un cœur ».

b. « Tirer une carte de couleur noire ».

c. « Tirer un as ».

d. « Tirer une figure (valet, dame, roi) ».

Appliquer le savoir faire 3, p. 307

12 On suppose que lorsqu'un couple attend un enfant, il est équiprobable d'avoir une fille ou un garçon.

a. Représenter, à l'aide d'un arbre, les possibilités pour une famille de deux enfants.

b. Quelle est la probabilité d'avoir deux garçons ?

c. Quelle est la probabilité d'avoir une fille en second ?

13 Alix, Basil, Amine et Damien sont les quatre seuls élèves qui ne sont pas encore passés au tableau.

Le professeur a encore le temps de faire passer au tableau deux de ces élèves avant la fin de l'heure. Il les choisit au hasard.

a. Représenter à l'aide d'un arbre tous les couples possibles d'élèves que le professeur peut envoyer au tableau.

b. Combien y a-t-il de couples ordonnés possibles ?

c. Quelle est la probabilité que Basil et Amine passent dans cet ordre au tableau ?

d. Quelle est la probabilité que Basil et Amine passent au tableau ?

e. Quelle est la probabilité que Damien passe au tableau ?

14 Carl a dans sa manche trois as : celui de cœur, de pique et de trèfle.

Lors d'une partie de poker, discrètement il en attrape deux successivement au hasard.

a. Quelle est la probabilité que la première carte soit noire ?

b. Représenter à l'aide d'un arbre toutes les possibilités de tirages.

c. Quelle est la probabilité d'avoir un as de chaque couleur ?

15 **Qui a raison ?**

LOU. - J'ai plus de chance qu'une seule pièce lancée retombe sur « pile » !

TOM. - Mais non, c'est moi qui ai plus de chance que sur deux pièces lancées une exactement retombe sur « pile ».

Qui a raison : Lou ou Tom ? Expliquer.

Appliquer le savoir faire 4, p. 307

16 À la fête foraine, une grande loterie est proposée.

Le jeu consiste à faire tourner une roue bien équilibrée et divisée en 8 secteurs identiques numérotée de 1 à 8. Si la roue s'arrête sur un nombre supérieur à 6, le joueur gagne un cadeau qu'il pourra choisir au hasard dans un sac.

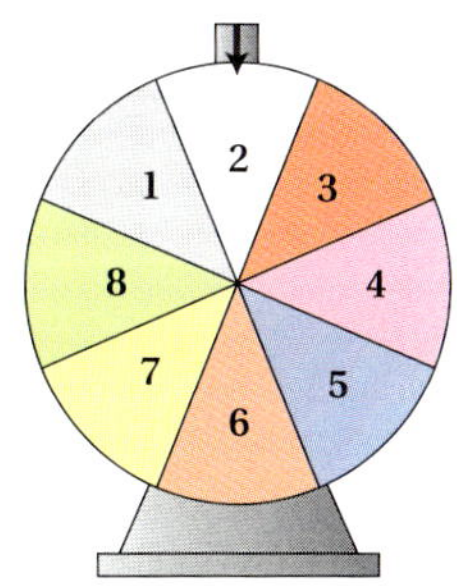

Le sac contient 12 lapins en peluche roses et 16 verts.

a. Quelle est la probabilité de gagner ?

b. Quelle est la probabilité de gagner un lapin rose ?

17 On dispose de deux porte-monnaie identiques.

Le premier contient 3 billets de 10 € et 5 billets de 20 €.

Le second contient 2 billets de 10 € et 4 billets de 20 €.

On choisit au hasard un porte-monnaie et on tire à l'aveuglé un billet de ce porte-monnaie.

Quelle est la probabilité de choisir un billet de 10 € ? Un billet de 20 € ?

18 10 % des téléphones portables et 30 % des tablettes tactiles ont un défaut.

Armelle achète un téléphone, puis une tablette tactile.

a. Construire un arbre de probabilités décrivant l'état des appareils achetés.

b. Quelle est la probabilité qu'Armelle ait acheté deux appareils ayant un défaut ?

c. Quelle est la probabilité qu'Armelle ait acheté deux appareils avec un seul ayant un défaut ?

19 Un examen est composé d'un QCM avec quatre propositions dont une seule est correcte et d'un Vrai/Faux.

1. Stella décide de répondre au hasard aux deux questions, en commençant par le QCM.

a. Construire un arbre de probabilités des réponses possibles.

b. Calculer la probabilité que Stella ait deux mauvaises réponses.

2. Victor décide aussi de répondre au hasard aux deux questions, mais il choisit de répondre en premier au Vrai/Faux.

a. Construire un arbre de probabilités des réponses possibles.

b. Calculer la probabilité que Victor ait deux mauvaises réponses.

3. Quel rôle semble jouer l'ordre des questions traitées sur la probabilité de se tromper aux deux questions ? Argumenter votre réponse.

20 On lance cinq dés équilibrés à six faces.
Un yams consiste à obtenir le même chiffre sur les cinq dés.

a. Quelle est la probabilité d'obtenir un yams de six ?

b. Quelle est la probabilité d'obtenir un yams ?

Appliquer le savoir faire 5, p. 308

21 Le proviseur d'un lycée souhaite connaitre l'avis des élèves sur les cours de langues vivantes.
Il convoque un élève au hasard dans les classes de 2nde 1 et 2nde 3.

1. En 2nde 1, 10 % des élèves apprennent trois langues vivantes, 85 % en apprennent deux, les autres n'en apprennent qu'une.

a. Calculer la probabilité de l'événement A : « l'élève convoqué apprend au moins deux langues vivantes ».

b. Énoncer l'événement $\overline{A}$ et calculer sa probabilité.

2. En 2nde 3, il y a 35 élèves : 30 élèves font de l'anglais, 21 font de l'espagnol, 9 font de l'allemand et 2 font du chinois.

a. Déterminer la probabilité de l'événement E : « l'élève convoqué apprend l'espagnol ».

b. Énoncer l'événement $\overline{E}$ et calculer sa probabilité.

22 Dans un journal de santé, on peut lire l'article suivant : « Dans la population des États-Unis, deux tiers des individus sont en surpoids, 19 % sont fumeurs et 6 % de la population est atteinte de maladie cardio-vasculaire. Ce dernier taux est de 7,8 % chez les hommes contre 4,6 % pour les femmes. »
On sélectionne une personne au hasard dans la population étasunienne.
Dans chacun des cas, préciser par une phrase l'événement contraire de l'événement proposé et donner sa probabilité :

a. A : « La personne est en surpoids ».

b. B : « La personne est fumeuse ».

c. C : « La personne est une femme atteinte de maladie cardio-vasculaire ».

23 On choisit un entier au hasard entre 1 et 10.

a. Calculer la probabilité des événements suivants :
A : « Le nombre choisi est pair ».
B : « Le nombre choisi est supérieur ou égal à 8 ».
C : « Le nombre choisi est premier ».

b. Décrire par une phrase les événements contraires de A, B et C, puis calculer leur probabilité.

24 Un jour de grève dans une grande gare, on sait que la probabilité qu'il n'y ait aucun train est de 25 % et celle qu'il y ait tous les trains est de 5 %.

a. Quelle est la probabilité qu'il y ait au moins un train ?

b. Quelle est la probabilité qu'il manque au moins un train ?

Réunion et intersection de deux événements

Appliquer le savoir faire 6, p. 308

25 Dans une classe de 32 élèves, 12 élèves suivent l'option *arts plastiques*, 5 élèves suivent l'option *escalade*. Sachant que parmi eux 3 élèves suivent les deux options, déterminer, à l'aide d'un diagramme, combien d'élèves ne suivent aucune option.

26 Dans le tableau suivant, une université dénombre ses étudiants issus d'un baccalauréat scientifique (notés S) suivant leur sexe (F ou G).

	S	$\overline{S}$	Total
F	78	147	225
G	102	75	177
Total	180	222	402

On choisit un étudiant au hasard.

a. Décrire l'événement $F \cap S$ par une phrase, puis calculer sa probabilité.

b. Décrire l'événement $\overline{S}$ par une phrase, puis calculer sa probabilité.

c. Décrire l'événement F ∪ S par une phrase, puis calculer sa probabilité.
d. Décrire l'événement F ∪ G par une phrase, puis calculer sa probabilité.

27 Dans un grand magasin, 60 % des articles bénéficient d'une réduction sur l'étiquette (E), 50 % bénéficient d'une réduction en caisse (C).
25 % des articles cumulent ces deux réductions.
a. Reproduire et compléter le diagramme de Venn suivant en indiquant sur les pointillées les proportions de chaque ensemble.

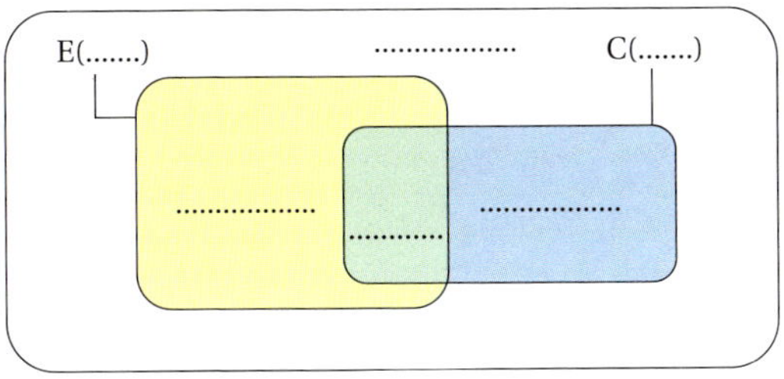

b. Quelle est la proportion d'article ne bénéficiant d'aucune réduction ?
c. Quelle est la proportion d'article bénéficiant d'une et une seule réduction ?

28 Une compagnie aérienne a constaté qu'elle vend 30 % de ses billets en classe affaire, le reste en classe économique.
60 % des passagers en classe affaire et 20 % des passagers en classe économique commandent un repas à bord.
1. Un avion s'apprête à décoller avec 250 passagers à bord.
a. Montrer que 45 passagers sont en classe affaire et prennent un repas.
b. Calculer de même le nombre de passagers qui sont en classe économique et qui prennent un repas.
c. Reproduire et compléter le tableau suivant des effectifs de passagers :

	Commandent un repas	Ne commandent pas un repas	Total
Classe affaire	45	…	…
Classe économique	…	…	…
Total	…	…	250

2. Un hôtesse interroge un passager à la montée dans l'avion.
a. Quelle est la probabilité qu'il soit en classe affaire et ne commande pas de repas ?
b. Quelle est la probabilité qu'il soit en classe économique et ne commande pas de repas ?
c. Quelle est la probabilité qu'il commande un repas ?

Appliquer le savoir faire 7, p. 309

29 Au prochain contrôle d'Histoire-Géographie, les élèves de la classe devront choisir parmi deux sujets : un sujet d'Histoire et un sujet de Géographie.
La moitié des élèves maîtrisent le sujet d'Histoire et les deux tiers maîtrisent le sujet de Géographie.
Seul un quart des élèves maîtrisent les deux sujets.
On interroge un élève au hasard à la sortie du contrôle.
On note H et G les événements : « l'élève interrogé maîtrise le sujet d'Histoire » et « l'élève interrogé maîtrise le sujet de Géographie ».
a. Déterminer $p(\text{H})$, $p(\text{G})$ et $p(\text{H} \cap \text{G})$.
b. En déduire $p(\text{H} \cup \text{G})$ et interpréter ce résultat.
c. Quelle est la probabilité que l'élève interrogé ne maîtrise aucun des deux sujets ?

30 On a effectué un sondage sur les activités extra-scolaires dans un lycée :
10 % des élèves font à la fois un sport et jouent d'un instrument de musique, 35 % font seulement du sport et 40 % ne pratiquent ni sport ni musique.
On interroge un élève au hasard à la sortie du lycée. À l'aide d'un tableau, déterminer les probabilités des événements suivants :
a. L'élève ne fait pas de sport, mais joue d'un instrument de musique.
b. L'élève pratique un sport.
c. L'élève joue d'un instrument.
d. L'élève pratique un sport ou joue d'un instrument.

31 A et B sont deux événements incompatibles tels que $p(\text{A}) = 0{,}4$ et $p(\text{B}) = 0{,}5$.
a. Calculer $p(\text{A} \cup \text{B})$.
b. Les événements $\overline{\text{A}}$ et $\overline{\text{B}}$ sont-ils incompatibles ?

32 Dans un jeu de 52 cartes, on ajoute deux jokers.
On tire ensuite une carte.
a. Quelle est la probabilité de tirer un joker ?
b. Quelle est la probabilité de tirer un pique ?
c. Quelle est la probabilité de tirer un pique ou un joker ?

33 On lance un dé équilibré à douze faces numérotées de 1 à 12.

a. Calculer la probabilité de l'événement A : « le résultat est pair ».
b. Calculer la probabilité de l'événement B : « le résultat est un multiple de 3 ».
c. Calculer les probabilités des événements A ∩ B et A ∪ B.

Exercices pour se tester

Expériences aléatoires

34 Vrai ou faux ?

Un sac contient des jetons rouges, verts et bleus (au moins deux de chaque couleur). On tire au hasard deux jetons dans le sac.

a. L'expérience admet 2 issues.

b. Il y a 6 événements élémentaires.

c. Il y a 2 événements élémentaires comportant au moins un jeton rouge.

35 QCM

On sépare un jeu de 32 cartes en quatre paquets suivant les quatre couleurs (trèfle, carreau, cœur, pique). On pioche une carte au hasard dans chaque paquet.

1. Combien peut-on former de mains de quatre cartes ?

A 4. B 24. C 8^4. D $32 \times 31 \times 30 \times 29$.

2. Combien peut-on former de carrés ?

A 1. B 4. C 8. D 24.

3. Combien peut-on former de brelans d'as (3 as et une carte non as) en ayant les as de pique et de cœur ?

A 2. B 3. C 8. D 14.

36 Vrai ou faux ?

Une urne contient sept boules de couleurs différentes numérotées de 1 à 7.

1. On pioche au hasard simultanément 2 boules.
Se peut-il que :

a. Les boules piochées soient de même couleur ?

b. La somme des nombres inscrits soit 14 ?

2. On pioche au hasard successivement 2 boules avec remise de la première boule tirée.
Se peut-il que :

a. Les boules piochées soient de même couleur ?

b. La somme des nombres inscrits soit 14 ?

Probabilité d'un événement

37 QCM

On lance deux dés équilibrés à 6 faces.

1. La probabilité de faire un double 6 est :

A $\frac{1}{6}$. B $\frac{1}{3}$. C $\frac{1}{36}$. D $\frac{1}{12}$.

2. La probabilité de ne pas faire un double 6 est :

A $\frac{5}{6}$. B $\frac{35}{36}$. C $\frac{25}{36}$. D $\frac{11}{12}$.

3. La probabilité de ne pas faire un seul 6 est :

A $\frac{5}{6}$. B $\frac{35}{36}$. C $\frac{25}{36}$. D $\frac{11}{12}$.

4. La probabilité de faire au moins un 6 est :

A $\frac{5}{6}$. B $\frac{35}{36}$. C $\frac{25}{36}$. D $\frac{11}{36}$.

38 QCM

On lance un dé truqué à 6 faces. La face 6 a une probabilité de sortir de 0,3 et la face 1 à une probabilité de sortir de 0,1. Les autres faces sont équiprobables et leur probabilité de sortir est :

A 0,2. B $\frac{1}{4}$. C $\frac{1}{6}$. D 0,15.

39 QCM

On pioche une boule dans une urne contenant un tiers de boules rouges, un quart de boules vertes et le reste de boules bleues.
La probabilité de tirer une boule bleue est :

A $\frac{5}{12}$. B $\frac{7}{12}$. C $\frac{6}{7}$. D $\frac{1}{2}$.

Réunion et intersection de deux événements

40 QCM

Lors d'un sondage auprès des garçons d'un lycée, 46 % d'entre eux affirmaient aimer le football et 64 % le rugby. Seuls 10 % des garçons n'aiment aucun des deux sports.
La part de garçons aimant à la fois les deux sports est :

A 90 %. B 18 %. C 46 %. D 20 %.

41 QCM

Dans un jeu de 52 cartes, on tire une carte au hasard.

1. La probabilité de tirer une figure de cœur est :

A $\frac{3}{52}$. B $\frac{3}{8}$. C $\frac{10}{52}$. D $\frac{1}{4}$.

2. La probabilité de tirer une figure ou un cœur est :

A $\frac{3}{52}$. B $\frac{25}{52}$. C $\frac{22}{52}$. D $\frac{1}{4}$.

CORRIGÉ P. 342

Exercice résolu

42 Deux paquets contiennent un mélange de bonbons.
Le premier paquet contient 16 bonbons à la menthe et 14 au réglisse, le second paquet contient 30 bonbons à l'anis et 10 à la menthe.
Pamela choisit au hasard un bonbon dans chaque paquet. Les issues de l'expérience sont les paires de bonbons obtenues.

1. Quelles sont les issues possibles de cette expérience ?

2. Modéliser la situation à l'aide un arbre de probabilité.

3. a. Quelle est la probabilité que Pamela ait choisi deux bonbons à la menthe ?

b. Quelle est la probabilité que Pamela n'ait choisi aucun bonbon à la menthe ?

c. Quelle est la probabilité que Pamela ait choisi au moins un bonbon à la menthe ?

4. On note R l'événement « Pamela a choisi un bonbon au réglisse » et A l'événement « Pamela a choisi un bonbon à l'anis ».

a. Définir par des phrases les événements $A \cap R$ et $A \cup R$.

b. Déterminer les valeurs de $p(A \cap R)$ et $p(A \cup R)$.

SOLUTION

1. En notant M, A et R les bonbons à la menthe, à l'anis et au réglisse, les issues de l'expérience sont les couples (M ; A), (M ; M), (R ; A) et (R ; M).

2.

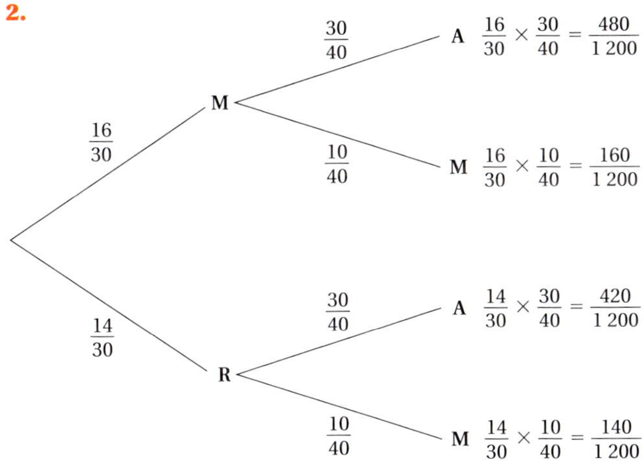

Bien que simultanés et indépendants, on peut considérer les tirages comme successifs afin de modéliser la situation. On peut alors calculer les probabilités de chaque issue de l'arbre en effectuant le produit des probabilités pondérant les branches.
Voir le **Savoir-faire 3** p. 307

3. a. $p((M ; M)) = \frac{160}{1200} = \frac{2}{15}$.

b. $p((R ; A)) - \frac{420}{1200} = \frac{7}{20}$.

c. « Choisir au moins un bonbon à la menthe » est l'événement contraire de l'événement (R ; A).

Sa probabilité est donc $p = 1 - p((R ; A)) = 1 - \frac{7}{20} = \frac{13}{20}$.

4. a. $A \cup R$: « Pamela a choisi un bonbon au réglisse ou un bonbon à l'anis ».

$A \cap R$: « Pamela a choisi un bonbon au réglisse et un bonbon à l'anis ».

b. $p(A \cap R) = p((R ; A)) = \frac{7}{20}$.

$A \cup R$ est l'événement contraire de l'événement (M ; M), d'où :

$p(A \cup R) = p = 1 - p((M ; M)) = 1 - \frac{2}{15} = \frac{13}{15}$.

L'événement $A \cup R$: « Pamela a choisi un bonbon au réglisse ou un bonbon à l'anis » contient les événements élémentaires (R ; M), (R ; A) et (M ; A) car la réunion est un « ou » inclusif.

Exercices d'approfondissement

Expérience aléatoire

43 À la cantine, on a le choix parmi trois entrées, deux plats et trois desserts.

a. Combien de menus *entrée-plat-dessert* peut-on composer ?

b. Combien de menus *un plat-deux desserts différents* peut-on composer ?

44 Un menuisier dispose de deux longueurs de baguettes de bois : 85 cm et 125 cm.

Il possède trois baguettes de la première catégorie et six de la seconde.

a. Combien de longueurs différentes peut-il obtenir en mettant bout à bout trois baguettes prises au hasard ?

b. Même question avec quatre baguettes.

45 De combien de façons peut-on choisir l'emplacement de 3 voitures lorsqu'on a 4 places de parking ?

46 L'anagramme d'un mot est un mot composé des mêmes lettres mais choisies dans un ordre quelconque.

a. Combien le mot PROBA possède-t-il d'anagrammes ?

b. Même question avec le mot STAT.

47 Une classe de seconde de 32 élèves compte 19 filles pour 13 garçons.

En début d'année, le professeur principal désigne au hasard deux délégués provisoires.

a. Combien a-t-il de choix possibles s'il décide de désigner une fille et un garçon ?

b. Combien a-t-il de choix possibles s'il décide de désigner deux élèves sans considérer leur genre ?

c. Le professeur affirme qu'en choisissant deux filles, il a deux fois plus de possibilités qu'en choisissant deux garçons. Que peut-on penser de cette affirmation ?

Probabilité d'un événement

48 Le magazine de mode Belle contient 120 pages dont les thèmes sont répartis de la façon suivante :

- deux cinquièmes d'articles d'information ;
- un huitième de photos de mode ;
- 2 pages pour le sommaire ;
- 3 pages de jeu ;
- le reste pour les publicités.

On ouvre une page au hasard.

Quelle est la probabilité de tomber sur une publicité ?

49 Dans un QCM, on propose pour chaque question trois réponses dont une seule est correcte.

Yann répond au hasard à toutes les questions.

a. Quelle est la probabilité qu'il réponde juste au trois premières questions ?

b. À partir de combien de questions la probabilité de répondre tout juste tombe-t-elle à moins de 1 pour 1 000 ?

50 On lance deux dés équilibrés à six faces.

Calculer la probabilité de ne pas obtenir deux faces identiques.

51 Le jeu de la bataille navale consiste à désigner à tour de rôle une case de la grille de l'adversaire sur laquelle il a placé des navires :

- 1 porte-avion de 5 cases ;
- 2 cuirassiers de 4 cases chacun ;
- 1 sous-marin de 3 cases ;
- 1 croiseur de 2 cases.

La grille comporte 144 cases.

Tant qu'aucun bateau n'est touché, le joueur choisit une case au hasard.

1. Au premier tour de jeu, quelle est la probabilité des événements suivants ?

a. « Toucher un navire ».

b. « Toucher un porte-avion ».

c. « Toucher un cuirassier ».

2. Après 15 tours de jeu, quelle est la probabilité de toucher un navire sachant que le joueur va encore jouer au hasard, mais a déjà coulé le croiseur et un cuirassier sans toucher d'autres navires ?

52 En entrant en classe, Samia oublie une fois sur trois d'éteindre sont portable. En cours, elle a trois chances sur quatre qu'on lui envoie un message.

a. Si Samia reçoit un message en classe, elle sera sanctionnée.

Quelle est la probabilité qu'elle soit sanctionnée ?

b. Quelle est la probabilité qu'elle ait raté un message pendant le cours.

53 Au tirage de la coupe du monde de rugby, l'urne 1 contient les quatre têtes de séries (les quatre meilleures équipes au classement mondial), l'urne 2 contient les quatre équipes suivantes (classées du 5e au 8e rang mondial).

Le tirage au sort permet de désigner dans chacune des quatre poules A, B, C et D une équipe choisie dans l'urne 1 et une équipe choisie dans l'urne 2.

Voici le classement mondial au moment du tirage de la coupe du monde 2015 en Angleterre.

Rang	Membre		Points
1		Nouvelle Zélande	90,08
2		Afrique du Sud	86,94
3		Australie	86,87
4		France	85,07
5	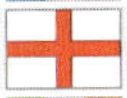	Angleterre	83,90
6		Irlande	80,22
7		Samoa	78,71
8		Argentine	78,71
9		Pays de Galles	78,39
10		Italie	76,24

Pour désigner les deux premières équipes de la poule A, on pioche une boule contenant les noms des pays dans chacune des deux urnes.

1. Quelle est la probabilité que la France et l'Angleterre soient ensemble dans la poule A ?

2. Pour chaque tirage dans une urne, on note N et S les issues « la boules tirée désigne un pays de l'hémisphère Nord » et « la boules tirée désigne un pays de l'hémisphère Sud ».

Les tirages au sort possibles des deux équipes pour la poule A pourront être notés (N ; N), (N ; S), (S ; N) et (S ; S).

a. Construire un arbre de probabilité où les issues de chaque tirage sont N et S.

b. Quelle est la probabilité de l'issue (N ; N) ? Interpréter ce résultat.

c. Quelle est la probabilité que les deux premières équipes de la poule A soient du même hémisphère ?

NOTE : La France, désignée tête de série de la poule D, a obtenue au tirage au sort l'Irlande comme adversaire.

54 Helena et Jamel veulent faire une excursion en quad. Chez le loueur, 9 quads sont rouges et 7 sont verts.

1. Le loueur choisit un quad au hasard pour Helena, puis pour Jamel.

a. Construire un arbre de probabilité modélisant les choix du loueur.

b. Quelle est la probabilité qu'Helena et Jamel aient tous les deux un quad rouge ?

c. Quelle est la probabilité qu'Helena et Jamel aient un quad de couleur différente ?

2. Finalement ils ont tous les deux un quad rouge et appellent leur amie Faustine pour qu'elle les rejoigne. Le loueur choisit alors un quad au hasard pour Faustine. Quelle est la probabilité que les trois amis aient un quad de la même couleur ?

Réunion et intersection de deux événements

55 Une étude montre qu'un adolescent sur trois possède une télévision dans sa chambre et un sur cinq un ordinateur. 60 % des adolescents n'ont ni l'un ni l'autre dans leur chambre.

Déterminer la part d'adolescents ayant à la fois un téléviseur et un ordinateur dans leur chambre.

56 A et B sont deux événements tels que :

$$p(A) = 0{,}2 \; ; \; p(B) = 0{,}5 \text{ et } p(A \cap B) = 0{,}1.$$

1. Déterminer les probabilités des événements suivants :

a. $p(A \cap \overline{B})$.
b. $p(\overline{A} \cap B)$.
c. $p(A \cup B)$.
d. $p(\overline{A} \cup B)$.
e. $p(\overline{A} \cap \overline{B})$.

2. Identifier, parmi les événements de la question **1**, l'événement contraire de $A \cup B$.

57 Dans sa compilation des 100 meilleures chansons de tous les temps, David compte 20 chansons de rap et 35 chansons des années 80. Seules 7 chansons de rap datent des années 80.

En lançant la fonction aléatoire de son lecteur, quelle est la probabilité que la chanson sélectionnée ne soit ni du rap ni des années 80 ?

58 En Écosse, il y a du brouillard 200 jours par an et il pleut 200 jours par an. Pourtant il n'y a ni brouillard ni pluie 15 jours par an.

Combien de jours par an a-t-on dans la même journée du brouillard et de la pluie ?

Problèmes

59 Quatre fois plus jeunes !

Évaluer le nombre de personnes en France qui sont nées un 29 février.

On considérera que la population française est de 66 millions de personnes.

60 L'injuste arrondi

Une fonction aléatoire F choisit un nombre au hasard dans l'intervalle $[1 ; 6]$.

Pour simuler un lancer de dé à 6 faces, on choisit l'entier le plus proche de la valeur fournie par F.

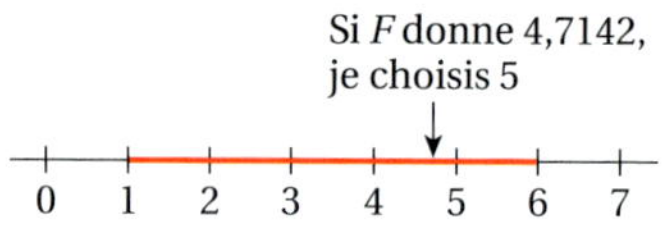

a. Quelle est la probabilité d'obtenir un 6 ?

b. Quelle est la probabilité d'obtenir un résultat pair ?

61 Perhaps ?

Chantal wants to use the bike her friend has lent her. Unfortunately, she has forgotten the anti-theft code which has three numbers.

Patiently and methodically she tries to find the combination again.

Each attempt takes her about 2 seconds.

Chantal thinks she has little chance to find the correct combination in less than 30 minutes.

Do you agree with her ? Justify.

D'après *Mathématiques sans frontières*

62 Erreur de production

L'usine *Vissaclou* fabrique trois sortes de vis dans les proportions suivantes :

- 25 % de vis de 15mm,
- 45 % de vis de 28mm,
- 30 % de vis de 35mm.

Une étude récente a mis en avant que sur 1 000 vis produites pour chaque sorte, 22 vis de 15 mm , 12 vis de 28 mm et 14 vis de 35 mm étaient défectueuses.

Quelle est la probabilité qu'une vis quelconque sortant de l'usine *Vissaclou* soit défectueuse ?

63 Au téléski

Morgan est perchiste dans une station de sports d'hiver. Il observe qu'un tiers des personnes font du snowboard et le reste du ski. Les trois quarts des snowboarders ont moins de 20 ans, alors que la moitié des personnes ont plus de 20 ans.

Quelle est la probabilité que la prochaine personne qui se présente à la remontée mécanique soit un skieur de plus de 20 ans ?

64 Improbable

Pour gagner le grand prix de l'Euro-Loto, il faut choisir les cinq bons numéros parmi 50 et les deux bonnes étoiles parmi 9.

a. Quelle est la probabilité de choisir les deux bonnes étoiles ?

b. Sachant qu'il y a une chance sur 2 118 760 de trouver les cinq bons numéros, quelle est la probabilité de gagner le grand prix ?

65 Bon anniversaire

Cinq personnes discutent de leurs dates de naissance.

a. Calculer la probabilité qu'aucune d'entre elles ne soit née le même mois.

b. En déduire la probabilité qu'au moins deux d'entre elles soient nées le même mois.

c. En supposant qu'aucune d'entre elles n'est née un 29 février, montrer que la probabilité qu'au moins deux d'entre elles soient nées à la même date est inférieure à 3 %.

66 TABLEUR Bon anniversaire bis

On recherche la probabilité qu'au moins deux personnes dans la classe soient nées à la même date.

Pour cela, on étudie l'événement contraire « aucune personne n'est née à la même date ».

Pour que cela soit vérifié, la première personne a donc 365 possibilités de date, la seconde n'en a plus que 364 et ainsi de suite.

À l'aide d'un tableur, on construit la feuille de calcul ci-dessous.

	A	B	C	D
1	nombre de personnes	nombre de dates restantes	probabilité de dates toutes différentes	probabilité qu'au moins deux dates soient identiques
2	1	365	1	0
3	2	364	0,997260274	0,002739726
4	3	363	0,991795834	0,008204166
5	4	362	0,983644088	0,016355912
6	5	361	0,972864426	0,027135574

a. Expliquer comment remplir les colonnes A et B.

b. Donner les formules à recopier vers le bas que l'on a saisi en C3 et D2 pour construire cette feuille.

c. Construire la feuille et déterminer cette probabilité pour votre classe.

67 SuperKado

Au jeu du SuperKado, le candidat choisit une boite parmi les trois qui lui sont présentées, sans l'ouvrir. Une seule boîte contient le SuperKado.

Quand ce choix est fait, pour augmenter le suspense, le présentateur ouvre alors l'une des deux boîtes restantes, en choisissant évidemment une boîte vide.

Le candidat doit alors choisir entre conserver la boîte qu'il a désignée au début ou bien modifier son choix.

a. Modéliser les choix du candidat à l'aide d'un arbre.

b. Pia et Gauthier regardent le jeu à la télévision.

Pia prétend que le candidat a une chance sur deux car le premier choix ne sert à rien, il doit se décider entre les deux dernières boites.

Gauthier n'est pas d'accord, il pense que s'il décide dès le début qu'il gardera sa boîte, il n'a qu'une chance sur trois de gagner, donc il a intérêt à changer, il aura alors deux chances sur trois de gagner.

Qui a raison ? Expliquer.

68 ALGORITHMIQUE Tricherie

Un professeur demande à ses élèves de lancer une pièce de monnaie 50 fois et de consigner la liste des résultats « pile » ou « face ». Voici la liste de Nina :

PFPPFPFFFP PFPFFPPFPP FFPPFFFPPFF

PFPFFFPPFP PFFFPPFPFF.

1. Calculer la fréquence d'apparition du « pile ».
Ce résultat semble-t-il cohérent avec l'équiprobabilité théorique de cette expérience ?

2. Le professeur n'est pas satisfait, il affirme que Nina a probablement triché et n'a pas lancé la pièce. Nina ne comprend pas comment le professeur a pu s'en rendre compte.

Pour le convaincre, il propose à Nina de programmer l'algorithme suivant sur sa calculatrice.

```
PROGRAM:PILE
:0→B
:0→C
:For(I,1,50)
:entAléat(0,1)→A
:If A=1
:Then
:B+1→B
:Else
:If B>C
:Then
:B→C
:End
:0→B
:End
:End
:Disp C
```

a. Comment le programme propose-t-il de simuler un « pile » ou « face » ?

b. En supposant que les quatre premières simulations donnent dans A les valeurs 1-1-1-0, quelles seront les valeurs de B et C lorsque le programme recalculera une nouvelle valeur de A ?

c. Quel est le rôle des lettres B et C dans l'algorithme ?

3. En faisant tourner le programme, voici ce que Nina obtient sur sa calculatrice.

```
            Fait
               6
            Fait
               5
            Fait
              12
            Fait
```

a. En regardant la liste de Nina, comprend-on l'argument du professeur ?

b. Nina aurait-elle pu obtenir ces résultats sans tricher ?

Des maths autrement pour l'accompagnement personnalisé

PARTIE A | FONCTIONS

Fonctions et images numériques

PARTIE A. Courbes et fonctions

1 Une droite

a. Placer les points A(0 ; 255) et B(255 ; 0) dans un repère orthonormé*.
On pourra choisir comme graduation 1 cm pour 50 en abscisses comme en ordonnées.

b. Déterminer la fonction affine* f dont la représentation graphique est la droite (AB).

c. Compléter le tableau de valeurs* suivant :

x	0	127	255
$f(x)$			

2 Une première parabole

a. Soit g la fonction définie sur $\mathbb{R}$ par $g(x) = ax^2$ avec a un nombre réel.
Déterminer la valeur de a telle que $g(255) = 255$.

b. Tracer la courbe représentative de la fonction g dans le repère indiqué en question 1.

3 Une seconde parabole

Soit h une fonction polynôme du second degré* dont la courbe $\mathscr{P}$, tracée ci-contre, passe par les points O(0 ; 0) et C(255 ; 255) et admet comme sommet* le point C.
Déterminer l'expression de $h(x)$ en fonction de x.

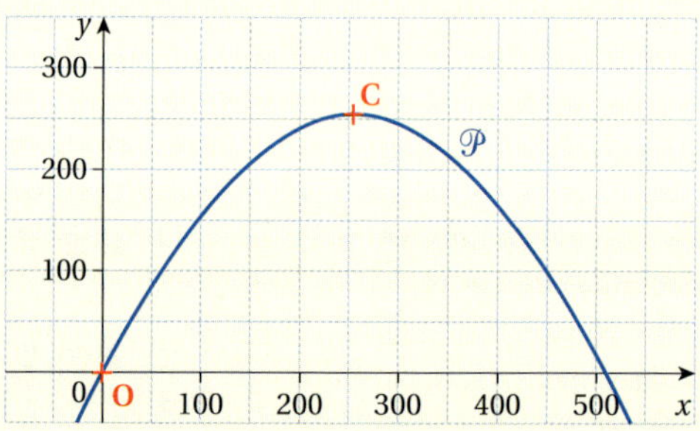

Coup de pouce

- En utilisant les propriétés de symétrie d'une parabole, montrer que la parabole $\mathscr{P}$ passe par le point D(510 ; 0).
- En posant $h(x) = \alpha x^2 + \beta x + \gamma$, montrer que $\alpha = -\frac{1}{255}$, $\beta = 2$ et $\gamma = 0$.

MES OUTILS

* Voir le Cours, p. 25.
* Voir le Cours, p. 92.
- Pour trouver l'expression d'une fonction-affine, voir le Savoir-faire 2, p. 96.
* Voir le Cours, p. 24.
- Pour Calculer une image, voir le Savoir-faire 1, p. 29.
- Pour utiliser la calculatrice, voir le Savoir-faire 3, p. 30.
* Voir le Cours, p. 122.
* Voir le Cours, p. 123.
- Pour déterminer le sommet d'une parabole, voir le Savoir-faire 3, p. 125.

PARTIE B. Application à la transformation d'une image

Une image est constituée de multiples carrés juxtaposés appelés pixels. En agrandissant une partie d'une image, on observe ces pixels.

Dans toute la suite, pour simplifier, on considérera des images en « **niveaux de gris** », dites parfois en « noir et blanc».
Pour une image en niveaux de gris, chaque pixel est gris. Un des codages possibles est de faire correspondre à 256 nuances de gris, les nombres entiers compris entre 0 et 255. Le plus sombre (noir) correspond à l'entier 0 et le plus clair (blanc) à l'entier 255. Le tableau suivant donne quelques exemples de correspondance entre certains des gris et un de ces entiers :

0	40	80	127	170	210	255

Ainsi une image peut être représentée par un tableau de nombres.

1 Reproduire et compléter par des entiers le tableau T1 ci-contre pour qu'il corresponde à l'image donnée à gauche.

T1 :

2 On considère l'algorithme ci-contre où f désigne la fonction donnée en **Partie A**.

```
Entrer un nombre entier x compris entre 0 et 255
y prend la valeur f(x)
Afficher y
```

a. Pour l'entrée $x = 30$, quelle est la valeur du nombre affiché par l'algorithme ?
b. Appliquer l'algorithme aux différentes valeurs du tableau T1 et reporter ces valeurs dans un tableau T2 de mêmes dimensions que T1.
c. Dessiner l'image correspondant au tableau T2. Pour comparer l'image initiale et l'image finale, quel mot est le plus adapté : opposé, inverse ou négatif ?

3 Décrire le résultat que l'on obtiendrait en transformant pour une image tous les nombres correspondant aux pixels avec l'algorithme ci-contre :

```
Entrer un nombre entier x compris entre 0 et 255
Si x < 200 alors
      y prend la valeur x + 56
Sinon
      y prend la valeur 255
Afficher y
```

4 Lorsque les valeurs obtenues par une fonction ne sont pas des entiers naturels, on convient de prendre comme valeur résultat un entier très proche.
On transforme par cette méthode l'image ci-contre à l'aide des fonctions f, g et h de la **Partie A**.
Associer chacune des trois images ci-dessous à f, g ou h.
Expliquer.

1. 

2. 

3. 

Une parabole est-elle une parabole ?

Une antenne parabolique, communément appelée parabole, permet de capter et concentrer les ondes reçues pour récupérer un signal.
On utilise par exemple une parabole pour la réception de la télévision émise par satellite. Le radiotélescope et le radar fonctionnent sur le même principe.

L'objectif est de vérifier, à partir de photographies de radiotélescopes, radars ou autres antennes (vus de profil), que leur forme peut être modélisée par une fonction carré.

Partie A. Étude de la coupe d'une antenne parabolique

On a placé dans le repère suivant une coupe d'une antenne parabolique selon son axe de symétrie.
On souhaite déterminer une expression de la fonction f dont la courbe délimite le bord de la section de l'antenne parabolique.

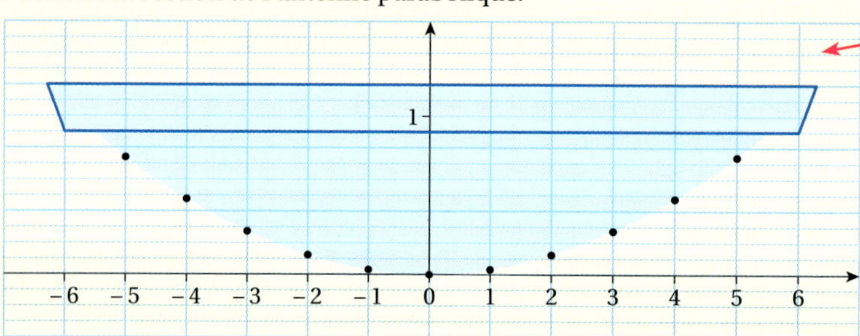

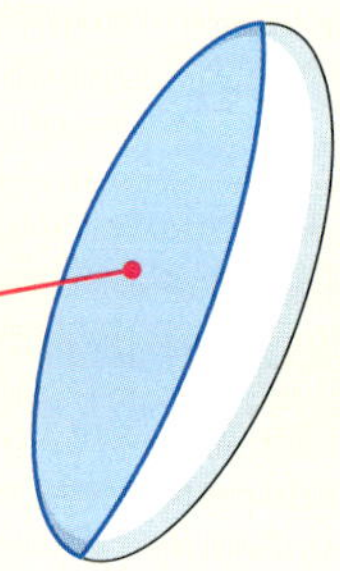

1 Par lecture graphique, compléter la deuxième ligne du tableau ci-dessous.*

2 Compléter la troisième ligne du tableau donnant des valeurs de la fonction carré.*

3 Trouver le nombre a tel que : $a \times 25 = 0{,}75$.

4 Compléter alors la quatrième ligne du tableau.

x	–5	–4	–3	–2	–1	0	1	2	3	4	5
$f(x)$	0,75										
x^2	25										
ax^2	0,75										

5 Pour les différentes valeurs de x du tableau, comparer ax^2 avec les valeurs de $f(x)$ obtenues par lecture graphique, puis en déduire une expression de la fonction f pouvant modéliser le bord de la parabole.*

6 Quelle explication pourrait-on au titre du problème ?

MES OUTILS

* Voir le Cours, p. 24.
› Pour lire un graphique, voir le Savoir-faire 2 p. 29.
* Voir le Cours, p. 94.
› Pour connaître et exploiter la représentation graphique de la fonction carré, voir le Savoir-faire 3 p. 97.
* Voir le Cours, p. 122.
› Pour déterminer l'expression d'une fonction polynôme de degré 2, voir le Savoir-faire 2 p. 126.

Partie B. Étude de la courbure d'un radar

La photographie suivante montre un radar dont la coupe selon son axe de symétrie est de forme parabolique.

1. Décalquer la parabole et placer judicieusement cette courbe dans un repère.
2. En s'inspirant de la méthode précédente, trouver l'expression d'une fonction carré pouvant modéliser la courbe.
3. Rechercher d'autres photographies de radars et, pour chacun, retrouver l'expression d'une fonction modélisant la parabole.

Partie C. Recherche du foyer de la parabole

Les ondes reçues se réfléchissent sur les parois de la parabole pour être concentrées en un point appelé le foyer.
Le capteur chargé de récupérer les informations transmises par les ondes est placé en ce point.

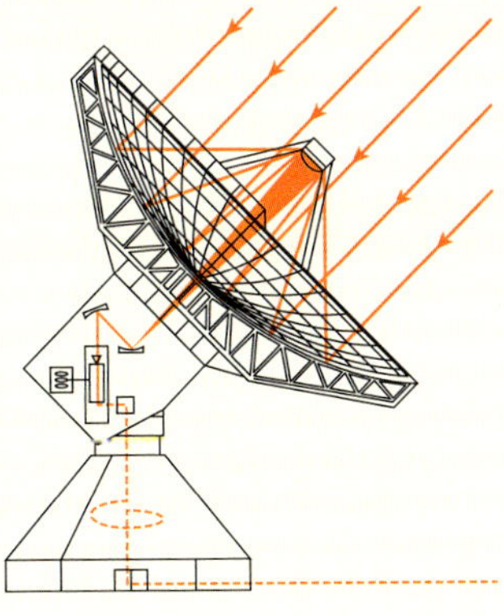

1. À l'aide d'un logiciel de géométrie dynamique, tracer une fonction carré et placer un point sur la parabole obtenue. Tracer ensuite la tangente à la parabole passant par ce point.
2. Les ondes reçues se réfléchissent symétriquement à la perpendiculaire à la tangente passant par le point de tangence.
Trouver le foyer de la parabole.
3. Reproduire la construction réalisée avec la logiciel.

Géométrie et imagerie numérique

Dans l'imagerie numérique, une part importante du réalisme des images vient de la précision des ombres et des nuances.
Une fois le personnage réalisé, il faut calculer le tracé de leur ombre en fonction des diverses sources lumineuses.
Ci-dessous une image d'un personnage dans une rue. Les lampadaires allumés projettent deux ombres du personnage sur le sol.

Pour étudier la situation, on se ramène à la figure ci-dessous à reproduire, où les lampadaires sont représentés par les segments [AB] et [CD] et le personnage par le segment [IJ]. Les sources lumineuses sont situées aux points B et D.

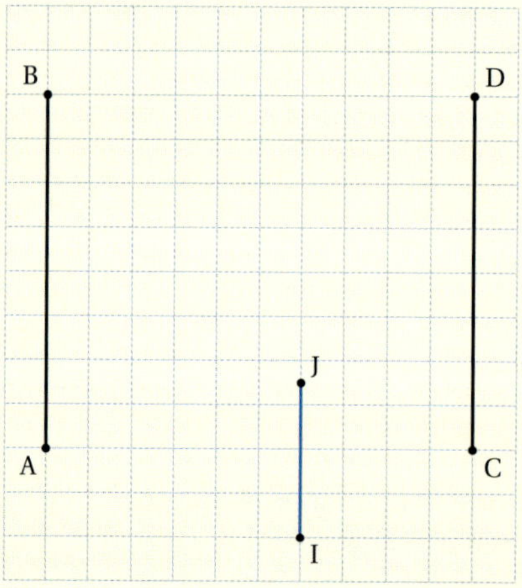

Partie A. Construction et calculs

1 **a.** Montrer que les points A, B, I et J sont coplanaires.*

b. En déduire une construction de l'ombre du segment [IJ] par l'éclairage du point B.

MES OUTILS

* Voir le Cours, p. 240.
› Pour caractérisier un plan, voir le Savoir-faire 3, p. 244.

On note S l'extrémité de cette ombre et L_1 sa longueur.

2 Construire de même l'ombre du segment [IJ] par l'éclairage du point D.
On note T l'extrémité de cette ombre et L_2 sa longueur.

3 Dans le cas étudié, les lampadaires sont distants de 5 m et le personnage se trouve à 4 m du lampadaire [AB] et à 3 m du lampadaire [CD].
On ne connait pas les hauteurs des lampadaires ni du personnage.

a. Montrer, à l'aide de configurations de Thalès* dans les triangles TCD et SAB, que : $\frac{L_2}{L_2+3}=\frac{L_1}{L_1+4}$.

b. En déduire que : $L_2=\frac{3}{4}L_1$.

Coup de pouce

$\frac{a}{b}=\frac{c}{d}$ équivaut à $a \times d = b \times c$

4 Démontrer, à l'aide du résultat précédent, que les droites (ST) et (CA) sont parallèles.

MES OUTILS

Pour extraire une figure plane, voir le Savoir-faire 2, p. 243.

* Voir le mémento, p. 336.

Partie B. Avec un logiciel

1 À l'intérieur

On admet que les lampadaires mesurent 4 m de haut et le personnage 1,80 m.

a. Construire sur logiciel la figure avec ses ombres dans le pavé EGCAFHDB à base carrée, le point I étant mobile (on tracera le pavé en « fil de fer », c'est-à-dire avec aucun trait en pointillé).

b. Afficher la longueur IT et conjecturer à l'aide du logiciel la zone où doit se trouver le point I afin que l'ombre issue de D soit une réduction du personnage.

c. Montrer que $L_2=\frac{9}{11}\text{CI}$.

En déduire le résultat observé à la question précédente.

d. Existe-t-il une zone où les deux ombres sont des réductions du personnage ? Où les deux ombres sont des agrandissements du personnage ?

e. À l'aide des fonctions *trace* du logiciel, conjecturer la nature de la zone où doit se trouver le point I pour que les deux ombres restent à l'intérieur du carré EGCA.

2 Dans le mur !

On suppose maintenant que notre personnage est dans une pièce semblable au pavé, où les faces latérales sont donc des murs.

a. Déplacer le point I tel qu'une ombre coupe le segment [AE] en un point K. Construire le segment [KL], ombre du segment [IJ] sur le mur EABF.

b. L'ombre sera donc constituée de deux parties.
Construire le point M du segment [IJ] dont l'ombre se projette en K.

c. L'ombre projetée au mur est-elle un agrandissement ou une réduction de la partie du personnage correspondante ?
Justifier votre réponse.

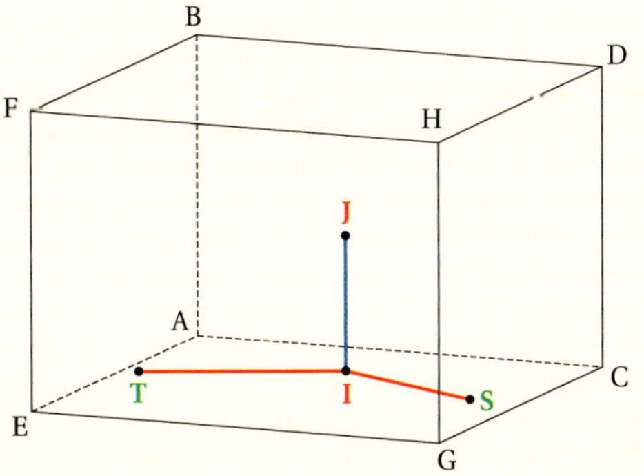

Probabilités et géométrie

Un cuboctaèdre est un solide obtenu en joignant les milieux des arêtes de chaque face d'un cube et en tronquant le cube des tétraèdres ainsi formés à chacun de ses sommets.

Un dé cuboctaèdrique a donc deux types de faces : des carrés et des triangles équilatéraux.

L'objectif est d'évaluer l'hypothèse que la probabilité de tomber sur une face carrée est proportionnelle à la surface occupée par les carrés par rapport à la surface totale du cuboctaèdre.

Les parties C, D et E peuvent être traitées indépendamment.

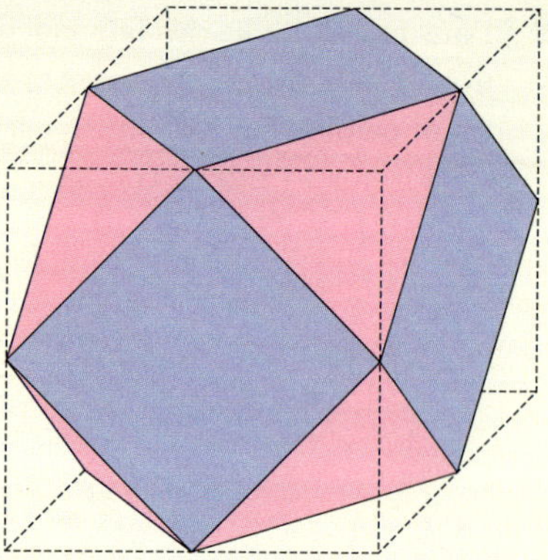

Partie A. Une modélisation

Pour déterminer la probabilité p de tomber sur une face carrée, on conjecture que cette probabilité est proportionnelle à la surface occupée par les carrés par rapport à la surface totale du cuboctaèdre.

1. Expliquer pourquoi toutes les faces carrées sont équiprobables*.
2. Expliquer pourquoi toutes les faces triangles sont équiprobables.
3. Montrer que l'aire d'un triangle équilatéral de coté a est $\frac{\sqrt{3}}{4}a^2$.
4. En déduire la valeur exacte de p.

MES OUTILS

* Voir le Cours, p. 303.

Pour dénombrer pour calculer une probabilité, voir le Savoir-faire 2, p. 306.

Voir le mémento p. 332.

Partie B. Expérimentation

1. Reproduire le patron ci-contre en choisissant 4 cm pour les arêtes et construire le cuboctaèdre.
2. Lancer 100 fois le cuboctaèdre et calculer la fréquence f de faces carrées obtenues.
3. Ce résultat est-il contradictoire avec la valeur de p conjecturée dans la Partie A ?

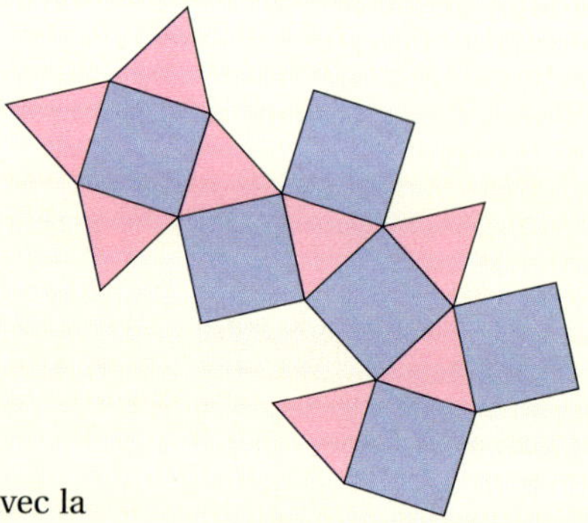

Partie C. Simulation avec un tableur et fluctuation

Afin d'évaluer les fluctuations d'un échantillon de 100 lancers de ce dé avec la probabilité p trouvée Partie A, on réalise la feuille de calcul suivante, où p est placée dans la cellule D1.

	A	B	C	D
1			p	0,634
2	face			
3	1		face carré	face triangle
4	1		71	29
5	0		0,71	0,29
6	1			
7	0			
8	1			
9	1			

La colonne A contient 100 lancers retournant 1 si la face obtenue est un carré, 0 sinon.

Pour réaliser cette simulation, on utilise la fonction ALEA() qui retourne un nombre au hasard entre 0 et 1. Si ce nombre est inférieur à p, on affecte la valeur 1, sinon on affecte la valeur 0.

1. Réaliser la simulation de 100 lancers dans la colonne A.
2. Dénombrer les issues, puis les fréquences d'obtention d'une face carrée et triangulaire, dans les cellules C4, D4, C5 et D5.
3. Exécuter 20 fois la simulation avec la touche F9 et noter les valeurs successives de la fréquence d'obtention d'une face carrée notée f.
4. Préciser dans quel intervalle fluctuent ces 20 simulations.
5. Ce résultat est-il contradictoire avec la valeur de p conjecturée dans la **Partie A** ?

Partie D. Simulation de 1 000 expériences et intervalle de fluctuation

Pour répeter un grand nombre fois cette simulation on décide de programmer avec Scilab (programme **fig.1** et son exécution **fig.2**)
La fonction *rand(100,1)* retourne une liste de 100 nombres réels compris entre 0 et 1.
La fonction *floor* donne la partie entière d'un nombre.
La fonction *sum* additionne les nombres d'une liste de nombres.

```
clear

for i=1:10
    A=floor(1.634-rand(100,1))
    F(i)=sum(A)
end

for j=0:100
    H(j+1)=frequence(j,F)
    end

clf
bar([0:100],H)
```

Fig. 1

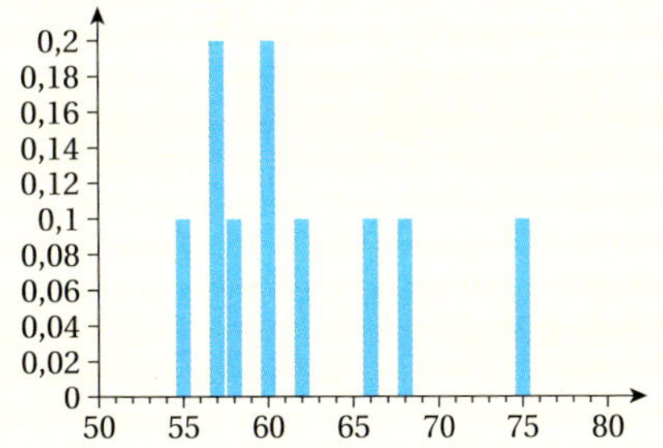

Fig. 2

1. Expliquer pourquoi la simulation proposée retourne bien 1 avec la probabilité 0,634.
2. A, F et H sont des listes de nombres numérotés A(1), A(2), A(3), etc. Préciser leurs nombres d'éléments et expliquer leur rôle.
3. Combien de fois cet algorithme répète-t-il l'expérience de 100 lancers?
4. Programmer cet algorithme et le modifier afin de répéter 1000 fois l'expérience de 100 lancers.
5. Exécuter plusieurs fois le programme et comparer ses résultats avec l'expérimentation de la **Partie B**.
6. Déterminer l'intervalle de fluctuation au seuil de 95% pour un échantillon de 100 lancers.
   Cet intervalle concorde-t-il avec la simulation précédente?
7. Que peut-on conclure quant à la modélisation conjecturée?

Partie E. Intervalle de confiance

On appelle intervalle de confiance* au niveau 95% de la probabilité p d'obtenir une face carrée, l'intervalle $\left[f-\frac{1}{\sqrt{n}}\,;f+\frac{1}{\sqrt{n}}\right]$, où f est la fréquence obtenue dans la **Partie B** et n est le nombre de lancers effectués.

1. Calculer l'intervalle de confiance au niveau 95% de la probabilité p d'obtenir une face carrée. Interpréter ce résultat.
2. La valeur de p conjecturée dans la **Partie A** appartient-elle à cet intervalle ? Que peut-on en conclure ?

MES OUTILS

* Voir le Cours, p. 274.

Pour comprendre l'influence de la taille sur l'étendue d'un intervalle de fluctuation, voir le Savoir-faire 3, p. 277.

Mémento pour la classe de 2de

CALCULS ALGÉBRIQUES

Les fractions

Pour tous réels a ,b, c et d, avec b et d non nuls , on a :

$$\frac{a}{b} \times \frac{c}{d} = \frac{a \times c}{b \times d} \quad \text{et} \quad \frac{a}{b} + \frac{c}{d} = \frac{a \times d}{b \times d} + \frac{b \times c}{b \times d} = \frac{a \times d + b \times c}{b \times d}.$$

Les puissances

Pour tous réels a et b non nuls et pout tout entier relatifs n et p, on a :

$a^n \times a^p = a^{n+p}$ $\quad$ $\dfrac{a^n}{a^p} = a^{n-p}$ $\quad$ $\dfrac{1}{a^p} = a^{-p}$

$(a^n)^p = a^{n \times p}$ $\quad$ $a^n \times b^n = (a \times b)^n$ $\quad$ $\dfrac{a^n}{b^n} = \left(\dfrac{a}{b}\right)^n$

Les racines carrées

Pour tous réels positifs a et b, b non nul, on a :

$\sqrt{a \times b} = \sqrt{a} \times \sqrt{b}$ $\quad$ $\sqrt{\dfrac{a}{b}} = \dfrac{\sqrt{a}}{\sqrt{b}}$ $\quad$ $\sqrt{a^2} = a$ $\quad$ $(\sqrt{a})^2 = a$

Pour revoir : Cours, p. 62.

- Pour développer une expression : Savoir-faire 1, p. 66.
- Pour factoriser une expression en utilisant un facteur commun : Savoir-faire 2, p. 66.
- Pour factoriser une expression en utilisant une identité remarquable : Savoir-faire 3, p. 67.

Double distributivité

Pour tous réels a, b, c et d, on a :

$$(a + b)(c + d) = \underset{1}{ac} + \underset{2}{ad} + \underset{3}{bc} + \underset{4}{bd}$$

Identités remarquables

Pour tous réels a et b, on a :

$(a + b)^2 = a^2 + 2ab + b^2$ $\quad$ $(a - b)^2 = a^2 - 2ab + b^2$ $\quad$ $(a + b)(a - b) = a^2 - b^2$

FONCTIONS

Fonctions affines

On appelle **fonction affine** une fonction f définie sur $\mathbb{R}$ par $f(x) = ax + b$, où a et b sont deux nombres réels.

Lorsque $b = 0$, la fonction f définie par $f(x) = ax$ est une **fonction linéaire**.

La représentation graphique d'une fonction affine est une droite.

- Si $a > 0$, alors f est croissante sur $\mathbb{R}$.
- Si $a = 0$, alors f est constante sur $\mathbb{R}$.
- Si $a < 0$, alors f est décroissante sur $\mathbb{R}$.

Représentation graphique de la fonction f définie sur $\mathbb{R}$ par $f(x) = ax + b$; a est le coefficient directeur et b l'ordonnée à l'origine :

Si $a > 0$:

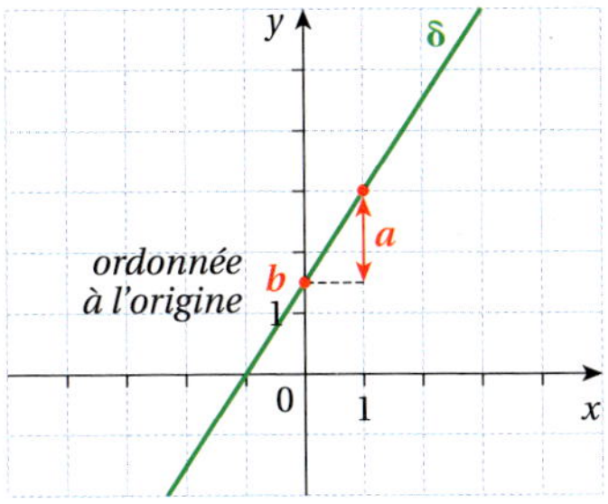

Si $a < 0$:

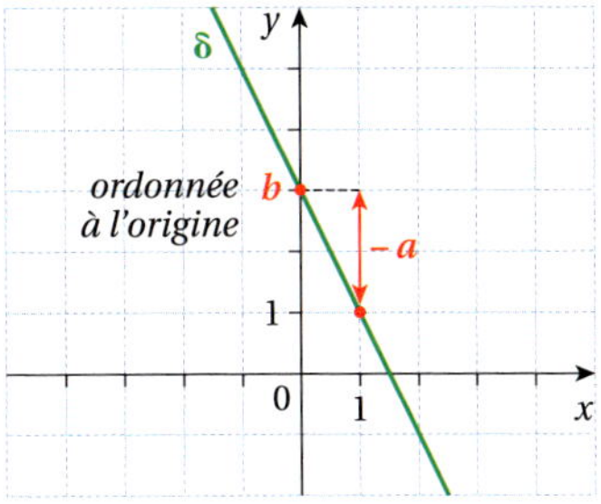

Pour revoir : Cours, p. 92.

- Pour lier pourcentages et fonctions linéaires : Savoir-faire 1, p. 96.
- Pour trouver l'expression d'une fonction affine : Savoir-faire 2, p. 96.

Pour retrouver le coefficient directeur a d'une droite, il suffit de connaître deux points de coordonnées $(x_1 ; y_1)$ et $(x_2 ; y_2)$ de cette droite.

On a :
$$a = \frac{f(x_2) - f(x_1)}{x_2 - x_1}.$$

Fonction carré

Pour revoir : Cours, p. 94.

- Pour connaître et exploiter la représentation graphique de la fonction carré : Savoir-faire 3, p. 97.
- Pour utiliser les variations pour ordonner : Savoir-faire 5, p. 98.

La fonction carré est la fonction f définie sur $\mathbb{R}$ par $f(x) = x^2$.

La fonction carré f est :

- décroissante sur l'intervalle $]-\infty ; 0]$
- croissante sur l'intervalle $[0 ; +\infty[$.

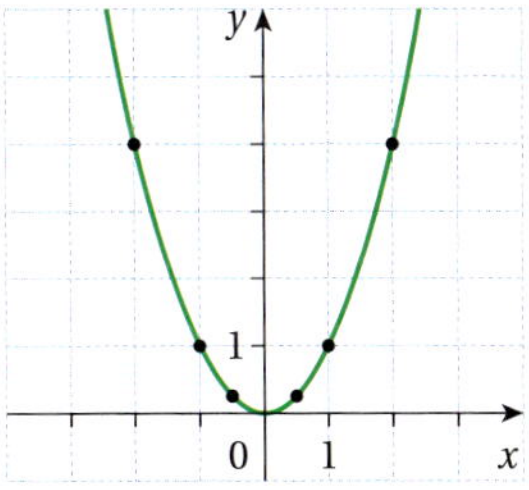

Fonction inverse

Pour revoir : Cours, p. 95.

- Pour connaître et exploiter la représentation graphique de la fonction inverse : Savoir-faire 4, p. 98.
- Pour utiliser les variations pour ordonner : Savoir-faire 5, p. 98.

La fonction inverse est la fonction f définie sur $\mathbb{R} \setminus \{0\}$ par :

$$f(x) = \frac{1}{x}.$$

Attention ! La fonction f n'est pas définie en 0.

La fonction inverse est décroissante sur l'intervalle $]-\infty ; 0[$ et décroissante sur l'intervalle $]0 ; +\infty[$.

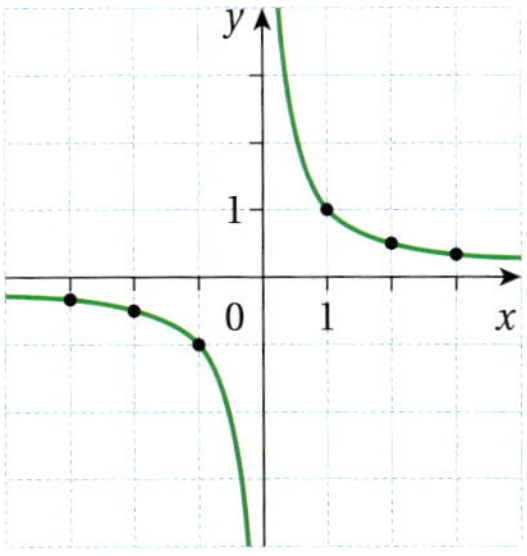

Fonctions polynômes de degré 2

Pour revoir : Cours, p. 122.
- Pour tracer une parabole : Savoir-faire 1, p. 125.
- Pour déterminer l'expression d'une fonction polynôme de degré 2 : Savoir-faire 2, p. 126.
- Pour déterminer les variations d'une fonction polynôme de degré 2 : Savoir-faire 3, p. 127.

Une fonction polynôme de degré 2 est une fonction f définie sur $\mathbb{R}$ par :

$$f(x) = ax^2 + bx + c,$$

où a, b et c sont des nombres réels donnés avec $a \neq 0$.

Soit f une fonction polynôme de degré 2 définie sur $\mathbb{R}$ par $f(x) = ax^2 + bx + c$.

- Si $a > 0$, f est d'abord décroissante, puis croissante.
- Si $a < 0$, f est d'abord croissante, puis décroissante.

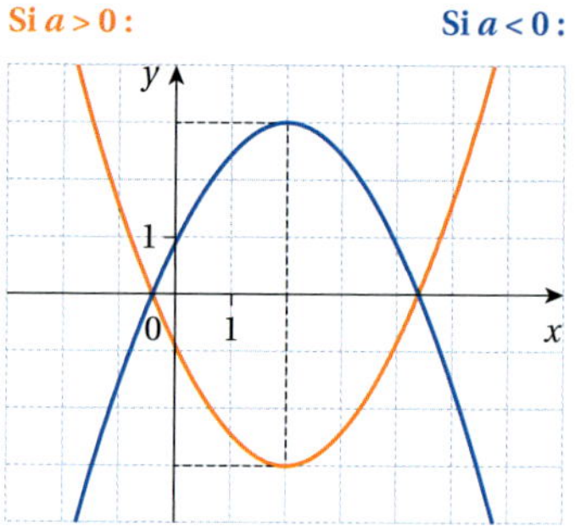

Fonctions homographiques

Pour revoir : Cours, p. 124.
- Pour étudier graphiquement une fonction f telle que $f(x) = \dfrac{a}{x+b}$: Savoir-faire 4, p. 128.

Une fonction homographique est une fonction f définie par $f(x) = \dfrac{ax+b}{cx+d}$ où a, b, c et d sont des nombres réels donnés avec $c \neq 0$.

Attention ! Son domaine de définition est $\left]-\infty\,;-\dfrac{d}{c}\right[\cup \left]-\dfrac{d}{c}\,;+\infty\right[$.

GÉOMÉTRIE PLANE

L'égalité de Pythagore

Soit ABC un triangle. L'égalité $BC^2 = AB^2 + AC^2$ ***caractérise*** les triangles rectangles en A.

Si un triangle est rectangle, l'égalité de Pythagore permet de calculer une longueur lorsque deux autres sont connues.

Si l'égalité n'est pas vérifiée, le triangle n'est pas rectangle en A.

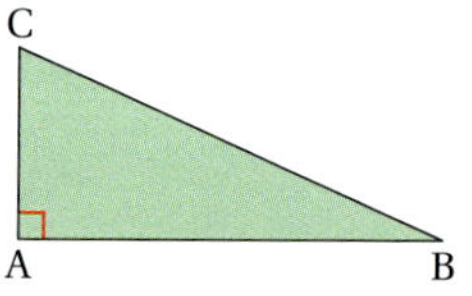

Par exemple, un triangle ABC tel que AB = 6, AC = 8 et BC = 10 est rectangle en A puisque $10^2 = 8^2 + 6^2$

En revanche, le triangle DEF vérifiant DE = 3, EF = 2 et DF = 5 n'est pas rectangle.

Droites sécantes coupées par des droites parallèles

Théorème de Thalès

Soit (AB) et (AC) deux droites sécantes en A, B' un point de la droite (AB) et C' un point de la droite (AC).

Si les droites (B'C') et (BC) sont parallèles alors on a :

$$\frac{AB'}{AB} = \frac{AC'}{AC} = \frac{B'C'}{BC}$$

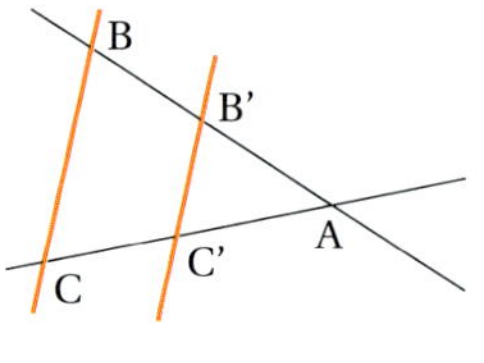

Réciproque du théorème de Thalès

Soit (AB) et (AC) deux droites sécantes en A, B’ un point de la droite (AB) et C’ un point de la droite (AC) tels que les points A, B’ et B sont alignés dans le même ordre que les points A, C’ et C.

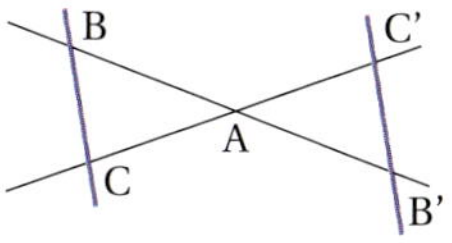

Si on a l’égalité $\frac{AB'}{AB} = \frac{AC'}{AC}$, alors les droites (B’C’) et (BC) sont parallèles.

Angle au centre et angles inscrits

- Dans un cercle, la mesure d’un **angle au centre** est le double de celle de l’**angle inscrit** qui intercepte le **même arc**.

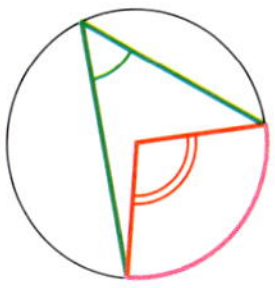

- Dans un cercle, **deux angles inscrits** qui interceptent le **même arc** ont la même mesure.

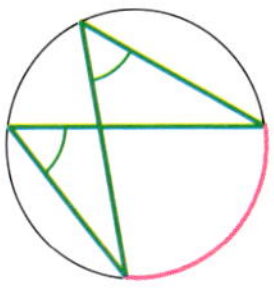

Vecteurs

Égalité de vecteurs

Les vecteurs $\overrightarrow{AB}$ et $\overrightarrow{CD}$ sont égaux lorsqu’ils ont même direction, même sens et même longueur.

Soit A, B, C et D quatre points deux à deux distincts. Les vecteurs $\overrightarrow{AB}$ et $\overrightarrow{CD}$ sont égaux si et seulement si le quadrilatère ABDC est un parallélogramme, éventuellement aplati.

Le quadrilatère ABDC est un parallélogramme si et seulement si $\overrightarrow{AD} = \overrightarrow{AB} + \overrightarrow{AC}$.

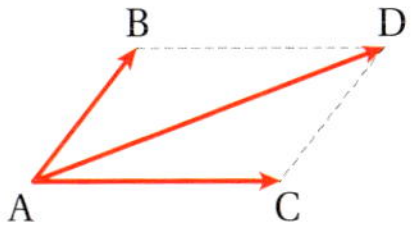

Relation de Chasles

Pour tous points A, B et C du plan, on a $\overrightarrow{AC} = \overrightarrow{AB} + \overrightarrow{BC}$.

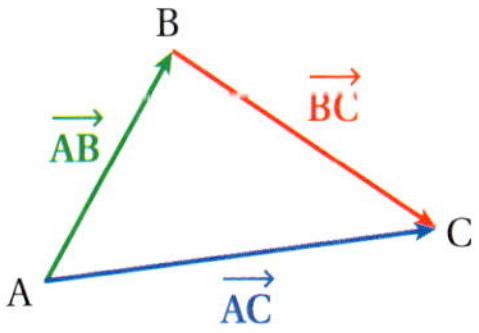

Colinéarité de deux vecteurs

Deux vecteurs non nuls $\vec{u}$ et $\vec{v}$ sont colinéaires signifie qu’ils ont même direction, c’est-à-dire qu’il existe un nombre réel k tel que $\vec{u} = k\vec{v}$.

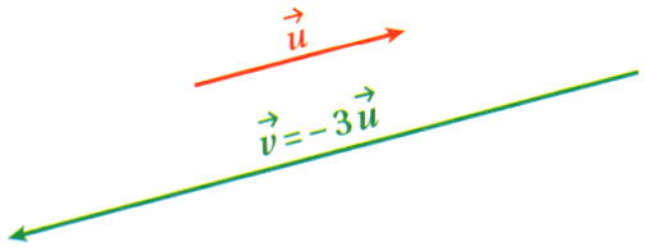

Pour revoir : Cours, p. 150.

Pour représenter graphiquement un vecteur : Savoir-faire 1, p. 156.

Pour construire un point vérifiant une égalité vectorielle : Savoir-faire 2, p. 157.

Repères du plan

On appelle repère du plan tout triplet $(O\,;\vec{i},\vec{j})$ où O est un point et $\vec{i}$ et $\vec{j}$ sont deux vecteurs non colinéaires.
Un repère est dit **orthogonal** si $\vec{i}$ et $\vec{j}$ ont des directions perpendiculaires.
Un repère est dit **orthonormé** s'il est orthogonal et si $\vec{i}$ et $\vec{j}$ sont de norme 1.

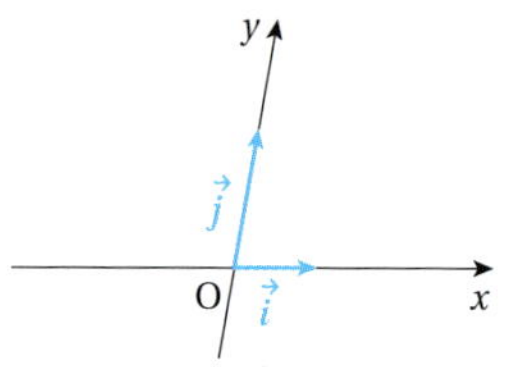

Repère quelconque

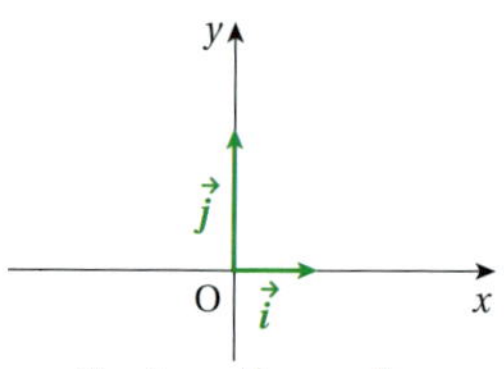

Repère orthogonal

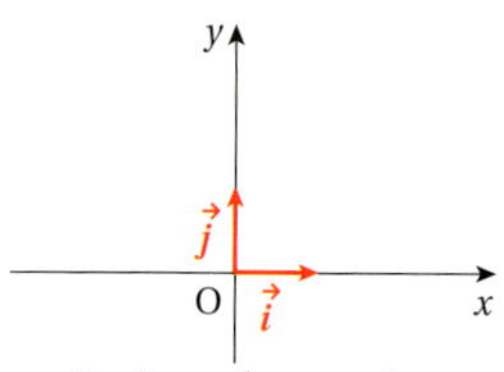

Repère orthonormé

Pour revoir : Cours, p. 153.
- Pour lire graphiquement les coordonnées d'un vecteur : Savoir-faire 3, p. 157.
- Pour calculer les coordonnées d'un point : Savoir-faire 4, p. 158.
- Pour démontrer un parallélisme : Savoir-faire 5, p. 158.
- Pour démontrer un alignement : Savoir-faire 6, p. 159.
- Pour démontrer en utilisant les coordonnées : Savoir-faire 7, p. 159.

Coordonnées d'un vecteur

Soit $A(x_A\,;y_A)$ et $B(x_B\,;y_B)$ dans un repère $(O\,;\vec{i},\vec{j})$.
Le vecteur $\overrightarrow{AB}$ a pour coordonnées $(x_B - x_A\,;y_B - y_A)$.

Critère de colinéarité

Soit $\vec{u}(x\,;y)$ et $\vec{v}(x'\,;y')$ dans un repère $(O\,;\vec{i},\vec{j})$.
$\vec{u}$ et $\vec{v}$ sont colinéaires équivaut à dire que les coordonnées des deux vecteurs sont proportionnelles soit : $xy' - yx' = 0$.

Coordonnées du milieu d'un segment

Soit $A(x_A\,;y_A)$ et $B(x_B\,;y_B)$ dans un repère $(O\,;\vec{i},\vec{j})$, alors le milieu M du segment [AB] a pour coordonnées $\left(\frac{1}{2}(x_A + x_B)\,;\frac{1}{2}(y_A + y_B)\right)$.

Distance dans un repère orthonormé

Soit $A(x_A\,;y_A)$ et $B(x_B\,;y_B)$ dans un repère orthonormé $(O\,;\vec{i},\vec{j})$.
On a $AB = \sqrt{(x_B - x_A)^2 + (y_B - y_A)^2}$.

Équations de droites

Soit $(O\,;\vec{i},\vec{j})$ un repère du plan et d une droite du plan.

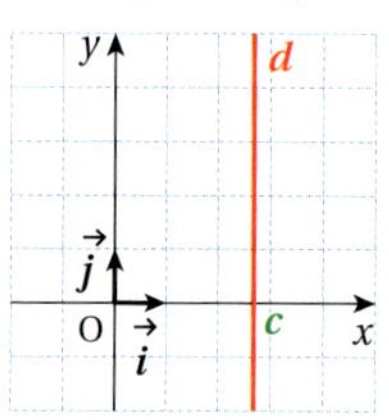

Si d est parallèle à l'axe des ordonnées, alors d admet une équation de la forme $x = c$, où c est un nombre réel.

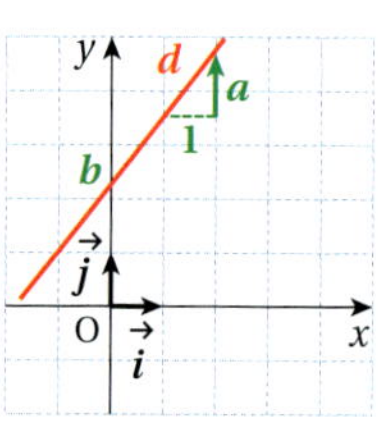

Si d n'est pas parallèle à l'axe des ordonnées, alors d admet une équation de la forme $y = ax + b$, où a et b sont deux nombres réels.

- a est appelé le coefficient directeur de la droite d.
- b est appelé l'ordonnée à l'origine de la droite d.

Si $A(x_A\,;y_A)$ et $B(x_B\,;y_B)$ sont deux points distincts d'une droite d tels que $x_A \neq x_B$, alors la droite d a pour coefficient directeur : $a = \dfrac{y_B - y_A}{x_B - x_A}$.

Pour revoir : Cours, p. 186.
- Pour représenter une droite d'équation donnée : Savoir-faire 1, p. 190.
- Pour vérifier si un point appartient à une droite d'équation donnée : Savoir-faire 2, p. 191.
- Pour déterminer une équation de droite dont on connait deux points : Savoir-faire 3, p. 191.

Vecteur directeur

Pour revoir : Cours, p. 187.
Pour déterminer une équation de droite dont on connait un point et un vecteur directeur : Savoir-faire 4, p. 192.

Soit $(O ; \vec{i}, \vec{j})$ un repère du plan.

- Si d est parallèle à l'axe des ordonnées, alors $\vec{j}$ est un vecteur directeur de d.
- Si d n'est pas parallèle à l'axe des ordonnées, alors $y = ax + b$ est une équation de la droite d et le vecteur $\vec{u}(1 ; a)$ est un vecteur directeur de d.

Droites parallèles, droites sécantes

Pour revoir : Cours, p. 188.
Pour résoudre un système par substitution : Savoir-faire 5, p. 192.
Pour résoudre un système par combinaisons linéaires : Savoir-faire 6, p. 193.

Équation de d	$x = c$	$y = ax + b$	$y = ax + b$	
Équation de d'	$x = c'$	$x = c'$	$y = a'x + b'$	
			$a = a'$	$a \neq a'$
Position relative de d et d'	d et d' sont parallèles	d et d' sont sécantes	d et d' sont parallèles	d et d' sont sécantes
Représentation	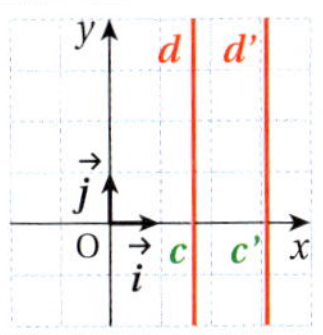	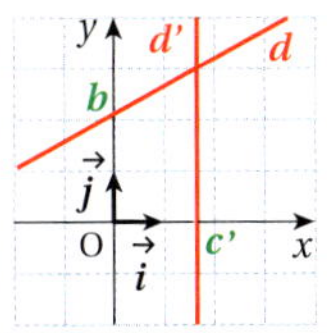	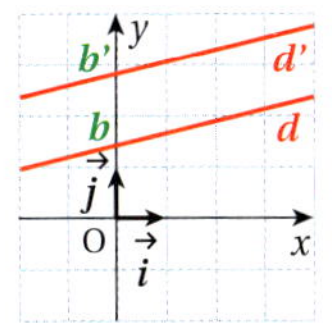	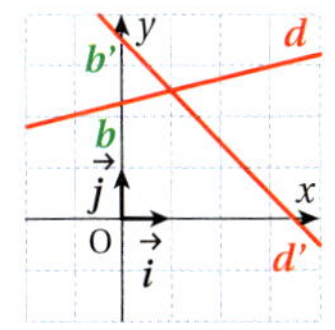

Trigonométrie

Pour revoir : Cours, p. 216.
Pour placer un angle et en déduire le cosinus et le sinus correspondants : Savoir-faire 3, p. 219.
Pour calculer un cosinus connaissant le sinus : Savoir-faire 4, p. 219.
Pour retrouver rapidement certaines valeurs des sinus et cosinus : Savoir-faire 6, p. 220.

Dans le triangle rectangle

Si ABC est un triangle rectangle en B, alors on a :

$$\cos\widehat{A} = \frac{\text{longueur du côté adjacent à } \widehat{A}}{\text{longueur de l'hypoténuse}} = \frac{AB}{AC}$$

$$\sin\widehat{A} = \frac{\text{longueur du côté opposé à } \widehat{A}}{\text{longueur de l'hypoténuse}} = \frac{BC}{AC}$$

$$\tan\widehat{A} = \frac{\text{longueur du côté opposé à } \widehat{A}}{\text{longueur du côté adjacent à } \widehat{A}} = \frac{BC}{AB}$$

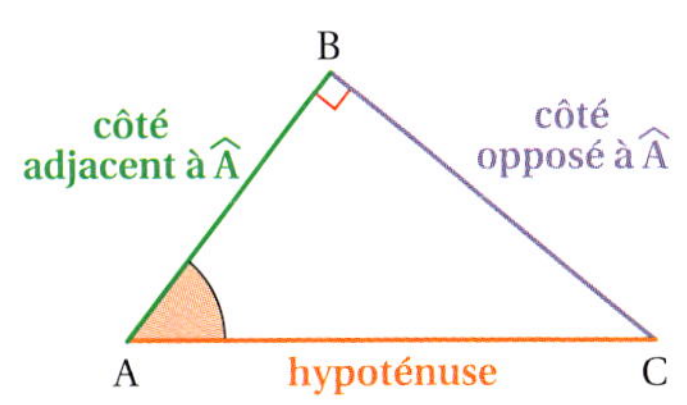

Sinus et cosinus d'un nombre réel

Pour tout nombre réel x, on a :

- $\sin^2 x + \cos^2 x = 1$
- $-1 \leqslant \sin x \leqslant 1$ et $-1 \leqslant \cos x \leqslant 1$
- $\sin(-x) = -\sin x$ et $\cos(-x) = \cos x$

Valeurs particulières

α	0°	30°	45°	60°	90°
sin α	0	$\frac{1}{2}$	$\frac{\sqrt{2}}{2}$	$\frac{\sqrt{3}}{2}$	1
cos α	1	$\frac{\sqrt{3}}{2}$	$\frac{\sqrt{2}}{2}$	$\frac{1}{2}$	0

GÉOMÉTRIE DANS L'ESPACE

Positions relatives dans l'espace de deux droites

Pour revoir : Cours, p. 241.

- Pour montrer que 2 droites de l'espace sont sécantes : Savoir-faire 4, p. 245.
- Pour montrer que 2 droites de l'espace ne sont pas coplanaires : Savoir-faire 5, p. 245.

d_1 et d_2 sont **coplanaires**.			d_1 et d_2 sont **non coplanaires**.
d_1 et d_2 sont **sécantes**.	d_1 et d_2 sont **parallèles**.		
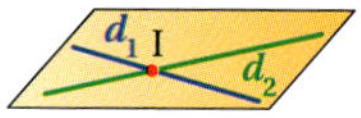 d_1 et d_2 sont **sécantes** en un point I.	 d_1 et d_2 sont **strictement parallèles**.	 d_1 et d_2 sont **confondues**.	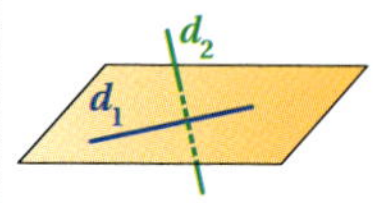

Positions relatives dans l'espace de deux plans

Pour revoir : Cours, p. 241.

- Pour construire l'intersection de 2 plans : Savoir-faire 7, p. 246.

$\mathcal{P}_1$ et $\mathcal{P}_2$ sont **sécants**.	$\mathcal{P}_1$ et $\mathcal{P}_2$ sont **parallèles**.	
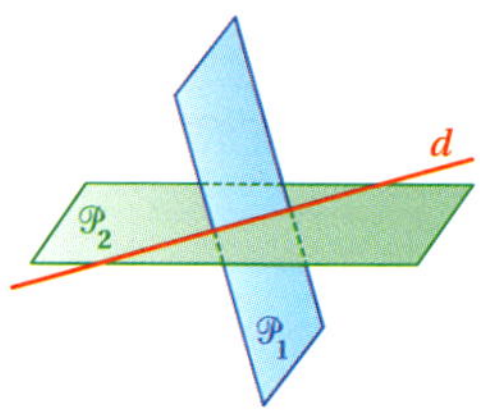 $\mathcal{P}_1$ et $\mathcal{P}_2$ sont **sécants** suivant une droite d.	 $\mathcal{P}_1$ et $\mathcal{P}_2$ sont **strictement parallèles**.	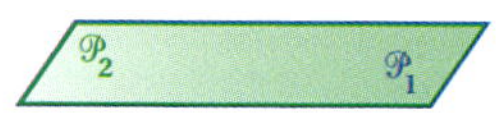 $\mathcal{P}_1$ et $\mathcal{P}_2$ sont **confondus**.

Positions relatives dans l'espace d'une droite et d'un plan

Pour revoir : Cours, p. 242.

- Pour montrer qu'une droite est parallèle à un plan : Savoir-faire 6, p. 245.

d et $\mathcal{P}$ sont **sécants**.	d et $\mathcal{P}$ sont **parallèles**.	
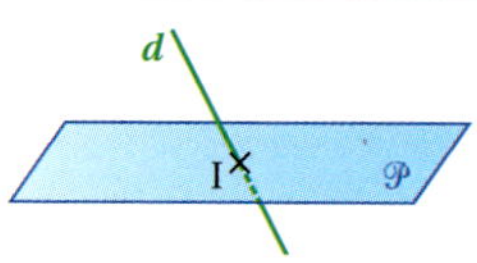 d et $\mathcal{P}$ sont **sécants** en un point I.	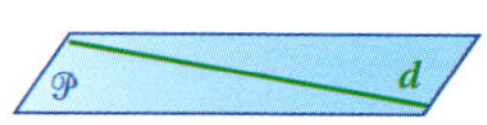 d est **incluse dans** $\mathcal{P}$.	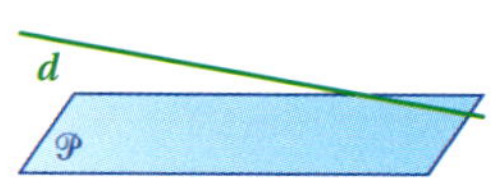 d et $\mathcal{P}$ sont **strictement parallèles**.

STATISTIQUES ET PROBABILITÉS

Statistiques

La **moyenne** d'une série statistique dont les valeurs du caractère sont x_1 ; x_2 , ..., x_k et les effectifs correspondants n_1 ; n_2;..., n_k vaut :

$$\bar{x} = \frac{n_1 x_1 + \ldots + n_k x_k}{n_1 + \ldots + n_k}.$$

La **médiane** m est une valeur du caractère étudié telle que la moitié de l'effectif ait des valeurs inférieures à m, l'autre moitié des valeurs supérieures à m.

Les quartiles sont les valeurs d'une série statistique qui séparent cette série en 4 groupes de même effectif.

Le **premier quartile** est le plus petit élément Q_1 des valeurs des termes de la série, tel qu'au moins 25 % des données sont inférieures ou égales à Q_1.

Le **troisième quartile** est le plus petit élément Q_3 des valeurs des termes de la série, tel qu'au moins 75 % des données sont inférieures ou égales à Q_3.

Pour revoir : Cours, p. 272.

Pour comparer deux séries statistiques : Savoir-faire 2, p. 276.

Probabilités

Dans une expérience aléatoire :

- la probabilité p(A) d'un événement A vérifie $0 \leqslant p(\text{A}) \leqslant 1$;
- la somme des probabilités des événements élémentaires vaut 1 ;
- la probabilité d'un événement est la somme des probabilités des événements élémentaires qui le constituent.

La probabilité de **l'événement contraire** d'un événement A est :

$$p(\overline{\text{A}}) = 1 - p(\text{A}).$$

Deux événements A et B sont dits **incompatibles** lorsqu'ils sont disjoints, c'est-à-dire lorsque $\text{A} \cap \text{B} = \varnothing$.

Si deux événements A et B sont incompatibles, alors :

$$p(\text{A} \cup \text{B}) = p(\text{A}) + p(\text{B}).$$

Si A et B sont deux événements d'une expérience aléatoire, alors de façon générale on a :

$$p(\text{A} \cup \text{B}) + p(\text{A} \cap \text{B}) = p(\text{A}) + p(\text{B}).$$

Pour revoir : Cours, p. 304.

Pour dénombrer pour calculer une probabilité : Savoir-faire 2, p. 306.

Pour identifier l'événement contraire et calculer sa probabilité : Savoir-faire 5, p. 308.

Pour calculer la probabilité d'une réunion : Savoir-faire 7, p. 309.

Corrigés

Chapitre 1

Pour bien commencer

1 Réponse B. **2** Réponse B.
3 Réponse C. **4** Réponse C.
5 Réponse B. **6** Réponse C et D.
7 **1.** Réponse D. **2.** Réponses A, C et D.
8 Réponse C. **9** Réponse A.

Exercices d'application

3 **a.** les antécédents de 6 par f sont -3 et 3.
b. b. L'antécédent de 3 par f est 0.

7 **1.** b **2.** c **3.** a et b **4.** a **5.** c

12 **a.**

x	−7	−3	−1	0	1	3	7
f(x)	2400,82	80,1	−3,5	−9	−3,5	80,1	2400,82

b. $f(x) = f(-x)$, en effet $(-x)^4 = x^4$ et $(-x)^2 = x^2$.

15 **a.** $\left]-\infty ; \frac{3}{2}\right[$. **b.** $\left]\frac{1}{2} ; +\infty\right[$.
c. $]-\infty ; -3[$. **d.** $]-5 ; +\infty[$.

25 **1.**

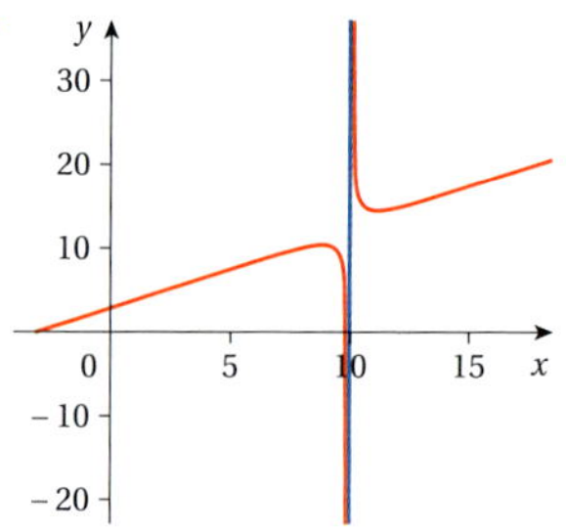

2. a. L'image de 2,5 est environ 5,4.
b. Les antécédents de 2 sont environ −0,9 et 9,9.

31 **a.**

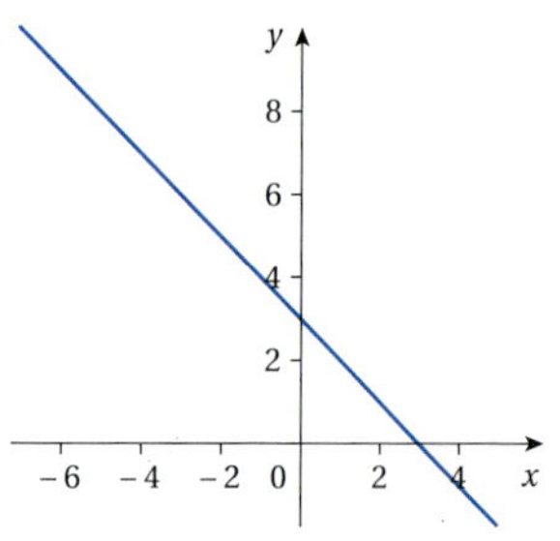

b. $f(x) = 0$ pour $x = 3$. **c.** $f(x) \leqslant 0$ pour $x \geqslant 3$.

36 **c.**

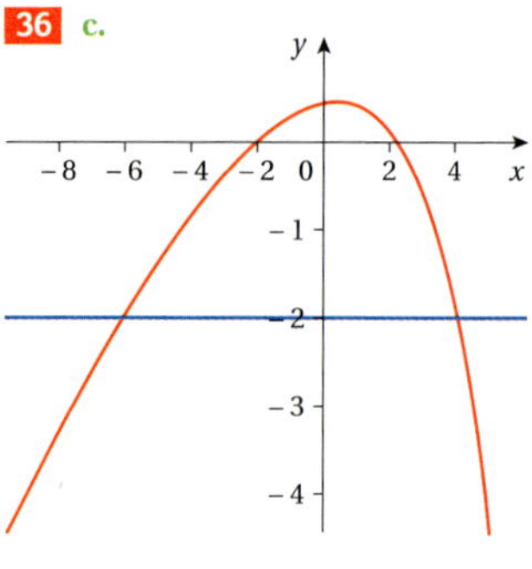

L'intervalle solution est environ $[-6,1 ; 4,1]$.

41 **a.** f est définie sur $[-4 ; 7]$.
b. A n'est pas sur la courbe, B est sur la courbe.
c. f est décroissante sur $[-4 ; -2]$ et sur $[1 ; 7]$, f est décroissante sur $[-2 ; 1]$.
d. Le minimum de f est −3, le maximum 2.

43 **a.** f est définie sur $[-4 ; 7]$.
b. f est croissante sur $[-4 ; -1]$ et sur $[3 ; 5]$, f est décroissante sur $[-1 ; 3]$ et sur $[5 ; 7]$.
c. $f(x) = -2$ pour $x \in \{1,4,7\}$.
d. Le maximum de f sur $[3 ; 7]$ est égal à −1.

47 La courbe suivante convient :

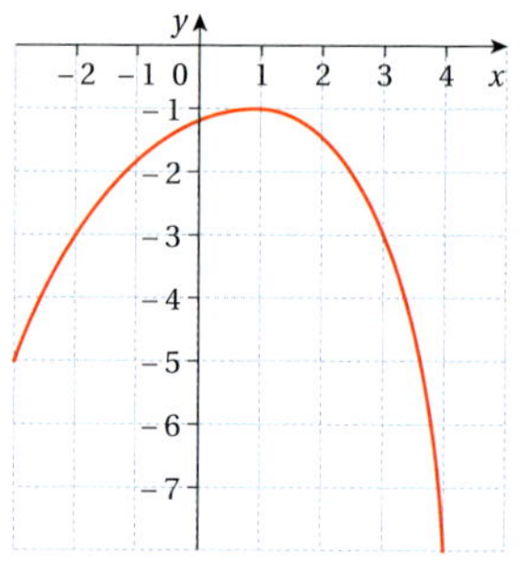

Pour se tester

51 **a.** Non. **b.** Oui. **c.** Non.
52 **a.** Réponse C. **b.** Réponses A et C.
53 Réponse A.
54 Réponses A et C.
55 Réponses C et D.
56 Réponse B.
57 **a.** Réponse A **b.** Réponse B.
58 **a.** Faux **b.** Faux **c.** Faux **d.** Faux.
59 **a.** Vrai **b.** Faux **c.** Faux **d.** Vrai **e.** On ne peut pas répondre. **f.** On ne peut pas répondre. **g.** On ne peut pas répondre.

Chapitre 2

Pour bien commencer

1 Réponse C. **2** Réponse B.
3 Réponses A et B. **4** Réponse B.
5 Réponses A et C. **6** Réponse B.
7 Réponse A. **8** Réponses A et D.
9 A est une différence ; B est un produit ; C est une somme ; D est un quotient.
10 Réponse B. **11** Réponse D.
12 Réponse B. **13** Réponse C.

Exercices d'application

4 $A = -15x + 4$. $B = x - 14y - 16$.
$C = -2x - y + 8$. $D = -x + 3y + 8$.

7 $A = 30x + 10y - 14$. $B = -25x + 8y + 8$.
$C = 6x + 28y + 18$. $D = -xy - 8x - 4y - 32$.

12 $A = (x - 3)(-8x - 1)$. $B = -2x(4x - 3)$.
$C = (5x - 9)(6x - 8)$. $D = (3x + 2)(8x + 10)$.

14 $A = (7x - 3)(7x + 3)$. $B = (10x + 5)^2$.
$C = (5x - 9)^2$. $D = (5x - 7)^2$.
$E = (4x - 7)(4x + 7)$. $F = (4 - 2x)(4 + 2x)$.

26 **a.** $x = \frac{1}{5}$ et $x = -\frac{1}{3}$.
b. $x = \frac{3}{8}$ et $x = -\frac{9}{4}$. **c.** $x = -\frac{4}{9}$ et $x = \frac{1}{5}$.
d. $x = -\frac{4}{9}$ et $x = 2$. **e.** $x = -\frac{4}{5}$ et $x = \frac{3}{5}$.
f. $x = \frac{3}{7}$; $x = -1$ et $x = -\frac{5}{3}$.

41

a.

x	−∞		6		+∞
f(x)		−	0	+	

b.

x	−∞		3		+∞
g(x)		+	0	−	

c.

x	−∞		3		+∞
h(x)		−	0	+	

d.

x	−∞		0		+∞
i(x)		−	0	+	

46 **a.** $x < 5$ **b.** $x \leqslant 4$
c. $x < -\frac{5}{8}$ **d.** $x > -3$
e. $x > \frac{4}{7}$ **f.** $x \leqslant -\frac{4}{3}$

Pour se tester

51 **a.** Voir le cours page 62.
b. Non, il s'agit d'une formule.
52 Réponse B.
53 **a.** Faux, c'est égal à −4.
b. Faux, c'est égal à $-4x$.
c. Faux, c'est une somme.
d. Faux, c'est égal à $\frac{(x+50)^2}{25}$.
54 Voir le cours page 63.
55 Réponse A.
56 **a.** Faux, elle s'annule pour $x = 1$ par exemple.
b. Faux, il est interdit de diviser par 0.
c. Vrai, elle admet une seule solution : $x = 1$.
d. Faux, il est interdit de diviser par 0.
57 Pour la première équation, l'ensemble solution est $]-\infty ; -100[\cup [-1 ; +\infty[$.
Pour la deuxième, l'ensemble solution est $]-\infty ; -100[\cup [-1 ; +\infty[$.
58 **a.** Vrai.
b. Vrai .
c. Faux, c'est l'intervalle $]0 ; 5[$.
d. Vrai.
59 Réponse B.

Chapitre 3

Pour bien commencer

1 Réponse B. **2** Réponse C.
3 Réponse B. **4** Réponse A.
5 Réponse A. **6** Réponse C.
7 Réponse C. **8** Réponses A et C.
9 Réponse D. **10** Réponses C et D.

Exercices d'application

2 Le prix payé est 89,10 €.

7 **a.** Elle a augmenté d'environ 18,18%.
b. Elle a diminué d'environ 16,38%.

9 Les fonctions f et h.

15 **1.**

x	0	2	4
$f(x)$	–1	3	7

2. a. C'est une droite.
b. (0 ; –1), (2 ; 3) et (4 ; 7).
c.

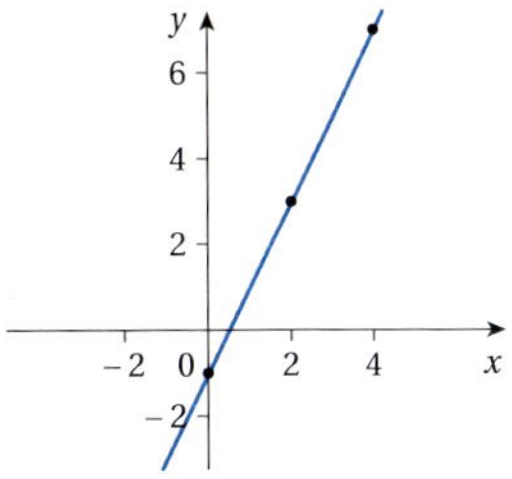

23 **a.** et **c.**

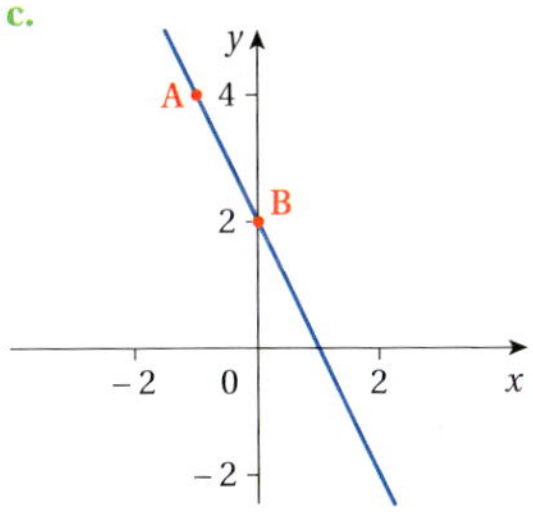

b. $a = \dfrac{(2)-(4)}{(0)-(-1)} = -2$; $b = 2$; $f(x) = -2x + 2$.

27 **a.**

x	1	2	0
$f(x)$	2	4	0

$f(x) = 2x$.

x	–1	5	10	$-\dfrac{17}{2}$
$g(x)$	5	–7	–17	20

$g(x) = -2x + 3$.

b.

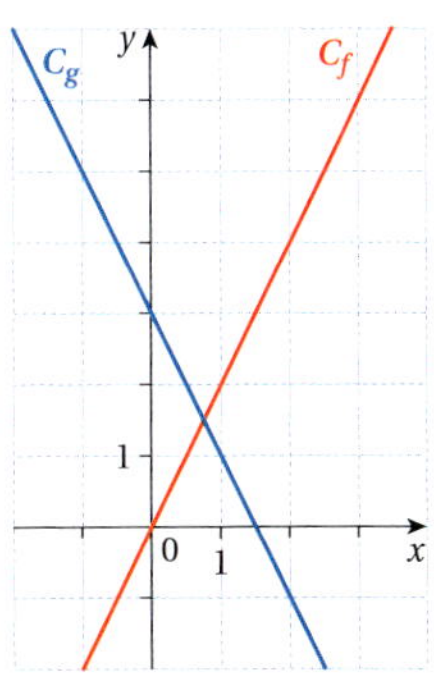

32 $(2x-1)^2 - (0{,}5x+1)(8x-7)$
$= 4x^2 - 4x + 1 - (4x^2 - 3{,}5x + 8x - 7) = -8{,}5x + 8$.
$f(x)$ est sous la forme $ax + b$, donc f est une fonction affine.

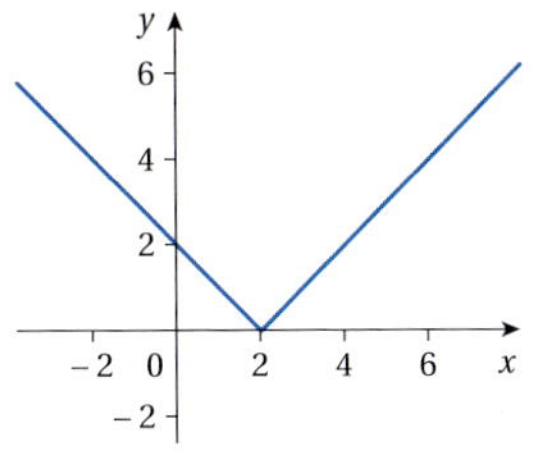

50 **a.**

x	0	0,2	0,4	0,6	0,8	1	1,2
$f(x)$	0	0,04	0,16	0,36	0,64	1	1,44

b.

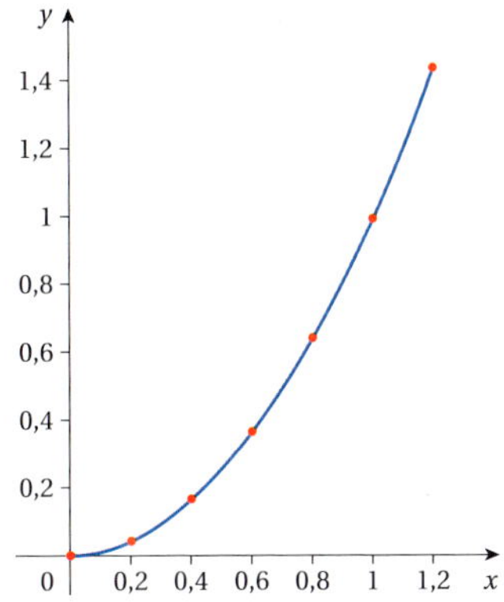

56 **1. a.** $4{,}9 < 5$. **b.** $4{,}9^2 < 5^2$.
2. b. $-3{,}1 > -3{,}2$. **b.** $(-3{,}1)^2 < (-3{,}2)^2$.

60 $246^2 < 264^2 < 426^2 < 462^2 < 624^2 < 642^2$.

65 La fonction carré est croissante sur l'intervalle [2 ; 7], donc si $2 \leqslant x \leqslant 7$, alors $4 \leqslant x^2 \leqslant 49$.
La réciproque est fausse car si $4 \leqslant x^2 \leqslant 49$, le nombre x pourrait être égal à –5 alors que le nombre 5 n'appartient pas à l'intervalle [2 ; 7].

70 $\dfrac{1}{2} = 0{,}5$; 0,2 ; 1 ; –0,5 ; 0,1 ; 2.

72 Les expressions $g(x)$ et $k(x)$ représentent la fonction inverse.

75 **1.**

x	0,1	0,2	1	2	4	5
$f(x)$	10	5	1	0,5	0,25	0,2

2. a. (0,1 ; 10) appartient à la courbe car $f(0{,}1) = 10$.
b. *Voir figure ci-après.*
c. Les solutions de $f(x) \geqslant 3$ sont les nombres de l'intervalle $\left[0{,}1 ; \dfrac{1}{3}\right]$.

80 **1. a.** $4{,}1 < 4{,}9$ d'où $\dfrac{1}{4{,}1} > \dfrac{1}{4{,}9}$.
b. $-8{,}8 < -7{,}7$ d'où $\dfrac{1}{-8{,}8} > \dfrac{1}{-7{,}7}$.

82 $\dfrac{1}{2001}$ est le plus petit ; $\dfrac{1}{1999}$ est le plus grand.

Corrigé de l'exercice **75** **2. b.** :

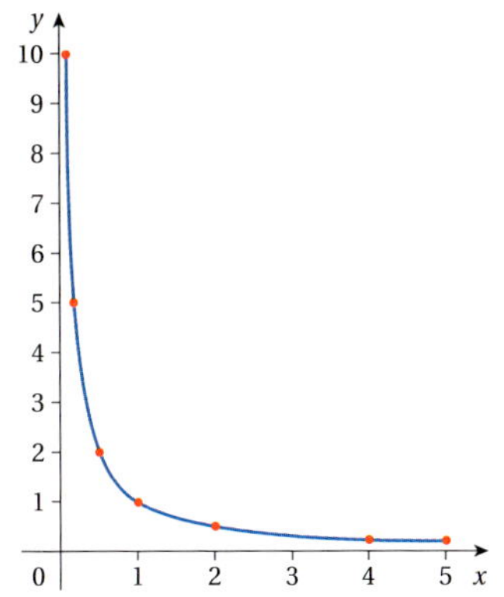

Pour se tester

89 **a.** C'est une droite passant par l'origine et non confondue avec l'axe (Oy).
b. C'est une fonction décroissante.
c. La droite est horizontale lorsque la fonction est constante.

90 **a.** Faux : –2 ne peut pas avoir plusieurs images par une fonction.
b. Vrai.
c. Faux : cela le diminue de 40%.

91 Réponse A. **92** Réponse D.
93 Réponse C.
94 **a.** Faux. **b.** Vrai. **c.** Vrai. **d.** Faux.
95 Réponses B et C.
96 Réponse A. **97** Réponse B.
98 **a.** Vrai. **b.** Faux. **c.** Vrai. **d.** Faux.

Chapitre 4

Pour bien commencer

1 Réponses B et C. **2** Réponses A et D.
3 Réponse C. **4** Réponse D.
5 Réponse D.
6 Réponses A et C.
7 Réponses A, B, C et D.
8 Réponse C.
9 Réponses C et D.

Exercices d'application

1 **1.**

x	–3	0	1	2	3
$f(x)$	5,5	–3,5	–2,5	0,5	5,5

2. a. Une image peut être négative, par exemple $f(0) = -3{,}5$.
b. Une image ne peut être strictement inférieure à –3,5 car $x^2 - 3{,}5 \geqslant -3{,}5$.

4 **a.** $f(-5) = (-5)^2 + 8 \times (-5) + 3 = -12$ et $f(-3) = (-3)^2 + 8 \times (-3) + 3 = -12$.
b. Comme –5 et –3 ont la même image par f, l'abscisse du sommet est $\dfrac{(-5)+(-3)}{2} = -4$.

11 **a.** $\begin{cases} 0^2 + a \times 0 + b = -4 \\ 2^2 + a \times 2 + b = 6 \end{cases}$

$\Leftrightarrow \begin{cases} b = -4 \\ 2a + b = 2 \end{cases} \Leftrightarrow \begin{cases} b = -4 \\ a = 3 \end{cases}$

Donc $g(x) = x^2 + 3x - 4$.

b. La courbe représentative de g passe bien par les points de coordonnées $(0 ; -4)$ et $(2 ; 6)$

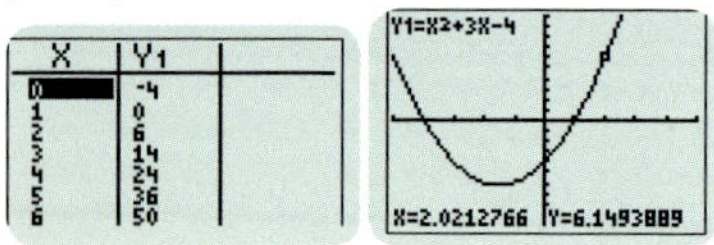

16 **a.** $(x + 2)^2 - 4 = x^2 + 4x + 4 - 4 = x^2 + 4x$.

b.

x	$-\infty$		-2		$+\infty$
$f(x)$		↘	-4	↗	

20 **a.** $-(x - 1\,000)^2 + 10^6$
$= -(x^2 - 2000x + 10^3) + 10^6 = -x^2 + 2000x$.

b. $-(x - 1\,000)^2 < 0$, donc $f(x) \leqslant 10^6$;
$f(1\,000) = 10^6$; f admet 10^6 comme maximum qui est atteint pour $x = 1\,000$.

24 **a.** $f(0) + f(4) = -0{,}5 + 0{,}5 = 0$.

b.

x	0	1	1,5	2,5	3	4	5
$f(x)$	–0,5	–1	–2	2	1	0,5	0,333...

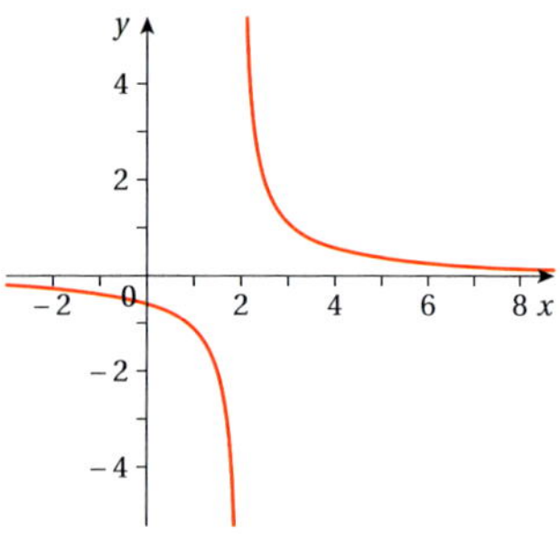

c. Le point I est le milieu du segment [AB].

27 **a.**

x	–8	–7	–6	–5,5
$F(x)$	2,6667	3,5000	6,0000	11,0000

x	–4,5	–4	–3	–2
$F(x)$	–9,0000	–4,0000	–1,5000	–0,6667

b.

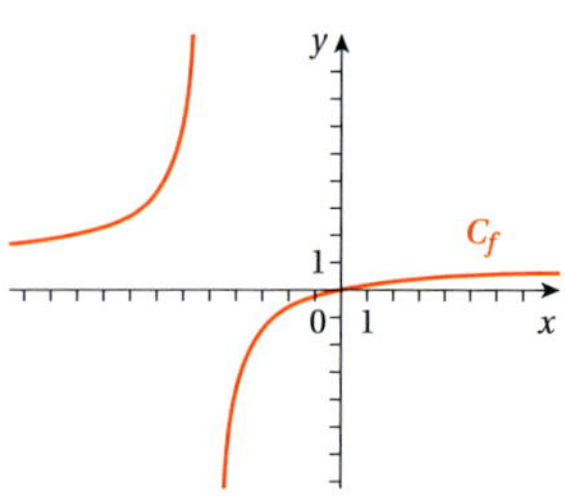

Pour Se tester

29 $220x^2 \geqslant 0$, donc $f(x) \geqslant 1\,000$;
$f(0) = 1\,000$. Donc $f(x) \geqslant f(0)$, d'où f admet comme minimum 1 000, atteint pour $x = 0$.

30 **a.** Faux car :
$(2x - 3)^2 - 1 = 4x^2 - 12x + 9 - 1 = 4x^2 - 12x + 8$.

b. Faux. En effet, $(2 ; 3)$ et $(10 ; 3)$ ont même ordonnée, donc le sommet a comme abscisse 6. Le coefficient devant le terme en x^2 de la fonction f est négatif car sur l'intervalle $[2 ; 6]$ est croissante (d'après les points $(2 ; 3)$ et $(5 ; 8)$). Donc comme $f(6) > 3 = f(2)$, le point d'abscisse 6 ne peut avoir comme ordonnée 2.

31 Réponse C. **32** Réponses B et C.
33 Réponse C. **34** Faux car $f(-1) = 1$.
35 Réponses A et B.
36 Réponse D.

Exercices d'approfondissement

38 **1. a.** $f(0{,}5) - f(0) = 0$; $f(2) - f(1{,}5) = 0$; $f(100) - f(99{,}5) = 0$.

b. $f(0{,}25 + a) - f(0{,}25 - a) = 0$.

2.

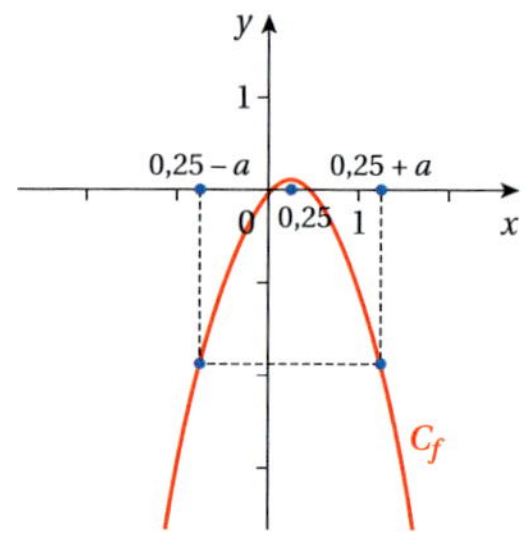

3. Les points de la courbe d'abscisse $0{,}25 - a$ et $0{,}25 + a$ ont la même ordonnée car $f(0{,}25 + a) = f(0{,}25 - a)$.

39 **a.** On suppose que $a < b \leqslant 0$.
Les variations de la fonction carré indiquent que $a^2 \geqslant b^2$.
Donc $a^2 - 5 \geqslant b^2 - 5$, d'où $f(a) \geqslant f(b)$.

b.

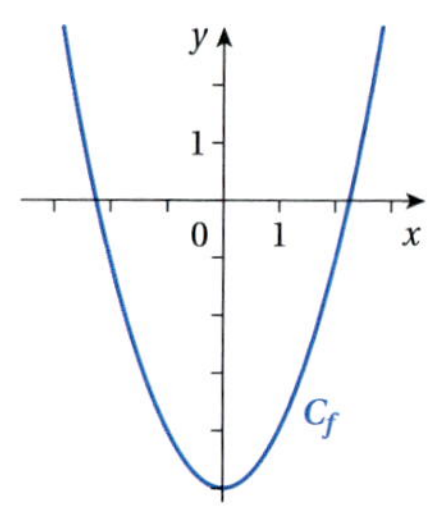

52 **a.** La fonction f n'est pas définie en 5 car cette valeur annule le dénominateur.

b. Par exemple g avec $g(x) = \dfrac{x + 10}{x - 4}$.

55 **a.**

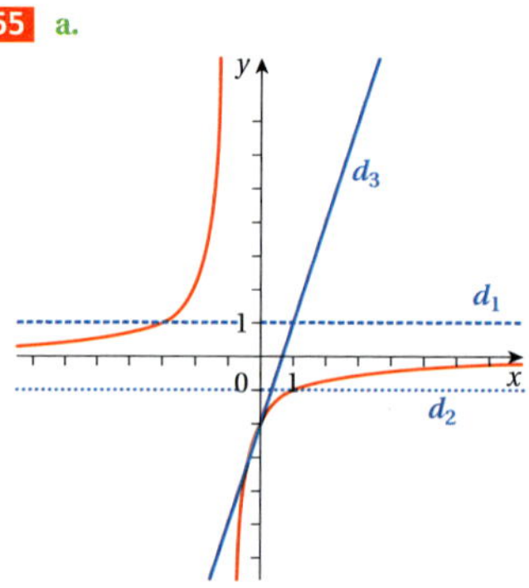

b. $\mathcal{P} \cap d_1$ est le point de coordonnées $(-3 ; 1)$: $f(x) = 1 \Leftrightarrow -2 = x + 1 \Leftrightarrow x = -3$.
$\mathcal{P} \cap d_2$ est le point de coordonnées $(1 ; -1)$: $f(x) = -1 \Leftrightarrow -2 = -(x + 1) \Leftrightarrow x = 1$.
$\mathcal{P} \cap d_3$ est constitué des points de coordonnées $(0 ; -2)$ et $(\alpha ; -3)$, avec $\alpha \approx 0{,}3$:
$f(x) = 3x - 2 \Leftrightarrow -2 = (x + 1)(3x - 2)$
$\Leftrightarrow 3x^2 + x = 0 \Leftrightarrow x = 0$ ou $x = -\dfrac{1}{3}$;
$f(0) = -2$ et $f\left(-\dfrac{1}{3}\right) = -3$.

Chapitre 5

Pour bien commencer

1 Réponse C. **2** Réponse B.
3 Réponse A. **4** Réponse E.
5 Réponse D. **6** Réponse A.
7 Réponse A.
8 Réponses A, B, E et F.
9 Réponse C. **10** Réponses A et B.

Exercices d'application

7

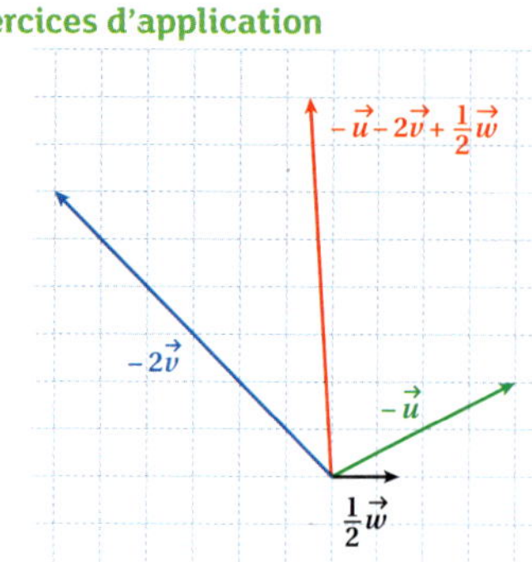

14

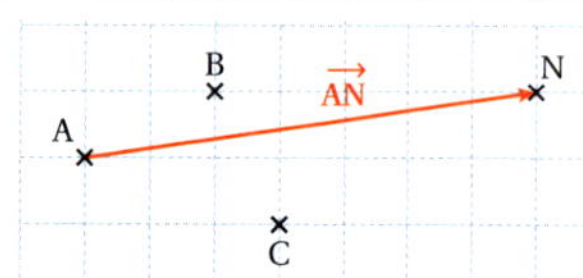

18 **a.** $\overrightarrow{AB}$. **b.** $\overrightarrow{CB}$. **c.** $\overrightarrow{CD}$.

28 **a.** $\vec{u}(2 ; 3)$ et $\vec{v}(-2 ; 1)$.

b.

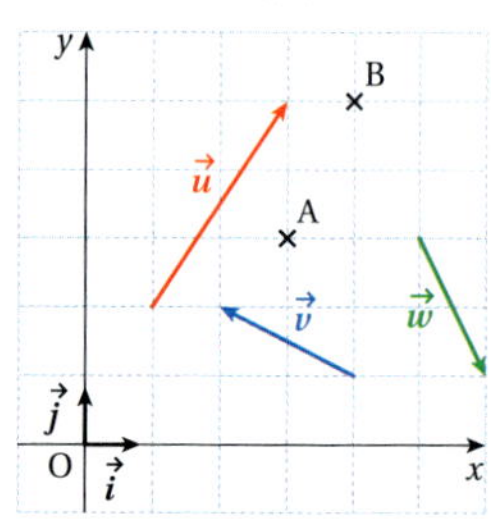

35 D(–3 ; –1).

47 On a : $\overrightarrow{AB}(3 ; -2)$ et $\overrightarrow{CD}(4 ; -3)$.
$3 \times (-3) - (-2) \times 4 = -1$. Le critère de colinéarité n'est pas vérifié.
Les vecteurs $\overrightarrow{AB}$ et $\overrightarrow{CD}$ ne sont pas colinéaires, donc les droites (AB) et (CD) sont sécantes.

54 **a.** EF = FG = GH = EH = 5.

b. Le quadrilatère EFGH est un losange.

Pour se tester

57 **a.** Deux vecteurs égaux ont la même direction, le même sens et la même norme.

b. Deux vecteurs opposés ont la même direction, des sens contraire et la même norme.

c. Nombreuses solutions possibles.

d. Nombreuses solutions possibles.

e. Les A, B et C sont alignés dans ce cas.

58 Réponse A. **59** Réponses B et C.

60 a. Vrai. b. Faux. c. Vrai. d. Vrai.

61 Réponses A et B.

62 a. Les vecteurs $\vec{i}$ et $\vec{j}$ ont la même norme.
b. $\overrightarrow{AM}(m-a\,;n-b)$ c. $\left(\dfrac{a}{2};\dfrac{b}{2}\right)$. d. $\sqrt{a^2+b^2}$.

63 a. Vrai. b. Faux. c. Faux. d. Vrai.

64 Réponse E.

65 a. Faux. b. Vrai. c. Faux. d. Vrai.

Chapitre 6

Pour bien commencer

1 Réponses A et C. **2** Réponses C et D.
3 Réponse B. **4** Réponse C.
5 Réponses B et C.
6 Réponses B, C et D.
7 Réponse B. **8** Réponse B.

Exercices d'application

4

Droite	Coefficient directeur	Ordonnée à l'origine	équation
d_1	0	6	$y=6$
d_2	$-\dfrac{1}{4}$	3	$y=-\dfrac{1}{4}x+3$
d_3	$\dfrac{1}{3}$	4	$y=\dfrac{1}{3}x+4$
d_4	-3	5	$y=-3x+5$
d_5	$\dfrac{3}{2}$	$\dfrac{5}{2}$	$y=\dfrac{3}{2}x+\dfrac{5}{2}$
d_6	1	-3	$y=x-3$

7

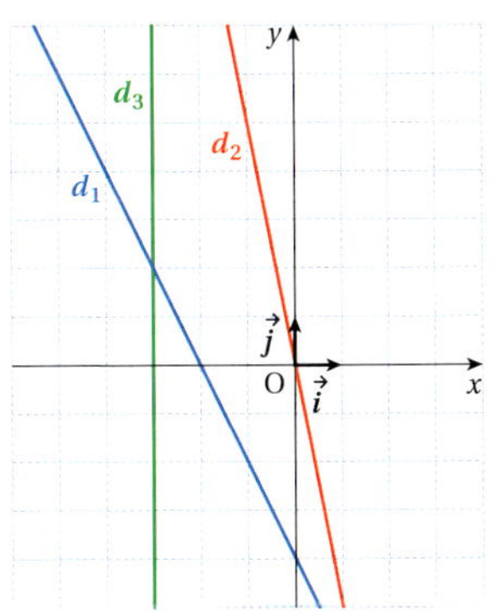

12 $-3\times2{,}6+7=-0{,}8\neq-1$ donc le point A n'appartient pas à la droite d.
$-3\times479+7=-1\,430$, donc le point B appartient à la droite d.

14 $-\dfrac{1}{3}\times5+4=\dfrac{7}{3}$, donc le point A appartient à la droite d.
$-\dfrac{1}{3}\times(-50)+4=\dfrac{62}{3}\neq\dfrac{41}{2}$, donc le point B n'appartient pas à la droite d.

26 a. Les droites sont parallèles car elles ont le même coefficient directeur.
b. Les droites ne sont pas parallèles car elles n'ont pas le même coefficient directeur.
c. Les droites sont parallèles car elles ont le même coefficient directeur.
d. Les droites ne sont pas parallèles car elles n'ont pas le même coefficient directeur.

41 a. $\left(-\dfrac{25}{29};-\dfrac{76}{29}\right)$ b. $(0\,;-1)$

46 a. $\begin{cases}3x+2y=-3\\4x-4y=2\end{cases}$
b. $y=-\dfrac{3}{2}x-\dfrac{3}{2}$ et $y=x-\dfrac{1}{2}$. c. $\left(\dfrac{-2}{5};\dfrac{-9}{10}\right)$

Pour se tester

50 a. $X=a$, avec a réel.
b. Si $A(x_A\,;y_A)$ et $B(x_B\,;y_B)$ sont deux points distincts d'une droite d tels que $x_A\neq x_B$, alors la droite d a pour coefficient directeur : $a=\dfrac{y_B-y_A}{x_B-x_A}$.
c. $(1\,;a)$.
d. Deux droites sont parallèles lorsque leur coefficient directeur sont égaux.

51 a. Vrai. b. Faux. c. Faux. d. Vrai.

52 Réponse A.

53 Réponses A et D.

54 a. Faux. b. Faux. c. Vrai. d. Faux.

55 a. Faux. b. Vrai. c. Faux. d. Vrai.

56 Réponse B. **57** Réponse B.

58 Réponses A et D.

Chapitre 7

Pour bien commencer

1 Réponse B. **2** Réponse C.
3 Réponse A. **4** Réponse B.
5 Réponse B. **6** Réponses A, B et C.
7 Réponses A et D. **8** Réponses C et D.
9 Réponses B et C. **10** Réponse C.

Exercices d'application

4 a.

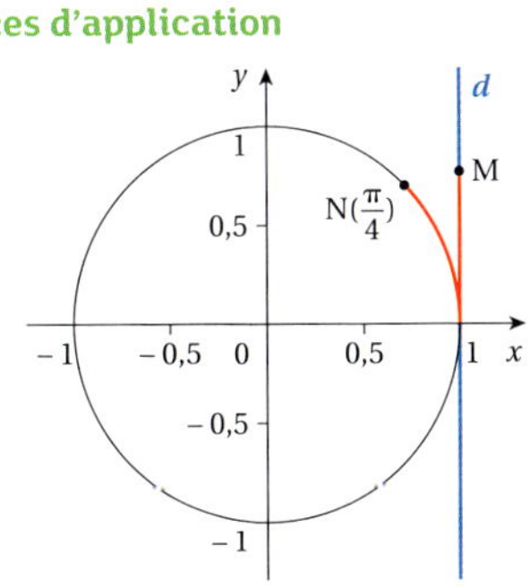

b. Les points de d d'abscisses :
$-\dfrac{23\pi}{4}, -\dfrac{15\pi}{4}, -\dfrac{7\pi}{4}, \dfrac{9\pi}{4}, \dfrac{17\pi}{4}, \dfrac{25\pi}{4}$
se retouvent en N après enroulement.

5 Le périmètre du secteur circulaire est : $\dfrac{14\pi}{4}+24\approx38{,}7$ cm.
L'aire du secteur est :
$\dfrac{7\pi}{36}\times144=28\pi\approx87{,}96$ cm².

12 a. $\sin a=\sqrt{1-\cos^2 a}=\dfrac{\sqrt{5}}{3}$.
b. $\cos b=\sqrt{1-\sin^2 b}=\dfrac{2\sqrt{6}}{5}$.

17 $\widehat{EBH}\approx50{,}8°$

19 $AC=10\tan34°\approx6{,}8$ cm.
$BD=10\sin42°\approx6{,}7$ cm.
$BC=\dfrac{10}{\cos34°}\approx12{,}1$ cm.

Pour se tester

21 Réponse A.

22 Réponse C.

23 Réponses B et D.

24 a. Réponse D. b. Réponses C et D.
c. Réponse A.

25 Réponse B. **26** Réponse A.
27 Réponse B. **28** Réponse B.
29 Réponse A. **30** Réponse B.

31 a. Faux b. Vrai c. Vrai d. Faux

Chapitre 8

Pour bien commencer

1 Réponse B. **2** Réponse C.
3 Réponses C et D. **4** Réponses A et B.
5 Réponses A et C. **6** Réponses A et D.
7 Réponse A. **8** Réponse D.
9 Réponse A. **10** Réponse A.

Exercices d'application

1 a. Sur la figure 1 , le face avant du pavé est la face ABFE.
Sur la figure 2 , le face avant du pavé est la face DCGH.
b. Sur les figures 1 et 2, la face du dessous est la face ABCD.

2 I est codé au milieu de [AD], il doit être au milieu du segment représenté.
Le segment [DC] est caché, il doit être entièrement en pointillé.
ABCD est un carré, les droites (AD) et (BC) sont donc parallèles. Elles doivent aussi l'être sur la représentation.

5 a. vue de la gauche ; e. vue de dessus ; f. vue de la droite.

6 a, b et c.

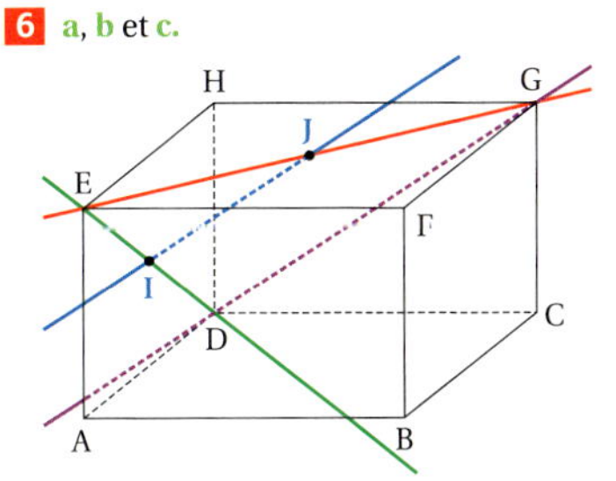

d. Il suffit d'appliquer le théorème des milieux dans le triangle EDG pour montrer que (IJ) et (DG) sont parallèles.

7 a. L(CHEF) = CH + HE + EF
$=\sqrt{10^2+6^2}+8+10=\sqrt{136}+18=2\sqrt{34}+18$.
b. L(BACHE) = BA + AC + CH + HE
$=10+\sqrt{10^2+8^2}+\sqrt{10^2+6^2}+6$
$=2\sqrt{41}+2\sqrt{34}+16$.

L(CAGE) = CA + AG + GE

$= \sqrt{10^2+8^2} + \sqrt{10^2+8^2+6^2} + \sqrt{10^2+8^2}$

$= 4\sqrt{34} + 10\sqrt{2}$.

c. L(BACHE) $\simeq$ 29,7 et L(CAGE) $\simeq$ 37,5 donc Elissa l'emporte.

8 **a.** AC = $6\sqrt{2}$ cm.

SA = SC et SA² + SC² = AC², donc le triangle SAC est isocèle rectangle en S.

b.

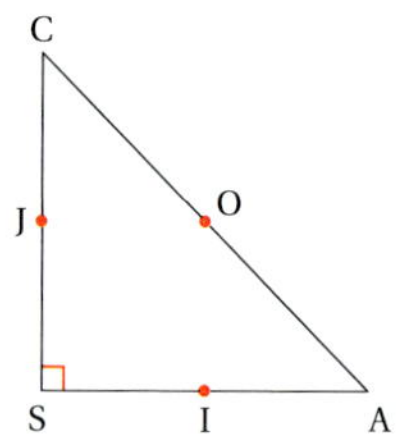

c. $IJ = \frac{1}{2}AC = 3\sqrt{2}$.

L'aire du trapèze =

aire du triangle SAC – aire du triangle SIJ

$= \frac{6\times 6}{2} - \frac{3\times 3}{2} = 13{,}5$ cm².

d. $OB = \frac{1}{2}AC = 3\sqrt{2}$.

$V = \frac{1}{3}B\times h = \frac{1}{3}\times 13{,}5\times 3\sqrt{2} = 13{,}5\sqrt{2}$ cm³.

11 **a.** Oui car les droites sont parallèles. I et J appartiennent aussi à ce plan.

b. Oui car les droites sont sécantes. I et J appartiennent aussi à ce plan.

c. Non, car les points sont alignés.

d. Oui car les points ne sont pas alignés.

e. Oui car I n'appartient pas à (SD). B appartient aussi à ce plan.

f. Non car le point D n'appartient pas au plan (SAB).

g. Oui car C n'appartient pas à (AJ). B, I et D appartiennent aussi à ce plan.

h. Non, car les points sont alignés.

15 **a.** Dans le plan (ACD), on peut appliquer le théorème des milieux, d'où (IJ)//((AC).

b. (AJ) et (CI) sont coplanaires et non parallèles, elles sont donc sécantes.

c. (AI) et (DJ) sont sécantes en D.

d. J $\notin$(BDI), donc les points B, D, I et J ne sont pas coplanaires. On en déduit que les droites (BD) et (IJ) ne sont pas coplanaires.

e. (AJ) et (BJ) sont sécantes en J.

f. J $\notin$ (ABI), donc les points A, B, I et J ne sont pas coplanaires. On en déduit que les droites (AJ) et (BI) ne sont pas coplanaires.

18 **a.** Vrai, car elles sont parallèles à (DC).

b. Vrai, car (EH)//(BC).

c. Faux, car les points A, D, F et G ne sont pas alignés.

d. Vrai, car les points A, B, G et H sont coplanaires.

e. Vrai, car (AD)//(BC).

19 **a.** Vrai. **b.** Faux. **c.** Faux.

20 **a.** Vrai. **b.** Faux. **c.** Faux. **d.** Faux.

Pour se tester

27 Réponse C.

28 Réponse A.

29 **a.** Vrai. **b.** Faux. **c.** Faux. **d.** Vrai.

30 Les plans $\mathcal{P}$ et $\mathcal{P}$' sont sécants.

31 Réponses A, B et D.

32 Réponses B, C et D.

33 Réponses A, C et D.

34 $\mathcal{P}$ et $\mathcal{P}$' sont soit parallèles, soit sécants suivant une droite parallèle à *d* et *d'*.

35 $\mathcal{P}$ et $\mathcal{P}$' sont parallèles.

36 Réponses A, C et D.

37 **1.** Réponses A, B et C. **2.** Réponse D.

Chapitre 9

Pour bien commencer

1 Réponse D.
2 Réponse B.
3 Réponse B.
4 Réponse C.
5 Réponse B.
6 Réponse C.
7 Réponses B, C et D.
8 Réponses B, C et D.
9 Réponse A et C.

Exercices d'application

1

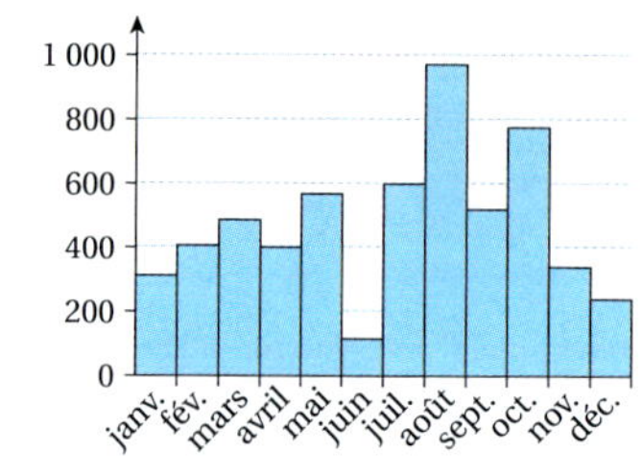

4 **a.** 2% ; 2% ; 4%.

b. Histogramme des scores après répartition en classes :

[0 ; 50[	[50 ; 100[	[100 ; 150[	[150 ; 200[	[200 ; 250[	[250 ; 300[	[300 ; 350[	[350 ; 400[
1	1	2	3	10	14	16	3

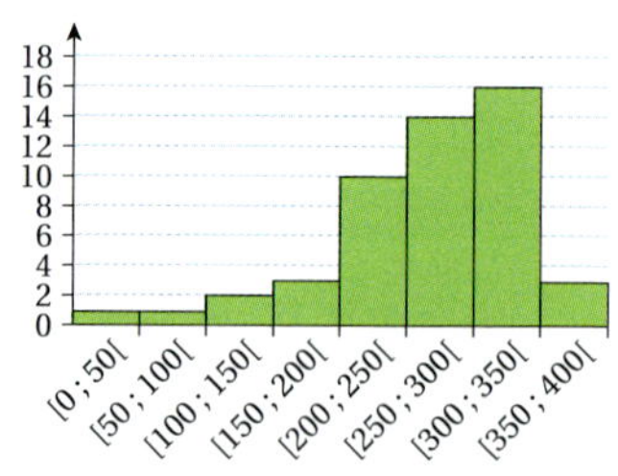

9 Montant moyen des factures :

$\frac{145\times 253{,}45 + 152\times 221{,}1}{145+152} \approx 236{,}89$ euros.

11 **a.** Moyenne = 1 620 ; médiane = 1 400 ; Q_1 = 1 300 ; Q_2 = 2 200.

b. La médiane est inférieure à la moyenne car il y a une concentration de valeurs autour des valeurs les plus petites.

13 **a.**

	Q_1	Médiane	Q_2
Lundi	4	6	8
Mardi	4	8	9
Mercredi	4	6	9
Jeudi	6	8	9

b. Le mercredi les prestations du meilleur quart ont été les plus éloignées des prestations du moins bon quart.

17 **1.** Moyenne $\approx$ 162.

2. **a.** Médiane = 173.

b. La moitié des étapes du Tour de France 2009 a comporté moins de 173 km.

Le kilométrage total représente 21 fois 162 km.

22 **a.** La probabilité qu'un dé équilibré affiche un nombre supérieur ou égal à 5 est $\frac{2}{6} = \frac{1}{3}$. L'intervalle cherché est :

$\left[p - \frac{1}{\sqrt{n}} ; p + \frac{1}{\sqrt{n}}\right]$, avec $n = 100$ et $p = \frac{1}{3}$,

soit [0,23 ; 0,43].

L'étendue de cet intervalle est 0,2.

b. L'étendue vaut $\frac{2}{\sqrt{n}}$; elle ne dépend que de *n* et est donc le même qu'en **a.**

25 **a.** Programmes possibles :

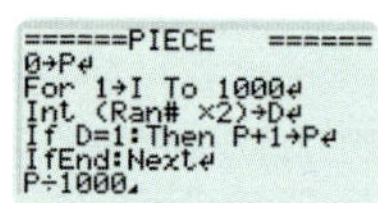

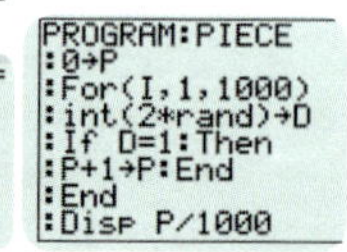

b. Lors d'une simulation on peut trouver par exemple 0,511.

c. Tous les élèves n'ont pas le même résultat.

Pour se tester

29 **a.** $\frac{\frac{a+b}{2} + \frac{c+d}{2}}{2} = \frac{\frac{a+b+c+d}{2}}{2} = \frac{a+b+c+d}{4}$.

b. En choisissant les 5 nombres 1, 2, 3, 4 et 5, montrons, par un contre-exemple, que la moyenne de 5 valeurs peut ne pas être égale à la moyenne, de la moyenne de 2 premières, et la moyenne des 3 dernières :

$\frac{1+2+3+4+5}{5} = 3$ différent de :

$\frac{\frac{1+2}{2} + \frac{3+4+5}{3}}{2} = \frac{1{,}5+4}{2} = 2{,}75$.

30 **a.** Faux car la moyenne est 128,4 et la médiane 135.

b. Vrai. Exemple : la série statistique qui comporte 50 fois la valeur 59, 20 fois la valeur 60 et 50 fois la valeur 61.

c. Faux. Contre-exemples : les deux séries statistiques du savoir faire 2.

31 Réponse B.

32 Réponse D.

S'il y a 4 garçons, la moyenne de la classe

est 10,5. S'il y a 12 garçons, la moyenne de la classe est 10,25.

33 Vrai.

34 $\left(p+\frac{1}{\sqrt{n}}\right)-\left(p-\frac{1}{\sqrt{n}}\right)=\frac{2}{\sqrt{n}}$.

35 a. Vrai, mais c'est très rare (probabilité $1/2^{10}\approx 0{,}00098$).

b. Faux : on ne peut que donner un intervalle de confiance de la proportion des pièces défectueuses, de centre 0,5, mais on ne sera jamais certain que la proportion effective sera dans cet intervalle.

36 Réponses A et C.

37 Réponses B et D.

Exercices d'approfondissement

47 On lit l'âge sur l'axe vertical : environ 395 000 garçons de moins de 1 ans, 400 000 garçons de 1 ans à 2 ans... De même pour les femmes, environ 370 000 filles de moins de 1 ans...

Âge moyen = $\frac{(395000+370000)\times 1+(400000+\ldots)\times 2+\ldots}{395000+370000+\ldots}$

REMARQUES :

- Ce calcul ne devrait pas se faire à partir de cette pyramide mais à partir des données numériques à chercher sur le site l'INSEE ou dans le fichier de l'exercice. On trouve alors environ 41 ans.
- Le paramètre « âge moyen » n'a que peu d'utilité ; l'âge médian serait plus intéressant.
- L'âge moyen en France va passer de 39 ans en 2005 à 42,6 ans en 2030.

51 a et c.

	Effectif	Etendue	Moyenne
Série 1	30	5,6	7,44
Série 2	30	5,83	7,75

	Médiane	Q_1	Q_3
Série 1	7,65	6,01	8,4
Série 2	7,91	6,28	9,1

b. La proportion des élèves qui ont lance au-delà de 8 m n'a pas change; on ne peut rien conclure.

d. Moyenne, médiane et quartiles ont augmenté. Les élèves se sont améliorés.

Chapitre 10

Pour bien commencer

1 Réponses A, B et C.

2 a. Réponse C. b. Réponse D.

3 a. Réponse C. b. Réponses C et D.

4 a. Réponse C. b. Réponse B.

c. Réponse D.

5 a. Réponses A et B. b. Réponse B.

6 a. Réponse B b. Réponse A.

c. Réponse A.

Exercices d'application

1 a. Ω ={3 rouges ; 1 noire et 2 rouges; 2 noires et 1 rouge; 3 noires}.

b. A = {1 noire et 2 rouges; 2 noires et 1 rouge ; 3 noires}.

c. Non.

2 a. $\Omega=\{2;3;4;5;6;7;8;9;10;11;12\}$.

b. $\Omega'=\{1;2;3;4;5;6;8;9;10;12;15;16;18;20;24;25;30;36\}$.

c. La deuxième.

3 Ω ={(P, P) ; (P, F) ; (F , P, P) ; (F, P, F) ; (F, F, F) ; (F, F, P)}.

5 a. 10 000. b. 1 000. c. 10.

8 a. Il y a 6 possibilités différentes.

b. C'est faux, il a une chance sur six.

9 a.

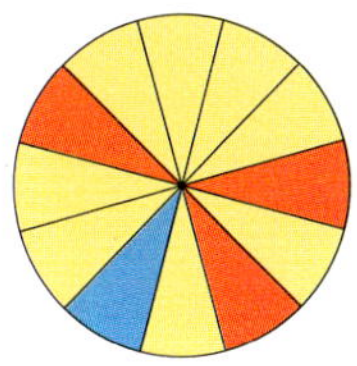

b. $p=\frac{1}{12}$.

11 a. $p=\frac{8}{32}=\frac{1}{4}$. b. $p=\frac{16}{32}=\frac{1}{2}$.

c. $p=\frac{4}{32}=\frac{1}{8}$. d. $p=\frac{12}{32}=\frac{3}{8}$.

12 a.

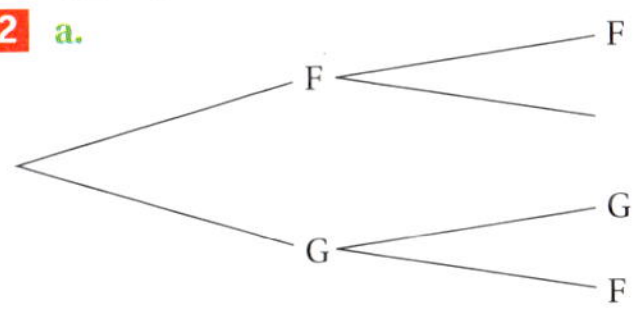

b. La probabilité d'avoir deux garçons est $\frac{1}{4}$.

c. La probabilité d'avoir une fille en second est $\frac{2}{4}=\frac{1}{2}$.

15 $p(\text{Lou})=\frac{1}{2}$. $p(\text{Tom})=\frac{2}{4}=\frac{1}{2}$ car les issues sont { PP ; PF ; FP ; FF }.

Personne n'a raison.

16 a. La probabilité de gagner est $\frac{2}{8}=\frac{1}{4}$.

b. La probabilité de gagner un lapin rose est $\frac{1}{4}\times\frac{12}{28}=\frac{3}{28}$.

17 La probabilité de choisir un billet de 10 € est $\frac{1}{2}\times\frac{3}{8}+\frac{1}{2}\times\frac{2}{6}=\frac{1}{2}\times\left(\frac{9}{24}+\frac{8}{24}\right)=\frac{17}{48}$.

La probabilité de choisir un billet de 20 € est $\frac{1}{2}\times\frac{5}{8}+\frac{1}{2}\times\frac{4}{6}=\frac{1}{2}\times\left(\frac{15}{24}+\frac{16}{24}\right)=\frac{31}{48}$.

21 1. a. $p(A)=10\%+85\%=95\%$.

b. $\overline{A}$: « l'élève convoqué apprend une seule langue vivante ». $p(\overline{A})=1-p(A)=5\%$.

2. a. $p(E)=\frac{21}{35}=\frac{3}{7}$.

b. $\overline{E}$: « l'élève convoqué n'apprend pas l'espagnol ». $p(\overline{E})=1-p(E)=\frac{4}{7}$.

22 a. $\overline{A}$: « La personne n'est pas en surpoids ». $p(\overline{A})=1-\frac{2}{3}=\frac{1}{3}$.

b. $\overline{B}$: « La personne est non fumeuse ».

$p(\overline{B})=1-19\%=81\%$.

c. $\overline{C}$: «La personne n'est pas une femme atteinte de maladie cardio-vasculaire».

$p(\overline{C})=1-4{,}6\%=95{,}4\%$.

25 En notant A l'option *arts plastiques* et B l'option *escalade*, on a le diagramme suivant :

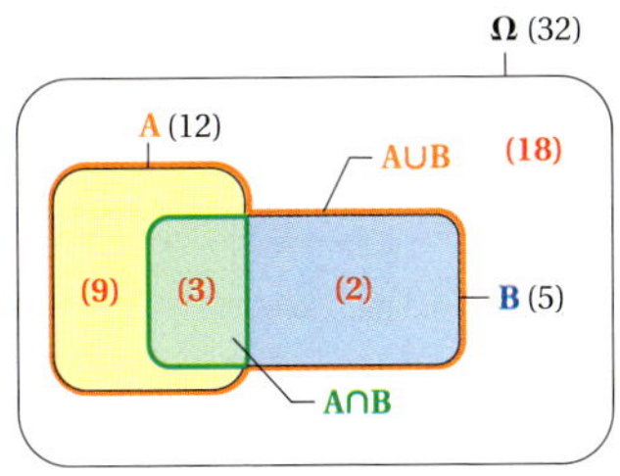

18 élèves ne suivent aucune option.

26 a. F ∩ S est l'événement : « On a choisi une fille issue d'un baccalauréat scientifique » et sa probabilité est :

$$p(F\cap S)=\frac{78}{402}=\frac{13}{67}.$$

b. $\overline{S}$ est l'événement : « On a choisi un étudiant issu d'un baccalauréat scientifique » et sa probabilité est $p(\overline{S})=\frac{222}{402}=\frac{37}{67}$.

c. F ∪ S est l'événement : « On a choisi une fille ou un étudiant issu d'un baccalauréat scientifique » et sa probabilité est :

$$p(F\cup S)=\frac{78+147+102}{402}=\frac{109}{134}.$$

d. F ∪ G est l'événement : « On a choisi une fille ou un garçon » et sa probabilité est $p(F\cup G)=1$.

29 a. $p(H)=\frac{1}{2}$; $p(G)=\frac{2}{3}$; $p(H\cap G)=\frac{1}{4}$.

b. $p(H\cup G)=p(H)+p(G)-p(H\cap G)$

$=\frac{1}{2}+\frac{2}{3}-\frac{1}{4}=\frac{11}{12}$.

$\frac{11}{12}$ des élèves maitrisent au moins l'un des deux sujets.

c. $\frac{1}{12}$ des élèves ne maitrisent aucun sujet.

Pour se tester

34 a. Faux. b. Vrai. c. Faux.

35 1. Réponse C. 2. Réponse C.

3. Réponse D.

36 1. a. Faux. b. Faux. 2. a. Vrai b. Vrai.

37 1. Réponse C. 2. Réponse B.

3. Réponse C. 4. Réponse D.

38 Réponse D.

39 Réponse A.

40 Réponse D.

41 1. Réponse A. 2. Réponse C.

INDEX

A

absurde (raisonnement par l') ... 11
accroissement ... 93
affectation (d'une variable) ... 13
affine (fonction) ... 92
algorithme ... 12
antécédent ... 25
arc ... 218

C

cercle trigonométrique ... 215
Chasles (relation de) ... 152
coefficient directeur ... 93, 186
colinéaire ... 153
colinéarité (critère de) ... 154
combinaisons linéaires (méthode des) ... 193
cône ... 239
confiance (intervalle de) ... 274
constante (fonction) ... 28
contraire (événement) ... 304
contraposée ... 10
contre-exemple ... 11
convexe ... 248
coordonnées (d'un vecteur) ... 153
coplanaire ... 240
cosinus ... 216
courbe représentative ... 25
critère de colinéarité ... 154
croissante (fonction) ... 27
cube ... 239
cylindre ... 239

D

décroissante (fonction) ... 27
def ... 18
développer ... 62
diagramme en bâtons ... 271
disjonction des cas (raisonnement par) ... 11
distance (dans un repère) ... 155

E

échantillon ... 273
effectif ... 270
effectifs cumulés ... 270
élémentaire (événement) ... 302
enroulement de la droite ... 215
ensemble de définition ... 24
équation (résolution) ... 63
équation (résolution graphique) ... 27
équiprobable ... 303
équivalence ... 10
Euclide (algorithme d') ... 13
événement ... 302
expérience aléatoire ... 302

F

factoriser ... 62
fluctuation (intervalle de) ... 273
fonction ... 24
for ... 17
fréquence ... 270
fréquences cumulées ... 270

H

histogramme ... 271
homographique (fonction) ... 124
hyperbole ... 95

I

identités remarquables ... 62
if, else ... 15
image ... 25
implication ... 10
incompatibles (événements) ... 305
inéquation (résolution) ... 64
inéquation (résolution graphique) ... 27
intersection ... 9, 26, 304
intervalle ... 26

L

linéaire (fonction) ... 92
loi des grands nombres ... 302

M

maximum ... 27
médiane ... 272
minimum ... 28
monotone ... 28
moyenne ... 272

N

norme ... 150
nuage de points ... 271

O

ordonnée à l'origine ... 93
orthogonal (repère) ... 153
orthonormal (repère) ... 25
orthonormé (repère) ... 25, 153

P

parabole ... 94
parallélépipède ... 239
patron ... 249
pavé ... 239
perspective ... 238
plan ... 240
Platon (solides de) ... 253
polynôme de degré 2 (fonction) ... 122
population ... 270
positions relatives de droites et de plans ... 240, 241
prisme ... 239
probabilité ... 302
pyramide ... 239

Q

quantificateur ... 9
quartile ... 272

R

réciproque ... 10
réunion ... 9, 26, 304

S

section plane ... 250
série statistique ... 270
simulation ... 274
sinus ... 216
sommet d'une parabole ... 123
sphère ... 240
substitution (méthode de) ... 192
système d'équations ... 189

T

tableau de valeurs ... 24
tableau de variations ... 28
tétraèdre ... 240
toit (théorème du) ... 242
tortue (module) ... 18
translation ... 148

U

univers ... 302

V

variations (d'une fonction) ... 27
vecteur ... 150
vecteur directeur ... 187
vecteur nul ... 151

W

while ... 16

Achevé d'imprimer en Italie par L.E.G.O. S.p.A. - Lavis (TN) - Dépôt légal: 96200 - 4/03 - juin 2016

Aires

Rectangle

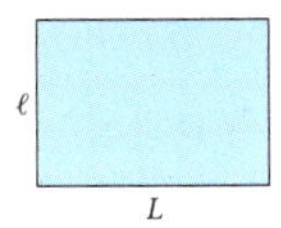

$\mathcal{A} = L \times \ell$

Carré

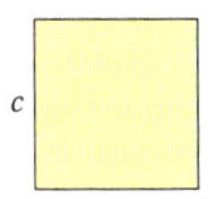

$\mathcal{A} = c \times c = c^2$

Losange

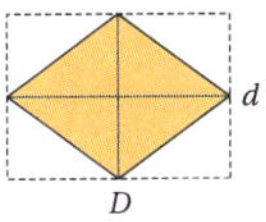

$\mathcal{A} = \frac{D \times d}{2}$

Parallélogramme

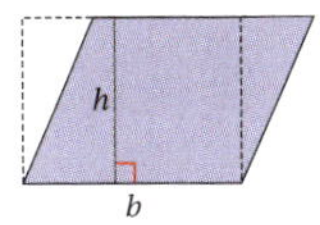

$\mathcal{A} = b \times h$

Triangle

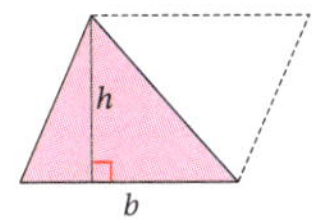

$\mathcal{A} = \frac{b \times h}{2}$

Trapèze

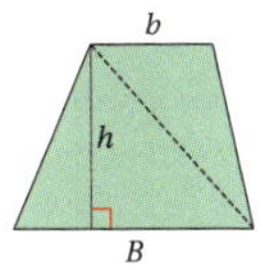

$\mathcal{A} = \frac{b \times h}{2} + \frac{B \times h}{2}$

$\mathcal{A} = \frac{(b + B) \times h}{2}$

Volumes

Cube

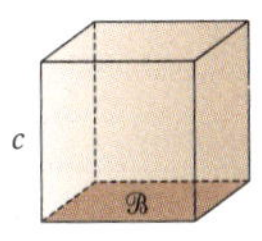

$\mathcal{V} = c \times c \times c = c^3$

Parallélépipède rectangle

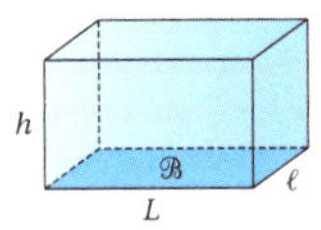

$\mathcal{V} = L \times \ell \times h$

Prisme

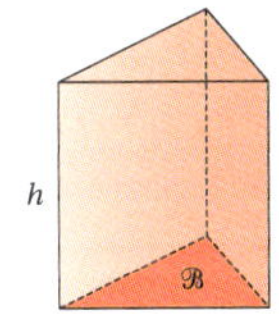

$\mathcal{V} = \mathcal{B} \times h$

Cylindre

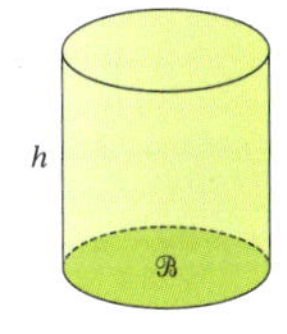

$\mathcal{V} = \pi \times r^2 \times h$

$\mathcal{V} = \mathcal{B} \times h$

$\mathcal{B}$: aire de la base ; h : hauteur du solide

Disque, sphère, cône et pyramide

Disque

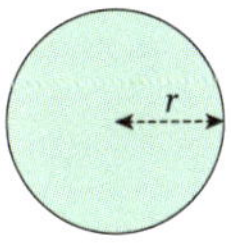

Circonférence : $\mathcal{P} = 2\pi r$

Aire : $\mathcal{A} = \pi r^2$

Sphère

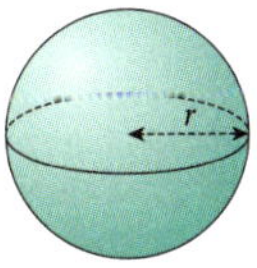

Aire : $\mathcal{A} = 4\pi r^2$

Volume : $\mathcal{V} = \frac{4}{3}\pi r^3$

Cône

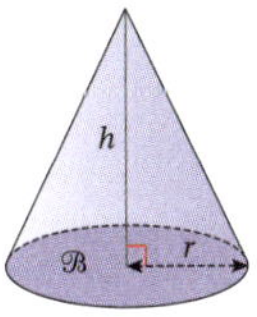

$\mathcal{V} = \frac{\pi r^2 h}{3}$

Pyramide

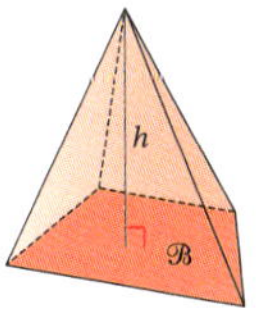

$\mathcal{V} = \frac{1}{3}(\mathcal{B} \times h)$

$\mathcal{V} = \frac{1}{3}(\mathcal{B} \times h)$

$\mathcal{B}$: aire de la base ; h : hauteur du solide

ALGORITHMIQUE

TABLEAU DE CORRESPONDANCE ENTRE LES DIFFÉRENTES SYNTAXES

	TI	Casio	Xcas	Scilab	Python
Entrer des données	**Input** A	?→A	**input**(A) ; ou **saisir**(A) ;	A=**input**(" A= ") ;	A=**input**("A=")
Afficher le contenu de la variable A	**Disp** A	A ◢	**print**(A) ;	**disp**(A) ;	**print**(A)
Affecter 3 à la variable A	3→A	3→A	A:=3 ;	A=3 ;	A=3
Pour *i* variant de 1 à 10	**For**(i,1,10) *action* **End**	**For** 1→i to 10 *action* **Next**	**pour** i de 1 **jusque** 10 **faire** *action ;* **fpour** ;	**for** i=1:10 *action ;* **end** ;	**for** i **in range** (1,11) : *action*

Si *condition* **alors** *action1* **sinon** *action2*	**If** *condition*
	Then *action1*
	Else *action2*
	End
		If *condition*
		Then *action1*
		Else *action2*
		IfEnd
			si *condition* **alors**
			action1 ;
			sinon
			action2 ;
			fsi ;
				if *condition* **then**
				action1 ;
				else
				action2 ;
				end ;
					if *condition* :
					action1
					else :
					action2

Tant que *condition* **faire** *action1*	**While** *condition* *action* **End**	**While** *condition* *action* **WhileEnd**	**tantque** *condition* **faire** *action ;* **ftanque** ;	**while** *condition* ; *action* ; **end** ;	**while** *condition* : *action*
Définition d'une fonction *f* de la variable *x* qui renvoie *y*	*pour TInSpire* **Define** f(x)= **Func** *instructions de calcul de y* **Return** *y* **EndFunc**	*pour Classpad* **Define** f(x)=instructions	f(x):=*expression en fonction de x*	**function** y=f(x) y=... **endfunction**	**def** f(x): y=... **return** y

Les opérations élémentaires en Python

Opérateur	+	-	*	/	**	%
Description	Addition	Soustraction	Multiplication	Division euclidienne	Exposant	Reste
Exemple				Si *a* et *b* sont des entiers, *a*/*b* renvoie le quotient de la division euclidienne de *a* par *b*.	*a***3 renvoie le cube de *a*. *a***0.5 donne une valeur approchée de la racine carrée de *a*.	*a*%*b* renvoie le reste de la division euclidienne de *a* par *b*. Par exemple, 5%3 renvoie 2.